동물보건내과학

조현명 · 김양범 · 박수진 · 안재범 · 이재연 · 채동진 · 최한솔

창지사

머 리 말

수의학은 급속한 과학기술의 발전과 더불어 임상 현장에서 요구되는 전문성과 그에 따른 책임이 점점 증가하고 있습니다. 특히 내과학은 반려동물 진료의 근간을 이루는 핵심 분야로서, 정확한 병태생리의 이해와 함께 체계적인 진단 · 간호 · 관리 능력이 무엇보다 중요합니다. 이러한 시대적 요구에 부응하여, 본서는 동물보건 분야를 전공하는 학생들과 현장에서 활동하는 동물보건사 및 예비 임상 인력을 위해 집필되었습니다.

본서는 내과학의 기본 원리에서부터 각 장기계통별 주요 질환의 원인, 임상 증상, 진단 방법, 치료 및 간호 관리에 이르기까지 단계적으로 구성하였습니다. 단순한 이론의 나열을 넘어 실제 임상 현장에서 마주하게 되는 상황을 고려하여, 동물보건 인력이 반드시 이해하고 수행해야 할 역할과 판단 기준을 중심으로 서술하고자 노력하였습니다. 또한, 최신 임상 지침과 근거 중심 수의학(Evidence-Based Veterinary Medicine)의 흐름을 반영하여 내용의 정확성과 실용성을 높이고자 하였습니다.

본서가 학습자에게는 내과학에 대한 체계적인 이해의 길잡이가 되고, 임상 현장에서는 환자 동물의 삶의 질 향상과 보호자 신뢰 형성에 기여하는 실질적인 참고서가 되기를 기대합니다. 더 나아가 동물보건 전문 인력으로서의 윤리의식과 사명감을 되새기는 계기가 되기를 바랍니다.

끝으로, 본서를 완성하기까지 아낌없는 조언과 도움을 주신 여러 동료 연구자와 임상 현장의 전문가들, 그리고 늘 배움의 동기가 되어준 학생들에게 깊은 감사의 마음을 전합니다. 본 교과서가 동물과 사람이 조화롭게 공존하는 사회를 만들어 가는데 작은 밑거름이 되기를 소망합니다.

감사합니다.

2026년 1월

대표저자

차 례

제 1 장

환자평가, 신체검사, 간호, 보정

학 · 습 · 목 · 표

1. 동물병원에서 수행되는 환자평가에 대한 내용을 이해한다.
2. 기초 문진과 신체검사에 대한 내용을 학습하고 임상에 적용한다.
3. 외래환자, 중증환자 및 입원환자의 간호에 대해 알아본다.
4. 신체검사 시 필요한 동물의 보정에 대해 학습하고 적용한다.

1. 환자평가(Patient Assessment)

1) 동물병원에서 환자평가의 중요성

동물병원에서의 환자평가는 진료의 시작이자 치료 방향을 결정하는 핵심 절차이며, 정확한 환자평가는 질병의 조기 진단, 적절한 치료 계획 수립, 보호자와의 신뢰 형성, 환자의 생명 유지와 복지 증진에 중요한 역할을 한다.

(1) 환자평가의 목적

- 환자의 현재 건강 상태를 파악한다.
- 응급 여부를 신속히 확인하고 트리아지(triage)를 통해 우선순위를 정한다.
- 추가적인 진단 검사 및 치료 계획의 방향을 설정한다.
- 환자의 기초 데이터를 확보하여 추후 변화 모니터링에 활용한다.

환자평가/신체검사는 크게 망진(행동 등을 멀리서 관찰함) 또는 초기 관찰로 설명되는 **비접촉 관찰(Hands-off) 검사**와 이후 직접 동물을 보정하고 진행하는 시진(직접 보고 검사), 촉진(병변부의 크기와 온도 등을 직접 만져서 검사), 청진(청진기 등으로 신체의 소리를 직접 들으며 검사) 등을 통해 파악하는 **접촉 관찰(Hands-on) 검사**의 두 단계로 진행한다. 많은 동물병원에서 동물보건사의 업무에 초기 신체검사의 일부가 포함될 수 있다.

2) 환자평가의 주요 단계

동물보건사로서 실시하는 환자평가의 첫 단계는 환자가 보호자와 함께 동물병원에 도착하여 이동장에서 나올 때부터의 관찰이다. 이때 환자의 태도, 호흡 패턴, 보행과 스트레스 반응을 관찰하고, 이어 머리부터 꼬리까지 체계적인 신체검사를 시행한다. 마지막으로 체온, 심박수, 호흡수, 점막 색과 CRT, 필요시 혈압과 산소포화도 등의 활력 징후(Vital sign)를 측정하여 환자의 상태를 종합적으로 평가한다(표 1-1).

〈표 1-1〉 환자평가의 주요 단계 및 내용

단계	주요 내용	세부 확인 사항
① 트리아지 (Triage)	응급도 분류 및 초기 안정화 여부 판단	• 호흡 상태(호흡수, 호흡곤란 여부) – 순환 상태(점막 색, CRT, 심박수, 맥박 품질) – 의식 수준(반응성, 활동성) – 출혈 여부
② 병력 청취 (History Taking)	보호자로부터 정보 수집	• 주 호소(내원 이유) – 현 병력(증상 발현 시기, 진행 양상, 악화 · 완화 요인) – 과거 병력(질환, 수술, 예방접종, 구충 이력) – 환경 및 식이 정보
③ 초기 관찰 (Initial Observation)	이동장에서 나오는 환자의 상태 확인	• 태도(활동성, 행동) – 호흡 패턴 – 보행 및 자세 – 스트레스 반응
④ 신체검사 (Physical Examination)	체계적(머리→꼬리) 신체 확인	• 눈, 코, 구강 점막 – 귀, 피부, 피모 – 림프절, 흉부, 심혈관 – 복부, 사지/관절– 체온 및 전신 상태
⑤ 기초 활력 징후 (Vital Signs) 측정	환자의 기본 생리 상태 확인	• 체온(Temperature) – 심박수(Heart Rate) – 호흡수(Respiratory Rate) – CRT 및 점막 색– 필요시 혈압, 산소포화도 측정

2. 기초 문진과 신체검사

(1) 병력 청취(문진)(History Taking)

문진은 동물 환자의 평가와 진단 과정에서 가장 기초적이면서도 중요한 절차이다. 동물은 자신의 증상을 직접 표현할 수 없으므로, 보호자의 진술과 의료진의 관찰을 종합하여 환자의 상태를 파악해야 한다. 따라서 동물병원에서의 문진은 체계적이고 구체적인 질문을 통해 정확한 정보를 수집하는 것을 목표로 한다.

❶ 문진의 목적

- 환자의 현재 문제(주 호소)를 명확히 파악한다.
- 질환의 진행 과정과 과거 병력을 이해하여 진단의 단서를 얻는다.
- 환경, 식이, 예방 관리 상태를 포함한 포괄적인 건강 상태를 평가한다.
- 향후 검사 및 치료 계획 수립을 위한 기초 정보를 제공한다.

❷ 기초 문진 항목

문진의 항목과 세부 내용은 <표 1-2>를 참고하여 진행한다. 기초 문진 시 주의 사항은 먼저 친절하고 차분한 태도로 보호자와 신뢰를 형성하며 진행해야 하며, 가급적 개방형의 질문을 하여 보호자의 답변을 유도하도록 한다. 객관적인 기록을 위해서 보호자의 진술과 의료진이 관찰한 부분을 구분한다. 또한 문진을 진행하면서 환자의 관찰을 병행하여, 동물의 행동과 호흡, 자세 등을 관찰한다.

〈표 1-2〉 문진의 주요 항목

단계	항목	세부 내용
1	기본 정보 확인 (Signalment)	종(Species), 품종(Breed), 연령(Age), 성별(Sex), 중성화 여부(Neuter status), 보호자 이름·연락처, 내원 목적 기록

단계	항목	세부 내용
2	주 호소 (Chief Complaint)	보호자가 내원하게 된 가장 큰 이유를 간단히 확인 예: "어떤 증상 때문에 병원에 오시게 되었나요?"
3	현 병력 (History of Present Illness)	증상 발현 시기, 지속 기간, 진행 양상/증상 악화·완화 요인, 보호자가 시도한 처치·약물 사용 여부 증상 심각도 및 보호자의 인식도
4	과거 병력 (Past Medical History)	이전 질병, 수술, 외상 이력, 예방접종, 구충, 기생충 관리 이력
5	환경/생활 습관 (Environment & Lifestyle)	실내/실외 생활 여부, 운동량, 스트레스 요인, 함께 사는 다른 반려동물, 최근 여행 이력
6	영양 및 급여 상태 (Nutritional History)	사료 종류·급여량, 간식, 보조제 사용 여부, 급여 방식(자유 급식 vs 시간제한 급식)
7	신체 시스템별 검토 (Body Systems Review)	행동·활동성: 기운, 태도, 이상 행동 여부 소화기: 식욕, 구토, 설사 여부 호흡기: 기침, 재채기, 호흡곤란 여부 비뇨기: 음수량, 배뇨 상태 변화 피부: 종괴, 탈모, 분비물 여부 보행: 절뚝거림, 움직임 이상

❸ 동물보건사의 역할

동물보건사는 문진 과정에서 초기 평가 및 보호자와의 의사소통을 담당하며, 수의사가 정확한 진단을 내릴 수 있도록 체계적이고 정확한 정보를 수집해야 한다. 또한 보호자가 제공한 정보뿐 아니라 환자의 실제 상태를 관찰하여 기록함으로써 문진의 완성도를 높인다.

(2) 초기 관찰(Initial Observation)

초기 관찰은 보호자와 함께 환자가 병원에 도착했을 때부터 시작된다. <표 1-3>과 같이 초기 관찰 항목에는 반려동물의 체중, 일반적인 외관, 신체충실지수 - 바디 컨디션 스코어(Body Condition Score; BCS), 의식 상태(mentation), 자세(posture), 보행(gait)이 포함된다.

〈표 1-3〉 동물병원 신체검사 시 초기 관찰 항목

초기 관찰 항목	설명
체중(Weight)	건강 상태 및 영양 상태 평가를 위한 기초 자료 제공
일반 외관(General Appearance)	털 상태, 위생 상태, 활력 등을 확인
바디 컨디션 스코어(BCS)	비만 여부 또는 영양 결핍 여부를 평가
의식 상태(Mentation)	BAR, QAR, 공격적, 무기력, 혼수 등 정신 상태를 평가
자세(Posture)와 보행(Gait)	절뚝거림, 사지의 비정상적 위치, 보행의 불안정성 여부를 확인

정신 상태(mentation)는 환자의 전반적인 정신 상태를 평가하는 것으로, <표 1-4>와 같이 다양한 용어 및 약어가 사용된다.

〈표 1-4〉 정신 상태에 대한 용어

용어	의미(Meaning)	설명(Description)
BAR	Bright, Alert, Responsive	활발하고, 주의하며, 반응이 좋음
QAR	Quiet, Alert, Responsive	조용하지만 주의하며, 반응이 좋음
Aggressive	공격적	위협적이고 방어적인 행동
Lethargic	무기력	에너지 부족, 반응이 느림
Depressed	우울	활력이 없고 반응이 저하
Comatose	혼수	반응이 거의 없거나 전혀 없음
Moribund	임종 직전	생명 유지가 위태로운 상태

자세(posture)와 보행(gait)은 동물이 서고 걷는 능력을 평가하는 항목이다. 보호자가 동물을 진료실로 데려올 때 이를 관찰해야 한다. 동물이 움직일 때 절뚝거림, 협응 부족, 불안정함, 사지의 비정상적 위치를 확인한다.

(3) 신체검사 – 건강검진 요소 체크 및 신체 전반의 체계적 평가

검사는 앞에서 뒤로, 머리에서 꼬리까지(Head-to-Tail) 순서대로 진행하며, 다음 항목을 꼼꼼하게 확인한다. 동물보건사로서 진행할 수 있는 신체검사를 <표 1-5>와 같이 정리하였다.

〈표 1-5〉 신체검사 시 확인 항목 및 소견

항목	세부 내용
병력 청취 시 고려 사항	• 개와 고양이는 이동장에서 꺼낸 상태에서 관찰 • 보호자에게 걸음걸이, 식욕, 체중, 행동, 시력, 피부의 이상이 있는지 묻기 • 현재 상태에서(과거 비교) 어떤 면에 문제가 있는지 보호자 의견 청취 • 예방접종, 구충, 심장사상충, 벼룩 예방약 사용 확인
체중	• 보호자에게 체중 변화에 대해 질문 (노령견은 비만 경향이 있고, 고령 고양이는 체중 감소 경향 있음)
머리와 목	(눈, 귀, 구강 검진은 환자 머리 쪽에서 실시한다.) • 시력검사: 눈앞에서 솜뭉치를 떨어뜨려 동물이 쳐다보는지를 확인 • 위협 반사(Menace response): 한 손으로 머리를 잡고 다른 손을 눈앞으로 빠르게 움직여 눈 깜빡임 반응이 있는지 확인 • 장애물 회피 검사: 바닥에 의자나 박스를 두고 피해서 걷는지 확인 • 청각검사: 환자 뒤쪽에서 큰 박수 소리를 내어 귀의 움직임 반응 확인 • 검이경(otoscope)으로 외이도 관찰 • 구강검사: 치은염, 치주염, 치석 여부, 흡수성 병변(고양이), 충치(개), 골절, 과형성, 치은종(epulis) 및 기타 구강 내 종괴 확인 • 목 부위 촉진으로 비정상적인 림프절 및 갑상선 확인
흉부	• 종괴 확인: 노령·비만 환자에서 지방종 흔함(모든 종괴는 추가 검사 필요) • 흉부의 좌우 양측에서 심음을 청진(심잡음 여부 확인) • 심박수, 심장 리듬, 심잡음 확인(심음과 맥박이 일치하는지 확인)
복부/피부	• 피부를 검사하여 외부 기생충의 유무 확인 • 피부와 피하의 종괴가 있는지를 확인 • 항문과 생식기 쪽에 분비물 등 문제가 있는지 확인
사지	• 앞다리, 뒷다리의 부종과 통증 여부 확인 • 필요시 발톱 확인(발톱이 너무 길거나 이상이 있는지 확인)
혈액 검사	• 기본 혈액학 및 생화학 검사 • 고양이 환자에서 T4(갑상선 호르몬) 측정
소변검사	• 간이 검사로 단백질, 혈당, 케톤, pH 검사 • 굴절계로 요비중 확인 • 혈뇨 여부 검사
혈압 측정	• 고혈압 여부 확인(노령 환자에서 흔하며, 만성신부전·갑상선 기능 항진증·내분비 질환과 관련)
식이	• 보호자에게 하루 식사 내용 확인 • 위장관 질환 여부 질문 • 생애단계별 사료 안내(필요시)

구강 검사 시 치아 숫자 및 맹출(치아가 자라난) 정도를 보고 나이를 가늠할 수 있으므로 <표 1-6>, <표 1-7>을 참고한다.

〈표 1-6〉 개와 고양이의 정상 치아 수

종(Species)	유치 수(Deciduous teeth)	영구치 수(Permanent teeth)
개(Dog)	28	42
고양이(Cat)	26	30

〈표 1-7〉 개와 고양이의 치아 맹출 시기

종 (Species)	치아 종류 (Tooth type)	유치 맹출 시기 (Deciduous eruption time)	영구치 맹출 시기 (Permanent eruption time)
강아지 (Puppies)	절치(Incisors)	3～4주	3～5개월
	송곳니(Canines)	3～5주	4～6개월
	소구치(Premolars)	4～6주	4～6개월
	대구치(Molars)	없음	5～7개월
고양이 (Kittens)	절치(Incisors)	2～3주	3～4개월
	송곳니(Canines)	3～4주	4～5개월
	소구치(Premolars)	3～6주	4～6개월
	대구치(Molars)	없음	4～6개월

(4) 활력 징후(Vital Signs) 평가

체온(Temperature), 맥박(Pulse), 호흡(Respiration)의 세 가지 항목은 흔히 TPR이라고 부르며, 가장 기본적이고 중요한 활력 징후(Vital sign)로 간주된다. 그리고 여기에 추가적으로 혈압(Blood Pressure)과 통증(Pain) 및 탈수 평가를 포함한다(표 1-8).

〈표 1-8〉 개와 고양이의 정상 Vital Sign 평가

항목	개(Dog)	고양이(Cat)	측정 및 참고 사항
체온(℃)	38.0~39.2	38.0~39.5	직장 체온계 사용, 스트레스 시 상승 가능
맥박(bpm)	소형견: 100~160 대형견: 60~100 강아지: 120~220	성묘: 140~220 새끼 고양이: 220~260	대퇴동맥 촉진, 심장 청진과 비교하여 pulse deficit 확인
호흡(회/분)	10~30	20~30	안정 시 측정, 스트레스 시 증가
혈압(mmHg)	110~160	120~170	도플러 및 오실로메트릭 방식 사용
통증	행동 및 통증 척도로 평가	행동 및 통증 척도로 평가	통증은 관찰이 어려워 행동 평가가 중요

TPR은 신체검사를 수행하며 체크할 수도 있고, 수의사의 지시에 따라 동물보건사가 TPR만 별도로 진행할 수도 있다. 대부분의 동물 환자는 항문에 체온계 꽂는 것을 싫어하기 때문에 임상에서 TPR 측정 시 먼저 동물의 안정상태에서 호흡수를 측정하고, 심박/맥박수를 체크한 후 가급적 체온을 가장 마지막에 재기도 한다.

❶ 체온(Temperature)

디지털 직장체온계를 사용하여 측정한다. 정상 체온은 약 38.0~39.0℃이다.

❷ 심박수(Heart rate)/맥박수(Pulse rate)

심박수(Heart rate)는 심장의 실제 박동 횟수를 나타내고, 맥박수(Pulse rate)는 심장 박동이 말초 동맥에 도달하여 촉진 가능하도록 뛰는 횟수를 의미한다. 심박수는 촉진으로 재거나 왼쪽 팔꿈치 뒤쪽의 흉벽에 청진기를 위치시켜 15초 동안 카운트한 숫자에 4를 곱하여 계산한다. 맥박은 넓적다리(대퇴부)의 넙다리 동맥/대퇴 동맥(femoral artery)에서 맥박을 촉진한다. 심박과 맥박은 건강한 경우에는 대부분 일치하는데, 일치하지 않는 경우, 심장 기능 이상이나 부정맥

을 의심해야 한다. 따라서 횟수는 별도 기록하고, 맥박을 촉진하면서 심음과 비교하여 심음과 맥박 사이의 불일치 여부를 체크한다.

❸ 호흡수(Respiratory rate)

안정적으로 쉬고 있는 동물에서 가슴이 올라갔다가 내려오면 1회로 간주하여 호흡수를 센다. 15초 동안 호흡수를 세고 4를 곱하거나 30초 동안의 호흡수를 세고 2를 곱하여 1분당 호흡수를 계산한다. 정상 호흡수는 <표 1-8>을 참고하며, 정상을 벗어난 경우에는 <표 1-9>와 같은 용어를 참고한다.

〈표 1-9〉 호흡 관련 용어와 정의 및 설명

용어	정의(Definition)	설명(Notes)
Tachypnea (빈호흡)	매우 빠른 호흡	호흡수가 정상보다 현저히 증가한 상태
Hyperpnea (과호흡)	정상보다 깊고 빠른 호흡	산소 요구량 증가 시 나타남
Dyspnea (호흡곤란)	주관적 관찰에 근거한 호흡의 어려움 또는 불편	보호자 또는 관찰자가 느끼는 호흡곤란
Labored breathing (노력성 호흡)	복부 움직임(복근 사용 증가)이 동반되는 호흡곤란	호흡 시 복부 근육의 과도한 움직임으로 정상과 구별됨

❹ 통증의 평가(Pain Assessment)

동물은 인간과 마찬가지로 통증에 대해 각기 다른 반응을 보인다. 케이지 안에서 가만히 누워 있는 환자는 통증이 없는 것처럼 보일 수도 있지만, 실제로는 움직임으로 인해 유발되는 통증을 피하려고 하는 것일 수 있다.

통증이 있는 경우에는 상호작용/비상호작용/촉진 시에 나타날 수가 있으며, <표 1-10>에서 통증의 단계에 따라 반응하는 부분을 확인할 수 있다. 동물보건사는 이와 같이 동물에서 나타나는 명확한 통증의 징후를 알고 있어야 하며, 이러한 징후가 관찰되면 반드시 기록하고 수의사에게 보고하도록 한다.

고양이는 통증과 질병의 징후를 숨기는 경향이 있어 평가가 특히 어렵다. 다음의 통증 척도는 일반적으로 통증 평가의 표준으로 받아들여지고 있다.

〈표 1-10〉 통증의 척도 및 평가

척도	등급	설명(Description)
척도 1: 비상호작용 행동 점수 (Noninteractive behavior scoring)	0	통증이나 불편감 없음
	1	편안한 자세를 취하고 있음
	2	조용하지만 자세를 자주 바꿈
	3	안절부절, 불안, 안정되지 않음
	4	소리 지름, 몸이 뻣뻣해짐, 신체 부위를 보호하거나 몸부림침
척도 2: 상호작용 행동 점수 (Interactive behavior scoring)	0	인사 행동을 보이며 꼬리를 흔듦
	1	호기심을 보이며 다가오지만 움직임에 주저함
	2	접근을 주저하고, 제한적인 상호작용, 편안하게 움직이지 못함
	3	경계하는 움직임, 사람에게서 멀어지고 보호하려는 행동을 보임
	4	주변 환경을 인식하지 못하고 움직이지 않으며 앓는 소리를 냄
척도 3: 촉진 시 반응 점수 (Palpation)	0	촉진(만짐) 가능
	1	촉진 가능, 저항 없음, 부위를 바라보거나 냄새를 맡을 수 있음
	2	부드러운 촉진에 약간 반발, 입술을 핥거나 통증 부위를 핥음, 몸이 긴장됨
	3	즉시 물러나며 약간 으르렁거리거나 짖음. 긴장되거나 보호/뻣뻣한 자세
	4	도망치려 하거나 입질을 함, 이를 드러내고 얼굴을 찡그림, 귀를 뒤로 젖히고 통증 부위를 숨기며 큰 소리로 짖음

(5) 탈수 상태(Hydration status) 평가

탈수 상태는 모세혈관재충만시간(CRT), 피부탄력검사(Skin tent test), 안구 함몰 정도, 점막 건조 정도를 함께 평가한다.

모세혈관재충만시간은 한 손으로 윗입술을 올리고, 다른 손의 손가락으로 분홍색으로 보이는 잇몸을 꾹 눌렀다가 떼면 눌려서 창백했던 부분이 혈액이 다시 충만되어 원래의 분홍색으로 돌아올 때까지 걸리는 시간을 측정하는 것이다. 정상적인 상태는 2초 이하이다.

피부탄력검사(skin tent test)는 목덜미 피부를 들어 올렸다가 놓아서 정상적으로 즉시 원위치로 돌아오는지 확인하는 것이다. 탈수가 있는 경우, 피부 탄력 저하로 인해 바로 돌아오지 않는다. 탈수 상태 평가는 <표 1-11>을 참고한다.

〈표 1-11〉 탈수 상태 평가표

탈수율(%)	신체검사 소견
< 5	이상 없음
5	피부가 약간 '반죽 같은(doughy)' 느낌을 주며 탄력이 감소함
7	피부 탄력 저하가 뚜렷함, 모세혈관 재충만 시간(CRT) 2~3초, 안구가 약간 안와로 들어감, 점막이 건조함
10~12	피부 탄력 심하게 저하, CRT 3초 이상, 안구가 심하게 안와로 함몰, 쇠약한 동물에서 쇼크, 불수의적 근육 경련 발생

3. 외래환자, 입원환자, 중증환자의 간호

1) 외래환자 및 입원환자의 간호

반려동물은 낯선 환경에서 두려움과 불편함을 느낄 수 있으며, 이와 같은 두렵고 불편한 감정은 회복 과정에 부정적인 영향을 미칠 수 있다. 따라서 동물병원을 방문한 모든 환자에게는 항상 부드럽고 조용한 목소리로 말을 건네어 기본적으로 친밀한 관계를 형성하도록 한다.

(1) 신체적 / 정서적 안정

동물보건사는 두려움에 사로잡힌 반려동물에게 신체적 편안함과 정서적 안정을 제공하는 데 핵심적인 역할을 한다. 대기실과 진료실 및 입원장은 모두 청결하고 건조하며, 편안하고 안전해야 한다. 또한 가급적 환경적 스트레스를 제거하기 위해 모든 노력을 기울여야 한다. 각 동물은 케이지 카드와 목걸이를 통해 식별되어야 한다(그림 1-1).

오염된 케이지는 소독제를 사용해서 신속히 청소하고, 침구가 더럽혀졌다면 교체해야 한다. 입원한 동물은 새로운 냄새와 환경으로 인해 스트레스를 받을 수 있으므로 보호자가 가져왔던 침구가 오염되지 않았다면 그대로 두는 것이 동물에게 위안이 될 수 있다. 의학적으로 허용된다면 운동을 계획하고 실시해야 하며, 깨끗한 물과 음식을 제공해야 한다.

동물과 상호작용을 할 때는 눈높이에 맞춰 앉거나 쪼그려 앉아, 가슴이나 턱을 부드럽게 쓰다듬고 따뜻한 말을 건네어서 신뢰 관계를 형성하는 것이 좋다.

보호자:												동물 이름:				
입원 날짜:					연락처 1:											
예상 퇴원 날짜:					연락처 2:											
	일요일		월요일		화요일		수요일		목요일		금요일		토요일		일요일	
	AM	PM	AM	PM	AM	PM	AM	PM	AM	PM	AM	PM	AM	PM	AM	PM
급여																
섭취 여부																
물																
소변																
대변																
약																
산책																

[그림 1-1] 입원환자를 위한 케이지 카드

(2) 일반 입원환자 관리

일반 입원환자는 슬개골 탈구나 중성화 수술 등의 명확한 외과적 수술을 실시하는 환자부터 심한 설사나 구토로 내원하여 진단이 이루어지지 않아 대기하고 있는 환자까지 다양하다.

다음은 입원환자에서 체크해 주어야 하는 항목 일부를 기록하였다.

❶ 활력 징후 모니터링

입원한 환자는 깨끗한 케이지에서 명확한 차트 기록과 함께 주기적으로 활력 징후를 평가해 주어야 한다. 활력 징후 기록 시에는 항상 의식 수준(level of consciousness; LOC)의 확인부터 시작해야 한다. 중추신경계(CNS)와 관련된 문제는 향후 합병증의 첫 번째 단서가 될 수 있음을 유념해야 한다.

CNS 증상은 전신 질환이 있거나 마취 또는 외과적 시술 후에 이차적으로 나타날 수도 있다. 이러한 상태에는 무기력, 공격성, 혼수, 실명, 과흥분 등이 포함된다.

❷ 통증 모니터링

통증의 징후로는 식욕 부진(anorexia)과 우울(depression)이 포함될 수 있다. 그 외 통증의 징후에는 아래와 같은 것이 있다. 입원환자에서 이러한 증상이 보이면 주기적인 점검 시 반드시 기록해 두도록 한다.

- 신음하거나 우는 소리(whimpering, crying)
- 움직이거나 접촉 시 날카롭게 비명(yipping)을 지름
- 접근 시 으르렁거림(growling)
- 불안(anxiety) 및 회피 행동(avoidance behavior)
- 안절부절(restlessness)못함
- 케이지(cage) 안에서 자주 자세를 바꿈(frequent repositioning)
- 눕기를 꺼림(reluctance to lie down)
- 척추를 굽힘(arching of the spine)
- 복부를 당김(abdominal tucking)
- 머리를 벽이나 바닥에 누름(head pressing)
- 절뚝거림(limping) 또는 사지를 사용하지 않음(non–weight-bearing)
- 특정 부위를 핥거나 씹음(licking or chewing at a specific area)

❸ 체중 모니터링

모든 환자는 수분 및 영양 상태를 모니터링하기 위해 가급적 매일 같은 시간, 같은 저울에서 체중을 측정해야 한다. 특히 고용량의 정맥(IV) 수액을 투여받는 입원환자(예: 신부전으로 입원)의 경우, 매일 체중을 측정하는 것이 매우 중요하다. 외래 진료를 위해 내원한 모든 동물은 내원 목적과 관계없이 반드시 체중을 기록하도록 한다.

❹ 체온 모니터링

체온 모니터링은 입원환자의 상태가 호전되는지 악화되는지를 판단하는 중요한 지표이자 조기 신호가 될 수 있다. 특히 수술이나 마취를 받는 모든 환자에서 체온 모니터링은 필수적이다. 정상 체온을 유지하기 위해서는 환자의 외부 환경과 내부 환경 모두를 조절해야 한다.

가. 저체온증(hypothermia)

저체온증은 쇼크, 중증 패혈증, 심한 심부전, 다장기 부전, 마취나 수술에 의한 관류 저하, 또는 낮은 환경 온도에서 발생할 수 있다. 저체온증이 발생하면 다음과 같은 방법으로 대처한다.

- 드라이어(blow dryer) 또는 온풍기(forced-air warming device)
- 적외선램프(heat lamp), 온수병(warm-water bottle), 온수담요, 인큐베이터 등

심한 저체온 환자의 경우, 정맥 수액(IV fluids) 투여가 관류(perfusion)를 증가시켜 중심 체온(core temperature)을 상승시키는 데 도움이 된다.

수액은 37℃로 가온기(fluid warmer)를 이용해 데우거나, IV 라인을 따뜻한 물이 담긴 그릇을 통과시켜 가온할 수 있다. 직장 체온이 36℃ 미만인 심한 저체온 환자는 30분마다 직장 체온을 모니터링해야 한다. 직장 체온이 정상 범위(37.2℃)에 가까워지면 가온을 중단하며, 환자를 과열시키지 않도록 주의해야 한다. 체온이 37.8℃를 초과하면 가온을 중단할 수 있다.

대부분의 온수담요(water blanket)는 설정 온도를 정상 체온으로 낮춰 정상 체온 유지(normothermia)가 가능하며, 과열을 방지할 수 있다. 온수담요와 환자 사이에는 항상 수건이나 패드를 두어 피부 손상을 예방해야 한다(핫팩 사용 시에도 동물의 몸에 핫팩이 직접 닿지 않도록 항상 수건을 사용하여 저온화상을 주의한다).

적외선램프(heat lamp)를 사용할 경우, 환자가 열원에서 멀어질 수 있는 공간과 이동이 가능한 환경을 반드시 제공해야 한다.

인큐베이터나 산소 케이지(oxygen cage)를 사용할 때는 환자가 과열되지 않도록 특히 주의해야 하며, 온도를 자주 모니터링하고 기록해야 한다.

나. 고체온증(hyperthermia)

고체온증은 감염, 패혈증, 중독, 염증, 뇌 병변이나 종양(체온 조절 기능 상실), 열사병, 발작, 스트레스, 과흥분 등의 원인으로 발생할 수 있다. 심하고 지속적인 고체온증(>40℃) 환자는 지속적인 모니터링이 필요하다.

체온을 낮추는 방법은 다음과 같다.

- 얼음을 수건으로 감싸 환자 앞에 놓고 선풍기를 이용하여 냉각(단, 얼음은 피부에 직접 접촉하지 않음)
- 발바닥 패드(paw pad)에 알코올 도포
- 미지근한 물을 마시게 함
- 실온의 물을 경정맥(jugular vein) 및 대퇴동맥(femoral artery) 부위 피부에 외부 도포하여 신속히 냉각

찬물이나 얼음을 직접 과도하게 사용하면 극심한 말초혈관 수축이 일어나, 전도(conduction) 및 대류(convection)에 의한 열 발산이 방해되어 중심 체온(core body temperature)이 오히려 계속 상승할 수 있다. 실온의 정맥용 결정질 수액(IV crystalloid fluids) 투여는 혈액량 확장(volume expansion)을 돕고, 열 손실에도 기여한다.

직장 체온이 39.5℃에 도달하면 냉각을 중단해야 하며, 과도한 냉각은 말초혈관 수축을 유발해 관류(perfusion)를 저해할 수 있으므로 주의해야 한다.

❺ 소변량 모니터링

모든 입원환자, 특히 위중한 반려동물은 배뇨 빈도를 반드시 기록해야 한다. 개의 경우, 규칙적으로 산책을 시키고 배뇨 여부와 대략적인 양을 기록한다. 고양이의 경우 배변통(litter box)을 자주 청소하여 배뇨 빈도를 확인하며, 침구나 케이지 바닥 매트 아래도 배뇨 흔적이 있는지 반드시 점검한다. 정맥 수액(IV fluids)을 투여받는 입원환자는 소변 생성량이 증가할 수 있으므로 더 자주 배뇨 기회를 제공해야 한다.

동물보건사는 입원환자의 배뇨 빈도, 소변의 성상을 기록한다. 소변의 생성량과 성상은 관류 상태(perfusion), 신장 기능, 수분 상태(hydration status), 방광 기능, 내분비 기능을 반영하므로 참고한다.

소변 채취 및 측정을 위한 요도카테터가 삽입되어 있지 않은 경우, 개를 야외로 데리고 나가 배뇨하게 할 수 있다. 보행이 가능한 입원환자는 낮 동안 4시간마다 외부로 데리고 나가 배뇨를 유도한다. 소변을 받기 위해서는 그릇을 사용할 수 있으며, 채취한 소변은 눈금이 있는 용기에 부어 양을 측정한다.

거동이 불가능한 환자에게는 일회용 패드나 기저귀를 사용하고, 무게로 배뇨량을 측정할 수 있다. 환자가 일회용 패드에 배뇨한 경우, 그 패드의 무게를 잰다. 이후 새로운 패드나 기저귀의 초기 무게를 빼면, 남은 무게가 곧 소변의 무게가 된다.

❻ 소화기 증상 모니터링

입원환자의 모든 배설물(소변, 대변, 구토물, 타액)을 모니터링하고, 그 특징(추정량 포함)을 차트에 기록해야 한다. 구토물의 색과 내용물(예: 노란색 또는 갈색, 녹색, 커피 찌꺼기 모양, 부분 소화 또는 미소화 음식물, 묽은 액체), 대변의 특징(예: 흑색, 선혈이 섞임, 점액성, 묽은 변)을 기록한다.

역류(regurgitation)와 구토(vomiting)는 구분해야 한다. 구토는 보통 능동적이며 때로는 분출성(projectile)일 수 있다. 역류는 대체로 수동적이고 조용하며, 몸이 움직일 때 발생할 수 있다. 환자가 물을 마시지 않거나 마실 수 없는 경우, 탈수량을 고려하여 체액 손실량을 계산하고, 정맥 수액(IV fluids)으로 보충해야 한다.

❼ 위생/구강 관리

입원환자의 몸은 항상 청결하게 유지하고, 체액 및 배설물이 남아 있지 않도록 해야 한다.

생리식염수나 물로 구강을 세척(flushing)하면 구강 궤양을 예방하거나 치유하는 데 도움이 된다. 구토물이 입안에 있을 경우 이를 세척하거나 흡인(suction)하여 제거하면 환자의 불편감을 줄일 수 있다. 경구(per os; PO)로 음식이나 물을 섭취할 수 없는 환자의 경우, 거즈 스펀지를 물에 적셔 구강 점막을 촉촉하게 유지할 수 있다.

입 주변 피부는 구토물과 타액으로부터 깨끗이 유지하여 2차 세균 감염을 예방해야 한다. 혼수(coma) 상태의 환자나 장기간 기관 내 삽관(intubation) 상태에 있는 환자의 혀는 자주 물을 발라 주거나, 젖은 거즈로 감싸 촉촉하게 유지하도록 한다.

❽ 소화기 환자 관리

설사가 있는 환자의 주변은 가능한 한 청결하고 건조하게 유지해야 한다. 케이지(cage)를 철저히 청소하고, 오염된 침구류는 교체한다. 환자를 자주 외부로 데리고 나가 배변하게 하면 환자의 편안함을 높이고 케이지 청소 빈도를 줄일 수 있다.

비정상적인 대변은 반드시 의무기록(medical record)에 기록하며, 색(color), 양(amount), 전반적인 성상(composition)을 포함하여 기록한다. 묽고 양이 많은 대변은 소장성 설사(small bowel diarrhea)에서 흔히 나타난다. 선혈(피가 섞인 대변)이나 흑색변은 위장관 출혈(GI bleeding)이나 궤양(ulceration) 등을 의미할 수 있다.

동물보건사는 보호자에게 식이 이력(diet history)을 반드시 물어본다. 식이 이력은 매우 중요하며, 특히 소동물에서 설사는 종종 부적절한 음식 섭취(dietary indiscretion)나 식이 변경으로 인해 발생한다. 최근에 습식, 고지방, 육류 위주의 식이로 변경했거나, 사람 음식(table scraps)을 자주 급여했거나, 쓰레기나 죽은 동물에 접근한 경우 설사의 원인이 될 수 있다.

❾ 변비 관리

최근 2일간 배변이 없으나 여전히 사료는 섭취하는 환자는 면밀히 관찰하여 배변을 유도해야 한다. 예를 들어 긴 목줄을 착용하고 밖으로 데리고 나가거나, 야외 운동장에 두거나, 더 큰 배변통이나 다른 종류의 모래를 제공하는 방법이 있다. 필요시 식이 변경(예: 캔 사료, 섬유질 추가)을 고려할 수 있다.

변비로 진단되면 관장이 필요할 수 있다. 특정 신경학적 이상이 있는 환자나 약물로 인한 혼수상태의 환자는 대장을 수동적으로 비워 주어야 한다.

배변 시 힘주기(tenesmus)가 관찰되면 반드시 수의사에게 보고한다.

청진기를 마지막 갈비뼈 아래 복 측에 대고 장음(gut sounds)을 확인한다. 가스 음이나 '꾸르륵 꾸르륵' 하는 배울림 소리(gurgling sound)가 있는지 모니터링하며, 하루 최소 2회 이상 확인하도록 한다.

❿ 피부 관리

일부 입원환자는 입원 후 동물병원 입원장에서의 자세, 요실금 또는 대변 실금, 스트레스, 전해질 불균형, 수분 부족, 전반적인 관리 부족 등으로 인해 욕창(decubital ulcer), 피부염(pyoderma) 등의 피부 문제를 겪을 수 있다. 어떤 환자는 입원하기 전에는 피부 문제가 없었으나 입원 중 피부 문제가 발생하기도 한다.

입원 사유와 관계없이 동물병원에 입원한 모든 환자의 피부는 청결하고 건조하게 유지해야 한다. 환자가 입원하여 상태가 안정되면, 피부에 묻은 구토물,

설사, 소변, 혈액은 반드시 제거하여 주도록 한다.

입원환자는 병변 부위의 국소치료와 함께 털 엉김을 방지하기 위한 기본적인 빗질을 해 주고, 삼출물이 있다면 씻어서 피부를 깨끗하게 해 준다. 설사가 있는 외과 환자는 감염을 예방하기 위해 더욱 청결하게 해 준다. 퇴원 전에는 발톱 손질, 항문낭 관리, 귀 청소 등의 기본 위생을 점검해 주고, 털과 피부의 위생 관리를 실시해 주는 것이 좋다.

2) 중증환자의 간호

중증환자는 일어서지 못하고 누워 있는 환자가 대부분이다. 골반 골절, 머리 외상, 추간판 탈출증 등 다양한 질환으로 인해 입원한 중증환자에서 주요 우려 중 하나는 욕창의 발생이다. 피부의 습기 증가와 자극 시 욕창이 발생되기 쉬우므로, 환자를 항상 청결하고 건조하게 유지하는 것이 중요하다.

(1) 욕창 관리

욕창은 주로 압박으로 인해 발생하므로 패드, 폼 매트리스, 에어 매트리스와 같은 푹신한 침구를 사용하여 욕창을 예방하거나 최소화할 수 있다. 소변과 대변이 피부와 피모에 남아 있어 불량한 위생 상태가 되면 감염과 함께 욕창이 더욱 발생하기 쉬워진다. 요실금이 있거나 설사를 하는 동물은 회음부 주변 털을 깎으면 목욕과 건조 시간을 절약할 수 있다. 전신 목욕이 어려울 경우, 스펀지로 부분적으로 닦아 줄 수도 있다.

❶ 자세 변경

중증환자의 경우, 욕창 방지를 위해서 가급적 2~4시간에 한 번씩 자세를 바꿔 주도록 하며, 자세 변경 후에는 압박되었던 부위 주변을 마사지하거나 굴곡 및 신전 운동을 통해 자극을 주어 눌렸던 부위의 혈액 순환을 촉진시킨다. 눌린 자리를 반드시 살펴보아 눌림이 심한 자리로 다시 눕히지 않도록 주의한다.

❷ 패딩/완충재(Padding) 제공

중증환자에게 충분한 패딩(완충재)을 제공하는 것은 욕창(압박 궤양) 예방에 필수적이며, 마비된 동물은 종종 심하게 몸부림치므로 패딩은 동물이 다치는 것을 예방할 수 있다. 마비, 발작이 있거나 뇌종양으로 인한 뇌병증, 대사성 질환이 있는 동물은 반드시 케이지 안에 추가적인 패딩을 제공해야 한다. 패딩/완충재로 사용할 수 있는 종류는 스티로폼, 기저귀, 담요 등이며, 스펀지 같은 것도 완충제로 활용할 수 있다. 소변이 흡수되지 않도록 완충제를 비닐봉지나 랩으로 싸서 사용할 수도 있다. 패딩/완충제 위에는 일회용 배변패드를 깔아서 효과적으로 관리한다.

(2) 방광 관리(Bladder Maintenance)

중증환자의 상황상 어렵겠지만 가능한 한 자발적인 배뇨를 촉진하여, 방광 압박(Expressing)이나 요도카테터 삽입(Catheterization)의 사용을 최소화해야 하는 것이 좋다. 자발적인 배뇨를 유도하거나 촉진하기 위해 동물을 실외로 데려가면 좋다. 방광 압박을 시행하기 전에는 스스로 배뇨할 수 있도록 시간을 준다. 운동 기능이 회복되기 시작하면 일반적으로 방광 기능도 일부 회복되므로 환자가 방광을 비울 시간을 충분히 주어야 한다.

방광 압박 시에는 일정하고 부드러운 압력으로 촉진해야 하며, 갑작스러운 움직임은 복부 근육을 긴장시킬 수 있다. 작은 동물은 한 손으로 하는 것이 쉽고, 대형견에서는 양손을 사용한다. 방광이 촉진되면 압력을 가한다. 신경 손상이 있는 동물에서는 요도 괄약근 긴장을 완화하는 데 몇 초가 걸릴 수 있다.

스스로 배뇨가 어려운 동물에서는 요도카테터를 사용할 수 있다. 이때 감염 위험을 고려하여 장착된 카테터는 3~4일 이상 유지하지 않도록 하며, 혈뇨나 기타 소변 색깔의 변화가 나타나면 카테터 제거를 고려해야 한다.

(3) 장 관리(Bowel Maintenance)

환자의 배변 상태 역시 기록해야 한다. 환자가 변비가 되면 관장이나 손가락을 이용한 대변 제거가 필요할 수 있다. 항문 괄약근이 이완(flaccid)된 환자는 간호와 위생 유지가 특히 어려울 수 있다. 장모종 개와 고양이의 항문 주위의 털은 대변이 털에 엉키지 않도록 짧게 깎아 준다. 털을 깎으면 대변으로 오염되었을 때 목욕과 건조가 쉬워진다.

(4) 음식과 물

회복을 위해서는 음식 요구량과 수분 상태를 계산하여 충분한 영양을 보장하는 것이 필수적이다. 단순히 케이지 안에 음식과 물을 넣어 두는 것만으로는 충분하지 않다. 체중 감소를 방지하고 적절한 수분 상태를 유지하기 위해, 환자가 충분히 먹고 마시고 있는지를 반드시 확인해야 한다. 칼로리 요구량은 표준 휴식 시 에너지 요구량(RER)과 일일 에너지 요구량(DER) 계산식을 이용하여 산출하며, 수분 필요량 계산은 정맥수액(IV fluid) 계산 방식과 동일하게 수행한다.

(5) 수동관절운동(Passive Range-of-Motion Exercises; PROM)

중증환자의 간호 시에 환자가 오랜 기간 누워 있는 상태가 지속되면 근육이 수축하고 통증을 느낄 수 있다. 따라서 수동관절운동(PROM)을 시행하면 근육 소실을 줄이고 관절의 움직임을 보존할 수 있다. PROM은 근육과 건을 조심스럽게 신전·이완시켜 관절에서 가능한 움직임 범위를 증가시키도록 고안된 운동이다. 하루 2~3회 시행하며, 신전과 수축 동작은 각각 15~30초 동안 유지하고 1~3회 반복한다. 각 관절은 발끝에서 시작하여 사지 위쪽으로 진행하며, 각 관절을 개별적으로 시행하되, 운동 중에는 동물이 통증을 느끼거나 불편해하지 않도록 주의한다.

4. 동물 보정

동물 보정은 진료, 검사, 처치 및 간호 과정에서 동물의 움직임을 통제하여 환자의 안전과 동물보건사 및 수의사를 포함한 모든 직원의 안전을 확보하기 위한 필수 기술이다. 동물 보정 없이는 진료와 검사의 시작 자체가 불가능하다. 동물의 적절한 보정을 통해서 정확한 진단과 치료를 가능하게 할 수 있다.

보정은 언어적 · 화학적 · 물리적인 세 가지 보정이 있다. 언어적 보정은 보조적인 수단이며, 부드러운 접근과 음성 조절로 동물의 불안을 완화하고 협조적인 상태를 유도하는 것을 말한다. 부드럽고 차분한 목소리는 동물을 진정시키는 효과가 있다. 조용히 노래하듯 이름을 부르거나, 쉬(shh) 하는 소리 같은 부드러운 진정 신호는 동물의 긴장을 완화시킨다. 화학적 보정은 수의사의 판단에 따라 약물을 처치하여 보정하는 것으로서, 아세프로마진(acepromazine), 메데토미딘(medetomidine), 부토파놀(butorphanol), 다이아제팜(diazepam) 등의 약물을 수의사가 진정 목적으로 이용할 수 있다. 물리적 보정은 진료와 검사 등을 용이하게 하기 위해 동물의 움직임을 물리적으로 제어하는 것을 말하며, 본 절에서는 진료에 필요한 일부 물리적 보정에 대한 내용을 간단히 언급하겠다.

1) 동물 보정(Restraint of Animals)

(1) 보정 시 기본 원칙

환자의 공격성 및 불안 수준을 사전에 평가한다. 스트레스를 받은 동물의 시그널을 파악하고, 부드러운 말을 건네어 환자의 스트레스를 최소화하며, 과하게 힘을 가하지 않는다.

(2) 입마개(Muzzle) 준비하기

입마개는 불안하거나 공격적인 개의 보정 시에 팀원과 보호자의 안전을 위해 사용된다. 입마개는 상용화된 제품도 있으나, 거즈를 사용할 수도 있다. 단두종(brachycephalic breeds)과 같이 머리가 짧은 개는 거즈 입마개 사용을 권장한다. 거즈 입마개 만드는 방법은 간단하며, 병원에서 손쉽게 적용할 수 있으므로 동물보건사의 기본 스킬로 알아두면 좋다. 롤 형식의 거즈가 없을 때에는 나일론 스타킹이나 로프, 긴 끈으로도 대신하여 만들 수도 있다.

거즈로 입마개 만드는 법은 'Gauze Muzzle'로 검색해 보면 여러 동영상을 확인할 수가 있다. 방법은 아래와 같다.

① **거즈를 준비한다.** 먼저 두 팔을 벌린 길이만큼의 거즈를 준비한다. 거즈는 두 겹으로 해도 좋다. 거즈가 없다면 아래 사진과 같은 정도의 충분한 길이의 끈으로 하면 된다.

[그림 1-2] 거즈 준비

② **둥근 고리를 만든다.** (이 자세에서 줄을 양쪽으로 잡아당기면 매듭이 만들어진다. 영상에 따라 처음 한 번 고리를 잡아당겨 매듭을 하나 만들고 시작하기도 한다. 사진에서 처음 만든 매듭은 빨간색 동그라미로 표시하였다.)

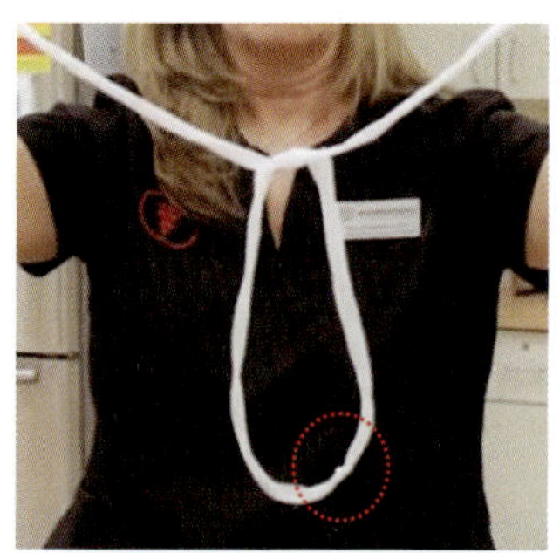

[그림 1-3] 고리 만들기

③ **둥근 고리를 개의 주둥이에 걸어 준다.** 개가 잘 보정되어 있으면 앞에서부터 걸어 주고, 보정자가 없다면 옆이나 뒤에서 접근하여 걸어 준다. 고리를 건 후, 끈의 양쪽을 당겨서 주둥이를 고정시킨다.

앞에서 본 모습 　　　　 옆에서 본 모습

[그림 1-4] 고리 걸고 묶기

④ **묶은 끈을 아래로 내려서 턱 쪽에서 한 번 더 교차한다.**

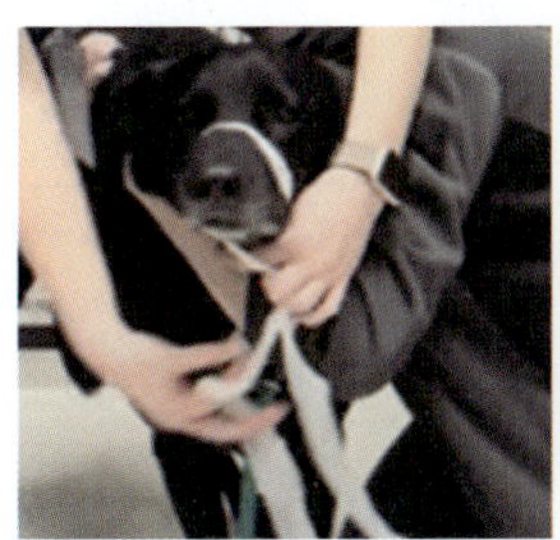

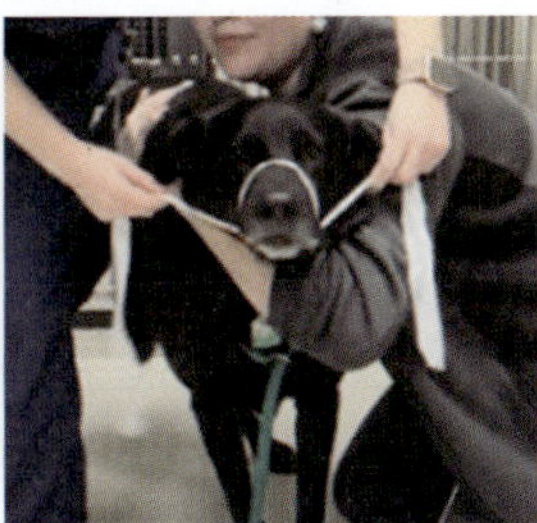

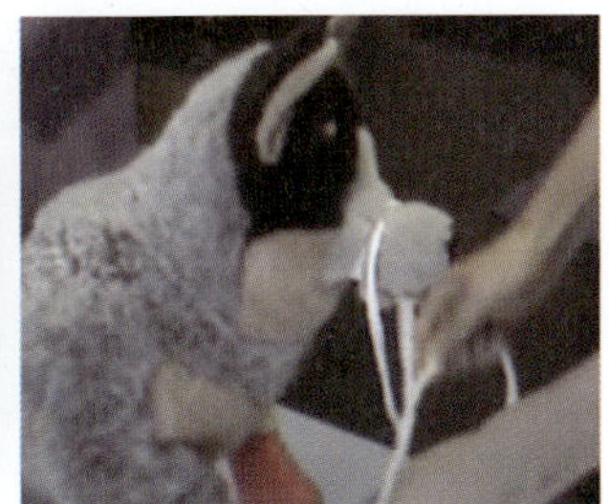

앞에서 본 모습 　　　　 옆에서 본 모습

[그림 1-5] 고리를 턱에서 교차하기

⑤ **아래에서 교차한 끈을 머리 귀 뒤쪽으로 가져온다.**

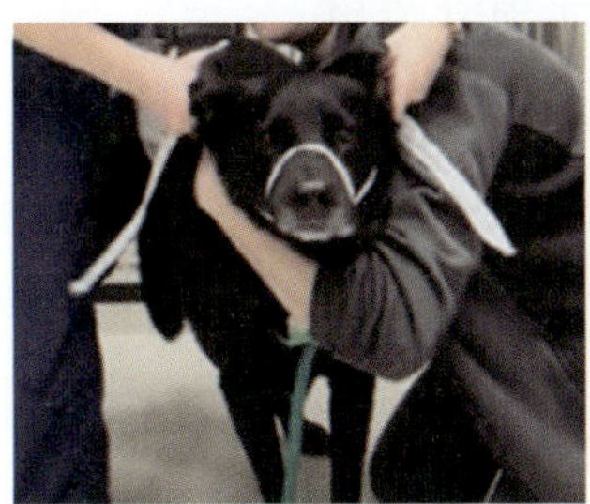

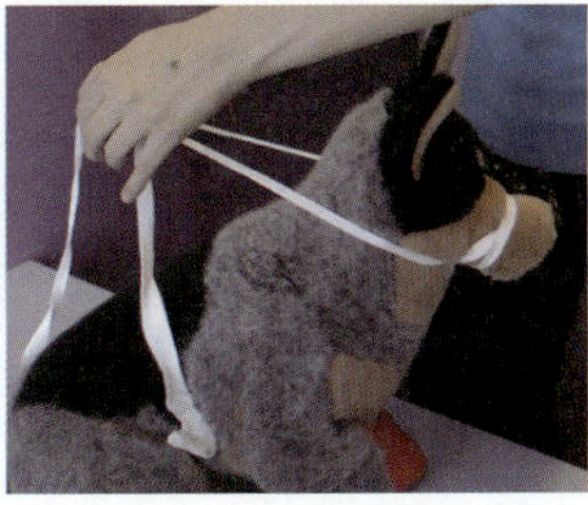

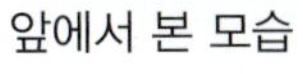

앞에서 본 모습 　　　　 옆에서 본 모습

[그림 1-6] 고리를 머리 뒤로 보내기

⑥ **머리 뒤쪽에서 끈을 리본형 매듭으로 잘 묶어 준다.**

앞에서 본 모습

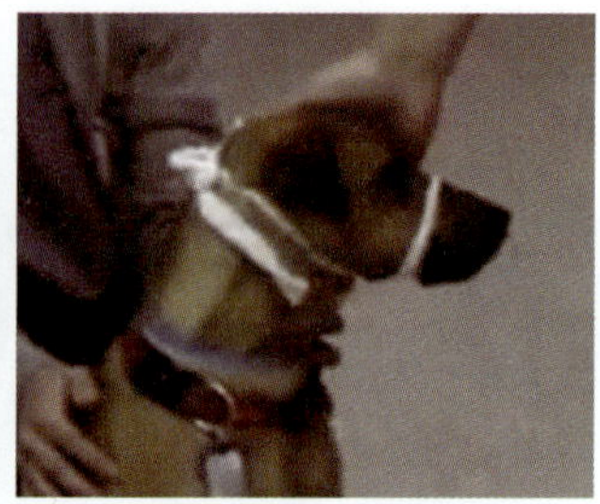
옆에서 본 모습

[그림 1-7] 고리를 머리 뒤에서 묶기

⑦ **입마개 사용 시 주의 사항**

호흡이 막히지 않도록 지속적으로 확인한다. 입마개는 개의 헐떡임(panting)을 방해하여 과열(overheating)을 초래할 수 있으므로 장시간 사용을 금지한다. 거즈 입마개를 묶을 때에는 리본 매듭으로 하여 필요시 빨리 푸를 수 있도록 한다. 입마개 제거 시에는 보정자가 머리를 안전하게 고정하여 물리지 않도록 한다.

(3) 동물의 이동(들어 올리기) 및 자세 잡기(Lifting and Positioning)

❶ 안전하게 들어 올리기

바닥에 있는 환자를 들어 올릴 때에는 반드시 무릎을 굽혀서 들어야 한다. 허리만 굽혀서 무게가 있는 동물을 들어 올리면 허리를 다치게 될 위험성이 크다는 것을 명심해야 한다. 동물보건사는 자신의 건강을 지키고, 동물 환자의 안전을 위해서라도 반드시 올바른 방법을 준수해야 한다.

작은 동물을 들어 올릴 때에는 한 손은 하악(아래턱) 아래에, 다른 손은 복부 아래에 두어 들어 올린다. 동물은 항상 몸에 가깝게 붙여서 안정성을 유지한다.

중형 동물은 한 팔은 목 아래 또는 앞다리 사이로 가슴을 받치고, 다른 팔은 복부나 뒷다리를 감싸안아 들어 올린다(그림 1-8). 이때 허리만 굽혀서 동물을 들어 올리지 말고, 쪼그려 앉은 자세로부터 동물을 안전하게 들고 일어난다.

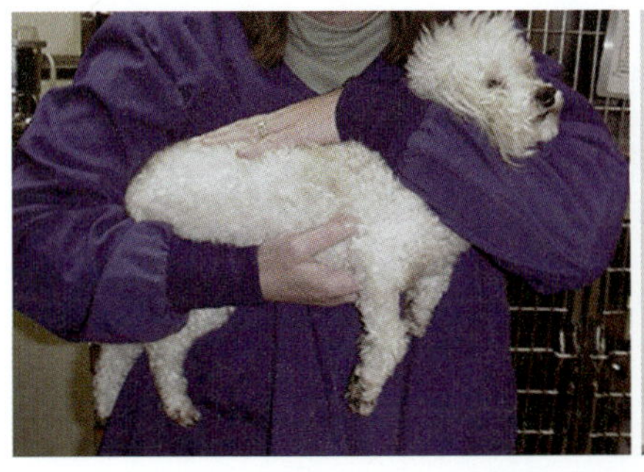
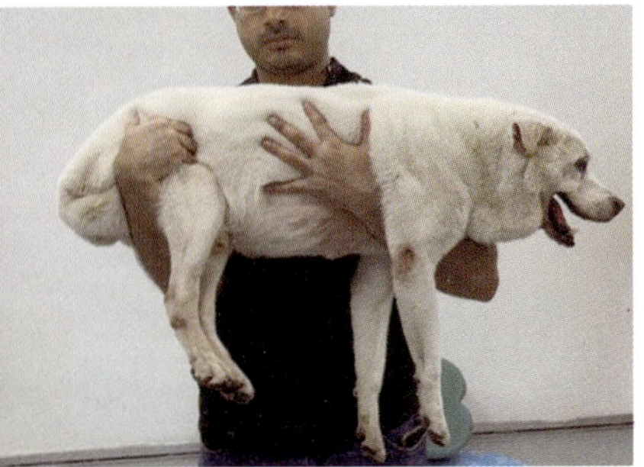

[그림 1-8] 소형견과 중형견을 들어 올리는 방법

15kg 이상의 대형견은 가급적 두 명의 팀원이 함께 드는 것이 좋다. 한 명은 팔을 개의 흉부를 감싸고 다른 팔은 목 아래에 둔다. 다른 한 명은 팔 하나를 복부 아래에, 다른 팔은 뒷다리를 감싸 협력하여 들어 올린다(그림 1-9).

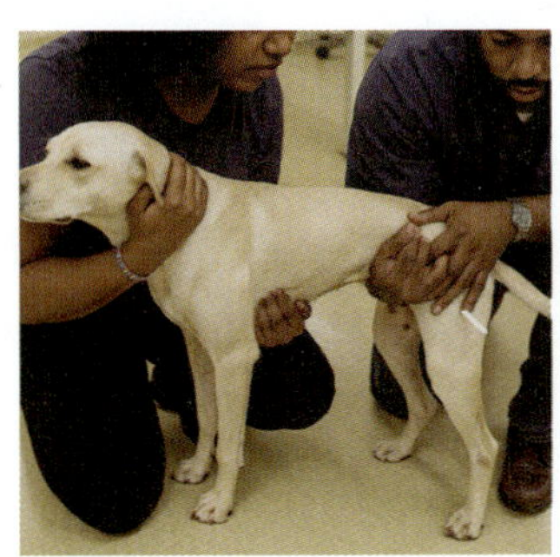
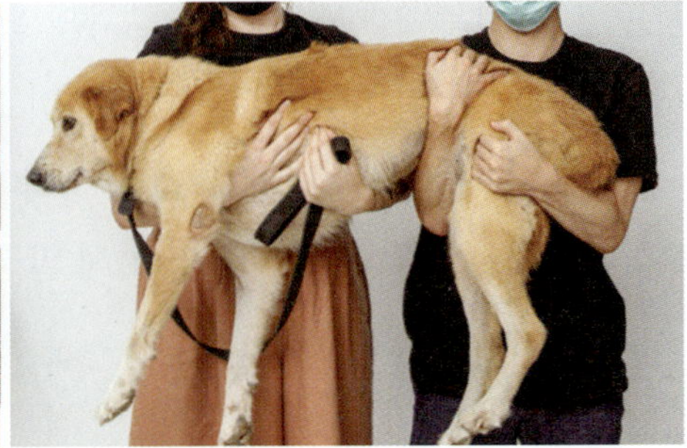

[그림 1-9] 2인이 함께 대형견을 들어 올리기

출처: https://wvs.academy/case-reports/canine-behaviour-handling/

❷ 복장자세/흉와위 보정(Sternal Recumbency)

흉와위 보정은 개를 앉힌 상태에서 앞발 두 개를 앞으로 위치시켜서 몸을 엎드린 상태로 만드는 보정법이다. 이 보정은 혈액 채취/정맥주사 준비, 구강·안과 검사, 약물 투여 등 여러 자세를 실시할 때에 필요한 보정법이다. 이때 한 손은 목이나 주둥이 부위에서 머리의 움직임을 제어하며, 팔꿈치와 상체를 활용하여 뒷다리 부분을 감싸서 안정적으로 동물을 몸에 밀착시킨다(그림 1-10).

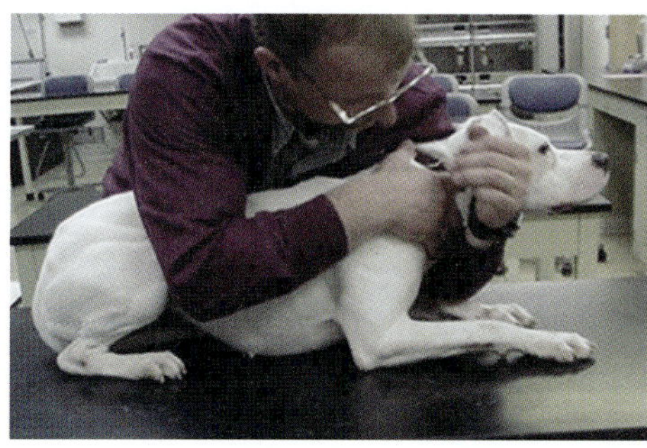
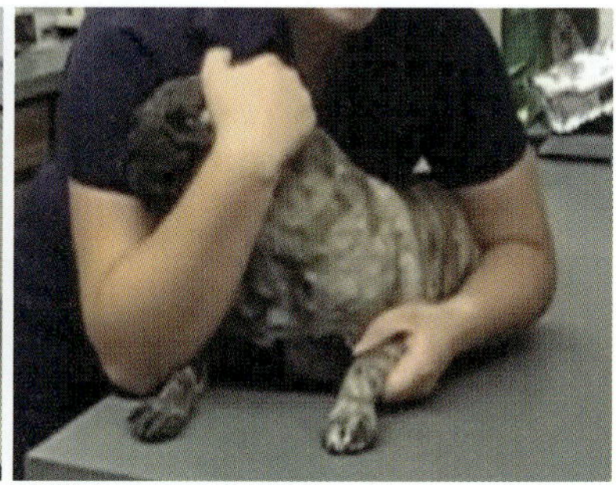

[그림 1-10] 흉와위 보정

❸ 노쪽피부정맥/요측피정맥(Cephalic Vein) 천자를 위한 보정

이 보정법은 IV카테터 또는 혈액 채취 등을 위하여 노쪽피부정맥을 노장시키는 자세이다. [그림 1-11]의 왼쪽은 테이블 위에서 동물보건사가 수건과 팔꿈치를 사용하여 고양이를 안정적으로 보정하고, 테이블에 고정시킨 손의 엄지손가락으로 노쪽피부정맥(Cephalic Vein)을 눌러서 혈관을 노장시켜 정맥천자를 돕는 모습이다. [그림 1-11]의 오른쪽은 비교적 순종적인 개 및 중 · 대형견의 경우, 동물보건사의 몸으로 개를 보정하면서 한 손으로는 머리의 움직임을 잡아 주고, 다른 한 손으로 혈액 채취를 위해 팔꿈치 쪽에서 엄지손가락을 활용하여 혈관을 눌러 주는 자세이다.

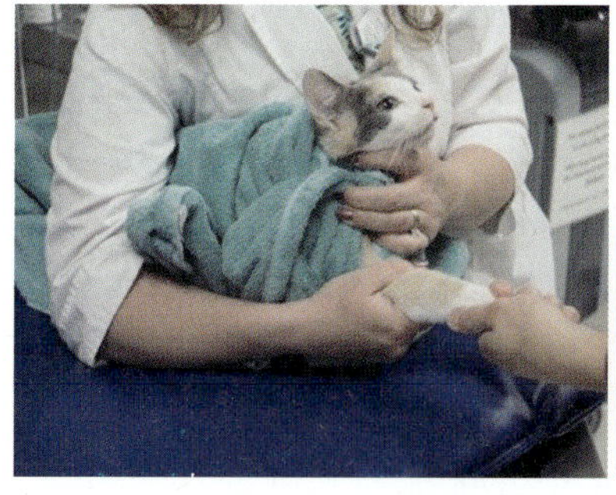
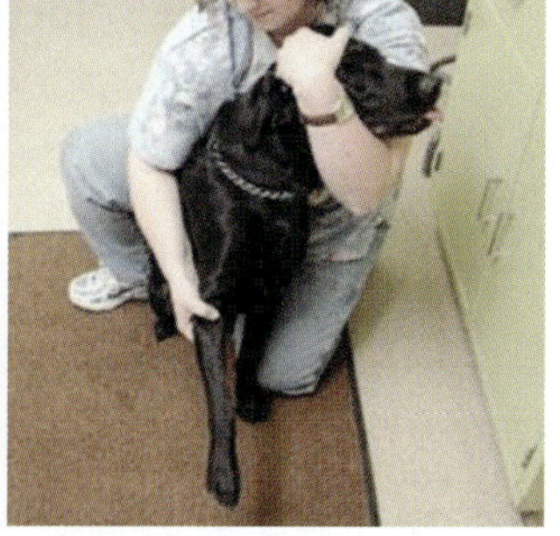

[그림 1-11] 노쪽피부정맥 천자를 위한 보정

출처: https://cdn.csu.edu.au/__data/assets/pdf_file/0010/4273048/AEC-SOP-3.1-Canine-and-Feline-Venepuncture-SOP114.pdf

❹ 목정맥/경정맥(jugular vein) 혈액 채취를 위한 보정

목정맥/경정맥(jugular vein)으로부터 혈액 채취를 위해서 목을 길게 위쪽으로 고정시켜, 수의사가 목정맥을 잘 찾을 수 있도록 안정적으로 보정해야 한다. 한 손으로는 동물의 턱을 잘 잡고, 다른 한 손으로 몸이 움직이지 않도록 잘 지탱하며 하체를 잡아 준다.

[그림 1-12]의 왼쪽 고양이의 경우, 한쪽 손의 팔과 몸, 팔꿈치 사이에 동물을 안정적으로 잘 보정해 준 다음 손으로 머리와 턱을 잘 잡아서 위로 올려 주며, 다른 한 손으로는 앞발을 잘 잡고 테이블 모서리 바깥쪽으로 내려서 다리부터 목 부분까지 일직선의 자세로 하여 수의사가 경정맥을 잘 찾을 수 있도록 해 준다. [그림 1-12]의 오른쪽처럼 중형 이상의 동물에서는 보정 시 동물이 움직이지 않도록 동물보건사의 팔꿈치와 겨드랑이를 사용하여 개의 몸을 안정적으로 고정시키고 다른 한 손으로는 개의 주둥이 쪽이나 머리를 잘 잡아서 수의사의 요청에 따라 머리의 위치를 미세하게 조정할 수 있도록 해 주는 것이 좋다.

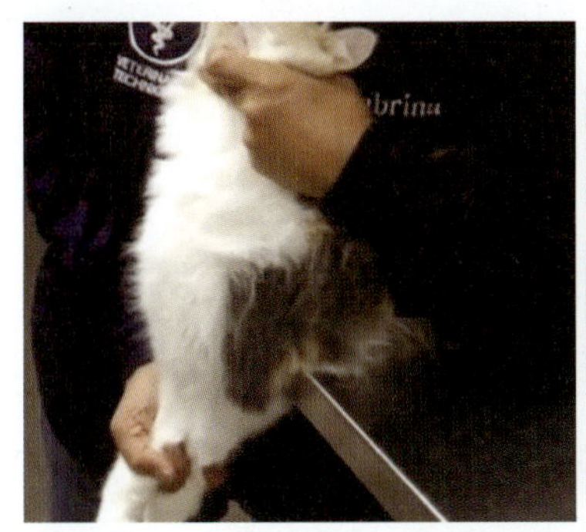
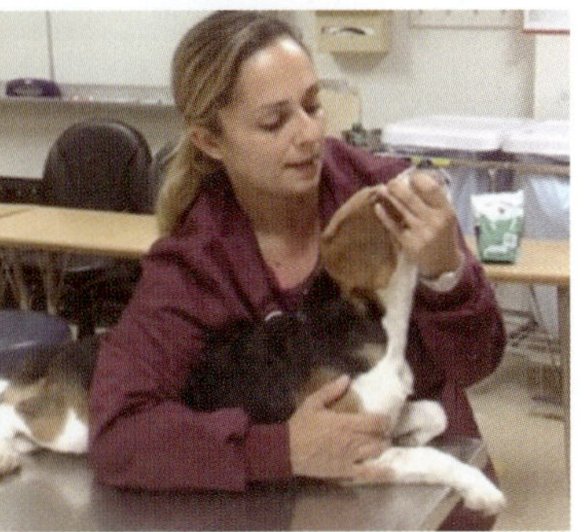

[그림 1-12] 경정맥 채혈을 위한 보정

❺ 측와위 보정(Lateral Recumbency)

옆으로 눕히는 측와위 또는 횡와위 자세는 먼저 테이블 위에 동물을 세워 둔 후에 내 몸쪽의 앞발과 뒷발을 [그림 1-13]과 같이 몸통을 가로질러서 잡고 그대로 부드럽게 누울 수 있도록 유도한다. 이후 양손으로 각각 앞발과 뒷발을 함께 쥐고 수의사가 요청하는 대로 자세를 잡도록 한다. 이와 같은 자세는 요도카테터 삽입, 방사선 촬영, 봉합사 제거, 외측 복재정맥 채혈 등 여러 시술을 진행할 때 필요한 자세이다.

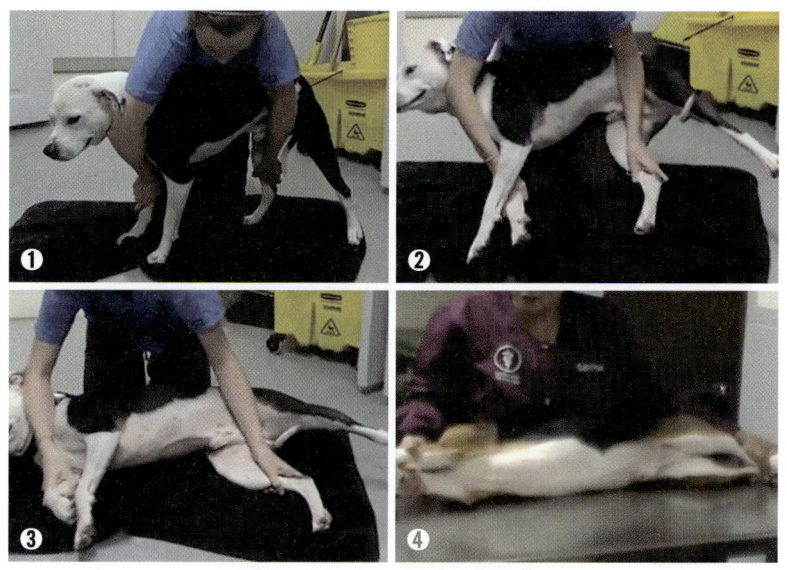

[그림 1-13] 측와위 보정의 단계별 자세

출처: https://www.youtube.com/watch?v=t_IFsElQEtc

❻ 타월(Towel) 보정

타월은 고양이 보정 시 가장 효과적이고 흔히 사용되는 도구이다. [그림 1-14]와 같이 타월로 몸과 발, 발톱을 감싸 안정적으로 고정한다. 정맥 채혈(대퇴 또는 요측 정맥 노출)이나 근육주사(IM) 시에는 앞·뒷다리 중 필요한 부위만 타월 밖으로 빼서 고정할 수 있다. 타월 보정은 구강약·안약 투여 시에도 활용 가능하며, 머리만 덮어 주어도 고양이를 진정시키는 효과가 있다. 타월로 머리를 덮을 때는 고양이의 호흡이 원활하도록 주의해야 한다.

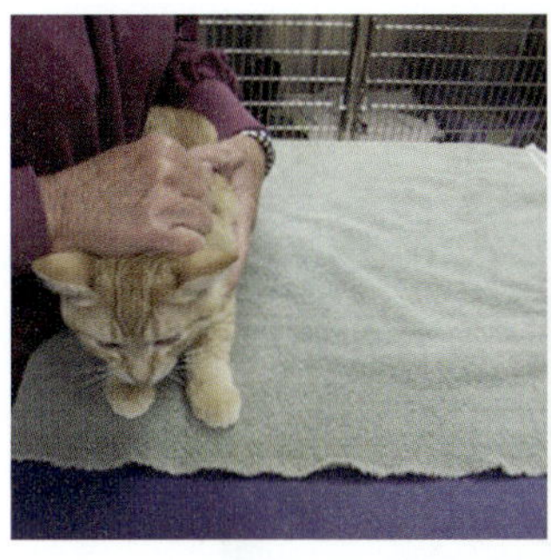
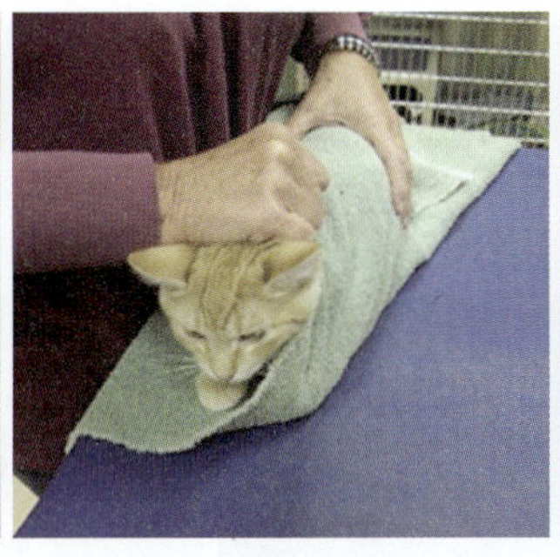
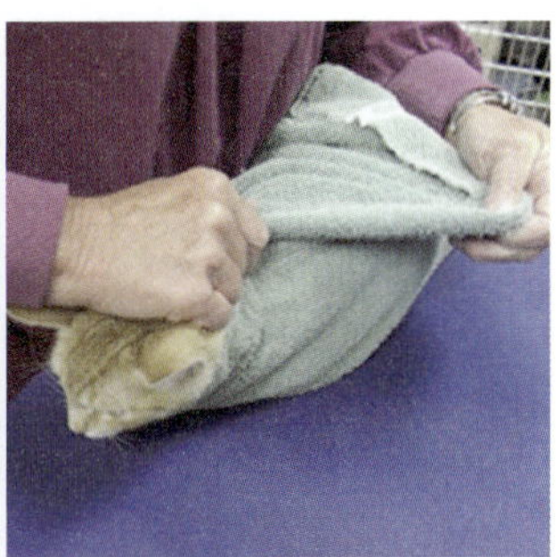

[그림 1-14] 고양이의 타월 보정

❼ 고양이 보정용 가방(Cat Restraint Bag)

고양이 보정용 가방은 두꺼운 캔버스나 나일론으로 제작되며, 지퍼 또는 벨크로로 닫을 수 있다. 각 사지에 개별적으로 열 수 있는 구멍이 있어 한 번에 한 쪽 다리만 꺼내 시술할 수 있다. 가방 사용 시 테이블에서 굴러떨어질 위험이 있으니 항상 주의해야 한다. 가방에서 꺼낼 때는 목 스트랩을 풀고, 지퍼를 열어 고양이가 스스로 나오도록 유도한다. 공격적이거나 스트레스가 심한 경우에는 팀원 모두가 긴장감을 유지하고 신속하게 손을 거두어야 한다(그림 1-15).

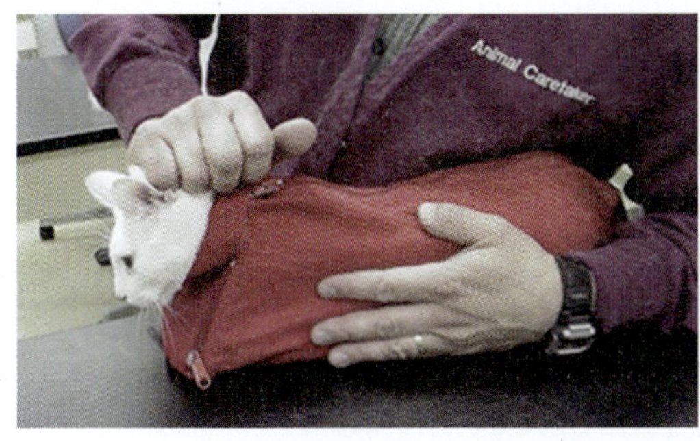

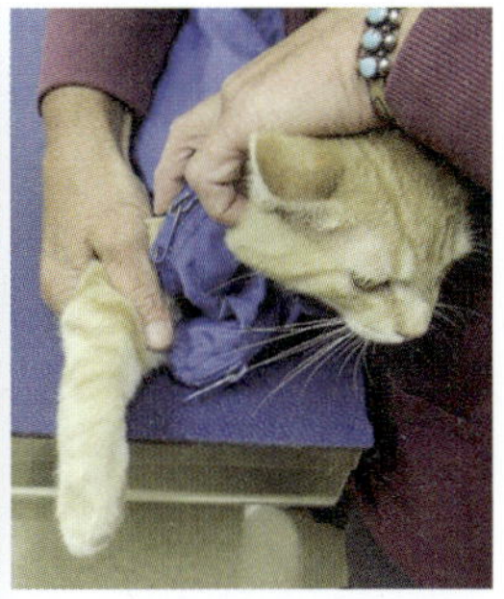

[그림 1-15] 고양이 보정용 가방

❽ 두꺼운 보호장갑(Gauntlet)

두꺼운 보호장갑은 심한 스크래치 및 교상 위험을 줄일 수 있다. 그러나 촉각이 제한되어 세밀한 조작이 어려울 수 있어 상황에 따라 선택적으로 사용한다 (그림 1-16).

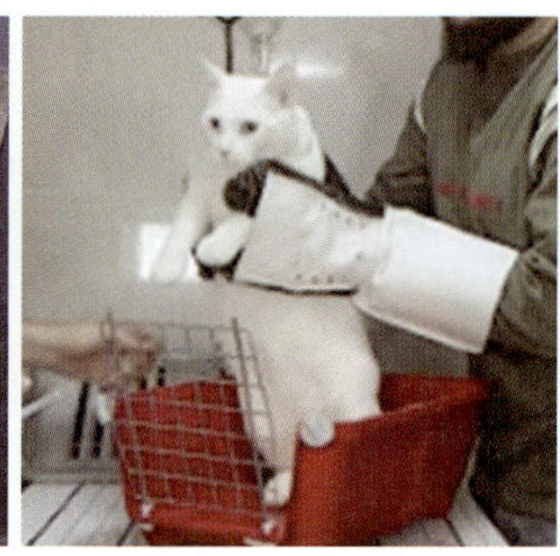

[그림 1-16] 가운틀렛

⑨ 분산(Distraction) 기법

간식 등으로 고양이의 주의를 분산시켜 보정을 용이하게 할 수 있다. 머리 부위를 부드럽고 가볍게 두드리거나 문지르는 것은 시술에 대한 관심을 줄인다. 얼굴에 가볍게 바람을 불어넣는 방법도 효과적이며, 속도와 방향을 다양하게 조절한다. 절대 거칠게 다루지 않으며, 고양이 얼굴 접근 시 항상 주의한다.

제 2 장

심혈관계

학 · 습 · 목 · 표

1. 심혈관계에 대한 기본적인 해부 구조와 생리학을 이해한다.
2. 심혈관계 질환에 따른 임상 증상 및 신체검사 방법에 대하여 학습한다.
3. 심혈관계 질환의 진단법에 대해 학습한다.
4. 심부전의 병태생리학과 관리법에 대해 이해한다.
5. 심혈관계 질환에 대해 학습한다.

1. 심혈관계 해부생리학

1) 심장의 해부학적 구조

심장은 섬유성 주머니인 심막(pericardium)에 싸여 있는 뒤집어진 원뿔 모양의 근육 조직으로, 흉곽 안의 횡격막 위와 양쪽 폐 사이에서 왼쪽으로 치우쳐 5번 흉추(T5)에 근접해 있다. 심장바닥(base)에 동맥과 정맥이 연속해 있으며, 반대편의 뾰족한 부분을 심첨(apex)이라고 한다. 심막은 내장쪽 심막(visceral pericardium)과 벽쪽 심막(parietal pericardium)으로 구성되어 있고, 심막 안(pericardial cavity)에는 수양성 윤활액인 심장막 액(pericardial fluid)이 있어 심장이 박동할 때 심막과의 마찰을 방지한다. 심장은 근육, 혈관, 신경으로 구성된 심장근육층(myocardium)과 혈액과 접촉하는 혈관내피세포(endothelium)로 덮여 있는 심장속막(endocardium)으로 구성된다. 포유류 심장은 심장 중격(septum)을 중심으로 좌우로 나뉘고, 방실 판막(atrioventricular valve)을 따라 심방(atrium)과 심실(ventricle)로 나뉘어 2심방 2심실을 구성한다. 우측 방실 판막은 3개의 판으로 구성되어 삼첨판(tricuspid)이라고 하며, 왼쪽 방실 판막은 2개의 판으로 구성되어 이첨판(bicuspid) 또는 승모판(mitral valve)이라고 한다. 심실벽의 유두근(꼭지근, papillary muscle)에는 섬유성 가닥인 건삭(힘줄끈, chodae tendinae)이 방실 판막과 연결되어 있다. 심방과 심실 사이에 판막이 존재하듯이 우심실과 폐동맥 사이에는 폐동맥판막(pulmonary valve), 좌심실과 대동맥 사이에는 대동맥판막(aortic valve)이 존재하며, 이들 판막은 반달 모양으로 생겼다고 하여 반월판(semilunar valve)이라고 불리기도 한다. 좌심실 → 대동맥 → 말초조직 → 대정맥 → 우심방 회로를 대순환 또는 체순환(systemic circulation)이라고 하고, 우심실 → 폐동맥 → 폐 → 폐정맥 → 좌심방 회로를 소순환 또는 폐순환(pulmonary circulation)이라고 한다. 이 혈관계는 서로 직렬로 연결되어 하나의 폐쇄 순환 회로를 형성하고 있다.

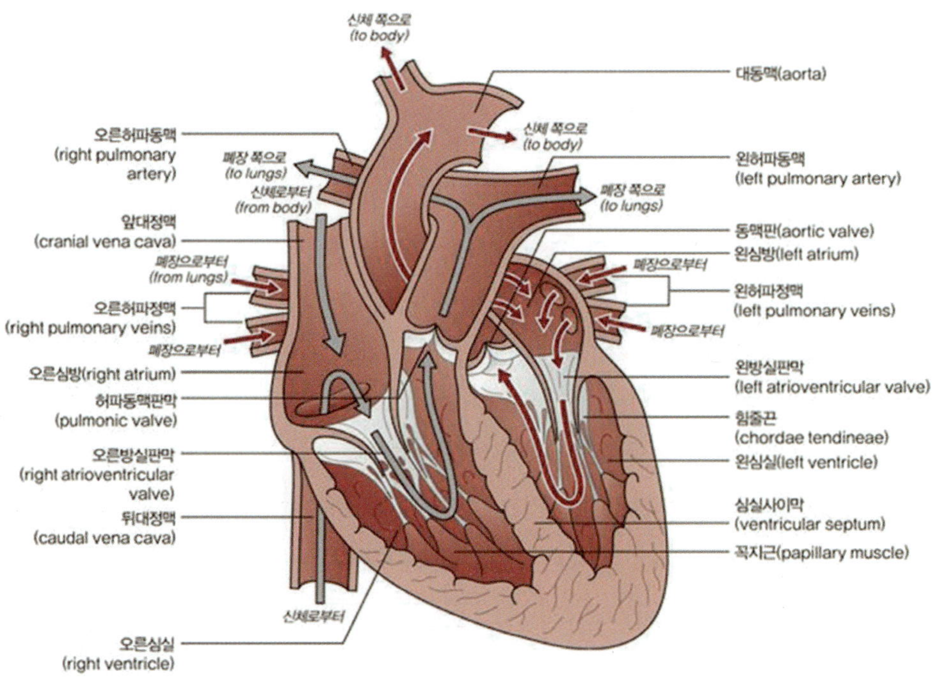

[그림 2-1] 심장의 구조와 혈액의 흐름 방향

출처: 동물해부생리학 교재연구회(2014). 동물해부생리학 개론. 범문에듀케이션.

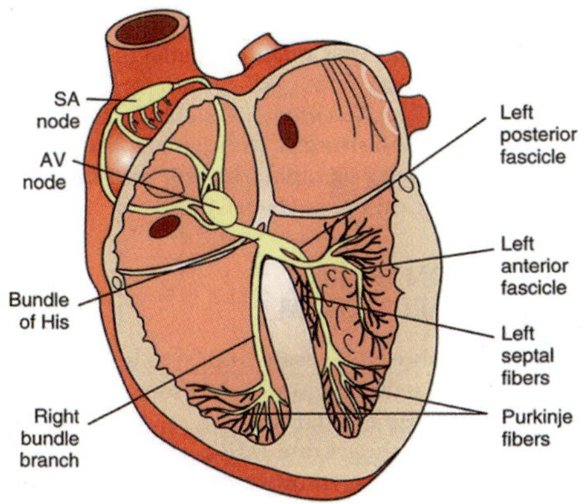

[그림 2-2] 심장 박동조율기(pacemaker)의 해부학적 구조

출처: Smith, F. W. K., Jr., Tilley, L. P., Oyama, M. A., & Sleeper, M. M. (2015). Manual of canine and feline cardiology (5th ed.). Elsevier.

2) 심장의 전기생리학

심장은 스스로 반복하여 흥분 수축하는 자동성을 가진다. 심장 박동은 신경 지배 없이도 심방 수축, 심실 수축 및 이완기 순서로 계속된다. 흥분은 오른심방의 정맥동(Venous Sinus)에서 발생하여 심방, 심실로 전달된다. 각 부분은 고유 자동성을 가지고 있지만, 자극 발생 빈도는 정맥동이 높고 심실근이 낮다. 심장은 스스로 박동할 수 있는 능력을 가지고 있으며, 매 박동의 시작과 활동전압(Action Potential)의 전도는 특수흥분전도계(Excitaory Conduction System)에 의해 발생한다. 흥분전도계는 동방결절(Sinoatrial node; SA node), 방실결절(Atriaventricular node; AV node), 방실다발(Atrioventricular bundle; AV bundle), 푸르키에 섬유(Purkinje fiber)를 포함한다. 흥분전도계에서 흥분전도속도는 고유심장근보다 약 10배 빠르다. 심장 박동은 수축기(Systole)와 이완기(Diastole)로 이루어진다. 심장이 수축과 확장을 할 때 전기적 변동이 발생한다. 이런 전기적 변동을 심전도기(Electrocardiography)에 연결하여 기록한 것을 심전도(Electrocardiogram; ECG)라고 한다. 심전도는 P파(P wave), QRS복합체(QRS complex), T파(T wave)로 기록된다.

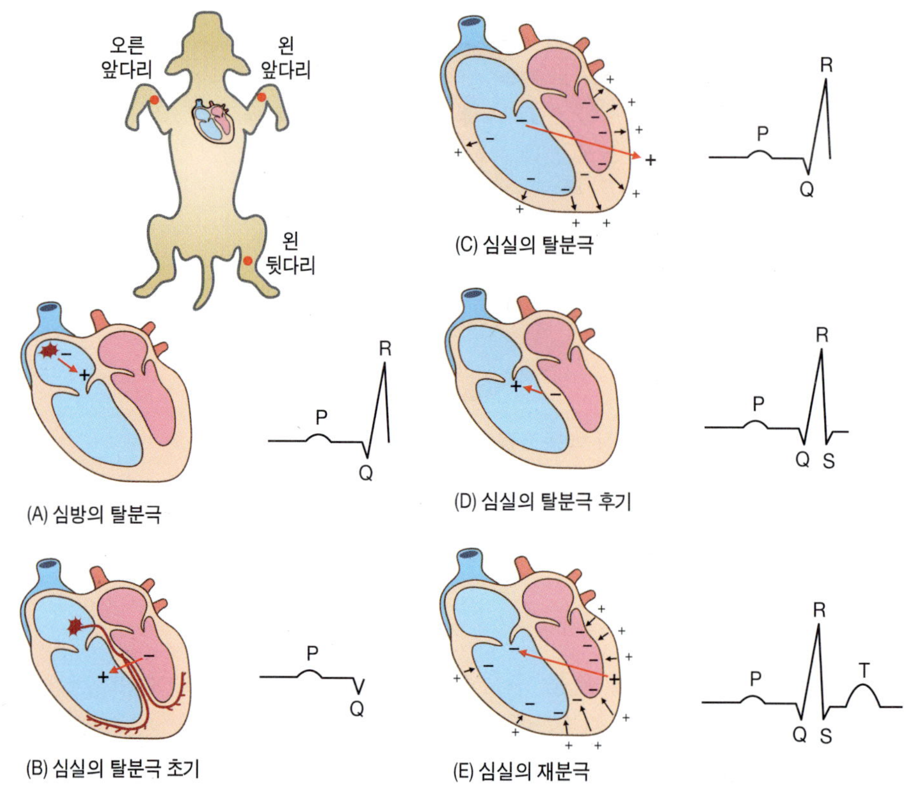

[그림 2-3] 개의 심전도, 표준 사지 유도법

출처: 김주헌, 심청수, 이규필, 홍용근 (2015). 기본 동물해부생리학. 라이프사이언스.

〈표 2-1〉 개의 심전도 모형

유도	전극 위치		유도 모형	심전도
	−	+		
I	RA	LA		
II	RA	LL		

유도	전극 위치		유도 모형	심전도
	−	+		
III	LA	LL		
aVR	LA−LL	RA		
aVL	RA−LL	LA		
aVF	RA−LA	LL		I mV I Soc

출처: 김주헌, 심청수, 이규필, 홍용근 (2015). 기본 동물해부생리학. 라이프사이언스.

2. 병력과 신체검사

심초음파 등의 심혈관계 진단법에도 불구하고, 병력과 신체검사는 정확한 진단에 가장 중요한 단계이다. 정확한 병력 청취와 신체검사는 심장병 진단에 중요한 단서를 제공하며, 호흡기계와 순환기계 질병을 감별할 때 도움을 준다.

1) 병력(Medical History)

(1) 나이(Age)

어린 동물은 보통 선천적 질병이 잘 발생하지만, 노령 동물은 퇴행성이나 종양성 질병 등의 후천적 질병이 잘 발생한다. 또한 노령 동물은 다른 질병으로 인해 심장병이 영향을 받거나 변형될 수 있다.

(2) 품종(Breed)

특정 심장병은 몇몇 품종에서 호발한다.

(3) 성별(Sex)

특정 심장병에 대한 감수성은 성별에 따라 차이가 있다.

(4) 몸무게(Weight)

약물 용량, 이뇨제의 반응평가 등의 치료에 관련된 여러 상황에 영향을 준다.

(5) 병력(History)

병력 청취는 보호자에게 잘못된 병력을 얻지 않도록 정확하게 실시한다. 보호자가 생각하는 문제, 발병 시기와 지속 기간, 진행 정도, 전염성 질병에 관한 노출, 예방접종 유무, 현재 처방 중인 약물, 복용했던 약물에 대한 반응, 보호자의 약물 투약 능력 등에 관한 질문이 포함된다. 일반적으로 심장병에 동반되는 증상은 호흡곤란, 빈호흡, 운동 불내성, 청색증, 식욕 부진/식욕 저하, 복부 팽대, 실신 등이 포함된다.

2) 임상 증상(Symptoms)

(1) 기침(Coughing)

기침은 심장병을 가진 개에서 가장 흔한 증상이다. 고양이는 울혈성 심부전에 의한 기침은 드물다. 하지만 심장사상충에 의한 기침은 발생할 수 있다. 심원성 기침과 호흡성 기침을 구별하는 것이 중요하다. 폐부종(Pulmonary edema)을 가진 개에서는 심한 기침과 호흡곤란을 동반한 습성기침을 가진다. 만성 심장병을 가진 개는 보통 약하고 간헐적인 기침을 동반하며, 거칠고 낮은 음조를 가지는 경향이 있다. 갑자기 발생한 크고 거칠며 마른기침을 하는 환자는 일반적으로 호흡성 질환을 의미한다.

(2) 호흡곤란(Dyspnea)

호흡곤란은 호흡이 어렵거나 노력성, 고통스러운 호흡을 의미한다. 호흡곤란은 보통 호흡수 증가로 인해 진행된다. 호흡곤란을 유발하는 가장 대표적인 심원성 요인은 폐부종을 일으키는 좌심부전이다. 심장병 환자의 보호자에게 휴식기에 환자의 호흡수를 체크하도록 한다. 정상적인 휴식기의 호흡수는 1분당 30회 이하이다.

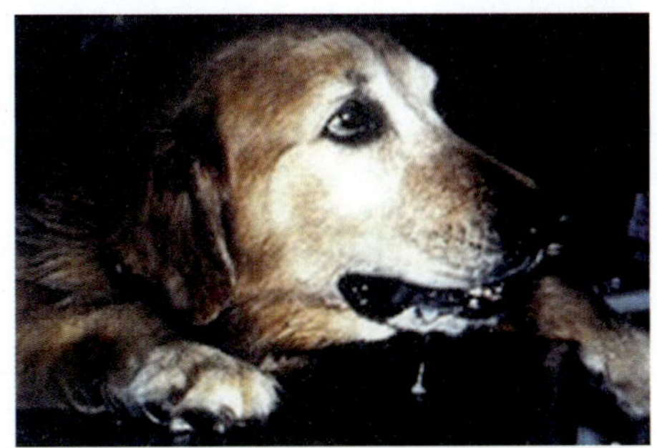

[그림 2-4] 진행된 확장성 심근병증과 심한 폐부종이 있는 골든 리트리버의 호흡곤란
빠른 노력성 호흡과 침 과다 분비를 보이며 매우 불안해한다.
출처: Nelson, R. W., & Couto, C. G. (2013). Small animal internal medicine (5th ed.). Saunders Elsevier.

(3) 청색증(Cyanosis)

청색증은 청색을 띠는 잇몸, 혀 등의 점막을 의미하며, 대부분 우-좌 단락(Right-to-Left shunting) 심장 결손과 연관이 있다. 심한 좌심부전이나 호흡기 질병에서 보이기도 한다. 청색증은 산소포화도가 아주 낮아야 유발되고 증상이 심각해지기 전까지 감지하기 어려워 개와 고양이에서 저산소혈증을 감지하기에는 적절치 못하다.

(4) 실신(Syncope)

실신은 불충분한 대뇌 혈류에 기인한 의식상실을 말한다. 실신은 발작(Seizure)과 감별하기 어렵다. 일반적으로 실신은 갑자기 쓰러지고 빨리 정신을 차리며 실신 전과 후의 의식은 정상이다.

(5) 허약과 운동 불내성(Weakness and Exercise Intolerance)

허약과 운동 불내성은 심장병의 비특이적 증상이다. 일부 보호자는 환자가 심장병이나 다른 질환 때문이 아닌 단순히 나이가 많아 행동이 줄어든다고 생각하기도 한다. 허약과 운동 불내성은 심장이 근육으로 충분한 혈액을 보낼 수 없는 경우, 보상 기전 상실에 의한 심부전 초기 증상으로 나타날 수 있다.

(6) 불완전 마비(Paresis)

급성 후지 불완전 마비와 편측성 전지 불완전 마비는 주로 고양이의 심근병에 의한 혈전 색전증과 관련된다. 색전 후 처음 몇 시간 동안 심한 통증을 보이며, 발병 사지 원위부의 냉감과 약한 부종 및 청색증이 나타날 수 있다. 불완전 마비에 이환된 고양이는 맥박이 촉진되지 않을 수 있다. 개에서는 급성 후지 불완전 마비가 드물지만, 증식성 심내막염 등에 의해 발생한 색전과 연관될 수 있다.

3) 신체검사(Physical Examination)

(1) 호흡(Respiratory Pattern)

비공을 확장시킨 개구호흡 및 팔꿈치를 외전시키고 머리를 쭉 뻗은 자세의 동물은 심한 호흡곤란(좌위호흡, Orthopnea)을 나타내며 즉각적인 치료가 요구된다. 빠른 호흡 및 다호흡은 일반적으로 흥분을 의미하지만, 호기성 호흡곤란은 하부기도 질환을, 흡기성 호흡곤란은 상부기도 질환을 의미한다.

(2) 머리(Head)

고혈압은 망막박리나 안구 출혈을 유발할 수 있다. 청색증은 귓바퀴 색 평가에 의해 인지 가능하다. 구강에서의 점막 색과 관류를 평가한다. 2초가 넘어가는 모세혈관 충전 시간(Capillary Refill Time; CRT)은 심박출량 저하를 의미한다. 창백한 점막은 빈혈 또는 관류 불량을 암시한다.

(3) 경정맥(Jugular Vein)

경정맥 맥박은 동물의 머리가 정상적 위치로 서 있을 때 평가해야 한다. 목을 들고 측정 시 1/3 이상에서 맥박이 확인되면 비정상이다. 경정맥은 전신적 정맥압의 증가가 있을 때 확장될 수 있으며, 좌/우심부전에 이환된 환자의 70% 정도에서 확인된다.

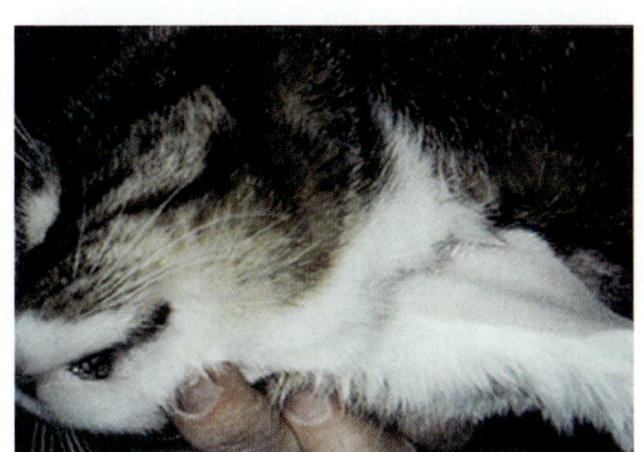

[그림 2-5] 울혈성 우심부전 증상이 있는 고양이
현저한 목정맥 확장을 보인다.

출처: Nelson, R. W., & Couto, C. G. (2013). Small animal internal medicine (5th ed.). Saunders Elsevier.

(4) 대퇴 맥박(Femoral Pulses)

대퇴 맥박은 동물의 기립 자세에서 촉진되어야 하며, 한쪽이 폐쇄될 수 있으므로 각각의 반대쪽 맥박과 비교해야 한다. 촉진되지 않는 맥박의 부분 또는 완전 폐쇄는 일반적으로 혈전 색전증에 기인한다. 개의 정상 맥박수는 1분당 70~180회이며, 고양이는 160~240회이다. 심장박동마다 맥박 리듬이 측정되어야 한다. 맥박결손은 일반적으로 부정맥에서 보인다. 맥박의 강도를 함께 촉진한다. 정상적인 맥박은 강하고 빠른 상승/하강 속도를 가진다.

(5) 청진(Auscultation)

청진 시 동물은 심장이 정상적인 위치에 있도록 서 있어야 한다. 누워 있는 동물은 심장이 흉벽과 마찰이 일어나 부위별 심잡음을 줄일 수 있다. 심장과 폐의 청진은 개별적으로 진행하며, 좌우 양쪽 흉곽 전체를 청진해야 한다. 심잡음이 가장 크게 존재하는 부위(Point of Maximal Impulse; PMI)와 확산되는 부위를 주목한다. 심박수, 리듬, 심음에서 흡기와 호기의 영향에 주목하며 측정한다.

❶ 정상적인 심음(Normal Heart Sound)

제1심음(S1)은 심실 수축이 시작할 때 승모판과 삼첨판의 수동적 폐쇄에 의해 발생한다. S1은 S2에 비해 길고 크게 들리며, 둔탁하고 낮은 음조를 가진다. 제2심음(S2)은 심실 수축이 끝날 때 대동맥판막과 폐동맥판막의 수동적 폐쇄에 의해 발생한다. S2는 짧고 높은 음조를 가지며 날카롭다.

❷ 비정상적인 심음(Abnormal Heart Sound)

제3심음(S3)은 심실 이완 초기에 방실 판막이 열리며 심방에서 유입되는 혈액이 심실벽과 이첨판 진동을 유발하여 생기는 음으로, 정상적인 개, 고양이에서는 들리지 않는다. 제4심음(S4)은 이완 말기에 심방 수축력에 의해 심실로 유입되는 혈액의 추진력으로 발생하며, 개와 고양이에서 심방 확장 시 발생한다. 갤롭음(Gallop Sound)은 S3, S4, 또는 두 심음의 결합이며, 임상 증상에 앞서는 심부전의 아주 이른 신호이다.

❸ 심잡음(Murmur)

심잡음은 심장과 혈관을 흐르는 혈액의 와류(Turbulent Flow)에 의해 발생한다. 생리적 잡음(Physiologic murmur)은 심박출량 증가 또는 혈액 점성 감소 등이 원인이며, 빈혈, 저단백혈증, 고열 등에 의해 발생한다. 무해잡음(innocent murmur)은 심장 문제와 관련이 없고, 보통 어린 동물에서 발생한다. 병적 심잡음(Pathologic murmur)은 판막이나 유출로 등의 근원적인 심장병이나 혈관 질병에 의해 유발된다. 심잡음의 소리 세기가 질병의 정도를 나타내지는 않는다. 심잡음은 심장 주기[수축기(Systolic), 이완기(Diastolic), 지속기(Continuous)] 타이밍과 지속 시간[수축 초기, 온수축기(Holosystolic), 범수축기(Pansystolic)]를 확인한다. 심잡음 강도나 세기는 6등급으로 나누어 평가한다. I/VI등급은 수 분 동안 조용한 환경에서 겨우 들을 수 있다. II/VI등급은 아주 부드럽지만 즉시 들린다. III/VI등급은 낮은~중간 강도를 가진다. IV/VI등급은 큰 소리지만 흉곽에서 떨림(Thrill)은 촉진되지 않는다. V/VI등급은 아주 큰 소리이며 떨림이 흉곽에서 촉진된다. VI/VI등급은 청진기 사용 없이 또는 흉곽에서 청진기를 조금 떼고 들을 수 있다.

❹ 부정맥(Arrythmias)

심박수 증가(빈맥, Tachycardia), 불규칙적 리듬 및 맥박결손, 심박수 감소(서맥, Bradycardia) 등을 청진을 통해 확인할 수 있다. 정확한 부정맥 확인 및 진단을 위해 심전도가 필요하다.

❺ 기타 청진음

수포음(Crackle)은 불연속적인 염발음의 흡기성 소리로서, 액체나 기포가 채워진 폐포 또는 기도 개방에 의해 발생한다. 건성수포음(Rhonchi)은 기관지 또는 작은 기도에서 부분적으로 폐쇄된 기도를 공기가 통과하면서 유발된다. 천명음(Wheeze)은 비교적 높은 음조의 음악성 소리로, 주로 폐의 병리학적 이상 증상을 의미한다.

3. 심혈관계 질병 진단기법(Diagnostic Tests for Cardiovascular Disorder)

1) 심장 방사선(Cardiac Radiography)

흉부 방사선 촬영은 심혈관계 평가에 있어 가장 핵심적인 요소이다. 흉부 방사선을 평가하기 위해서는 정확한 자세로 촬영을 실시해야 한다. 추가적인 임상증거 없이 방사선 소견만으로 확정진단을 내리는 것은 정확하지 않다. 심장병에서의 심장 평가 시 배복 투사(Dorsoventral Projection)가 선호된다. 배복 투사는 심장의 해부학적 위치가 흉강 형태에 따른 영향을 덜 받으며, 초기 폐 침윤 감지를 증가시킨다. 방사선 노출은 심장 윤곽과 흉추가 포개져야 하며, 흉추의 배 측 가시돌기는 흉추 전체와 포개져야 한다. 적당한 폐의 부피는 흡기 시 방사선 촬영을 해야 나타난다.

(1) 심장 크기의 객관적 측정

특정 흉추 길이에 근거해 심장을 측정하는 척추심장척도(Vertebral Heart Score; VHS)를 사용한다. 외측 투사(Lateral View)에서 심장의 긴축(L)은 기관

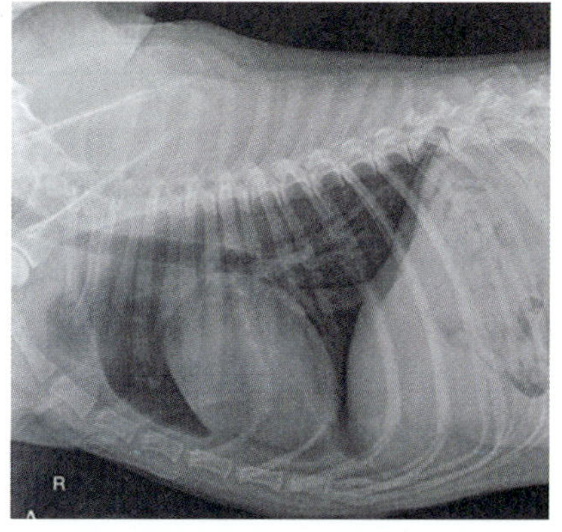

[그림 2-6] 흡기 시 우측 가쪽 흉부 방사선 사진

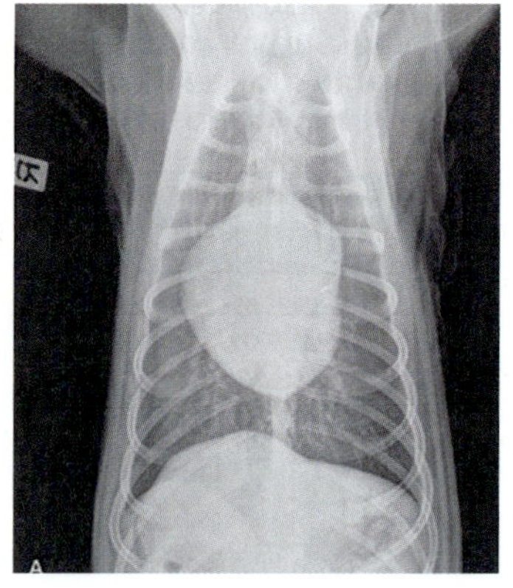

[그림 2-7] 흡기 시 흉부 VD 사진

출처: Brown, M., & Brown, L. (2021). Lavin's radiography for veterinary technicians (7th ed.). Elsevier.

분지(carina)에서 심첨부(Apex)까지 최장축의 세로 길이이다. 짧은 축(S)은 그 장축의 90° 방향으로 심장 음영의 가로 단면 중 가장 넓은 부위에서 측정한다. 4번 흉추가 시작하는 부분에서 척추와 나란히 그 축을 옮겨 몇 개의 흉추를 차지하는지 개수를 세어 더한다. 정상 심장 크기는 개에서 9.7±1.0 VHS, 고양이에서 VHS<8이다.

(2) 혈관 지표

폐동맥은 8시 방향의 심장 경계를 넘어서 연장된다. 좌측 폐동맥 가지는 심장 윤곽의 4시 방향을 넘어 연장된다. 대동맥궁은 정상적으로 보이지 않는다. 후대정맥(Caudal Vena Cava)은 횡격막으로부터 정준선의 우측과 심장의 우측 뒤쪽 경계로 지나간다. 저순환일 경우, 폐 혈류량 부족으로 인해 정상보다 방사선 투과성이 낮아진 폐야가 관찰된다. 과순환일 경우, 폐동맥과 폐정맥이 둘 다 크며, 보다 커진 혈류량으로 인해 폐 흉부 방사선 불투과성이 증가한다.

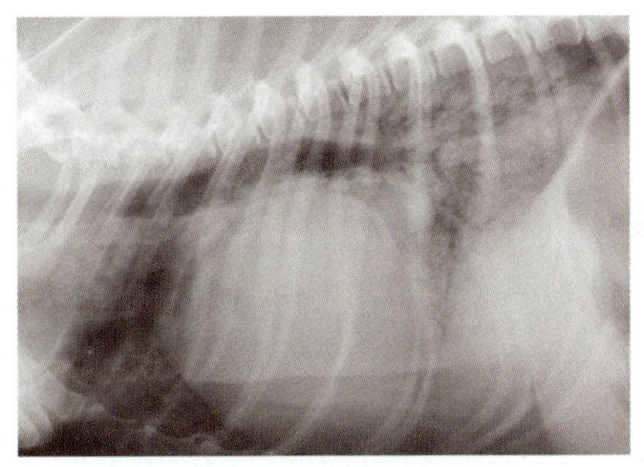

[그림 2-8] 좌심부전이 있는 개 흉부 방사선 사진

출처: Ettinger, S. J., & Feldman, E. C. (Eds.). (2017). Textbook of veterinary internal medicine (8th ed.). Elsevier.

(3) 폐부종(Pulmonary Edema)

액체가 폐포 공간과 말초 세기관지로 들어가 폐포 침윤을 유발한다. 폐혈관 윤곽은 보통 불명확하며 간질의 방사선 불투과성이 증가한다. 침윤은 폐문 주변에서 가장 혼탁하며 말초로 갈수록 희미해진다. 개는 폐부종이 보통 비대칭이며, 좌측보다 우측 폐야가 더 심하다. 고양이는 명확하게 폐의 방사선 불투과 부분이 구름 모양으로 증가되어 보인다.

2) 심전도(Electrocardiography)

심전도는 심장에 의해 발생하는 체표면의 전기장을 기록하는 기법이다. 이러한 특정 파형은 심근의 탈분극과 재분극에 의해 생겨난다. 심전도는 심장부정맥 진단의 최우선적 검사 항목이며, 방실 확장 및 비대에 관한 정보를 얻을 때 사용된다.

(1) 심전도 기록

환자는 우측 횡와위로 위치한다. 사지는 몸통으로부터 수직으로 유지해야 한다. 각각의 앞다리와 뒷다리 쌍은 평행하게 유지하고 서로 접촉하지 않게 해야 한다. 기록하는 동안 환자는 조용하게 유지해야 하며, 가능하면 헐떡이지 않도록 한다. 호흡곤란이나 다른 문제가 있어 표준 자세를 유지할 수 없을 때는 선 자세에서 심전도를 기록할 수 있고, 이상적이지는 않지만 앉은 자세로 기록할 수도 있다. 사지의 전극은 팔꿈치 뒤쪽 원위와 슬개골 너머에 위치시킨다. 팔꿈치 근위에 위치시킨 전극은 호흡으로 인해 흔들림이 증가할 수도 있다. 각각의 전극은 전기적 접촉을 확실히 하기 위해 알코올로 충분히 적셔 주어야 한다.

(2) 심전도 평가

50mm/s의 각각 유도로부터 최소 3~4개의 완전한 복합체가 기록되어야 한다. 유도Ⅱ 리듬 기록지(Strip)는 25mm/s 또는 50mm/s로 기록되어야 한다. 1mV 표준화 표지는 심전도 시작부터 기록되어야 하고 언제든 민감도는 변화할 수 있다.

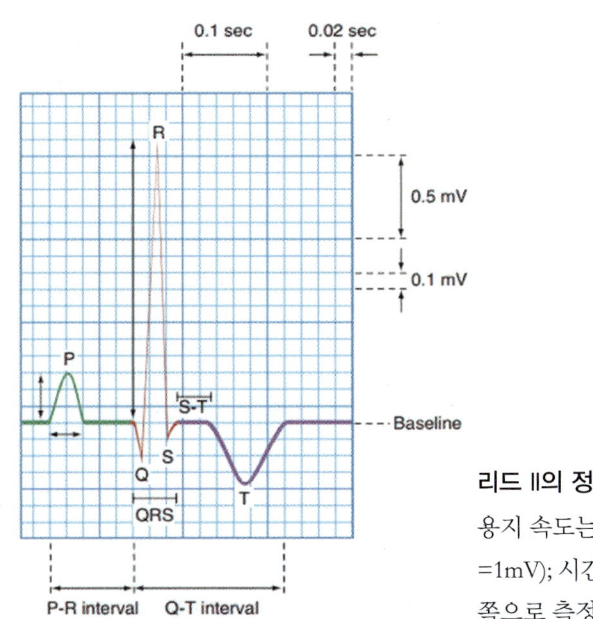

리드 II의 정상 개 P–QRS–T 복합체

용지 속도는 50mm/s; 보정은 표준(1cm =1mV); 시간 간격(초)은 왼쪽에서 오른쪽으로 측정된다; 파형 진폭(mV)

- P파(P wave): 심방 탈분극에 의해 생성된다. 정상 P파 높이는 개 0.4mV, 고양이 0.2mV를 넘지 않는다. 심방 확장은 유도 Ⅱ에서 P파의 높이나 너비를 증가시키게 된다.
- PR 간격(PR Interval): 방실결절에서의 느린 전도를 반영한다. 정상 PR 간격은 개 0.06~0.13초, 고양이 0.05~0.09초이다.
- QRS 복합체(QRS Complex): 심실 탈분극에 의해 생성된다. 심실의 비대는 QRS 복합체의 변화를 생성한다. 유도 Ⅱ에서 정상 R파는 개 3.0mV(소형견 2.5mV), 고양이 0.9mV이다.
- ST분절(ST Segment): ST분절 변화는 심근 경색, 심근 비대 등으로 인해 발생할 수 있다.
- QT 간격(QT Interval): 정상적인 QT 간격은 개 0.15초, 고양이 0.12~0.18초이다. 일반적으로 QT 간격은 PR 간격의 1/2 이하여야 한다.
- T파(T wave): 심실의 재분극에 의해 생성된다. T파의 높이는 어떤 전극에서도 R파 높이의 1/4, Q파 높이의 1/4, 0.5~1.0mV를 초과해서는 안 된다.

출처: Nelson, R. W., & Couto, C. G. (2013). Small animal internal medicine (5th ed.). Saunders Elsevier.

3) 심초음파(Echocardiography)

심초음파는 개와 고양이의 심장병 진단을 위한 가장 중요한 진단기법으로, 심장 형태, 심근과 판막의 움직임, 심장 내 혈류의 흐름을 알 수 있다.

① 2차원 심초음파(Two-Dimensional Echocardiography): 심장 형태를 묘사하며, 심장 분방(Chamber) 크기를 측정할 수 있다.

② M-mode 심초음파(M-mode Echocardiography): 심장 분방, 심장벽 운동성의 시간별 측정이 가능하다.

③ 도플러 심초음파(Doppler Echocardiography): 혈류의 비정상적인 흐름을 평가하거나 와류가 어디서 시작하는지를 확인할 때 사용된다.

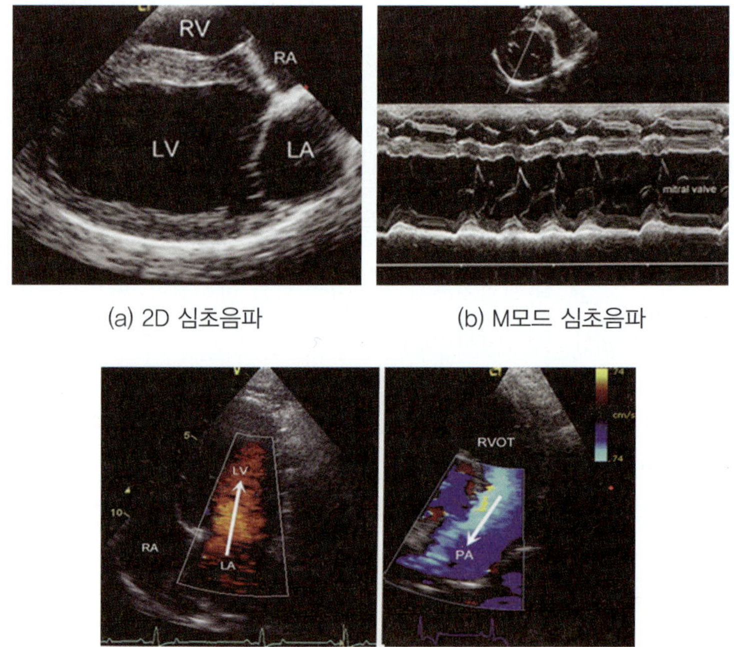

(a) 2D 심초음파 (b) M모드 심초음파

(c) 도플러 심초음파

[그림 2-9] 심장 초음파 영상

출처: Smith, F. W. K., Jr., Tilley, L. P., & Sleeper, M. M. (2015). Manual of canine and feline cardiology (5th ed.). Saunders Elsevier.

4) 나트륨 이뇨 펩타이드(Natriuretic Peptide, NT-proBNP)

심근 조직에서 압력과 심장벽의 자극 증가에 반응하여 생성되며, 심장 기능 장애와 심부전의 마커이다. 호흡곤란에 대한 심장과 심장 이외의 원인을 구분할 수 있게 해 주며, 예측 가능성 및 심장 질환 요법에 대한 반응을 감시할 수 있게 해 준다. 정상값은 개 < 900pmol/L, 고양이 < 100pmol/L이다.

5) 심장 트로포닌(Cardiac Troponins, cTn-I)

심근 손상, 허혈과 괴사에 대한 특이적인 마커이다. 심근 경색, 심근 독성 질환, 심근염 또는 심근의 둔상 등의 진단에 적용된다. 정상값은 개 < 0.1ng/mL, 고양이 < 0.03ng/mL이다.

4. 심부전의 병태생리학(Pathophysiology of Heart Failure)

심장병(Heart Disease)이란 심부전 발생 여부와 관계없이 심장의 구조적 이상이 나타난 것이고, 심부전(Heart Failure)이란 심장의 기능부전이 유발된 병태생리학적 상태로, 조직 대사 요구량을 충족시키지 못하거나 충만압(Filling Pressure)이 감소하여 신체 조직에 필요한 혈액을 제대로 공급하지 못해 발생한 것을 의미한다.

1) 병태생리학(Pathophysiology)

심장의 기능부전으로 인해 혈류역학(Hemodynamic)을 만성적으로 변화시키고, 이로 인해 심장 기능과 조직 관류량을 증가시키도록 기전을 활성화한다. 이러한 보상 기전의 만성적인 활성은 점진적으로 심혈관계 기능부전을 유발하여 결국 울혈성 심부전(Congestive Heart Failure; CHF), 저박출성 심부전(Low Output Failure), 돌연사 등에 이르게 한다. 수축기 기능부전은 심장 수축력 저하로 인해 발생한다. 이완기 기능부전은 초기 이완기가 지연되는 이완기 기능장애로 인해 발생한다. 이완기 기능부전의 수축기 기능은 보통 정상이다. 전부하(Preload)란 수축에 앞서 심근 섬유가 늘어난 정도를 말한다. 이는 수축 전 심실 내의 혈액량에 비례한다. 즉, 심장 전부하는 정맥 환류량에 비례한다. 후부하(Afterload)란 수축 시에 근육에 가해지는 힘의 정도를 말하며, 심장이 혈액을 박출하기 위해 심실이 견뎌내야 하는 혈압을 의미한다.

2) 보상 기전(Compensatory Mechanism)

(1) 프랭크-스탈링 기전(Frank-Starling Mechanism)

전부하가 증가했을 때 심장 수행력(Cardiac Performance)이 강화되는 것을 의미한다. 정맥 환류량은 전부하를 결정한다. 심실의 확장기 말 용적 증가는 심근 섬유 길이를 증가시킨다. 이로써 근육원섬유마디(Sarcomere)는 최대길이에 이르게 되며, 이는 수축 시 최대수축력을 유발하게 된다. 심박출량은 운동 시에 교감신경계(Sympathetic Nervous System; SNS)를 통한 심박수와 수축력 증가, 정맥 환류량(전부하)의 증가와 이로 인해 유발된 수축력 증가(프랭크-스탈링 기전), 말초혈관의 저항 감소에 의한 후부하 감소에 의해 증가하게 된다. 정상적으로 운동 시에 심박출량을 증가시키는 데 도움을 주는 요소들이 심부전이 있는 경우, 만성적으로 활성화되면서 전부하와 심실 확장기말 압력을 증가시켜 심한 부종을 유발할 수 있다.

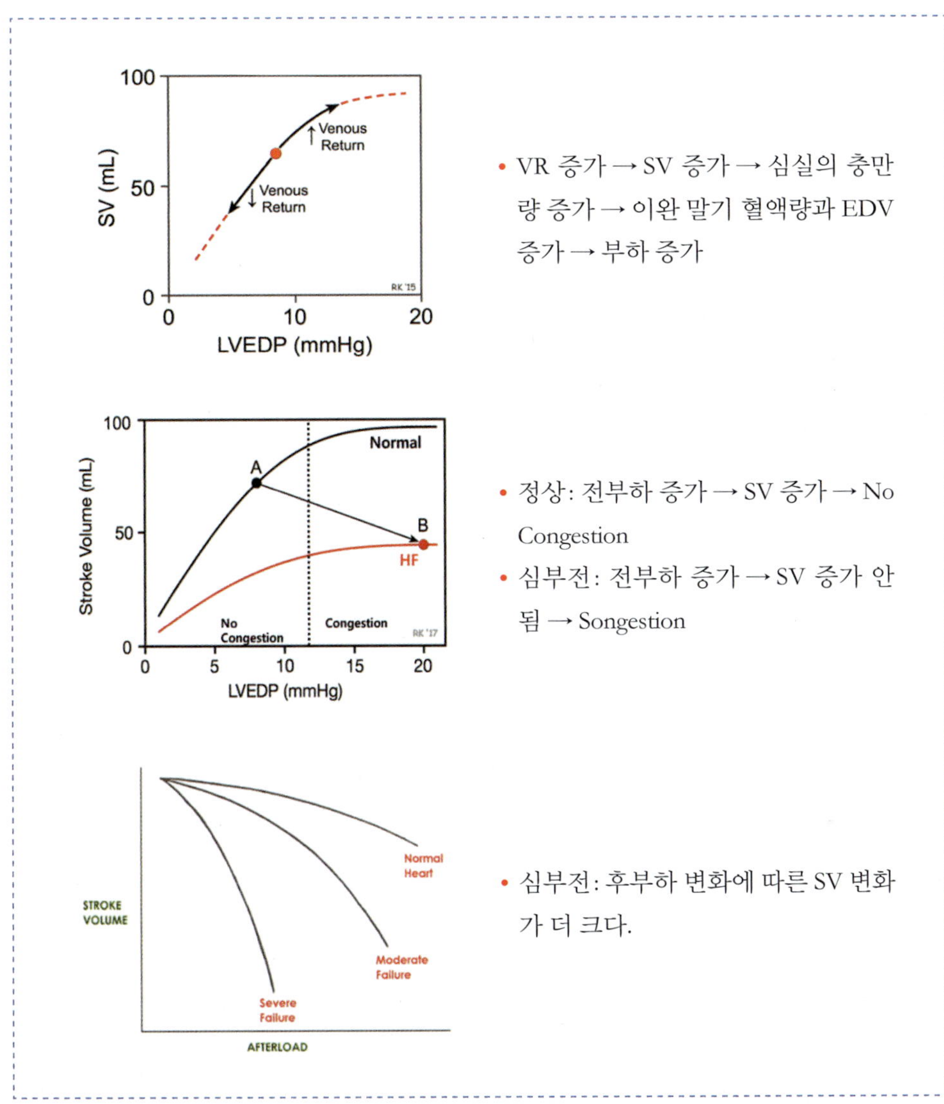

출처: Klabunde, R. E. (2021). Cardiovascular physiology concepts (3rd ed.). Wolters Kluwer.

(2) 레닌-안지오텐신-알도스테론 시스템(Renin-Angiotensin-Aldosterone System; RAAS)

신장 관류량 감소가 레닌 분비의 근본적인 자극 요소이며, 이는 RAAS 활성을 유도한다. RAAS가 활성화되면 나트륨과 물이 체내에 저류되며, 혈관 수축이 유발된다. 안지오텐신-II는 병적인 심실 비대와 세포 독성 효과를 유발하여 심근 괴사와 수축과 관계된 심근을 소실시켜 심장 기능부전이 나타난다. 또한 알도스테론은 심근과 혈관 평활근의 섬유화를 촉진한다.

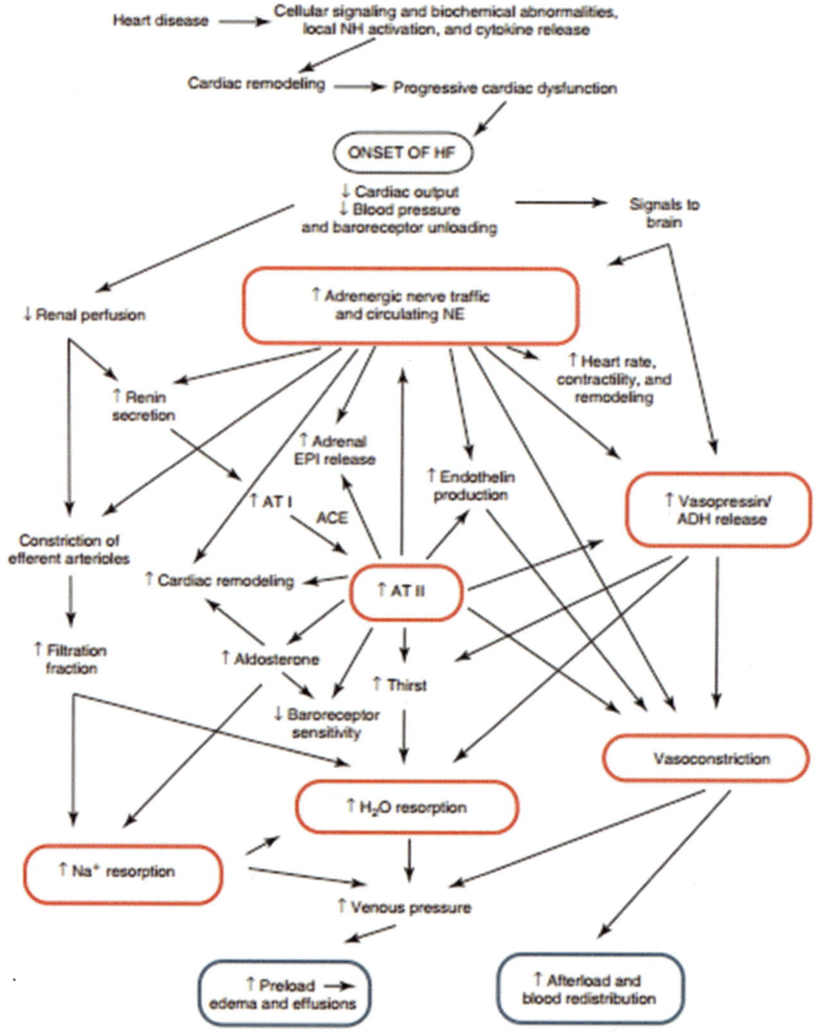

[그림 2-10] 울혈성 심부전에서 혈량 정체와 후부하 증가로 이어지는 중요한 신경호르몬 메커니즘

ACE, 안지오텐신 전환 효소; ADH, 항이뇨호르몬; AT, 안지오텐신; EPI, 에피네프린; HF, 심부전; NE, 노르에피네프린)

출처: Nelson, R. W., & Couto, C. G. (2013). Small animal internal medicine (5th ed.). Saunders Elsevier.

(3) 교감신경계 활성(Systemic Nervous System Activation)

전신 혈압의 감소는 교감신경계를 활성화하며, 심부전 초기에는 교감신경계 활성이 이로운 역할을 하지만 장기적으로 활성화되면 유해한 결과를 초래하는 연쇄반응을 일으킨다. 교감신경의 만성적 활성은 정맥 환류량을 증가시키고, 심근의 산소 소비량을 증가시키며, 심근 손상 및 부정맥을 유발하는 물질을 합성하여 심장에 과부하를 유발한다.

5. 심부전의 관리(Management of Heart Failure)

1) 심부전 진행 상황 분류(Classification Systems for Heart Failure Severity)

미국심장학회[American Heart Association and American College of Cardiology (AHA/ACC) system]에서는 4단계에 걸친 질병 진행 상황을 분류한다. A기(Stage A)는 심장병으로 발전 가능성이 있는 환자를 의미하며, 특정 유전자, 심장병에 대한 가족력, 품종 소인 등이 포함된다. B기(Stage B)는 심장병은 존재하지만, 심부전 증상은 없는 단계이다. B기는 다시 B1, B2로 나뉘며, B1은 심비대에 대한 방사선 또는 초음파상의 증거가 없음을 말하고 B2는 기저 심장병과 혈역학적 이상에 대한 반응으로 심비대가 발생했음을 의미한다. C기(Stage C)는 과거 또는 현재 심부전의 임상적 징후가 있는 구조적 심장 이상이 있는 단계로 C1, C2로 나뉜다. C1은 심한 심부전 상태로 입원을 요구하는 상태를 말하며, C2는 안정화되어 가정에서 관리하는 단계를 말한다. 마지막으로 D기(Stage D)는 지속적이거나 말기 심부전 징후를 가진 표준 치료에 불응하는 단계를 의미한다.

2) 내과적 약물 치료(Drug Therapy)

대부분의 심장병과 심부전은 치료 가능한 질병이 아니다. 따라서 심부전의 내과적 처치는 증상과 심장 기능부전을 완화하는 데 목적이 있다. 또한 심부전 치료는 환자의 생존 기간을 증가시키는 데 직접적인 역할을 한다.

(1) 이뇨 요법(Diuretic Therapy)

심장 충만압(전부하)을 감소시켜 울혈 증상을 완화한다.

① 고리성 이뇨제(Loop Diuretics): 헨레 고리의 상행 고리에서 나트륨, 칼륨, 클로라이드 상호 수송체(co-transporter)를 가역적으로 억제한다. 주로 푸로세마이드(Furosemide)를 사용하며, 작용 시간이 빠르고 강력해 이 분류의 이뇨제 중 가장 일반적으로 사용되는 약물이다. 부작용으로 저칼륨혈증 등의 전해질 불균형이 있다.

② 티아지드 이뇨제(Thiazide Diuretics): 원위세뇨관의 전해질 재흡수를 억제함으로 작용한다. 일반적인 치료제로, 울혈의 임상 증상을 조절할 수 없는 무반응성 심부전에서 처방된다.

③ 칼륨 보존 이뇨제(Potassium-Sparing Diuretics): 일반적으로 부종을 조절하기 위한 단일 치료제로는 거의 사용되지 않는 약한 이뇨제이다. 알도스테론 길항작용으로 인해, 심근과 혈관의 섬유화를 개선하거나 예방함으로써 심장 보호 효과를 가진다. 푸로세마이드를 장기 투약한 환자에서 저칼륨혈증의 발생 위험을 줄일 수 있다.

(2) 혈관 확장제 치료(Vasodilator Therapy)

① 직접 작용 동맥 혈관 확장제(Direct-acting Arterial Vasodilators): 전신 혈관 저항성을 줄이면 심장 기능은 향상된다. 전신 혈관 저항성(후부하)이 감소함에 따라 심근의 산소 소비를 줄이며, 심박출량을 증가시킨다. 하이드

랄라진(Hydralazine)은 판막을 가로지르는 혈액 역류량을 줄여 승모판 또는 대동맥 역류 환자에서 전방 혈류를 증가시키며, 좌심방압을 감소하고 운동 능력을 향상시킨다.

② 정맥 혈관 확장제(Venous Vasodilators): 순환계에서 혈액 용적을 재분포하거나 정맥 환류량을 감소시켜 충만압(전부하)을 감소하여 울혈 증상을 완화하는 데 사용한다. 니트레이트(Nitrate)는 내성 발생 때문에 치료제의 지속적 사용(36시간 이상)에 제한이 있다. 보통 2 % 나트로글리세린 연고(Nitroglycerin), 이연질산소르비드(Isorbide Dinitrate)를 처방한다.

③ 복합 혈관 확장제: 니트로프루시드 나트륨(Sodium Nitroprusside)은 유일한 직접 작용 동정맥 혈관 확장제이며, 가장 강력하다. 심한 전신성 고혈압이나 무반응성의 치명적인 울혈성 심부전의 단기 치료제로 사용된다. 저혈압, 빈맥, 오심 등이 중요한 부작용이며, 만성 투여 시 청산중독(Cyanide Poisoning)이 나타날 수 있다.

(3) 안지오텐신 전환효소 억제제(Angiotensin-Converting Enzyme Inhibitors; ACE-I)

ACE-I는 여러 면에서 과도한 신경호르몬 반응을 완화하기 때문에 하이드랄라진 및 기타 동맥 확장제에 비해 상당한 이점이 있다. ACEI는 이뇨 및 혈관 확장 효과는 미미하지만, 주요 신경호르몬 활성화 및 비정상적인 심혈관 재형성 변화를 억제하는 데 효과가 있다. ACEI는 안지오텐신-I이 안지오텐신-II로 전환되는 것을 막아 동정맥 혈관 확장을 유발한다. 또한 알도스테론 방출의 2차 억제는 나트륨과 수분 저류 및 부종/방출을 감소시키고 알도스테론이 심장에 직접 미치는 악영향을 줄이는 데 도움이 된다.

(4) 양성 수축력 강화제(Positive Inotropic Agents)

① 피모벤단(Pimobendan): 포스포디에스테라제-Ⅲ(Phosphodiesterase-Ⅲ, PDE-Ⅲ) 저해제로 산소 요구량 증가 없이 양성 수축력과 혈관 확장 효과

를 가진다. 확장성 심근병증 또는 만성 판막 질병을 가진 울혈성 심부전 환자에서 생존 기간을 늘리고, 삶의 질을 높인다. 무증상 승모판막 질환에는 판막 질환의 진행 속도를 가속화할 수 있다는 증거가 있어 권장되지 않는다.

② 디지털리스(Digitalis) : 디곡신(Digoxin)은 전부하 정도와 관계없이 심근의 수축력과 속도를 증가시켜 프랭크-스탈링 곡선을 상승시킨다. 또한 직접 작용과 미주신경 작용에 의한 방실결절의 전도를 늦춘다. 울혈성 심부전과 관련된 만성적으로 증가한 교감신경 긴장도로 인해 탈감작된 혈관 수용체 반사(Barorecepteor Reflex)를 부분적으로 회복시킨다. 보통 만성 심부전에서 심박수를 조절하기 위해 가장 일반적으로 사용한다. 디곡신은 좁은 치료 범위를 가지고 있어 독성 반응이 쉽게 나타날 수 있다. 고양이는 더 쉽게 독성을 가져 사용에 주의를 요한다.

(5) 실데나필(Sildenafil)

포스포디에스테라제-V(Phosphodiesterase-V) 저해제로, 폐고혈압이 있는 환자에서 운동 불내성과 삶의 질을 향상시킨다.

(6) 기타 약물(Miscellaneous Agents)

① 기관지 확장제(Bronchodilators) : 테오필린(Theophylline)은 포스포디에스테라제를 억제함으로써 작용하는 기관지 확장제이다. 호흡근의 과로로 인해 호흡곤란이 있는 환자에서 유용하다. 빈맥, 과흥분, 불안 증상 등의 부작용이 있을 수 있다.

② 진해제(Cough Supressants) : 좌측 주기관지(Mainstem Bronchus)가 좌심방 확장에 의해 압박되어 기침이 유발되는 개에서 기침의 빈도를 감소시킬 때 효과적이다. 하이드로코돈(Hydrockdone), 부토파놀(Butorphanol)이 주로 사용된다.

③ 진정제와 신경안정제(sadatives and Tranquilizers): 울혈성 심부전 환자에서 호흡곤란은 불안과 스트레스를 유발할 수 있다. 저혈압이나 수축력 저하로 인해 울혈성 심부전이 악화되는 것을 막기 위해 심혈관계에 최소한의 영향을 미치는 약물을 선택해야 한다.

(7) 부수적 치료(Adjunctive Therapy)

① 산소 치료: 급성 폐부종이 있는 경우 필요하다.

② 식이 조절: 염분 섭취를 감소시키면 염분 보존으로 인해 발생하는 부종의 경향을 다소 감소시킬 수 있다. 심근부전 결과로 인한 L-카르니틴(L-Carnitine) 결핍 환자에서 급여가 지시된다. 타우린(Taurine) 결핍으로 속발한 이차적 확장성 심근병증 환자에서 타우린 급여는 2~3개월 이내 임상 증상과 심초음파에서 개선이 나타난다. 오메가-3 지방산은 사이토카인(Cytokine) 생성을 줄이고 내피 기능을 개선하며, 항부정맥 효과를 나타낼 수 있다. 산화 스트레스와 자유 라디칼에 의한 손상은 심근 기능장애 발병 기전에 영향을 미칠 수 있다. 비타민 C 보충제는 내피 기능, 심장 질환, 사망률에 유익한 영향을 미치지만, 동물에서 항산화 비타민 보충제의 역할은 아직 불분명하다. 코엔자임 Q-10은 항산화제이자 세포 에너지 생산에 관여하는 보조 인자이지만 이득 제공 여부는 논란의 여지가 있다.

6. 부정맥과 치료(Cardiac Arrhythmias and Treatments)

심장부정맥이란 정상 동방리듬(Normal sinus rhythm)에서 심장 리듬이 변위되는 것을 말한다. 어떤 심장부정맥은 임상적으로 중요성이 없고 치료가 불필요하지만, 어떤 부정맥은 실신과 같은 심각한 임상 증상을 유발하거나 악성(Malignant) 부정맥으로 진행되어 심정지(Cardiac Arrest)와 사망을 유발한다.

1) 부정맥의 발달(Development of Arrhythmias)

심장 구조적 또는 병태생리학적 리모델링으로 전도 이상이 발생하면, 명백한 심장 질환이 없는 경우에도 부정맥에 걸릴 수 있다. 유전적 요인과 환경적 스트레스가 이를 유발한다. 부정맥의 발병기전은 크게 충동 형성 장애와 충동 전도 장애로 나눈다. 부정맥의 임상적 결과는 심박출량 저하와 그에 따른 저혈압이다. 이로 인해 뇌의 혈액 순환량이 감소하면서 실신이나 장기 손상을 유발한다.

2) 부정맥 관리의 접근(Approach of Arrhythmia Management)

심전도(Electrocardiogram; ECG)는 짧은 시간 동안 심장의 전기 신호를 기록하기 때문에 자주 발생하지 않는 부정맥은 검사 도중 나타나지 않으면 찾아내지 못할 수 있다. 따라서 부정맥이 의심될 때는 24시간 이상 심전도를 기록하는 홀터 감시(Holter monitoring)를 실시해야 한다.

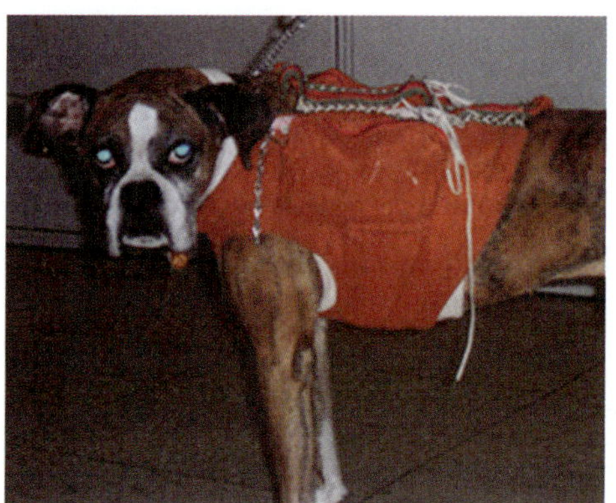

[그림 2-11] 홀터 모니터링을 착용하고 있는 모습

출처: Smith, F. W. K., Jr., Tilley, L. P., & Sleeper, M. M. (2015). Manual of canine and feline cardiology (5th ed.). Saunders Elsevier.

3) 부정맥의 진단(Diagnosis of Arrhythmias)

(1) 심방세동(Atrial Fibrillation; AF)

심방에서 유래한 다수의 충동이 무질서하게 수없이 방실결절로 전달되어 발생하는 부정맥으로, 수의 임상에서 가장 흔하게 볼 수 있는 부정맥 중 하나이다. 조직화된 심방 수축이 존재하지 않고 따라서 심박출량은 감소하게 된다.

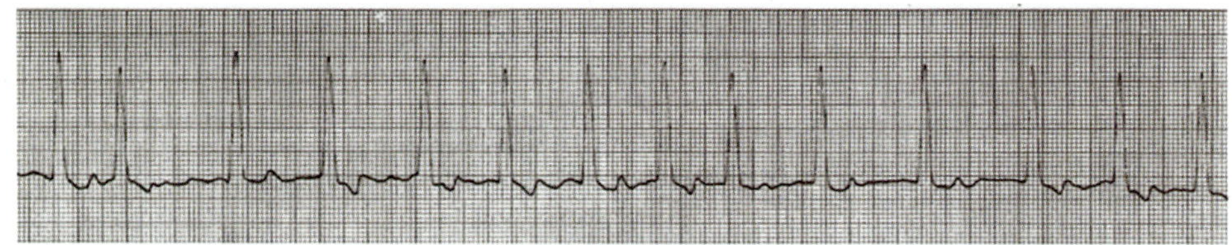

[그림 2-12] 심방세동 ECG

출처: Smith, F. W. K., Jr., Tilley, L. P., & Sleeper, M. M. (2015). Manual of canine and feline cardiology (5th ed.). Saunders Elsevier.

(2) 심실세동(Ventricular Fibrillation; VF)

효과적인 심실 수축이 없는 불규칙하고 산발적인 심장의 수축 상태를 의미한다. 정확한 모양의 QRS 복합체가 완전히 소실되어 있고, 심음, 혈압 및 맥박이 없다. 심실세동으로 인한 환자의 부정맥을 성공적으로 제세동하지 못하면 사망하게 된다.

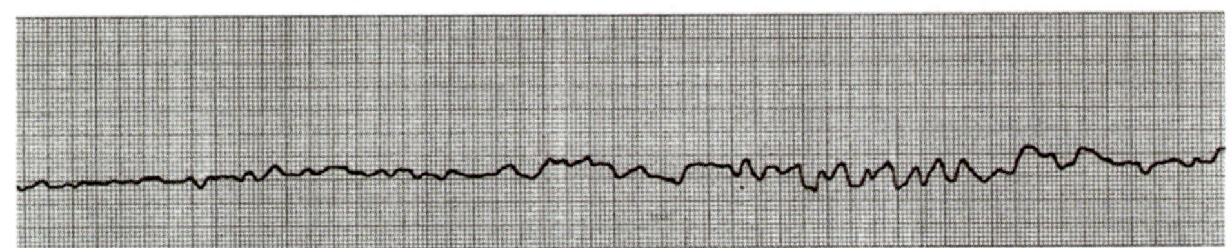

[그림 2-13] 심실세동 ECG

출처: Smith, F. W. K., Jr., Tilley, L. P., & Sleeper, M. M. (2015). Manual of canine and feline cardiology (5th ed.). Saunders Elsevier.

(3) 방실전도 이상[Atrioventricular(AV) Conduction Abnormalities]

❶ 1도 방실 차단(AV Block, First Degree)

방실결절의 지연된 전도 시간이 PR 간격에서 개 0.13초, 고양이 0.09초 증가되어 나타난다. 정상 P파와 QRS 복합체는 있고 1:1 비율로 전도된다. 치료는 필요하지 않다.

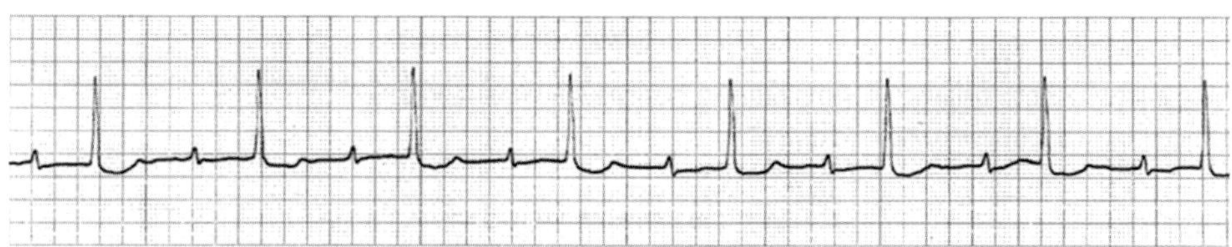

[그림 2-14] 1도 방실 차단

출처: Smith, F. W. K., Jr., Tilley, L. P., & Sleeper, M. M. (2015). Manual of canine and feline cardiology (5th ed.). Saunders Elsevier.

❷ 2도 방실 차단(AV Block, Second Degree)

정상 P파와 일정한 PR 간격을 갖는 QRS 복합체가 존재하지만, 간헐적으로 P파가 다음 QRS파까지 나타나지 않는다. 고도(High Grade) 2도 방실 차단에서는 P파의 방실 차단이 여러 번 연속되어 나타난다. 임상 증상이 관찰되면 심장 조율기(Pacemaker) 치료가 지시된다.

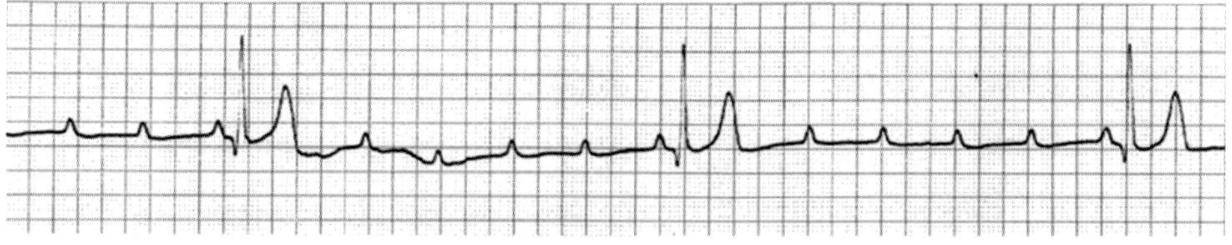

[그림 2-15] 2도 방실 차단

출처: Smith, F. W. K., Jr., Tilley, L. P., & Sleeper, M. M. (2015). Manual of canine and feline cardiology (5th ed.). Saunders Elsevier.

❸ 3도 방실 차단(AV Block, Complete or Third Degree)

P파가 방실결절에서 전달되지 못해 심방과 심실의 활동이 독립적이 된다. 완전방실차단은 방실결절 이상이 주된 원인이다. 하지만 전해질과 산·염기 상태를 평가하는 것도 중요하다. 고칼륨혈증을 유발하는 전신 질병은 방실 차단을 발생시킬 수 있지만 칼륨치가 정상이 되면 회복한다.

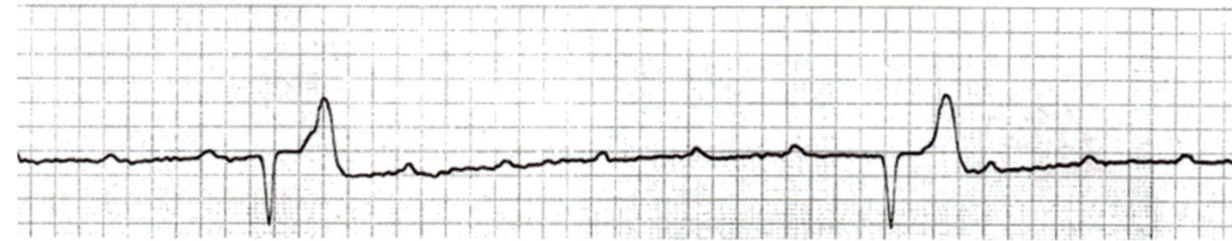

[그림 2-16] 3도 방실 차단

출처: Smith, F. W. K., Jr., Tilley, L. P., & Sleeper, M. M. (2015). Manual of canine and feline cardiology (5th ed.). Saunders Elsevier.

(4) 동성 기능부전 증후군(Sick Sinus Syndrome; SSS)

자발적인 동방결절 방전이 정상보다 느리거나 간헐적인 부재로 인해 발생한다. P파가 없는 다양한 지속시간의 휴지기가 있거나 이탈 리듬(Escape Rhythm)이 존재한다. 임상 증상이 관찰되면 심장조율기(Pacemaker) 치료가 지시된다.

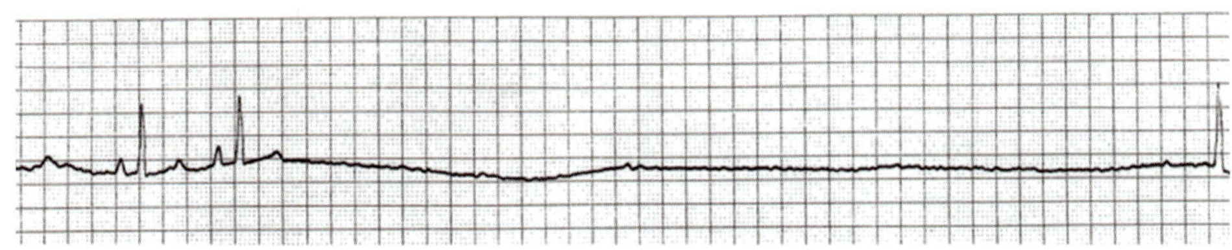

[그림 2-17] 동성 기능부전 증후군

출처: Smith, F. W. K., Jr., Tilley, L. P., & Sleeper, M. M. (2015). Manual of canine and feline cardiology (5th ed.). Saunders Elsevier.

4) 내과적 약물 치료(Drug Therapy)

항부정맥제는 빈맥의 속도를 늦추거나, 재진입 부정맥을 종료시키거나, 비정상적인 충동 형성이나 전도를 방지하는 방식으로 작용한다. 항부정맥제는 심장 세포 활동 전위에 대한 주요 전기생리학적 효과에 따라 분류한다.

(1) 클래스 I 항부정맥제(Class I Antiarrhythmic Drugs)

세포막 Na^+ 채널을 차단하고 활동 전위 업스트로크(Action Potential Upstroke, Phage 0)를 억제하여 심장 세포를 따라 전도 속도를 늦춘다. 대부분의 I형 제제는 세포 외 K^+ 농도에 의존하므로 저칼륨혈증 환자에게는 효과가 떨어진다. 리도카인(Lidocaine), 프로카인아마이드(Procainamide), 멕실레틴(Mexiletine) 등이 속한다.

(2) 클래스 II 항부정맥제(Class II Antiarrhythmic Drugs, β-Adrenergic Drug)

카테콜아민(Catecholamine) 효과를 차단한다. 심박수를 늦추고, 심근 산소 요구량을 줄이며, AV 전도 시간과 불응성을 증가시킨다. 베타 차단제의 항부정맥 효과는 직접적인 전기생리학적 효과보다는 베타1-수용체 차단과 관련이 있다. 부정적인 심근수축 효과는 심부전이 있는 동물에게 사용될 때 주의가 필요하다. 아테놀롤(Atenolol), 프로프라놀롤(Propranolol), 에스몰롤(Esmolol) 등이 있다.

(3) 클래스 III 항부정맥제(Class III Antiarrhythmic Drugs)

일반적인 특징으로 전도 속도의 감소 없이 심장 활동 전위의 연장과 효과적인 불응 기간이 있다. 이러한 약물의 효과는 재분극을 담당하는 칼륨 채널의 억제에 의해 매개된다. 이 약물은 특히 재진입으로 인한 심실 부정맥에 유용하다. 소타롤(Sotalol), 아미오다론(Amiodarone) 등이 있다.

(4) 클래스 IV 항부정맥제(Class IV Antiarrhythmic Drugs)

칼슘 채널을 차단하여 세포 내 칼슘 유입을 감소시키는 특성을 가진 약물이다. 관상동맥 및 전신 혈관 확장을 유발하고 심근 이완을 강화하며 심장 수축성을 감소시킬 수 있다. 암로디핀(Amlodipine)과 같은 칼슘 채널 차단제의 디하이드로피리딘 그룹(dihydropyridine group)은 주로 혈관 확장 효과가 있으며, 심장 전도나 수축성을 크게 변화시키지 않는다. 비디히드로피리딘 그룹(nondihydropyridine group)은 내부 칼슘 전류에 의존하는 조직에서 전도를 느리게 하여 항부정맥 효과를 발휘한다. 딜티아젬(Diltiazem), 베라파밀(Verapamil) 등이 존재한다.

(5) 항콜린제(Anticholinergic Drug)

항콜린제는 Sinus 결절과 AV 전도율을 증가시킨다. 아트로핀(Atropine) 또는 글리코피롤레이트(Glycopyrrolate)는 마취, 중추신경계 병변 및 기타 특정 질병이나 독성으로 인해 유발된 서맥 또는 AV 차단에 사용한다.

7. 선천성 심장 질환(Congenital Cardiac Disease)

태어나자마자 심장 또는 대형 혈관에서 발생한 해부학적 기형을 의미하며, 유전, 환경, 감염성, 영양결핍, 중독, 약물에 의한 기형 유발 등에 의해 발생한다. 보통 유전적 소인 또는 임신 기간 중의 사건으로 인해 발생하지만 정확한 발병 기전이나 원인 유전자는 거의 알려지지 않았다. 개와 고양이에서 한 살 이하에 발생하는 심혈관계 질환 대부분은 기형에서 비롯된다. 개에서 가장 흔한 선천성 심장 질환은 동맥관개존증, 폐동맥협착증, 대동맥밑협착증, 심실중격결손, 팔로사징이 포함된다. 개에서 선천성 심장 질환의 발생률은 병원에 입원하는 1,000마리 개 중 7~8마리로 보고되었다. 고양이에서 가장 흔한 선천성 심장 결손은 동맥관개존증, 심실중격결손, 대동맥협착증, 팔로사징, 공통방실관개존증이 포함된다. 고양이는 개에 비해 드물어 1,000마리 중 1마리 정도로 보고되었고, 고양이의 품종이나 성별 특이성은 보고되지 않았다.

1) 용적 과부하(Volume Overload)를 일으키는 결손

(1) 동맥관개존증(Patent Ductus Arteriosus; PDA)

태아기 순환에서 동맥관은 태아의 폐를 통하지 않고 대동맥으로 혈액을 바로 공급하는 지름길 역할을 한다. 출생 후 여러 가지 요인에 의해 동맥관이 폐쇄되는데, 이러한 동맥관이 폐쇄되지 않고 하행 대동맥과 주폐동맥 혹은 인접한 좌폐동맥을 연결하는 동맥관이 잔존하는 질병을 말한다. 좌-우 단락 PDA(left-to-right shunting PDA)가 가장 흔한 형태이며, 역전된 PDA(Reversed PDA, Right-to-left shunts)는 청색증이 발생할 수 있다. 특정 품종의 개에서 PDA의 유병률이 더 높으며, 다유전성 유전 패턴이 존재하는 것으로 생각된다. 암컷의 유병률이 수컷 개보다 2배 이상 높다. 운동 불내성, 빈호흡 또는 기침이 발생한다. 좌-우 단락 PDA의 경우 왼쪽 기저부(left base)에서 가장 높게 들리는 지속 심잡음(Continuous murmur)은 종종 떨림(Thrill)을 동반한다. 치료는 수술적 방법을 통해 가능한 한 빨리 좌-우 단락을 닫는 것이 좋다. 단순한 관 폐쇄 후에는 정상적인 수명을 기대할 수 있다. 심부전이 있는 환자는 안지오텐신 전환효소 억제제(ACEI), 푸로세마이드와 휴식, 식이 나트륨 제한으로 치료한다. 수축성은 시간이 지남에 따라 감소하기 때문에 피모벤단(또는 디곡신)을 처방한다. 부정맥은 필요에

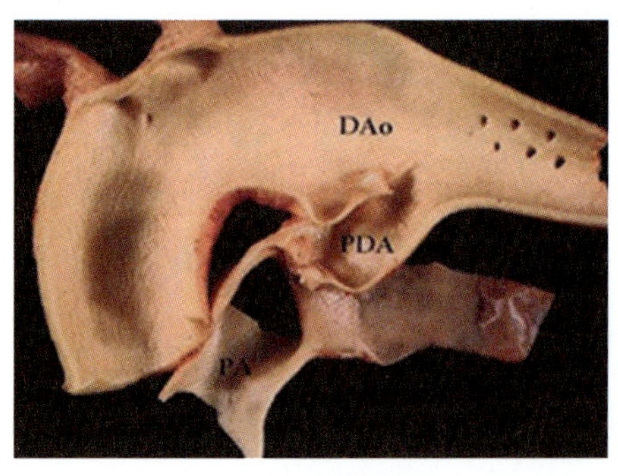

[그림 2-18] 사후 부검에서의 PDA 혈관

출처: Smith, F. W. K., Jr., Tilley, L. P., & Sleeper, M. M. (2015). Manual of canine and feline cardiology (5th ed.). Saunders Elsevier.

따라 치료한다. 관이 닫히지 않으면 예후는 관의 크기와 폐혈관 저항 수준에 따라 달라진다. 관 폐쇄를 하지 않는 대부분의 환자에게 심부전이 발생한다. 영향을 받은 개의 50% 이상이 1살 이내에 사망한다. 폐고혈압과 우-좌 단락으로 역전된 환자는 높은 폐고혈이 '팝오프' 밸브('pop-off' valve) 역할을 하여 관 폐쇄가 금기이다.

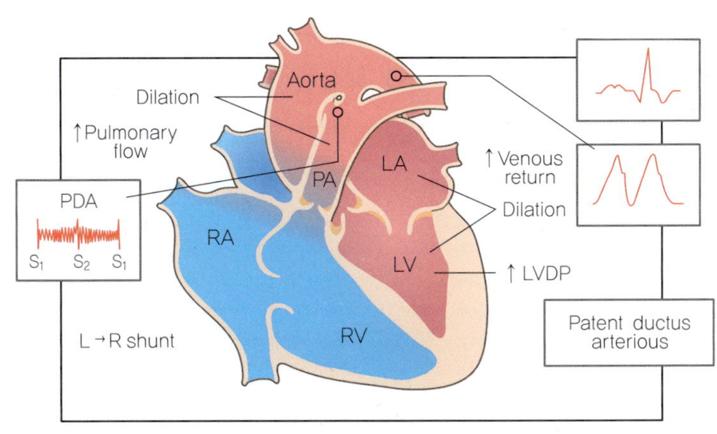

[그림 2-19] PDA 병태생리학적 특징

출처: Smith, F. W. K., Jr., Tilley, L. P., & Sleeper, M. M. (2015). Manual of canine and feline cardiology (5th ed.). Saunders Elsevier.

(2) 심실중격결손(Ventricular Septal Defect; VSD)

좌심실과 우심실 사이의 중격에 구멍이 생겨 좌심실과 우심실 사이로 혈액이 흐르는 질환이다. 심실중격은 심첨(apex) 부위에서는 근육질로 시작해 대동맥 기시부에 가까운 심장 바닥(base) 부위에서 막 모양으로 가늘어진다. 중격결손은 심실중격 모든 부위에서 발생 가능하지만, 막 모양 부위에서 발생이 가장 빈번하다. 일반적으로 VSD는 폐순환, 좌심실, 좌심방 및 우심실 유출로의 부피 과부하를 유발한다. 예후를 결정하는 두 가지 중요한 요소는 결손 부위의 크기와 심실의 상대적 압력(저항)이다. 작은 결함은 임상적으로 중요하지 않을 수 있다. 중간에서 큰 결함은 좌심 확장과 함께 좌심부전을 유발할 수 있다. 정상 상태에서, 좌심실 수축기 압력이 우심실 수축기 압력보다 높아 혈액은 좌측에서 우측으로 단락(좌-우 단락)된다. 이 단락은 좌심실에 심한 혈량 과부하를 일으켜 좌심부전을 유발한다. 우심실 저항이 증가하여 좌심실 압력을 초과하는 지점에 이르면 혈류는 우-좌 단락을 일으키고 청색증 등의 임상 증상을 유발할 수 있다. 작은 결함은 일반적으로 비교적 정상적인 수명을 허용하며 경우에 따라 생후 첫 2년 이내에 자연적으로 닫히기도 한다. 좌심부전은 큰 중격결손이 있는 동물에서 더 가능성이 높지만, 일부 션트 반전을 동반한 폐고혈압이 어린 나이에 발생하기도 한다. VSD에 대한 확실한 치료는 일반적으로 심장 내 수술이 필요하다. 좌심부전은 내과적으로 관리한다. 폐고혈압과 션트 반전이 있는 경우 수술을 시도해서는 안 된다.

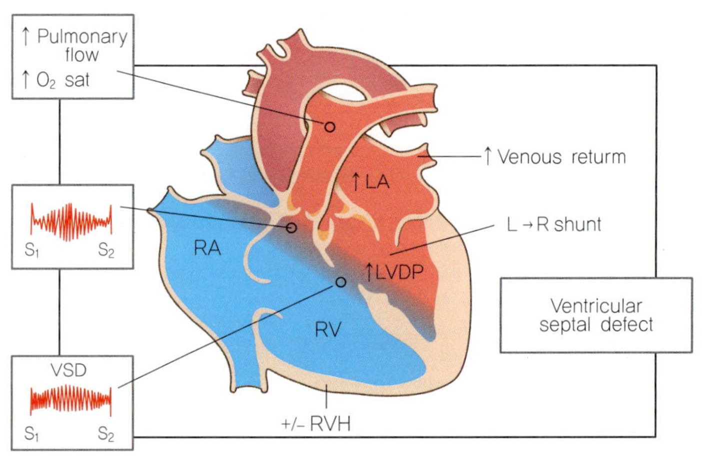

[그림 2-20] VSD 병태생리학적 특징

출처: Smith, F. W. K., Jr., Tilley, L. P., & Sleeper, M. M. (2015). Manual of canine and feline cardiology (5th ed.). Saunders Elsevier.

(3) 심방중격결손(Atrial Septal Defect; ASD)

좌심방과 우심방 사이가 개통된 것을 말하며, 보통 혈류는 좌측에서 우측으로 흐른다. 난원공(foramen ovale)이 있는 septum secundum의 구멍이 너무 크거나, 이 구멍을 덮어 주는 septum primum의 길이가 너무 짧을 경우 심방중격결손이 발생한다. ASD를 가진 동물의 임상 증상은 일반적으로 비특이적이다. 우심방과 좌심방 사이의 압력 차이가 작아 ASD 전반에 걸쳐 심잡음이 없을 수 있지만, 큰 좌-우 단락이 상대적인 심잡음을 일으킬 수 있다. 좌-우 단락은 우심방과 우심실에 혈량 과부하를 유발한다. 폐에 혈액 과순환이 발생하며, 결손 부위가 큰 심방중격결손은 우심부전 원인이 되거나 폐성고혈압(pulmonary hypertension)에 의한 폐혈관 손상의 원인이 된다. 폐성고혈압이나 우심실 내압을 상승시키는 질환이 병발하면 우-좌 단락이 발생할 수 있다. 큰 결손은 VSD와 마찬가지로 수술로 치료할 수 있다. 심부전이 발생하면 내과적으로 관리한다. 예후는 가변적이며 결손 크기, 동시 결함 및 폐혈관 저항 수준에 따라 달라진다.

2) 압력 과부하(Pressure Overload)를 일으키는 결손

(1) 폐동맥협착증(Pulmonic Stenosis; PS)

선천적으로 폐동맥 판막, 폐동맥 하부, 폐동맥 상부 지역의 조직이 좁아지는 것을 말하며, 뒤의 두 종류는 드물다. 판막성 폐동맥협착증은 판막 비후, 판막 인접부의 융합 및 다양한 정도의 판막 저형성이 특징이다. 폐동맥으로 들어가는 혈류 저항성이 증가하면서 우심실 압력 과부하가 발생한다. 이로 인하여 우심실에서 중심성 비대가 보상적으로 발생한다. 진단 시 증상이 없지만, 우심부전 또는 운동 불내증이나 실신의 병력이 있을 수 있다. 임상 증상은 심각한 협착이 있는 경우에도 중년이 될 때까지 나타나지 않을 수 있다. 청진 시 좌측 기저부에서 수축기 심잡음이 가장 잘 들린다. 일부 복수 및 기타 우심부전 증상이 나타난다. 때때로 청색증이 심방 또는 심실 중격결손으로 인한 우-좌 단락에서 발생한다. 풍선 판막 성형술(Balloon valvuloplasty)은 특히 기저 비대가 과도하지 않은 경우 중증(때로는 중등도) 협착 완화를 위해 권장된다. 이는 임상 증상을 줄이거나 제거할 수 있으며, 심각한 영향을 받은 동물의 장기 생존율을 향상시킨다. 중증의 협착이 있는 환자는 운동 제한이 권장된다. 베타 차단제 치료는 심한 우심 비대(RV infundibular hypertrophy)가 있는 동물에게 도움이 될 수 있다. 심부전은 내과적으로 관리한다. PS 예후는 다양하다. 경증에서 중등도의 PS 환자의 수명은 정상일 수 있지만, 중증 PS 환자는 진단 후 3년 이내에 사망하는 경우가 많다. 돌연사가 발생하기도 하며, 심부전 발생이 더 흔하다. 삼첨판 역류, 심방세동 또는 기타 빈맥과 심부전이 있는 환자는 예후가 훨씬 나쁘다.

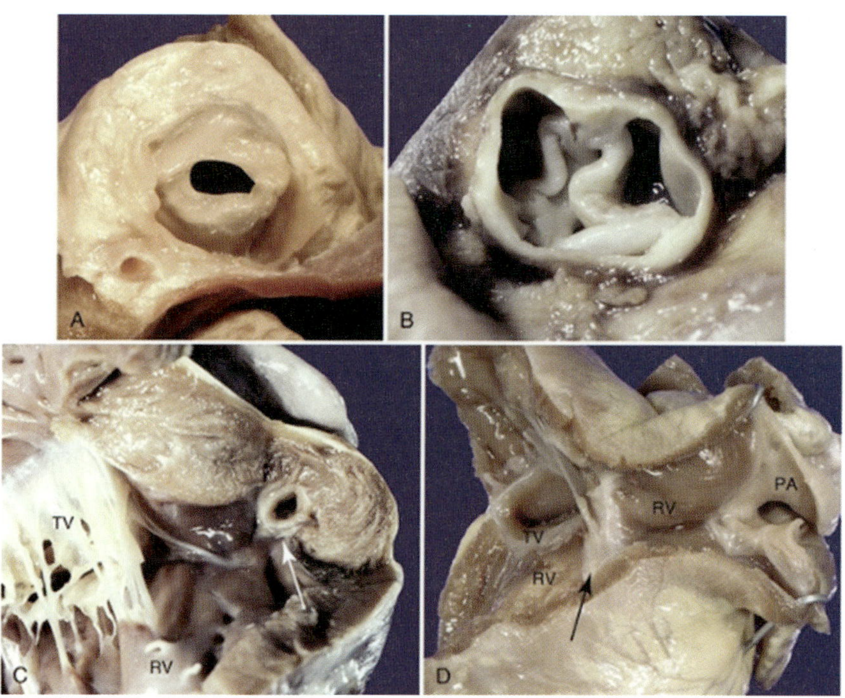

[그림 2-21] PS 병리조직 포본

A : 폐동맥 판막이 중앙 구멍과 융합되었다.
B : PS가 있는 개의 매우 두꺼운 이형성 밸브 커프스
C : 판막하 PS(화살표)의 섬유질 고리
D : 폐동맥 판막과 폐동맥(PA) 아래 몇 cm 아래 RV의 무흉근 부위에 있는 섬유성 고리(화살표)

출처: Ettinger, S. J., & Feldman, E. C. (Eds.). (2017). Textbook of veterinary internal medicine: Diseases of the dog and the cat (8th ed.). Elsevier.

(2) 대동맥 협착증(Aortic Stenosis; AS)

좌심실 유출로가 협착 또는 축소 등으로 인해 선천적으로 좁아져 있는 질환이다. 대동맥 판막 아래쪽/판막/판막 위쪽에 협착이 발생하며, 판막 아래쪽(대동맥밑협착증, Subaortic Stenosis; SAS)이 개에서 가장 흔하게 발생하는 위치이다. 판막하협착증은 대동맥 반월판 아래에 위치한 섬유소띠 또는 고리가 섬유화로 고정되어 좌심실의 혈액 배출을 방해하는 기능적 폐쇄이다. 피로, 운동 불내성, 실신 또는 돌연사가 SAS를 가진 개의 약 3분의 1에서 발생한다. 좌심실 유출로 협착을 통과해 혈액을 박출해야 하기 때문에 수축기 압력이 상승해 좌심실에 압력 과부하가 발생한다. 이로 인한 좌심부전 증상은 승모판 또는 대동맥 역류, 기타 심장 기형 또는 후천성 심내막염과 함께 발생할 수 있다. 호흡곤란은 SAS를 가진 고양이에서 가장 흔하게 보고되는 증상이다. 중등도에서 중증의 협착을 가진 환자의 특징적인 신체검사 소견으로는 약하고 늦게 상승하는 대퇴골 맥박(pulsus parvus et tardus)과 왼쪽 심장 기저부에서 낮은 떨림(thrill)이 있다. 중증 SAS를 가진 환자를 대상으로 여러 완화 수술 기법이 시도된다. 하지만 협착 부위의 풍선 확장(transvascular balloon dilation)은 유의미한 생존율이 확인되지 않았다. 중등도 이상의 SAS 환자에게 베타 차단제를 사용한 내과적 치료는 심근 산소 요구량을 줄이고 부정맥의 빈도와 중증도를 최소화한다. 하지만 베타 차단제가 생존 기간을 연장하는지는 불분명하다. SAS를 가진 동물에게는 운동 제한이 권장된다. 예방적 항생제 치료는 균혈증을 유발할 가능성이 있는 시술(예: 치과 치료)을 시행하기 전에 SAS를 가진 환자에게는 권장되지만, 심내막염 예방에 대한 효과는 불분명하다. 중증 SAS를 가진 환자의 절반 이상이 첫 3년 이내에 돌연사한다. 경미한 협착을 가진 환자는 임상 증상 없이 더 오래 생존할 가능성이 높다.

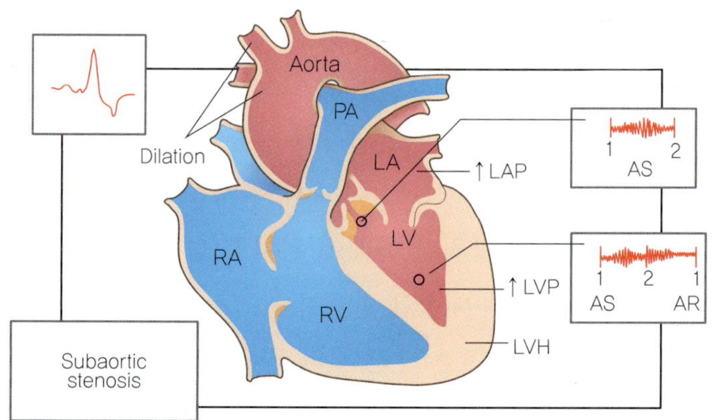

[그림 2-22] SAS 병태생리학적 특징

출처: Smith, F. W. K., Jr., Tilley, L. P., & Sleeper, M. M. (2015). Manual of canine and feline cardiology (5th ed.). Saunders Elsevier.

3) 청색증을 일으키는 결손

(1) 팔로사징(Tetralogy of Fallot)

폐동맥 협착, 심실중격결손, 대동맥 우측변위(dextropositioned aorta), 우심실 비대가 함께 발생한 복합 심장 기형으로, 청색증을 유발하는 대표적인 선천성 심장 질환이다. 일부 종에서는 유전적 소인이 있다. 운동 불내증, 호흡곤란, 실신, 청색증, 성장 둔화는 흔히 발생한다. 혈류역학적 변화는 폐동맥 협착 정도와 함께 심실중격결손 크기에 따라 다르다. 보통 청색증은 운동 시 더 분명하지만, 청색증은 일부 환자에서는 휴식 중에도 관찰된다. 팔로사징을 확실하게 치료하려면 개심술이 필요하다. 완화 수술은 좌-우 션트를 생성하여 폐 혈류를 증가시킨다. 심한 적혈구 증가증 및 점액 과다증과 관련된 임상 증상(예: 쇠약, 호흡곤란, 발작)은 주기적인 치료적 채혈(Phlebotomy) 또는 하이드록시유레아(Hydroxyurea)로 치료한다. 베타 차단제는 환자에서 임상 증상을 줄이는 데 도움이 될 수 있다. 운동 제한도 권장된다. 전신 혈관 확장 효과가 있는 약물을 투여해서는 안 된다. 예후는 PS와 적혈구 생성의 중증도에 따라 달라진다. 경미한 수준의 환자와 완화 수술을 성공적으로 받은 환자는 중년까지 생존할 수 있다. 하지만 진행성 저산소증, 적혈구 생성, 조기 사망이 흔하다.

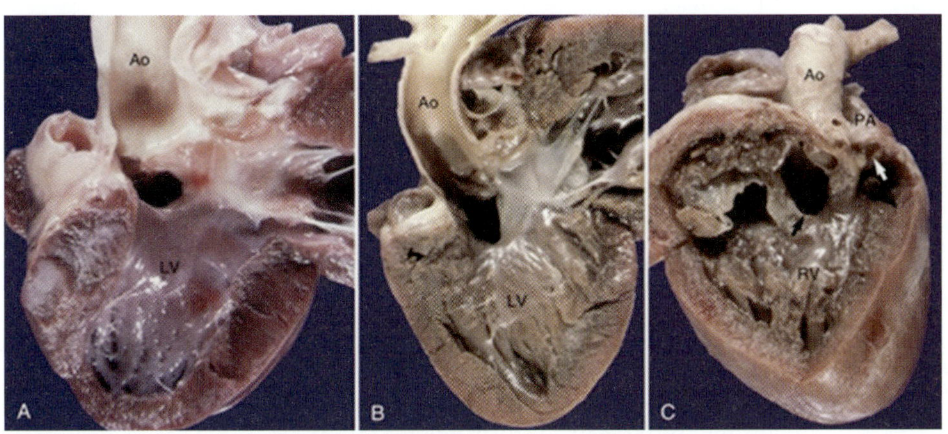

[그림 2-23] 팔로사징의 병리학적 표본

출처: Ettinger, S. J., & Feldman, E. C. (Eds.). (2017). Textbook of veterinary internal medicine: Diseases of the dog and the cat (8th ed.). Elsevier.

4) 우측 대동맥궁 잔존증(Persistent Right Aortic Arch; PRAA)

태아 시기에 존재하는 우측의 제4 대동맥궁이 출생 후에도 잔존하여 생기는 질환으로, 잔존한 제4 대동맥궁이 식도를 조여 고형의 음식물이 식도가 조인 부분 밑으로 내려가지 못한다. 젖을 먹는 시기에는 증상이 없을 수 있지만 고형 사료로 이유하는 시기에서 혈관륜으로 인해 음식물을 식도에서 위로 넘기지 못하고 토출하게 된다. 음식물이 계속 식도에 저류하게 됨으로써 후천적으로 거대 식도를 유발하며, 식도에 저류된 음식물의 역류로 인해 오연성 폐렴이 발생한다. 대동맥궁의 수술적 제거가 권장된다. 내과적 관리는 소량의 반고체 또는 액체 식사를 자주 급여한다. 일부 환자에서 성공적인 수술에도 불구하고 지속적인 역류가 발생하여 영구적인 식도 운동 장애가 나타난다. 따라서 똑바로 서 있는 자세로 급여하는 것이 평생 필요할 수 있다.

8. 후천적 판막 질환(Acquired Valvular Disease)

개와 고양이에서 후천성 원발성 판막질병(Acquired Primary Valvular Disease)은 일반적으로 퇴행성이거나 감염성이다. 점액종성 퇴행성 승모판질병은 개에서 가장 흔한 심장병이다. 주로 노령의 소형견에서 관찰된다. 감염성 심내막염(Infective Endocarditis)은 흔하지 않은 후천성 판막질병 형태로 고양이에서는 드물고 중년의 중·대형견에서 주로 발견된다.

1) 퇴행성 방실판막 변성(Atrioventricular Valvular Degeneration)

점액종성 판막 퇴행증(Myxomatous Valvular Degeneration; MVD), 만성 승모판 폐쇄부전(Chronic Mitral Valve insufficiency; CMVI), 퇴행성 판막질병(Degenerative Valvular Disease) 등의 다양한 명칭으로 불리고 있다.

❶ 병인과 병태생리학(Etiology and Pathophysiology)

방실 판막 변성은 판막이나 건삭에 점액성 증식(glycosaminoglycans)이 축적되고 섬유화가 일어난 상태를 말한다. 점액성 변성이 일어나는 원인은 정확하게 밝혀지지 않았지만, 기계적 판막 스트레스와 여러 화학적 자극이 관여하는 것으로 생각된다. 대표적 요인으로는 판막을 구성하는 결합조직에 이상이 발생하는 것이며, 세균 감염과의 관련성은 보고되지 않았다. 중년 및 노령의 소형에서 중형 품종이 가장 자주 영향을 받고 뚜렷한 종 특이성이 있으며, 다유전형질의 특징을 가진다는 증거가 제시되어 유전적 특이성이 있는 것으로 보인다. 암컷보다 수컷의 발생률이 높으며, 질병의 유병률과 중증도는 나이가 들수록 증가한다. 일반적으로 영향을 받는 품종으로는 캐벌리어 킹 찰스 스패니얼, 토이 및 미니어처 푸들, 미니어처 슈나우저, 치와와, 포메라니안 등이 있다. 초기 병변은 판막 가장자리에 있는 작은 결절로 구성되나, 시간이 지남에 따라 판막이 두꺼워지고 변형되는 플라크가 합쳐지면서 더 커진다. 이 점액종성 간질성 변성(Myxomatous Interstitial Degeneration)은 판막 결절의 두꺼워짐과 변형을 유발하며, 판막과 건삭(chordae tendineae)을 약화시킨다. 판막 변성으로 인해 판막의 폐쇄부전이 유발되어 방실판막을 통과하여 심실로 들어왔던 혈액의 일부가 심방으로 역류한다. 이는 다시 심실로 들어가는 정맥 환류량이 증가시켜 심실에 편심성 종대를 유발하고 궁극적으로 울혈성 심부전으로 진행하게 되는 퇴행성 판막 질환이다. 승모판막 역류(Mitral Regurgitation; MR)는 일반적으로 몇 달에서 몇 년에 걸쳐 천천히 발생한다.

❷ 임상 증상(Clinical Features)

수년 동안 임상 징후를 유발하지 않을 수 있으며, 일부 개는 심부전의 징후를 보이지 않는다. 일반적으로는 운동 불내성, 폐울혈 및 부종의 증상과 관련이 있다. 운동 능력 저하, 운동과 함께 기침이나 빈호흡이 동반되는 것이 보호자가 인지하는 초기 증상이다. 기침은 밤과 이른 아침, 활동 시에 발생하는 경향이 있다. 심한 부종은 명백한 호흡곤란을 초래하고 일반적으로 습성 기침이 나타난다. 좌심첨(Left Apex) 영역에서 방실판 역류에 의해 온수축기 심잡음(Holo-systolic murmur)은 청진 시 감지할 수 있다. 폐음은 정상일 수도 있고 비정상일 수도 있다. 폐부종이 심해짐에 따라 빈호흡, 호흡곤란, 좌위호흡 등을 보이며, 호흡 말기에 폐수포음(End-inspiratory Crackles)이 청진된다. 기면(lethargy), 식욕 저하, 운동 불내성, 실신, 체중 감소, 복수(우심부전), 부정맥, 모세혈관 충만시간(capillary refill time) 지연, 돌연사 등이 나타날 수 있다.

❸ 치료와 예후(Treatment and Prognosis)

C기 심장병을 앓고 있는 경우, 심부전 증상을 조절하기 위해 내과적 치료가 지시된다. 좌심 크기를 감소시키는 약물(예: 이뇨제, 혈관 확장제, 양성 수축력 강화제)은 승모판 역류량을 줄일 수 있다. 동정맥 혈관 확장을 촉진하는 약물은 전신 동정맥 저항을 감소시켜 전방 심박출량을 증가시키고 역류량을 감소시킨다. 질병이 진행됨에 따라 상태 재평가와 약물 조정이 필요하다. 치료는 환자

상태와 복합 요인의 특성에 따라야 한다. 승모판 고리 성형술(mitral annuloplasty) 또는 승모판막 교체와 같은 외과적 시술이 일부 환자에게는 치료 옵션이 될 수 있다.

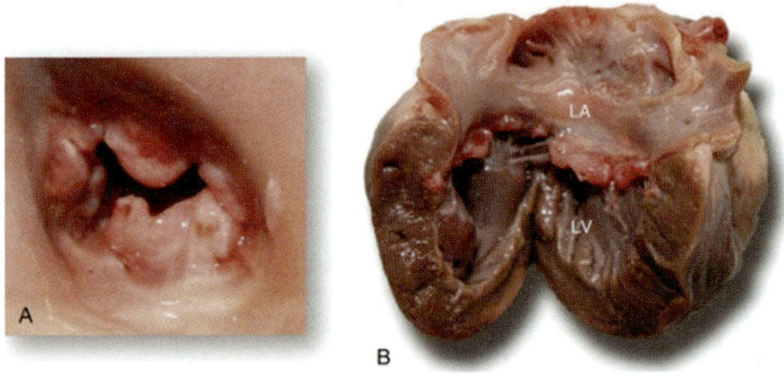

[그림 2-24] 점액종 승모판막 질환(MMVD)을 앓고 있는 개의 사후 표본

출처: Ettinger, S. J., & Feldman, E. C. (Eds.). (2017). Textbook of veterinary internal medicine: Diseases of the dog and the cat (8th ed.). Elsevier.

2) 감염성 심내막염(Infective Endocarditis)

(1) 병인과 병태생리학(Etiology and Pathophysiology)

심내막 감염이 발생하기 위해서는 지속적이든 일시적이든 균혈증이 필요하다. 유기체가 매우 독성이 강하거나 박테리아 부하가 많을 때 심장 감염이 발생할 가능성이 높아진다. 균혈증은 피부, 입, 요로, 전립선, 폐 또는 기타 장기의 감염과 함께 발생할 수 있다. 치과 시술은 일시적인 균혈증을 유발하는 것으로 알려져 있다. 판막의 심내막 표면은 판막을 통과하는 혈액에서 직접 감염된다. 심내막염의 병변은 일반적으로 교란된 혈류의 하류에 위치하며, 대동맥하 협착증 환자의 대동맥 판막의 심실, 심실중격결손의 우심실, 역류성 승모판막의 심방 표면 등이 일반적인 부위이다. 개에서 확인된 가장 일반적인 유기체는 포도상구균 속(*Staphylococcus* spp.), 연쇄상구균(*Streptococcus* spp.), 대장균(*E.*coli)이다. 증식성 병변은 주로 응집된 혈소판, 피브린, 혈액 세포 및 박테리아로 구성된다. 병변은 일반적으로 판막 전단(valve leaflets)을 포함하지만, 병변은 건삭(chordae tendineae), 심내막 또는 인접한 심근까지 확장될 수 있다. 증식성 병변은 판막의 천공이나 찢어짐을 포함한 판막 변형을 유발하고 판막 기능부전을 초래한다. 판막 기능부전과 그에 따른 부피 과부하는 심부전으로 이어진다. 승모판 또는 대동맥 판막이 일반적으로 영향을 받기 때문에 폐울혈 및 부종의 좌심부전이 일반적이다. 심부전은 심각한 판막 파괴, 파열이 있는 환자에서 빠르게 발생하며, 수축력 감소와 심방 또는 심실 빈맥이 자주 발생한다. 증식성 병변 조각은 종종 떨어져 다른 신체 부위의 색전증, 경색이나 전이성 감염을 유발할 수 있으며, 이는 다양한 임상 증상을 초래할 수 있다. 패혈성 관절염, 디스크척추염, 요로감염, 신장 및 비장 경색은 영향을 받은 동물에서 흔히 발생한다.

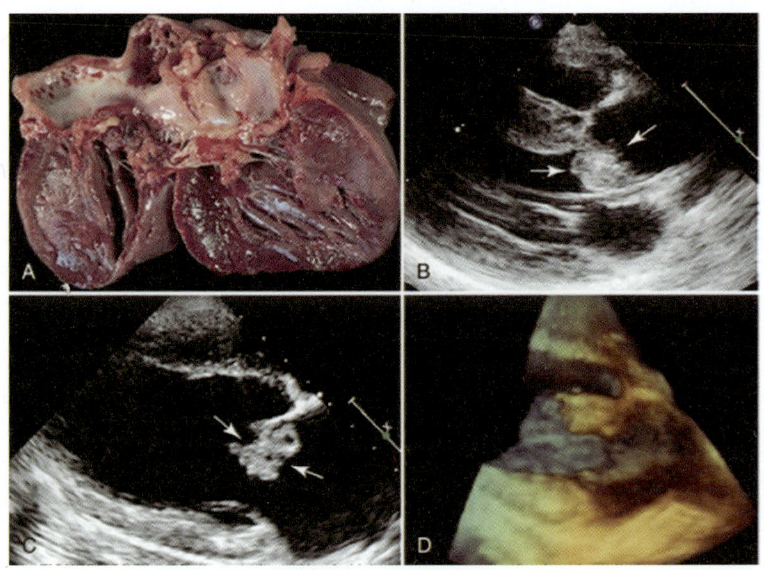

[그림 2-25] 감염성 심내막염

A. 승모판에 국한된 판막 증식
B. 대동맥 판막의 감염성 심내막염(화살표)이 있는 고양이의 2차원 심초음파로 본 모습
C. 승모판막(화살)에 영향을 미치는 감염성 심내막염
D. C와 같은 개의 3D 심초음파 사진

출처: Ettinger, S. J., & Feldman, E. C. (Eds.). (2017). Textbook of veterinary internal medicine: Diseases of the dog and the cat (8th ed.). Elsevier.

(2) 임상 증상(Clinical Features)

심내막염의 임상 증상은 다양하다. 좌심부전 또는 부정맥으로 나타날 수 있지만, 심부전 증상은 전신 경색, 감염, 면역 매개 질환 또는 이들의 조합으로 인해 가려질 수 있다. 절뚝거림이나 경직의 비특이적인 징후(한쪽 팔다리에서 다른 팔다리로 이동할 수 있음), 무기력, 떨림, 반복적인 발열, 체중 감소, 무감각, 구토, 설사 및 쇠약 등이 나타날 수 있다. 심내막염을 앓고 있는 대부분의 환자에서 심잡음이 들리며, 심잡음은 관련된 판막에 따라 달라진다. 심실 빈맥은 가장 흔하게 보고되지만, 상심실성 빈맥(Supraventricular Tachycardia)이나 방실차단도 발생한다. 좌심 기저부에서 이완기 심잡음이 발생할 때, 특히 발열이나 기타 징후가 있는 경우 대동맥 판막 심내막염에 의심스럽다.

(3) 치료와 예후(Treatment and Prognosis)

피브린을 침투할 수 있는 항생제를 사용한 공격적인 치료와 지지요법이 요구된다. 이상적으로는 배양 및 감수성 검사 결과에 따라 약물 선택이 이루어져야 하지만 이러한 결과를 기다리는 동안 치료 지연은 해로울 수 있기 때문에, 광범위 항생제 요법은 일반적으로 혈액 배양 샘플을 얻은 직후에 시작하며, 권장 범위의 높은 쪽에 있는 용량을 사용한다. 항생제는 더 높은 혈중 농도를 얻기 위해 1주 이상 정맥주사(또는 적어도 근육주사)로 투여한다. 항생제 처치는 최소 6~8주 이상 지속한다. 장기 예후는 보통 좋지 않다. 글루코코르티코이드(Glucocorticoid)와 부적절한 항생제 치료는 나쁜 결과를 초래한다. 판막 기능장애가 심하지 않고 대규모 증식성 병변이 없는 경우는 공격적인 치료가 성공할 수 있다. 패혈증, 전신 색전증, 부정맥 또는 신부전이 가장 흔한 사망 원인이지만 심부전 또한 흔한 원인이 될 수 있다. 예방적 항생제의 사용은 논란의 여지가 있다. 사람을 대상으로 한 연구에 따르면, 대부분의 감염성 심내막염 사례는 예방이 불가능하다. 심내막염은 심실중격결손, 동맥관 개존증, 청색증을 가지는 선천성 심장 질환과도 관련이 있다. 심장 박동기(Pacemaker)나 다른 장치를 이식한 동물이나 심내막염 병력이 있는 동물에게는 예방적 항생제가 권장된다. 면역력이 저하된 동물 역시 예방을 고려해야 한다.

9. 심근병증(Cardiomyopathy)

1) 확장성 심근병증(Dilated Cardiomyopathy; DCM)

(1) 병인과 병태생리학(Etiology and Pathophysiology)

DCM은 부정맥 유무에 관계없이 심근 수축성이 떨어지는 질병이다. 내인성 심근 장애로 인한 심근의 구조 또는 기능 변화의 결과로 발생하며, 진행성으로 심실 확장 및 심근 수축성이 소실되는 심근의 수축기 장애이다. 특발성으로 간주되지만, DCM은 단일 질환이 아닌 심근세포나 세포 간 기질과 관련된 다양한 병리학적 과정이나 대사 결함의 말기 단계일 가능성이 높다. 특히 특정 품종에서 확장성 심근병증의 이환율이 현저하게 높은 것으로 보아 유전성이 있는 것으로 보인다. 도베르만핀셔, 그레이트데인, 세인트버나드 등의 중장년(6~8세)의 대형견에서 가장 흔하고, 수컷에서 호발한다. 도베르만핀셔에서 DCM의 유병률이 가장 높고 상염색체 우성 유전 패턴을 보이는 것으로 나타났다. DCM과 관련된 여러 다른 돌연변이가 도베르만 및 기타 품종에서도 존재할 수 있다. 부정맥 유발성 우심실 심근병증(Arrhythmogenic Right Ventricular Cardiomyopathy; ARVC)을 가진 복서 종은 상염색체 우성 유전 패턴을 가지고 있으며, 스트리아틴 유전자(striatin gene)의 돌연변이가 확인되었다. 다양한 생화학적 결함, 영양결핍, 독소, 면역 기전 및 감염원이 DCM의 발병에 관여할 수 있다. 수축기 기능장애로 인해 일회박출량과 심박출량 감소를 야기한다. 감소된 심박출량으로 인한 보상 메커니즘에 따라 신경호르몬 활성을 유발하여 교감신경 흥분과

RAAS를 활성화시킨다. 이에 대한 단기적 보상작용으로 혈압과 심박출량은 유지되지만, 장기적 보상작용으로 인한 진행성 심실 확장(리모델링)이 발생하며, 심근의 섬유화, 전부하 증대로 인한 심실의 충전압 증가 등으로 혈역학적 변화를 감당할 수 없게 된다. 이에 따라 심박출량이 감소하여 정맥압 이상으로 인한 쇠약, 실신, 울혈성 심부전, 궁극적으로 심인성 쇼크를 유발한다. DCM이 있는 개에서 심장 전도계의 변형 및 이상으로 인한 부정맥이 흔하다. 관상동맥 관류는 전방 혈류 저하와 심실 이완기 압력 증가로 인해 손상될 수 있으며, 심근 허혈은 심근 기능을 더욱 저하시키고 부정맥이 발생하기 쉬워진다. 주로 심방세동(AF)이 DCM을 가진 개에서 발생한다. 심실성 빈맥도 흔하며 이는 돌연사를 초래할 수 있다. 모든 심방실의 확장이 일반적이지만, 좌심방(LA)과 좌심실(LV) 비대가 더 흔하다. 심실벽 두께는 내강에 비해 감소하는 것처럼 보인다. 조직병리학적 소견에는 특히 좌심실 심근 괴사, 퇴행 및 섬유화가 나타난다.

(2) 임상 증상(Clinical Features)

DCM의 유병률은 나이가 들수록 증가하지만, 심부전은 주로 4~10세 사이에 나타난다. 수컷이 암컷보다 더 자주 영향을 받으며, 수컷 도베르만핀셔는 일반적으로 암컷보다 더 어린 나이에 징후를 보인다. DCM은 천천히 발달하는 것으로 보이며, 임상 징후가 분명해지기 전에 몇 년에 걸쳐 장기간의 전임상(Pre-clinical, Occult) 단계가 진행될 수 있다. 운동 불내성, 쇠약, 실신, 부정맥, 심잡음이 감지된 개에서는 추가적인 심장 평가가 필요하다. 전임상 단계의 DCM은 심장 초음파 검사를 통해 확인된다. 심부전 증상이 나타나기 전에 돌연사하는 경우도 비교적 흔하다. 임상 증상으로는 쇠약, 무기력, 빈호흡 또는 호흡곤란, 운동 불내성, 기침, 식욕 부진, 복부 팽만감(복수), 실신 등이 있다. 신체검사 결과는 심비대 정도에 따라 다르다. 전임상 단계의 개는 신체검사 결과가 정상일 수도 있다. 질병이 진행되고 심박출량이 저조한 환자는 교감신경 활성과 말초혈관이 수축하여 점막이 창백하고 모세혈관 재충전 시간(CTR)이 느려진다. 조절되지 않는 심방세동과 빈번한 조기심실수축(Ventricular Premature Complex; VPC)은 불규칙하고 빠른 심장 리듬을 유발하며, 잦은 맥박결손과 가변적인 맥박 강도를 보인다. 좌측 및/또는 우측 심부전의 증상으로 빈호흡, 호흡음 증가, 폐부종, 경정맥 확장, 흉막 삼출, 복수 등이 있다.

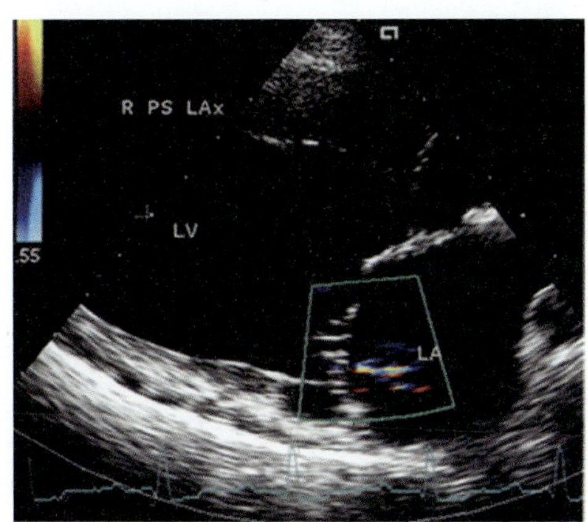

[그림 2-26] DCM에 이환된 개의 초음파 수축기 영상
좌심방과 좌심실의 확장이 확인된다.

출처: Nelson, R. W., & Couto, C. G. (2013). Small animal internal medicine (5th ed.). Saunders Elsevier.

(3) 치료와 예후(Treatment and Prognosis)

치료는 심부전 증상을 조절하고 심박출량을 최적화하며 부정맥을 관리함으로써 삶의 질을 개선하고 생존 기간을 가능한 한 연장하는 것을 목표로 한다. 안지오텐신 전환 효소 억제제(ACE-I), 피모벤단(Pimobendan)과 필요하면 푸로세마이드(Furosemide)가 처방된다. 스피로놀락톤(Spironolactone)도 권장된다. 항부정맥제는 심실세동 역치를 높이고 부정맥의 빈도와 중증도를 낮추기 위해 소타롤(Sotalol), 아미오다론(Amiodarone), 멕실레틴(Mexilletine), 아테놀롤(Atenolol) 또는 프로카인아마이드(Procainamide), 아테놀롤(Atenolol)의 조합이 유용할 수 있다. 이러한 약물을 주입하는 동안, 환자의 부정맥이 악화되는지 면밀히 관찰해야 한다. DCM을 가진 개의 임상 상태는 빠르게 악화될 수 있으므로 환자를 면밀히 모니터링하는 것이 중요하다. 호흡수와 호흡 패턴, 폐음, 맥박, 심박수와 리듬, 말초 관류, 체온, 신장 기능, 의식 수준, 맥박 산소 측정 및 혈압을 모니터링한다. DCM을 가진 개의 예후는 일반적으로 좋지 않다. 대부분의 개는 심부전 증상이 나타난 후 3개월 이상 생존하지 못한다. 2년 생존 확률은 7.5~28%로 추정된다. 심부전이 발생하기 전의 잠복기에서도 돌연사가 발생할 수 있다. 심실 빈맥이 가장 흔하게 심정지를 유발하는 것으로 알려져 있다. 심방세동이 있는 경우 예후는 더 나쁘다. 조기 진단은 생명을 연장하는 데 도움이 될 수 있다.

2) 비대성 심근병증(Hypertrophic Cardiomyopathy, HCM)

(1) 병인과 병태생리학(Etiology and Pathophysiology)

유두근(papillary muscle)과 심근벽의 중심성 비대(concentric hypertrophy)를 특징으로 하는 좌심실 원발성 심근질병으로, 고양이에서 가장 일반적으로 진단되는 심근질병이며, 암컷에 비해 수컷에서 호발한다. 병인론은 알려지지 않았지만(특발성), 많은 경우 유전성 이상이 있을 가능성이 높다. 일부 품종의 고양이에서 선천성 질환으로 알려져 있다. 단순 상염색체 우성 유전형질(simple autosomal dominant trait)은 메인 쿤, 랙돌, 아메리칸 쇼트헤어 품종에서 확인되었다. 페르시안, 노르웨이 숲 등에서도 호발한다. 하지만 HCM은 잡종 고양이(domestic; mixed-breed)에서 가장 일반적인 형태로 발견된다. 심근 단백질의 근원섬유마디(sarcomere) 결손이 근원섬유 분절체의 기능부전에 원인이 되어 근세포의 과부하를 유도해 근세포 비대, 콜라겐 합성, 근세포 재배열(비정렬된 근원섬유) 등을 초래한다. 좌심실벽 및 심실중격 비대가 특징이다. 이에 따라 비대한 유두근 및 두꺼워진 좌심실 심근이 대칭적 또는 비대칭적으로 나타난다. 좌심실 내강은 일반적으로 작게 보인다. 전방 승모판 전단부의 수축기 전방 운동(Systolic Anterior Motion; SAM)이 뚜렷한 고양이는 반복적인 판막 접촉이 발생한 심실중격에 섬유성 패치가 생길 수 있다. 심근 비대와 그에 따른 변화는 심실벽의 강직성을 증가시킨다. 최종적 결과는 지연된 이완 기능, 심근의 유연성 소실 등의 비정상적인 이완 기능장애로 나타난다. 이완 기능이 악화됨에 따라 심실 용적이 감소하면 확장기 심실과 좌심방의 압력을 증가시키며, 신경호르몬 활성화를 유발한다. 심박수가 높아지면 좌심실 충전이 더욱 방해되고 심근허혈이 촉진되며, 이에 따라 폐정맥압도 증가하여 울혈성 심부전을 유발할 수 있다. 수축 기능은 일반적으로 정상이지만 일부 고양이에서 심실 수축 부전과 확장으로 진행되기도 한다. 좌심실 충전압이 높을수록 좌심방 및 폐정맥 압력이 증가한다. 좌심방의 확장으로 인해 좌심방 또는 좌심이(left auricle)에서 혈전이 생길 수 있다. 동맥 혈전 색전증은 고양이의 HCM의 주요 합병증이다. 승모판 역류는 일부 영향을 받은 고양이에서 발생한다. 좌심실, 유두근 구조, 승모판 SAM의 변화는 정상적인 판막 폐쇄를 방해한다. 수축기 동적 좌심실 유출장애(Systolic dynamic LV outflow obstruction)는 좌심실 압력, 벽 스트레스, 심근 산소 요구량을 증가시키고 심근허혈을 촉진한다. 빈맥은 이완기 관상동맥 관류 시간을 줄이면서 심근 산소 요구량을 증가시켜 허혈에 기여한다. 심방세동(AF) 및 기타 빈맥류는 이완기 충전을 더욱 손상시키고 정맥 울혈을 악화시키며, 실신 또는 돌연사를 유발할 수 있다. 폐정맥 울혈과 부종은 좌심방 압력 증가로 인해 발생한다. 폐정맥 및 모세혈관 압력 증가는 폐혈관 수축을 유발하는 것으로 생각되며, 폐동맥 압력 증가와 이차적인 우심부전이 발생할 수 있다.

(2) 임상 증상(Clinical Features)

명백한 HCM은 중년 수컷 고양이에게 가장 흔하지만, 임상 증상은 모든 연령대에서 발생할 수 있다. 경미한 상태의 고양이는 수년 동안 증상이 없을 수 있다. 신체검사에서 심잡음, 부정맥 또는 때때로 갤롭음을 가진 고양이에서 심초음파 검사를 통해 무증상 HCM 사례를 밝혀낼 수 있다. 심잡음이나 기타 이상이 없는 고양이에서도 심초음파 검사를 통해 무증상 심근병증이 확인된다. 임상 증상으로는 중증도의 호흡기 증상이나 혈전 색전증의 급성 증상이 가장 자주 발생한다. 호흡기 증상으로는 빈호흡, 헐떡임, 호흡곤란, 그리고 드물게는 기침(구토로 잘못 해석될 수 있음) 등이 있다. 때로는 무기력증이나 식욕 부진만이 질병의 유일한 증거일 수 있다. 일부 고양이에서 증상이 없다가 실신하거나 돌연사를 겪기도 한다. 마취, 수술, 수액 투여, 전신질환, 스트레스를 받은 고양이에서 심부전이 발생할 수 있다. 승모판 역류 또는 좌심실 유출관 폐쇄에 의해 유발되는 수축기 심잡음이 흔하다. 일부 고양이에서는 뚜렷한 심실 비대에도 불구하고 심잡음이 들리지 않는다. 부정맥은 비교적 흔하다. 뚜렷한 폐음, 폐수포음, 청색증은 심한 폐부종을 뜻한다. 동맥 혈전 색전증으로 인한 파행 및 맥박결손이 나타날 수 있다.

(3) 치료와 예후(Treatment and Prognosis)

치료 목표는 심실 충전을 강화하고, 울혈을 완화하며, 부정맥을 조절하고, 허혈을 최소화하며, 혈전 색전증을 예방하는 것이다. 푸로세마이드는 울혈 증상을 조절하기 위해 사용한다. 중증의 흉수는 흉막천자로 치료한다. 부토판올(Butophanol)은 호흡곤란 상황에서 불안을 줄이는 데 도움이 될 수 있다. 고양이에서는 모르핀(Morphin)을 사용하면 안 된다. 아미노필린(Aminophylline)의 기관지 확장 및 경미한 이뇨 효과는 약물이 심박수를 증가시키지 않는 한 폐부종을 앓고 있는 고양이에게 도움이 될 수 있다. 심각한 경우에는 기계적 환기도 고려한다. 심실 충전은 심박수를 늦추고 이완을 강화하여 개선한다. 스트레스와 활동 수준은 가능한 한 최소화한다. 칼슘 채널 차단제인 딜티아젬(Diltiazem), 베타 차단제, ACEI는 심부전이 있는 고양이에게 주로 처방된다. ACEI는 일반적으로 신경호르몬 활성화와 비정상적인 심장 리모델링을 줄이기 위해 처방한다. 딜티아젬의 칼슘 차단 효과는 심박수와 수축성을 약간 감소시킬 수 있으며, 이는 심근 산소 요구량을 감소시키며 심근 이완에 긍정적인 영향을 미친다. 베타 차단제는 딜티아젬보다 심박수와 동적 좌심실 유출 장애를 더 크게 줄일 수 있다. 빈맥을 억제하는 데도 사용된다. 또한 교감신경 억제는 심근 산소 요구량을 감소시킨다. 특정 약물은 일반적으로 HCM이 있는 고양이에서는 피해야 한다. 디곡신 및 기타 양성 수축력 강화제가 여기에 포함된다. 이는 심근 산소 요구량을 증가시키고 동적 좌심실 유출 장애를 악화시킬 수 있기 때문이다. 그러나 피모벤단은 만성 불응성 심부전을 가진 고양이를 관리할 때 도움이 될 수 있다. 빈맥은 심실 충전 시간을 단축시키고 심근허혈이 발생할 수 있기 때문에 심박수를 증가시키는 모든 약물은 잠재적으로 해로울 수 있다. HCM 고양이의 예후는 질병 진행 속도, 혈전 색전증 또는 부정맥의 발생, 치료에 대한 반응 등의 여러 요인이 영향을 미친다. 경증에서 중등도의 좌심실 비대와 심방 비대만 있는 무증상 고양이는 수년 동안 잘 사는 경우도 많다. 좌심방 비대가 두드러지고 비대가 더 심한 고양이는 심부전, 혈전 색전증 및 돌연사의 위험

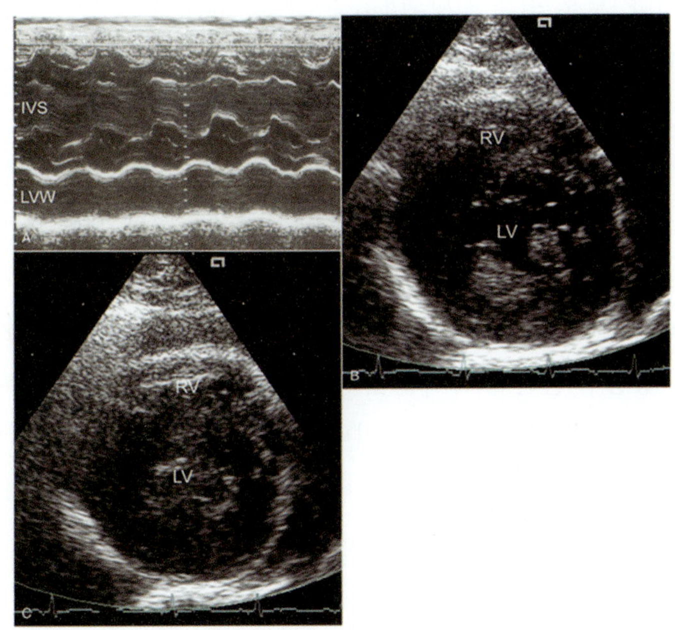

[그림 2-27] 고양이 HCM의 심초음파 영상

A : 좌심실 수준에서 M-mode 영상 / B : 이완기 동안의 2-D 영상 / C : 수축기 동안의 2-D 영상

출처: Nelson, R. W., & Couto, C. G. (2013). Small animal internal medicine (5th ed.). Saunders Elsevier.

이 더 크다. 심부전을 가진 고양이의 중앙 생존 기간은 1~2년 정도이다. 심방세동 또는 불응성 우심부전을 가진 고양이의 예후는 더 나쁘다. 체중이 낮거나 높은 고양이는 정상 체중보다 예후가 나쁠 수 있다. 혈전 색전증과 심부전은 예후가 조심스럽지만(중앙 생존 기간은 2~6개월), 울혈 증상을 조절할 수 있고 중요한 장기의 경색이 발생하지 않은 경우에 일부 고양이는 잘 생존한다. 혈전 색전증의 재발은 흔하다.

3) 동맥 혈전 색전증(Atrial Thromboembolism)

(1) 병인과 병태생리학(Etiology and Pathophysiology)

고양이에서 동맥 혈전 색전증의 가장 흔한 원인은 심근병증이다. 좌심방 확장을 유발하는 심각한 심장 질환에서 혈전 색전증이 잘 발생한다. 일부는 심장에 남아 있지만 [보통 왼쪽 심방귀(left atrial appendage], 일부는 원위 대동맥이나 덜 자주 다른 부위에 색전을 일으킨다. 현저한 좌심방 비대는 혈전 색전증의 위험을 증가시키는 것으로 생각되지만, 정상적인 좌심방 크기를 가진 고양이에서도 혈전 색전증이 발생하기도 한다. 고양이 혈소판은 유전적으로 반응성이 높아 심근 질환에 의한 내피세포 손상과 좌심방 확장에 따른 혈액 정체로 인해 좌심방 내에 혈전이 잘 형성된다. 전신 동맥 색전증은 일반적으로 대동맥 분지[안장 혈전(saddle thrombus) 또는 안장 색전증(saddle embolus)]에 주로 발생하여 뒷다리 통증과 불완전 마비를 유발한다. 하지만 색전 크기와 흐름 경로에 따라 장골, 대퇴골, 신장, 상완골 및 기타 동맥도 영향을 받을 수 있다. 혈전 색전증은 영향을 받은 동맥의 흐름을 방해하는 것 외에도 혈관 수축을 유도하고 막힌 혈관 주변의 측부 혈류 발달을 방해하는 혈액성 아민류(serotonin, thromboxane)가 혈전으로부터 분비되며, 이는 혈관 수축을 유발한다. 조직 허혈은 추가적인 손상과 염증을 유발한다. 허혈성 신경근병증은 영향을 받은 사지에 발생하며, 말초신경 기능장애와 퇴행, 그리고 관련된 근육 조직의 병리학적 변화를 동반한다. 심장 질환, 특히 비대성 심근병증이 있는 고양이에서 일반적으로 발생하는 심각한 합병증이다. 동맥 폐색을 치료하지 않고 그냥 둘 경우, 혈관의 폐색된 범위나 원발 혈관 또는 곁순환을 통해 자연적으로 재관류된 시간에 따라 임상 증상이 다르게 나타난다. 이환된 다리는 허혈성 괴사에 의해 손상될 수 있으며, 독소혈증으로 인해 폐사할 수 있다. 말초신경 손상으로 영구마비가 될 수 있으며, 상황에 따라 다리의 전체 또는 일부 기능을 회복하기도 한다. 재관류 손상(reperfusion injury)은 혈전이 분해될 때 발생하며, 생명을 위협하는 급성 산증, 고칼륨혈증 등을 유발할 수 있다.

[그림 2-28] 비대성 심근증이 있는 고양이의 사후에 확인된 대동맥 내의 혈전 색전증

출처: Nelson, R. W., & Couto, C. G. (2013). Small animal internal medicine (5th ed.). Saunders Elsevier.

(2) 임상 증상(Clinical Features)

일반적으로 조직 허혈에 따른 급성 임상 증상을 유발한다. 통증과 전신 관류 불량의 증상이 일반적으로 나타난다. 저체온증과 질소혈증이 흔하게 나타난다. 빈호흡과 개구호흡은 급성 동맥 색전증이 있는 고양이에서 흔히 나타난다. 이런 증상은 울혈성 심부전과 관련이 있지만, 심부전이 없는 고양이에서도 발생한다. 이런 호흡 증상은 통증 반응을 나타내거나 폐정맥압 상승으로 인한 것일 수 있다. 촉진 가능한 대퇴 맥박이 없는 급성 뒷다리 마비가 일반적이며, 발톱이나 발바닥에 청색증이 관찰된다. 뒷다리의 운동 기능은 거의 없지만, 보통 엉덩이를 구부리고 뻗을 수는 있다. 하반신 감각이 좋지 않고 병변 부위가 다른 쪽보다 더 큰 결손을 보일 수 있다. 간헐적 파행은 드물게 발생한다. 혈전이 유발된 다리에서 근위축이 관찰된다. 만성의 경우 혈전이 일어난 부위에서 다리가 괴사된다. 신장, 장간막 또는 폐동맥 순환 내 혈전 색전증은 장기 부전과 사망을 초래할 수 있다. 뇌 색전증은 발작이나 다양한 신경학적 결손을 유발할 수 있다.

(3) 치료와 예후(Treatment and Prognosis)

치료의 목표는 심부전과 부정맥(있는 경우)을 동시에 관리하고, 색전증의 확장과 추가적인 혈전 형성을 방지하며, 측부 순환을 촉진하고, 지지적 치료를 제공하는 것이다. 진통제는 특히 색전증 발생 후 처음 24~36시간 동안 권장된다. 유용한 약물로는 부토판올(Butophanol), 부프레놀핀(buprenorphine), 모르핀(morphine) 등이 있다. 펜타닐 패치(25μg/h 크기)는 최대 3일 동안 통증 완화에 사용할 수 있지만, 효과가 나타나기까지 약 12시간이 걸리기 때문에 이 기간 동안 또 다른 진통제를 동시에 사용해야 한다. 항응고제(Anticoagulant)와 항혈소판제(Antiplatelet)는 기존 혈전의 혈소판 응집과 성장을 줄이기 위해 사용된다. 헤파린은 기존 혈전의 성장을 제한하고 추가적인 색전증을 예방하지만, 혈전 용해를 촉진하지 않는다. 비분획 헤파린과 여러 가지 저분자 헤파린(low molecular-weight heparin; LMWH)을 사용할 수 있다. 헤파린 치료에서 출혈이 주요 합병증이다. 안티트롬빈(AntiThrombin; AT)을 보충하기 위해 신선 냉동 혈장이 필요할 수 있으며, 환자가 안정될 때까지 헤파린 치료를 계속하고 며칠 동안 항혈소판 치료를 받는다. 혈전 용해를 촉진하는 데 사용되는 약물에는 스트렙토키나제(streptokinase), 유로키나제(urokinase), 인간 재조합 조직 플라스미노겐 활성화제(human recombinant tissue plasminogen activator, rt-PA)가 있다. 섬유소 용해 요법은 용량 불확실성, 집중 치료의 필요성, 재관류 손상으로 인한 심각한 합병증의 가능성 때문에 사용이 제한된다. 이 치료법을 사용하는 경우, 혈관폐색 후 3~4시간 이내에 시행하는 것이 가장 좋다. 재관류로 인한 고칼륨혈증과 대사성 산증을 감지하기 위해서는 혈청 칼륨 농도와 산-염기 상태를 자주 모니터링하는 것뿐만 아니라 심전도(ECG) 모니터링을 포함한 집중 치료 환경이 중요하다. 고양이의 경우 일반적으로 수술적 혈전 색전 제거는 권장되지 않는다. 수술 위험이 높으며, 수술 당시 이미 심각한 근육 허혈성 손상이 발생했을 가능성이 높다. 색전술 카테터를 사용한 혈전 제거 역시 고양이에게 효과적이지 않았다. 항혈소판제는 혈소판 응집을 억제하고 트롬복산 A2(thromboxane A2) 및 세로토닌(serotonin)과 같은 활성 혈소판에서 방출되는 혈관 수축 물질의 생성을 줄여 측부 혈류를 개선하는 데 사용된다. 아스피린은 혈전 색전증이 있거나 위험에 처한 환자의 혈소판 활성화 및 응집을 차단하는 데 일반적으로 사용되어 왔지만 고양이는 아스피린 대사에 필요한 효소(글루쿠로닐 전이효소, glucuronyl transferase)가 부족하기 때문에 개에 비해 사용 빈도가 낮다. 클로피도그렐(Clopidogrel)은 아스피린보다 더 강력한 항혈소판 효과를 가진 2세대 항혈전제이다. 급성 동맥 혈전 색전증 발생 후 가능한 한 빨리 75mg/cat의 로딩 용량을 투여하면 측부 혈류 개선에 긍정적인 영향을 미칠 수 있다. 일반적으로 동맥성 혈전 색전증이 있는 고양이의 예후는 좋지 않다. 혈전 색전증은 재발도 흔하다. 보존적 치료든 혈전 용해 치료를 사용하든 상관없이 고양이의 약 1/3만이 초기 발생에서 생존한다. 한쪽 팔다리만 침범하거나 일부 운동 기능이 보존되는 경우 생존율이 더 좋다. 다른 부정적인 요인으로는 고인산혈증, 진행성 고칼륨혈증 또는 질소혈증, 서맥, 지속적인 운동 기능 부족, 점진적인 사지 손상(2~3일 후에도 근육 수축 지속, 괴사), 심한 좌심방 비대, 심장 초음파에서 심장 내 혈전의 존재, DIC, 혈전 색전증의 병력이 포함될 수 있다. 합병증이 없는 한 사지 기능은 1~2주 이내에 회복되어야 한다. 일부 고양이는 1~2개월 이내에 임상적으로 정상화되지만, 잔류 결손이 지속될 수 있다. 조직 괴사는 상처 관리와 피부 이식이 필요할 수 있다. 일부 고양이에서는 영구적인 사지 변형이 발생하며, 때때로 절단이 필요하다.

10. 심장사상충

모기가 서식하기 좋은 온대성 및 열대성 기후 지역에서 주로 발생한다. 심장사상충 감염은 심장사상충(*Dirofilaria immitis*)을 가진 모기가 숙주의 피를 흡혈할 때 전염시킨다. 질병 및 임상 증상은 성충의 수에 따라 폐혈관계와 폐실질의 염증에 의해 발생한다.

1) 감염 생활 주기

심장사상충에 감염된 숙주의 혈액 내에서 암컷 성충의 알이 부화해 제1기 유충(microfilaria, L1)이 혈액을 따라 순환한다. 이때 중간숙주인 암컷 모기가 감염된 숙주를 흡혈할 때 L1이 섭식된다. L1은 모기의 체내에서 두 번 탈피(L1 → L2 → L3)하여 L3 유충으로 성장한다. 모기 안의 유충어 성장을 위해 18℃ 이상의 일일 평균온도가 필요하다. 기온이 더 낮으면 L3로 성장하는 데 더 긴 시간이 필요하고 그 반대의 경우도 가능하다. L1이 L3로 성장하는 기간은 보통 1~2.5주가 걸린다. L3는 모기가 흡혈하는 동안 물린 상처를 통해 최종숙주에 침입한다. L3는 약 100일 동안 피하조직과 혈관 부속조직을 통해 이주한다. 이때 2번 탈피(L3 → L4 → L5)가 이루어지며, L5는 감염 3~3.5개월 후 혈관계로 들어가고, 5~6개월 후 폐동맥에 위치한다. L5는 약 90일 동안 성숙하여, 감염 후 대략 180일경에 성충이 된다. 성숙한 심장사상충은 번식을 하고, 미세사상충(L1)을 혈류 내로 방출한다. 미세사상충은 6개월 뒤부터 나타날 수 있고, 6개월 동안 수가 증가하여 몇 개월 동안 안정기가 유지되며, 이후 추가 감염이 일어나지 않으면 그 수가 감소한다. 성충의 생존 기간은 개에서 3~5년, 미세사상충은 1~2년으로 여겨진다.

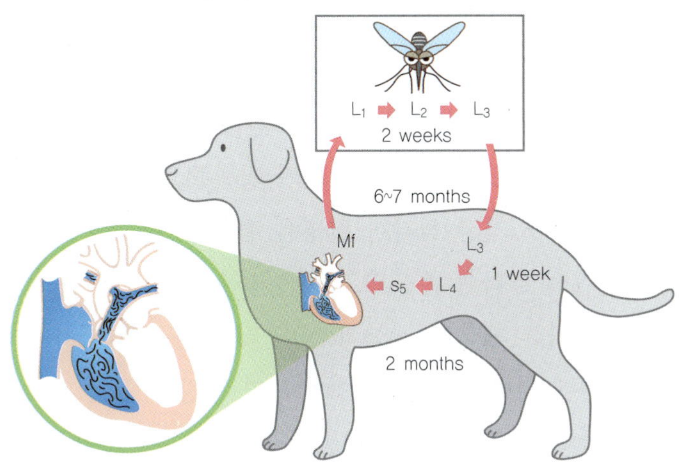

[그림 2-29] 개의 심장사상충 생애 주기

출처: Ettinger, S. J., & Feldman, E. C. (Eds.). (2017). Textbook of veterinary internal medicine: Diseases of the dog and the cat (8th ed.). Elsevier.

2) *D.immitis* 내에서 *Wolbachia* spp.의 역할

Wolbachia spp.는 세포 내 공생을 하는 세균으로, 심장사상충의 모든 생활사에서 수평전파가 가능하다. 번식기 암컷 심장사상충에 가장 많이 존재한다. 성충은 *Wolbachia* spp.가 없으면 미세사상충 생산이 줄어들고 수정 능력도 잃어버린다. *Wolbachia* spp.와 심장사상충에 의한 이차적인 염증 관계성은 명확하진 않지만, 연구에 따르면 *Wolbachia* spp.가 숙주의 면역 반응에 영향을 주는 것으로 알려져 있다.

3) 병태생리

질병의 발병과 정도는 성충의 수를 크게 반영한다. 성숙한 심장사상충의 물리적 영향, L5와 성숙한 심장사상충으로부터 국소적/전신적인 영향을 나타내는 물질 분비 및 그들의 폐사와 그로 인한 면역 반응으로 인해 발생한다. 폐동맥 혈관내피 손상과 혈관내막근 증식 같은 병변은 국소 부위 외상과 폐사한 심장사상충에 대한 혈소판의 작용과 관련이 있다. 혈류량이 가장 많은 후엽과 중간엽 쪽 폐에 가장 심한 영향을 미친다. 심장사상충에 의한 기계적 손상으로 인해 우심실 비대, 삼첨판륜 확장, 폐고혈압, 우심부전이 발생한다. 폐에 도달한 L5는 호산구성 염증을 일으키며, 실질조직의 병변으로 인해 모세혈관 섬유화 및 폐섬유증이 발생한다. 가장 심각한 질병은 심장사상충 폐사에 의해 발생한다. 폐혈관 기능과 혈액 흐름이 손상되고 죽은 성충 조각에 의한 혈전 색전증과 혈관 투과성 증가에 따른 폐실질 경색과 경화 및 육아종이 이차적으로 형성된다. 또한 미세사상충에 의한 항원-항체 복합체가 신장 사구체 기저막에 축적되어 면역 반응을 유발해 사구체신염이 발생할 수 있다.

4) 심장사상충증 분류

사상충 존재량, 감염 기간, 심장사상충에 대한 숙주의 반응에 의해 결정된다.

- 1기 : HW-Ag 검사에서 약한 양성반응, 무증상 또는 경미한 임상 증상
- 2기 : HW-Ag 검사에서 중증도 양성반응, 중증도의 임상 증상, 실험실 검사 및 방사선상 이상
- 3기 : 울혈성 우심부전을 포함한 심한 임상 증상과 방사선상 이상
- 대정맥 증후군(Caval Syndrome) : 4기로 부르기도 하지만 대정맥 증후군은 폐동맥 질병의 심각성을 반영하지는 않는다. 오히려 우심의 혈류 폐색에 의해 유발된다. 성충이 우심방, 후대정맥, 간정맥으로 이동한다. 삼첨판륜에 존재하는 성충에 의해 삼첨판 폐쇄부전이 발생하며, 간울혈에 의한 적혈구 취약성 증가로 인한 적혈구 용해 및 혈뇨를 동반한 급성의 심각한 우심부전 증상이 나타난다.

5) 고양이 심장사상충증

고양이는 상대적으로 심장사상충 감염에 저항성이 있어 감염률이 개보다

80% 이상 낮고, 감염성의 유충이 성숙하는 숫자도 개보다 훨씬 적으며, 잠복기 전 기간도 1~2개월 정도 더 소요된다. 고양이에서 성충의 생존 기간은 보통 2년을 넘기지 못하는 것으로 추정한다. L5가 감염과 관련된 거의 모든 증상의 원인이다. 미성숙한 L5 치사율은 개보다 높고, 따라서 초기 유충 사멸과 관련된 폐 염증이 고양이에서 더 많이 발생한다. 주된 임상 증상은 심장이 아닌 호흡기 증상이다.

6) 임상 증상

(1) 개

중등도로 많이 진행된 감염에서 운동 불내성, 기침, 호흡곤란, 호흡성 수포음이 나타난다. 객혈은 심각한 감염에서 발생하며, 폐동맥 혈전 색전증에 의해 나타난다. 실신은 심한 폐동맥 질환과 폐고혈압과 관련이 있다. 신체검사에서 현저한 경정맥 맥박, 경정맥 확장, 간비대 및 복수가 관찰된다. 대정맥 증후군과 관련되어 혈색소뇨가 일반적으로 나타난다. 심한 폐동맥 질환의 결과 적혈구 파괴와 관련된 섬유소-혈전에 의해 용혈이 발생한다. 혈소판감소증은 보통 이러한 합병증의 결과이다. 사구체신염으로 인한 신장 증후군이 발생하면 단백뇨, 저알부민혈증, 고콜레스테롤혈증, 복수, 고질소혈증 등이 나타난다.

(2) 고양이

구토, 허탈, 실신, 천식 유사 증후군(Asthma-like Syndrome), 기침, 돌연사와 때로는 중추신경계 증상이 나타나기도 한다. 증상은 대부분 감염 초기에 나타나며, 어린 성충이 폐동맥에 도달했을 때 다시 발생한다. 천식과 같은 증상이 일반적이고 보통 감염 3~4개월 후에 나타난다. 이 시기에 강한 항체 반응이 성장하는 유충을 사멸시킬 수 있다. 그렇지 않으면 무활동 기간이 이어져 감염 7~8개월 후 천식과 같은 증상이 다시 나타난다. 구토는 급여와 관계없이 점액과 담즙이 주된 성분이다. 고양이에서 구토와 기침은 감염에 대한 의심을 증가시킨다. 심장사상충의 사체로 인한 혈전 색전증과 그로 인한 돌연사는 개보다 흔하게 나타난다. 신경 증상은 발작이 일반적이고 심장사상충이 뇌로 비정상적인 이주가 일어났을 때 가끔 발생한다.

7) 진단

개에서 면역진단학적 항원 검사로 진단한다. 말초혈액의 미세사상충을 직접 도말 검사로 관찰할 수 있다. 고양이에서는 순환하는 자충이 많지 않아 방사선상의 이상과 심초음파가 유용하다. CBC에서 호산구증가증이 관찰된다. 혈소판감소증은 심한 폐동맥 질병과 혈전 색전증이 있는 경우 나타난다. 고질소혈증은 감염의 합병증으로 나타날 수 있다. 황달을 포함한 간부전이 만성적인 울혈성 우심부전과 함께 발생할 수 있다. 단백뇨, 저알부민혈증은 감염이 심한 환자에서 일반적이다. 고글로불린증은 만성적인 심장사상충증에서 발견된다. 방사선에서의 일반적인 소견은 주폐동맥의 확장이다. 흉부 방사선은 심장사상충증의 심도를 결정하기 위한 가장 중요한 진단적인 검사이다. 심초음파로 우심실과 주폐동맥에서 사상충이 관찰될 수 있다. 심한 심장사상충증의 심초음파 특징은 우심실 편측성 비대, 주폐동맥 분지 확장, 높은 속력의 삼첨판과 폐동맥 판막 역류이다.

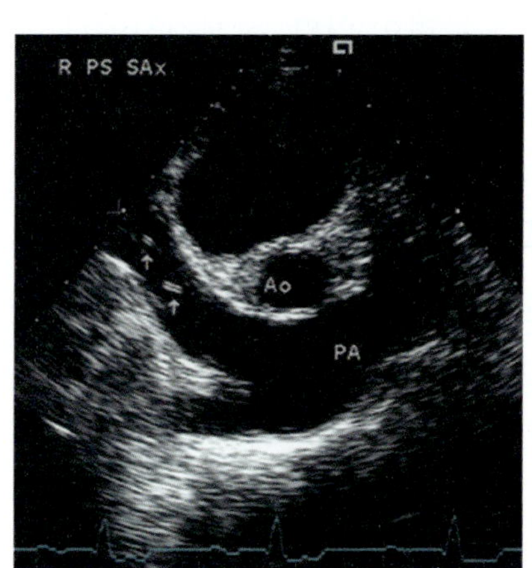

[그림 2-30] 심각한 심장사상충증을 보이는 개의 심장 초음파

확장된 주폐동맥(PA)과 우폐동맥 내의 심장사상충에 의한 이중벽의 음영(화살표)

출처: Nelson, R. W., & Couto, C. G. (2013). Small animal internal medicine (5th ed.). Saunders Elsevier.

8) 치료

목표는 최소한의 약물 부작용으로 모든 심장사상충 성충을 죽이고, 죽은 심장사상충으로 인한 폐동맥 혈전 색전증 정도를 감소시키는 것이다. 고양이에서 멜라소민(Melasomine)에 대한 안전역과 유효범위가 아직 밝혀지지 않았으며, 성충 구제로 인한 폐동맥 혈전 색전증 등의 심각한 합병증이 발생할 가능성이 높아 고양이에서는 이미티사이드(Immiticide) 투여는 금기이다.

(1) 개에서 심장사상충증 관리 프로토콜(1~3기 감염)

- 0일차: 심장사상충 양성으로 진단되고 확인된다. 운동 제한을 시작하며, 증상이 뚜렷할수록 운동 제한이 엄격해진다. 증상이 있는 경우에는 적절한 치료와 간호로 안정화한다. 프레드니손(PDS)은 1주차 0.5 mg/kg PO q12h, 2주차 0.5 mg/kg q24h, 3~4주차 0.5 mg/kg q48h로 처방한다.
- 1일차: 심장사상충 예방약을 투여한다. 미세사상충이 있는 경우, 프레드니손을 복용하지 않았으면 항히스타민제와 글루코코티코스테로이드로 전처치하여 아나필락시스 위험을 줄인다. 이상 반응 징후가 있는지 최소 8시간 동안 관찰한다. 4주간 독시사이클린 10mg/kg PO q12h를 처방한다.
- 30일째: 심장사상충 예방약을 투여한다.
- 60일째: 심장사상충 예방접종 및 성충 구제 주사 멜라소민을 근육 내(IM)로 2.5mg/kg 주사한다. 프레드니손(PDS)은 1주차 0.5 mg/kg PO q12h, 2주차 0.5 mg/kg q24h, 3~4주차 0.5 mg/kg q48h로 처방한다. 활동 수준을 더욱 감소시킨다.
- 90일째: 심장사상충 예방약 투여 및 두 번째 멜라소민을 근육 내(IM)로 2.5mg/kg 주사한다.
- 91일째: 3차 멜라소민을 근육 내(IM)로 2.5mg/kg 주사한다.
- 프레드니손(PDS)은 1주차 0.5 mg/kg PO q12h, 2주차 0.5 mg/kg q24h, 3~4

주차 0.5 mg/kg q48h로 처방한다. 마지막 멜라소민 주사 후 6~8주 동안 운동 제한을 지속한다.

- 120일째: 미세사상충 존재 여부를 검사한다. 양성이면 30일간 독시사이클린을 추가로 투여하여 미세사상충증을 치료하고 4주 후에 다시 검사한다. 매달 심장사상충 예방약을 투여한다.
- 271일째: 치료 완료 후 6개월 뒤 항원 검사를 실시한다.

(2) 심장사상충 대동맥 증후군(Caval Syndrome)에서의 수술적 치료 접근 방법

심장사상충 성충이 매우 많은 경우, 대정맥, 우심방, 우심실, 주폐동맥에서 성충 적출이 가능하다. 앨리게이터(Alligator) 집게 등을 우측 경정맥으로 수술적 접근을 통해 삽입하고, 심장을 통해 폐동맥으로 접근한다. 심장사상충을 잡고 꺼내는 과정을 여러 번 반복한다. 환자를 안정화한 후 남아 있는 심장사상충을 죽이기 위해 프로토콜에 따라 멜라소민을 투여한다.

9) 후유증의 치료

(1) 폐동맥 혈전 색전증(Pulmonary Thromboembolism)

중증도에서 심한 폐동맥 질병의 일반적인 합병증으로, 치료 전에도 발생할 수 있지만, 성충 치료 7~21일 후에 가장 일반적으로 나타난다. 임상 증상은 기침, 호흡곤란, 발열, 객혈 등을 포함한다. 치료 후에는 엄격한 휴식(즉, 케이지 감금)과 폐 염증을 줄이기 위한 글루코코르티코이드 치료 및 저산소증 매개 폐혈관 수축을 줄이기 위해 산소 요법이 권장된다. 기관지 확장제(예: 아미노필린, 테오필린), 수액 요법(심혈관 쇼크의 증거가 있는 경우), 기침 억제제가 유용할 수 있다. 중증 혈전 색전증의 경우, 헤파린을 고려할 수 있다. 저분자량 헤파린(Low-molecular-weight heparin; LMWH)은 비분획 헤파린보다 더 안전할 수 있다.

(2) 알레르기성 폐렴(Allergic Pneumonitis)

잠복감염 시기에 이 합병증이 발생한다. 호흡곤란, 기침, 운동 불내성 등의 임상 증상이 나타난다. PDS 경구 투여에 반응이 좋다.

(3) 폐 호선구성 육아종증(Pulmonary Eosinophillic Granulomatosis)

PDS와 아자티오프린(Azsthioprine)을 경구투여하면 부분적 혹은 완전하게 호전된다. 하지만 재발이 흔하다. 예후는 관찰이 필요하고 폐엽 병변의 수술적인 절제가 필요할 수 있다.

10) 예방

하루 평균 기온이 18℃ 이상의 모든 지역에서 실시하도록 하며, 6~8주령부터 예방을 시작한다. 전염성이 높은 계절 1개월 전부터 시작해야 한다. 하트가드, 레볼루션 등의 약물은 L3 감염 후 처음 6~8주 동안 이주하는 유충을 죽인다. 예방은 순환하는 미세사상충을 줄여 유충 발생을 막는 것뿐만이 아니라, 이미 존재하고 있는 미세사상충도 점차적으로 줄인다.

11. 전신 고혈압(Systemic hypertension)

개, 고양이 환자의 대부분은 잠재적인 질환에 의해 이차성 고혈압을 가진다. 전신 고혈압의 진단은 수축기(>160mmHg) 또는 이완기(>120mmHg) 혈압의 지속적인 상승이 관찰되었을 때 진단된다.

1) 위험 요인(Risk Factors)

(1) 개

단백뇨(Proteinuria)와 관련된 신장 질병이 개에서 고혈압과 가장 관련성이 높다. 내분비계 질환 중 부신피질 기능항진증(Hyperadrenocorticism), 당뇨병(Diabetes Mellitus), 크롬친화 세포종(Pheochromocytoma), 알도스테론 분비항진증(Hyperaldosteronism) 또한 고혈압을 유발할 수 있다. 대사 장애에서는 비만 또는 고콜레스테롤혈증 등이 고혈압을 유발할 수도 있다.

(2) 고양이

단백뇨가 동반되거나 되지 않는 만성 신장 질환 및 갑상선 기능 항진증(Hyperthyroidism)이 고양이의 고혈압을 유발하는 주요 원인이다. 다른 내분비계 질환 중에서는 알도스테론 분비항진증, 크롬친화 세포종 등이 있다. 고혈압 상태가 아니었다가 수액, 스테로이드, 에리트로포이에틴(Erythropoietin) 처치 등을 했을 때 고혈압 상태가 될 수 있다.

2) 임상 증상

(1) 안구 증상(Ocular Signs)

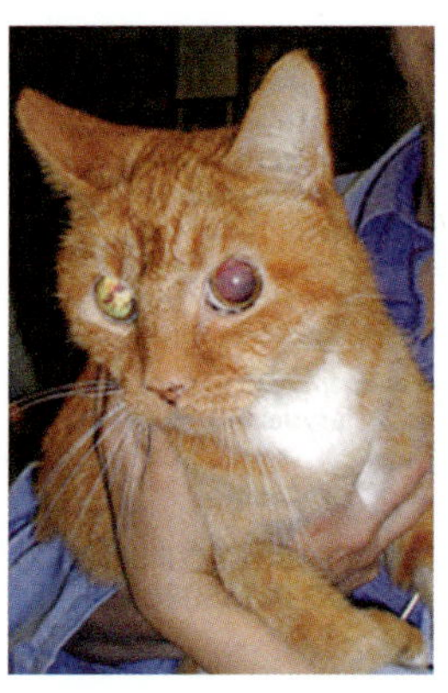

망막, 유리체 또는 전방(Anterior Chamber) 출혈, 망막박리 및 위축, 망막 부종, 혈관 주위염(Perivasculitis), 망막 혈관 비틀림, 녹내장 등이 있다. 망막 출혈과 박리로 인한 급성 시력 상실이 일반적으로 동반된다.

[그림 2-31] 고혈압으로 인한 갑작스러운 실명이 발생한 고양이

출처: Smith, F. W. K., Jr., Tilley, L. P., Oyama, M. A., & Sleeper, M. M. (Eds.). (2015). Manual of canine and feline cardiology (5th ed.). Elsevier.

(2) 신경 증상(Neurologic Signs)

뇌혈관 출혈과 관련된 증상(머리 기울임, 발작 등)이 있으면 예후가 불량하다. 전신 동맥성 고혈압이 발생시키는 모세혈관 정수압 상승(high Intracapillary Hydrostatic Pressure)에 의한 대뇌 부종(Cerebral Edema)이 원인인 것으로 생각된다.

(3) 신장 증상(Renal Signs)

수축기 혈압의 지속적인 상승은 신장 손상과 연관되며, 신장 손상의 정도는 혈압 상승의 정도와 관련된다. 사구체 및 세뇨관 사이질 모두에서 병리학적 변화가 나타나며, 허혈(Ischemia), 괴사, 단백뇨 등의 결과로 이어진다. 단백뇨는 신장에 손상을 주는 고혈압을 나타내는 최적의 지표이다. 미세알부민뇨증 또는 UPCR(Urineprotein to Creatinine Ratio) 상승은 지속적인 신장 손상이 있음을 의미한다.

(4) 심장 증상(Cardiac Signs)

증가한 후부하에 맞서 움직이기 때문에 확장 기능장애, 좌심실 비대, 이차적 판막 기능부전이 발생할 수 있다. 전신 고혈압으로 인한 울혈성 심부전이 드물게 나타날 수 있다.

3) 혈압 측정(Measurement of Blood pressure)

혈압 측정은 직접 또는 간접 방법에 의해 측정된다. 직접 혈압 측정이 표준법이지만, 마취를 하지 않으면 수행하기 어려우며, 혈종 형성 등의 다른 부작용이 발생할 수 있다. 간접 방법은 보정이 적게 필요하고 수행하기 쉬워 임상에 주로 적용된다. 간접 측정법에는 도플러 기법(Doppler Techniques), 진동측정 기법(Oscillometric Techniques)이 있다.

(1) 측정 방법

커프(Cuff)를 사지 말단부에 감싼다. 다리 둘레의 40% 정도의 폭을 지닌 커프를 사용해야 한다. 너무 큰 커프는 측정치가 낮게 나올 수 있다. 반대로 작은 커프는 높은 측정값이 얻어진다. 커프를 상완(Brachial), 경골(Tibial) 동맥 또는 중간 꼬리(Coccygeal) 동맥 주변을 감싸게 위치한다. 환자와 커프는 우심방 높이 또는 이와 가까운 정도의 위치에 놓는다.

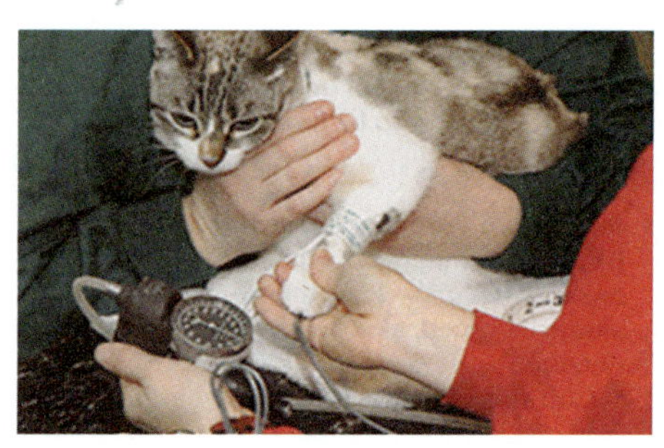

[그림 2-32] 도플러 기법으로 혈압 측정 중인 고양이

출처: Smith, F. W. K., Jr., Tilley, L. P., Oyama, M. A., & Sleeper, M. M. (Eds.). (2015). Manual of canine and feline cardiology (5th ed.). Elsevier.

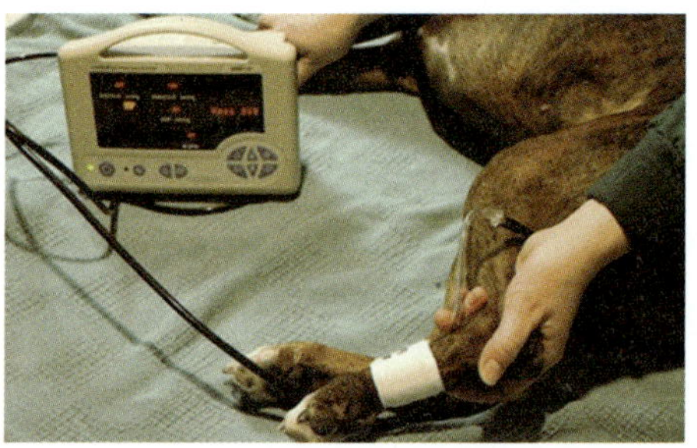

[그림 2-33] 진동측정 기법으로 혈압 측정 중인 개

출처: Ettinger, S. J., & Feldman, E. C. (2017). Textbook of veterinary internal medicine: Diseases of the dog and the cat (8th ed.). Elsevier.

(2) 도플러 기법

고양이는 오직 도플러 측정기만 이용되는 반면, 개는 도플러 또는 진동 측정기 모두 가능하다. 탐촉자는 혈류 방향에 수평으로 위치시키며, 탐촉자의 전선이 다리에 수평이 되도록 한다. 커프를 맥박이 사라질 정도에서 30~40mmHg 이상의 압력까지 부풀리고 이후 점차적으로 공기를 뺀다. 심박수가 느리면 수축기압을 정확하게 측정하기 위해 공기를 빼는 속도를 느리게 한다. 혈액이 동맥을 따라 흐르기 시작할 때 들리는 첫 번째 소리가 수축기압이다. 커프는 다음 측정 시 다시 부풀릴 때까지 완전히 공기를 뺀 상태에서 다시 측정해야 한다.

첫 번째 측정치는 반드시 제외하고 3~5회 연속적으로 간접 측정을 실시하여 평균값을 측정한다. 측정 시 다리가 움직였을 경우의 측정치도 제외시킨다.

(3) 진동측정 기법

이완기 및 평균 동맥혈압의 측정치가 함께 얻어질 수 있다. 커프 크기 및 위치는 도플러 기법과 동일하다. 모든 측정치를 평균하거나 또는 최상값 및 최하값을 배제한 후 평균값을 최종값으로 정한다.

4) 항고혈압 치료(Antihypertensive Therapy)

간접 방법의 혈압 측정 불확실성으로 인해 혈압이 심하게 상승되어 있거나, 고혈압성 손상과 관련 있는 임상 증상이 있으면 반드시 치료 대상으로 고려해야 한다. 수축기 혈압이 180mmHg 이상으로 지속되는 경우, 임상 증상의 유무와 관계없이 항고혈압 치료를 고려한다. 수축기 혈압이 160mmHg 이상으로 지속되는 경우, 고혈압에 의해 유발되거나 악화될 수 있는 이상 소견들이 확인되면 치료를 고려한다. 일반적으로 치료는 순차적 적용을 통해 이루어진다. 치료 시 투약량의 조절 또는 변화는 응급 처치가 필요한 상태가 아니라면 2주 이상 간격으로 실시한다.

(1) 혈관 확장제(Vasodilators)

고혈압 환자에서 첫 번째로 사용되는 약물이다. 안지오텐신전환효소 억제제(ACEI), 암로디핀(Amlodipine), 하이드랄라진(Hydralazine), 페녹시벤자민(Phenoxybenzamine) 등이 있다. ACEI는 개에서 처음 치료 시 고려되는 약물이며, 암로디핀은 고양이에서 고려되는 약물이다.

(2) **베타차단제**(Beta Blockers)

심박출량 및 레닌(Renin) 분비를 줄여 항고혈압 효과를 나타내지만, 고혈압 환자에서 효과는 좋지 않다. 크롬세포 친화종에 이환되었을 경우를 제외하고 고혈압 환자에서 일반적으로 사용되지 않는다.

(3) **이뇨제**(Diuretics)

알도스테론 길항제인 스피로노락톤(Spironolactone)은 알도스테론 분비항진증으로 인한 과도한 알도스테론 효과를 제한시킨다. 고리이뇨제는 세포외액량과 심박출량을 줄여 준다. 이뇨제를 투여받는 신장 질병을 가진 환자에서 혈장 칼륨 및 크레아티닌 농도는 주의를 기울여 확인해야 한다.

(4) **식이요법**(Dietary Therapy)

건사료의 나트륨 함량이 0.25% 이하인 저나트륨 식이를 도입한다. 비만은 전신 동맥압을 상승시킬 수 있다. 결과적으로 체중 감량은 비만하고 고혈압이 있는 동물에서 적극 추천된다.

제 3 장

호흡기계

학 · 습 · 목 · 표

1. 호흡기계의 해부·생리에 대해 이해하고 임상에 응용한다.
2. 호흡기계 질환의 임상 증상 및 특징에 대해 이해하고 임상에 적용한다.
3. 주요 호흡기계 질환에 대해 이해하고 관련된 진단 검사 방법에 대해 알아본다.
4. 호흡기계 환자 치료 시 주의점 및 간호 방법에 대해 이해하고 임상에 적용한다.

1. 호흡기계 해부생리학

1) 호흡기계의 정의

호흡기계(respiratory system)는 외호흡을 위해 분화된 기관을 통칭한다. 호흡은 크게 외호흡과 내호흡으로 나뉠 수 있으며, 내호흡은 체내에 들어온 산소가 순환계에 의해 모든 조직, 세포로 운반되어 혈액의 산소로부터 신체 각 조직과 세포로 들어가 소모되고, 이산화탄소는 생성되어 혈류로 다시 이동하는 것을 말한다. 따라서 우리가 일반적으로 호흡이라 생각하는 호흡기관을 가지고 외부에서 산소를 흡입하고 이산화탄소를 방출하는 일련의 행위는 외호흡에 해당한다고 볼 수 있다.

이러한 호흡기계는 외부 공기를 들이마시고, 이산화탄소를 배출하는 작용을 기본 원리로 구성되어 있으며, 이와 관련된 코, 비강, 인두, 후두, 기관, 기관지, 세기관지, 폐포가 포함된다. 코, 비강, 인두는 일반적으로 상부 호흡기계로 분류되며, 후두, 기관, 기관지, 세기관지, 폐포는 하부 호흡기계로 분류할 수 있다. 상부 호흡기계는 공기가 폐로 들어가기 전 여과 및 가온, 가습에 관여하고 하부 호흡기계는 상부 호흡기계에서 넘어온 공기를 점차 작은 기관지로 공기를 이동시키는 통로로 이용되며, 가장 마지막 단계인 폐포에서는 이산화탄소를 방출하고 산소를 혈류로 이동하는 가스 교환이 일어나게 된다.

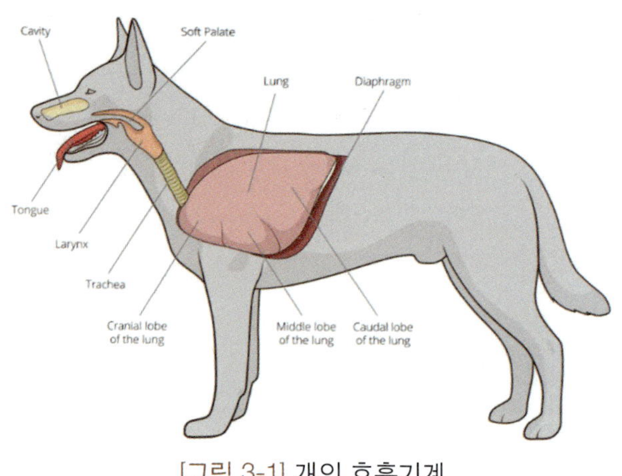

[그림 3-1] 개의 호흡기계

출처: https://www.vectorstock.com/royalty-free-vector/dog-respiratory-system-anatomy-vector-6330794

2) 호흡기계의 해부생리학

(1) 코 및 비강(nose and nasal cavity)

코는 외부 공기를 받아들여 비강으로 들어가는 외부와 연결된 구조물이다. 이는 호흡기계의 시작점으로, 개와 고양이는 두 개의 외부 구멍으로 이루어져 있다. 개와 고양이의 경우, 특히 사람에 비해 비강이 더 복잡하게 구성되어 있으며, 후각 수용체와 공기 여과를 위한 표면적이 더 넓다. 그 이유는 흡입된 공기를 여과, 가온, 가습하는 데 도움을 주어 예민한 후각의 기능에 도움을 주기 위함이다. 비강은 콧구멍 뒤의 공간을 말하며, 앞부분에는 공기를 여과하고 가습하는 털과 점액을 생성하는 땀샘이 위치하며, 비중격으로 좌우가 나뉘어져 있으며, 비갑개라는 구조물을 포함한다. 비갑개에는 뼈 구조에는 특수한 상피세포가 늘어서 있으며, 앞쪽 부분의 비갑개에는 주로 점액을 생성하는 세포로 구성되어 있으며, 뒤쪽 부분의 비갑개에는 냄새 감지를 위한 후각 수용체를 포함하고 있다. 이러한 코 및 비강의 다양하고 복잡한 구조물들을 통해 흡입된 공기에서 먼지와 기타 입자는 폐에 도달하기 전에 걸러내고, 가온 및 가습을 통해 폐포에서 가스교환을 용이하게 할 수 있도록 도움을 준다.

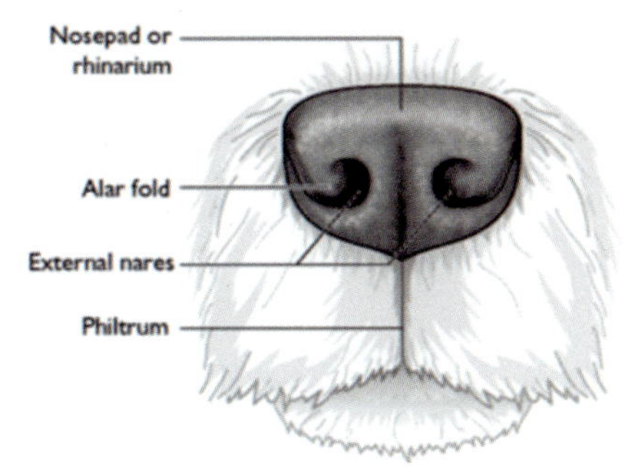

[그림 3-2] 개의 코의 구조

출처: https://veteriankey.com/respiratory-system/

(2) 인두(Pharynx)

인두는 혀뿌리와 마주한 쪽에 구강과 비강이 합쳐졌다가 다시 후두와 식도로 나뉘는 부위 전체를 말한다. 인두의 가장 중요한 기능은 음식물을 삼키는 기능으로 소화기에서도 중요한 역할을 하지만, 공기가 코에서부터 후두로 지나가는 길이 겹치므로 공기와 음식물이 모두 지나가는 기관으로 볼 수 있다. 또한 인두에는 림프절이 매우 발달해 있으며, 이를 편도라고 한다.

(3) 후두(Larynx)

인두와 기관 사이의 부분으로 구강을 넘어가서 식도와 기도로 분리되는 교차점을 말한다. 후두는 기관으로 가는 통로이므로, 평소에 후두덮개를 개방하여 호흡 기능을 수행한다. 음식물이 내려오면 후두덮개를 닫아 음식물이 기도로 내려가는 것을 방지하게 된다. 또한 후두의 중앙부에는 성대가 있어 발성기관으로의 역할을 수행한다.

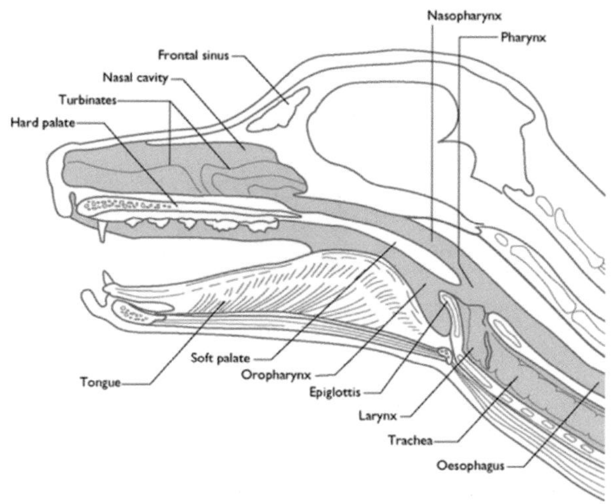

[그림 3-3] 개의 상부 호흡기계

출처: https://veteriankey.com/respiratory-system/

(4) 기관(Trachea)

기관은 후두에서 기관지 사이 부위를 말하며, 하나의 관으로 몸의 중앙에 위치하여 폐로 들어오고 나오는 공기의 통로 역할을 한다. 기관의 형태는 개와 고양이의 경우, 사람과 같이 C자 형태의 연골 고리로 만들어져 있으며, 점막이 늘어서 있는 구조로 되어 있다. 기관의 중요한 기능은 공기를 운반하는 역할이지만, 기관의 내벽에는 점액을 분비하는 섬모세포가 있어 외부에서 들어온 먼지, 병원균, 기타 자극 입자를 걸러내어 폐를 보호하는 역할도 담당한다.

(5) 기관지(Bronchus)

기관지는 4~6번째 늑골 수준에서 좌, 우측으로 각각 기관에서 갈라져 나와 공기를 폐의 폐포로 운반하는 공기 통로를 말한다. 구조적으로는 기관과 유사하여 연골 고리가 있어 열린 형태를 유지할 수 있다. 기관지의 중요한 기능은 기관에서 세기관지로 연결하여 공기를 운반하는 역할이며, 기관과 동일하게 섬모가 있어 점액을 분비하여 이물질을 다시 한번 걸러 주는 역할도 담당한다.

(6) 세기관지(Bronchiole)

세기관지는 기관에서 갈라져 나와 폐포에 이르는 가장 끝부분으로, 폐포 전까지 이르는 더 좁은 공기의 통로를 말한다. 기관-기관지-세기관지로 이어지는 통로에서 세기관지는 가장 작은 공기의 통로로, 이전과 달리 연골이 없고, 평활근과 탄력 조직으로 이루어져 있다. 세기관지의 중요한 기능은 기관지 끝부분에서 폐포에 공기를 전달해 주는 역할을 하며, 폐포가 만들어 내는 계면활성제가 세기관으로 흘러 들어오고, 대식세포의 탐식작용에 의해 이물질을 제거하는 방어체계로 기도를 보호하는 원리를 가지고 있다.

(7) 폐포(Alveoli)

폐포는 세기관지의 끝부분에 위치한 작은 풍선 모양의 구조이다. 공기와 혈액 사이 산소와 이산화탄소 가스 교환을 하는 무수히 많은 수를 가진 폐 내의 공기 주머니라고 볼 수 있다. 모세혈관이 폐포를 둘러싸고 있는 형태로, 얇은 상피세포의 단일층으로 구성되어 있다. 이 얇은 막을 통해 폐포의 가장 중요한 기능인 산소와 이산화탄소의 효율적인 확산 및 교환을 가능하게 한다. 산소는 폐포의 공기에서 모세혈관 내 혈액으로 확산되며, 세포 대사의 노폐물인 이산화탄소는 모세혈관 내 혈액에서 폐포로 확산되어 호기(날숨) 때 몸 밖으로 배출된다. 폐포는 가스 교환 이외에도 스스로를 보호하는 기능이 있다. 폐포의 표면장력을 감소시키고 폐포가 허탈하는 것을 방지하기 위해 계면활성제를 생성하는 특수 세포가 존재하며, 폐포 내에 상주하며 잔해물과 병원균을 제거하는 역할을 수행하는 면역세포에 해당하는 폐포 대식세포(macrophage)도 있다.

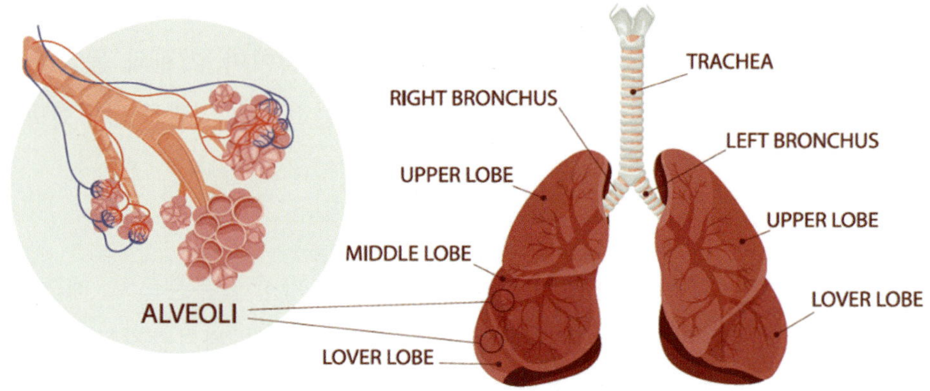

[그림 3-4] 개의 하부 호흡기계

출처: https://www.caninehydrotherapist.com/anatomy-physiology-and-biomechanics/respiratory-system/

3) 개와 사람 호흡기계의 형태적 · 기능적 차이

개와 고양이는 사람과 대부분 유사한 호흡기계를 가지고 있지만, 몇 가지 차이점이 존재한다. 첫 번째는 사람은 비교적 단순한 비강 구조와 비갑개를 가지고 있는 반면, 개와 고양이는 더 복잡한 비강과 비갑개를 가지고 있다. 이러한 차이는 여과, 가온, 가습을 통해 예리한 후각을 보호하기 위해서이며, 사람의 폐엽은 우측에 3개, 좌측 2개의 엽이 있는 반면 개와 고양이는 우측 4개, 좌측 2개의 총 6개의 폐엽으로 구성되어 있다. 또한 개와 고양이는 사람과 달리 땀샘이 거의 없어 체온을 조절하기 위해 땀을 흘리는 대신, 얕고 빠른 호흡인 헐떡임에 의존한다는 차이점이 있다.

구분	폐엽의 종류	총 폐엽 개수
사람	• 우측 폐엽의 종류: 상엽(superior lobe), 중엽(middle lobe), 하엽(inferior lobe) • 좌측 폐엽의 종류: 상엽(superior lobe), 하엽(inferior lobe)	5개
개/고양이	• 우측 폐엽의 종류: 전엽(cranial lobe), 중엽(middle lobe), 덧엽(accessory lobe), 후엽(caudal lobe) • 좌측 폐엽의 종류: 전엽(cranial lobe), 후엽(caudal lobe)	6개 6개

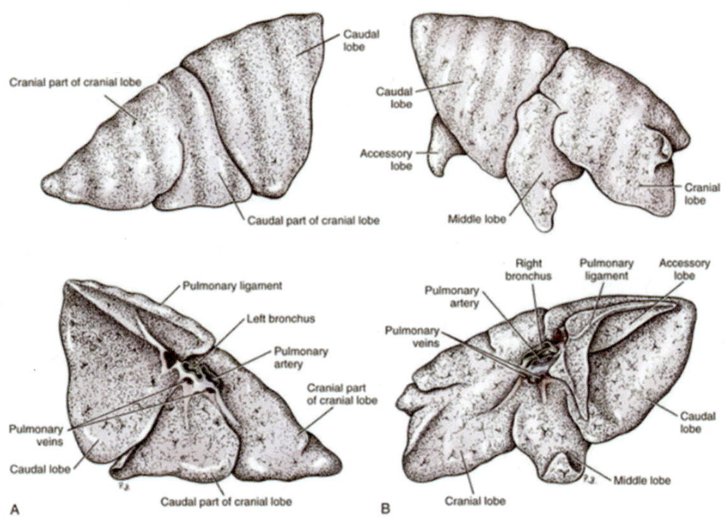

[그림 3-5] 개 폐엽의 해부도

출처: https://veteriankey.com/lungs/

2. 병력과 신체검사

개와 고양이의 호흡기계에 대한 평가에는 소인에 대한 분석, 병력 확인, 신체검사, 진단 검사가 함께 뒷받침되어야 한다. 호흡기계 이상이 발견될 경우, 이러한 여러 가지 정보 및 검사 결과를 토대로 질병에 접근해야 한다.

1) 병력(Medical History)

(1) 나이(Age)

나이가 어린 동물에서 호흡기 감염에 취약한 경향이 있다. 예를 들면 개의 경우는 켄넬코프, 고양이의 경우는 상부호흡기 바이러스 감염과 같은 전염성 질병에 취약하며, 나이가 많은 경우에는 종양이나 기관허탈과 같은 질병이 많이 발생하는 경향이 있다.

(2) 품종(Breed)

개에서는 불도그와 같이 단두종 품종이 코가 짧은 해부학적 구조로 인해 호흡곤란을 겪는 경우가 많고 고양이에서는 페르시안이 움푹 들어간 코의 구조로 인해 호흡 문제의 가능성이 높으며, 샴과 같은 특정 품종에서 천식 발병률이 높다는 연구 결과가 있다.

(3) 성별(Sex)

개와 고양이 모두 성별은 대부분의 호흡기 질병의 발병에 영향을 주는 중요한 요인이 아닌 것으로 알려져 있다. 고양이 헤르페스바이러스와 같은 특정 질병의 경우, 수컷 고양이가 암컷에 비해 유병률이 높다는 일부 연구 결과도 있으나, 전반적으로 호흡기 질병이 성별에 따른 뚜렷한 차이는 확인되지 않았다.

(4) 몸무게(Weight)

개와 고양이의 과체중은 전반적인 호흡기계에 부정적인 영향을 미칠 수 있다. 과체중이나 비만은 횡격막의 움직임을 제한하여 폐가 팽창하고 적절한 공기를 흡입하는 능력을 감소시켜 폐활량을 감소시키며, 면역 체계를 손상시켜 호흡기 감염에 더 취약하게 한다. 또한 정상적인 환자보다 호흡 시 더 많은 노력을 기울여야 하므로, 가벼운 신체운동조차 하지 않으려 하여 악순환에 빠지기 쉽다. 특히 기관허탈의 경우 과체중이나 비만일 때 기관이 좁아진 부위를 더욱 압박하여 질병의 중증도가 높아지는 특징이 있다.

(5) 병력(History)

호흡기 질병을 진단하고 관리하기 위해서는 이전 병력을 확인하는 것이 무엇보다 중요하다. 이전부터 기침, 재채기, 콧물, 호흡곤란을 경험했는지, 빈도는 어떠한지를 비롯하여, 전염성 질병 가능성을 확인하기 위한 예방접종 여부,

심장이나 면역 체계의 문제, 계절이나 환경 변화 시 호흡기 질병이 심해지는지, 복용하고 있는 약은 무엇인지, 이전에 비강, 폐, 기도 손상 등을 일으킬 수 있는 외상을 당한 적이 있는지 등을 반드시 확인하여야 한다.

2) 임상 증상(Symptoms)

개와 고양이의 눈 이상 시 임상 증상은 매우 다양하며, 눈곱, 눈물의 과다 분비, 충혈, 각막 혼탁, 눈동자 색의 변화, 눈 깜박임의 증가, 찡그림, 비비는 행동, 통증 반응, 눈꺼풀 부종, 동공 크기 변화 등 다양한 변화가 나타날 수 있다. 양쪽 눈에 모두 나타나는지, 한쪽 눈에만 증상을 보이는지도 매우 중요하며, 언제부터 어떻게 증상이 변화하고 있는지도 꼭 확인해야 한다.

(1) 기침(Coughing)

기침은 우리 몸의 중요한 방어작용의 하나이며, 호흡기 이상 증상 중 가장 흔한 증상이다. 기침은 후두를 포함한 기도의 자극에 의해 대부분 발생하며, 연기, 먼지, 이물 등의 외부 물질 흡입에 의한 기도 자극, 가래나 콧물, 위산 등의 내부 분비물에 의한 자극으로도 유발될 수 있다. 드물게는 귀의 고막 및 바깥쪽 귀의 자극에 의해서도 유발될 수 있다. 급성 기침의 경우, 상부 기도 염증(비인두염, 후두염, 부비동염)이 가장 흔한 원인이며, 하부 기도 염증(기관지염, 폐렴) 등의 원인으로 발생할 수도 있다.

(2) 호흡수 증가(Tachypnea)

개와 고양이에게 호흡의 문제가 생겼을 때 가장 확인하기 쉬우면서 중요한 변화이다. 정상 개, 고양이의 호흡수는 분당 15~30회로, 안정적인 상태이거나 잘 때 지속적으로 호흡수가 분당 36회 이상인 경우에는 정상적인 상태로 볼 수 없다. 호흡수가 증가한다는 것은 가스 교환이 제대로 되지 않아 그로 인한 보상

작용인 만큼 응급 상황으로 받아들이고 즉각적인 의료적 개입이 추천된다.

(3) 재채기(Sneezing)

재채기는 코의 점막이 자극을 받아 비강 내의 이물을 제거하려고 일어나는 경련성 반사 운동이다. 일반적으로 개와 고양이에서는 상부 기도의 자극이나 감염, 알레르기성 비염 등에서 보이는 증상이다.

(4) 콧물(Nasal discharge)

묽은 점액이 코점막으로부터 흘러나오는 현상을 콧물이라고 한다. 다양한 원인으로 발생할 수 있으며, 가장 흔한 것은 호흡기 바이러스 감염이나, 알레르기성 비염 등이 있다. 맑은 콧물은 일반적으로 수일 내 자연적으로 호전될 수 있지만, 탁하거나 누런 콧물이 지속적으로 나오는 경우, 부비동염의 가능성이 높아 중증으로 발전할 수 있다.

(5) 개구 호흡(Open breathing) 또는 노력성 호흡(Labored breathing)

호흡에 어려움을 겪고 있으면 입을 벌리고 하는 개구 호흡 또는 호흡 자체를 힘들어하는 노력성 호흡을 할 수 있다. 고양이의 개구 호흡이나 개 고양이의 노력성 호흡은 즉각적인 의료적 개입이 없다면 환자가 사망할 수 있는 상당히 위험한 호흡 양상으로, 원인으로는 폐렴이나 기관지염 등의 호흡기 감염증, 울혈성 심부전으로 인해 호흡이 곤란해진 폐부종, 천식, 이물질 흡입 등이 있다.

(6) 쌕쌕거림(Wheezing)

숨을 쉴 때마다 휘파람 소리처럼 쌕쌕거리는 소리가 들리는 증상을 말한다. 천명음이라고도 하며, 호흡곤란이 동반되어 나타나는 경우가 흔하다. 기도가 좁아져 있거나 기관지 천식 환자에서 호기 시 보이는 증상이 일반적이다.

(7) 청색증(Cyanosis)

잇몸, 혀 또는 혈류가 풍부한 피부가 푸르스름한 색깔로 바뀌는 현상으로, 저산소증을 의미한다. 호흡을 하지 못해 가스교환이 이루어지지 않는 경우, 산소부족으로 인해 나타날 수 있으며, 이외에도 빈혈, 혈류 흐름의 장애, 쇼크 등으로도 유발될 수 있다.

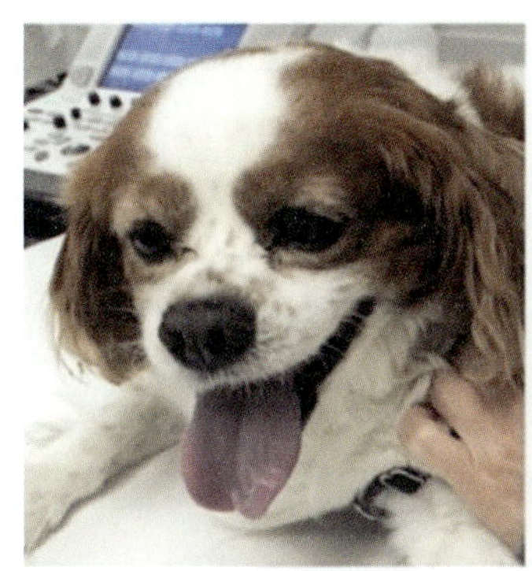
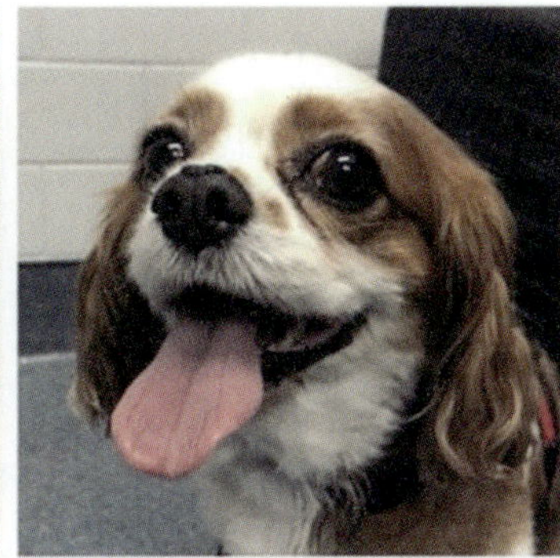

[그림 3-6] (좌) 청색증이 있는 혀의 상태, (우) 정상 상태

출처: https://sites.tufts.edu/cardiorush/syllabus-cardiology-physical-examination/

(8) 운동 불내성(Exercise intolerance)과 식욕 감퇴(Loss of appetite)

움직이지 않으려고 하는 운동 불내성과 식욕이 감소하는 식욕 감퇴의 경우 호흡기계 이상일 때만 보이는 증상은 아니지만, 호흡에 문제가 생기는 경우 두 가지 증상이 나타나는 경우가 일반적이다.

3. 호흡기 질병 진단기법(Diagnostic Tests for Respiratory disease)

개와 고양이의 호흡기 질병에 대한 진단 검사에는 신체검사, 영상검사(방사선, 초음파, CT), 호흡 분비물 검사, 비강 또는 기관지 내시경 검사, 호흡기 PCR

검사, 기타 검사(세균 또는 곰팡이 배양검사, 조직검사, 폐 기능 검사) 등이 있다. 이러한 검사는 호흡기 문제로 인한 현재 상태 및 질병의 근본 원인을 식별하여 적절한 치료를 가능하게 하는 데 목적이 있다.

1) 신체검사 및 문진(Physical examination and medical history taking)

호흡기 질병의 진단은 청진을 포함한 기본 신체검사(호흡수, 심박수, 체온 등)와 보호자 문진이 매우 중요하다. 안정 시 호흡수뿐 아니라, 호흡음, 심잡음 청진을 통해 호흡 이상 부위를 국소화시키고 중증도 정도와 기저질환 등을 확인하여 다음 진단 검사 방향을 가늠할 수 있기 때문이다. 이는 현재 상태의 비정상 여부 확인 및 추후 진단을 위해 어떤 검사를 시행할지 결정하는 매우 중요한 과정이다. 청진 시에는 심음만 듣는 것이 아니라 인후두, 기관, 폐 등을 따라 청진하여 쌕쌕거리는 소리(기도협착 등), 비닐 부스럭거리는 소리(폐수종 등), 감소된 소리(흉막삼출 등)와 같은 비정상적 청진음을 식별할 수 있어야 한다.

〈표 3-1〉 개와 고양이의 대표적인 정상 비정상 호흡 구분

	정상 호흡 및 청진	비정상 호흡 및 청진	대표적 질병 및 상태
개	• 호흡수: 10~30회/분(안정 시) • 이상 음이 청진되지 않음	수포음(crackle) – 바스락거리는 소리	폐수종
		천명음(wheezing) – 쌕쌕거리는 소리	기관지 협착, 폐 질환
		심잡음(murmur) 정상 심음과 다른 소리	심장 질환
고양이	• 호흡수: 20~30회/분(안정 시) • 이상 음이 청진되지 않음 • 코로 숨을 쉼	개구호흡(입을 벌린 채 호흡)	호흡곤란 상태

2) 흉부 방사선 검사(엑스레이) 또는 투시 검사[Thoracic radiography(X-ray) and fluoroscopy]

호흡기 질병을 진단하는 진단 장비를 이용한 검사 중 가장 효과적인 검사 방법이다. 엑스선을 흉부에 투과하여 얻은 방사선 사진으로는 심장의 형태, 크기 변화, 다양한 패턴을 통한 폐의 전반적인 상태를 확인할 수 있다. 방사선 검사의 가장 큰 이점으로는 호흡기 환자의 경우, 스트레스를 최소화해야 하는데 짧은 시간 동안 촬영할 수 있고, 촬영 이후 얻을 수 있는 정보도 광범위하기 때문에 호흡기 질병 진단에 있어서는 반드시 진행해야 하는 필수 검사에 해당한다.

투시검사란 연속적으로 엑스선을 조사하여 인체 내부를 실시간으로 관찰할 수 있는 검사로, 일반 방사선 촬영이 사진을 찍는 것이라면, 투시검사는 동영상을 촬영하는 것에 해당한다. 이러한 투시 검사 기계는 주로 기관지 협착증과 같이 연속적인 움직임을 관찰해야 하는 경우 많이 활용되며, 정형외과 수술 등에 실시간으로 수술 부위를 확인하기 위해 사용되는 C-arm도 투시 장비의 한 형태로 볼 수 있다.

연속적인 방사선 촬영기인 투시 장비가 없는 경우, 기관지 협착증이 의심되는 환자는 최대흡기와 최대호기 두 장의 사진을 우측 횡와위(right lateral view)로 촬영하여 기관 직경을 비교해 보면 진단에 도움이 된다.

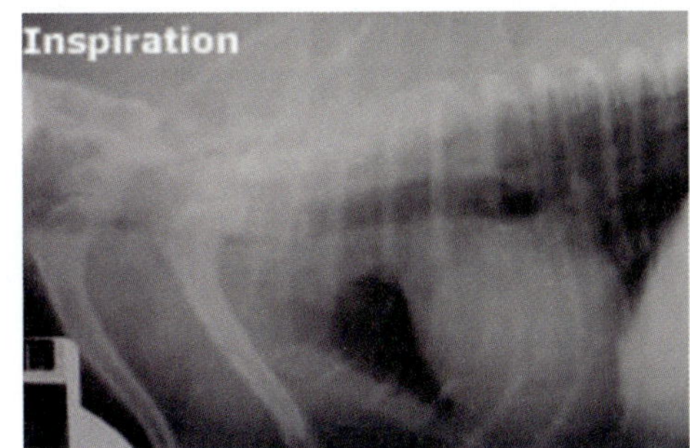

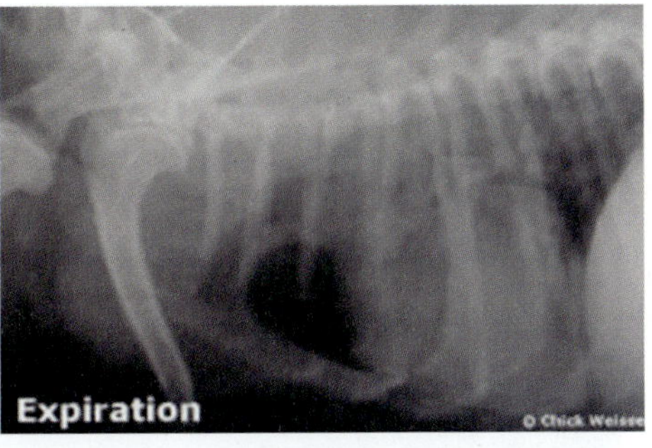

[그림 3-7] 기관허탈 진단을 위해 흡기와 호기를 구분하여 촬영을 진행한 방사선 사진

출처: https://www.superiorveterinarysurgery.com/conditions-treated/respiratory/tracheal-collapse.html

3) 흉부 초음파 검사(Thoracic ultrasonography)

초음파를 흉부에 투과하여 반향을 기록하는 검사 방법이다. 일반적으로 음파는 공기에서는 영상화가 되지 않기 때문에 공기가 가득 찬 정상 폐에서는 얻을 수 있는 정보가 제한적이라 흉부보다는 복부나 심장 등을 확인하는 데 초음파 장비를 이용한다. 하지만 폐에 액체가 차 있거나 흉막강 내에 공기가 고여 있는 기흉 등 비정상적인 상태를 감별하는 데 유용하기 때문에 특수한 경우에는 흉부 초음파 검사를 실시하기도 한다.

4) 컴퓨터 단층 촬영(CT)

개와 고양이에서 방사선 사진으로는 확인하기 어려운 경우에 많이 진행하는 진단 방법이다. 비강 내부의 이물이나 염증, 종괴 확인, 기관지 벽의 두께 이상, 폐 종괴, 폐 실질의 문제, 흉막 공간의 문제 등을 모두 확인할 수 있으며, 방사선 검사보다 호흡기계 구조물에 대한 미세한 변화까지도 확인할 수 있다. 또한 중첩이나 왜곡 등을 최소화하여 정확한 위치와 병변을 확인하여 진단에 도움을 줄 뿐만 아니라, 수술적 접근이 필요한 경우에도 필수적인 검사법으로 볼 수 있다. 하지만 방사선 노출량이 많고 일부 무마취 CT 촬영을 제외하면 전신마취가 필요하여 호흡곤란 환자에게 마취 부담을 줄 수 있다는 단점도 존재한다.

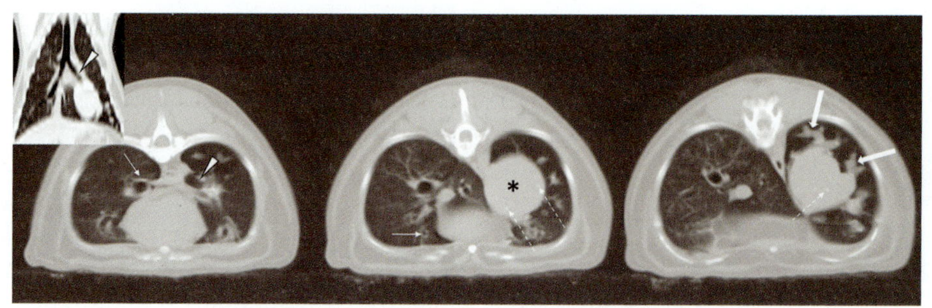

[그림 3-8] 만성 기침으로 내원한 고양이 CT 단면 사진

출처: https://journals.sagepub.com/doi/10.1177/20551169231217866

5) 기관 세척(Tracheal wash), 기관지 폐포 세척(Bronchoalveolar lavage)의 차이 및 호흡 분비물 검사

일반적인 호흡기 치료를 진행하였을 때 호전이 되지 않아 감염, 염증, 악성 종양 등의 근거를 찾기 위해 분비물을 수집하거나 내시경으로 내부 구조물을 확인하여야 할 때 또는 비강이나 기관지 등에 이물이 있는 경우에 진행하는 진단 방법이다. 일반적으로 기관지 폐포 세척(BAL)은 멸균 식염수로 기관지, 폐포 하부 기도까지 기관지경을 이용하여 세척하고 수거된 체액을 채취하고 배양하여 감염, 염증, 종양 등의 근거를 찾는 방법을 말하며, 기관 세척은 기관까지 멸균식염수로 세척 및 수거하는 형태이다. 따라서 기관지 폐포세척이 기관 세척에 비해 더 깊은 부분까지 샘플을 수집하기 때문에 전신마취가 필요하며, 더 침습적이지만 기관지 폐포까지 이상을 확인할 수 있다는 장점이 있다.

6) 호흡기 PCR 검사(Respiratory PCR test)

호흡기 PCR 검사는 호흡기 패널 검사라고도 하며, 호흡기 감염성 질병의 특정 감염원을 식별하는 진단 검사를 말한다. 호흡기 질환 감염이 의심(보데텔라 기관지 패혈증, 헤르페스, 인플루엔자, 마이코플라스마 등)되거나 대증치료에도 반응하지 않는 만성 호흡기 질환에서 많이 사용되는 진단 검사 방법이다. PCR 검사는 중합효소 연쇄 반응을 통해 병원체에서 DNA 또는 RNA의 특정 부분을 증폭하여 샘플에 매우 소량으로 존재하더라도 검출할 수 있는 매우 민감한 검사법으로, 바이러스 감염을 확인하는 데 있어 배양이나 다른 진단 검사 방법보다 더 민감하고 특이적인 검사법이다. 호흡기 PCR 검사의 경우, 검사의 정확도를 위해 개와 고양이 모두 면봉을 사용하여 인후두 부위를 긁어 샘플을 채취하는 것이 추천된다. PCR 검사는 여러 가지 장점이 있으며, 하루나 이틀 안에 검사 결과를 얻을 수 있고, 특이도가 높아 소량의 병원체도 구별하여 검출할 수 있으며, 여러 병원체의 감염 여부를 동시에 확인할 수 있으며, 일부 정량적 PCR

검사법은 치료 중 바이러스 감염 여부를 모니터링하는 데에도 사용할 수 있다.

7) 기타 검사

위에서 설명한 이외의 호흡기 진단 검사 방법으로는 피부 또는 혈액을 통한 알레르기 검사, 곰팡이 배양검사 등이 있으며, 심장사상충(heart worm), 폐충(lung worm), 기관지충(Tracheal worm)으로 인한 기생충 감염이 의심되는 경우에는 분변이나 혈액 키트 검사 등을 활용하여 진단할 수 있다.

4. 호흡기 질병의 원인과 병태생리학(Causes and Pathophysiology of Respiratory disease)

개와 고양이의 호흡기 질환은 감염원, 구조적 이상, 환경적 요인 등 다양한 원인이 단일 또는 복합적으로 발생한다. 다양한 호흡기 임상 징후를 통해 나타나며, 이를 통해 호흡기 내 염증, 가스 교환 장애, 심하면 폐색까지 유발할 수 있다.

1) 감염성 원인

개와 고양이의 호흡기 질병의 원인은 바이러스, 세균, 곰팡이 감염이 대표적이다. 개의 디스템퍼, 파라인플루엔자, 아데노 바이러스 등의 바이러스, 고양이의 헤르페스 바이러스, 칼리시 바이러스는 호흡기를 손상시켜 2차 세균 감염에 취약하게 만들 수 있다. 보데텔라 브론키셉티카는 개에서 켄넬코프의 원인이 되며, 마이코플라스마 감염도 방치하는 경우에 호흡기 증상의 악화 원인으로 작용할 수 있다. 곰팡이 감염의 경우, 아스페르길루스 감염도 만성호흡기 질환을 유발할 수 있다.

2) 구조적 이상

개와 고양이 호흡기 구조적 이상은 선천적 · 후천적 요인으로 나뉠 수 있다. 선천적 결함의 경우, 협착성 콧구멍, 단두종 증후군, 연구개의 노장, 기관 저형성 등 태어날 때부터 호흡기 질병이 유발될 가능성이 높은 경우에 해당된다. 후천적 구조적 이상의 경우, 외상으로 인한 구조의 손상이나 종양으로 인한 상부 및 하부 기도 폐색 등이 대표적인 예에 해당한다.

3) 환경적 요인

흥분 또는 급하게 음식물을 섭취하거나, 무의식 상태에서 토사물이 기도로 들어가서 발생한 흡인성 폐렴(오연성 폐렴)과 연기, 유독가스나 알레르기성 항원의 유입은 호흡기를 자극하여 염증과 호흡곤란을 유발하게 된다.

4) 기타 요인

이외에도 외상으로 인한 호흡기계 손상, 판막 질환 등의 심장 순환기계 문제로 발생하는 폐수종, 면역 관련 내분비 질환, 스트레스, 기타 기저질환 등이 호흡기 질병을 악화하는 요인이 될 수 있다.

5. 호흡기 환자의 치료 및 관리(Management and Treatment of Respiratory disease)

개와 고양이 호흡기 질환을 관리하려면 환자의 안정화, 원인 진단, 치료 및 지지요법(질병 치료 과정에서 발생하는 부작용과 합병증을 조절하고 완화시켜 환자의 삶의 질을 향상시키는 치료법), 향후 관리 등 다각적인 접근이 필요하다. 호흡기 환자의 초기 대응에는 안정화를 비롯하여 호흡을 도와줄 수 있는 산소 치료가 가장 중점이 되며, 이후 치료 단계에서는 항생제, 기관지 확장제, 소염제를 비롯한 약물 치료와 산소 요법, 분무 치료 등의 지지요법, 운동 제한 및 체중 조절 등의 관리가 포함될 수 있다.

1) 호흡기 환자 초기 대응

비정상적인 호흡을 하는 호흡기 환자의 가장 중요한 문제는 가스 교환이 되지 않아 조직 내 저산소증이 발생함에 있다. 공기가 지나가는 길인 기도 자체가 완전히 폐색되거나 폐포가 산소 교환 자체를 못 하는 것이 아니라면, 외부에서 고농도의 산소를 공급하여 체내로 유입되는 산소량을 늘려 우선 생존할 수 있도록 해야 한다. 이러한 체내 산소 공급 방법에는 ① 산소 케이지를 이용하는 방법, ② 코 앞에 산소 줄을 대어 주거나 마스크 형태로 얼굴에 씌워 산소를 공급하는 방법, ③ 가온·가습한 높은 농도의 산소를 기계로 지속적으로 공급하여 산소 공급량을 유지하는 고유량비강캐뉼라(high flow nasal cannula; HFNC)를 이용하는 방법, ④ 고압의 산소 챔버를 이용하는 방법, ⑤ 기관 또는 흉부 절개 삽관 등이 있다. 일반적인 상황에서는 ①과 ②를 많이 사용한다. 호흡 양상이 정상적이지 않은 환자의 경우, 진단 검사보다는 안정화에 집중해야 한다. 방

[그림 3-9] 산소 마스크를 이용한 산소 공급법

출처: https://pawprintoxygen.com/blogs/healthy-paws/oxygen-therapy-for-pets-with-collapsed-trachea

사선, 혈액 검사 등의 진단 검사를 위해 보정을 하거나 무리한 조작은 하지 않아야 하며, 호흡이 안정되었다 하더라도 다시 악화될 가능성이 있는 경우에는 산소 공급을 하며 선 자세 그대로 방사선 촬영(DV view)을 진행하는 등 환자에게 절대 무리한 검사를 진행해서는 안 된다. 지속적인 비정상적인 노력성 호흡으로 스트레스가 유발되는 경우, 호흡 개선을 위해 진정제(acepromazine, butorphanol, midazolam)를 투여해 볼 수 있으며, 감염 가능성이 낮으며 호흡기계 주변 조직이 부어 있는 경우, 스테로이드계 소염제를 투여해 볼 수 있다. 기도나 식도 내 이물 등으로 인한 호흡곤란의 경우, 이물의 형태나 종류에 따라 다른 대처를 해야 한다.

2) 호흡기 환자의 치료

(1) 약물 치료(Pharmacologic therapy)

약물 치료는 약물 투여 방법에 따라 경구제, 주사제(정맥, 피하, 근육 등), 흡입 형태의 분무제도 포함된다. 원인이 확인되지 않았지만 감염이 의심되는 환자이거나 스테로이드제(prednisolone) 또는 면역억제제를 투약함으로써 예방적으로 항생제를 투여해야 할 필요가 있을 경우에는 광범위 항생제를 처방하여 세균 감염을 예방하고 치료할 수 있다.

진단 검사(혈액 검사, 방사선, 호흡 분비물 검사 등)를 통해 원인이 확인된 질병은 원인에 대한 맞춤 치료를 진행한다. 예를 들어 폐의 종양에는 항암치료 진행, 세균성 폐렴에는 세균 배양 및 항생제 감수성 검사를 통해 확인된 항생제 사용 등 진단 검사 결과를 바탕으로 특정 질병의 원인을 제거하는 방향으로 치료를 진행하게 된다. 기관허탈이나 기도 자체가 좁아져 있는 경우에는 기관지 확장제(theophylline, aminophylline)를 사용하여 기관 확장을 통해 호흡을 도와줄 수 있다. 이외에 기도 내의 염증을 줄이기 위해서는 소염제(corticosteroid, maropitant)를 많이 사용하며, 천식 등의 질병에는 객담 용해제, 울혈성 심부전으로 유발된 폐수종에는 이뇨제나 혈관 확장제 등이 약물 치료의 선택지에 포함될 수 있다.

〈표 3-2〉 호흡기 환자에게 자주 사용되는 대표적인 약물

약물의 분류	성분명	상품명
진해제: 마약성 중추성 진해제	Codein	Codeine Contin®
	hydrocodone	Vicodin®
	butorphanol	Stadol®, Torbutrol®
진해제: 비마약성 중추성 진해제	maropitant	cerenia®
	dextromethorphan	Robitussin®
거담제: 점액 용해제	acetylcystein	Mucomyst®
거담제: 객담 배출제	guaifenesin	Mucinex®
거담제: 점액 활성제	ambroxol	Mucosolvan®
	bromhexine	Acrobronquiol®
기관지 확장제 베타 효능제	salbutamol	Ventolin®
	terbutaline	Bricanyl®, Marex®
	albuterol	Ventolin HFA®
기관지 확장제: 항콜린성 기관지 확장제	atropine	Atropen®
	glycopyrrolate	Cuvposa®
	ipratropium	Atrovent®
기관지 확장제: 잔틴 유도제	theophylline	Uniphyl®
	aminophylline	Norphyl®
항히스타민제	dephenhydramine	Benadryl®
	cetrizine	Zyrtec®
	chlorpheniramine	Chlor–Trimeton®
항염증제: 글루코코르티코이드제	prednisolone	Pediapred®
	fluticasone	Flovent®
항염증제: 류코트리엔 억제제	montelukast	Singulair®

(2) 지지요법(Supportive therapy)

호흡기 환자의 부작용과 합병증을 조절하고 완화시키기 위해 시행되는 치료법들이 이에 해당한다. 각종 케이지, 마스크, 삽관 등을 통한 산소 공급, 체내 수분 공급을 유지하고 체액 불균형을 해소하는 수액 요법, 실내 공기의 습도를 유지해 주는 가습 등이 있다.

3) 호흡기 환자의 관리

호흡기 질환이 있는 개와 고양이의 영양 관리는 정상적인 표준 체중(BCS 5/9)을 유지할 수 있도록 해야 하며, 단백질과 필수 영양소를 적절히 섭취하여 호흡기 감염에 대응하고 회복을 촉진하는 면역 체계를 유지해야 한다. 특히 호흡기 질환은 근육량 손실로 이어질 수 있어 아르기닌, 류신, 라이신 등의 특정 아미노산이 함유된 고품질 단백질과 비타민, 무기질 급여는 근육 합성 및 면역 체계 강화에 도움을 줄 수 있다. 충분한 수분 공급도 필수이다. 간식은 하루 섭취 칼로리의 10% 이하로 제한하여, 과도한 급여로 인한 영양 불균형이나 과체중이 되지 않도록 관리해야 한다. 한편, 알레르기나 환경적 원인으로 인해 호흡기 질병이 유발된 경우, 알레르기원의 접촉을 제한하는 것도 중요하다. 호흡기 질환이 있는 개와 고양이에게 도움이 되는 영양 공급 및 관리 방법은 다음과 같다.

(1) 단백질

고품질의 단백질은 호흡근을 포함한 근육량을 유지하는 데 필수적인 영양소이다. 여기서 말하는 호흡근(respiratory muscle)은 숨을 들이쉴 때 흉강의 확장과 수축을 도와 들숨과 날숨에 기여하는 근육을 말하며, 횡격막, 늑간근 등이 이에 해당한다. 적절한 단백질 섭취는 근육 손실로 인해 호흡 기능 저하로 이어질 수 있는 호흡기 질환 동물에게 특히 중요하다. 단백질 중 아르기닌, 류신, 라이신과 같은 특정 아미노산을 중점적으로 보충해 주는 것이 도움이 된다.

(2) 칼로리

호흡기 질환은 에너지 요구량을 증가시킬 수 있어 적정 체중을 유지하기 위해 이전보다 더 많은 칼로리 섭취가 필요할 수 있다.

(3) 지방산(오메가-3)

생선 기름, 아마씨 등에서 발견되는 오메가-3 지방산은 항염증 작용이 있어 호흡기 염증을 줄여 줄 수 있다.

(4) 비타민과 미네랄

개와 고양이에게 비타민 C를 보충제로 급여하면 항산화제로서 도움을 줄 수 있다. 또한 다른 비타민과 미네랄은 면역기능 강화와 조직 복구를 도와 전반적인 건강에 중요한 역할을 한다.

(5) 물

신선하고 깨끗한 물을 충분히 공급하여 전반적인 신체 기능을 유지하는 것도 호흡기 질환 환자에게 큰 도움이 된다.

6. 대표적인 호흡기 질병(Representative Respiratory disease)

1) 개의 대표적인 호흡기 질병

(1) 전염성 기관지염(Kennel cough)

개의 전염성 기관지염은 켄넬코프(kennel cough)라고도 불리며, 개에게 흔한 감염성 호흡기 질환이다. 여러 원인체의 감염을 포괄하는 질병명으로, 가장 흔한 원인균은 보데텔라 브론치셉티카(bordetella bronchiseptica), 개 파라인플루엔자(parainfluenza) 바이러스, 개 코로나(corona) 바이러스 등이다. '켄넬코프' 또는 '켄넬 기침'이라는 병명은 사육장이나 동물 보호소 등 집단으로 모여 있는 시설인 켄넬(kennel) 내에서 감염이 빠르게 퍼지는 특징에서 유래했다. 공기 중 비말, 접촉 등으로 전염되며, 어린 강아지나 면역 저하의 개는 기관지염이나 폐렴 등의 중증 질환으로 진행될 수 있다. 임상 증상으로 기침, 재채기, 콧물, 무기력, 식욕 부진, 발열 등이 있으며, PCR 검사를 통해 원인체를 확인할 수 있다. 대부분 1~3주 이내의 휴식과 대증치료(증상에 관련된 치료)를 통해 회복되며, 필요한 경우에는 항생제와 기침억제제 등의 약물을 처방할 수 있다. 매년 실시하는 예방접종을 통해 체내 면역을 활성화하는 것이 가장 효과적인 예방법이다.

(2) 기관허탈(Tracheal collasp)

개의 기관허탈은 기관 연골의 지지력 약화로 인해 좁아지거나 형태가 무너지며 발생하는 질병을 말한다. 이로 인해 캑캑거리는 기침, 거위 울음소리(goose honking sound)와 같은 특징적인 증상을 보이며, 심한 경우 호흡곤란 및

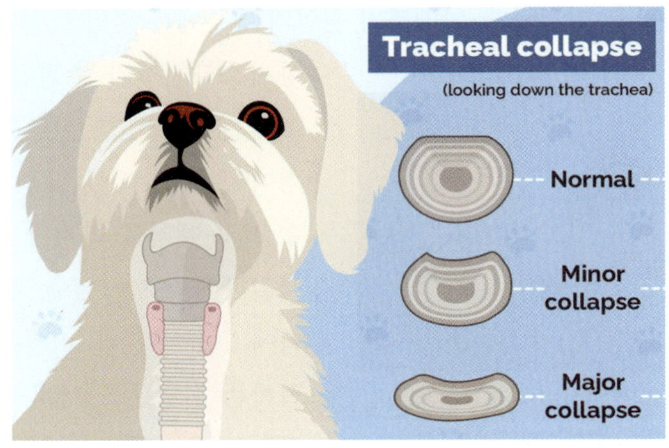

[그림 3-10] 개 기관의 단면 형태 및 중증도 단계

출처: https://articles.hepper.com/tracheal-collapse-in-dogs-vet-answer/

혀가 파랗게 변하는 청색증이 관찰될 수 있다. 기관허탈은 특히 소형견에서 많이 발생하며, 진행성 질병이기 때문에 초기에 발견하여 관리하는 것이 가장 중요하다. 진단은 방사선, 투시검사, 내시경, CT 등을 이용할 수 있으며, 기관허탈이 시작된 이후부터는 돌이킬 수 없기 때문에 내과적 치료로는 기관지확장제(theophylline)와 항염증제 등으로 증상을 완화, 유지 관리가 추천되며, 수술적 치료로는 약물 치료에 반응하지 않거나 증상이 심한 경우, 기관스텐트를 삽입하여 기관을 넓혀 주는 방법이 있다. 기관허탈의 경우 흥분하는 환경 및 과도한 운동은 피하며, 과체중을 피하고, 차고 건조한 공기를 피하며 습도를 적절하게 유지해 주는 것이 좋다.

(3) 비염(Rhinitis)

개의 비염은 코점막에 염증이 생기는 질병을 말한다. 주요 증상으로는 콧물, 재채기, 코 비비기, 머리 흔들기, 호흡곤란 등이 있으며, 안쪽 점막의 상태는 방사선 검사, 비강 내시경 검사, CT 촬영 등으로 진단할 수 있다. 원인으로 세균 감염, 곰팡이 감염, 알레르기, 구조적 문제, 종양 등이 있다. 비염은 원인이 다양한 만큼 원인에 따라 치료 방법이 다르다. 세균 감염의 경우에는 항생제, 곰팡이 감염의 경우는 항진균제, 알레르기 원인의 경우에는 원인 물질의 제거 또는 항히스타민제가 추천된다. 코의 구조적 문제로 인한 비염은 수술적 교정이 필요할 수 있다. 평소 생리식염수로 코 세척을 하거나 실내 습도를 적절하게 유지해 주는 것은 염증 완화에 도움이 된다. 비염은 생명을 위협하는 질병은 아니지만 염증이 안쪽으로 파급될 경우에는 축농증이나 부비동염 등으로 발전할 수 있다.

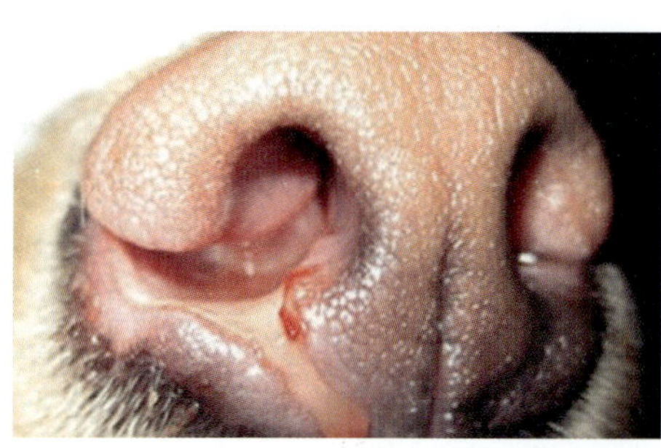

[그림 3-11] 곰팡이 감염성 비염으로 진단된 개의 병변 모습

출처: https://www.ndsr.co.uk/information-sheets/aspergillosis-fungal-rhinitis/

2) 고양이의 대표적인 호흡기 질병

(1) 고양이 천식(Feline asthma)

고양이 천식은 만성, 알레르기성 호흡기 질환으로 기관지 염증과 기도 수축으로 인해 호흡곤란, 기침, 개구호흡 등의 증상을 유발한다. 환경적 요인(먼지, 꽃가루, 담배 연기)과 유전적 요인(샴 고양이 등의 특정 품종)으로 나뉠 수 있으며, 기침, 호흡곤란, 쌕쌕거림, 무기력, 구토 등을 유발한다. 방사선 촬영을 통해 기관지 벽의 비후 소견을 확인하거나 폐의 확장 여부를 확인하여 잠정 진단할 수 있고, 기관지 폐포세척(BAL)을 통해 확진할 수 있다. 천식의 치료는 항염증제(스테로이드 제제), 기관지 확장제, 알레르기성 천식의 경우 항히스타민제 등을 이용할 수 있으며, 알레르기원을 제거해 주거나 체중을 조절하고 스트레스를 줄여 주는 것이 도움이 된다. 고양이 천식은 완치가 어려운 만성 질환이지만 증상이 있을 때 의료적 개입을 통해 삶의 질을 높일 수 있다.

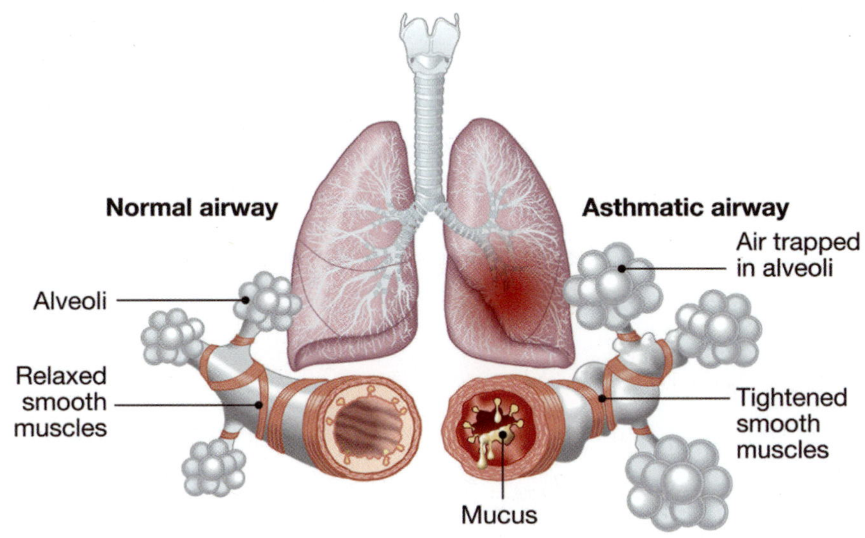

[그림 3-12] 천식의 내부 세기관지 형태 변화

출처: https://www.vet.cornell.edu/departments-centers-and-institutes/cornell-feline-health-center/health-information/feline-health-topics/feline-asthma-what-you-need-know

(2) 고양이 바이러스성 비기관지염(Feline viral rhinotracheitis; FVR)

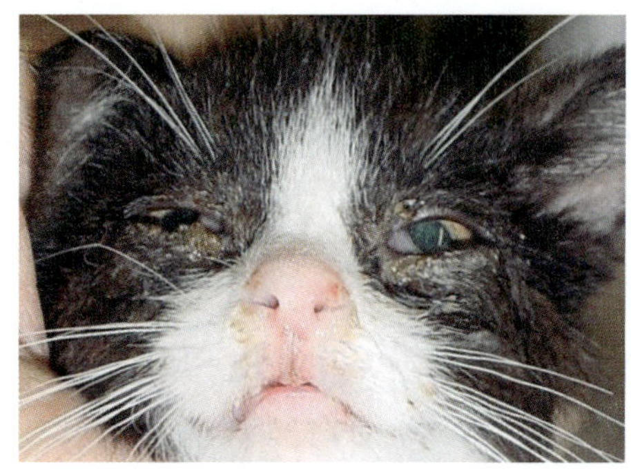

[그림 3-13] 고양이 바이러스성 비기관지염에 이환된 고양이의 모습

출처: https://en.wikipedia.org/wiki/Feline_viral_rhinotracheitis

고양이 바이러스성 비기관지염은 헤르페스 바이러스 1형(FHV-1)에 의하여 발생하는 상부 호흡기 질환 또는 폐 질환이다. 고양이 바이러스성 비기관지염은 고양이 감기, 고양이 폐렴 등으로 불리지만 이는 잘못된 명칭이며, 칼리시 바이러스와 함께 가장 흔한 고양이의 호흡기 질환 원인 중 하나이다. 바이러스성 비기관지염은 고양이에게만 감염된다고 알려져 있으며, 코, 비인두, 편도에서 복제가 되고 전염성이 매우 강하다. 어린 고양이에서는 폐렴을 유발하여 폐사시킬 정도로 위험한 특징이 있다. 초기 증상은 기침, 재채기, 콧물, 결막염, 발열, 식욕 부진이 있으며, 결막염 또는 각막궤양이 함께 발병하는 경우가 많다. 진단은 호흡기 증상과 눈의 증상이 함께 확인되는 경우, 비강 분비물이나 눈물에서 PCR 검사를 진행한다. 치료에는 항바이러스제(famciclovir, acyclovir), 항생제 등을 일차적으로 투약하며, 중증 감염인 경우에는 수액 처치, 산소 처치 등의 지지요법을 시행하기도 한다. 예방접종으로 질병의 중증도를 감소시킬 수 있으나, 발병을 완전히 막을 수는 없다.

(3) 고양이 칼리시 바이러스(Feline calicivirus; FCV)

고양이 칼리시 바이러스는 고양이에게 감염되는 바이러스성 질병으로, 주로 호흡기 및 구강에 영향을 미치는 치사율이 높고 치료가 어려운 질병이다. 이름대로 칼리시 바이러스에 의해 발생하며, 감염된 고양이의 콧물, 침, 눈물 등의 분비물에 의해 전파된다. 주요 증상은 콧물, 재채기, 결막염 등과 함께 혀, 잇몸, 입술 등에 궤양이 발생하며, 식욕 부진, 무기력, 고열, 기침, 관절염 증상까지 동반할 수 있다. 특히 얼굴과 발의 부종, 심한 구강 궤양, 황달 등의 중증 증상이 발병하는 경우에는 칼리시 바이러스의 변이형인 전신형 칼리시바이러스의 가능성이 있어 치사율이 50% 이상으로 매우 위험할 수 있다. 호흡기 증상과 구강의 궤양 등이 동반될 경우에 의심해 볼 수 있으며, 표준 검사법으로는 바이러스성 비기관지염과 동일하게 비강 분비물이나 눈물에서 PCR 검사를 진행하여 확진할 수 있다. 치료에는 항생제, 항염증제 등을 일차적으로 투약하며, 중증 감염인 경우, 수액 처치, 산소 처치 등의 지지요법을 시행하기도 한다. 예방접종으로 질병의 중증도를 감소시킬 수 있으나, 발병을 완전히 막을 수는 없다.

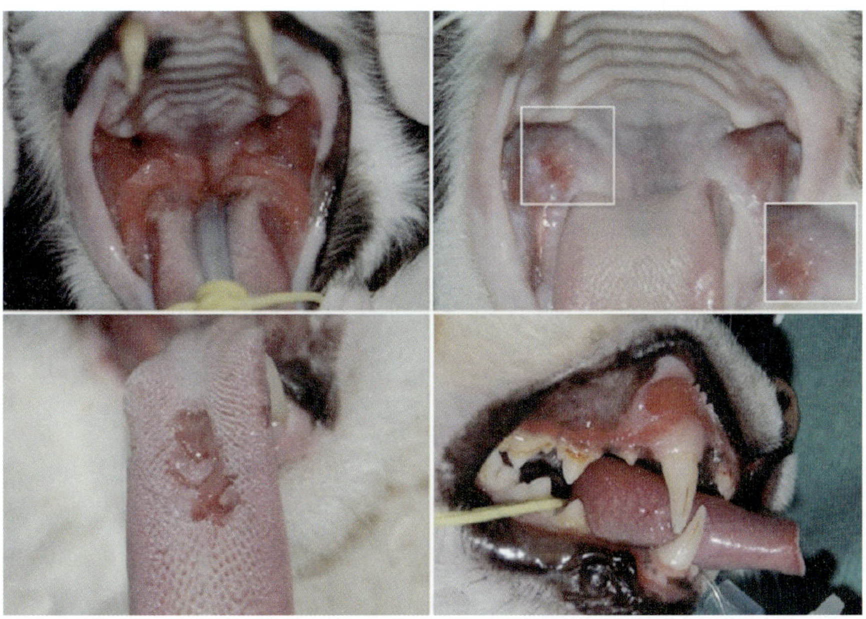

[그림 3-14] 고양이 칼리시 바이러스에 이환된 고양이의 모습

출처: https://tierarzt-karlsruhe-durlach.de/en/calicivirus-infection-cat/

제 4 장

소화기계

학·습·목·표

1. 개와 고양이의 소화기 구조와 역할을 학습한다.
2. 소화기에 발생하는 일반적인 질환의 증상에 대해서 학습한다.
3. 각 소화기관에서 발생하는 질환에 대해서 학습한다.
4. 개와 고양이의 주요 장기인 간의 질환에 대해서 학습한다.

소화기란 입에서 항문까지 이어지는 기관으로 음식을 섭취한 다음 영양소로 분해하고(소화) 그 영양소를 흡수하고 나머지 부분을 배설하는 일련의 일을 하는 기관을 말한다. 이런 소화기는 구강, 식도, 위, 소장, 대장, 직장, 항문으로 구성되어 있으며, 끊임없이 외부 물질(사료 등)에 노출되는 기관이므로, 피부와 같은 일차적인 방어 역할과 더불어 영양소의 소화 흡수의 역할이 포함된 기관이라고 할 수 있다. 이로 인해, 소화기계에도 피부에서 생기는 유사한 질환이 발생하기도 하지만, 이번 장에서는 소화기의 주요 기능인 사료 섭취, 영양분의 흡수 및 배설 기능 저하에 의해서 또는 이것을 주증으로 하는 질환의 원인과 증상에 대해서 알아보도록 한다. 더불어, 소화기계 질환에서 중요한 역할을 하는 주요 장기인 간에 대해서도 학습한다.

1. 개와 고양이의 소화기 구조

소화기는 음식을 소화하고 영양을 흡수하는 기관으로, 입에서 시작하여 식도, 위, 소장, 대장 및 항문까지를 말한다. 개와 고양이도 우리 인간과 마찬가지로 음식을 입으로 씹고 삼키고 위장과 장에서 소화하여 영양을 섭취한다. 개나 고양이가 사료를 먹고, 배설할 때까지의 소화의 기전에 대해, 개와 고양이의 공통점이나 차이점을 정리하고, 개나 고양이에서의 영양 관리와 건강 상태를 확인할 수 있는 기본 정보를 알아보겠다.

개의 소화기관은 소화기관이 짧으면서도 넉넉한 용량을 갖고 있어 한 번에 많은 사료량을 처리할 수 있다. 소화관 통과 시간이 빠르며 위산이 매우 강해 부패한 음식도 어느 정도 소화 가능하며, 췌장 α-아밀레이스 활성도 있어 탄수화물도 일부 소화할 수 있다.

고양이는 완전한 육식 동물로, 식물성 영양소는 거의 소화하지 못한다. 침에는 α-아밀레이스가 없어 탄수화물 분해가 불가능하며, 음식물을 빠르게 흡수하기 위한 짧은 소화관, 맹장은 거의 퇴화되었고, 대장은 최소한의 발효 기능만 존재한다. 또한 소화 흡수 과정에서 생긴 불필요한 물건이나 소화할 수 없었던 음식의 남은 찌꺼기를 대변이나 소변으로, 체외로 배출한다.

1) 사료 섭취에서 배설까지

소화는 많은 분자가 연결되어 있는 사료를 최소한의 작은 상태로 분해하는 것을 말한다. 구체적으로는 탄수화물을 단당류, 단백질을 아미노산, 지질을 지방산과 모노글리세리드로 분해한다. 분해된 영양소는 체내에 흡수되어 에너지원이 되거나 새로운 단백질로 재합성된다. 사료를 입에 넣고 배설할 때까지 소화 흡수의 흐름을 사람의 순서에 따라 정리하면 다음과 같다.

(1) 구강

❶ 저작

입에 넣은 음식을 치아와 턱을 사용하여 씹어 타액과 섞어 소화관 내를 통과하기 쉬운 상태로 만든다. 타액에는 살균력이 있는 리소자임이나 전분을 이당류의 말토스(맥아당)로 분해하는 아밀라아제가 포함되어 있다.

❷ 삼킴

씹은 음식이 삼킬 수 있을 정도의 크기가 되면 의식적으로 삼키게 된다. 삼키는 동작에 의해 삼키는 반사가 일어나 음식이 비강이나 기도에 들어가지 않도록 후두개와 연구개가 닫힌다.

(2) 식도

삼킨 음식은 식도로 들어가며, 식도의 연동 운동으로 음식이 위까지 이동된다. 식도에는 세 군데에 생리적인 좁은 부위(식도시작부위, 기관분기부위, 횡격막 관통부위)가 있어서 삼킨 음식이 역류하지 않도록 방지한다.

(3) 위

위에서는 삼킨 음식이 소장에서 소화 및 흡수될 수 있도록, 삼킨 음식의 저장, 살균과 소화 작용을 한다. 음식이 위에 접근해 온 자극에 의해 위의 입구(분문)가 열리고, 음식이 위에 들어간 자극으로 위의 점막으로부터 위액이 분비되어 위가 연동 운동을 일으킨다. 위액과 음식이 섞여서 교반되어 죽과 같은 상태가 되며, 이것이 위에서 일어나는 소화이다.

위액의 주요 성분은 위산, 펩시노겐, 점액의 3가지로, 강산성 위산은 소화 중 음식을 살균하고 부패를 방지한다. 펩시노겐은 위산과 혼합하여 펩신이라는 소화 효소로 변화하고 단백질을 폴리펩티드로 분해한다. 점액은 위 점막의 표면을 덮고 위의 점막을 강산성 위산으로부터 보호한다.

죽상이 된 음식은 소장에서 소화 흡수되기 쉽도록 위의 출구(유문)에서 조금씩 십이지장으로 이동된다.

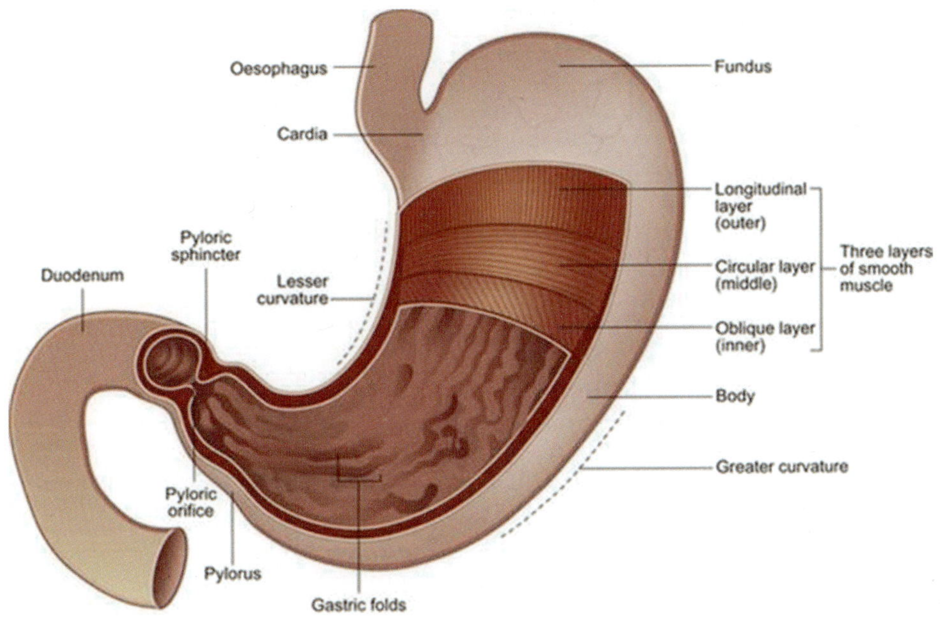

[그림 4-1] 개의 위 구조

출처: https://veteriankey.com/gastrointestinal-physiology-the-normal-stomach-and-small-intestines/(Fig 9.1 Anatomy of the stomach)

(4) 간, 담낭, 췌장

간은 담즙을 생성하고 담즙을 담낭에 넣고 필요에 따라 십이지장으로 배출한다. 췌장은 췌장액을 생성하고 십이지장으로 배출한다.

(5) 십이지장(소장)

위에서 나온 음식은 담즙과 췌장액이 배출되는 십이지장으로 이동한다. 담즙은 지방을 유화시켜 물에 녹지 않는 지방을 소화할 수 있는 형태로 바꾸며, 췌장액에는 다양한 소화 효소가 포함되어 있으며, 탄수화물, 단백질 및 담즙으로 유화된 지질을 최소한의 상태로 분해한다.

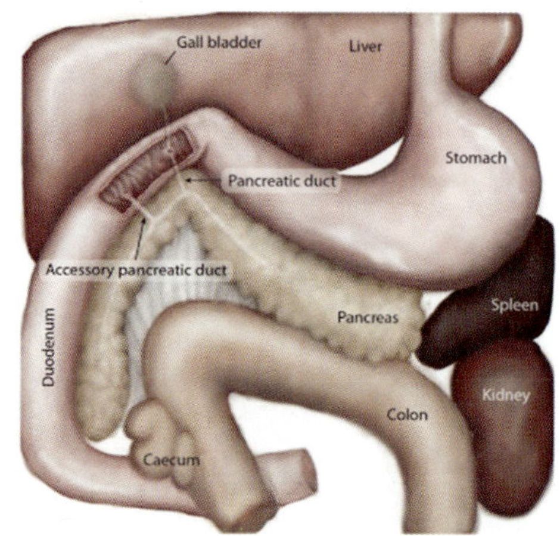

[그림 4-2] 개의 간, 담낭, 췌장 위치 및 담즙과 췌장액의 분비 모식도

출처: Mansfield, C. S., & Jones, B. R. (2012). Acute pancreatitis in dogs: Advances in understanding, diagnostics, and treatment. Topics in Companion Animal Medicine, 27(3), 123-132.

(6) 공장 · 회장(소장)

십이지장 다음에는 소장, 회장이라고 불리는 소장이 이어져, 분절 운동과 진자 운동에 의해 음식을 혼합하면서 연동 운동에 의해 대장으로 옮긴다. 장벽은 고리 모양의 주름이나 융모, 한층 더 미융모 같은 구조에 의해 외관보다 훨씬 넓은 점막을 만들어 내고 소화된 영양소나 비타민, 미네랄, 물을 흡수한다.

(7) 결장 · 직장(대장)

소장에서 소화되고 흡수된 음식의 남은 찌꺼기는 대장인 결장에 도달하면 수분이 흡수되어 대변이 된다. 대변은 직장으로 이동하고 쌓이며, 어느 정도의 양이 되면 뇌에 그 정보가 보내져 변의가 생긴다. 사람의 경우, 배변할 수 있는 상황이 아니면 의식적으로 외항문괄약근을 닫고 변의를 참을 수 있다.

(8) 배설물

소화나 흡수의 기능에 문제가 없는 경우, 대변의 약 75%는 수분으로 이루어지며, 나머지는 음식의 찌꺼기, 장내 세균, 장벽으로부터 벗겨진 세포가 각각 1/3씩을 차지한다. 만일 수분이 75%보다 많아지면 '설사'라고 불리는 상태가 된다. 소화액의 분비량이나 소화관으로부터의 출혈 여부 등에 의해 변의 색이 바뀌고, 소화 상태에 의해 냄새도 바뀐다.

매일 일정한 사료와 간식을 섭취한다면 변의 색은 거의 일정한 갈색을 띠게 된다. 대부분 변에서 보이는 갈색은 간에서 만들어진 쓸개즙(담즙)에서 유래되며, 쓸개즙은 소장으로 음식물이 내려오면 담낭에 저장되어 있다가 장으로 내려오는데, 쓸개즙이 진한 갈색을 띠기 때문에 장내의 세균과 음식물과 혼입되면 갈색으로 보이게 된다.

변의 색깔이 회색이나 흰색으로 보인다면, 쓸개즙이 소장으로 배출되지 않는 쓸개즙 분비 이상 때문일 수 있다. 이러한 쓸개즙 분비 이상은 대부분 쓸개즙이 머물러 있는 담낭의 배출로가 막히거나 배출로에 결석이나 종양이 생겨 폐색이 된 경우에 발생한다. 변이 빨간색으로 보인다면 소장이나 대장에 출혈이 있음을 생각할 수 있다. 심한 장염으로 인해 장 내부에 출혈이 있다든지, 위궤양이나 장내 종양이 발생했을 수도 있으며, 복용하는 약, 스트레스 등 여러 가지 원인으로 인해 발생할 수도 있다. 장의 내부에는 여러 종류의 세균이 살고 있으며, 세균이 만들어 내는 독소가 존재한다. 장내 출혈로 인해 변이 빨갛게 보인다면, 세균이나 독소가 장의 혈관에 침입할 수 있음을 뜻한다. 검은색 변은 구강, 식도, 위, 소장 위쪽에 출혈이 있을 때 나타날 수 있다. 이 경우는 핏속에 있는 헤모글로빈이 장내의 소화효소와 미생물에 의해 까맣게 변색된 것이다. 다만 질병 이외에 철분 영양제나 블루베리, 비트 등을 섭취했을 때에도 검은색 변을 볼 수 있으므로 최근에 무엇을 먹었는지도 살펴보아야 한다.

간혹 변의 색깔 외에 대변 속에 투명한 점액질을 볼 수도 있다. 이것은 장에서 항상 분비되는 윤활액으로서, 장 내부에 대변이 매끄럽게 잘 빠져나올 수 있게 하는 물질이며, 가끔 대변에 묻어나오는 것은 정상이라고 볼 수 있으나, 과도하게 나온다면 장에 염증이 생긴 것일 수도 있다.

2) 소화와 흡수의 차이

(1) 식성

일상적으로 섭취하는 음식의 종류나 섭취 습관을 식성이라고 한다. 식성에는 초식성, 육식성, 잡식성, 부식성, 소식성, 다식성, 단식성 등이 있다. 이 분류에 따르면 사람은 잡식성, 개는 반육식성, 고양이는 진성 육식성이다.

사람의 조상은 나무 위에서 과일 등 식물을 먹던 초식성 동물이었지만, 약 250만 년 전 지구의 한랭화로 인해 동물성 음식도 먹게 되었다고 생각된다. 개는 원래 육식성이었지만 사람과의 생활 속에서 식물성의 음식도 섭취할 수 있도록 진화해서 반육식성이라고 한다. 고양이는 원래 식성을 그대로 계속하고 있기 때문에 개와 비교하여 진성 육식성이라고 한다.

(2) 구강의 형태

식물성과 동물성 양쪽 모두의 음식을 먹기 위해 사람의 치아는 어금니가 발달하여 턱을 좌우로 움직여 식물성 음식을 갈아서 먹는 데 적합하지만, 개나 고양이의 치아는 견치가 발달해, 고기를 물고 찢어 삼키는 데 적합하다. 사람의 타액에는 전분을 분해하는 아밀라아제가 포함되어 있지만, 개나 고양이의 타액에는 포함되어 있지 않다고 하는 것도 식성의 차이로부터 오는 특징이다.

(3) 장내 세균

사람의 소화관은 약 9m, 개는 약 3.5m, 고양이는 약 2m(소는 약 50m)이다. 신체 길이가 다르기 때문에 단순히 비교는 할 수 없지만, 초식 동물인 소의 소화관의 길이가 긴 것에는 식물의 세포가 셀룰로오스라는 소화하기 어려운 성분이라, 긴 소화관 안에 많은 장내 세균을 이용하여 식물을 분해시킴으로써 소화를 촉진하기 위해서이다. 장의 내용물 1g당 포함된 장내 세균의 수는 개나 고양이가 약 1만 개인 데 비해 사람은 약 1,000만 개이다. 이 때문에 육식성 동물에 무리하게 많은 식물성 사료를 주면 소화불량으로 인한 소화기 질병이 발생하기 쉽기 때문에 주의가 필요하다.

3) 영양 균형

사람은 잡식성, 개는 반육식성, 고양이는 진성 육식성으로, 이 식성의 차이로 인해 소화 구조에 몇 개의 차이가 생긴다.

식물성의 음식은 소화하기 어려운 성분이 많기 때문에, 식물성 사료를 소화하기 위해서는 장내의 풍부한 세균총의 발효를 통해서 소화한다. 따라서 육식동물이 식물성 사료를 섭취하게 되면 잘 소화하지 않아 소화불량 등의 질환이 발생될 수 있다.

평균적인 사료의 3대 영양소의 밸런스는 식성에 따라 다르다. 개는 사람의 비율과 매우 비슷하지만 단백질은 사람보다 더 많이 섭취해야 한다. 시판되는 종합 영양식은 개에는 개의, 고양이에는 고양이의 식성에 맞춘 영양 밸런스로 배합되어 있다. 사람, 개, 고양이에 필요한 3대 영양소의 균형은 <표 4-1>과 같다. 반육식성이라고 해도 개에게 필요한 영양 밸런스는 인간의 영양 밸런스와 유사한 것을 알 수 있다, 하지만 개와 고양이의 영양 밸런스는 다소 차이가 있기 때문에 개가 고양이, 고양이가 개의 사료를 먹지 않도록 조심해야 한다.

〈표 4-1〉 사람, 개, 고양이의 필수 3대 영양소 비교

종	탄수화물(%)	단백질(%)	지방(%)	특징
사람	55～65	7～20	15～30	잡식성, 뇌 에너지로 탄수화물 중요
개	30～50	18～30	10～25	잡식성, 단백질과 지방 중심 식단
고양이	0～10	35～45	40～50	완전 육식성, 탄수화물 소화 효율 낮음

출처: 사람(질병관리청 국가건강정보 포털), 개, 고양이(국립축산과학원 반려동물 사료 영양표준 1판, 개 · 고양이).

(1) 필수 아미노산

단백질을 구성하는 아미노산 중에는 음식에서 얻은 영양을 바탕으로 체내에서 합성할 수 있는 것과 할 수 없는 것이 있다. 할 수 없는 것은 음식에서 직접 섭취해야 하며, 이것을 필수 아미노산이라고 한다.

사람은 9가지 필수 아미노산이 필요하며, 아르기닌과 타우린은 조건부 또는 비필수로 분류된다. 개와 고양이에서 공통적인 필수 아미노산인 아르기닌이 부족하면 백내장과 고 암모늄 혈증이 발생하며, 특히 고양이에서 중증화하는 경향이 있다. 개는 10가지 필수 아미노산이 필요하며, 타우린은 자체 합성이 가능해 필수로 분류되지 않는다.

〈표 4-2〉 사람, 개, 고양이의 필수 아미노산 비교

아미노산 이름	사람	개	고양이	주요 기능 및 특징
이소류신 (Isoleucine)	O	O	O	근육 대사, 에너지 조절
류신 (Leucine)	O	O	O	근육 합성, 성장 촉진
발린 (Valine)	O	O	O	근육 회복, 신경 기능
리신 (Lysine)	O	O	O	면역력, 콜라겐 합성
트레오닌 (Threonine)	O	O	O	간 기능, 피부 건강
트립토판 (Tryptophan)	O	O	O	세로토닌 생성, 기분 조절
메티오닌 (Methionine)	O	O	O	항산화, 간 해독, 피모 유지
페닐알라닌 (Phenylalanine)	O	O	O	신경전달물질 생성, 집중력
히스티딘 (Histidine)	O	O	O	성장, 조직 회복, 면역 기능
아르기닌 (Arginine)	X	O	O	암모니아 해독, 혈관 확장
타우린 (Taurine)	X	X	O	심장 기능, 시력, 면역 조절

고양이의 필수 아미노산인 타우린이 부족하면 심근증과 중심성 망막 위축, 면역 기능 부전, 성장 지연, 번식 기능 저하 등의 영향이 나타난다. 타우린을 포함하는 음식은 고기와 생선과 같은 동물성 단백질이다. 식물성 단백질과 동물성 단백질은 아미노산의 구성 성분이 다르기 때문에 육식성 동물은 반드시 동물성 단백질을 먹어야 한다.

(2) 필수 지방산

지방을 구성하는 지방산도 체내에서 합성할 수 없기 때문에 음식에서 직접 섭취해야 하는 필수 지방산이 있다.

〈표 4-3〉 사람, 개, 고양이의 필수 지방산 목록

구분	지방산	사람	개	고양이	비고
오메가 3 지방산	Docosahexaenoic acid(DHA) 도코사헥사엔산	○	○	○	뇌 · 망막 발달, 신경 기능
	Eicosapentaenoic acid(EPA) 에이코사펜타엔산	○	○	○	항염증, 심장 · 뇌 건강
	α –linolenic acid(ALA) 알파–리놀렌산	○	○	X	항염증, 심혈관 보호
오메가 6 지방산	Linoleic acid 리놀레산	○	○	○	피부 건강, 면역 기능
	arachidonic acid 아라키돈산	X	X	○	고양이는 합성 불가

개와 고양이의 차이는 아라키돈산의 합성 능력에 있다. 아라키돈산에는 면역 기능의 조정, 기억력 향상, 혈압 상승 억제 등의 효과가 있다. 아라키돈산도 달걀노른자와 간 등에 많이 포함되어 있기 때문에, 역시 섭취하기 위해서는 동물성 사료를 섭취해야 한다.

(3) 비타민

비타민과 관련하여 몇 가지 차이점이 있다.

❶ 비타민 C

사람의 조상은 돌연변이에 의해 체내에서 비타민 C를 합성하는 유전자가 퇴화했지만, 비타민 C를 많이 포함한 식물성 음식을 섭취함으로써 결핍증으로부터 몸을 지킬 수 있다. 개와 고양이는 신체에서 합성할 수 있으므로 사료로 비타민 C를 섭취할 필요가 없다.

❷ 비타민 A

사람과 개는 녹색 노란색 야채에 포함된 베타카로틴에서 비타민 A를 생산한다. 그러나 고양이는 할 수 없기 때문에 비타민 A를 포함한 달걀노른자와 간 같은 동물성 음식을 섭취해야 한다.

❸ 비타민 B_{12}

사람이 식물성 식품만 먹으면 동물성 식품에 포함된 비타민 B_{12}가 부족할 수 있다. 초식 동물은 위의 박테리아가 만드는 비타민 B_{12}를 사용할 수 있지만, 이 박테리아는 사람의 위에는 없으므로, 사람은 동물성 식품과 식물성 식품을 균형 있게 먹어야 한다.

2. 배설물을 통한 건강 체크

강아지와 고양이가 건강하고 오래 살도록 하기 위해서는 각각의 식성이나 소화 구조에 적합한 영양의 사료를 먹이는 것이 매우 중요하다. 그리고 먹은 것을 소화하고 흡수한 결과로 배설되는 변을 확인함으로써, 강아지나 고양이의 컨디션 변화를 재빨리 감지할 수 있다.

배뇨나 배변의 횟수, 1회당의 양, 색, 냄새, 경도, 내용물(기생충이나 이물질의 혼입 여부 등)을 일상적으로 체크해 두는 것은 외부로 보이지 않는 소화기계의 이상을 조기에 알아차릴 수 있는 중요한 습관이다. 따라서 매일의 배설물을 확인하는 것이 필요하다.

개와 고양이는 먹는 양에 따라 하루에 약 1~2회 배변을 하며, 이는 정상적인 빈도이다. 반면, 초식동물은 장관이 지속적으로 움직이기 때문에 하루에 여러 번 대변을 본다. 특히 토끼는 한밤중에 '맹장변'이라 불리는 약간 부드러운 변을 배설하고 이를 다시 섭취하는 습성이 있다. 이는 정상적인 행동으로, 맹장 내 박테리아가 만들어낸 단백질과 비타민이 풍부한 대변을 재섭취함으로써 영양을 보충하는 방식이다.

강아지와 고양이의 분변 상태를 보다 체계적으로 평가하기 위해서는 반려동물 전용으로 개발된 '월섬 대변 평가 시스템(WALTHAM™ Faeces Scoring System)'을 활용하는 것이 효과적이다. 이 시스템은 1점부터 5점까지의 척도로 구성되어 있으며, 중간 점수(예: 2.5, 3.5 등)를 통해 보다 정밀한 평가가 가능하다. 분변의 형태, 경도, 수분 함량 등을 기준으로 소화기 건강 상태를 시각적으로 판단할 수 있어, 수의사뿐만 아니라 보호자도 쉽게 활용할 수 있다.

가장 이상적인 분변은 3점으로, 균일하고 매끄러운 질감을 가진 소시지 형태이다. 이는 반려동물이 충분한 수분을 섭취하고 있으며, 식단이 균형 잡혀 있고 장 기능이 정상적으로 작동하고 있다는 신호이다. 약간 부드러운 형태의 2.5점 또는 3.5점 분변도 건강한 상태로 간주되며, 식단이나 환경 변화에 따라 일시적으로 나타날 수 있다.

반면, 1점 또는 1.5점 형태의 분변은 매우 단단하고 딱딱한 덩어리로, 탈수나 섬유질 부족을 의미할 수 있다. 반려동물이 배변 시 불편함을 느낄 수 있으며, 물 섭취량을 늘리고 식이섬유가 풍부한 식단으로 조절해 주는 것이 필요하다. 4점 이상의 분변은 부드럽지만 형태가 사라지며, 스트레스나 식단 변화로 인한 일시적인 반응일 수 있으나 지속된다면 주의가 필요하다.

5점 형태의 분변은 설사 상태로, 건강에 이상이 있다는 신호이다. 반액체 상태이거나 완전히 액체처럼 흐르는 분변은 장염, 식이 알레르기, 감염 등의 원인이 있을 수 있으며, 특히 24시간 이상 지속되거나 혈변, 점액변, 검은색 변이 동반될 경우에는 즉시 동물병원으로 방문하여 수의사의 진료를 받아야 한다. 설사는 탈수를 유발할 수 있으므로 빠른 조치가 필요하다.

분변의 색상도 중요한 지표이다. 일반적으로 갈색이 정상이며, 회색, 검은색, 붉은색 등은 내부 장기의 이상을 나타낼 수 있다. 고양이의 경우에는 모래 속에 묻힌 분변을 확인할 때 털 뭉치가 포함되어 있다면 헤어볼로 인한 소화 문제를 의심해 볼 수 있다.

이처럼 월섬 대변 평가 시스템은 반려동물의 분변 상태를 직관적이고 체계적으로 분석할 수 있는 도구로, 로얄캐닌, 퓨리나 등 주요 사료 브랜드와 수의학 연구기관에서 널리 사용되고 있다.

추가로 브리스톨 대변 형태 척도(Bristol Stool Scale)는 원래 사람을 위한 평가 기준이지만, 보호자 교육용으로 간단하게 응용할 수 있다. 그러나 반려동물의 특성을 고려한 보다 정밀한 분석에는 월섬 시스템이 더 적합하다.

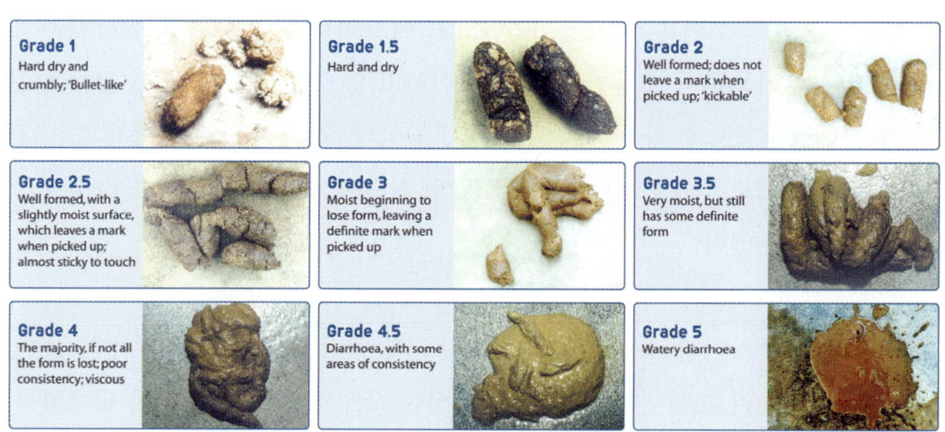

[그림 4-3] 개와 고양이에서의 대변 평가: 월섬 시스템(WALTHAM Faeces Scoring System)

출처: Moxham, G.(2001) Waltham feces scoring system-A tool for veterinarians and pet owners: How does your pet rate? WALTHAM® Focus, 11, 2, 24-25

결론적으로, 반려동물의 건강을 지키기 위해서는 매일의 배설물을 관찰하고, 월섬 대변 평가 시스템을 참고하여 상태를 평가하는 것이 매우 중요하다. 작은 변화 속에 큰 건강의 힌트가 숨어 있으며, 그 신호 중 하나가 바로 '분변'이다.

〈표 4-4〉 개와 고양이의 소화기관 비교

항목	개	고양이
식성	잡식성(facultative carnivore), 탄수화물을 일부 소화 가능	육식성(obligate carnivore), 단백질 위주
몸통 길이 대비 장 길이	짧지만 소화관 용량 큼	매우 짧고 단순
위 크기 및 산도	약 1L 용량, 매우 강한 위산(pH 매우 낮음)	작은 위, 높은 산도
침과 효소	침에서 α-아밀레이스 거의 없음, 췌장에서는 활성 있음	α-아밀레이스 거의 없음, 탄수화물 소화 낮음
소화 시간 (GI 통과 시간)	6~8시간(음식 빠르게 통과)	매우 빠름(짧은 소장)
맹장 및 대장 구조	소화관 중간 정도 발달, 약간의 미생물 발효 가능	맹장 거의 퇴화, 대장 단순

3. 외관을 통한 건강 체크

반려동물의 건강을 관리하는 데 있어 가장 기본적이고 중요한 요소 중 하나는 체중이다. 체중은 단순히 외관상의 문제가 아니라 반려동물의 전반적인 건강 상태를 반영하는 지표이며, 이를 평가하는 대표적인 방법이 BCS(Body Condition Score, 신체충실지수 또는 체평점)이다.

BCS는 개와 고양이의 체형과 지방 분포를 기준으로 1점에서 9점까지 점수를 매기는 방식이다. 1점은 매우 마른 상태, 5점은 이상적인 체형, 9점은 심한 비만 상태를 의미한다. 일반 보호자용으로는 5점 척도도 사용되며, 마름–정상–비만의 범주를 간단히 구분할 수 있다. 이 점수는 동물병원에서 건강 상태를 평가하고, 적절한 식단과 운동 계획을 세우는 데 중요한 기준이 된다.

개나 고양이는 털이 많기 때문에 육안으로 체형을 정확히 판단하기 어렵다. 따라서 손으로 갈비뼈 부위를 만져 보는 것이 가장 기본적인 평가 방법이다. 갈비뼈가 쉽게 느껴지지 않거나 허리 라인이 뚜렷하지 않고 배가 늘어진 형태라면 과체중일 가능성이 높다. 반대로 갈비뼈가 너무 뚜렷하게 만져지고 엉덩이 주변에 지방이 거의 없다면 저체중일 수 있다.

건강한 반려동물은 윤기 있는 털과 깨끗한 피부, 맑은 눈, 분비물 없는 코, 탄력 있는 근육과 균형 잡힌 체형, 그리고 활발한 움직임을 보인다. 이러한 외관적 징후는 BCS와 함께 종합적으로 판단되어야 하며, 정기적인 체크를 통해 질병을 예방하고 건강을 유지할 수 있다.

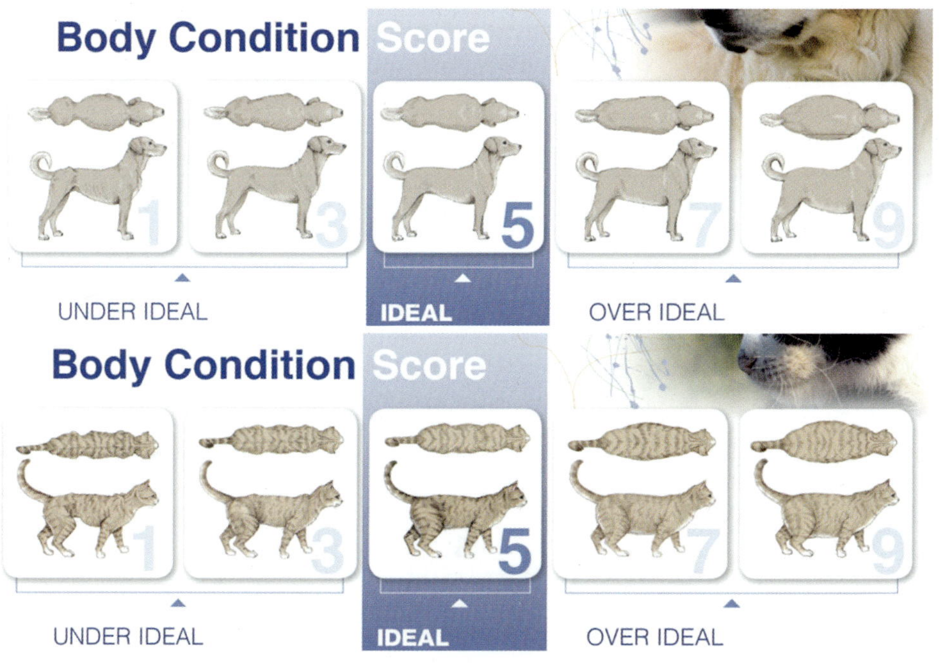

[그림 4-4] 개와 고양이의 BCS(신체충실지수, 체평점) 비교

출처: (상) https://wsava.org/wp-content/uploads/2020/01/Body-Condition-Score-Dog.pdf
(하) https://wsava.org/wp-content/uploads/2020/01/Body-Condition-Score-Cat.pdf
WSAVA 세계소동물수의학회.

반려동물이 과체중으로 판단되는 경우에는 즉각적인 관리가 필요하다. 과체중은 관절 질환, 당뇨, 심장병 등 다양한 건강 문제를 유발할 수 있기 때문이다. 이를 개선하기 위해서는 먼저 식단을 조절해야 한다. 저칼로리 사료로 교체하고, 간식은 전체 섭취 칼로리의 10% 이하로 제한하는 것이 좋다. 자유급식은 피하고 정해진 시간에 급여하는 습관을 들이는 것이 바람직하다. 가능하다면 수의사와 상담하여 반려동물에 맞는 맞춤 식단을 구성하는 것이 가장 효과적이다.

운동량을 늘리는 것도 중요하다. 개의 경우, 매일 30분 이상의 규칙적인 산책이 권장되며, 고양이는 장난감이나 캣타워를 활용한 놀이를 통해 활동량을 증가시킬 수 있다. 관절에 부담을 주지 않는 수영이나 트레드밀 운동도 고려할 수 있다. 체중 감량을 위해서는 주 1회 정도 체중을 측정하고 BCS 점수를 기록하여 변화를 추적하는 것이 좋다. 일반적으로 주당 1~2% 정도의 체중 감량이 적절하며, 무리한 감량은 오히려 건강에 해로울 수 있다.

반대로, 반려동물이 저체중으로 판단되는 경우에도 적절한 처치가 필요하다. 저체중은 영양 부족, 흡수 장애, 만성 질환, 스트레스 또는 기저 질환의 징후일 수 있으며, 면역력 저하와 근육 손실로 이어질 수 있다. 저체중이 의심될 경우에는 고열량 사료나 영양 보충제를 활용하여 식단을 강화하고, 식사 횟수를 늘려 소량씩 자주 급여하는 것이 도움이 된다. 식욕이 떨어진 경우에는 기호성이 높은 습식 사료나 따뜻하게 데운 음식으로 유도할 수 있다. 또한 스트레스 요인을 줄이고 안정적인 환경을 제공하는 것도 중요하다.

저체중의 원인이 단순한 식욕 저하가 아닌 질병일 가능성도 있으므로, 수의사의 진료를 통해 정확한 원인을 파악하고 필요한 경우 혈액 검사나 영상 검사를 통해 기저 질환을 확인해야 한다. 수의사는 반려동물의 상태에 따라 영양제, 약물 치료, 또는 특수 처방식을 제안할 수 있다.

〈표 4-5〉 개와 고양이의 BCS(신체충실지수, 체평점) 비교

BCS 점수	상태	외형적 특징	촉진 시 특징	
			개	고양이
1/9	심각한 저체중	갈비뼈, 척추, 골반 뼈 모두 육안으로 뚜렷이 보임	지방 없음, 근육량 매우 부족	피하지방 없음, 근육량 매우 부족
2/9	매우 마름	갈비뼈, 척추 약간 보이며 지방 거의 없음	약간의 근육 손실, 허리 매우 좁고 복부 과도하게 들어감	골격 대부분 촉지됨, 근육량 적음
3/9	마름	갈비뼈 쉽게 만져짐, 지방 거의 없음	허리 뚜렷하고 복부 들어감	허리 잘록하고 복부 들어감
4/9	약간 마름	갈비뼈 쉽게 촉지됨, 약간의 지방 덮임	허리와 복부 라인 명확함	허리 구분 가능, 복부 라인 보임
5/9	이상적	갈비뼈는 약간의 지방 아래에서 촉지 가능	위에서 보면 허리 선명, 옆에서 보면 배 약간 들어감	허리 뚜렷, 배선(Belly tuck) 있음
6/9	약간 과체중	갈비뼈 촉지되지만 지방층 있음	허리 라인 흐려짐, 뱃살 약간 늘어짐	허리 라인 희미해지고 복부 지방 증가
7/9	과체중	갈비뼈 촉지 어렵고 지방 덮임 두꺼움	허리 거의 없음, 복부 확장	옆모습에서 배 처짐, 허리 거의 보이지 않음
8/9	비만	지방이 늑골, 등, 꼬리 근처에 많이 축적	허리 없음, 배 아래로 축 처짐	걸을 때 복부 좌우 흔들림 가능
9/9	심각한 비만	갈비뼈 촉지 거의 불가능, 지방 심하게 축적됨	복부와 몸 전체에 지방 축적, 움직임 제한 가능성 있음	갈비뼈 촉지 불가, 활동량 제한됨, 건강 위험 높음

결론적으로, 반려동물의 체중은 건강을 좌우하는 핵심 요소이다. 과체중과 저체중 모두 조기에 발견하고 적절히 관리하는 것이 중요하며, 이를 위해서는 BCS를 활용한 정기적인 평가와 함께 식단, 운동, 환경, 수의학적 상담이 균형 있게 이루어져야 한다. 반려동물과 함께 건강하고 행복한 삶을 유지하기 위해서는 보호자와 전문가의 협력이 반드시 필요하다.

4. 장내 세균과 건강

개와 고양이의 장내에는 수많은 미생물(박테리아, 진균, 바이러스 등)이 공존하며, 이들은 소화기 건강뿐만 아니라 면역, 대사, 신경계 기능에도 영향을 미친다. 이 미생물 군집을 장내 마이크로바이옴이라 부르며, 균형이 유지될 때 건강한 상태를 유지할 수 있다.

1) 장내 세균의 종류와 역할

장내 세균을 동물 개체의 입장에서 유익균(Probiotics), 기회균(Opportunistic bacteria), 병원균(Pathogenic bacteria)으로 나눌 수 있다.

유익균(Probiotics)은 장내 환경을 개선하고, 병원균의 증식을 억제하며, 비타민 B · K 합성, 면역 조절, 영양소 흡수에 도움을 준다. 대표적으로 유산균(Lactobacillus), 비피두스균(Bifidobacterium) 등이 있다. 기회균(Opportunistic bacteria)은 평소에는 무해하지만, 면역력이 저하되거나 장내 환경이 나빠지면 병원성으로 작용할 수 있다. 병원균(Pathogenic bacteria)으로 대표적인 클로스트리디움(*Clostridium* spp.)은 장염, 설사, 구토 등의 소화기 증상을 유발할 수 있으며, 항생제 치료가 필요한 경우도 있다.

2) 장내 세균 불균형(Dysbiosis)

장내 유익균과 병원균의 비율이 깨지면 디스바이오시스 상태가 된다. 설사, 구토, 식욕 저하, 체중 감소, 면역력 저하의 증상을 보인다. 주요한 원인으로는 항생제 남용, 스트레스, 식이 변화, 기저 질환(췌장염, 염증성 장 질환 등)을 들 수 있다.

3) 장내 건강을 위한 관리

장내 세균 불균형을 개선하기 위해서는 프로바이오틱스와 프리바이오틱스 및 이와 연관된 관리를 통해서 평상 관리가 필요하다.

프로바이오틱스(Probiotics)는 살아 있는 유익균으로, 장내 환경을 개선하고 면역 기능을 강화한다. 개와 고양이용 보충제, 천연 발효식품(요구르트, 케피어 등)에 포함되어 있으며, 수의사 처방에 따라 적절한 균주와 용량을 선택하는 것이 좋다. 프리바이오틱스(Prebiotics)는 유익균의 먹이가 되는 물질로, 장내 유익균 증식에 도움을 준다. 올리고당(FOS, MOS), 식이섬유, 치커리 뿌리, 비트 등에 많이 포함되어 있다. 이것을 사료나 보충제 형태로 제공하면 장 건강에 도움이 된다.

균형 잡힌 식단과 규칙적인 운동, 항생제 사용 시 수의사와 상담 후 프로바이오틱스 병용하며, 정기적인 건강 검진으로 장내 환경을 모니터링하는 것이 필요하다. 장내 세균은 단순한 소화 보조를 넘어, 개와 고양이의 전신 건강에 깊은 영향을 미친다. 장내 환경을 건강하게 유지하는 것은 질병 예방과 삶의 질 향상에 매우 중요하다.

5. 소화기 질환

소화기 질환은 소화기의 어딘가에 문제가 있는 상태를 말한다. 위염과 장염, 췌장염 등이 대표적인 소화기 질환이며, 개와 고양이는 식욕이 없어지거나 구토하거나 설사 증상을 보일 수 있다.

소화기 질환은 매우 흔하게 발생하며, 피부 질환과 함께 동물병원을 내원한 환 동물에서 자주 진단되는 질병이다. 소화기 질병의 일반적인 원인을 보면, 세균 감염, 바이러스 감염, 기생충성, 종양 등에 의한 염증 등 다양하며, 다음과 같은 주요한 소화기계의 증상을 보일 수 있다.

1) 소화기 질환에서 보이는 주요 증상

(1) 설사

설사는 다양한 원인에 의해 발생하는 소화기 질환의 증상이다. 주로 사료에 의한 것, 과식, 스트레스, 계절 변화 등의 환경의 변화, 감염증, 기생충(특히 강아지의 경우) 등 원인은 다양하다. 방치하면 그대로 치유되는 것부터, 생명에 관계되는 중증 상태가 되는 것도 있다. 설사와 구토가 동시에 있거나 저항력이 약한 강아지나 노견의 경우는 심각한 증상이 되는 경우도 많기 때문에 주의가 필요하다.

설사 중 원인으로 많은 것은 지아르디아, 트리코모나스, 콕시듐, 회충 등의 기생충이 있다. 기생충 요인의 경우는, 성견에서는 별로 증상은 없지만, 강아지의 경우는 설사, 빈혈, 탈수, 체중 감소 등 중증화하기 쉽기 때문에 빨리 변검사를 실시해야 한다. 또한 췌장염, 염증성 장 질환, 소화기계의 종양 등의 위험한 질병에서도 설사를 할 수 있다. 경도의 설사로 식욕도 있으면 위장을 공복으로 쉬게 하면 개선되는 경우도 많지만, 수양성 변, 젤리상 · 혈변 등 평소와 다른 변이 계속되거나, 증상이 심한 경우는 곧바로 추가 검사가 필요한 경우도 많다.

또한 이상이 있는 부위에 따라 대변의 성상이나 증상도 달라지므로 보호자에게 반려동물의 대변을 가져오도록 안내하면 수의사의 진단에 도움이 된다.

(2) 구토와 토출

개나 고양이에게 구토와 토출은 자주 나타나는 증상으로, 형태와 원인에 따라 처치 방법이 다르다. 두 증상 모두 일시적으로 나타날 수 있으나, 하루 이상 지속되거나 반복될 경우에는 반드시 수의사의 진료를 받아야 한다. 특히 구토물에 혈액이 섞여 있거나 반려동물이 무기력해지고 식욕이 떨어지며 탈수 증상을 보일 경우에는 응급 상황일 수 있다. 토출 후 기침이나 호흡곤란이 나타나면 흡인성 폐렴의 위험이 있으므로 즉각적인 조치가 필요하다.

❶ 구토(Vomiting)

개와 고양이에게 구토는 비교적 흔하게 나타나는 증상 중 하나이다. 구토란 위에서 음식물이나 액체를 강제로 배출하는 현상으로, 일반적으로 구역질이나 복부의 수축 같은 전조 증상이 동반된다. 반려동물이 구토를 할 때는 침을 흘리거나 불안해하고, 입술을 핥거나 복부를 움찔거리며 힘을 주는 행동을 보인다. 토한 내용물은 어느 정도 소화된 상태로, 먹은 음식이 위나 위에 가까운 소장에 도달해 약간 소화된 뒤, 어떤 이상이 생겨 밖으로 배출된 것이다.

구토의 원인은 매우 다양하다. 특별한 문제가 없는 경우에도 구토가 발생할 수 있는데, 대표적으로 과식이나 공복 상태에서 나타나는 구토(공복토), 불안감, 멀미 등이 있다. 이러한 경우에는 일시적인 생리적 반응으로 볼 수 있다. 그러나 구토가 설사와 동시에 나타나거나, 구토물에 피가 섞여 있는 경우, 혹은 구토가 반복적으로 계속 발생하는 경우에는 다른 질환이 원인일 수 있으므로 주의가 필요하다. 특히 반려동물이 구토를 하려 하지만 아무것도 나오지 않고 식욕이 떨어지는 경우에는 소화기관에 무언가가 막혀 있는 정체 현상이 의심될 수 있다.

구토 후에는 반려동물이 심한 운동을 하지 않도록 주의해야 한다. 구토물이 기관지로 역류할 경우, 흡인성 폐렴과 같은 이차적인 문제가 발생할 수 있기 때문이다. 따라서 구토가 발생한 후에는 반려동물의 상태를 세심하게 관찰하고, 필요시 즉시 수의사의 진료를 받는 것이 중요하다.

반려동물이 구토를 할 경우, 보호자가 반려동물의 상태를 정확히 기록하고 수의사에게 전달하는 것이 진단과 치료에 큰 도움이 된다. 예를 들어 사료 섭취 전후의 행동, 자고 일어난 직후의 상태, 토한 횟수와 빈도, 구토 후의 컨디션 변화 등을 구체적으로 알려 주는 것이 좋다. 이러한 정보는 수의사가 원인을 파악하고 적절한 치료 계획을 세우는 데 중요한 단서가 된다.

❷ 토출(Regurgitation)

먹은 것이 소화되지 않고, 토하는 것을 말하며, 식도에서 음식물이 수동적으로 배출되는 현상으로, 복부 수축이나 구역질 같은 전조 증상 없이 갑작스럽게 발생한다. 토출된 음식은 대부분 소화되지 않은 상태이며, 점액이 섞여 있는 경우도 많다. 토출은 식도에 문제가 있을 때 흔히 나타난다. 예를 들어 식도 확장증(megaesophagus), 식도염, 선천적 기형, 종양에 의한 압박, 또는 신경학적 이상 등이 원인이 될 수 있다. 토출은 흡인성 폐렴을 유발할 수 있고, 개나 고양이의 경우, 다시 먹어 버리는 경우도 있으므로 특히 주의가 필요하다.

2) 소화기 질환과 영양의 관계

소화기 질환에서 질환의 종류와 증상에 따라 적절한 사료를 선택하는 것이 중요하다. 예를 들어 췌장염(췌장 염증)이 있는 개는 저지방식이 요법이 권장되는데, 지방이 많으면 췌장에 부담이 걸려 증상이 악화되기 때문이다. 또한 음식 알레르기가 원인으로 설사를 하는 경우에는 알레르기의 원인이 되는 식재료를 피한 사료를 줄 필요가 있다. 우리가 매일 먹는 식사가 건강에 미치는 영향이 큰 것과 마찬가지로 개와 고양이의 사료도 건강에 매우 중요하다. 특히 소화기 질환을 가진 반려동물에는 사료의 내용과 영양 균형이 질병의 관리나 개선에 직접 영향을 미친다.

3) 소화기 질환의 종류와 대책

(1) 위염

위염은 개와 고양이의 위에 염증이 생기는 질환으로, 대표적인 증상은 구토와 식욕 부진이다. 반려동물이 갑자기 음식을 거부하거나 먹은 뒤 곧바로 토하는 경우, 위염을 의심해 볼 수 있다. 이 질환은 급격한 식이 변화, 상한 음식 섭취, 스트레스, 약물 복용, 또는 세균이나 바이러스 감염 등 다양한 원인에 의해 발생할 수 있다.

치료를 위해서는 위에 자극을 주지 않는 소화 친화적인 사료를 선택하는 것이 중요하며, 한 번에 많은 양을 주기보다는 소량씩 자주 급여하는 방식이 효과적이다. 증상이 심하거나 반복되는 경우에는 수의사의 진료를 받아 약물 치료를 병행해야 한다.

예방을 위해서는 갑작스러운 사료 변경을 피하고, 위에 부담을 줄 수 있는 음식이나 약물은 신중하게 사용해야 한다. 또한 스트레스를 줄이고 규칙적인 식사 습관을 유지하는 것이 위염 예방에 도움이 된다.

(2) 장염

장염은 개와 고양이의 소장과 대장에 염증이 생기는 질환으로, 가장 흔한 증상은 설사이다. 특히 대장성 설사의 경우, 배변 횟수가 많아지고, 변에 점액이나 혈액이 섞여 나오는 경우도 있다. 장염은 바이러스나 박테리아 감염, 식이 알레르기, 부적절한 음식 섭취, 기생충 감염 등 다양한 원인으로 발생할 수 있다.

치료 방법으로는 섬유질이 풍부한 사료를 급여하여 장의 운동을 돕고, 저알레르기 식이를 통해 장에 가해지는 부담을 줄이는 것이 효과적이다. 증상이 심하거나 탈수 증상이 동반될 경우에는 수의사의 진단을 받아 약물 치료나 수액 치료가 필요할 수 있다.

장염을 예방하기 위해서는 반려동물이 깨끗한 환경에서 생활할 수 있도록 하고, 알레르기 유발 가능성이 있는 식재료는 피하는 것이 좋다. 정기적인 건강검진과 예방접종, 기생충 예방을 통해 장염 발생 가능성을 줄일 수도 있다.

(3) 췌장염

췌장은 소화 효소와 인슐린을 분비하는 중요한 장기로, 개와 고양이 모두에게 생명 유지에 필수적인 역할을 한다. 췌장에 염증이 생기면 소화 장애뿐만 아니라 전신적인 합병증으로 이어질 수 있어 조기 발견과 치료가 중요하다.

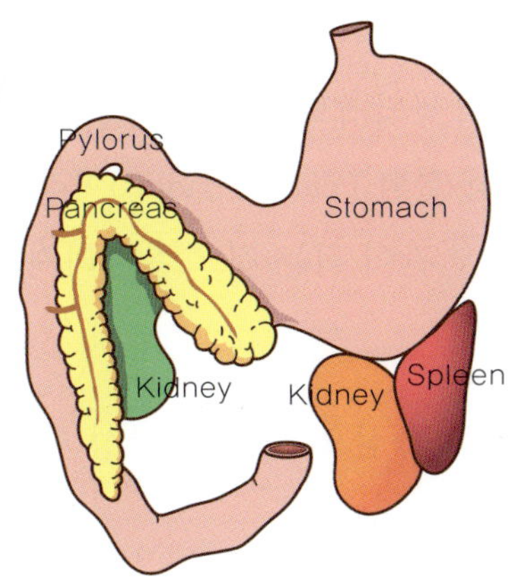

[그림 4-5] 개에서의 복강 내 췌장의 위치

출처: Reubi, J. C., Waser, B., & Lutz, T. A. (1997). In vitro and in vivo detection of functional somatostatin receptors in canine insulinomas. Journal of Nuclear Medicine, 38(7), 1036-1042. Figure 1.

❶ 췌장 질환에서 일반적으로 보이는 증상

췌장염은 급성과 만성으로 나뉘며, 증상은 비특이적이고 다른 질환과 유사하여 진단이 어렵다.

〈표 4-6〉 췌장염의 구분

급성 췌장염	• 구토, 식욕 부진, 복통, 무기력, 탈수, 발열, 설사 • 개에서는 복통과 구토가 뚜렷하게 나타나는 경우가 많음 • 고양이는 통증 표현이 미약해 증상이 모호함
만성 췌장염	• 반복적인 구토, 식욕 저하, 체중 감소, 무기력 • 고양이에서는 털 상태 악화, 배변 문제 등으로 나타날 수 있음

❷ 췌장 질환의 원인

췌장염의 원인은 다양하며, 개와 고양이 사이에 차이가 있다.

개에서 흔한 원인으로는 고지방 식단, 비만, 특정 약물(페노바비탈, 브롬화칼륨), 외상, 유전적 요인이 크다고 알려져 있으며, 고지질혈증, 저단백 식단도 위험 요소이다.

고양이에서는 대부분 특발성(원인 불명)이며, 감염성 질환(FIP, FeLV, FIV), 외상, 수술 후 합병증으로 발생되기도 한다. 간염, 담관염, 염증성 장 질환과 함께 발생하기 때문에 삼합성 질환(Feline Triaditis)이라고도 한다. 고양이에서는 고지방 식단과는 직접적인 연관이 적는 것으로 알려져 있다.

❸ 췌장 질환의 치료

치료는 대부분 지지요법을 중심으로 하며, 급성 췌장염과 만성 췌장염에 따라 접근 방식이 다르다.

공통적인 치료 방법으로는 식욕 부진 및 통증 관리가 기본이며, 위장 보호제와 영양 요법을 병행한다.

영양 요법으로는 저지방 · 고단백 식단을 권장하며, 필요시 식욕 촉진제인 미르타자핀(Mirtazapine)을 사용할 수 있다.

항생제는 대부분의 경우 불필요하지만, 세균성 감염 예방 목적으로 사용되기도 한다.

만성 췌장염에서 염증성 장 질환이 병발한 경우 저용량의 스테로이드(Steroid)를 사용할 수 있으며, 외분비 기능부전인 EPI(Exocrine Pancreatic Insufficiency)가 동반된 경우에는 소화효소(상품명 : LYPEX 라이펙스 등)를 투여한다.

❹ 주의 사항 및 예방

췌장 질환은 조기 진단이 어려우므로 정기 검진과 생활 습관 관리가 중요하다.

진단 방법은 혈액 검사에서 백혈구 증가, 간 효소 상승, 저칼슘혈증이 보이면, 특이적인 검사로, 고양이에서는 fPLI(feline pancreatic lipase immunoreactivity), 개에서는 cPLI(canine PLI)를 진행하며, 초음파, CT로 확진을 한다. 조직 생검이 가장 정확하지만 침습적이라서 보호자의 거부감이 있다. 예방 방법으로는 균형 잡힌 식단과 적절한 운동으로 비만을 방지하며, 독성 물질 및 약물 노출을 최소화하는 것이 필요하며, 특히 스트레스 관리가 필요하다.

6. 간 질환

간은 복부에서 가장 큰 장기이며, 신체의 신진대사와 유해 물질 해독, 소화 보조 등 많은 기능을 가지고 있다. 그러므로 어떤 이유로 간 기능이 나빠지면 전신에 영향을 미치기 때문에 정기적인 검사를 통해서 개와 고양이의 간 기능을 평가해서 간 질환의 조기 발견에 노력하는 것이 필요하다.

1) 간 질환에서 일반적으로 보이는 증상

(1) 황달(icterus)

간세포 손상이나 담도 폐색으로 빌리루빈 대사·배출이 저해되면 혈중 빌리루빈 농도가 상승하며 피부, 점막, 공막이 노랗게 변색된다. 개는 재흡수 역치가 낮아 빌리루빈뇨가 비교적 흔히 관찰되고, 고양이는 신세뇨관 재흡수능이 높아 빌리루빈뇨가 보이면 반드시 병적 상태를 의심해야 한다. 초기에는 잇몸과 귓바퀴 안쪽에서 황달이 먼저 나타나며, 총 빌리루빈이 2.0mg/dL 이상이면 전신 피부와 점막에서 명확히 확인할 수 있다.

(2) 복수(ascites)

간에서 합성되는 알부민 감소와 문맥압 상승, 혈관 내 삼투압 불균형이 복합적으로 작용해 복강 내에 체액이 축적되는 상태를 말한다. 신체검사 시 소량의 삼출액은 복부 촉진 시 미끄러지는 느낌이 있으며, 다량의 삼출액이 있다면 부풀어 오른 복부로 쉽게 감지된다. 개에서 더 흔하며, 만성 간염·간경변 환자에게서 자주 나타난다.

(3) 간성 뇌증(hepatic encephalopathy)

간이 암모니아 등 장내 독소를 해독하지 못하면 이들이 혈류를 타고 뇌로 이

동해 신경세포 기능장애를 일으킨다. 증상은 기력 저하, 혼수, 경련, 선회, 시력 소실, 머리 압박(head pressing; 개가 의도적으로 머리를 벽이나 다른 단단한 물체에 대고 미는 행동을 보이는 것) 등 다양하며, 혈중 암모니아 수치 증가가 가장 중요한 발병 기전이다. 식이 단백질 과다, 위장관 출혈, 장내 세균 대사 이상이 주요 유발인자로 작용한다.

(4) 응고장애(coagulopathy)

간에서 응고인자(II, VII, IX, X)와 항응고인자인 단백질 C · S 합성이 저해되면 지혈 능력이 떨어지게 된다. 담도 폐색 시, 비타민 K 의존성 인자의 합성이 더욱 감소하고, 중증 간 손상 환자에서는 파종성 혈관 내 응고(Disseminated intravascular coagulation, 전신성혈관내응고, DIC)나 혈소판 감소증이 동반될 수 있어 출혈 위험이 커지게 된다.

(5) 다음/다뇨(polydipsia/polyuria)

간부전으로 인해서, 소변을 진하게 만드는 성분인 요소(urea) 생성이 줄어들게 되어, 신장의 삼투압 기울기를 감소시키게 되는데, 이로 인해서, 문맥혈관 삼투압 수용기 변화가 시상하부를 자극해 '다뇨'와 이에 따른 보상적 '다음'이 유발된다. 물 섭취량과 소변량이 비례해 증가하며, 전해질 불균형을 초래할 수 있다.

2) 간 질환의 원인

간 질환이 발생하는 원인은 다양하지만 선천적인 것에서는, 혈관의 기형으로부터 유래하는 간문맥전신단락증(Portosystemic Shunt; PSS, 간문맥전신 션트)과 같은 예도 있으며, 종양, 감염증, 중독, 염증, 생활 습관까지 모든 이유를 생각할 수 있다. 다른 질병의 합병증으로 간 질환으로 이어질 수도 있다.

PSS는 토이 푸들을 비롯해 어린 소형 개에서 발생하기 다발하는 경향이 있다. 또한 고양이는 지방간이 많고, 특히 비만 경향의 암컷 고양이에서 빈발하는 것으로 알려져 있다. 담관간염은 고양이 간 질환의 약 2/3를 차지하며, 염증성 장 질환 및 췌장염과 함께 발생하는 경우가 많다. 지방간증은 특히 비만한 암컷 고양이에서 흔하며, 식욕 부진 후 급격한 체중 감소가 원인이 될 수 있다.

간 질환의 특징은 초기 증상으로 판단하기 어려울 뿐 아니라, 원인을 특정하기 어려운 점이라고 할 수 있다.

3) 대표적인 간 질환

개와 고양이의 간담도계 질환은 원인과 임상 양상이 매우 다양하며, 조기에 진단하기 어렵다. 간이 전체 기능의 75% 이상 손상될 때까지 뚜렷한 증상을 보이지 않는 경우가 많아 지속적인 간효소 모니터링이 필수적이다. 치료와 관리 전략도 질환별로 크게 다르므로 정확한 진단이 무엇보다 중요하다.

(1) 만성간염(Chronic Hepatitis)

간의 효소활성이 4개월 이상 상승하고 조직학적으로 간세포 괴사, 염증세포 침윤, 재생 및 섬유화를 보이는 만성 질환이다. 주로 중년령 개에서 발생하며

아메리칸 코커스패니얼, 잉글리시 코커스패니얼, 베들링턴 테리어, 달마시안, 도베르만, 래브라도 리트리버와 같은 품종이 높은 위험도를 보인다. 임상 증상은 다음 · 다뇨, 체중 감소, 구토, 식욕 부진 같은 비특이적 양상을 보이다가 질환이 진행되면 문맥고혈압으로 인한 황달과 복수가 나타난다. 치료 시에는 글루타치온 농도를 높이는 항산화제, 담즙 분비 촉진제 우르소데옥시콜산(담도 폐쇄 시 금기), 간성 뇌증이 동반되면 락툴로스를 사용하며, 간 대사가 많은 약물은 피하도록 한다.

(2) 구리축적질환(Copper Storage Disease)

간세포 내에 축적된 구리가 산화 스트레스를 일으켜 만성 염증, 세포 괴사, 섬유화를 초래하는 질환이다. 특히 베들링턴 테리어와 같은 일부 품종에서는 COMMD1 유전자 돌연변이로 구리 배출이 차단되어 더 심각한 손상이 발생한다. 초기에는 미미한 식욕 및 기력 저하만 보이다가 수년간 무증상일 수 있으나, 진행 시 구토, 설사, 다뇨 · 다음, 황달, 복수 등이 나타나고 급성 간괴사로 용혈성 빈혈이나 신경증상이 동반될 수도 있다. 치료는 페니실라민 또는 트리엔틴 같은 구리 킬레이트제, 아연 보충, SAMe · 비타민 E · 실리마린 등의 항산화제 투여와 함께 저구리 식이를 병행하는 방식으로 이루어진다.

(3) 간지질증(Hepatic Lipidosis)

고양이에서 주로 발생하며, 비만과 스트레스, 식욕 부진으로 말초 지방이 과도하게 동원되면서 간에 중성지방이 축적되는 병태생리로 설명할 수 있다. 메티오닌, 카르니틴, 타우린 결핍이 지방 대사 장애를 심화시키며 정상 체중의 고양이에서도 속발적으로 발생할 수 있다. 임상 증상은 급성 식욕 부진과 체중 감

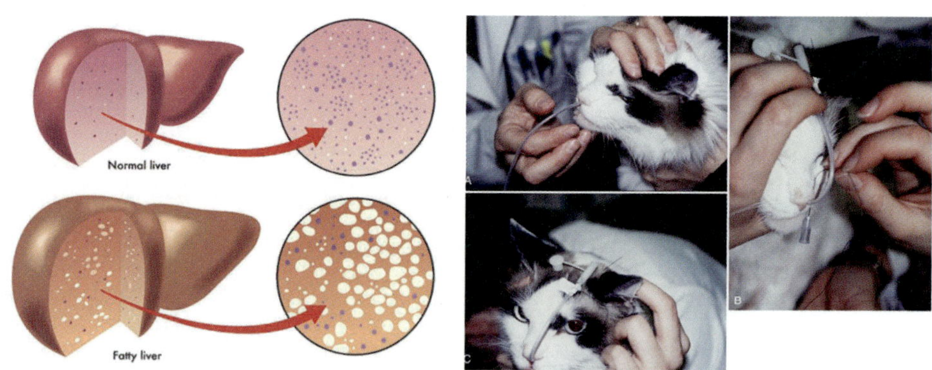

[그림 4-6] 고양이의 간지질증 및 비식도관 설치

출처: (좌) https://www.kingsdale.com/hepatic-lipidosis-in-cats-fatty-liver-syndrome
(우) Ettinger, S. J., & Feldman, E. C. (2017). Ettinger's textbook of veterinary internal medicine (8th ed.). Elsevier. p.940

소, 황달, 구토 등이 있으며, 치료는 원인 질환과 영양소 결핍을 교정하고 가능한 한 빨리 수액과 고단백 식이를 비강식도관으로 소량씩 자주 급여하여 강제로 공급한다. 이때 첫날에는 기초 대사량(RER)의 20~50%만 급여하고 며칠에 걸쳐 점진적으로 양을 늘려 영양재개증후군 위험을 줄인다.

(4) 독성간병증(Toxic Hepatopathy)

아세트아미노펜(acetaminophen), 페노바르비탈(phenobarbital), 디아제팜(diazepam), 엔세이드(NSAIDs), 자일리톨(xylitol) 등 다양한 약물과 화학물질, 식이 독소로 인해 급성 또는 만성 간 손상이 발생하는 상태를 말한다. 중독 후 몇 시간 내에 구토, 식욕 부진, 무기력 같은 소화기 증상이 자주 나타나며, 중증일 경우, 황달, 응고장애, 저혈당, 뇌병증이 동반될 수 있다. 치료는 가능한 한 장관을 통한 영양 공급과 해독 · 지지요법이 핵심이며, 동물보건사는 12시간마다 환자의 식욕, 통증, 혈압, 맥박, 소변량, 체중 등을 점검해 상태 변화를 면밀히 모니터링해야 한다.

(5) 담낭점액종(Gallbladder Mucocele)

담낭 내 과도한 점액이 축적되어 담즙 유출이 차단되고 담낭이 팽창하는 비염증성 질환이다. 주로 개에서 발생하며, 고콜레스테롤혈증이 있는 경우에는 담즙 점도가 높아져 발생 위험이 더욱 커진다. 대부분 무증상으로 지내지만, 담즙분비 촉진제인 우르소데옥시콜산 투여, 저지방 식이(지방 7~15%) 유지, 정기적인 초음파 모니터링을 통해 내과적 관리가 이루어진다.

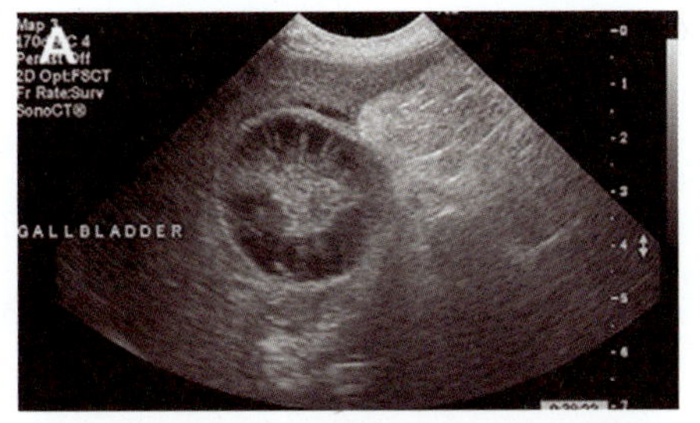

[그림 4-7] 담낭점액종 초음파 사진

출처: https://criticalcaredvm.com/gallbladder-mucoceles-dogs/

(6) 고양이 담관염 콤플렉스(Feline Cholangitis Complex)

간 내 담도계에 염증이 발생하고 필요에 따라 간 실질로 확장되는 질환이다. 담관염(쓸개관염, cholangitis), 담관간염(cholangiohepatitis), 담즙정체 간경변증(biliary cirrhosis) 등을 포함하는 고양이의 복합 질환군을 의미한다.

발열, 기력 저하, 구토, 식욕 부진 등 비특이적 증상이 흔하며, 심해지면 황달과 복통이 나타난다. 광범위 항생제와 필요시 글루코코르티코이드를 투여하며, 중증환자는 입원해 정맥주사와 보전 요법으로 관리한다. 동물보건사는 입원 기간 동안 환자의 통증과 임상 징후 변화를 세심히 관찰해야 한다.

(7) 간 및 담도 종양(Hepatic and Biliary Tumors)

원발성보다는 타 부위에서 전이된 경우가 흔하며, 간세포, 담도상피, 신경내분비, 기질세포에서 기원할 수 있다. 대부분 무증상으로 지내다 식욕 부진, 체중 감소, 구토, 다뇨·다음, 복수 또는 신경학적 이상이 발견된다. 신체검사 시 복수로 인한 복부 부종감이나 종괴가 촉지될 수 있으며, 진단 후 영상학적 평가와 외과 절제 혹은 항종양 치료를 검토한다.

(8) 문맥전신단락증(PSS, Portosystemic Shunt)

문맥 혈류가 간을 우회하여 전신 순환으로 바로 유입되면서 해독되지 않은 물질이 순환계에 쌓이는 기형 혈관 질환이다. 선천성은 소형견, 특히 요크셔테리어에 많고 수술적 결찰이 치료의 핵심이다. 후천성은 간경화로 인한 문맥고혈압이 원인이므로 단백질 제한 식이와 보존적 관리가 권장된다. 임상 증상으로 간성 뇌증, 다뇨·다음, 성장 지연 등이 나타날 수 있으며, 수의사는 치료 전후로 혈액화학 및 신경학적 검사와 임상 증상의 변화를 면밀히 모니터링해야 한다.

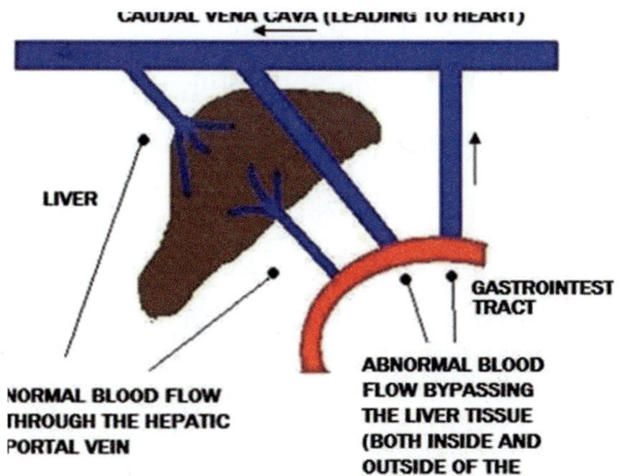

[그림 4-8] 간문맥-전신정맥 단락의 개략도
위장관과 심장 사이에 하나 이상의 비정상적인 연결이 존재함으로써 혈액이 간을 우회할 수 있으며, 이러한 단락은 간의 해독 기능을 거치지 않고 혈액이 직접 전신 순환으로 들어가게 되어 다양한 임상적 문제를 유발할 수 있다.

출처: https://www.ufaw.org.uk/dogs/irish-wolfhound-portosystemic-shunt

4) 간 기능 평가 및 진단 방법

(1) 혈액 검사

간 질환이 의심되는 개와 고양이에게 가장 먼저 시행되는 진단 방법은 혈액 검사이다. 혈액 검사는 간기능을 평가하는 데 있어 기본적이고 중요한 검사로, 크게 전혈구검사(Complete Blood Count; CBC)와 혈청 생화학검사(Serum Biochemistry Panel)로 나뉜다.

전혈구검사는 적혈구, 백혈구, 혈소판의 수와 형태를 확인함으로써 빈혈의 유형을 감별하고, 백혈구 증가는 전신 염증이나 감염의 단서가 되며, 혈소판 수치는 출혈 경향을 판단하는 데 활용된다.

혈청 생화학검사는 간세포 효소인 ALT와 AST, 담도계 효소인 ALP와 GGT, 그리고 알부민, 총빌리루빈, 직접빌리루빈, 콜레스테롤, 포도당 등을 측정하여 간세포 손상 정도, 담즙 배출 장애, 단백질 합성 및 해독 능력을 종합적으로 평가하는 데 사용된다. ALT는 간세포 손상의 가장 중요한 지표로, 간세포의 세포질에 고농도로 존재하며, 손상 시 혈중 농도가 상승한다. ALP는 담관 주변 세포에서 생성되며, 담즙 정체 시 수치가 증가하지만, 뼈에서도 합성되므로 성장기 동물이나 뼈 질환이 있는 경우에도 수치가 높게 나타날 수 있다. 특히 개에서는 스테로이드 장기 투약이나 뇌하수체 및 부신 종양이 있을 경우에 ALP 수치가 상승할 수 있으나, 고양이는 스테로이드의 영향을 받지 않는다. 직접빌리루빈은 간에서 처리된 수용성 형태의 빌리루빈으로, 담즙 흐름 장애 시 증가한다. GGT는 담도계 효소로 간 질환 평가에 사용되지만, 고양이에서는 민감도가 낮아 진단에 제한적이다.

이러한 혈액 검사 결과는 간기능을 평가하는 데 유용하지만, 간 이외의 질환이나 생리적 요인에 의해 수치가 변할 수 있기 때문에 단독으로 간 질환을 확정하는 데에는 한계가 있다. 따라서 혈액 검사는 간 질환의 경과를 관찰하고 다른 진단 방법과 함께 종합적으로 판단하는 데 활용되는 경향이 높다.

〈표 4-7〉 개와 고양이의 주요 간기능 지표

지표	기능
ALT(GPT) (Alanine Aminotransferase)	간세포 손상 시 증가하며, 개와 고양이 모두 간 질환의 지표로 사용
AST (Aspartate Aminotransferase)	간, 심장, 근육 등 다양한 조직에 존재하며, ALT와 함께 간 손상 정도를 평가하는 데 사용
ALP (Alkaline Phosphatase)	간과 담관 세포에서 발견되며, 담즙 정체나 담관 손상 시 증가
GGT (Gamma–Glutamyl Transferase)	담관과 간세포에서 발견되며, ALP와 함께 담즙 정체성 간 질환을 진단하는 데 도움
총 빌리루빈 (Total Billirubin)	간 질환, 용혈성 질환, 담도 폐쇄 등 다양한 원인 가능. 간에서 대사되는 담즙 색소로, 간 기능 이상이나 담즙 흐름 문제를 나타낼 수 있음. 혈액 내 전체 빌리루빈 수치로, 직접빌리루빈과 간접빌리루빈을 합한 값
직접빌리루빈 (Direct Billirubin)	간에서 대사되는 담즙 색소로, 간 기능 이상(간세포 손상, 간염, 간경변)이나 담즙 흐름 문제(담관폐쇄, 담석, 종양 등)를 나타낼 수 있음. 간에서 포합(conjugation) 과정을 거쳐 수용성으로 전환된 형태의 빌리루빈. 담즙을 통해 배출

(2) 요검사

기초 검사로 요검사도 반드시 포함된다. 요 내 빌리루빈 검출은 담도 폐쇄의 지표가 되고, 암모늄요산 결정은 문맥전신단락증(PSS) 같은 혈액 배설 이상을 시사한다. 환자가 설사나 기호성 변화 같은 소화기 증상을 보일 때는 변 상태를 관찰해 담즙 결핍으로 인한 흰 변, 지방변, 오렌지빛 변, 흑변 여부를 점검한다.

(3) 혈청 담즙산 자극 시험과 혈장 암모니아 측정

기초 생화학검사 이후 추가로, 12시간 이상 공복 후 채혈하고 소량의 지방 함량(약 20%) 표준식을 급여한 뒤 2시간 후 재채혈해 담즙산 농도 변화를 살펴보며, 암모니아 농도는 간성 뇌증이 의심될 때 공복 상태에서 혈중 농도를 측정한다.

(4) 영상 진단

다음 단계는 영상 진단이다. 먼저 방사선 촬영을 통해 간의 크기와 형태 변화를 확인하고, 이어 초음파 검사를 통해 간 실질의 에코 패턴, 담낭 · 담관의 구조적 이상, 혈관 흐름 등을 자세히 관찰한다. 필요시 전신마취를 하여 시행하는 CT 검사를 통해 종양성 병변이나 혈관 이상을 정밀 분석할 수 있다.

(5) 복수천자

영상검사에서 복수(ascitic fluid)가 확인되면, 복부천자(paracentesis)를 통해 5~10mL 정도의 복수 샘플을 채취해 색깔, 투명도, 유핵 세포수, 단백질 함량과 비중을 분석한다. 복수량이 많더라도 혈장 단백 소실을 막기 위해 한 번에 대량 제거는 피하며, 이뇨제 투여와 교질 수액 병행으로 서서히 수분을 조절한다.

(6) 간생검

만약 간생검이 필요할 경우, 출혈 합병증을 예방하기 위해 미리 PT · aPTT 등

응고계 검사를 통해 응고인자 상태를 확인한다. 그다음 피부를 통한 tru-cut 생검이나 복강경·개복술을 통한 쐐기 생검을 시행하며, 검사 후에는 출혈 징후를 면밀히 모니터링한다.

이처럼 임상 현장에서는 최소 침습 검사부터 영상의학, 체액 분석, 전문 검사 및 최종 조직검사 순으로 단계별로 접근하며, 검사 결과를 종합해 정확한 진단과 치료 계획을 수립한다.

5) 간 질환 환자의 간호와 식이 관리

개와 고양이의 간 질환 간호는 사람과 달리 수의사와 동물보건사가 반려동물의 특성과 행동 특이성을 고려해 접근해야 한다. 탈수나 체액 손실 시에는 결정질 수액을 투여하여 간으로 가는 혈류량을 회복시키고 간세포 손상을 막는다. 만성 간 질환으로 혈중 알부민이 감소하면 혈관 삼투압이 떨어져 복수가 생기기 쉬우므로, 혈장 단백질 성분이 포함된 교질 수액을 보충해 순환혈류를 안정화한다. 저혈당이 관찰되면 정맥 내 포도당액을 투여하고, 심한 경우에는 신선 동결 혈장을 사용해 혈중 단백질과 전해질 균형을 바로잡는다.

간은 약물 대사와 해독을 담당하는 주 기관인 만큼, 처방된 여러 약물을 함께 투여할 때는 용량과 투여 간격, 상호작용을 꼼꼼히 확인해야 한다. 예컨대 간성 뇌병증 치료용 락툴로즈를 사용할 때는 설사 여부를 먼저 점검해 과량 흡수로 인한 전해질 불균형을 예방한다. 항생제나 진통제 등 간대사가 많은 약물은 필요시 용량을 줄이거나 투여 간격을 조정하고, 매회 투여 전후에 반려동물의 식욕과 행동 변화를 확인해 이상 반응을 빠르게 발견한다.

자발 식사량이 반려동물의 휴식 에너지 요구량(RER) 85%를 넘지 못하면 경관 튜브로 영양 공급을 전환한다. 경관 영양은 식이 섭취가 부족한 상태에서 간에 필요한 영양소 공급을 지속하며, 특히 식욕 감소가 잦은 고양이에서 이차적 간지질증 예방의 핵심 방법이다. 튜브 삽입 후에는 위치 확인, 막힘 여부, 피부 부위 청결 상태를 매일 점검해 위장관 합병증이 생기지 않도록 관리해야 한다.

간호 과정 전반에 걸쳐 12시간마다 활력 징후(체온, 호흡수, 심박수)와 체중 변화를 기록하고, 혈당 · 전해질(칼륨, 나트륨, 인) 검사를 반복해 수액과 전해질 처방을 조정한다. 또한 동물의 행동이 갑자기 위축되거나 과잉 활동을 보이는 등 불안 증세, 혹은 착란 · 구토 같은 신경학적 이상이 있으면 즉시 수의사에게 보고해 간성 뇌병증이나 기타 합병증의 초기 징후를 놓치지 않아야 한다.

식이 관리는 간 회복을 돕는 또 다른 축입니다. 양질의 단백질을 하루 4~6회 분할 급여하면 간에서의 암모니아 생성 속도를 줄여 뇌병증 위험을 낮출 수 있다. 단백질 함량을 극도로 제한하면 간세포 재생에 필요한 아미노산 공급이 부족해 영양실조가 올 수 있기 때문에, 소화율이 높은 유제품 단백 · 콩류 단백 등을 활용해 필수 아미노산의 균형을 맞추되 과도한 고단백은 피해야 한다.

지방은 고열량 공급원이며, 간세포 회복에 필요한 에너지를 제공하므로 지방 소화가 가능한 상태라면 충분히 급여한다. 특히 오메가-3 · 오메가-6 지방산은 항염 효과로 간 염증 완화에 도움이 된다. 탄수화물은 소화가 잘 되는 형태로 전체 열량의 약 35% 이내로 유지해 간에서 과도한 당신생 과정을 줄이고, 발효성 섬유와 비발효성 섬유를 함께 급여해 장내 암모니아 생성과 배변 지연을 동시에 억제한다.

구리 축적 위험이 있는 종(베들링턴 테리어 등)에게는 구리 흡수를 억제하고 요소 회로 효소로 쓰이는 아연을 충분히 보충하고, 비타민E를 통해 산화 스트레스로부터 간세포를 보호해야 한다. 반면 지용성 비타민 A, 비타민 D는 과잉 시 간독성 위험이 있으므로 추가 투여를 삼가고, 응고 지연이 관찰되면 비타민 K를 보충해 출혈 위험을 줄인다. 다뇨 · 다뇨 증상을 보이는 환자에게는 수용성 비타민 B군을 함께 급여해 빠른 배설로 인한 결핍을 예방한다.

이처럼 개와 고양이 간 질환 간호는 수액 · 약물 · 영양 · 모니터링 각 단계가 유기적으로 연결되어 있다. 각 처치가 왜 필요한지 그 이유를 분명히 이해하고, 반려동물의 상태 변화를 세심히 살피는 것이 예후를 좌우하는 핵심이다.

제 5 장

비뇨기계

학·습·목·표

1. 비뇨기계의 주요 기능과 체액 항상성 유지에서의 역할을 이해한다.
2. 주요 비뇨기계 질환의 원인, 병리기전, 임상증상 및 진단 접근법을 사례 중심으로 학습한다.
3. 비뇨기계 검사를 통한 질환 감별 능력을 기른다.

1. 비뇨기계 해부생리학

1) 비뇨기계의 해부학 및 생리학 개요

비뇨기계는 체내 대사로 발생한 노폐물을 걸러 내어 소변으로 배출하고, 체내 수분 및 전해질 균형을 유지하는 중요한 기관계이다. 주요 구성 기관으로는 신장(kidney), 요관(ureter), 방광(bladder), 요도(urethra)가 있다.

신장은 복강의 후복막강에 좌우 한 쌍으로 위치하며, 피질(cortex)과 수질(medulla)로 구분된다. 신장의 기능 단위는 네프론(nephron)으로, 여기에는 사구체(glomerulus), 근위세뇨관, 헨레고리, 원위세뇨관, 집합관이 포함된다. 이 네프론을 통해 혈액이 여과되고, 필요한 물질은 재흡수되며, 불필요한 물질은 분비되어 최종적으로 소변이 생성된다.

신장에서 생성된 소변은 요관을 따라 방광으로 이동한다. 방광은 소변을 일시적으로 저장하는 기관으로, 일정량 이상 저장되면 배뇨반사가 유도되어 소변이 요도를 통해 외부로 배출된다. 수컷에서는 요도가 생식기계와 공유되어 있어 생식과 배뇨 기능을 동시에 수행한다.

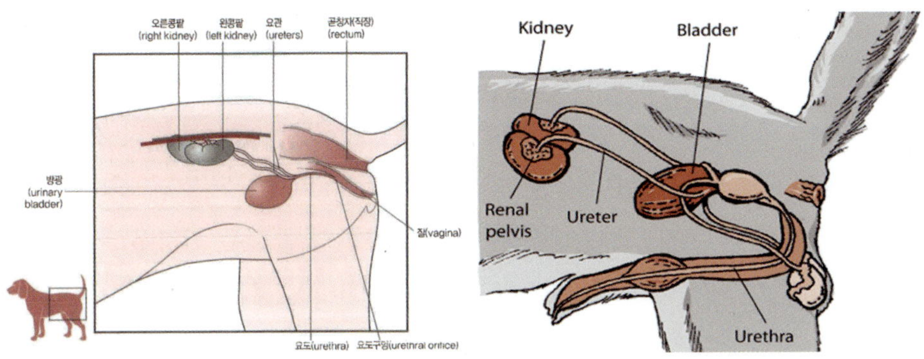

[그림 5-1] 개의 비뇨기계(좌: 암컷, 우: 수컷)

출처: (좌) 동물해부생리학 교재연구회(2014). 동물해부생리학 개론. 범문에듀케이션.
(우) Urinary Bladder Cancer in Dogs, CriticalCareDVM (https://criticalcaredvm.com/urinary-bladder-cancer-in-dogs/)

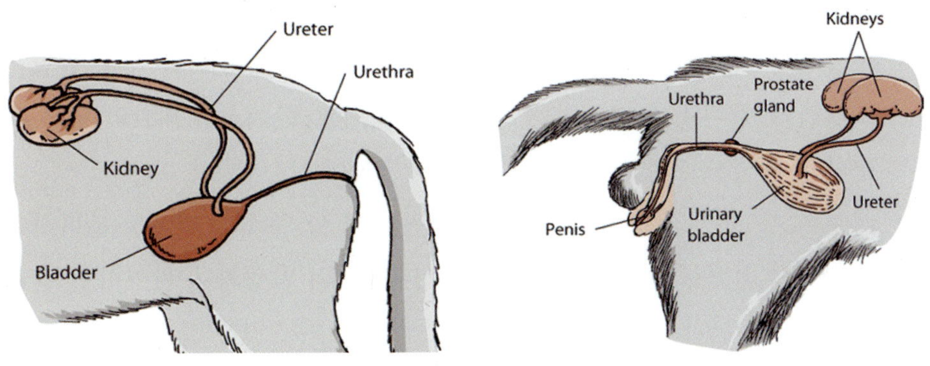

[그림 5-2] 고양이의 비뇨기계(좌: 암컷, 우: 수컷)

출처: The Urinary System of Cats, MERCK MANUAL (https://www.merckvetmanual.com/cat-owners/kidney-and-urinary-tract-disorders-of-cats/the-urinary-system-of-cats)

2) 비뇨기계의 기능 및 항상성 유지 기전

비뇨기계는 단순한 배설 기능 외에도 신체 내 항상성 유지를 위한 다양한 기능을 수행한다. 가장 핵심적인 역할은 수분과 전해질의 균형 조절, 산-염기 평형 유지, 노폐물 배설, 혈압 조절, 내분비 기능이다.

- 수분 및 전해질 조절: 신장은 나트륨(Na^+), 칼륨(K^+), 염소(Cl^-) 등의 전해

질 농도를 조절함으로써 삼투압과 혈압을 안정화시킨다. 항이뇨호르몬(Antidiuretic hormone; ADH)은 집합관에서 수분의 재흡수를 증가시켜 소변 농도를 조절하며, 알도스테론은 원위세뇨관에서 나트륨의 재흡수와 칼륨의 배출을 조절한다.

- 산-염기 평형 유지: 체내 대사로 발생하는 산성 물질은 신장을 통해 수소 이온(H^+)이 배출되고, 동시에 중탄산 이온(HCO_3^-)이 재흡수되어 혈액의 pH를 조절한다. 만성적인 신기능 저하 시 대사성 산증이 발생할 수 있다.
- 노폐물 배설 기능: 요소(urea), 크레아티닌(creatinine), 요산(uric acid) 등 질소대사 산물과 함께 약물이나 독소 등을 체외로 배출한다. 혈중 BUN(혈중 요소질소) 및 크레아티닌 수치는 신장의 배설 기능을 평가하는 대표적인 지표이다.
- 혈압 조절: 신장은 레닌-안지오텐신-알도스테론계(RAAS)를 통해 혈압을 조절한다. 혈류량이 감소하면 레닌이 분비되고, 안지오텐신-II의 혈관 수축 작용과 알도스테론 분비가 촉진되어 혈압이 상승한다.
- 내분비 기능: 신장은 에리스로포이에틴(erythropoietin; EPO)을 분비하여 골수에서 적혈구 생성을 촉진하며, 비타민 D의 활성화에 관여하여 칼슘 대사를 조절한다.

3) 비뇨기계 질환의 일반적인 임상 증상

비뇨기계 질환은 다양한 임상 증상으로 나타나며, 이들은 대부분 배뇨 행동의 이상 또는 전신 상태의 변화로 인식될 수 있다. 대표적인 임상 증상은 다음과 같다.

- 다뇨(Polyuria) 및 다갈(Polydipsia): 소변량 및 음수량이 증가한 상태로, 만성 신장 질환, 내분비 질환(예: 당뇨병, 쿠싱병)과 연관된다.
- 빈뇨(Pollakiuria): 정상보다 더 자주 소변을 보지만 소변량은 적은 상태로,

하부요로감염, 방광염 등에서 나타난다.

- 배뇨 곤란(Dysuria) 및 통증을 동반한 배뇨(Stranguria): 소변을 볼 때 통증이나 어려움이 나타나는 증상으로, 요도 폐색, 방광결석, 전립선 질환 등이 원인일 수 있다.
- 혈뇨(Hematuria): 소변에 혈액이 섞여 붉은색 또는 갈색으로 변하며, 신장, 요관, 방광, 요도의 출혈성 질환을 시사한다.
- 요실금(Urinary Incontinence): 자의적으로 조절되지 않은 소변 누출로, 노령 개체나 수술 후 혹은 신경계 손상 시 나타날 수 있다.
- 소변 냄새 및 색의 변화: 감염이나 농축 이상 시 암모니아 냄새나 혼탁한 소변이 관찰된다.

이러한 증상은 보호자의 관찰이 가능한 대표적인 지표이며, 조기 진단 및 치료를 위한 중요한 단서가 된다.

4) 비뇨기계 진단 접근법

비뇨기계 질환의 진단은 신체검사와 함께 다양한 검사 방법을 활용한 통합적인 평가가 필요하다. 효과적인 진단을 위해 다음과 같은 접근법이 활용된다.

(1) 병력 청취 및 신체검사

다뇨, 다음, 혈뇨, 배뇨 곤란 등의 증상을 중심으로 병력 청취를 실시하며, 복부 촉진을 통해 방광 팽만이나 신장 크기의 이상을 평가한다.

(2) 요검사(Urinalysis)

비중(Specific gravity)은 신장의 소변 농축 능력을 평가한다. pH는 산성 또는 알칼리성 변화를 통해 요로결석의 유형 결정에 영향을 미친다. 침사 검사를 통해서 백혈구, 적혈구, 세균, 결정체 등을 확인하여 염증, 감염, 결석 여부를 평가할 수 있다.

(3) 혈액화학검사

BUN(혈중 요소질소)과 Creatinine(크레아티닌)은 신장 기능의 혈액화학검사에서 확인할 수 있는 대표적인 기본 지표이다. 이밖에 SDMA는 조기에 신장 기능 저하를 감지하는 민감한 지표이며, 전해질(K^+, Na^+, P^- 등) 수치를 통해 전신 상태를 파악한다.

(4) 영상 진단

영상 진단은 비뇨기계 질환의 진단에서 매우 중요한 역할을 한다. 환자의 임상 증상과 신체검사 소견을 보완하며, 구조적 이상이나 병변의 위치 및 성격을 시각적으로 평가할 수 있기 때문이다.

방사선 촬영(X-ray)은 가장 기본적이며 널리 활용되는 영상 기법으로, 방광결석이나 요도결석과 같은 방사선 불투과성 결석의 존재 여부를 확인하는 데 매우 유용하다. 또한 신장의 크기나 위치에 이상이 있는 경우(예: 신장 비대 또는 위축, 기형 등)에도 방사선 촬영을 통해 비교적 정확한 정보를 얻을 수 있다. 보다 정밀한 구조 평가를 위해서는 복부 초음파 검사(abdominal ultrasonography)가 널리 활용된다. 이 비침습적 검사 방법은 신장 내부의 낭종(cyst), 종양(tumor), 수신증(hydronephrosis), 방광 내 종괴, 두꺼워진 방광벽, 요정체 등의 병변을 고해상도로 시각화할 수 있어, 진단뿐만 아니라 예후 판단 및 치료 계획 수립에도 많은 정보를 제공한다. 특히 초음파는 실시간으로 장기의 움직임과 소변의 흐름 등을 확인할 수 있어 기능적 평가에도 유리하다. 추가적으로 요도의 구조적 문제를 보다 명확히 확인하기 위해서는 조영검사(contrast radiography)가 활용된다. 대표적으로 요도조영술(urethrography)은 조영제를 주입한 후 방사선 촬영을 통해 요도 폐색, 협착, 누공(fistula) 등의 병변을 시각적으로 평가할 수 있다. 이는 특히 배뇨장애, 요도손상, 반복적인 하부요로감염이 의심되는 환자에서 유용하다.

이와 같은 영상 진단기법은 개별적인 검사 결과뿐 아니라, 병력 청취, 임상 증상, 혈액 · 소변검사 등의 정보와 통합적으로 해석되어야 하며, 환자의 전반적인 상태와 치료 방향을 결정하는 데 있어 중요한 근거가 된다.

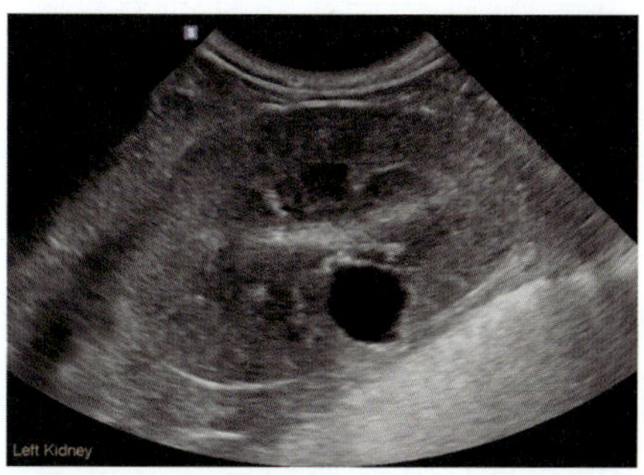

a. 낭종(cyst)

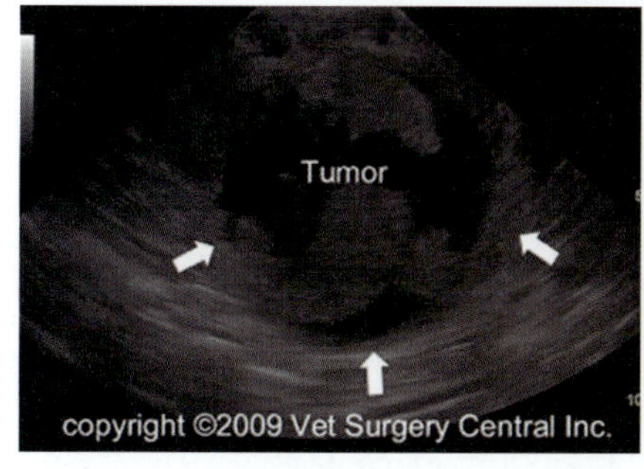

b. 종양(tumor)

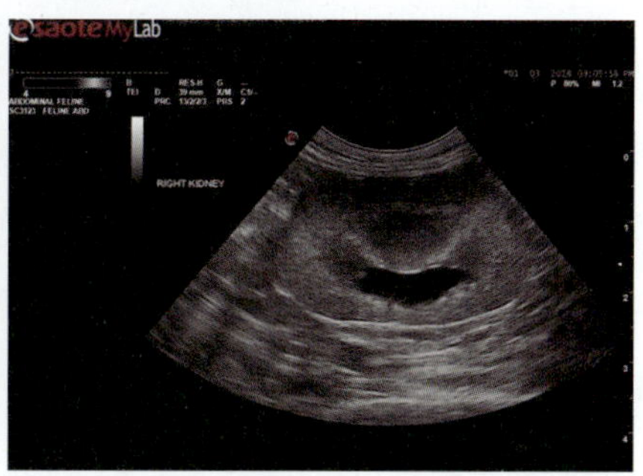

c. 수신증(hydronephrosis)

[그림 5-3] 신장 주요 병변 초음파 사진

출처: a. Ultrasonography for diagnosing Chronic Kidney Disease in Dogs and Cats, INSIGHTS IN Cats (https://todaysveterinarypractice.com/radiology-imaging/ultrasonography-for-diagnosing-chronic-kidney-disease-in-dogs-and-cats/)

b. Kidney Tumors in Dogs and Cats, Animal Surgical Center of Michigan (https://www.animalsurgicalcenter.com/kidney-tumors-in-dogs-and-cats)

c. Bilateral hydronephrosis in a chronically vomiting cat, Sonopath Forum (https://members.sonopath.com/bilateral-hydronephrosis-chronically-vomiting-cat/)

(5) 특수검사

일반적인 진단 방법으로 충분하지 않거나, 보다 정밀한 평가가 요구되는 경우에는 특수검사를 통해 비뇨기계 질환의 원인을 명확히 규명할 수 있다. 이러한 검사는 주로 감염성 질환의 감별, 조직학적 분석, 또는 방광 기능 평가 등의 목적으로 시행된다. 소변 배양 및 항균제 감수성 검사(urine culture and sensitivity test)는 하부요로감염(UTI)이 의심되는 경우에 필수적으로 시행해야 하는 검사이다. 임상 증상만으로는 감염 여부를 명확히 판단하기 어려운 경우가 많으며, 단순 요검사에서 백혈구 증가나 박테리아가 관찰되더라도 반드시 세균성 감염이라 단정할 수는 없다. 소변 배양 검사를 통해 감염 원인균을 확인하고, 동시에 실시하는 감수성 검사를 통해 해당 균주에 효과적인 항생제를 선택함으로써 불필요한 항생제 사용을 줄이고 치료 효과를 극대화할 수 있다.

신장 생검(renal biopsy)은 주로 사구체 질환(glomerulopathy)이 의심되는 경우에 시행된다. 사구체신염, 단백뇨가 지속되는 경우 또는 면역 매개성 신장 질환이 추정될 때, 혈액 및 요검사만으로는 병변의 정확한 유형이나 진행 정도를 알기 어렵다. 이때 신장 조직을 소량 채취하여 병리학적으로 분석하면 염증, 섬유화, 면역복합체 침착 여부 등을 확인할 수 있어, 정확한 진단과 향후 치료 방침 결정에 결정적인 정보를 제공한다. 다만, 침습적 검사이므로 환자의 상태와 출혈 위험 등을 사전에 충분히 고려해야 한다.

요류 측정(urine flow measurement)은 방광 및 요도의 기능 이상 여부를 평가하는 데 활용되는 검사로, 배뇨량, 배뇨 시간, 배뇨 속도, 잔뇨량 등을 측정하여 방광 기능 저하, 요도 폐색, 신경성 방광 등의 질환을 감별할 수 있다. 특히 고령 동물이나 반복적인 배뇨장애를 보이는 환자에서 방광 수축력 저하, 요도 저항 증가 등의 기능적 문제를 정량적으로 평가할 수 있는 유용한 방법이다.

이러한 특수검사는 단독으로 진단을 결정짓기보다 병력 청취, 임상 증상, 일반 검사 결과와 함께 종합적으로 해석해야 정확한 진단이 가능하다. 따라서 진단 과정에서는 개별 검사 결과에만 의존하지 않고, 환자의 전체 상태를 고려한 포괄적인 접근이 요구된다.

2. 신장 질환(Nephrology)

1) 급성 신손상(Acute Kidney Injury: AKI)

급성 신손상(acute kidney injury; AKI)은 신장의 기능이 급격하게 저하되어 체내의 노폐물 배출, 전해질 조절, 수분 균형 기능이 수 시간에서 수일 이내에 장애를 일으키는 상태를 의미한다. 원인에 따라 신전성(prerenal), 신성(renal), 신후성(postrenal)으로 구분되며, 빠른 진단과 치료가 이루어지지 않을 경우, 회복 불가능한 손상으로 진행될 수 있다.

신전성 AKI는 혈류량 감소(저혈압, 탈수, 출혈)에 의해 사구체로의 혈류 공급이 줄어들며 발생하고, 신성 AKI는 사구체 또는 세뇨관 자체의 손상(독성 물질, 감염, 허혈 등)에 의해 발생한다. 신후성 AKI는 요로 폐쇄(요석, 종양, 요도 폐색)로 인한 소변 배출 장애가 원인이다.

임상 증상은 비특이적이지만, 식욕 부진, 무기력, 구토, 설사, 탈수, 소변량의 변화(무뇨 또는 다뇨) 등이 흔하게 나타난다. 혈액 검사에서 BUN, 크레아티닌 수치가 급격히 상승하며, 고칼륨혈증이나 대사성 산증 등의 전해질 이상이 동반된다. 요검사에서는 비정상적인 비중, 단백뇨, 혈뇨 또는 세포주 발견 등이 확인될 수 있다.

치료는 원인 질환 제거와 수액 요법을 통한 신관류 개선이 핵심이며, 전해질 조절과 소변 배출 여부에 따라 이뇨제 또는 투석 치료가 필요할 수 있다. 초기 단계에서 적절한 처치가 이루어지면 완전한 회복이 가능하지만, 지연될 경우에는 신장 손상이 만성화되어 만성 신부전으로 진행될 위험이 있다.

2) 만성 신부전(Chronic Kidney Disease)

만성 신부전(chronic kidney disease; CKD)은 신장의 구조적 또는 기능적 이상이 수개월 이상 지속되면서 점진적으로 신장 기능이 저하되는 상태를 말한다. 노령 동물에서 흔히 발생하며, 신장 기능의 비가역적인 손상이 특징이다.

원인으로는 만성 사구체신염, 유전성 신장 질환(예: 다낭신), 신독성 물질 노출, 장기적인 요로 폐색 또는 감염 등이 있으며, 초기에는 특별한 증상이 없거나 일시적인 식욕 감소 및 체중 감소 등의 비특이적 증상으로 시작된다.

진단은 주로 혈중 BUN, 크레아티닌 수치 상승, 요비중 감소, 단백뇨, 고인산혈증 등의 소견을 통해 이루어진다. 최근에는 SDMA(Symmetric DiMethylArginine, 대칭 디메틸아르기닌) 검사를 통해 조기 진단이 가능하며, 질병 단계는 IRIS(국제신장질환연구회)에서 제시한 분류 기준에 따라 1~4단계로 구분된다.

주요 증상은 다갈·다뇨, 구토, 식욕 부진, 구취, 탈수, 빈혈 등이며, 진행됨에 따라 요독증 증상(신경학적 이상, 경련, 혼수)도 나타날 수 있다. 치료는 근본적인 회복보다는 증상 완화와 질병 진행 억제에 중점을 두며, 저단백-저인산 식이요법, 고혈압 조절, 빈혈 치료, 수분 공급, 인 결합제, 위장 보호제 등이 포함된다.

만성 신부전은 완치가 어려운 질환이므로 조기 발견과 장기적인 관리가 중요하며, 보호자의 지속적인 교육과 모니터링이 치료 성공의 핵심 요소이다.

3) 사구체 질환(Glomerulopathies)

사구체 질환은 신장의 사구체(glomerulus)에 염증 또는 구조적 변화가 발생하는 질환군을 말하며, 특히 단백뇨와 신기능 저하를 동반하는 경우가 많다. 사구체는 혈액 여과의 중심 역할을 하므로, 이 부위에 병변이 생기면 단백질이나 혈액 성분이 소변으로 누출되어 다양한 임상 증상을 유발한다.

면역 매개성 사구체신염(Immune-mediated glomerulonephritis)은 면역복합

체가 사구체에 침착되어 염증 반응을 유발하는 질환이다. 만성 감염(예: 디스템퍼, 에를리키아증), 종양, 면역 질환 등이 원인이 될 수 있다. 주요 증상은 지속적인 단백뇨, 저알부민혈증, 부종이며, 고단백 소변으로 인해 혈청 총 단백질과 알부민 수치가 감소하고, 때로는 고지질혈증도 동반되어 신증후군(nephrotic syndrome)으로 진행된다.

진단은 요단백/크레아티닌 비율(UPC ratio) 상승, 요검사상 단백뇨, 혈액 검사상 저알부민 및 고지질혈증 등이 특징이다. 확진을 위해서는 신장 생검이 필요하며, 면역염색 또는 전자현미경 검사를 통해 병리학적 소견을 분석한다. 치료는 면역억제제(코르티코스테로이드, 사이클로스포린 등), ACE 억제제(단백뇨 감소), 식이요법(저단백, 저인), 혈압 조절 등을 병행하여야 하며, 조기 진단과 치료가 예후에 큰 영향을 미친다.

4) 간질성 신염 및 신피질 괴사

간질성 신염(interstitial nephritis)은 사구체 이외의 신세뇨관과 간질 조직에 염증이 발생하는 상태로, 급성 혹은 만성 경과를 보일 수 있다. 원인으로는 세균 감염, 독성 물질(예: NSAIDs), 면역 질환, 바이러스 감염 등이 있으며, 주로 전신 감염의 일부로 발생하거나 약물 반응의 결과로 나타난다.

임상적으로는 다갈·다뇨, 식욕 저하, 구토, 체중 감소, 탈수 등의 신부전 증상이 나타나며, 혈중 질소화합물(BUN, Cr) 증가와 함께 요비중 저하가 동반된다.

신피질 괴사(renal cortical necrosis)는 심한 허혈 상태, 패혈증, 심각한 저혈압 상태에서 신장의 피질 조직이 괴사하는 병태로, 예후가 매우 나쁘다. 급성 쇼크 또는 심각한 독성 반응 후 급작스럽게 나타나며, 급성 무뇨와 전신 중독 증상이 특징이다.

진단은 혈액 검사, 초음파 검사(신피질 구조의 소실 또는 비균질성), 조직검사를 통해 가능하며, 치료는 보존적인 수액 치료, 전해질 보정, 원인 치료가 중심이나 회복 가능성이 낮은 경우가 많다.

5) 선천성 및 유전성 신장 질환

신장과 비뇨기계의 선천성 기형은 어릴 때부터 임상 증상이 발현될 수 있으며, 유전적 요인이 강하게 작용하는 경우가 많다. 일부는 무증상으로 지내다가 성장하면서 점차 신기능 저하 증상을 보이는 경우도 있다.

(1) 다낭성 신장 질환(Polycystic Kidney Disease; PKD)

다수의 낭종이 신장 피질 및 수질에 형성되는 유전성 질환으로, 특히 페르시아고양이와 그 연관 품종에서 호발한다. 낭종은 점차 커지며 신장 실질을 대체하고 신기능 저하를 초래한다. 초기에는 무증상이나, 낭종이 진행되면 다갈·다뇨, 체중 감소, 식욕 부진, 구토 등의 만성 신부전 증상이 나타난다. 진단은 복부 초음파로 낭종을 확인하거나, 유전자 검사로 가능하다. 현재로서는 진행을 막는 치료법은 없으며, 식이요법과 대증 치료가 중심이 된다.

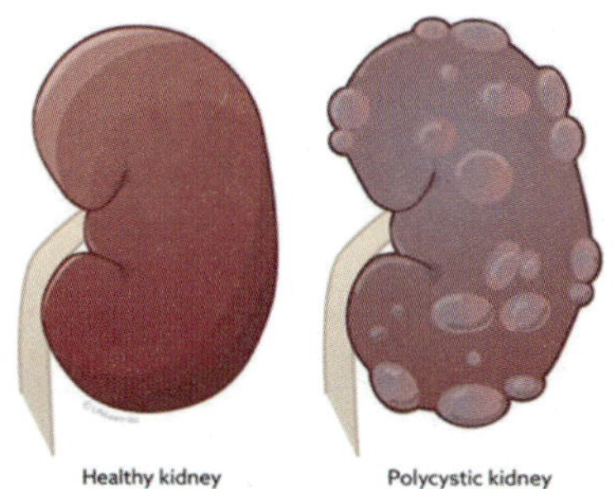

[그림 5-4] 다낭성 신장 질환(PKD)

출처: Polycystic Kidney Kisease-PKD, Loving LYNX (https://www.lovinglynx.com/mainecoons/pkd)

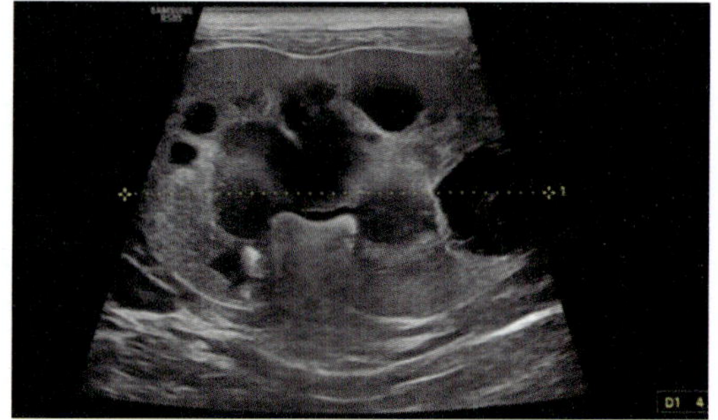

[그림 5-5] 고양이의 다낭성 신장 질환 초음파 사진

출처: Feline Polycystic Kidney Disease(PDK) in Cats (https://panacea-vet.com/en/blog/feline-polycystic-kidney-disease-pkd-cats/)

(2) 선천성 무신증(Renal agenesis)

신장 중 하나 혹은 양측이 선천적으로 형성되지 않는 질환이다. 단측 무신증은 무증상일 수 있으나, 양측 무신증은 출생 직후 사망에 이를 수 있다. 영상 진

단으로 신장이 확인되지 않으며, 진단 후에는 정기적인 신기능 모니터링이 필요하다.

그 외에도 이상 위치 신장(ectopic kidney), 말굽신장(horseshoe kidney) 등의 기형도 보고되며, 이들은 종종 요로폐색이나 감염의 원인이 될 수 있다.

6) 신장 및 비뇨기계 종양

신장 및 요로계에 발생하는 종양은 비교적 드물지만, 진단되었을 때는 대부분 악성의 경우가 많고 예후가 불량하다.

(1) 신장종양

신세포암(Renal cell carcinoma)은 가장 흔한 원발성 악성 신장종양으로, 식욕감퇴, 체중 감소, 간헐적 혈뇨, 복부 촉진 시 종괴가 느껴질 수 있다. 진단은 초음파, CT, 방사선 검사 등을 통해 신장의 종괴를 확인하며, 경우에 따라 신장 생검이 필요할 수 있다. 치료는 주로 신장 절제술이 적용되며, 전이 여부에 따라 항암요법이 병행된다.

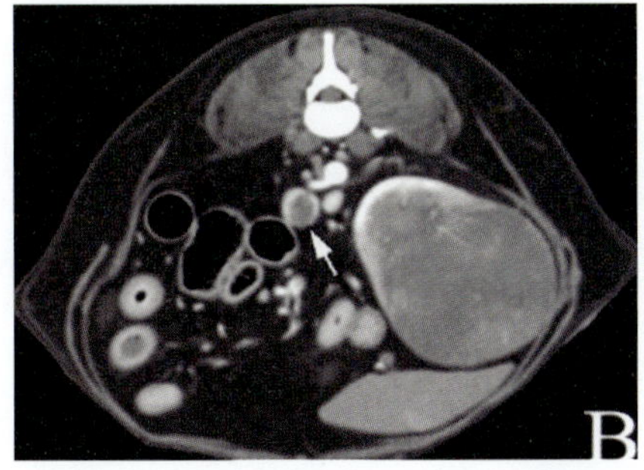

[그림 5-6] 개의 원발성 신장종양 CT 사진(좌측 신장)

출처: Noh, D., Shim, J., Choi, S., Choi, H., Lee, Y., & Lee, K. (2022). Computed tomographic findings of primary renal tumors in dogs and cats. The Thai Journal of Veterinary Medicine, 52(3), 499-505.

(2) 비뇨기계 종양

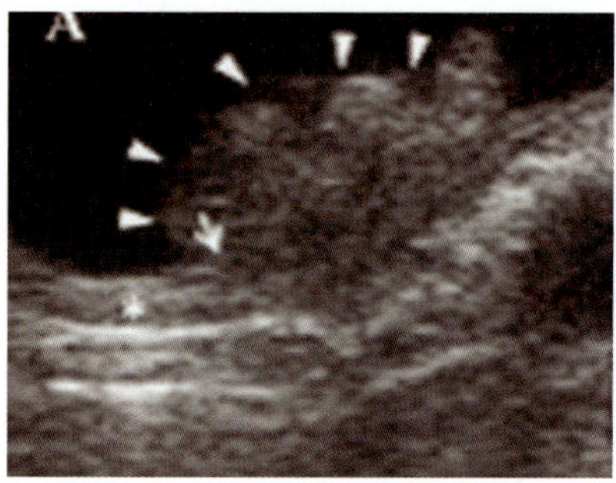

[그림 5-7] 개의 이행상피세포암 초음파 사진

출처: A New Approach to Diagnosing Transitional Cell Carcinoma in Dogs (https://www.mspca.org/angell_services/transitional-cell-carcinoma-in-dogs/)

방광종양 중에서는 이행상피세포암(Transitional cell carcinoma; TCC)이 가장 흔하며, 잦은 배뇨, 혈뇨, 배뇨 곤란 등이 주요 임상 증상으로 나타난다. 요도 또는 전립선에 발생하는 종양도 유사한 증상을 유발할 수 있다. 치료는 NSAIDs(피로시콕시브 등)와 항암요법이 병용되며, 경우에 따라 방광 절제, 레이저 절제 등도 고려된다. 비뇨기계 종양은 진단 당시 전이가 진행되어 있는 경우가 많기 때문에, 조기 발견이 중요하며, 방광경검사, 소변세포학적 검사, 영상 진단이 함께 활용되어야 한다.

3. 요관 및 방광 질환(Ureter and Bladder Disorders)

1) 요로 감염(Urinary Tract Infection; UTI)

요로 감염은 소변을 생성하거나 운반하는 경로(방광, 요도, 신우 등)에 세균이 침입하여 염증을 유발하는 질환이다. 특히 개에서 흔히 발생하며, 암컷에서 발병률이 높다.

요로 감염은 크게 단순성 UTI와 복잡성 UTI로 나눌 수 있다. 단순성 UTI는 일회성 감염으로, 해부학적 또는 면역학적 이상이 없는 건강한 동물에서 발생한다. 반면 복잡성 UTI는 재발성, 만성 감염, 또는 요석, 종양, 내분비 질환과 같은 기저질환이 동반된 경우를 말한다.

진단은 요검사에서 백혈구와 세균의 존재를 확인하고, 반드시 소변 배양검사와 항생제 감수성 검사를 통해 원인균과 적절한 치료제를 선택해야 한다. 일반적으로 대장균(*E. coli*)이 가장 흔한 원인균이다.

치료는 감수성 결과에 따른 항생제 선택이 중요하며, 단순성 UTI는 7~14일간의 경구 항생제 투여로 충분하다. 복잡성 UTI의 경우, 기저 질환 교정과 함께 4주 이상의 장기 치료가 필요할 수 있다.

2) 방광염(Cystitis)

방광염은 방광 점막의 염증으로, 원인에 따라 세균성, 특발성, 면역성으로 나눌 수 있다. 세균성 방광염은 가장 흔한 형태로, 일반적으로 요도의 상행 감염으로 발생한다. 특발성 방광염(FIC)은 고양이에서 흔하며 명확한 원인이 없고 자율신경 이상이나 스트레스와 관련이 있다. 면역성 방광염은 만성 염증이나 면역 매개 질환의 일부로 나타날 수 있다.

임상 증상은 빈뇨, 혈뇨, 배뇨통, 절박뇨, 실금 등이며, 보호자는 배뇨 자세를 자주 취하거나 소량의 소변을 반복적으로 보는 행동으로 이를 인지하게 된다.

진단은 요검사, 영상 진단, 배양검사를 포함하며, 세균 감염이 확인되지 않은 경우에는 특발성 또는 면역성 원인을 고려한다.

치료는 원인에 따라 달라지며, 세균성의 경우 항생제 투여가, 특발성의 경우에는 스트레스 완화, 환경 풍부화, 진통제 및 식이 조절이 중요하다.

3) 요석증(Urolithiasis)

요석증은 소변 내 무기질이나 유기물질이 과포화되어 결정체 또는 결석(urolith)을 형성하는 질환이다. 결석은 신장, 요관, 방광, 요도 등 비뇨기계 어디에서나 발생할 수 있으며, 그 종류에 따라 원인과 치료가 달라진다.

흔한 결석 유형에는 스트루바이트(마그네슘 암모늄 인산염), 옥살산칼슘, 요산염, 시스틴, 실리카 등이 있다. 식이, 수분 섭취량, 소변 pH, 감염, 품종, 유전적 요인이 발생과 밀접한 관련이 있다.

진단은 방사선 촬영과 초음파 검사를 통해 결석의 위치와 크기를 확인하며, 제거된 결석의 화학 분석을 통해 유형을 확정한다.

치료는 결석의 성질에 따라 달라진다. 스트루바이트 결석은 감염과 관련된 경우가 많으며, 특수 처방식을 통해 용해가 가능하다. 옥살산칼슘 등 일부 결석은 용해가 불가능하여 외과적 제거(방광절개술, 요도절개술 등) 또는 비침습적 배출 유도가 필요하다. 예방은 충분한 수분 섭취, 저단백·저미네랄 식이, 적절한 pH 조절을 중심으로 이루어진다.

4) 방광종양(Bladder Tumors)

방광종양은 개에서 드물지 않으며, 가장 흔한 유형은 이행상피세포암(transitional cell carcinoma; TCC)이다. 이 종양은 방광 삼각부에 호발하며, 요도 또는 요관까지 침윤하거나 원거리 전이를 일으킬 수 있다.

주요 증상은 혈뇨, 빈뇨, 배뇨 곤란, 소변 줄기 가늘어짐 등이 있으며, 종종 방광염과 혼동될 수 있다.

진단은 초음파를 통한 종괴 확인, 소변 세포학 검사, 방광경 검사, 조영검사 등을 통해 이루어진다.

치료는 수술로 완전 절제가 어려운 경우가 많아, 비스테로이드성 소염제(NSAIDs: 피로시캄시브 등)와 항암제(미톡산트론 등) 병용 치료가 흔히 사용된다. 예후는 위치 및 전이 정도에 따라 달라진다.

5) 요실금(Urinary Incontinence)

요실금은 무의식적인 소변 누출로, 특히 노령 또는 중성화 암컷 개에서 흔히 발생한다. 원인에 따라 신경성, 호르몬성, 해부학적 요인으로 나눌 수 있다. 신경성 요실금은 배뇨 반사를 조절하는 척수 또는 신경 손상에 의해 발생한다. 호르몬성 요실금은 중성화 후 여성호르몬 감소에 의해 방광경부 조임 기능이 저하되는 경우로, 에스트로겐 보충 또는 α-작용제(페닐프로파놀아민 등)로 치료할 수 있다. 해부학적 원인은 선천성 기형(외요도 위치 이상 등)이나 수술 후 합병증이 포함된다. 진단은 신경학적 검사, 영상검사, 요류 측정 등을 통해 원인을 확인하며, 치료는 원인에 따라 약물요법, 수술적 교정이 적용된다.

4. 요도 및 하부요로질환(Urethra and LUTD)

1) 고양이 하부요로질환(Feline Lower Urinary Tract Disease; FLUTD)

FLUTD는 고양이에서 흔한 하부요로 증후군으로, 혈뇨, 배뇨통, 빈뇨, 배뇨자세 반복, 요도폐쇄 등의 증상을 포함하며, 다양한 원인이 복합적으로 작용한다. 주요 원인으로는 특발성 방광염(FIC), 요석, 요도폐쇄, 세균 감염, 종양 등이 있다. 그중 가장 흔한 형태는 특발성 방광염으로, 스트레스, 비만, 실내 생활, 낮은 수분 섭취 등이 위험 요인이다. 진단은 배뇨 증상 병력, 요검사, 영상 진단 등을 통해 이루어지며, 요도폐쇄는 응급 상황으로 빠른 처치가 필요하다. 관리는 식이 조절(처방식), 스트레스 환경 개선, 물 섭취 증가, 체중 관리가 핵심이다. 재발을 방지하기 위해 보호자의 생활환경 이해와 지속적인 관리가 중요하다.

2) 요도폐쇄 및 요도협착

요도폐쇄는 수컷 고양이와 개에서 발생할 수 있으며, 요도 내 결석, 염증, 종양 또는 혈전 등으로 인한 기계적 폐쇄가 주원인이다. 급성 폐쇄는 배뇨 불능, 방광 팽만, 통증, 구토, 무기력 등을 유발하며, 신속한 응급 처치가 필요하다. 응급 처치는 요도카테터 삽입을 통한 소변 배출, 수액 요법, 전해질 보정(특히 고칼륨혈증), 진통제 투여로 이루어진다. 폐쇄가 반복되거나 영구적 손상이 있는 경우, 수술적 요도조성술(perineal urethrostomy)이 고려된다. 요도협착은 요도 손상 후 반흔 형성으로 발생하며, 배뇨 곤란과 반복적인 감염을 유발할 수 있다. 영상 진단과 조영검사를 통해 평가하며, 심한 경우 수술이 필요하다.

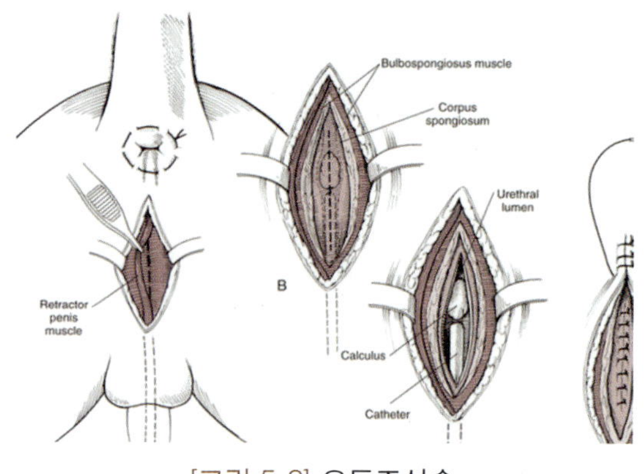

[그림 5-8] 요도조성술

출처: How to Care for Your Dog After a Urethrotomy (https://pethelpful.com/dogs/caring-for-your-dog-after-a-perineal-urethrostomy)

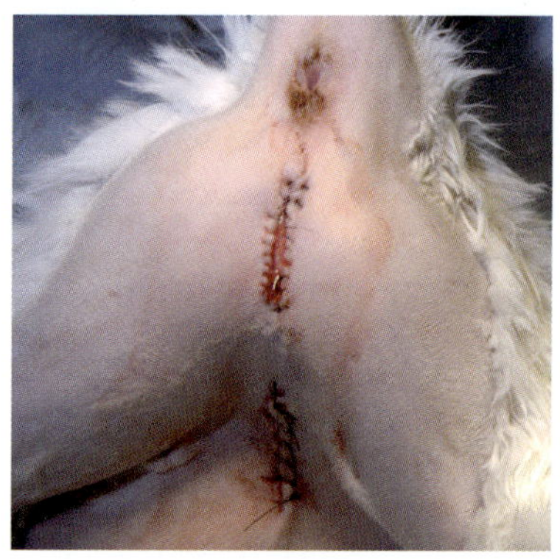

[그림 5-9] 고양이 요도조성술 후 사진

출처: Perineal Urethrostomy in the Cat (https://www.cliniciansbrief.com/article/perineal-urethrostomy-cat)

5. 비뇨기계 응급 질환 관리

1) 급성 요폐(Acute Urinary Retention)

급성 요폐는 소변이 방광에서 외부로 배출되지 못하고 방광 내에 급격히 축적되는 상태를 말한다. 특히 수컷 고양이와 개에서 요도 폐색(요석, 점액 플러그, 종양 등)에 의해 흔히 발생한다. 임상 증상은 반복적인 배뇨 자세 시도, 복부 긴장 또는 통증, 소변 배출 불가, 무기력, 구토 등이 있으며, 방광이 심하게 팽만되어 파열 위험성도 존재한다. 장시간 폐색이 지속되면 신장 손상과 요독증으로 진행될 수 있다. 진단은 복부 촉진에서 단단한 방광이 확인되고, 방사선 및 초음파 검사로 요도 폐색의 원인 및 방광 상태를 평가한다.

응급 처치는 요도카테터 삽입을 통한 소변 배출이 최우선이며, 이와 함께 수액 치료, 진통제, 진정제 투여가 병행된다. 요도카테터는 일시적으로 유지되며, 감염 예방을 위한 항생제 처방도 고려된다.

2) 요독증(Uremia)

요독증은 신장의 배설 기능이 심각하게 저하되어, 요소 및 기타 질소 대사산물이 혈중에 축적되면서 발생하는 전신적 중독 상태를 의미한다. 주로 말기 신부전이나 급성 신손상의 결과로 나타난다. 증상은 식욕 부진, 구토, 구취, 체중 감소, 무기력, 구강 궤양, 신경학적 이상(진전, 혼수) 등으로 다양하며, 혈중 BUN과 크레아티닌 수치가 현저히 상승해 있다. 또한 고칼륨혈증, 대사성 산증, 빈혈 등의 동반 이상도 흔하다. 치료는 요독 물질의 제거가 핵심이며, 집중적인 수액 요법, 전해질 조절, 위장 보호, 빈혈 치료가 포함된다. 심한 경우에는 투석이 필요하며, 예후는 원인 질환과 개체의 회복 능력에 따라 좌우된다.

3) 전해질 이상(Electrolyte Disturbances)

비뇨기계 질환에서 가장 흔히 발생하는 전해질 이상은 고칼륨혈증(hyperkalemia)이며, 이는 특히 급성 요폐나 요로 폐색 환자에서 빈발한다. 칼륨은 세포 내 주요 이온으로, 혈중 농도가 상승하면 심장 전도계에 영향을 미쳐 부정맥 및 심정지를 유발할 수 있다. 응급 치료에는 다음이 포함된다.

- 수액 요법(NaCl 또는 Lactated Ringer's): 이뇨 유도
- 포도당 + 인슐린 병용: 칼륨을 세포 내로 이동시켜 혈중 농도 감소
- 중탄산나트륨($NaHCO_3$): 산증 완화와 함께 칼륨 이동 유도
- 칼슘 글루코네이트: 심장 보호 효과(칼륨 자체는 제거하지 않음)

기타 전해질 이상(저나트륨혈증, 고인산혈증 등)도 신기능 저하 시 흔히 동반되므로, 혈액 검사를 통한 정기적인 모니터링이 필요하다.

4) 탈수 및 수액 요법의 적용

탈수는 수분 섭취 부족, 과도한 소실(구토, 설사, 다뇨), 삼투성 이뇨 등의 원인으로 발생하며, 신기능 저하 환자에서 특히 쉽게 발생한다. 탈수는 체중의 손실 정도에 따라 경증(5%), 중등도(8%), 중증(10~12%)으로 나눌 수 있으며, 피부 긴장도 감소, 점막 건조, 핍뇨, 쇠약 등의 증상으로 확인할 수 있다. 수액 요법은 탈수 보정뿐만 아니라, 요독 물질 희석, 전해질 균형 회복, 신관류 개선 등에도 중요한 역할을 한다.

〈표 5-1〉 수액 처방 시 고려 요소

항목	설명	계산/적용 방법
유지 수분(Maintenance)	정상 생리적 수분 요구량	평균 40～60mL/kg/일 기준
결손 보정(Deficit)	기존 탈수로 인한 부족분 보충	탈수율(%)×체중(kg)×1000=mL
지속 손실(Ongoing Losses)	구토, 설사 등으로 인한 추가 소실량 보충	임상 추정량을 추가 계산

〈표 5-2〉 주요 수액제 종류 및 용도

수액제	주요 성분	용도	비고
0.9% 생리식염수 (Normal Saline)	Na^+, Cl^-	탈수 보정, 전해질 불균형 조절	산증 유발 가능성 있음
Lactated Ringer's Solution (LRS)	Na^+, Cl^-, K^+, Ca^{2+}, Lactate	중증도 탈수, 산염기 균형 유지	대사성 산증 보정에 도움
5% Dextrose	포도당	저혈당, 단순 수분 공급	전해질 없음, 보충 시 주의

수액의 투여 속도는 급성기에는 빠르게, 안정화 이후에는 점진적 유지 투여로 전환한다. 신장 환자에서는 과도한 수액 투여 시 부종, 폐수종의 위험이 있으므로 주의가 필요하다.

6. 재활 및 만성 질환 관리(Rehabilitation and Chronic Disease Management)

비뇨기계 질환은 급성으로 발현되기도 하지만, 많은 경우 만성적 경과를 보이며 장기적인 관리와 재활이 필요하다. 특히 만성 신부전은 완치보다는 질병의 진행을 늦추고 삶의 질을 향상시키는 관리 중심의 접근이 요구된다. 또한 방광 기능 이상이나 배뇨장애는 반복적인 감염과 생활의 불편함을 유발하므로, 기능 회복을 위한 재활적 접근이 매우 중요하다.

1) 만성 신부전 환자의 관리

만성 신부전(CKD)은 신장의 기능이 점진적으로 저하되는 비가역적 질환으로, 치료의 핵심은 잔여 신기능을 최대한 보존하고 합병증을 관리하는 것이다. 특히 다음 세 가지 관리가 중심이 된다:

① 영양 관리: 신장병 환자를 위한 처방식(renal diet)은 저단백, 저인, 저나트륨, 고품질 단백질의 구성을 가지고 있다. 고칼로리, 낮은 인 성분, 충분한 수분 섭취가 중요하며, 지나친 단백 제한은 근감소증 유발 우려가 있으므로 단계별 조절(IRIS 분류에 따라)이 필요하다.

② 고혈압 치료: 고혈압은 신장의 손상을 가속화하므로 적절한 혈압 조절이 필수적이다. ACE 억제제(예: 에날라프릴, 베나제프릴)는 단백뇨 억제 및 혈압 조절에 효과적이다. 혈압 모니터링은 지속적으로 수행되어야 하며, 목표는 Systolic < 160mmHg 수준이다.

③ 빈혈 치료: 신장에서는 적혈구 생성을 자극하는 에리스로포이에틴(EPO)을 생성하므로, 기능 저하 시 비재생성 빈혈이 흔하게 발생한다. 치료로는 재조합 EPO 제제 또는 철분 보충, 비타민 B 복합체 공급 등이 포함된다.

2) 방광근 위축 및 배뇨장애 재활

방광은 요로계의 말단 기관으로서, 소변을 일시적으로 저장하고 배출하는 기능을 담당한다. 그러나 다양한 원인에 의해 이 기능에 장애가 발생할 수 있으며, 대표적으로는 방광 수축력의 저하, 지속적인 방광 팽만, 요실금, 또는 배뇨 불능 상태 등이 있다. 이러한 기능적 문제는 중추신경계 또는 말초신경의 손상, 요도 폐색의 반복, 과도한 방광 팽만으로 인한 이완 실패, 노령에 따른 근육 약화 등 복합적인 요인에 의해 유발된다.

이러한 배뇨 기능 장애를 회복하기 위해서는 보존적 치료와 함께 재활적 접근이 필요하다. 배뇨 보조 훈련(manual bladder expression)은 손을 이용해 복부에서 방광을 부드럽게 압박함으로써 수동적으로 소변 배출을 유도하는 방법으로, 배뇨 반사가 약화된 동물에서 단기적으로 유용하다. 더불어 일정한 시간 간격으로 배뇨를 시도하게 하여 방광의 배출 리듬을 회복하도록 유도할 수 있다.

카테터 요법(catheterization)은 잔뇨가 심하거나 방광 팽만이 지속되는 경우에 활용되며, 요도를 통해 방광 내 소변을 배출함으로써 요정체 해소 및 방광 과팽창 예방에 도움을 준다. 단기 삽입 또는 반복적 비유치 도뇨법으로 시행될 수 있으나, 감염 위험을 최소화하기 위해 위생적인 관리가 필수적이다.

이와 함께, 전기자극 치료(Transcutaneous Electrical Nerve Stimulation; TENS)는 골반 주변의 신경과 근육을 자극하여 방광 수축력을 촉진하고, 손상된 신경 기능의 회복을 유도하는 데 효과적이다. 이는 특히 신경성 배뇨장애나 근육 위축이 병발된 경우에 도움이 된다.

약물 치료 또한 병행될 수 있다. 방광의 수축력을 증가시키기 위해 콜린성 작용제(예: 베타네콜)가 사용되며, 요도 저항이 높거나 요도 괄약근 이완이 필요한 경우에는 요도 이완제(예: 디아제팜, 프라조신)가 사용된다. 이들 약물은 환축의 상태에 따라 단독 또는 병용 투여된다.

골반저 근육의 위축이나 기능 저하를 동반한 경우에는 수중 운동(hydrotherapy)이나 마사지 요법을 통해 근육의 혈류를 개선하고 기능을 자극할 수 있다. 이는 방광 주변 근육의 긴장도 회복뿐만 아니라, 배뇨 반사의 회복과 연계된 장기적 재활 효과를 기대할 수 있다. 이러한 재활은 단기간의 처치로 효과를 기대하기보다는 지속적이고 체계적인 프로그램으로 접근해야 하며, 보호자의 협조와 정기적인 모니터링이 매우 중요하다.

〈표 5-3〉 IRIS 분류 체계(IRIS Staging System for Chronic Kidney Disease)

IRIS 단계	개 (Creatinine 기준, mg/dL)	고양이 (Creatinine 기준, mg/dL)	SDMA 수치 (공통, μg/dL)	신장 상태
Stage 1	< 1.4	< 1.6	< 18	정상 Cr이지만 다른 지표(단백뇨, SDMA, 구조 변화 등)로 질병 가능성 있음
Stage 2	1.4～2.0	1.6～2.8	18～25	경증 신장 기능 저하
Stage 3	2.1～5.0	2.9～5.0	26～38	중증도 신부전 (다갈 · 다뇨, 체중 감소 등 발생)
Stage 4	> 5.0	> 5.0	> 38	중증 신부전, 요독증 증상 가능)

제 6 장

생식기계

학 · 습 · 목 · 표

1. 암수 생식기관의 주요 구성과 생식호르몬의 조절 기전을 이해한다.
2. 주요 생식기계 질환의 원인, 증상, 진단법을 학습한다.
3. 생식기계 진단 검사법을 이해하고 질환별 예방 및 관리 계획을 수립한다.

1. 생식기계의 해부학 및 생리학

동물의 생식기계는 생식세포의 생성, 교미, 수태, 임신, 분만, 산욕 등 생식과 번식을 위한 복합적인 기능을 수행하는 기관계이다. 생식기계는 성별에 따라 구조와 기능이 다르며, 내분비계와 긴밀히 상호작용하면서 생식 주기를 조절한다. 이 장에서는 수컷과 암컷의 생식기 구조와 기능, 생식 호르몬의 조절 기전, 발정 주기 및 임신 · 분만의 생리적 기전에 대해 살펴본다.

1) 수컷 생식기의 구조와 기능

수컷 생식기는 정자 형성, 성호르몬 분비, 교미 및 정자 전달의 기능을 수행하며, 주요 기관은 다음과 같다.

- 고환(testis): 복강 밖의 음낭(scrotum) 내에 위치하며, 정자 생성(정소세관)과 테스토스테론 분비(Leydig 세포) 기능을 담당한다. 고환 내 온도는 정자 형성에 적정한 환경 유지를 위해 체온보다 약간 낮게 유지된다.
- 부고환(epididymis): 고환과 연결된 관으로, 정자의 성숙, 저장 및 운반 경로이다.

- 정관(ductus deferens): 성숙된 정자를 부고환에서 요도로 운반한다.
- 부속 생식샘(accessory sex glands): 정낭, 전립선, 구요도선 등이 있으며, 정액 형성에 필요한 영양물질, 완충제, 점액 등을 분비하여 정자의 생존을 돕는다.
- 음경(penis): 교미 시 정액을 암컷의 생식기로 전달하며, 혈액 충혈로 발기 기능을 수행한다.

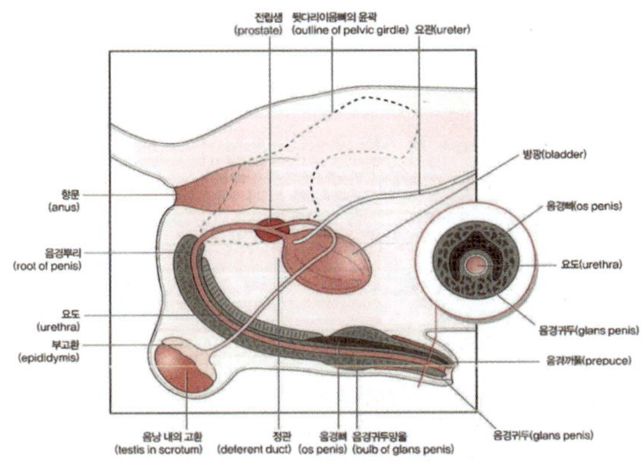

[그림 6-1] 수컷 개 생식기계

출처: 동물해부생리학 교재연구회(2014). 동물해부생리학 개론. 범문에듀케이션.

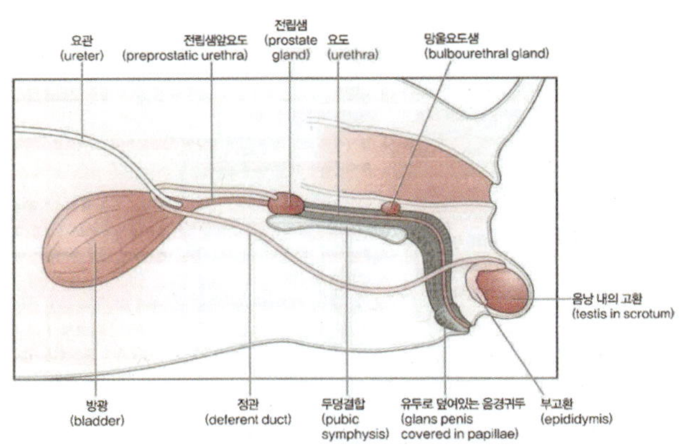

[그림 6-2] 수컷 고양이 생식기계

출처: 동물해부생리학 교재연구회(2014). 동물해부생리학 개론. 범문에듀케이션.

2) 암컷 생식기의 구조와 기능

암컷 생식기는 난자의 생성, 수정, 임신, 태아 발육, 분만과 수유에 관여하며, 주요 기관은 다음과 같다.

- 난소(ovary): 난자를 생성하고 에스트로겐과 프로게스테론을 분비하는 내분비기관이다. 난소에는 다양한 단계의 난포와 황체가 존재하며, 주기적으로 배란이 일어난다.
- 수란관(oviduct, 난관): 난소와 자궁 사이를 연결하며, 배란된 난자가 수정되는 장소이다.
- 자궁(uterus): 임신 시 태아가 발육하는 장소이며, 종에 따라 단각자궁 또는 양각자궁 구조를 가진다. 자궁내막은 호르몬에 따라 주기적으로 증식 및 탈락한다.
- 질(vagina): 교미 시 음경을 받아들이는 통로로, 분만 시 태아가 통과한다.
- 외음부(vulva): 질 입구를 보호하는 외부 생식기로, 발정 시 충혈 및 종창이 나타난다.

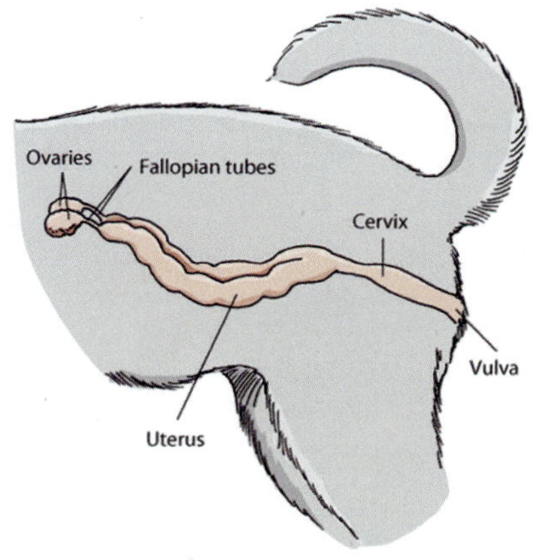

[그림 6-3] 암컷 개 생식기계

출처: The Gonads and Genital Tract of Dogs, MSD MANUAL (https://www.merckvetmanual.com/dog-owners/reproductive-disorders-of-dogs/the-gonads-and-genital-tract-of-dogs)

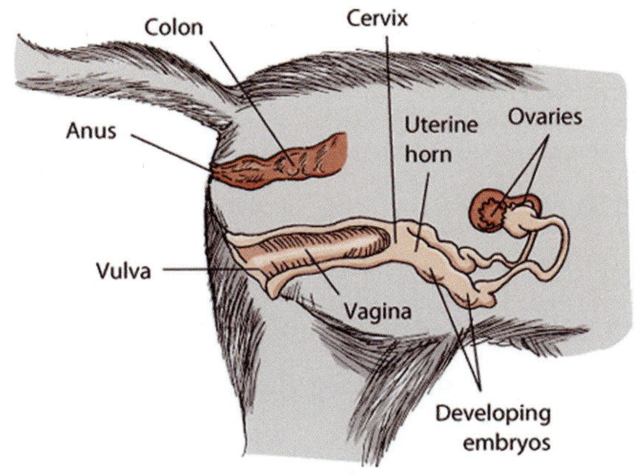

[그림 6-4] 암컷 고양이 생식기계

출처: The Gonads and Genital Tract of Cats, MSD MANUAL (https://www.msdvetmanual.com/cat-owners/reproductive-disorders-of-cats/the-gonads-and-genital-tract-of-cats)

3) 생식 호르몬의 조절 기전

수컷과 암컷 모두에서 생식 기능은 시상하부-뇌하수체-생식선 축(Hypothalamus-Pituitary- Gonadal Axis, HPG 축)에 의해 정교하게 조절된다. 이 축은 시상하부의 내분비 신호가 뇌하수체를 거쳐 생식선에 전달되는 순서로 구성되며, 각각의 단계에서 분비되는 호르몬은 생식 기능의 유지와 조절에 핵심적인 역할을 한다.

우선, 시상하부는 생식샘자극호르몬 방출호르몬(Gonadotropin-Releasing Hormone; GnRH)을 주기적으로 분비한다. GnRH는 뇌하수체 전엽에 작용하여 난포자극호르몬(FSH)과 황체형성호르몬(LH)의 분비를 유도한다.

FSH(Follicle-Stimulating Hormone)는 암컷에서 난소 내 난포의 성숙을 자극하고, 수컷에서는 고환의 세정세관에서 정자 형성(정자 발생, spermatogenesis)을 촉진한다. 반면 LH(Luteinizing Hormone)는 암컷에서 배란을 유도하고, 난포가 터진 후 형성되는 황체의 발달을 촉진하며 프로게스테론 분비를 유도한다. 수컷에서는 고환의 Leydig 세포를 자극하여 테스토스테론 분비를 촉진하는 역할을 한다.

에스트로겐(estrogen)은 주로 난소의 성숙된 난포에서 분비되며, 발정 행동 유발, 자궁내막의 증식, 점액 분비 증가, 교미 수용성 향상 등의 기능을 한다. 프로게스테론(progesterone)은 황체에서 분비되며, 임신 유지를 위한 자궁내막 안정화, 자궁운동 억제, 면역 반응 조절에 기여한다. 이는 수정란의 착상과 태아 발달을 위한 환경을 조성하는 데 필수적이다.

수컷에서는 테스토스테론(testosterone)이 고환의 간질세포(Leydig 세포)에서 분비되며, 이차 성징 발달, 성욕 유지, 정자 형성 촉진, 공격성 및 번식 행동 조절 등 다양한 생리적 역할을 수행한다.

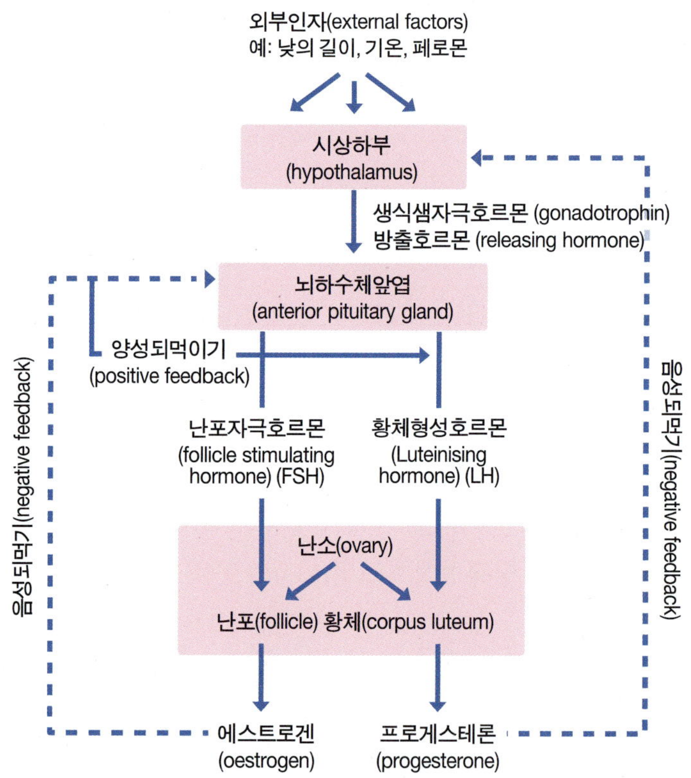

[그림 6-5] 암컷 생식호르몬 기전

출처: 동물해부생리학 교재연구회(2014). 동물해부생리학 개론. 범문에듀케이션.

이러한 호르몬들의 상호작용은 음성 피드백(negative feedback)과 양성 피드백(positive feedback) 기전에 따라 조절된다. 예를 들어 혈중 에스트로겐이나 테스토스테론 농도가 일정 수준 이상으로 증가하면, 시상하부 및 뇌하수체는 각각 GnRH, FSH, LH의 분비를 억제하여 호르몬 균형을 유지하게 된다. 반면 배란기 전과 같이 특정 시점에서는 고농도 에스트로겐이 일시적으로 LH 분비를 촉진하는 양성 피드백이 작동하여 배란을 유도하기도 한다. 이와 같은 HPG 축의 정교한 조절 기전은 정상적인 생식 주기 유지뿐만 아니라, 교배 시기의 결정, 임신 유지, 성호르몬 이상 질환의 진단 및 치료에도 핵심적인 근거로 작용한다.

4) 생식 주기 및 발정 주기

암컷 동물의 생식 활동은 호르몬의 주기적 변화에 따라 조절되며, 이를 발정 주기(estrous cycle)라고 한다. 발정 주기의 길이와 양상은 종마다 다르며, 일부 동물은 계절발정성(seasonally polyestrous)을 보이기도 하고, 일부는 비계절발정성(non-seasonal polyestrous)으로 연중 지속적인 발정을 보인다. 예를 들어 말은 봄·여름철에만 발정하는 계절발정성이며, 개는 비계절발정성을 보인다. 고양이는 다산성이나, 유도배란성 동물(induced ovulator)로서 교미 시 배란이 유도되는 특성을 가진다.

발정 주기는 일반적으로 다음의 네 단계로 구분된다.

(1) 발정 전기(Proestrus)

이 단계에서는 난포가 성숙하면서 에스트로겐 농도가 점차 증가한다. 호르몬의 변화는 외음부의 종창, 혈성 분비물 증가, 행동 변화 등으로 나타나며, 수컷에 대한 관심은 증가하지만 교미는 거부하는 시기이다. 개에서 발정 전기는 평균 7~10일 정도 지속된다.

(2) 발정기(Estrus)

발정기는 배란이 일어나는 시기로, 암컷은 수컷의 교미를 기꺼이 수용한다. 이 시기 동안 혈중 에스트로겐 농도는 최고조에 달한 후 급격히 감소하고, LH 급증(surge)에 의해 배란이 유도된다. 고양이와 토끼는 유도배란 동물이므로, 교미 시 LH가 분비되어 배란이 일어난다. 발정기의 길이는 종마다 차이가 있으나, 개의 경우 평균 5~9일이다.

(3) 발정 후기(Metestrus/Diestrus)

이 단계에서는 배란 후 황체가 형성되어 프로게스테론 분비가 우세해지며, 임신 유지에 필요한 호르몬 환경이 조성된다. 임신이 이루어지면 황체가 유지되어 프로게스테론 농도가 계속 높게 유지되고, 임신이 되지 않을 경우 황체가 퇴화하며 다음 주기로 이어진다. 개의 경우 이 단계가 약 2개월 이상 지속되며, 임신 여부와 관계없이 황체 유지가 일어난다.

(4) 무발정기(Anestrus)

무발정기는 생식기계의 활동이 최소화되는 시기로, 난소는 휴식 상태이며 에스트로겐과 프로게스테론 농도 모두 낮은 상태가 유지된다. 이 시기는 번식 주기 사이에 존재하는 휴지기로, 생식 호르몬의 재조절과 생식기 회복에 중요한 역할을 한다. 개에서는 평균 4~5개월 지속되며, 이 기간은 품종과 개체에 따라 달라질 수 있다.

암컷의 발정 주기는 단순히 배란만을 위한 것이 아니라, 호르몬, 행동, 생식기 구조 변화가 정교하게 조율된 주기적 과정이다. 이 과정의 이해는 번식 관리, 교배 시기 결정, 호르몬 질환의 진단 및 치료에 필수적인 기초가 된다.

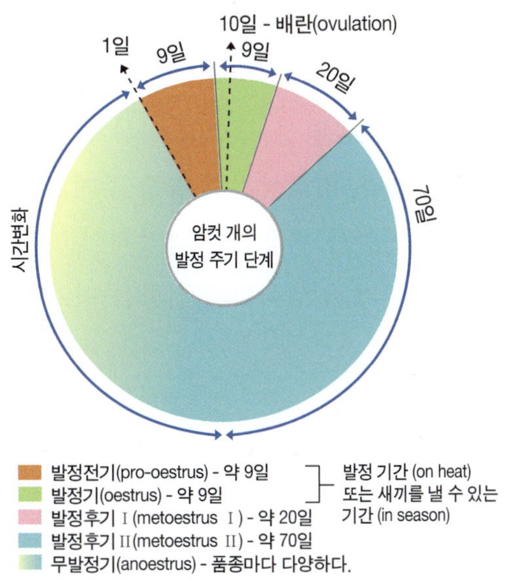

[그림 6-6] 암컷 개의 발정 주기 단계

출처: 동물해부생리학 교재연구회(2014). 동물해부생리학 개론. 범문에듀케이션.

5) 임신, 분만, 산욕기의 생리

임신은 난자가 수정된 이후 태아가 자궁 내에서 발육하는 기간을 말하며, 개에서는 평균 63일, 고양이는 약 65일 정도이다. 수정은 난관에서 일어나며, 배아는 자궁에 착상하여 발달을 시작한다. 임신 동안 프로게스테론이 자궁내막의 안정성과 태아 유지를 담당하며, 태반에서는 종에 따라 다양한 호르몬(릴랙신, 에스트로겐 등)이 분비되어 임신 유지를 돕는다.

분만(parturition)은 태아와 태반이 자궁으로부터 배출되는 과정이며, 말기 임신에서 프로게스테론 감소 및 옥시토신 분비 증가로 인해 자궁 수축이 유도된다. 분만은 일반적으로 개와 고양이에서 3단계로 나뉘며, 자궁경부 개대, 태아 배출, 태반 배출 순으로 진행된다. 산욕기(puerperium)는 분만 이후 자궁이 원래 상태로 회복되고 난소 기능이 재개되는 시기를 의미한다. 이 시기 동안 감염 예방, 자궁 퇴축 및 수유 관리가 중요하다.

2. 생식기계 질환의 일반적 진단 접근법

생식기계 질환은 내분비적, 감염성, 구조적 이상 등 다양한 원인으로 발생하며, 종종 생식 능력 저하, 불임, 비정상적인 발정 주기, 분비물, 종양 등으로 나타난다. 따라서 효과적인 진단을 위해서는 다각적이고 단계적인 접근이 필요하다. 본 장에서는 임상 현장에서 생식기계 질환을 평가할 때 사용되는 일반적인 진단 절차를 다룬다.

1) 병력 청취 및 임상 증상 평가

생식기계 질환의 진단에서 가장 첫 번째이자 중요한 단계는 병력 청취(anamnesis)이다. 보호자로부터의 자세한 정보 수집은 질환의 원인과 지속 기간, 교배력, 발정 주기의 규칙성, 임신 및 분만 이력, 성행동의 변화, 분비물 여부 등을 포괄해야 한다. 예를 들어 빈번한 발정 행동, 발정 간격의 단축 또는 연장, 발정기의 소실은 내분비 이상이나 난소 질환을 시사할 수 있다. 또한 수컷에서의 교미 거부, 음경 노출 불가, 사정 장애 등은 생식기 구조 이상이나 통증과 관련 있을 수 있다.

이처럼 병력 청취와 증상 확인은 진단의 방향을 결정짓는 가장 기본적인 요소이며, 이후의 모든 검사는 이를 토대로 설계된다.

2) 생식기계 신체검사

생식기계 질환의 진단에서 신체검사는 매우 기초적이면서도 핵심적인 단계이다. 전신 상태에 대한 전반적인 평가와 함께, 생식기 구조물의 외형, 촉진 소견, 통증 반응, 대칭성, 분비물의 유무 등을 종합적으로 관찰함으로써 질환의 존재 여부와 위치, 진행 정도를 가늠할 수 있다.

암컷 환축의 경우, 먼저 외음부의 시진을 통해 크기와 색조, 종창 여부, 분비물의 종류 및 양, 냄새 등을 관찰한다. 외음부가 비정상적으로 부어 있거나 출혈성 혹은 화농성 분비물이 확인될 경우, 발정 주기의 단계나 감염성 질환을 의심할 수 있다. 필요시 질경(speculum)을 이용한 질 내벽의 시진이 가능하며, 이는 자궁 경부 상태나 내부 염증, 종양 병변을 확인하는 데 유용하다.

수컷에서는 고환과 음낭의 시진 및 촉진이 가장 기본적인 항목이다. 고환의 크기와 위치의 대칭성, 촉진 시의 통증 유무, 질감의 변화 등은 고환염, 부고환염, 종양성 변화 등의 진단에 중요한 단서를 제공한다. 특히 급성 염증성 질환에서는 고환이 팽창되어 단단하고, 만졌을 때 통증을 유발하며, 음낭 피부에 발적이나 열감이 동반되기도 한다. 잠복고환(cryptorchidism)의 경우 고환이 음낭 내에서 촉진되지 않으며, 복강 내에 잔존할 수 있다.

음경과 포피의 관찰은 외상, 감염, 종양, 기형 등의 유무를 확인하는 데 필요하며, 음경의 노출 여부 및 색조, 궤양, 종괴 등을 평가한다. 또한 직장수지 검사(digital rectal examination)를 통해 전립선의 크기, 대칭성, 경도, 통증 반응 등을 평가할 수 있으며, 이는 전립선비대, 전립선염, 전립선종양 등 하부 비뇨생식기계 질환의 진단에 유용하다.

촉진 과정에서 특이 소견이 확인될 경우, 고환의 유체 저류, 섬유화, 결절성 종대, 음낭 내 낭종성 변화 등을 보다 정확히 평가하기 위해 세침흡인(FNA), 침샘 도말(SMEAR), 또는 조직 생검(Biopsy) 등의 추가 진단 절차가 권장된다.

이처럼 생식기계 신체검사는 단순한 관찰 이상의 의미를 가지며, 다른 진단 기법과 연계할 수 있는 출발점이자 필수 단계로서 매우 중요한 역할을 한다.

3) 혈액 호르몬 검사

생식기계 질환의 진단에 있어 호르몬 분석(Endocrine assay)은 내분비적 원인 여부를 판단하는 데에 매우 중요한 도구로 활용된다. 생식 기능은 시상하부-뇌하수체-생식선 축(Hypothalamus-Pituitary-Gonadal Axis)의 정교한 호르몬 조절에 의해 유지되기 때문에 이들 호르몬의 농도 측정은 발정기 상태, 불임 원인, 성선 기능 이상, 종양성 질환, 중성화 여부 판별 등 다양한 임상 상황에서 진단적 가치를 가진다.

(1) LH(Luteinizing Hormone, 황체형성호르몬)

LH는 배란 유도 및 황체 형성에 관여하는 중요한 호르몬으로, 특히 발정기의 시기 결정 및 난소 기능 평가에 유용하다. 수컷에서는 고환의 Leydig 세포를 자극하여 테스토스테론 분비를 촉진하는 역할을 한다. 한편, 중성화 여부 판단이 필요한 경우에는 LH 반응 검사가 활용된다. 중성화된 동물은 음성 피드백이 사라져 혈중 LH 농도가 지속적으로 높게 유지되므로, 일정 기준 이상이면 중성화된 개체로 판단할 수 있다.

(2) FSH(Follicle-Stimulating Hormone, 난포자극호르몬)

FSH는 암컷에서 난포의 성장과 성숙을 유도하며, 수컷에서는 정자 형성을 촉진하는 역할을 한다. 단독 검사로는 활용도가 제한적일 수 있으나, LH 및 에스트로겐 수치와 함께 해석할 경우, 생식선 기능 전반에 대한 정보를 제공할 수 있다.

(3) 프로게스테론(Progesterone)

프로게스테론은 난소의 황체에서 분비되며, 임신의 유지와 관련된 핵심 호르몬이다. 특히 개에서는 발정기와 교배 시기를 결정하거나 배란 시기를 예측하는 데 가장 신뢰도 높은 호르몬 지표로 활용된다. 혈중 농도가 2~5ng/mL 수준으로 상승하는 시점을 배란 직전으로 판단하며, 교배 적정 시기 결정, 인공수정, 배란 장애 진단 등에 매우 유용하다. 또한 임신 여부 및 황체 기능 유지 상태 확인에도 활용할 수 있다.

(4) 에스트로겐(Estrogen)

에스트로겐은 주로 난포에서 분비되며, 발정기 중 상승하는 호르몬으로, 발정 행동 유도, 자궁 및 질의 점막 변화에 관여한다. 특정 시점에서의 상승을 통해 발정기 진입 여부를 판단할 수 있으며, 특발성 발정, 난소잔존증후군, 난포낭종 등의 내분비 이상 질환을 감별하는 데 도움이 된다.

(5) 테스토스테론(Testosterone)

테스토스테론은 수컷 고환의 Leydig 세포에서 분비되며, 이차 성징 유지, 성욕 조절, 정자 형성 촉진 등 다양한 역할을 수행한다. 혈중 농도 측정은 성성숙 여부, 고환 기능 평가, 잠복고환(cryptorchidism) 감별, 또는 전립선 관련 질환의 진단 등에 활용된다. 또한 일부 종양성 질환(예: 테스토스테론 분비 종양)의 감별에도 유용하다.

이와 같은 생식호르몬은 대부분 발정 주기의 시점, 성적 성숙도, 성선 기능 상태에 따라 크게 변동하기 때문에, 단일 시점의 검사만으로는 정확한 진단이 어려울 수 있다. 따라서 적절한 검사 시점의 선택과 필요시 반복 측정 및 복수 호르몬 간의 상호 비교를 통해 보다 신뢰성 높은 해석이 필요하다.

4) 영상 진단(초음파, 방사선, CT 등)

영상 진단은 생식기 구조물의 형태학적 이상, 종양, 낭종, 임신 여부, 자궁 이상 등 다양한 병변과 상태를 평가하는 데 유용하다. 초음파 검사는 난소, 자궁, 고환, 전립선 등의 실질 구조를 시각화할 수 있어, 난포 크기 측정, 배란 관찰, 자궁 내 태아 확인, 자궁축농증 진단 등에 필수적이다. 방사선 검사(X-ray)는 임신 후기 태아 골화 확인, 종양 또는 유착 확인, 고양이와 개에서의 낭종 진단에 활용된다. CT 또는 MRI는 복잡한 구조물의 정밀 진단이나 수술 전 평가 시 보조적 수단으로 사용된다. 영상 진단은 침습적이지 않으며 조기 진단 및 경과 관찰에 적합한 도구이다.

5) 질도말 검사 및 세포학적 검사

질도말 검사(vaginal cytology)는 특히 암컷 개의 발정 주기 단계 파악에 유용하다. 질 벽에서 채취한 세포를 도말 및 염색한 후, 세포 형태(핵의 크기, 각화, 백혈구 유무 등)를 분석하여 발정기를 다음과 같이 구분한다:

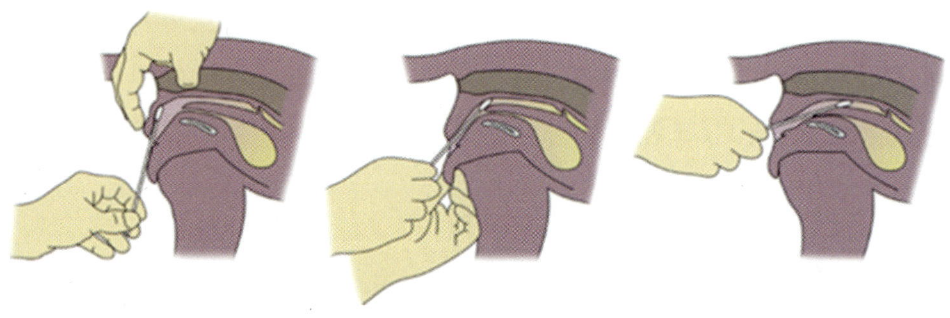

[그림 6-7] 질도말 검사 방법

출처: Determining Canine Estrus Stage via Vaginal Cytology, Clinician's Brief (https://www.cliniciansbrief.com/article/determining-canine-estrus-stage-vaginal-cytology)

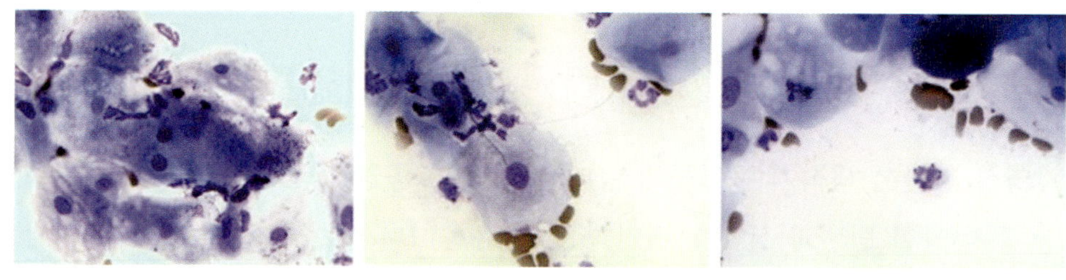

[그림 6-8] 질도말 검사

출처: 질도말 검사 사진, VIP 동물의료센터 (https://vipah.co.kr/kr/specialization/treatment_care.php?idx==110&bgu=view&cate=)

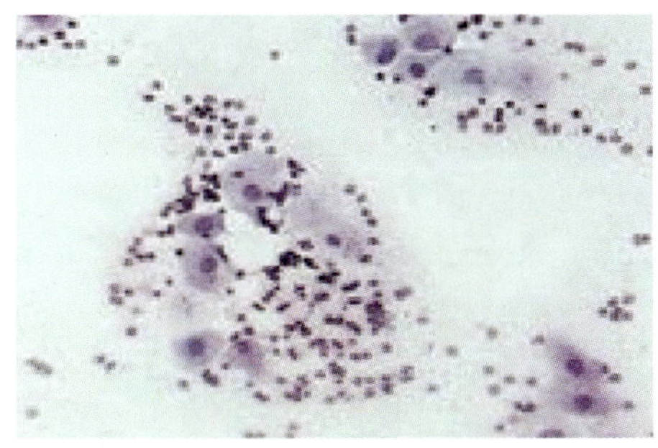
발정 전기 : 다수의 적혈구, 핵이 있는 중간세포

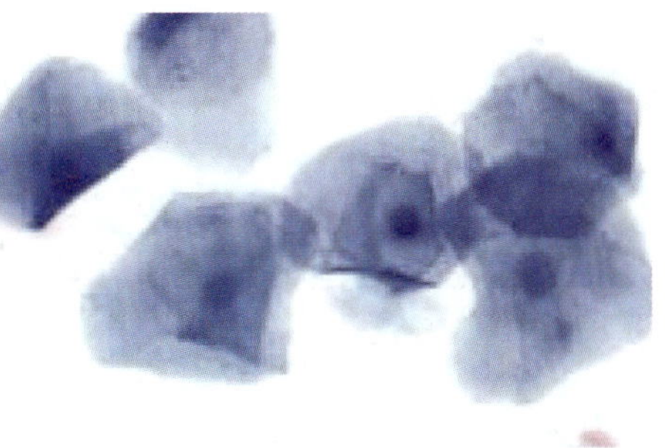
발정기 : 각화세포(핵 없는 세포) 우세

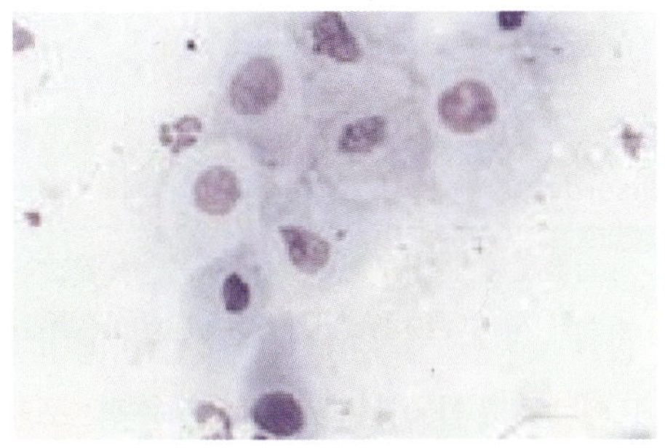
발정 후기 : 백혈구 출현, 세포 퇴화 시작

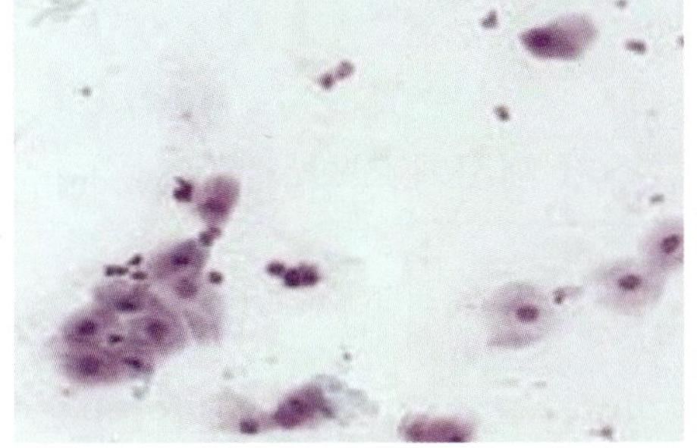
무발정기 : 소수의 작은 중간세포, 백혈구 혼재

[그림 6-9] 질도말 검사를 통한 개의 발정 단계

출처: Determining Canine Estrus Stage via Vaginal Cytology, Clinician's Brief (https://www.cliniciansbrief.com/article/determining-canine-estrus-stage-vaginal-cytology)

이 외에도, 고환 또는 전립선의 종괴, 유선 종양 등에서는 세침흡인세포검사(FNA cytology) 또는 조직생검(histopathology)이 실시된다. 이를 통해 감염성 질환, 염증성 병변, 종양성 변화 여부를 구별할 수 있다.

6) 생식기계 감염 검사 및 배양

감염이 의심되는 경우에는 미생물학적 검사와 세균 배양검사를 통해 병원체를 확인하고, 적절한 항생제 감수성 시험을 병행한다. 소변, 질 분비물, 음경 분비물, 정액 등을 채취하여 배양함으로써 브루셀라증, 헤르페스 바이러스 감염, TVT(전염성 생식기 종양) 등의 감별 진단에 사용한다. 혈청학적 검사나 PCR을 병행할 경우 정확도를 높일 수 있다. 감염성 질환은 종종 불임, 유산, 조산 등의 원인이 되므로 조기 감별과 치료가 중요하다.

이 장에서 소개한 진단 절차들은 단독으로 사용되기보다는 임상 증상과 병력, 다중 검사 결과를 종합적으로 해석하는 통합적 접근이 중요하다. 또한 생식기 질환의 경우, 진단 시기(발정 주기와의 연관성)와 검사 반복의 중요성을 충분히 고려해야 정확한 평가가 가능하다.

3. 수컷 생식기 질환(Male Reproductive Disorders)

수컷의 생식기계는 정자 형성과 정액 배출, 성호르몬 분비, 교미 및 수정에 관여하는 복합 구조로 구성되어 있으며, 고환, 부고환, 정관, 전립선, 음경, 포피 등이 주요 기관이다. 이들 기관은 해부학적으로 밀접하게 연결되어 있어, 감염성, 외상성, 내분비성, 종양성 등의 다양한 원인에 의해 질환이 발생할 수 있으며, 이는 불임, 통증, 배뇨 장애, 교미 행동의 이상으로 나타날 수 있다. 본 장에서는 수컷 생식기계의 주요 질환과 진단 · 치료 전략을 다룬다.

1) 고환염 및 부고환염(Orchitis and Epididymitis)

고환염과 부고환염은 고환 또는 부고환에 염증이 발생한 상태로, 종종 동반되어 발생하며, 통칭하여 고환부고환염이라 부르기도 한다. 원인은 세균 감염, 외상, 역행성 요로 감염 등이 있으며, 브루셀라증(Brucella canis)과 같은 전염성 질환에 의해서도 유발될 수 있다.

임상 증상으로는 고환의 부종, 통증, 발적, 열감, 걷기 싫어함, 공격성 증가 등이 나타나며, 만성화 시 고환 위축이나 불임으로 진행될 수 있다.

진단은 촉진, 초음파 검사, 혈액 및 소변 검사, 감염 의심 시 혈청학적 진단 및 세균 배양이 필요하다. 치료는 광범위 항생제, 항염증제, 통증 조절을 병행하며, 심한 경우에는 고환 절제술(orchiectomy)이 필요할 수 있다.

2) 고환 위축 및 고환 종양(Testicular Atrophy and Tumors)

고환 위축은 호르몬 불균형, 정류고환, 만성 염증, 노화, 외상, 방사선 노출 등에 의해 발생하며, 고환의 크기 감소와 정자 생산 능력 저하가 특징이다. 만성 염증이나 부고환염 후에 발생하는 경우가 많으며, 한쪽 혹은 양측성으로 나타날 수 있다.

고환 종양은 특히 중년 이상의 중성화되지 않은 수컷에서 흔하며, 대표적인 종양에는 세르톨리세포종(Sertoli cell tumor), 간질세포종(Leydig cell tumor), 정세관세포종(Seminoma) 등이 있다. 종양은 종종 호르몬을 생성하며, 특히 세르톨리세포종은 에스트로겐 과다증을 유발하여 유선 비대, 여성화, 골수억제 등의 전신 증상을 동반할 수 있다.

진단은 촉진, 초음파, 정체성 호르몬 검사, 조직 생검 등을 통해 이루어지며, 치료는 대부분 고환 적출술이 기본이며, 전이 확인 시 항암요법이 추가된다.

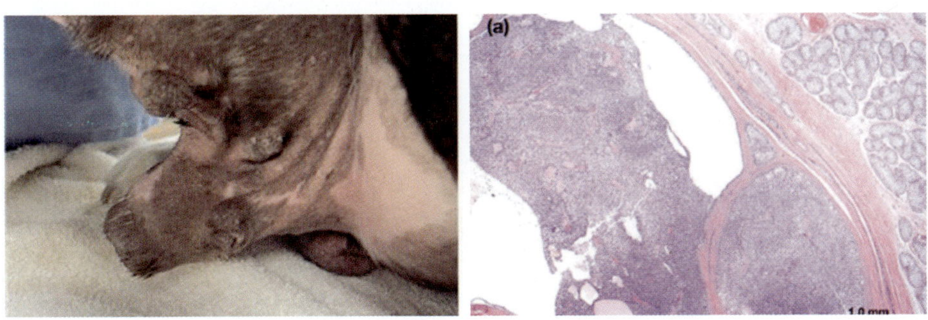

[그림 6-10] 개의 세르톨리세포종(육안과 조직학)

출처: Canine Sertoli cell tumor: anti-Mullerian hormone, inhibin B, and estrone sulphate, Clinical Theriogengology (https://clinicaltheriogenology.net/index.php/CT/article/view/9437/15516)

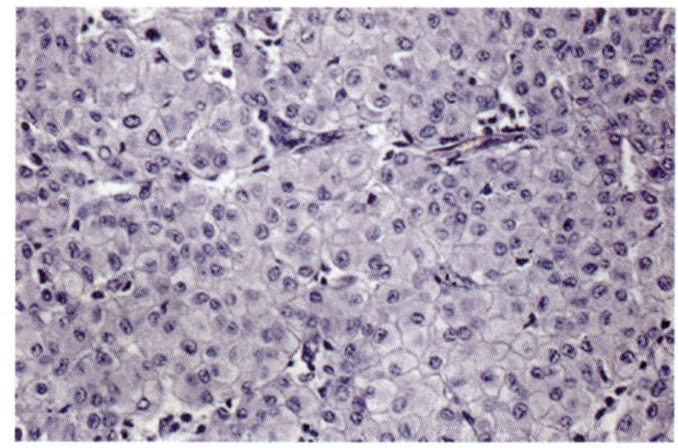

[그림 6-11] 고양이의 간질세포종 조직학

출처: Asproni, P., Millanta, F., Lorenzi, D., & Poli, A. (2013). A Leydig cell tumour in a cat: Histological and immunohistochemical findings. Case Reports in Veterinary Medicine, 2013, 1(http://dx.doi.org/10.1155/2013/670398)

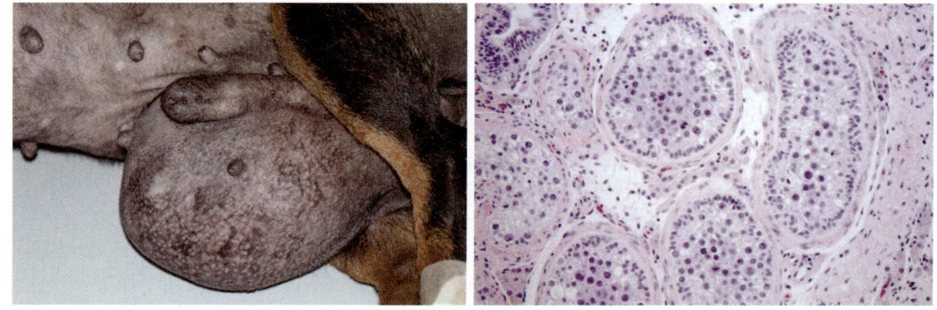

[그림 6-12] 개의 정관세포종(육안과 조직학)

출처: (좌) Testicular Tumors in Dogs, Vetscraft (https://www.vetscraft.com/testicular-tumors-in-dogs/)
(우) Testis & paratestis Germ cell tumors Seminoma, PathologyOytlines (https://www.pathologyoutlines.com/topic/testisseminomas.html)

3) 잠복고환(Cryptorchidism)

잠복고환은 고환이 정상적으로 음낭 내로 내려오지 않고, 복강 또는 서혜부에 정체된 상태를 의미한다. 유전적 요인이 크며, 대부분 선천적 이상으로 간주된다. 정류고환은 고환 온도 조절이 불가능하므로 정자 형성이 이루어지지 않으며, 종양 발생률이 높다.

임상적으로는 음낭 내 고환이 하나만 촉지되거나, 양측 모두 촉지되지 않는 경우 의심할 수 있으며, 복부 촉진 및 초음파 또는 방사선 검사, 호르몬 반응 검사를 통해 진단한다.

치료는 외과적 제거(복강경 또는 개복 수술)이며, 유전적 전달을 방지하기 위해 번식 금지가 권장된다.

4) 전립선 질환(Prostatic Disorders)

전립선은 수컷 개에서 주요한 부속 생식샘으로, 정액 성분을 생성하고 배출을 조절하는 기능을 한다. 주요 전립선 질환으로는 다음이 포함된다.

- 양성 전립선 비대(BPH): 노령 수컷에서 흔하며, 호르몬 불균형에 의해 전립선이 대칭적으로 커진다. 일반적으로 배뇨 곤란, 배변 장애, 혈정액증 등을 유발한다.
- 전립선염: 세균성 감염이 원인이며, 발열, 통증, 후지 경직, 배뇨 장애 등의 급성 증상이 나타난다. 만성화 시 고름 분비나 전립선 농양 형성으로 이어질 수 있다.
- 전립선 낭종 및 종양: 전립선 내부에 낭성 구조가 생기거나, 악성 종양(특히 선암)이 발생할 수 있다. 이러한 종양은 전이 가능성이 높고 예후가 불량하다.

진단은 직장수지검사, 초음파 검사, 전립선액 도말 및 세포학, 생검 등이 활용되며, 치료는 원인에 따라 호르몬 억제제, 항생제, 외과적 절제, 항암치료 등이 포함된다.

5) 음경 및 포피 질환(Penile and Preputial Disorders)

음경과 포피는 외부에 노출된 구조로, 염증, 외상, 감염, 종양성 변화에 취약하다. 대표적인 질환은 다음과 같다.

- 포피염 및 귀두염: 외부 감염 또는 위생 불량으로 인한 염증으로, 농성 또는 악취가 나는 분비물, 통증, 과도한 음경 핥기 등의 증상을 보인다.
- 음경 탈출불능(paraphimosis): 음경이 외부로 돌출된 후 포피로 되돌아가지 못하는 상태로, 혈류 장애로 인한 괴사 위험이 있다. 즉각적인 처치가 요구된다.
- 전염성 생식기 종양(TVT): 직접 접촉(교미 등)을 통해 전파되는 종양으로, 출혈성 결절, 핵이 큰 악성세포가 특징이며, 항암 화학요법(빈크리스틴 등)에 반응성이 높다.

치료는 원인에 따라 항생제, 국소 처치, 수술적 절제, 화학요법 등을 선택한다.

6) 수컷 불임의 원인과 평가

수컷 불임은 다양한 원인에 의해 발생할 수 있으며, 정액 생성, 전달, 성행동 이상 등 다단계 평가가 필요하다. 주요 원인은 다음과 같다.

- 고환 이상: 정자 수 감소, 이상정자율 증가, 고환 위축, 종양 등
- 호르몬 불균형: 테스토스테론 부족, 내분비 질환
- 해부학적 장애: 잠복고환, 정관 폐쇄, 음경 기형
- 행동적 원인: 스트레스, 사회적 위축, 교미 능력 부족

정액 검사(정자 수, 운동성, 형태, 생존율), 호르몬 검사, 영상 진단, 교미 행동 관찰 등을 종합적으로 평가하여 원인을 파악하고, 경우에 따라 약물 요법, 환경 조정, 외과적 개입이 필요하다.

4. 암컷 생식기 질환(Female Reproductive Disorders)

암컷 반려동물의 생식기 질환은 주로 난소, 자궁, 질, 유선 등에서 발생하며, 호르몬 불균형, 감염, 노령, 유전적 요인 등이 주요 원인으로 작용한다. 특히 고령의 중성화되지 않은 개에서 자궁과 유선 질환의 발생률이 높으며, 생식기계 이상은 종종 생식 행동의 변화, 외음부 분비물, 복부 팽만, 발열, 식욕 부진 등의 비특이적인 증상으로 나타나 진단이 지연되는 경우가 많다. 본 장에서는 암컷 동물에서 흔히 관찰되는 생식기 질환을 중심으로 임상적 접근과 치료 전략을 기술한다.

1) 난소 질환(Ovarian Disorders)

난소는 배란과 성호르몬 분비에 관여하는 기관으로, 질환 발생 시 발정 이상, 불임, 복강 내 종괴 등의 증상이 유발된다.

- 난소낭종: 황체 또는 난포 낭종은 호르몬 이상으로 인해 발생하며, 지속적인 발정 증상 또는 무발정, 외음부 종창, 유선 비대 등의 임상 증상을 보일 수 있다.
- 난소 종양: 기질세포종, 과립막세포종, 이소성 조직종 등이 발생할 수 있으며, 종종 호르몬 분비성으로 발정 이상, 여성화, 유선 증대 등의 증상이 동반된다.
- 난소 잔존증후군: 중성화 수술 후에도 난소 조직이 남아 있어 발정 행동이 지속되며, 호르몬 검사 및 복부 초음파를 통해 진단할 수 있다. 치료는 외과적 잔여 난소 제거가 필요하다.

2) 자궁 질환(Uterine Disorders)

(1) 자궁축농증(Pyometra)

자궁축농증은 주로 중년 이상의 중성화되지 않은 암컷에서 흔히 발생하는 응급성 감염성 자궁 질환으로, 프로게스테론의 영향과 세균 감염이 복합적으로 작용하여 자궁 내 고름이 축적되는 상태이다. 임상 증상은 비교적 비특이적이며, 외음부에서의 화농성 분비물, 발열, 식욕 부진, 구토, 복부 팽만 등이 대표적으로 관찰된다. 폐쇄형(pyometra with closed cervix)의 경우, 외부 분비물이 관찰되지 않아 진단이 지연될 수 있으며, 이는 패혈증 및 복막염으로 진행되어 생명을 위협할 수 있다.

진단은 임상 증상과 병력 청취를 바탕으로 하며, 전혈구검사(CBC), 혈청화학검사, 복부 초음파 및 방사선 촬영이 중요한 진단 도구로 사용된다. CBC 상에서는 백혈구 증가증, 왼쪽 이동(shifting), 빈혈 등이 관찰될 수 있으며, 화학검사에서는 탈수, 고질소혈증, 저알부민혈증 등이 동반된다. 초음파를 통해 확장된 자궁강 내 액체 음영이 확인되며, 방사선 사진에서는 복강 내 연조직 밀도 증가와 자궁 종대가 나타날 수 있다.

치료는 외과적 자궁난소절제술(ovariohysterectomy)이 가장 확실하고 표준적인 방법이다. 수술 전에는 전신 상태 안정화를 위해 항생제 치료 및 수액 요법이 반드시 병행되어야 하며, 수술 후에도 광범위 항생제를 일정 기간 유지해야 한다. 다만, 번식이 필요한 경우에는 프로스타글란딘(F2α 등)을 이용한 약물적 배농 및 자궁 수축 요법이 시도될 수 있으나, 재발률이 높고 성공률이 낮은 편이므로 보호자와 충분한 상담이 필요하다.

(2) 자궁염, 자궁이완증

급성 또는 만성 감염에 의한 자궁 점막의 염증이며, 경미한 증상으로 인해 진단이 지연될 수 있다. 자궁이완증은 분만 후 자궁 수축이 불충분하여 자궁 내용물이 잔류하고 2차 감염 위험을 증가시킨다. 치료는 항생제 투여, 자궁 수축 촉진제(Oxytocin) 활용, 반복 감염 시 중성화 수술을 고려할 수 있다.

(3) 자궁종양

양성 및 악성 종양 모두 발생할 수 있으며, 평활근종, 선근종, 육종, 선암종 등이 대표적이다. 고령 동물에서 복부 덩이, 질 출혈, 체중 감소 등을 유발하며, 치료는 외과적 절제이다.

3) 질 질환(Vaginal Disorders)

질은 외부 생식기와 자궁을 연결하는 구조로서, 감염성 및 비감염성 요인에 의해 다양한 질환이 발생할 수 있다. 대표적인 임상 증상으로는 외음부에서의 비정상적인 분비물, 교미 시 통증, 배뇨 장애 등이 있으며, 병변의 위치와 원인에 따라 증상의 양상이 달라질 수 있다. 질환의 진단은 시진, 촉진, 질경 검사, 질도말 세포검사, 영상 진단 등을 종합적으로 활용하여 이루어진다.

(1) 질염(Vaginitis)

질염은 세균 감염 또는 호르몬 불균형에 의해 유발되는 질 점막의 염증으로, 비교적 흔한 질환 중 하나이다. 특히 분만 이후, 발정 후, 또는 면역 억제 상태에서 잘 발생한다.

주요 임상 증상으로는 질 분비물의 증가, 외음부의 종창, 냄새가 나는 황색 또는 혈성 분비물 등이 관찰된다. 치료는 국소 질 세척(예: 생리식염수 또는 항균제 용액)과 전신적 항생제 투여가 병행되며, 만성적이거나 재발하는 경우에는 호르몬 요법 또는 중성화 수술을 고려할 수 있다.

(2) 질 협착(Vaginal Stricture)

질 협착은 질 내강의 협소화로 인해 교미 장애, 질 분비물 정체, 불임 등을 유발할 수 있다. 선천성 기형으로 발생하는 경우도 있으며, 후천적으로는 분만 외상, 감염 후 섬유화, 외과적 조작 이후의 반흔 형성 등이 원인이 될 수 있다. 정상적인 질 구조가 확인되지 않거나 탐침이 통과되지 않는 경우, 협착을 의심하며, 정확한 진단을 위해서는 질경 검사 및 조영 검사가 유용하다. 치료는 외과적 절개 및 재건 수술이 필요하며, 수술 후에도 재협착 방지를 위한 지속적 확장 관리가 요구될 수 있다.

(3) 질 종양(Vaginal Neoplasia)

질에 발생할 수 있는 종양은 양성 및 악성 모두 존재하며, 고령의 암컷에서 비교적 자주 관찰된다. 대표적인 질 종양으로는 전이성 TVT(Transmissible Venereal Tumor), 선종, 평활근종, 육종 등이 있다. TVT는 특히 교미를 통해 전파되는 종양으로, 외음부 외부에 출혈성, 분비성 혹은 육아종성 종괴를 형성한다. 진단은 시진, 촉진, 세침흡인세포검사(FNA), 조직 생검 등을 통해 가능하다. TVT는 빈크리스틴(vincristine)을 이용한 화학요법에 대해 높은 치료 반응을 보이며, 대부분의 경우 2~6회 투여만으로 완전한 관해가 가능하다. 반면, 선종이나 육종과 같은 종양은 크기가 크거나 출혈이 심할 경우, 외과적 절제가 필요하며, 악성일 경우, 방사선 치료 또는 항암요법이 병행될 수 있다.

4) 유선 질환(Mammary Gland Disorders)

유선은 출산 후 자견 또는 자묘에게 영양을 공급하는 중요한 기능을 담당하지만, 호르몬의 영향이나 세균 감염, 종양성 변화를 통해 다양한 질환이 발생할 수 있다. 특히 유선은 에스트로겐 및 프로게스테론에 민감한 조직이기 때문에 중성화 상태, 연령, 생식 이력 등에 따라 질환의 발생 양상이 달라진다.

(1) 유선염(Mastitis)

유선염은 주로 수유기(lactation period) 중에 발생하며, 세균이 유관을 통해 침투하거나 외상 부위를 통해 감염되어 유방 조직에 염증을 일으키는 질환이다. 일반적으로 에스케리키아 콜라이(*Escherichia coli*), 포도상구균(*Staphylococcus* spp.), 연쇄상구균(*Streptococcus* spp.) 등이 원인균으로 작용한다.

임상적으로는 유방의 종창, 발적, 열감, 통증 등이 나타나며, 해당 유선에서 혼탁하거나 혈성 또는 화농성 분비물이 분비될 수 있다. 감염이 전신으로 진행될 경우, 발열, 식욕 부진, 패혈증 증상으로 이어질 수 있으므로 조기 진단이 중요하다.

치료는 광범위 항생제의 전신 투여가 기본이며, 국소적으로는 냉찜질을 통한 염증 완화가 도움이 된다. 수유는 감염이 심한 경우, 중단하는 것이 권장되며, 농양이 형성된 경우, 외과적 배농이 필요할 수 있다. 만성적으로 반복되는 유선염은 전체 유선 절제술을 고려하기도 한다.

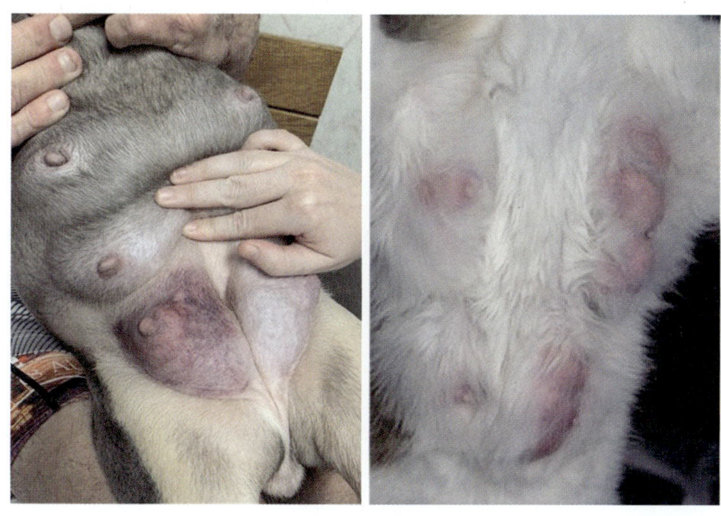

[그림 6-13] 개(좌)와 고양이(우)의 유선염

출처: Mastitis in Dogs and Cats, Veterinary Reproduction Specialist And Integrative Medicine (https://balanced-genetics.com/mastitis-in-dogs-and-cats)

(2) 유선 종양(Mammary Tumors)

유선 종양은 특히 중성화되지 않은 중·고령 암컷에서 가장 흔히 발생하는 종양성 질환으로, 개에서는 약 50%가 양성, 고양이에서는 약 80~90%가 악성으로 보고된다. 유선 종양의 발생에는 성호르몬 노출이 중요한 역할을 하며, 특히 첫 발정 전 조기 중성화를 시행할 경우, 유선 종양의 발생률을 90% 이상 예방할 수 있다.

임상적으로는 유방 주위에 단일 또는 다발성 결절이 만져지며, 크기, 표면, 이동성, 통증 유무 등을 통해 양성/악성 여부를 가늠할 수 있다. 악성 종양의 경우, 피부 궤양, 유선 부종, 림프절 전이, 폐 전이가 동반될 수 있다.

진단은 촉진 소견, 세침흡인세포검사(FNA), 흉부 방사선 및 복부 초음파를 통한 전이 여부 평가를 포함한다. 필요시 조직 생검(histopathology)을 통해 확진한다.

치료의 일차적 접근은 외과적 절제이며, 종양의 크기, 위치, 전이 여부에 따라 단일 유선 절제(simple mastectomy) 또는 전체 유선 절제(radical mastectomy)를 시행한다.

전이 확인 시에는 항암화학요법(chemotherapy)이 병행되며, 특히 고양이는 예후가 나쁜 편이므로 조기 발견과 조기 수술이 매우 중요하다. 유선 질환은 비교적 육안으로 확인이 가능한 부위에서 발생하므로 정기적인 촉진과 조기 중성화 수술에 대한 보호자 교육이 예방과 조기 치료에 있어 결정적이다.

5) 발정 이상(Estrous Cycle Disorders)

암컷의 발정 이상은 호르몬 분비의 이상, 난소 기능 장애, 또는 시상하부-뇌하수체-생식선 축(H-P-G axis)의 조절 장애 등 다양한 요인에 의해 발생할 수 있다. 이로 인해 지속발정, 무발정, 불규칙 발정과 같은 임상 증상이 나타나며, 번식 효율 저하의 주요 원인이 된다.

(1) 지속발정(Persistent Estrus)

지속발정은 일반적으로 발정 행동이 수 주 이상 계속되는 상태를 의미하며, 정상적인 발정기보다 길어진 발정 양상으로 인하여 식욕 저하, 빈혈, 외음부 출혈 등이 동반될 수 있다. 주요 원인으로는 난소낭종(ovarian cyst) 또는 호르몬을 분비하는 난포성 종양이 있으며, 이로 인해 지속적인 에스트로겐 분비가 발생한다.

진단은 복부 초음파를 통한 난소 구조 확인과 호르몬 프로파일(특히 에스트로겐, LH, 프로게스테론 등) 분석이 필수적이다. 치료는 원인 병변에 따라 결정되며, 특히 기능성 난소 질환이 확인되면 외과적 절제(Ovariohysterectomy)가 가장 확실한 치료법으로 권장된다.

(2) 무발정(Anestrus)

무발정은 발정 징후가 장기간 관찰되지 않는 상태로, 성성숙 지연, 영양 결핍, 만성 질환, 시상하부-뇌하수체 기능 이상, 난소 잔존증후군 등이 주요 원인으로 작용한다. 중성화 수술 후 호르몬 잔존 또는 유전적 요인도 원인일 수 있다.

진단 시에는 기초적인 신체검사와 함께 내분비 검사(LH, FSH, Progesterone, GnRH 반응검사 등)가 활용되며, 발정 유도 호르몬(GnRH, ECG 등)의 반응을 평가하는 것이 진단과 치료 예후를 가늠하는 데 도움을 준다.

(3) 불규칙 발정(Irregular Estrus)

불규칙 발정은 발정 간격이 일정하지 않거나 발정 주기가 비정상적으로 짧거나 긴 경우를 말하며, 생식 효율이 저하되고 교배 시기 결정이 어려워지는 문제가 있다. 이는 난소 기능의 불균형, 스트레스, 환경 변화, 만성 질환 등의 영향으로 발생할 수 있으며, 호르몬 분비 패턴의 변화가 관찰된다.

치료를 위해서는 주기적인 호르몬 모니터링(LH, Progesterone 등)과 스트레스 및 정신 건강 상태 평가가 요구된다. 원인에 따라 식이 조절, 환경 개선, 호르몬 조절 요법이 시행될 수 있다.

5. 생식기계 감염병

생식기계 감염은 불임, 유산, 태자 폐사, 태아 기형 및 번식률 저하와 같은 문제를 유발하여 반려동물의 건강뿐 아니라 번식 관리에도 심각한 영향을 미친다. 본 장에서는 수의 임상에서 중요한 생식기계 감염병을 중심으로 병태생리, 임상 증상, 진단법, 치료 및 예방법을 서술한다.

1) 브루셀라증(Brucellosis)

브루셀라증은 *Brucella canis*라는 그람음성 세균에 의해 발생하는 만성적인 전염성 생식기 질환으로, 반려견에서 불임의 주요 감염성 원인 중 하나로 간주된다. 주로 교배 중 점막 접촉, 또는 태반, 유산된 태아, 양막, 소변, 혈액 등의 체액을 통해 전파되며, 장기간 병원체를 배출하기 때문에 번식견 관리에 있어 매우 중요한 질병이다.

임상적으로는 다음과 같은 양상이 관찰된다. 암컷에서는 반복적인 유산, 자궁염, 불임, 발정 이상 등의 생식기계 이상이 흔하게 나타난다. 유산은 주로 임신 후반기에 발생하며, 태아의 사산 또는 미라화가 동반되기도 한다. 수컷에서는 고환염, 부고환염, 전립선염, 정자 생산 이상 등의 증상이 나타나며, 정자의 기형률 증가 및 생존율 저하가 뚜렷하다. 일부 개체에서는 림프절 비대, 간헐적인 발열, 무기력 등의 비특이적 전신 증상이 동반되기도 한다.

진단은 혈청학적 검사로 RSAT(rapid slide agglutination test), TAT(tube agglutination test) 등이 예비 검사로 사용되며, 민감도는 높으나 위양성 가능성이 있어 반복 검사 및 확인 검사가 필요하다. 이 외에도 PCR을 통해 혈액 또는 생식기 분비물에서 직접 병원체 DNA를 검출할 수 있다. 혈액 배양을 통한 진단도 확진에 유용하지만 감염 초기 또는 만성기에는 민감도가 낮을 수 있다.

감염이 확인된 경우, 치료는 매우 어렵고 장기간의 항생제 투여에도 불구하고 완치가 어려운 경우가 많다. 리팜핀, 독시사이클린 등의 병용요법이 시도되지만, 재발률이 높고 병원체의 조직 침윤성 때문에 장기적인 관리가 필요하다. 따라서 감염 개체는 중성화 수술을 통한 번식 중단이 가장 안전한 관리법으로 권장된다. 또한 이 질병은 인수공통감염병(Zoonosis)으로 분류되며, 면역 저하자나 임신 중인 보호자에게 전파될 수 있으므로, 공중보건학적 관점에서 보호자 교육 및 예방적 격리 조치가 필수적이다.

2) 개 헤르페스 바이러스 감염(Canine Herpesvirus; CHV)

개 헤르페스 바이러스(Canine Herpesvirus, CHV-1)는 반려견에서 생식기계 및 호흡기계 감염을 일으키는 바이러스로, 특히 임신 중 감염 시 유산, 사산, 신생 자견에서의 급격한 폐사를 초래할 수 있는 중요한 병원체이다. 생후 3주 이내의 자견에서는 면역 기능이 미숙하고 체온 조절이 불완전하여 바이러스에 매우 취약하며, 이 시기에 감염될 경우 높은 치사율을 보인다.

바이러스는 주로 성 접촉, 호흡기 분비물, 감염된 태반을 통한 수직 전파를 통해 전파된다. 따라서 번식견 사이의 교배나 집단 사육 환경에서의 밀접 접촉은 주요 감염 경로로 작용한다.

임신한 암컷에서는 임상 증상이 거의 없거나 경미하지만, 태아는 자궁 내 감염으로 인해 유산, 조산, 사산 등의 결과를 초래할 수 있다. 신생 자견에서는 감염 시 급성 위장관 및 호흡기 증상(설사, 복부 팽만, 발열, 호흡곤란 등)이 나타나며, 다수 자견에서 급작스러운 폐사(sudden death)가 발생할 수 있다. 성견에서는 무증상 감염이 흔하며, 일부에서는 경미한 기침, 비염 등 호흡기 증상이 동반되기도 한다. PCR 검사를 통해 바이러스 DNA를 검출할 수 있으며, 급성 감염의 확인에 가장 유용하다. 현재까지 개 헤르페스 바이러스에 대한 특이적 치료법은 존재하지 않으며, 예방이 가장 효과적인 관리 수단이다. 감염 개체는 다른 개와 격리 조치를 통해 전파를 차단해야 하며, 번식 프로그램에서는 감염 여부 확인 후 교배 여부를 결정하는 것이 중요하다.

3) 칸디다증 및 기타 세균 · 진균 감염

칸디다증(Candidiasis)은 정상적인 미생물총에 속하는 *Candida albicans*에 의해 발생하는 기회감염성 진균증으로, 면역이 저하되거나 항생제 남용, 호르몬 불균형 등으로 인해 감염이 활성화된다. 생식기계 감염 시 주로 질염, 외음부염, 반복 불임 등의 임상 증상을 유발한다. 외음부 분비물, 발정 이상, 반복되는 교배 실패 등이 대표적 증상으로 나타난다.

진단은 질도말 세포 검사 및 진균 배양검사를 통해 이루어지며, 현미경 관찰 시 특징적인 균사 구조가 확인될 수 있다. 치료는 감염 정도에 따라 국소용 항진균제(예: 클로트리마졸, 니스타틴) 또는 전신 항진균제의 투여가 필요하다.

이 외에도 생식기 감염을 유발하는 세균으로는 *Mycoplasma* spp., *Ureaplasma* spp., *Escherichia coli*, *Streptococcus* spp. 등이 있으며, 특히 교배 과정에서의 감염 전파가 문제가 될 수 있다. 이러한 감염은 불임, 태아 흡수, 유산 등의 결과를 초래할 수 있으며, 감염 개체와의 접촉 차단이 중요하다.

치료는 감염 병원체에 따라 적절한 항생제 선택이 필수이며, 감수성 검사를 통한 항생제 처방이 권장된다. 예방적으로는 위생적인 사육 환경 조성과 감염 이력 개체와의 교배 제한, 정기적인 생식기 건강 검진이 권장된다.

4) 전염성 생식기 종양(Transmissible Venereal Tumor; TVT)

전염성 생식기 종양(TVT)은 반려동물에서 드물게 관찰되는 전이성 종양으로, 주로 교배, 핥기, 냄새 탐지 등의 직접 접촉을 통해 점막 사이로 전파된다. 전 세계적으로 보고되며, 특히 야외에서 자유롭게 활동하는 미중성화 개체에서 흔히 발생한다.

TVT는 수컷의 음경과 포피, 암컷의 외음부, 그 외에도 비강, 구강, 결막 등 점막 조직에도 전이될 수 있으며, 출혈성 종괴, 궤양, 종창 등의 임상 증상이 나타난다. 수컷에서는 음경 말단부의 종괴나 출혈, 암컷에서는 외음부의 궤양성 병변으로 나타나는 경우가 흔하다.

진단은 세침흡인세포검사(FNA)를 통해 수행되며, 특징적인 원형종양세포(round cell tumor)가 다수 관찰된다. 필요시 조직 생검을 통해 확진할 수 있다.

치료에는 빈크리스틴(vincristine)을 주 1회 정맥주사로 투여하는 항암 화학요법이 표준 치료로, 대부분의 경우 2~8주 이내에 완전 관해를 보인다. 방사선 치료는 눈, 비강 등 수술이 어려운 부위에 선택적으로 사용되며, 외과적 절제는 국소 병변에 한해 보조 치료로 사용된다.

예후는 대체로 양호하며, 조기에 치료할 경우 완치율이 매우 높다. 하지만 재발 또는 전이 사례도 일부 보고되므로 치료 후 정기적인 추적 관찰이 필요하다. 예방을 위해 감염 개체의 격리와 중성화 수술이 권장된다.

6. 생식 내과적 응급 질환(Reproductive Medical Emergencies)

1) 급성 자궁축농증(Acute Pyometra)

급성 자궁축농증은 특히 발정 후 황체기 동안 고농도의 프로게스테론 상태에서 자궁 내막의 병적 증식(endometrial hyperplasia)이 발생하고, 이차적으로 세균 감염이 동반되면서 발병하는 대표적인 생식 내과적 응급 질환이다. 주로 *Escherichia coli*가 원인균으로 작용하며, 이 외에도 다양한 장내 세균이 감염에 관여할 수 있다. 고령의 미중성화 암컷 개에서 흔히 발생한다.

(1) 병태생리

발정 후 황체기의 고프로게스테론 상태는 자궁 내막의 선증식과 자궁 내 분비물 축적을 유도하고, 동시에 자궁의 면역 방어 능력을 저하시켜 감염에 취약한 환경을 만든다. 이로 인해 감염성 자궁내막염(pyometra)이 발생하며, 감염이 진행될 경우, 전신 염증 반응, 패혈증, 복막염 등으로 이어질 수 있다.

(2) 임상 증상

임상 증상은 질환의 진행 정도 및 자궁경부의 개방 여부(open vs. closed pyometra)에 따라 다르게 나타난다. 일반적으로는 다음과 같은 증상이 관찰된다.

- 식욕 부진, 무기력, 탈수
- 구토 및 설사
- 다갈 및 다뇨(toxemia로 인한 신장 기능 이상)
- 외음부 분비물(자궁경부가 열려 있는 경우)
- 복부 팽만
- 발열 및 복통

폐쇄성(pyometra with closed cervix)의 경우 외음부 분비물이 없고 증상이 급격히 악화될 수 있어, 특히 주의가 필요하다.

(3) 진단

정확한 진단을 위해서는 다음과 같은 검사를 종합적으로 시행한다.

- 신체검사: 외음부 분비물 확인, 복부 촉진
- 혈액 검사(CBC, 화학검사): 백혈구 증가증(leukocytosis), 독성 변화된 호중구, 고요산혈증, 간 수치 및 BUN/Creatinine 상승 등
- 복부 방사선 검사: 자궁 내 액체 축적 소견(확장된 U자형 연조직 음영)

- 복부 초음파 검사: 자궁의 확장, 액체 저류, 벽 두꺼워짐 등 비침습적이고 민감도가 높은 진단 방법

(4) 치료

급성 자궁축농증의 표준 치료는 자궁난소절제술(Ovariohysterectomy; OHE)이며, 가능한 한 빠른 시일 내에 수술을 시행하는 것이 예후에 중요하다. 수술 전에는 다음과 같은 보존적 치료가 선행된다:

- 수액 요법: 탈수 교정 및 순환기 안정화
- 항생제 치료: 광범위 항생제(예: 아목시실린/클라불란산, 엔로플록사신 등) 사용
- 진통제 및 항염증제: 환자의 통증 완화와 전신 염증 반응 억제

생식 능력 보존이 필요한 경우, 제한적으로 프로스타글란딘(F2α) 제제를 투여해 자궁 수축을 유도할 수 있으나, 치료 성공률이 낮고 자궁 파열의 위험이 있어 반드시 엄격한 환자 선정과 지속적인 모니터링이 필요하다.

(5) 예후

조기 진단과 적절한 치료가 이루어진 경우, 예후는 양호하다. 그러나 치료 지연 시 패혈증, 자궁 파열, 복막염 등 생명을 위협하는 합병증이 발생할 수 있다. 수술 후에도 항생제 유지와 지속적인 관찰이 필요하며, 장기적으로는 예방을 위해 조기 중성화가 가장 효과적인 관리 방법이다.

2) 난산에 의한 쇼크 및 패혈증(Dystocia-induced Shock & Sepsis)

난산은 태아 이상, 산도 이상, 산력 저하 등 다양한 원인에 의해 발생하며, 장시간의 분만 지연은 자궁 내 감염, 태아 사망, 쇼크로 이어질 수 있다.

- 임상 증상: 장시간의 분만 시도, 태아 배출 실패, 무기력, 점막 창백, 저체온
- 진단: 분만력 평가, 복부 방사선 및 초음파, 혈액 검사(CBC, 전해질)
- 치료: 수액 요법, 광범위 항생제, 제왕절개술 등의 적절한 산과적 개입이 필요하며, 패혈증이 의심되는 경우 집중 치료가 요구된다.

3) 음경 골절, 출혈 및 감염(Penile Fracture, Hemorrhage, Infection)

교배 중 물리적 충격에 의해 음경 조직이 손상되거나, TVT나 기타 종양에 의한 출혈 및 감염이 발생할 수 있다.

- 임상 증상: 음경의 부종, 출혈, 통증, 감염 시 악취가 나는 분비물
- 진단: 시진 및 촉진, 세침 흡인세포검사, 영상 진단(초음파 등)
- 치료: 출혈 시 지혈, 항생제 투여, 조직 손상 심할 경우 부분 절제술 필요

4) 분만 중 자궁파열(Uterine Rupture during Labor)

자궁파열은 난산이나 과도한 산력 유도 약물 사용, 이전 자궁 수술 이력에 의해 발생하며, 태아와 태반이 복강 내로 유출되어 복막염 및 쇼크를 유발한다.

- 임상 증상: 급성 복통, 태아 미배출, 쇼크 증상(창백, 저혈압, 빈맥)
- 진단: 복부 초음파, 방사선, 복강천자(혈성 복강액)
- 치료: 응급 개복술을 통한 자궁 절제 또는 수복, 광범위 항생제 및 수액 요법 병행

5) 산후 저칼슘혈증(Eclampsia, Puerperal Hypocalcemia)

산후 2~3주 이내, 특히 소형견에서 자주 발생하는 대사성 응급 질환으로, 과도한 수유로 인한 혈중 칼슘 저하가 주된 원인이다.

- 임상 증상: 불안, 근경련, 강직성 보행, 발작, 고체온
- 진단: 혈청 칼슘 농도 측정(<7.0 mg/dL), 신경학적 징후
- 치료: 10 % 칼슘 글루콘산 정맥 투여(서서히), 이후 경구 칼슘 및 비타민 D 보충, 수유 중단 권고

6) 생식기계 종양의 파열 및 감염(Ruptured/Infected Reproductive Tumors)

유선종양, 자궁종양, 외음부 종양 등은 크기가 커지거나 괴사, 감염 시 조직이 파열되며 출혈, 감염, 패혈증 등을 유발할 수 있다.

- 임상 증상: 국소 종창, 열감, 출혈, 악취가 나는 분비물, 식욕 부진
- 진단: 시진, 세침흡인세포검사, 조직검사, 영상 진단
- 치료: 응급 절제술, 감염 시 항생제 투여 및 수액 요법, 전신 상태 회복 후 항암 치료 고려

제 7 장

내분비계 및 대사/전해질 불균형

학 · 습 · 목 · 표

1. 내분비계를 구성하는 장기의 기본적인 해부생리학적 내용을 이해한다.
2. 전해질을 조절하는 장기의 기본적인 해부생리학적 내용을 이해한다.
3. 개와 고양이에서 흔히 발생하는 내분비/대사 질환과 간호 접근 내용을 학습한다.
4. 개와 고양이에서 흔히 발생하는 전해질 불균형과 간호 접근 내용을 학습한다.

1. 내분비계 장기와 전해질 조절 장기

동물 몸에는 복잡한 의사소통 체계가 있다. 이 체계는 크게 두 가지로 나뉘는데, 바로 신경계와 내분비계이다. 신경계가 전기 신호를 통해 빠르고 단기적인 반응을 조절한다면, 내분비계(Endocrine System)는 호르몬(Hormone)이라는 화학 물질을 혈액을 통해 운반하여 몸의 여러 기능을 장기적으로 조절한다.

호르몬은 특정 내분비선(Endocrine Gland)이라고 불리는 특별한 기관에서 만들어진다. 이 내분비선은 혈관으로 직접 호르몬을 분비하며, 분비된 호르몬은 혈액을 타고 이동하여 특정 표적 세포(Target Cell)나 표적 기관(Target Organ)에 도달한다. 표적 세포는 해당 호르몬과 결합할 수 있는 특별한 수용체(Receptor)를 가지고 있어서, 마치 열쇠와 자물쇠처럼 특정 호르몬에만 반응하여 다양한 생리적 변화를 일으킨다.

내분비 시스템은 다음과 같은 중요한 기능을 담당한다.

- 성장 및 발달 조절: 몸이 자라고 변화하는 과정을 지시
- 신진대사 조절: 음식을 에너지로 바꾸고 저장하는 과정을 관리

- 번식 조절: 생식 활동과 관련된 모든 과정을 담당
- 내부 환경 유지(항상성): 체온, 혈당, 수분, 전해질 등 몸 안의 상태를 일정하게 유지
- 스트레스 반응: 스트레스 상황에 대처하도록 도움

내분비선은 동물 몸 곳곳에 분포하며 서로 긴밀하게 연결되어 있다. 하나의 호르몬이 다른 내분비선의 기능을 조절하기도 하고, 반대로 그 기능을 억제하기도 하면서 섬세한 균형을 유지한다. 이러한 상호작용을 통해 동물의 건강과 생존에 필수적인 역할을 수행한다.

한편, 동물 몸의 약 60%는 물로 이루어져 있다. 이 물은 단순한 물이 아니라 다양한 물질이 녹아 있는 용액 형태인데, 그중에서도 전해질(Electrolyte)은 전기적 성질을 띠는 중요한 미네랄 이온을 말한다. 전해질은 물에 녹으면 양(+)전하 또는 음(-)전하를 띠는 이온으로 나뉘며, 동물 몸의 세포 기능, 신경 신호 전달, 근육 수축, 체액 균형 유지 등 생명 활동에 필수적인 역할을 한다.

주요 전해질의 종류 및 역할은 다음과 같다.

- 나트륨(Sodium, Na^+): 세포 외액의 주요 양이온으로, 체액량 조절과 혈압 유지에 가장 큰 영향. 신경 및 근육 기능에도 중요
- 칼륨(Potassium, K^+): 세포 내액의 주요 양이온으로, 신경 신호 전달, 근육 수축(특히 심장 근육), 효소 활동 등에 필수적
- 염소(Chloride, Cl^-): 나트륨과 함께 세포 외액의 주요 음이온으로, 체액 균형과 산-염기 균형 조절에 기여
- 칼슘(Calcium, Ca^{2+}): 뼈와 치아의 구성 요소일 뿐만 아니라, 혈액 응고, 근육 수축, 신경 기능, 호르몬 분비 등에 매우 중요
- 인(Phosphate, PO_4^{3-}): 뼈와 치아의 구성 요소이며, 에너지 대사(ATP), 세포막 구성, 산-염기 균형 조절에 관여
- 마그네슘(Magnesium, Mg^{2+}): 다양한 효소 반응의 보조 인자로 작용하며,

신경 및 근육 기능, 심장 리듬 유지, 뼈 건강에 중요

이러한 전해질 농도는 동물 몸에서 매우 정교하게 조절되어야 한다. 농도가 너무 높거나 낮으면 심각한 건강 문제를 일으킬 수 있으며, 심지어 생명을 위협할 수도 있다. 동물 몸의 물은 크게 두 가지 구획으로 나뉜다.

- 세포 내액(Intracellular Fluid; ICF): 세포 안에 있는 물로, 전체 체액의 약 2/3를 차지. 칼륨(K^+)과 인(PO_4^{3-}), 마그네슘(Mg^{2+})이 주로 존재
- 세포 외액(Extracellular Fluid; ECF): 세포 밖에 있는 물로, 전체 체액의 약 1/3을 차지. 세포 외액은 다시 혈관 내에 있는 혈장(Plasma)과 세포와 세포 사이에 있는 간질액(Interstitial Fluid)으로 구분. 나트륨(Na^+)과 염소(Cl^-), 중탄산염(HCO_3^-)이 주로 존재

전해질은 이 체액 구획들 사이를 끊임없이 이동하며 균형을 유지한다. 이 이동은 삼투압(Osmosis)과 능동 수송(Active Transport)과 같은 과정을 통해 조절된다. 특히 나트륨-칼륨 펌프(Na^+–K^+ pump)는 세포 내외의 나트륨과 칼륨 농도 균형을 유지하는 데 핵심적인 역할을 한다.

1) 주요 내분비기관과 전해질 항상성 조절의 핵심 장기

(1) 내분비기관

❶ 뇌하수체(Pituitary Gland)

뇌 아래쪽, 시상하부(Hypothalamus) 바로 아래에 작은 콩알 크기로 매달려 있고, 크게 전엽(Anterior Pituitary)과 후엽(Posterior Pituitary)으로 나뉜다.

① **뇌하수체 전엽 호르몬(Anterior Pituitary Hormones)**: 뇌하수체 전엽은 시상하부에서 분비되는 조절 호르몬의 영향을 받아 다양한 호르몬을 직접 생산하고 분비한다.

▸ 성장 호르몬(Growth Hormone; GH):

- 기능: 몸의 성장, 특히 뼈와 근육의 성장을 촉진. 단백질 합성을 증가시키고 지방을 분해하여 에너지원으로 사용
- 문제 발생 시: 과다 분비 시 거인증(Gigantism)이나 말단비대증(Acromegaly), 부족 시 왜소증(Dwarfism)을 유발

▸ 갑상선 자극 호르몬(Thyroid Stimulating Hormone; TSH):
- 기능: 갑상선을 자극해 갑상선 호르몬(T3, T4)의 생산과 분비를 촉진

▸ 부신피질 자극 호르몬(Adrenocorticotropic Hormone; ACTH):
- 기능: 부신의 피질을 자극하여 코르티솔(Cortisol)과 같은 스테로이드 호르몬의 생산과 분비를 촉진

▸ 여포 자극 호르몬(Follicle-Stimulating Hormone; FSH) & 황체 형성 호르몬(Luteinizing Hormone, LH):
- 기능: 생식선(정소와 난소)에 작용하여 정자와 난자의 생산, 성호르몬(에스트로겐, 프로게스테론, 테스토스테론) 분비를 조절

▸ 프로락틴(Prolactin, PRL):
- 기능: 암컷에서 젖샘의 발달과 젖 생산을 촉진

② **뇌하수체 후엽 호르몬(Posterior Pituitary Hormones):** 뇌하수체 후엽은 호르몬을 직접 생산하지 않고, 시상하부에서 만들어진 두 가지 호르몬을 저장하고 필요할 때 분비한다.

▸ 항이뇨 호르몬(Antidiuretic Hormone; ADH, 바소프레신, Vasopressin):
- 기능: 신장에서 물의 재흡수를 촉진하여 소변량을 줄이고 체내 수분 균형을 유지
- 문제 발생 시: 부족 시 요붕증(Diabetes Insipidus)을 유발하여 다뇨(소변량 증가)와 다음(물 섭취량 증가)을 유발

▸ 옥시토신(Oxytocin):
- 기능: 암컷에서 자궁 수축을 유도하여 분만을 돕고, 젖 분비를 촉진. 사회적 유대감 형성에도 관여

❷ 갑상선(Thyroid Gland)

목의 후두 아래쪽, 기관(Trachea) 양쪽에 위치한 나비 모양의 기관이다.

① **갑상선 호르몬(Thyroid Hormones)** : 티록신(T4)과 삼요오드티로닌(T3)

- 기능: 몸의 전반적인 신진대사 속도를 조절 성장과 발달, 체온 조절, 심장 박동수, 소화 기능 등 거의 모든 세포의 활동에 영향
- 문제 발생 시: 부족 시 갑상선 기능 저하증(Hypothyroidism), 과다 시 갑상선 기능 항진증(Hyperthyroidism)을 유발

② **칼시토닌(Calcitonin)** :

- 기능: 혈액 내 칼슘 수치가 너무 높아질 때 뼈로 칼슘을 흡수시켜 혈중 칼슘 수치를 낮춤

❸ 부갑상선(Parathyroid Glands)

갑상선 표면이나 내부의 작고 콩알 같은 모양으로, 보통 4개가 존재한다.

① **부갑상선 호르몬(Parathyroid Hormone, PTH)** :

- 기능: 혈액 내 칼슘 수치가 낮아질 때 분비되어, 뼈에서 칼슘을 혈액으로 방출하고 신장에서 칼슘 재흡수를 촉진하며, 비타민 D 활성화를 통해 장에서 칼슘 흡수를 도움. 결과적으로 혈중 칼슘 수치를 높임
- 문제 발생 시: 부족 시 저칼슘혈증, 과다 시 고칼슘혈증 유발

❹ 부신(Adrenal Glands)

각 신장(Kidney)의 위쪽에 하나씩 얹혀 있는 작은 기관이다. 부신은 바깥쪽의 부신피질(Adrenal Cortex)과 안쪽의 부신수질(Adrenal Medulla)로 구성되며, 각각 다른 호르몬을 분비한다.

① **부신피질 호르몬(Adrenal Cortex Hormones)** : 부신피질은 세 가지 주요 스테로이드 호르몬을 생산한다.

▸ 당질 코르티코이드(Glucocorticoids): 코르티솔(Cortisol)이 대표적이다.

- 기능: 스트레스 반응에 관여하며, 혈당을 높이고, 단백질과 지방 대사에 영향을 미치며, 염증과 면역 반응을 억제
- 문제 발생 시: 과다 분비 시 쿠싱병(Hyperadrenocorticism), 부족 시 애디슨병(Hypoadrenocorticism)을 유발

▸ 무기질 코르티코이드(Mineralocorticoids): 알도스테론(Aldosterone)이 대표적이다.

- 기능: 신장에서 나트륨(Sodium)과 물의 재흡수를 촉진하고 칼륨(Potassium) 배출을 조절하여 혈압과 전해질 균형을 유지

▸ 성 스테로이드(Sex Steroids): 안드로겐(Androgens)이 대표적이다.

- 기능: 소량 분비되며, 성적 발달과 기능에 일부 영향

② **부신수질 호르몬(Adrenal Medulla Hormones)**: 부신수질은 신경계의 영향을 받아 호르몬을 분비한다.

▸ 카테콜아민(Catecholamines): 에피네프린(Epinephrine; 아드레날린)과 노르에피네프린(Norepinephrine; 노르아드레날린)

- 기능: '투쟁 또는 도피(Fight-or-flight)' 반응과 관련되어 있다. 심박수와 혈압을 높이고, 혈당을 증가시키며, 근육으로의 혈류를 증가시켜 몸이 위험에 즉각적으로 반응할 수 있도록 준비

❺ 췌장(Pancreas)

위장 뒤쪽에 위치한 길고 납작한 기관이다. 췌장은 소화 효소를 분비하는 외분비 기능과 함께, 호르몬을 분비하는 내분비 기능도 가지고 있다. 췌장의 내분비 기능은 랑게르한스섬(Islets of Langerhans)이라는 작은 세포 집단에서 이루어진다.

▸ 인슐린(Insulin): 랑게르한스섬의 베타(β) 세포에서 분비된다.

- 기능: 혈액 내 포도당(Glucose) 수치를 낮추는 역할. 포도당이 세포로 흡수되어 에너지원으로 사용되거나 간과 근육에 글리코겐 형태로 저

장되도록 도움

- 문제 발생 시 : 부족 시 당뇨병(Diabetes Mellitus)을 유발

▸ 글루카곤(Glucagon) : 랑게르한스섬의 알파(α) 세포에서 분비된다.

- 기능 : 혈액 내 포도당 수치가 낮아질 때 분비되어, 간에 저장된 글리코겐을 포도당으로 분해하여 혈액으로 방출함으로써 혈당을 높임

인슐린과 글루카곤은 서로 반대되는 작용을 통해 혈당을 일정하게 유지하는 데 핵심적인 역할을 한다.

❻ 생식선(Gonads)

생식선은 성별에 따라 정소(고환)와 난소로 나뉜다.

① **정소(Testes; 수컷) :** 테스토스테론(Testosterone)

- 기능 : 수컷의 이차 성징 발달, 정자 생산, 성욕 유지 및 근육 발달에 관여

② **난소(Ovaries; 암컷) :** 에스트로겐(Estrogen)과 프로게스테론(Progesterone)

- 기능 : 암컷의 이차 성징 발달, 난자 생산 및 배란, 임신 유지, 유선 발달 등에 관여

(2) 전해질 항상성 조절의 핵심 장기

❶ 신장(Kidney)

신장은 전해질 항상성 조절에 가장 중요한 장기이다. 신장은 혈액을 걸러 노폐물을 제거하고, 필요한 전해질과 수분은 재흡수하며, 과도한 전해질은 소변으로 배출하여 체내 균형을 유지한다.

가. 구조

신장은 한 쌍의 콩팥 모양 장기로, 각각 수백만 개의 네프론(Nephron)으로 구성된다. 네프론은 신장의 기본 기능 단위이며, 사구체(Glomerulus), 보먼 주머니(Bowman's Capsule), 세뇨관(Renal Tubule), 집합관(Collecting Duct)으로 구성된다.

나. 기능

- 여과(Filtration): 사구체에서 혈액을 여과하여 물, 전해질, 포도당, 아미노산 등 작은 분자들이 보먼 주머니로 이동
- 재흡수(Reabsorption): 세뇨관을 지나면서 몸에 필요한 물과 전해질(나트륨, 칼륨, 염소, 칼슘 등), 영양분은 혈액으로 다시 흡수. 특히 나트륨 재흡수는 수분 재흡수와 밀접하게 관련되어 체액량 조절에 중요
- 분비(Secretion): 혈액 내의 불필요하거나 과도한 물질(예: 칼륨, 수소 이온)은 세뇨관을 통해 소변으로 능동적으로 분비
- 호르몬 조절:
  - 레닌-안지오텐신-알도스테론 시스템(RAAS): 혈압이 낮아지거나 나트륨 농도가 감소하면 신장에서 레닌(Renin)이 분비. 이는 안지오텐신-II(Angiotensin II)를 활성화시키고, 안지오텐신-II는 부신 피질에서 알도스테론(Aldosterone) 분비를 촉진. 알도스테론은 신장의 세뇨관에서 나트륨과 수분 재흡수를 증가시키고 칼륨 배출을 촉진하여 체액량과 혈압을 높임
  - 항이뇨 호르몬(Antidiuretic Hormone, ADH; 바소프레신 Vasopressin): 시상하부에서 생성되어 뇌하수체 후엽에서 분비되는 호르몬으로, 혈액의 삼투압이 높아지거나 혈액량이 감소할 때 분비. ADH는 신장의 집합관에서 수분 재흡수를 증가시켜 소변량을 줄이고 체내 수분을 보존

❷ 부신(Adrenal Gland)

부신은 신장 위에 위치한 작은 내분비 기관으로, 전해질 균형에 중요한 호르몬을 분비한다.

가. 구조

겉질(Cortex)과 속질(Medulla)로 나뉨. 전해질 조절에 관여하는 호르몬은 주로 겉질에서 분비됨

나. 기능

알도스테론(Aldosterone): 부신 겉질의 최외곽층인 토리층(Zona Glomerulosa)에서 분비되는 미네랄 코르티코이드(Mineralocorticoid) 호르몬. 위에서 설명했듯이 신장에서 나트륨과 수분 재흡수를 증가시키고 칼륨 배설을 촉진하여 혈액량과 혈압을 조절하며, 전해질 균형 유지에 핵심적인 역할

❸ 부갑상선(Parathyroid Gland)

부갑상선은 목에 있는 갑상선 주위에 위치한 작은 내분비 기관으로, 주로 칼슘과 인의 항상성을 조절한다.

가. 구조

보통 4개의 작은 샘으로 구성되어 있음

나. 기능

부갑상선 호르몬(Parathyroid Hormone; PTH): 혈액 내 칼슘 농도가 낮아질 때 분비. PTH는 다음과 같은 방식으로 칼슘 농도를 높임

- 뼈에서 칼슘 방출 촉진
- 신장에서 칼슘 재흡수 증가 및 인 배출 촉진
- 신장에서 비타민 D 활성화 촉진(활성화된 비타민 D는 장에서 칼슘 흡수를 증가시킴)

따라서 PTH는 칼슘 농도를 올리고 인 농도를 낮추는 역할

❹ 위장관(Gastrointestinal Tract)

위장관은 소화와 영양분 흡수뿐만 아니라 전해질과 수분 흡수 및 배설에도 중요한 역할을 한다.

가. 기능

- 흡수: 섭취한 음식물과 물에 포함된 전해질(나트륨, 칼륨, 염소, 칼슘 등)

이 소장과 대장에서 흡수

- 배설: 설사나 구토와 같은 위장관 질환 발생 시 많은 양의 전해질(특히 나트륨, 칼륨, 염소)과 수분이 손실될 수 있으며, 이는 심각한 전해질 불균형을 초래
- 수분 및 전해질 순환: 침, 위액, 담즙, 췌장액 등 소화액에는 많은 양의 전해질이 포함되어 있으며, 이들은 소화 과정에서 분비되고 다시 흡수되는 순환 과정을 거침

❺ 기타 관련 요인

- 호흡기: 폐는 이산화탄소(CO_2) 배출을 통해 산-염기 균형에 기여하며, 이는 전해질(특히 중탄산염) 농도에 영향
- 피부: 땀을 통해 소량의 전해질(주로 나트륨과 염소)이 배출. 심한 발한이나 화상 시에는 전해질 손실이 증가
- 신경계: 뇌는 ADH 분비를 조절하고, 전해질 수치 변화에 대한 감각을 조절하여 항상성 유지에 간접적으로 기여

이처럼 우리 몸의 전해질 항상성은 여러 장기와 호르몬이 복합적으로 작용하여 매우 정교하게 조절된다. 전해질 불균형은 이러한 조절 시스템의 이상이나 외부 요인(질병, 약물, 영양 불균형 등)으로 인해 발생하며, 동물보건사로서 이러한 배경지식을 이해하는 것이 중요하다.

2) 내분비 시스템의 조절: 피드백 루프(Feedback Loop)

내분비 시스템은 대부분 피드백 루프라는 정교한 조절 메커니즘을 통해 호르몬 분비량을 적절하게 유지한다. 이는 마치 보일러의 온도 조절기와 같다. 실내 온도가 너무 낮으면 보일러가 작동하여 온도를 높이고, 목표 온도에 도달하면 보일러가 꺼지는 것과 비슷하다.

(1) 음성 피드백(Negative Feedback)

가장 흔하고 중요한 조절 방식이다. 호르몬의 최종 결과물이 그 호르몬의 분비를 억제하는 방식으로 작동한다.

예 시상하부에서 TRH(갑상선 방출 호르몬) 분비
뇌하수체 전엽을 자극하여 TSH(갑상선 자극 호르몬) 분비
갑상선을 자극하여 갑상선 호르몬(T3, T4) 분비

혈액 내 T3, T4 수치가 충분히 높아지면, 이 호르몬들이 시상하부와 뇌하수체 전엽으로 돌아가 TRH와 TSH의 분비를 억제한다. 이러한 방식으로 몸은 갑상선 호르몬 수치를 과도하게 높이지 않고 적정 수준으로 유지할 수 있다.

(2) 양성 피드백(Positive Feedback)

흔하지는 않지만, 특정 상황에서 발생하여 호르몬의 최종 결과물이 그 호르몬의 분비를 더욱 촉진하는 방식으로 작동한다. 이는 특정 생리적 과정이 빠르게 최대치에 도달해야 할 때 사용된다.

예 분만 시 옥시토신 분비 : 자궁 수축이 시작되면 옥시토신 분비가 증가하고, 옥시토신은 더 강한 자궁 수축을 유발하여 새끼가 태어날 때까지 계속된다. 새끼가 태어나면 자극이 사라져 옥시토신 분비가 멈춘다.

이러한 피드백 조절 메커니즘 덕분에 동물의 몸은 끊임없이 변화하는 외부 환경 속에서도 내부 환경을 안정적으로 유지하고, 호르몬이 너무 많거나 적어서 발생하는 질병을 예방할 수 있다. 동물보건사로서 내분비 질환을 이해하고 관리하기 위해서는 이러한 기본적인 해부학적 위치, 호르몬 기능, 조절 방식에 대한 이해가 필수적이다.

2. 개에서 흔히 발생하는 내분비 및 대사 질환

개들은 사람과 마찬가지로 다양한 내분비 및 대사 질환을 겪을 수 있다. 내분비 질환은 호르몬의 과도한 분비(기능 항진증) 또는 부족한 분비(기능 저하증)로 인해 발생하며, 이는 개의 전신 건강에 광범위한 영향을 미친다. 동물보건사로서 이러한 질환을 조기에 인지하고, 진단 과정을 돕고, 치료 계획을 이해하며, 무엇보다 환자와 보호자에게 적절한 간호와 교육을 제공하는 것은 매우 중요하다.

이 장에서는 개에게 가장 흔하게 발생하는 내분비 및 대사 질환 몇 가지를 자세히 살펴보겠다. 각 질환의 원인, 증상, 진단 방법, 치료 원칙, 동물보건사로서 수행해야 할 중요한 역할과 간호 접근 방식에 대해 알아본다.

1) 개 당뇨병(Diabetes Mellitus; DM)

개 당뇨병은 췌장에서 혈당을 조절하는 인슐린(Insulin)이라는 호르몬이 충분히 생산되지 않거나(제1형 당뇨병), 몸의 세포가 인슐린에 제대로 반응하지 못할 때(제2형 당뇨병) 발생하는 대사성 질환이다. 개에서는 대부분 췌장의 β 세포 파괴로 인한 인슐린 의존성 당뇨병(제1형)이 흔하다. 인슐린이 부족하거나 제 기능을 못 하면 혈액 내 포도당 수치(혈당)가 비정상적으로 높아지게 된다.

(1) 원인 및 발생 기전

- 췌장 손상: 췌장염(Pancreatitis), 췌장 종양 등으로 인해 인슐린을 생산하는 랑게르한스섬의 베타(β) 세포가 파괴되는 것이 가장 흔한 원인
- 유전적 요인: 일부 품종(사모예드, 푸들, 비글, 닥스훈트 등)은 당뇨병에 더 취약한 경향
- 비만: 인슐린 저항성을 증가시켜 당뇨병 발생 위험을 높임

- 호르몬 질환: 쿠싱병(Hyperadrenocorticism)이나 발정 주기의 호르몬 변화(특히 암컷 개)는 인슐린 저항성을 일으켜 당뇨병을 유발하거나 악화
- 약물: 스테로이드(코르티코스테로이드) 장기 투여는 혈당을 높여 당뇨병을 유발하거나 악화

(2) 주요 증상

당뇨병의 전형적인 증상은 네 가지 다증상(poly-symptoms)으로 요약된다.

- 다뇨(Polyuria): 소변량 증가. 높아진 혈당 때문에 신장에서 포도당을 걸러내지 못하고 소변으로 배출하면서 물까지 함께 끌고 나가기 때문
- 다음(Polydipsia): 물 섭취량 증가. 다뇨로 인해 탈수가 발생하여 갈증을 심하게 느끼기 때문
- 다식(Polyphagia): 식욕 증가. 인슐린 부족으로 세포가 포도당을 에너지원으로 사용하지 못해 공복감을 느끼기 때문
- 체중 감소(Weight Loss): 에너지를 얻기 위해 지방과 단백질을 분해하므로 식욕이 왕성함에도 불구하고 체중이 줄어듦
- 기타: 활력 감소, 백내장(특히 개에서 흔함), 반복적인 요로 감염, 피부병 등이 나타날 수 있음

(3) 진단

- 혈액 검사: 지속적인 고혈당(Fasting hyperglycemia) 확인이 중요. 고혈당 외에도 간 효소 증가, 고콜레스테롤혈증 등이 나타날 수 있음
- 뇨 검사: 뇨당(Glucosuria) 및 케톤뇨(Ketonuria) 확인. 케톤뇨는 당뇨병성 케톤산증(Diabetic Ketoacidosis; DKA)의 가능성을 시사
- 과당아민(Fructosamine) 검사: 지난 1~3주간의 평균 혈당 수치를 반영하므로, 스트레스성 일시적 고혈당과 당뇨병을 구별하는 데 유용

(4) 간호 접근

동물보건사는 당뇨병 개의 장기적인 관리와 보호자 교육에 있어 핵심적인 역할을 수행한다.

- 인슐린 주사 교육 및 보조: 보호자에게 인슐린 바이알을 다루는 방법, 올바른 주사기 사용법(인슐린 전용 주사기), 주사 부위 선택(피하 주사), 주사 기술(주사 전 흔들지 않기, 정확한 용량 측정)을 시연하고 반복적으로 교육(Nelson, 2015). 주사 부위 로테이션의 중요성을 강조하여 국소적인 조직 손상이나 인슐린 흡수 불균형을 방지하도록 안내
- 식이 관리 교육: 수의사가 처방한 처방식 사료의 중요성과 일관된 급여 시간 및 양을 보호자에게 명확히 설명. 간식 제한 및 대체 간식(예: 소량의 삶은 닭가슴살)에 대해서도 교육. 갑작스러운 사료 변경은 혈당 변동을 유발할 수 있음을 주지
- 혈당 모니터링 교육 및 보조: 가정에서 혈당을 측정하는 방법(혈당 측정기 사용, 귀나 입술 점막에서 채혈)을 교육. 이는 치료 효과 평가 및 인슐린 용량 조절에 필수적(Marshall et al., 2014). 혈당 수치 기록의 중요성(날짜, 시간, 인슐린 주사량, 급여량, 활동량)을 강조하고, 이상 징후(너무 높거나 낮은 혈당) 발생 시 대처법을 안내. 뇨당 검사 키트를 이용한 가정에서의 모니터링 방법도 교육할 수 있으나, 혈당 측정만큼 정확하지 않음을 설명
- 합병증 관리 및 교육:
  - 저혈당(Hypoglycemia) 증상(활력 저하, 비틀거림, 경련, 혼수) 및 응급 처치(설탕물, 꿀 등을 잇몸에 발라 주기)에 대해 보호자에게 교육하고, 즉시 병원에 연락하도록 안내(Reine & Hupp, 2015).
  - 당뇨병성 케톤산증(DKA)의 증상(구토, 설사, 식욕 부진, 심한 활력 저하, 케톤 냄새 나는 호흡)을 설명하고 응급 상황임을 인지
- 환자 관찰 및 기록: 입원환자의 경우, 매일 혈당을 측정하고 인슐린을 정

확하게 투여. 식욕, 음수량, 뇨량, 활력 변화 등을 면밀히 관찰하고 기록하여 의료진에게 보고. 체중 변화를 주기적으로 측정하여 관리 계획에 반영

- 보호자 심리적 지지: 만성 질환 관리에 대한 보호자의 어려움을 이해하고 지지하며, 질문에 성실히 답변하여 보호자가 치료에 적극적으로 참여할 수 있도록 도움. 정기적인 병원 방문의 중요성을 강조

2) 개 갑상선 기능 저하증(Canine Hypothyroidism)

개 갑상선 기능 저하증은 갑상선에서 갑상선 호르몬(T3, T4)이 충분히 생산되지 않아 몸의 신진대사율이 전반적으로 저하되는 질환이다. 개에게 가장 흔한 내분비 질환 중 하나이다.

(1) 원인 및 발생 기전

원발성 갑상선 기능 저하증(Primary Hypothyroidism): 갑상선 자체의 문제로 인해 발생하며, 개 갑상선 기능 저하증의 95% 이상을 차지

- 림프구성 갑상선염(Lymphocytic Thyroiditis): 자가면역 질환으로, 면역계가 자신의 갑상선을 공격하여 파괴
- 특발성 갑상선 위축(Idiopathic Thyroid Atrophy): 갑상선 조직이 특별한 원인 없이 퇴행하여 기능이 상실
- 이차성 갑상선 기능 저하증(Secondary Hypothyroidism): 뇌하수체에서 갑상선 자극 호르몬(TSH)이 충분히 분비되지 않아 갑상선 기능이 저하되는 경우이다. 드물게 발생
- 품종 소인: 골든 리트리버, 래브라도 리트리버, 도베르만핀셔, 슈나우저, 아일랜드 세터 등에서 발생률이 높음

(2) 주요 증상

갑상선 호르몬은 전신 신진대사에 관여하므로 매우 다양한 증상이 나타난다.

- 활력 저하 및 졸음: 만성적인 피로감과 무기력함을 보임
- 체중 증가: 식사량은 변함없거나 오히려 줄었음에도 불구하고 신진대사율 저하로 체중이 늘어남
- 털 및 피부 문제: 건조하고 푸석한 털, 탈모(특히 몸통 양측 대칭성 탈모), 색소 침착, 피부 감염에 취약해짐. '쥐꼬리' 같은 특징적인 꼬리 털 변화가 나타남
- 체온 저하 및 추위 내성 감소: 항상 춥게 느끼고 따뜻한 곳을 찾아다님
- 신경근 증상: 근육 약화, 경직된 움직임, 심하면 안면 마비, 경련 등이 나타날 수 있음
- 번식 문제: 발정 주기의 불규칙성, 불임 등이 나타날 수 있음
- 서맥(Bradycardia): 심박수가 느려짐

(3) 진단

- 혈액 검사:
  - 총 T4(Total T4, TT4) 측정: 갑상선 기능 저하증 진단의 기본 검사이지만, 스트레스나 다른 질환(Sick Euthyroid Syndrome)에 의해 낮게 나올 수 있어 주의가 필요
  - 자유 T4(Free T4, FT4) 측정: TT4보다 비갑상선 질환의 영향을 덜 받아 더 정확한 지표로 사용
  - 갑상선 자극 호르몬(Thyroid Stimulating Hormone; TSH) 측정: 원발성 갑상선 기능 저하증 환자에서는 갑상선 호르몬이 낮기 때문에 뇌하수체에서 TSH를 더 많이 분비하므로 TSH 수치가 상승(TT4와 FT4는 낮고 TSH는 높은 것이 전형적인 원발성 갑상선 기능 저하증 소견)

- 갑상선 자가항체 검사: 림프구성 갑상선염의 진단에 도움

- 임상 증상 및 신체검사: 전형적인 임상 증상이 진단에 중요한 단서

(4) 간호 접근

동물보건사는 보호자 교육과 환자 관리를 통해 성공적인 치료 결과를 이끌어내는 데 기여한다.

- 약물 투여 교육 및 모니터링: 보호자에게 처방된 레보티록신(Levothyroxine)을 매일 일정한 시간에 투여하는 것의 중요성을 강조. 약물이 음식물에 의해 흡수가 방해될 수 있으므로, 공복에 투여하는 것이 가장 좋음(Peterson, 2012). 정확한 용량 투여를 위한 교육을 실시하고, 약물 투여를 잊었을 경우의 대처법(다음 용량 2배 투여 금지)을 안내. 약물 중단 시 증상 재발에 대해 설명하고 평생 투여의 필요성을 주지
- 임상 증상 변화 관찰 및 기록: 치료 시작 후 활력, 식욕, 체중, 털 상태, 피부 문제 등의 변화를 보호자가 면밀히 관찰하고 기록하도록 교육. 특히 털 성장이나 피부 개선은 시간이 오래 걸릴 수 있음을 설명하여 보호자가 낙담하지 않도록 하는 것이 중요(Dunn et al., 2015). 긍정적인 변화(활력 증가, 체중 감소)와 부정적인 변화(증상 악화, 과다 투여 증상 - 불안, 빈맥, 과호흡 등) 모두 의료진에게 보고하도록 안내
- 정기적인 재검의 중요성: 치료 시작 후 4~8주 간격으로, 그리고 용량 변경 후에도 혈중 갑상선 호르몬 수치(특히 TT4 또는 FT4)를 측정하여 약물 용량을 적절하게 조절해야 함을 보호자에게 설명(Shiel, 2018)
- 체중 관리 및 식이 조언: 신진대사율 저하로 인한 체중 증가가 흔하므로, 치료와 함께 적절한 식이 조절과 운동의 중요성을 교육. 과체중 방지는 추가적인 건강 문제를 예방하는 데 도움
- 보호자 심리적 지원: 갑상선 기능 저하증은 만성 질환이므로, 보호자가 치료 과정에서 지치지 않도록 지속적인 지지와 격려를 제공

3) 개 쿠싱병(Hyperadrenocorticism, Cushing's Disease)

쿠싱병은 부신피질에서 코르티솔(Cortisol)이라는 호르몬이 과도하게 분비되어 발생하는 질환이다. 코르티솔은 스트레스 호르몬으로 알려져 있으며, 이 호르몬이 만성적으로 너무 많아지면 다양한 임상 증상을 유발한다.

(1) 원인 및 발생 기전

- 뇌하수체 의존성 쿠싱병(Pituitary-Dependent Hyperadrenocorticism; PDH): 가장 흔한 형태(80~85 %). 뇌하수체에 종양(대부분 양성)이 생겨 부신피질 자극 호르몬(ACTH)을 과도하게 분비하고, 이 ACTH가 부신을 자극하여 코르티솔을 과잉 생산
- 부신 종양성 쿠싱병(Adrenal-Dependent Hyperadrenocorticism, ADH): 부신 자체에 종양(양성 또는 악성)이 생겨 ACTH의 조절을 받지 않고 코르티솔을 과도하게 분비하는 형태(15~20 %).
- 의인성 쿠싱병(Iatrogenic Cushing's Disease): 스테로이드 약물(코르티코스테로이드)을 장기간 고용량으로 투여했을 때 발생하는 경우

(2) 주요 증상

증상은 서서히 진행되며 비특이적이어서 초기에는 알아채기 어려울 수 있다.

- 다뇨 및 다음(Polyuria, Polydipsia): 가장 흔한 증상 중 하나. 코르티솔이 신장에서 물의 재흡수를 방해하고 갈증 중추를 자극
- 다식(Polyphagia): 식욕이 매우 증가
- 복부 팽만(Pot-bellied appearance): 복부 근육 약화와 간 비대, 지방 재분배로 인해 배가 불룩하게 나옴
- 털 및 피부 문제: 대칭성 탈모(특히 몸통, 옆구리), 얇고 탄력 없는 피부, 피부 석회화, 피부 감염에 취약

- 근육 약화: 다리 근육이 약해져 잘 걷지 못하거나 계단 오르내리기를 힘들어함
- 활력 저하 및 숨참: 숨을 헐떡이거나 쉽게 지침
- 기타: 췌장염, 당뇨병, 요로 감염, 고혈압 등이 동반

(3) 진단

진단은 복잡하며 여러 검사를 종합하여 판단한다.

- 혈액 검사: 알칼리성 인산분해효소(ALP) 및 알라닌 아미노전이효소(ALT) 증가, 콜레스테롤 및 혈당 증가, 혈구 수치 변화 등이 나타날 수 있음
- 뇨 검사: 요비중 감소, 단백뇨, 뇨로 감염 소견 등이 나타날 수 있음
- 선별 검사:
  - 저용량 덱사메타손 억제 검사(Low-Dose Dexamethasone Suppression Test, LDDS): 쿠싱병 진단에 가장 널리 사용되는 검사
  - ACTH 자극 검사(ACTH Stimulation Test): 부신피질의 기능을 평가하며, 특히 의인성 쿠싱병과 애디슨병 진단에 유용
  - 뇨 코르티솔/크레아티닌 비율(Urine Cortisol:Creatinine Ratio; UCCR): 매우 민감하지만 특이성이 낮아 선별 검사로 사용
- 감별 검사:
  - 고용량 덱사메타손 억제 검사(High-Dose Dexamethasone Suppression Test; HDDS): 뇌하수체 의존성 쿠싱병과 부신 종양성 쿠싱병을 감별하는 데 도움
  - 내인성 ACTH 측정: 부신 종양성 쿠싱병에서는 ACTH가 억제되어 낮게 나타나고, 뇌하수체 의존성 쿠싱병에서는 ACTH가 정상~높게 나타남
- 영상 진단: 복부 초음파(부신 크기 평가, 종양 확인), 뇌 MRI(뇌하수체 종양 확인) 등이 필요할 수도 있음

(4) 간호 접근

쿠싱병 환자는 평생 관리가 필요한 경우가 많으므로, 세심한 간호와 보호자 교육이 중요하다.

- 약물 투여 교육 및 모니터링: 보호자에게 트릴로스탄(Trilostane)과 같은 약물을 음식과 함께 투여해야 흡수율이 높아진다는 점을 명확히 교육. 매일 일정한 시간에 투여하는 것이 중요(Feldman & Nelson, 2013). 약물 과다 투여 시 나타날 수 있는 부신 기능 저하증(애디슨 위기) 증상(구토, 설사, 식욕 부진, 활력 저하, 기립 불능)에 대해 교육하고, 이러한 증상이 나타나면 즉시 병원에 연락하도록 안내(Mooney & Peterson, 2012)
- 임상 증상 변화 관찰 및 기록: 치료 시작 후 음수량, 뇨량, 식욕, 활력, 피부 상태, 복부 팽만 정도 등의 변화를 보호자가 면밀히 관찰하고 기록하도록 교육. 증상 호전은 수개월에 걸쳐 서서히 나타날 수 있음을 설명하여 보호자를 안심시킴
- 정기적인 모니터링: 치료 초기에는 수주 간격으로, 안정화되면 수개월 간격으로 ACTH 자극 검사 및 전해질 검사를 통해 약물 용량을 조절해야 함을 보호자에게 설명(Behrend et al., 2013). 이 검사는 약물 투여 후 4~6시간 뒤에 실시하는 것이 일반적
- 피부 관리: 쿠싱병 환자는 피부가 얇고 감염에 취약하므로, 정기적인 목욕(피부 자극이 적은 약용 샴푸 사용)과 함께 피부 병변 발생 시 즉시 치료받도록 안내
- 영양 및 체중 관리: 다식 증상으로 인한 과체중을 막기 위해 저칼로리, 고섬유질 식단을 권장하고, 정해진 양만 급여하도록 교육
- 보호자 심리적 지원: 쿠싱병은 복잡하고 장기적인 관리가 필요한 질환이므로, 보호자의 이해와 협조가 필수. 보호자의 질문에 인내심을 가지고 답변하며, 질병 관리에 대한 동기를 부여

4) 개 애디슨병(Hypoadrenocorticism, Addison's Disease)

애디슨병은 부신피질에서 코르티솔(Cortisol)과 알도스테론(Aldosterone)이라는 중요한 호르몬의 분비가 부족하여 발생하는 질환이다. '그레이트 이미테이터(Great Imitator)'라고 불릴 정도로 증상이 비특이적이고 다른 질환과 유사하게 나타나 진단이 어려울 수 있다.

(1) 원인 및 발생 기전

- 원발성 애디슨병(Primary Hypoadrenocorticism): 부신 자체의 문제로 인해 코르티솔과 알도스테론 모두 부족해지는 경우가 대부분
- 면역 매개성 파괴(Immune-mediated destruction): 자가면역 반응으로 인해 부신피질 조직이 파괴되는 것이 가장 흔한 원인
- 종양, 감염, 약물(예: Mitotane 과다 투여): 드물게 발생할 수 있음
- 이차성 애디슨병(Secondary Hypoadrenocorticism): 뇌하수체에서 부신피질 자극 호르몬(ACTH) 분비가 부족하여 코르티솔만 부족해지는 경우. 알도스테론은 정상으로 유지되는 경우가 많음
- 의인성 애디슨병(Iatrogenic Addison's Disease): 장기간 스테로이드 약물을 투여하다가 갑자기 중단했을 때 부신이 정상적으로 기능할 시간을 갖지 못해 발생하는 일시적인 기능 저하증

(2) 주요 증상

애디슨병의 증상은 매우 다양하고 간헐적으로 나타날 수 있으며, 스트레스 상황에서 악화되는 경향이 있다.

- 활력 저하 및 무기력증: 만성적인 피로와 기력 저하가 가장 흔함
- 식욕 부진, 구토, 설사: 소화기 증상이 흔하게 나타나 다른 위장 질환으로 오인

- 체중 감소: 만성적인 소화기 문제로 인해 나타남
- 다음 및 다뇨: 알도스테론 부족으로 신장에서 나트륨 재흡수 및 칼륨 배설이 잘 안되어 전해질 불균형이 발생하고, 이로 인해 신장 기능에 영향을 미쳐 나타날 수 있음
- 떨림, 근육 약화: 전해질 불균형(특히 고칼륨혈증)으로 인해 발생
- 탈수: 구토, 설사, 다뇨 등으로 인해 탈수 상태
- 서맥(Bradycardia): 고칼륨혈증으로 인해 심박수가 느려짐
- 발작, 혼수: 심한 전해질 불균형이나 혈당 저하 시 발생할 수 있음
- 애디슨 위기(Addisonian Crisis): 심각한 스트레스 상황에서 갑자기 발생하는 응급 상황으로, 심한 쇼크, 저혈압, 심각한 구토 및 설사, 심장 부정맥 등으로 생명을 위협할 수 있음

(3) 진단

- 혈액 검사:
  - 전해질 불균형: 고칼륨혈증(Hyperkalemia) 및 저나트륨혈증(Hyponatremia)이 특징적으로 나타나며, 나트륨/칼륨 비율(Na:K ratio)이 27:1 미만인 경우가 많음
  - 신기능 수치 증가: 탈수로 인한 혈액 농축으로 혈액요소질소(BUN) 및 크레아티닌(Creatinine) 수치가 일시적으로 증가할 수 있음
  - 혈당 저하, 백혈구 감소증 등이 나타날 수 있음
- ACTH 자극 검사(ACTH Stimulation Test): 애디슨병 진단에 있어 확정적인 검사. ACTH를 주사한 후 코르티솔 수치가 거의 증가하지 않거나 매우 낮게 유지되는 것을 확인
- 영상 진단: 복부 초음파(작아진 부신 확인) 등이 진단에 도움이 될 수 있음

(4) 간호 접근

애디슨병 환자는 특히 응급 상황 발생 시 빠른 대처가 중요하며, 보호자 교육을 통한 철저한 관리가 필수적이다.

- 응급 상황 대처 지원(애디슨 위기):
  - 애디슨 위기 환자 입원 시 빠른 정맥로 확보 및 수액 주입 보조, 활력 징후(심박수, 호흡수, 혈압, 체온) 및 혈당 모니터링을 수행
  - 응급 약물(스테로이드, 혈압 상승제 등) 준비 및 투여를 보조
  - 혈액 샘플 채취 및 전해질 검사를 신속히 진행하여 의료진의 진단 및 치료 결정을 도움
- 약물 투여 교육 및 모니터링:
  - 보호자에게 프레드니솔론과 DOCP 주사제(또는 플루드로코르티손 경구제)의 정확한 용량과 투여 주기를 교육. DOCP 주사제의 경우 주사 기술(피하 주사) 교육도 필요할 수 있음(Peterson, 2012)
  - 평생 약물 투여의 중요성과 약물 중단 시 발생할 수 있는 위험성(애디슨 위기)을 강조
  - 스트레스 상황(수술, 장거리 여행, 입원 등) 시 수의사와 상의하여 스테로이드 용량을 일시적으로 늘려야 함을 교육
- 임상 증상 변화 관찰 및 기록: 치료 시작 후 활력, 식욕, 구토/설사 여부, 음수량, 뇨량, 떨림 등의 변화를 보호자가 세심하게 관찰하고 기록하도록 교육. 특히 애디슨 위기를 시사하는 증상(심한 구토/설사, 기립 불능, 혼수) 발생 시 즉시 병원에 연락하도록 안내(Schoeman, 2010)
- 정기적인 모니터링:
  - 약물 치료 중에는 정기적으로 혈액 전해질(나트륨, 칼륨) 및 신장 수치를 검사하여 약물 용량을 조절해야 함을 보호자에게 설명(Behrend et al., 2013)

- DOCP 주사제 투여 환자의 경우, 다음 주사 예정일 직전에 전해질 검사를 실시하여 알도스테론 보충이 적절한지 평가

• 보호자 심리적 지원: 애디슨병은 예측 불가능한 응급 상황이 발생할 수 있는 질환이므로, 보호자의 불안감을 이해하고 심리적 지지를 제공. 만성 질환 관리의 어려움을 공감하고, 보호자가 질문할 수 있는 환경을 조성

3. 개에서 흔히 발생하는 전해질 불균형

개는 다양한 질병과 상황으로 인해 전해질 불균형을 겪을 수 있다. 동물보건사는 이러한 불균형의 원인, 증상 및 기본적인 관리 원칙을 이해하고 있어야 효과적인 간호와 모니터링을 수행할 수 있다. 이 장에서는 개에서 흔히 발생하는 주요 전해질 불균형과 그 관리 방법에 대해 다룬다.

1) 나트륨(Na^+) 불균형

나트륨은 세포 외액의 주요 양이온이며, 체액량과 삼투압을 조절하는 데 핵심적인 역할을 한다.

(1) 고나트륨혈증(Hypernatremia): 혈중 나트륨 농도 155mEq/L 초과

❶ 정의

혈액 내 나트륨 농도가 비정상적으로 높은 상태로, 일반적으로 체내 수분 부족 또는 과도한 나트륨 섭취로 인해 발생하며, 물 부족이 가장 흔한 원인이다. 나트륨 농도가 높으면 세포 내에서 물이 빠져나가 세포가 쪼그라들게 된다. 특히 뇌세포에 영향을 미쳐 신경학적 증상을 유발한다.

❷ 주요 원인

- 순수 수분 손실: 설사, 구토, 요붕증(diabetes insipidus), 신장 질환, 발열, 호흡 증가 등으로 인해 물만 과도하게 손실되고 나트륨은 유지되거나 더 농축될 때 발생. 충분한 물 섭취가 이루어지지 않을 때 더욱 심화
- 불충분한 수분 섭취: 물을 마실 수 없거나 물에 접근할 수 없는 상황(예: 탈수된 동물, 혼수상태 동물)
- 과도한 나트륨 섭취: 드물지만 염분 과다 섭취(예: 염분이 많은 음식, 바닷물 섭취)
- 이뇨제 사용: 특정 이뇨제(예: 루프 이뇨제)는 물보다 나트륨 배출을 더 적게 유발하여 고나트륨혈증을 초래

❸ 임상 증상

- 주로 신경학적 증상: 갈증 증가, 기면, 약화, 혼미, 발작, 혼수(특히 나트륨 농도가 급격히 상승하거나 매우 높은 경우).
- 탈수 징후: 점막 건조, 피부 탄력 감소, 안구 함몰

❹ 일반적인 관리 원칙

- 원인 교정: 수분 손실의 원인을 파악하고 교정
- 수분 보충: 천천히 그리고 점진적으로 수분을 보충하는 것이 중요. 너무 빠르게 나트륨 농도를 교정하면 뇌부종을 유발. 등장성 수액(예: 0.9 % NaCl)보다는 저장성 수액[예: 5 % 덱스트로스 수액(D5W), 0.45 % NaCl 수액]을 사용. 경구 수분 섭취가 가능한 경우, 신선한 물을 충분히 제공
- 모니터링: 혈중 나트륨 농도, 혈당, 소변량, 임상 증상을 면밀히 모니터링

(2) 저나트륨혈증(Hyponatremia): 혈중 나트륨 농도 140mEq/L 미만

❶ 정의

혈액 내 나트륨 농도가 비정상적으로 낮은 상태를 말한다. 이는 나트륨 손실

이 과도하거나 체내 수분이 과도하게 증가하여 나트륨이 희석될 때 발생한다. 나트륨 농도가 낮아지면 세포 외액의 삼투압이 감소하여 물이 세포 안으로 이동하게 되고, 그 결과 세포가 부어오르게 된다. 뇌세포의 부종은 심각한 신경학적 문제를 일으킬 수 있다.

❷ 주요 원인

- 나트륨 손실 증가: 심한 구토, 설사, 신장 질환(특히 나트륨 손실성 신장병), 애디슨병(Addison's disease, 부신피질 기능저하증으로 알도스테론 부족), 화상
- 과도한 수분 축적(희석성 저나트륨혈증): 심부전, 간부전, 신부전, 부적절한 항이뇨 호르몬 분비 증후군(SIADH), 과도한 저장성 수액 투여
- 삼투성 물질의 증가: 고혈당증(당뇨병)은 세포 외액의 삼투압을 높여 세포 내액이 세포 외액으로 이동하게 만들고, 이로 인해 나트륨 농도가 희석된 것처럼 보일 수 있음(가성 저나트륨혈증)

❸ 임상 증상

- 경미한 경우: 무증상 또는 비특이적 증상(기면, 식욕 부진, 구토)
- 심한 경우(특히 급성 발병 시): 신경학적 증상(혼미, 발작, 운동실조, 혼수), 약화, 구토. 뇌부종으로 인해 증상이 나타남

❹ 일반적인 관리 원칙

- 원인 교정: 저나트륨혈증의 근본 원인을 치료
- 수분 제한: 희석성 저나트륨혈증의 경우 수분 섭취를 제한
- 나트륨 보충
- 급성 또는 심한 저나트륨혈증(신경학적 증상 동반): 3 % 또는 7.5 % NaCl과 같은 고장성 식염수(Hypertonic Saline)을 매우 조심스럽게 투여하여 나트륨 농도를 빠르게 올릴 수 있음. 이 경우, 나트륨 농도를 너무 빠르게 교정하면 삼투성 수초 용해 증후군(Osmotic Demyelination Syndrome)이라

는 심각한 신경학적 부작용을 유발할 수 있으므로, 교정 속도를 철저히 모니터링

- 만성 또는 경미한 저나트륨혈증: 천천히 교정하는 것이 중요하며, 등장성 수액 또는 나트륨이 함유된 경구 보충제를 사용.
- 모니터링: 혈중 나트륨 농도, 임상 증상(특히 신경학적 증상), 소변량을 면밀히 모니터링

2) 칼륨(K^+) 불균형

칼륨은 세포 내액의 주요 양이온이며, 신경 및 근육 기능(특히 심장 근육)에 매우 중요하다.

(1) 고칼륨혈증(Hyperkalemia): 혈중 칼륨 농도 5.5mEq/L 초과

❶ 정의

혈액 내 칼륨 농도가 비정상적으로 높은 상태를 말한다. 칼륨은 주로 신장을 통해 배설되므로, 신장 기능 이상이 주요 원인이 될 수 있다. 고칼륨혈증은 심장에 심각한 영향을 미쳐 치명적인 부정맥을 유발할 수 있다.

❷ 주요 원인

- 신장 배설 감소: 급성 신장 손상(AKI), 요도 폐색(특히 수컷 고양이에서 흔하지만 개에서도 발생), 부신피질 기능저하증(Addison's disease, 알도스테론 부족으로 신장에서 나트륨 재흡수 감소 및 칼륨 배설 감소)
- 세포 내 칼륨의 세포 외액 이동: 산증(Acidosis), 조직 손상(예: 외상, 심한 화상, 횡문근융해증), 종양 용해 증후군
- 과도한 칼륨 섭취: 드물지만 칼륨 보충제 과다 투여, 칼륨이 풍부한 음식 과다 섭취
- 약물: ACE 억제제, 칼륨 보존성 이뇨제

- 가성 고칼륨혈증(Pseudohyperkalemia): 채혈 과정 중 적혈구 용혈(hemolysis)로 인해 세포 내 칼륨이 혈액으로 방출되어 검사 결과가 높게 나올 수 있음

❸ 임상 증상

- 심장계: 서맥, 심장 부정맥, 심전도(ECG) 변화(예: 높은 T파, QRS 복합체 넓어짐, P파 소실). 심하면 심장 마비로 이어질 수 있음
- 신경근계: 약화, 기면, 혼미, 허탈
- 위장관계: 구토, 설사

❹ 일반적인 관리 원칙

- 즉각적인 치료: 심각한 고칼륨혈증은 생명을 위협할 수 있으므로 신속한 처치가 필요
- 칼륨의 세포 내 이동 촉진
  - 인슐린 + 덱스트로스: 인슐린은 칼륨을 세포 안으로 이동시키며, 저혈당 방지를 위해 덱스트로스와 함께 투여
  - 중탄산나트륨(Sodium Bicarbonate): 산증을 교정하여 칼륨을 세포 안으로 이동시키는 데 도움
- 심장 보호: 칼슘 글루코네이트(Calcium Gluconate): 칼슘은 심장 세포막을 안정화시켜 칼륨의 심장 독성 효과를 상쇄하지만, 혈중 칼륨 농도를 낮추지는 않음
- 칼륨 배출 촉진:
  - 수액 요법: 등장성 수액을 정맥 투여하여 신장을 통한 칼륨 배출을 증가
  - 이뇨제: 푸로세미드(Furosemide) 등의 루프 이뇨제는 칼륨 배출을 촉진
  - 투석: 심각한 신부전 환자에서는 투석이 필요할 수 있음
- 원인 치료: 요도 폐색 제거, 애디슨병 치료 등 근본 원인을 해결
- 모니터링: 혈중 칼륨 농도, 심전도(ECG), 임상 증상을 지속적으로 모니터링

(2) 저칼륨혈증(Hypokalemia): 혈중 칼륨 농도 3.5mEq/L 미만

❶ 정의

혈액 내 칼륨 농도가 비정상적으로 낮은 상태를 말한다. 만성 신장 질환을 앓는 개에서 흔히 관찰될 수 있으며, 심장, 신경, 근육 기능에 영향을 준다.

❷ 주요 원인

- 칼륨 손실 증가:
  - 위장관 손실: 심한 구토, 설사, 식욕 부진으로 인한 섭취 부족
  - 신장 손실: 만성 신장 질환(특히 요붕증), 이뇨제 사용(푸로세미드), 알도스테론 과다 분비(원발성 알도스테론증)
- 불충분한 칼륨 섭취: 장기간의 식욕 부진, 칼륨이 부족한 식단
- 세포 외 칼륨의 세포 내 이동: 알칼리증(Alkalosis), 인슐린 과다 투여

❸ 임상 증상

- 신경근계: 근육 약화, 기면, 운동 실조, 심한 경우 마비
- 심장계: 부정맥, 심전도(ECG) 변화(예: U파, PR 간격 연장, T파 평탄화)
- 위장관계: 식욕 부진, 구토, 변비(장 운동성 감소)
- 신장계: 다음(Polydipsia, 물 많이 마심), 다뇨(Polyuria, 소변 많이 봄)

❹ 일반적인 관리 원칙

- 칼륨 보충:
  - 경구 보충: 칼륨 클로라이드(Potassium Chloride) 보충제를 경구 투여하는 것이 가장 안전하고 효과적인 방법
  - 정맥 보충: 심각한 저칼륨혈증이나 경구 투여가 불가능한 경우, 정맥 수액에 칼륨을 첨가하여 투여. 칼륨을 너무 빠르게 정맥 투여하면 심장 독성을 유발할 수 있으므로, 주입 속도를 엄격하게 조절(일반적으로 0.5 mEq/kg/hr를 초과하지 않음)

- 원인 치료: 근본 원인(예: 신장 질환 관리, 구토/설사 치료)을 해결
- 모니터링: 혈중 칼륨 농도, 심전도(ECG), 임상 증상을 지속적으로 모니터링

3) 칼슘(Ca^{2+}) 불균형

칼슘은 뼈 건강뿐만 아니라 신경 전달, 근육 수축, 혈액 응고 등 다양한 생리적 과정에 필수적인 미네랄이다.

(1) 고칼슘혈증(Hypercalcemia): 혈중 칼슘 농도 12mg/dL(총 칼슘), 또는 이온화 칼슘 1.4mmol/L 초과

❶ 정의

혈액 내 칼슘 농도가 비정상적으로 높은 상태로, 개에서 고칼슘혈증은 심각한 기저 질환의 징후일 수 있으며, 신장 손상을 유발한다.

❷ 주요 원인

- 종양(가장 흔한 원인): 림프종, 항문낭선 암종, 다발성 골수종, 기타 암종 등이 부갑상선 호르몬 관련 펩타이드(PTHrP)를 분비하여 칼슘 농도를 증가
- 부갑상선 기능 항진증(Primary Hyperparathyroidism): 부갑상선 종양 등으로 인해 PTH가 과도하게 분비되어 뼈에서 칼슘을 과도하게 방출하고 신장에서 칼슘 재흡수를 증가
- 신부전: 만성 신부전 말기에 칼슘 농도가 상승할 수 있음
- 비타민 D 중독: 쥐약 섭취, 비타민 D 보충제 과다 복용
- 골수염, 골 종양: 뼈 파괴로 인한 칼슘 방출
- 애디슨병(Addison's disease): 부신피질 기능저하증의 25~30 %에서 고칼슘혈증이 나타날 수 있음
- 성장기 대형견: 드물게 나타날 수 있음

❸ 임상 증상(PU/PD, Weakness, Anorexia, Vomiting - 다뇨, 다음, 약화, 식욕 부진, 구토)

- 신장계: 다음(Polydipsia), 다뇨(Polyuria) – 고칼슘혈증은 신장의 농축 능력을 저하시켜 발생
- 위장관계: 식욕 부진, 구토, 변비
- 신경근계: 기면, 약화, 떨림
- 심장계: 부정맥

❹ 일반적인 관리 원칙

- 원인 치료: 기저 질환(예: 종양, 부갑상선 종양)을 진단하고 치료하는 것이 가장 중요
- 수액 요법: 0.9 % NaCl과 같은 등장성 식염수를 대량으로 정맥 투여하여 칼슘 배출을 촉진하고 탈수를 교정. 나트륨은 신장에서 칼슘 배출과 함께 움직이는 경향
- 이뇨제: 푸로세미드(Furosemide)와 같은 루프 이뇨제는 수액 요법과 병행하여 칼슘 배출을 더욱 증가. 단, 탈수를 교정한 후에 사용
- 코르티코스테로이드(Corticosteroids): 일부 종양 관련 고칼슘혈증에서 효과적일 수 있으며, 비타민 D 중독 시 장에서 칼슘 흡수를 줄이는 데 도움
- 비스포스포네이트(Bisphosphonates): 뼈 파괴를 억제하여 칼슘 방출을 줄이는 데 사용될 수 있음
- 모니터링: 혈중 칼슘 농도(총 칼슘 및 이온화 칼슘), 신장 기능 지표, 임상 증상을 면밀히 모니터링

(2) 저칼슘혈증(Hypocalcemia): 혈중 총 칼슘 농도 8.0mg/dL 또는 이온화 칼슘 1.0mmol/L 미만

❶ 정의

혈액 내 칼슘 농도가 비정상적으로 낮은 상태를 말한다. 급성 저칼슘혈증은

생명을 위협하는 응급 상황으로, 심각한 신경근육 증상을 유발한다.

❷ 주요 원인

- 부갑상선 기능 저하증(Hypoparathyroidism): PTH 분비가 부족하여 뼈에서 칼슘 방출이 감소하고 신장에서 칼슘 재흡수가 줄어듦
- 산욕열(Puerperal Tetany, Eclampsia): 출산 후 수유 중인 암컷 개에서 칼슘이 모유로 과도하게 빠져나가 발생
- 췌장염: 염증으로 인해 유리 지방산이 칼슘과 결합하여 침착(지방괴사)
- 급성 신부전: 신장에서 비타민 D 활성화 감소 및 인 배설 장애(인산염 증가로 칼슘 침착)
- 에틸렌글리콜 중독(부동액 중독): 대사 산물인 옥살산이 칼슘과 결합하여 침착
- 종양 용해 증후군: 암 치료 후 세포가 급격히 파괴되면서 인산염이 방출되어 칼슘과 결합
- 장 질환: 흡수 부전으로 인한 칼슘 흡수 장애
- 알칼리증: 혈액 pH가 높아지면 이온화 칼슘이 단백질에 더 많이 결합하여 생체 이용 가능한 이온화 칼슘 농도가 감소
- 패혈증, 쇼크: 다양한 메커니즘으로 인해 발생할 수 있음

❸ 임상 증상

- 신경근계(가장 흔함): 떨림(Tremors), 근육 경련(Muscle Spasms), 운동실조, 불안, 과민 반응, 경직, 발작
- 심장계: 서맥, 저혈압, 부정맥, 심전도(ECG) 변화(예: QT 간격 연장)
- 기타: 다음(Polydipsia, 물 많이 마심), 구토, 식욕 부진

❹ 일반적인 관리 원칙

- 칼슘 보충:
  - 급성 저칼슘혈증(증상 동반): 칼슘 글루코네이트(Calcium Gluconate)를

정맥 투여. 매우 천천히 주입해야 하며, 심장 독성(서맥, 부정맥) 발생 여부를 심전도 모니터링하면서 주의 깊게 관찰. 너무 빠른 주입은 심장 마비를 유발

- 만성 저칼슘혈증: 경구 칼슘 보충제와 활성 비타민 D(칼시트리올 Calcitriol)를 함께 투여. 비타민 D는 장에서 칼슘 흡수를 도움

• 원인 치료: 기저 질환(예: 췌장염 치료, 산욕열 관리)을 해결
• 모니터링: 혈중 칼슘 농도(특히 이온화 칼슘), 심전도(ECG), 임상 증상(떨림, 발작)을 지속적으로 모니터링

4) 기타 전해질 불균형(인, 마그네슘)

인과 마그네슘 불균형도 개에서 발생할 수 있으며, 이들은 종종 칼슘 불균형과 함께 나타난다.

(1) 고인산혈증(Hyperphosphatemia)

❶ 정의

혈액 내 인산염 농도가 비정상적으로 높은 상태를 말한다.

❷ 주요 원인

급성 및 만성 신부전(신장에서 인산염 배설 감소), 부갑상선 기능 저하증, 비타민 D 중독, 종양 용해 증후군, 성장기 동물(정상적인 생리적 현상일 수 있음)

❸ 임상 증상

대개 무증상이나, 칼슘과 결합하여 저칼슘혈증을 유발하고 이와 관련된 증상(떨림, 발작)이 나타날 수 있다. 연조직 석회화를 유발

❹ 일반적인 관리 원칙

기저 질환 치료. 신장 질환의 경우 인산염 흡착제, 저인 식단. 수액 요법을 통

해 신장 배설을 촉진

(2) 저인산혈증(Hypophosphatemia)

❶ 정의

혈액 내 인산염 농도가 비정상적으로 낮은 상태

❷ 주요 원인

당뇨병성 케톤산증 치료(인슐린 투여로 인이 세포 내로 이동), 흡수 부전, 비타민 D 결핍, 부갑상선 기능 항진증, 패혈증

❸ 임상 증상

심각한 경우 근육 약화, 용혈성 빈혈, 면역 기능 저하

❹ 일반적인 관리 원칙

기저 질환 치료. 경구 또는 정맥 인산염 보충

(3) 고마그네슘혈증(Hypermagnesemia)

❶ 정의

혈액 내 마그네슘 농도가 비정상적으로 높은 상태

❷ 주요 원인

신부전(신장에서 마그네슘 배설 감소), 마그네슘 함유 제산제나 하제 과다 투여

❸ 임상 증상

심한 경우 저혈압, 서맥, 근육 약화, 반사 감소, 혼수, 호흡 억제

❹ 일반적인 관리 원칙

기저 질환 치료. 수액 요법, 이뇨제. 심장 독성 발생 시 칼슘 글루코네이트 투여

(4) 저마그네슘혈증(Hypomagnesemia)

❶ 정의

혈액 내 마그네슘 농도가 비정상적으로 낮은 상태를 말한다.

❷ 주요 원인

위장관 질환(흡수 부전, 심한 설사), 신장 질환(마그네슘 손실 증가), 이뇨제 사용, 췌장염. 종종 저칼륨혈증, 저칼슘혈증과 동반

❸ 임상 증상

신경근 과흥분성(떨림, 발작), 심장 부정맥, 근육 약화

❹ 일반적인 관리 원칙

기저 질환 치료. 마그네슘 보충제 경구 또는 정맥 투여(천천히 투여)

4. 고양이에서 흔히 발생하는 내분비 및 대사 질환

고양이는 강아지와는 다른 종류의 내분비 질환에 더 취약하거나, 같은 질환이라도 다른 임상 양상과 치료 반응을 보일 수 있다. 특히 고령의 고양이에서 발생하는 내분비 질환은 체중 감소, 행동 변화 등 노화와 혼동하기 쉬운 증상을 나타내기 때문에 세심한 관찰과 정확한 진단이 중요하다. 동물보건사는 이러한 고양이 특유의 내분비 질환에 대한 깊은 이해를 바탕으로, 섬세한 환자 관리와 보호자 교육을 제공해야 한다.

이 장에서는 고양이에게 가장 흔하게 발생하는 내분비 및 대사 질환을 중점적으로 다룬다. 각 질환의 특징, 증상, 진단 방법, 치료 원칙, 고양이 환자에게 특화된 동물보건사의 역할과 접근 방식에 대해 상세히 알아본다.

1) 고양이 갑상선 기능 항진증(Feline Hyperthyroidism)

고양이 갑상선 기능 항진증은 갑상선에서 갑상선 호르몬(T3, T4)이 과도하게 분비되어 몸의 신진대사율이 비정상적으로 높아지는 질환이다. 중년 이상의 고양이에서 흔히 발생하며, 고양이에서 가장 흔한 내분비 질환 중 하나이다.

❶ 원인 및 발생 기전

- 양성 종양(Adenoma): 갑상선 조직의 98 % 이상이 양성 종양(선종)으로 인해 발생하며, 하나 또는 양쪽 갑상선이 비대
- 악성 종양(Carcinoma): 드물게(2 % 미만) 갑상선 암에 의해 발생할 수도 있음
- 환경 요인: 특정 식이(예: 높은 요오드 함량), 환경적 독소 등이 관련될 수 있다는 연구가 있지만 명확히 밝혀지지는 않았음

❷ 주요 증상

갑상선 호르몬 과잉 분비로 인해 전신 신진대사가 가속화되면서 다양한 증상이 나타난다.

- 체중 감소(Weight Loss): 식욕은 왕성하거나 오히려 증가했음에도 불구하고 신진대사 항진으로 인해 체중이 급격히 줄어듦
- 다식(Polyphagia): 매우 심한 식욕 증가를 보임
- 다음 및 다뇨(Polydipsia, Polyuria): 갈증과 소변량이 증가
- 활력 증가 및 불안정: 과잉 활동, 과도한 울음, 공격성 또는 불안한 행동을 보일 수 있음
- 구토 및 설사: 소화기계의 운동성 증가로 인해 나타남
- 털 및 피부 문제: 털이 푸석해지거나 엉키고, 그루밍을 게을리하여 털 상태가 불량
- 심장 증상: 빈맥(Tachycardia), 심장 잡음, 부정맥, 심비대(Hypertrophic

Cardiomyopathy) 등이 나타날 수 있음

- 근육 약화: 뒷다리 근육 약화가 관찰될 수 있음

❸ 진단

- 혈액 검사:
  - 총 T4(Total T4, TT4) 측정: 갑상선 기능 항진증 진단의 핵심 검사. 대부분의 환자에서 TT4 수치가 현저히 상승
  - 자유 T4(Free T4, FT4) 측정: TT4가 정상 범위이거나 경계선에 있을 때 추가적으로 실시하여 진단을 확정하는 데 도움
  - 신장 수치 모니터링: 갑상선 기능 항진증은 신부전 증상을 가릴 수 있으므로, 치료 전후 신장 기능 평가가 매우 중요
- 신체검사: 목 부위의 갑상선 비대(촉진 시 확인 가능)가 중요한 단서
- 방사선/초음파 검사: 갑상선 종양의 크기, 위치, 침습 여부 평가에 도움
- 갑상선 스캔(Thyroid Scintigraphy): 갑상선 활성도를 평가하고, 이소성(ectopic) 갑상선 조직이나 악성 종양을 확인하는 데 가장 정확한 진단 방법

❹ 간호 접근

고양이 갑상선 기능 항진증은 장기적인 관리와 섬세한 접근이 필요하다.

- 약물 투여 교육 및 보조:
  - 보호자에게 메티마졸(Methimazole) 경구 약물 또는 경피 젤의 정확한 용량, 투여 시간 및 주기를 교육. 경구 약물은 고양이에게 투여하기 어려울 수 있으므로, 약물 투여 기술(예: 약물 분쇄 후 음식에 섞기, 필건 사용)을 시연하여 보호자의 어려움을 덜어 줌(Little, 2012)
  - 경피 젤 사용 시에는 보호자에게 장갑 착용의 중요성(약물 흡수 방지), 적용 부위(귀 안쪽) 및 마사지 방법을 교육
  - 약물 부작용(식욕 부진, 구토, 활력 저하, 혈액학적 이상-백혈구 감소증, 혈소판 감소증 등)에 대해 설명하고, 이러한 증상 발생 시 즉시 의료진

에게 알리도록 안내(Peterson & Guterl, 2015)

- 식이 관리 교육:
  - 요오드 제한 식이를 처방받은 경우, 처방식 외 다른 음식(간식 포함)을 절대 급여하지 않는 것의 중요성을 강조. 여러 마리 고양이와 함께 사는 경우, 식이가 섞이지 않도록 분리 급여하는 방법을 교육
  - 환자의 식욕 부진이나 구토가 있을 경우, 이를 완화하기 위한 부드러운 음식 제공이나 식사 유도 방법에 대해 조언
- 정기적인 모니터링:
  - 치료 시작 후 2~4주 간격으로 혈액 검사(갑상선 호르몬, 신장 수치, 간 수치, 혈구 검사)를 통해 치료 반응 및 부작용 여부를 모니터링해야 함을 보호자에게 설명(Carney et al., 2017)
  - 갑상선 기능 항진증 치료 후 신부전이 악화될 수 있으므로, 신장 기능 변화를 면밀히 주시
- 활력 징후 및 증상 관찰:
  - 입원환자의 경우, 활력 징후(심박수, 호흡수, 체온), 체중, 식욕, 음수량, 뇨량, 구토/설사 여부, 행동 변화 등을 면밀히 관찰하고 기록하여 의료진에게 보고
  - 심장 잡음, 빈맥 등 심장 증상에 대한 주의 깊은 모니터링을 수행
- 환경 관리 및 스트레스 감소:
  - 과활동성, 불안 증상을 보이는 고양이에게는 조용하고 안정적인 환경을 제공하여 스트레스를 최소화. 부드러운 접촉과 충분한 휴식을 유도
- 방사선 요오드 치료 준비 및 사후 관리:
  - 방사선 요오드 치료를 선택한 경우, 보호자에게 치료 과정(입원 기간, 방사선 노출 제한 등)에 대해 자세히 설명하고, 퇴원 후 집에 돌아가서 지켜야 할 방사선 안전 수칙(일정 기간 격리, 대변/소변 처리 시 주의, 직접적인 접촉 제한 등)을 명확히 교육(Graves, 2017)

2) 고양이 당뇨병(Feline Diabetes Mellitus; DM)

고양이 당뇨병은 췌장에서 인슐린 생산이 부족하거나(인슐린 결핍), 몸의 세포가 인슐린에 제대로 반응하지 못하는(인슐린 저항성) 대사성 질환이다. 강아지 당뇨병과는 달리 고양이 당뇨병은 제2형 당뇨병(인슐린 저항성)과 유사한 형태가 흔하며, 인슐린 결핍과 인슐린 저항성이 복합적으로 작용하는 경우가 많다. 적절한 관리를 통해 관해(Remission)가 가능한 경우도 있다.

❶ 원인 및 발생 기전

- 비만: 고양이 당뇨병의 가장 중요한 위험 요인으로, 인슐린 저항성을 유발
- 유전적 소인: 특정 품종(예: 버미즈)에서 발생률이 높음
- 췌장염: 췌장염으로 인한 췌장 β 세포 손상이 인슐린 생산을 저해
- 아밀로이드증: 췌장 랑게르한스섬에 아밀로이드가 침착되어 β 세포의 기능을 방해
- 약물: 스테로이드(코르티코스테로이드) 장기 투여는 인슐린 저항성을 유발하여 당뇨병을 유발하거나 악화
- 호르몬 질환: 말단비대증(Acromegaly), 쿠싱병(Hyperadrenocorticism)과 같은 다른 내분비 질환도 인슐린 저항성을 유발하여 당뇨병 발생 위험을 높임

❷ 주요 증상

강아지와 유사하게 네 가지 다증상이 나타나지만, 고양이에서는 체중 감소가 더 현저하게 나타날 수 있다.

- 다뇨(Polyuria): 소변량 증가
- 다음(Polydipsia): 물 섭취량 증가
- 다식(Polyphagia): 식욕 증가(때로는 식욕 부진)
- 체중 감소(Weight Loss): 식욕이 좋음에도 불구하고 체중이 줄어듦

- 활력 저하: 기력이 없고 잘 움직이지 않으려 함
- 털 및 피부 문제: 털이 푸석하고 불량한 그루밍으로 인해 엉킬 수 있음
- 신경병증(Diabetic Neuropathy): 뒷다리 약화로 인해 발바닥 전체로 걷는 듯한 plantigrade stance(발바닥 전체가 바닥에 닿는 자세)가 나타날 수 있음
- 기타: 반복적인 요로 감염

❸ 진단

- 혈액 검사: 지속적인 고혈당 확인. 고양이에서는 스트레스로 인한 일시적 고혈당이 흔하므로, 단일 혈액 검사만으로 진단하기 어려움
- 뇨 검사: 뇨당 및 케톤뇨 확인
- 과당아민(Fructosamine) 검사: 지난 1~3주간의 평균 혈당 수치를 반영하여 스트레스성 고혈당과 당뇨병을 구별하는 데 매우 유용
- 당화 혈색소(HbA1c) 검사: 최근 2~3개월간의 혈당 조절 상태를 반영
- 영상 진단: 복부 초음파(췌장염 여부, 췌장 종양 확인) 등이 필요할 수 있음

❹ 간호 접근

고양이 당뇨병은 보호자의 인내와 헌신이 필요한 만성 질환으로, 동물보건사의 전문적인 간호와 교육이 중요하다.

- 인슐린 주사 교육 및 보조:
  - 보호자에게 인슐린 바이알 취급, 인슐린 전용 주사기 사용, 피하 주사 부위 선택(로테이션), 정확한 용량 측정 및 주사 기술을 시연하고 반복 교육(Rand et al., 2018)
  - 고양이는 스트레스에 민감하므로, 최대한 스트레스 없는 환경에서 부드럽게 주사할 수 있도록 교육
- 식이 관리 교육:
  - 수의사가 처방한 고단백, 저탄수화물 사료의 중요성을 강조하고, 일관된 급여 시간 및 양을 지키도록 교육

- 습식 사료가 건식 사료보다 혈당 조절에 더 효과적일 수 있음을 설명하고, 사료 변경 시 혈당 변화에 주의하도록 안내
- 간식 제한 및 허용 가능한 간식(예: 소량의 삶은 닭가슴살)에 대해 교육

• 혈당 모니터링 교육 및 보조:
  - 가정에서 혈당을 측정하는 방법(휴대용 혈당 측정기 사용, 귀나 발바닥 패드에서 채혈)을 교육. 고양이는 스트레스로 병원에서 혈당이 높게 측정될 수 있으므로 가정 혈당 모니터링(Home Blood Glucose Monitoring)이 특히 중요(Niessen et al., 2012)
  - 혈당 수치 기록의 중요성을 강조하고, 혈당 곡선 작성법을 안내하여 보호자가 치료 효과를 평가할 수 있도록 도움

• 합병증 관리 및 교육:
  - 저혈당 증상(활력 저하, 비틀거림, 경련, 혼수) 및 응급 처치(설탕물, 꿀 등을 잇몸에 발라주기)에 대해 교육하고, 즉시 병원에 연락하도록 안내(Reine & Hupp, 2015)
  - 당뇨병성 케톤산증(DKA)의 증상과 응급 상황임을 인지
  - 당뇨병 관해(remission) 가능성을 설명하여 보호자에게 희망을 주고, 관해 후에도 꾸준한 관찰과 정기 검진이 필요함을 주지

• 환자 관찰 및 기록:
  - 입원환자의 경우, 매일 혈당을 측정하고 인슐린을 정확하게 투여
  - 식욕, 음수량, 뇨량, 활력 변화, 뒷다리 신경병증 증상 등을 면밀히 관찰하고 기록하여 의료진에게 보고

• 보호자 심리적 지지:
  - 고양이 당뇨병 관리는 보호자에게 상당한 부담이 될 수 있으므로, 인내심을 가지고 보호자의 어려움을 경청하고 질문에 답하며 지속적인 지지와 격려를 제공

3) 고양이 말단비대증(Feline Acromegaly)

고양이 말단비대증은 뇌하수체에서 성장 호르몬(Growth Hormone; GH)이 과도하게 분비되어 발생하는 드문 질환이다. 성장 호르몬이 과도하면 인슐린 유사 성장 인자-1(Insulin-like Growth Factor-1; IGF-1) 수치가 높아져 조직과 장기의 과도한 성장과 변화를 유발한다. 고양이에서는 종종 당뇨병과 함께 나타나 혈당 조절이 매우 어려운 당뇨병의 원인이 되기도 한다.

❶ 원인 및 발생 기전

- 뇌하수체 종양: 대부분 뇌하수체의 양성 종양(선종)으로 인해 성장 호르몬이 과잉 분비
- 인슐린 저항성: 과도한 성장 호르몬은 강력한 인슐린 저항성을 유발하여 당뇨병을 악화시키고 인슐린 요구량을 급격히 증가

❷ 주요 증상

- 증상은 서서히 진행되며 종종 당뇨병 증상에 의해 가려지거나 혼동될 수 있음
- 혈당 조절이 어려운 당뇨병: 가장 흔한 임상 양상으로, 고용량의 인슐린에도 불구하고 혈당 조절이 안 됨
- 체중 증가 또는 유지: 당뇨병으로 인한 체중 감소가 예상되지만, 성장 호르몬의 영향으로 체중이 증가하거나 유지
- 얼굴 특징 변화: 코, 턱, 발바닥 패드 등이 커지고 두꺼워지며, 머리 크기가 커질 수 있음
- 신체 크기 증가: 골격근 및 내장 기관(심장, 신장, 간 등)이 비대
- 다뇨, 다음, 다식: 당뇨병 증상과 유사하게 나타남
- 관절염: 연골 비대 및 골관절염이 발생할 수 있음
- 신경 증상: 뇌하수체 종양이 커져 뇌를 압박하면 보행 이상, 시력 상실, 행동 변화 등이 나타날 수 있음

❸ 진단

- 혈액 검사:
  - 만성적인 고혈당 및 고용량 인슐린 요구량: 인슐린 저항성 당뇨병의 전형적인 소견
  - IGF-1(인슐린 유사 성장 인자-1) 측정: 성장 호르몬 분비 과잉의 간접적인 지표로 사용, 상승된 IGF-1 수치는 말단비대증을 강력히 시사
- 영상 진단:
  - 뇌하수체 MRI 또는 CT: 뇌하수체 종양을 확인하는 데 가장 정확한 방법
  - 임상 증상: 특징적인 얼굴 변화나 관절염 등의 신체 변화가 진단에 도움

❹ 간호 접근

고양이 말단비대증 환자는 복잡한 당뇨병 관리가 동반되므로, 수의 테크니션의 특별한 주의와 숙련된 간호가 필요하다.

- 집중적인 당뇨병 관리 지원:
  - 고용량 인슐린 투여: 보호자에게 고용량 인슐린 주사의 중요성과 정확한 투여 방법을 교육. 인슐린 오용 시 심각한 저혈당 발생 위험이 크므로, 철저한 교육이 필수(Marshall & Marshall, 2017)
  - 잦은 혈당 모니터링: 가정에서의 잦은 혈당 측정(하루 여러 번)을 교육하고, 혈당 곡선 작성을 통해 인슐린 용량 조절을 도움(Scott-Moncrieff, 2015)
  - 혈당 변동성이 크므로, 보호자에게 저혈당과 고혈당 증상 모두에 대한 빠른 인지 및 대처법을 교육
- 식이 관리:
  - 당뇨병 관리를 위한 고단백, 저탄수화물 식단의 중요성을 강조하고, 일관된 급여 계획을 유지하도록 교육
  - 과체중 또는 비만이 동반된 경우, 적절한 체중 관리를 위한 식단 및 운

동 계획을 수의사와 협의하여 안내

- 신체 변화 관찰 및 기록:
  - 보호자에게 고양이의 얼굴 특징(코, 턱, 발바닥 패드)이나 신체 크기, 행동 변화, 보행 이상(plantigrade stance 등)을 주의 깊게 관찰하고 기록하도록 교육. 이러한 변화는 질병의 진행 또는 치료 반응을 평가하는 중요한 지표
- 관절 통증 관리 보조:
  - 관절염 증상이 있는 경우, 수의사가 처방한 진통제 투여를 돕고, 보호자에게 관절염 관리에 도움이 되는 환경 조성(예: 높은 곳에 오르기 쉽게 램프 설치, 부드러운 침대 제공)에 대해 조언(Bergman, 2016)
- 방사선 치료 환자 간호:
  - 방사선 치료를 받는 환자의 경우, 치료 전후 환자 모니터링(식욕, 활력, 신경 증상)을 지원하고, 보호자에게 치료 과정 및 예상되는 반응에 대해 설명
- 보호자 심리적 지지:
  - 말단비대증은 진단이 어렵고 치료 과정이 복잡하며 비용이 많이 드는 질환이므로, 보호자가 큰 좌절감을 느낄 수 있음. 보호자에게 충분한 정보와 함께 강력한 정서적 지지를 제공하며, 현실적인 예후에 대해 솔직하게 소통

5. 고양이에서 흔히 발생하는 전해질 불균형

고양이는 개와 유사하지만, 특정 질병 및 생리적 특성으로 인해 독특한 전해질 불균형 양상을 보이기도 한다. 특히 만성 신장 질환, 요도 폐색, 당뇨병 등의 유병률이 높은 고양이에서는 전해질 불균형에 대한 세심한 이해와 관찰이 중

요하다. 이 장에서는 고양이에서 흔히 발생하는 주요 전해질 불균형과 그 관리 방법에 대해 다룬다.

1) 나트륨(Na^+) 불균형

나트륨은 세포 외액의 주요 양이온이며, 체액량과 삼투압을 조절하는 데 핵심적인 역할을 한다.

(1) 고나트륨혈증(Hypernatremia): 혈중 나트륨 농도 155mEq/L 초과

❶ 정의

혈액 내 나트륨 농도가 비정상적으로 높은 상태를 말한다. 고양이의 고나트륨혈증은 주로 순수한 수분 부족 또는 수분 손실이 나트륨 손실보다 클 때 발생하며, 개와 마찬가지로 뇌세포의 탈수를 유발하여 신경학적 증상을 초래한다.

❷ 주요 원인

- 순수 수분 손실: 신장 질환(특히 요붕증), 발열, 호흡기 질환, 심한 구토나 설사(물 손실이 나트륨 손실보다 큰 경우)
- 불충분한 수분 섭취: 물그릇에 접근할 수 없거나(예: 입안의 통증, 의식 불명), 음수량이 극도로 부족한 고양이
- 과도한 나트륨 섭취: 드물지만 염분이 많은 음식이나 바닷물 섭취
- 이뇨제 사용: 특정 이뇨제(예: 루프 이뇨제)의 부작용으로 발생 가능

❸ 임상 증상

- 주로 신경학적 증상: 심한 갈증, 기면, 약화, 지남력 상실, 운동실조, 떨림, 발작, 혼수
- 탈수 징후: 점막 건조, 피부 탄력 감소(나이든 고양이에서는 평가하기 어려울 수 있음), 안구 함몰

❹ 일반적인 관리 원칙

- 원인 교정: 수분 손실의 근본 원인을 진단하고 치료
- 수분 보충: 나트륨 농도를 너무 빠르게 교정하면 뇌부종을 유발할 수 있으므로, 천천히 그리고 점진적으로 교정하는 것이 매우 중요. 5 % 덱스트로스 수액(D5W) 또는 0.45 % NaCl 수액과 같은 저장성 수액을 사용. 경구 수분 섭취가 가능한 경우, 신선한 물을 제공
- 모니터링: 혈중 나트륨 농도, 임상 증상(특히 신경학적 증상), 소변량, 수분 섭취량을 면밀히 모니터링

(2) 저나트륨혈증(Hyponatremia): 혈중 나트륨 농도 140mEq/L 미만

❶ 정의

혈액 내 나트륨 농도가 비정상적으로 낮은 상태를 말한다. 고양이의 저나트륨혈증은 나트륨 손실 증가 또는 체내 수분 과다로 인한 나트륨 희석으로 발생하며, 뇌세포 부종을 초래하여 신경학적 증상을 유발한다.

❷ 주요 원인

- 나트륨 손실 증가: 심한 구토, 설사, 신장 질환(특히 나트륨 손실성 신장병), 애디슨병(Addison's disease, 드물지만 발생), 복수(복막염 등)
- 과도한 수분 축적(희석성 저나트륨혈증): 심부전, 간부전, 만성 신부전(수분 정체), 부적절한 항이뇨 호르몬 분비 증후군(SIADH, 드물게 고양이에서 보고됨), 과도한 저장성 수액 투여
- 삼투성 물질의 증가: 고혈당증(당뇨병)으로 인한 가성 저나트륨혈증

❸ 임상 증상

- 경미한 경우: 무증상 또는 비특이적 증상(기면, 식욕 부진, 구토)
- 심한 경우(특히 급성 발병 시): 신경학적 증상(혼미, 발작, 운동실조, 혼수), 약화, 구토. 뇌부종의 결과로 나타남

❹ 일반적인 관리 원칙

- 원인 교정: 저나트륨혈증의 근본 원인을 진단하고 치료
- 수분 제한: 희석성 저나트륨혈증의 경우 수분 섭취를 제한하는 것이 중요
- 나트륨 보충:
  - 급성 또는 심한 저나트륨혈증(신경학적 증상 동반): 3% 또는 7.5% NaCl과 같은 고장성 식염수를 조심스럽게 투여하여 나트륨 농도를 빠르게 올릴 수 있음. 개와 마찬가지로 너무 빠른 교정은 삼투성 수초 용해 증후군을 유발할 수 있으므로, 교정 속도를 철저히 모니터링
  - 만성 또는 경미한 저나트륨혈증: 천천히 교정하며, 등장성 수액 또는 나트륨이 함유된 경구 보충제를 사용할 수 있음
  - 모니터링: 혈중 나트륨 농도, 임상 증상(특히 신경학적 증상), 소변량을 면밀히 모니터링

2) 칼륨(K^+) 불균형

칼륨은 세포 내액의 주요 양이온이며, 신경 및 근육 기능(특히 심장 근육)에 매우 중요하다.

(1) 고칼륨혈증(Hyperkalemia): 혈중 칼륨 농도 5.5mEq/L 초과

❶ 정의

혈액 내 칼륨 농도가 비정상적으로 높은 상태를 말한다. 고양이에서 고칼륨혈증은 요도 폐색과 같은 비뇨기계 응급 상황에서 매우 흔하게 발생하며, 심장에 치명적인 영향을 미칠 수 있다.

❷ 주요 원인

- 요도 폐색(Urethral Obstruction): 고양이에서 고칼륨혈증의 가장 흔하고 심각한 원인. 소변 배출이 막히면 칼륨이 체내에 축적되어 급격히 상승

- 급성 신장 손상(AKI): 신장 기능 상실로, 칼륨 배설 능력이 저하
- 부신피질 기능저하증(Addison's disease): 드물지만 고양이에서도 발생할 수 있으며, 알도스테론 부족으로 칼륨 배설이 감소
- 세포 내 칼륨의 세포 외액 이동: 산증, 심한 조직 손상, 종양 용해 증후군

❸ 임상 증상

- 심장계(가장 중요): 서맥, 심장 부정맥, 심전도(ECG) 변화(예: 높은 T파, QRS 복합체 넓어짐, P파 소실, 결국 심장 마비)
- 신경근계: 약화, 기면, 혼미, 허탈
- 위장관계: 구토, 설사

❹ 일반적인 관리 원칙

- 즉각적인 치료: 심각한 고칼륨혈증은 생명을 위협하므로 신속한 응급 처치가 필요
- 요도 폐색 해결: 고양이의 경우 요도 폐색이 확인되면 즉시 폐색을 해소하는 것이 가장 중요
- 칼륨의 세포 내 이동 촉진:
  - 인슐린+덱스트로스: 인슐린은 칼륨을 세포 안으로 이동시키며, 저혈당 방지를 위해 덱스트로스와 함께 투여
  - 중탄산나트륨(Sodium Bicarbonate): 산증을 교정하여 칼륨을 세포 안으로 이동시키는 데 도움
- 심장 보호:
  - 칼슘 글루코네이트(Calcium Gluconate): 칼슘은 심장 세포막을 안정화시켜 칼륨의 심장 독성 효과를 상쇄하지만, 혈중 칼륨 농도를 낮추지는 않음. 응급 상황에서 심전도 변화가 있을 때 즉시 투여
- 칼륨 배출 촉진:
  - 수액 요법: 등장성 수액을 정맥 투여하여 신장을 통한 칼륨 배출을 증가

- 이뇨제: 푸로세미드(Furosemide)와 같은 루프 이뇨제는 칼륨 배출을 촉진
- 모니터링: 혈중 칼륨 농도, 심전도(ECG), 임상 증상을 지속적으로 모니터링

(2) 저칼륨혈증(Hypokalemia): 혈중 칼륨 농도 3.5mEq/L 미만

❶ 정의

혈액 내 칼륨 농도가 비정상적으로 낮은 상태로, 고양이에서는 만성 신장 질환과 관련하여 흔히 발생한다.

❷ 주요 원인

- 칼륨 손실 증가:
  - 신장 손실: 만성 신장 질환(특히 신세뇨관 기능 이상), 이뇨제 사용(푸로세미드)
  - 위장관 손실: 심한 구토, 설사
- 불충분한 칼륨 섭취: 장기간의 식욕 부진, 칼륨이 부족한 식단(특히 건식 사료만 먹는 고양이)
- 세포 외 칼륨의 세포 내 이동: 알칼리증, 인슐린 과다 투여
- 원발성 알도스테론증: 부신 종양으로 인해 알도스테론이 과도하게 분비되어 신장에서 칼륨 배출이 증가하는 질환

❸ 임상 증상

- 신경근계(가장 흔함): 근육 약화(특히 목 부분의 근육 약화로 머리가 아래로 처지는 'ventroflexion' 자세), 기면, 운동실조, 심한 경우 마비
- 심장계: 부정맥, 심전도(ECG) 변화(예: U파, PR 간격 연장, T파 평탄화)
- 위장관계: 식욕 부진, 구토, 변비
- 신장계: 다음(Polydipsia), 다뇨(Polyuria)

❹ 일반적인 관리 원칙

- 칼륨 보충:
  - 경구 보충: 칼륨 클로라이드(Potassium Chloride) 보충제는 고양이의 만성 저칼륨혈증 관리에 매우 효과적
  - 정맥 보충: 심각한 저칼륨혈증이나 경구 투여가 불가능한 경우, 정맥 수액에 칼륨을 첨가하여 투여. 칼륨을 너무 빠르게 정맥 투여하면 심장 독성(서맥, 부정맥)을 유발할 수 있으므로, 주입 속도를 엄격하게 조절(개와 마찬가지로 일반적으로 0.5mEq/kg/hr를 초과하지 않음)
- 원인 치료: 근본 원인(예: 만성 신장 질환 관리, 알도스테론증 치료)을 해결
- 모니터링: 혈중 칼륨 농도, 심전도(ECG), 임상 증상을 지속적으로 모니터링

3) 칼슘(Ca^{2+}) 불균형

칼슘은 뼈 건강뿐만 아니라 신경 전달, 근육 수축, 혈액 응고 등 다양한 생리적 과정에 필수적인 미네랄이다.

(1) 고칼슘혈증(Hypercalcemia): 혈중 총 칼슘 농도 12mg/dL 또는 이온화 칼슘 1.4mmol/L 초과

❶ 정의

혈액 내 칼슘 농도가 비정상적으로 높은 상태를 말한다. 고양이의 고칼슘혈증은 심각한 기저 질환의 징후일 수 있으며, 신장 손상을 유발한다.

❷ 주요 원인

- 신장 질환: 만성 신장 질환을 앓는 고양이에서 고칼슘혈증이 흔하게 관찰(개와는 달리 신부전 자체가 고칼슘혈증의 원인이 될 수 있음)
- 종양: 림프종, 항문낭선 암종, 다발성 골수종, 갑상선 암종, 폐 종양 등(개에 비해 종양 관련 고칼슘혈증의 발생 빈도나 양상은 다를 수 있음)

- 특발성 고칼슘혈증(Idiopathic Hypercalcemia): 고양이에게서 원인을 알 수 없이 발생하는 고칼슘혈증으로, 칼슘 조절 메커니즘의 이상으로 추정
- 부갑상선 기능 항진증(Primary Hyperparathyroidism): 부갑상선 종양 등으로 인한 PTH의 과다 분비
- 비타민 D 중독: 쥐약 섭취, 비타민 D 보충제 과다 복용
- 골수염, 골 종양: 뼈 파괴로 인한 칼슘 방출

❸ 임상 증상

- 신장계: 다음(Polydipsia), 다뇨(Polyuria)
- 위장관계: 식욕 부진, 구토, 변비
- 신경근계: 기면, 약화, 떨림
- 심장계: 부정맥
- 기타: 때때로 무증상으로 발견되기도 함

❹ 일반적인 관리 원칙

- 원인 치료: 기저 질환(예: 신장 질환 관리, 종양 치료, 특발성 고칼슘혈증의 경우 식단 조절)을 진단하고 치료하는 것이 가장 중요
- 수액 요법: 0.9 % NaCl과 같은 등장성 식염수를 대량으로 정맥 투여하여 칼슘 배출을 촉진하고 탈수를 교정
- 이뇨제: 푸로세미드(Furosemide)와 같은 루프 이뇨제는 수액 요법과 병행하여 칼슘 배출을 더욱 증가시킬 수 있음
- 코르티코스테로이드: 일부 종양 관련 고칼슘혈증이나 특발성 고칼슘혈증에서 효과적일 수 있음
- 비스포스포네이트: 뼈 파괴를 억제하여 칼슘 방출을 줄이는 데 사용될 수 있음
- 모니터링: 혈중 칼슘 농도(총 칼슘 및 이온화 칼슘), 신장 기능 지표, 임상 증상을 면밀히 모니터링

(2) 저칼슘혈증(Hypocalcemia): 혈중 총 칼슘 농도 8.0mg/dL 또는 이온화 칼슘 1.0mmol/L 미만

❶ 정의

혈액 내 칼슘 농도가 비정상적으로 낮은 상태이다. 급성 저칼슘혈증은 생명을 위협하는 응급 상황으로, 심각한 신경근육 증상을 유발할 수 있다.

❷ 주요 원인

- 부갑상선 기능 저하증: PTH 분비 부족
- 산욕열(Eclampsia): 수유 중인 암컷 고양이에서 칼슘이 모유로 과도하게 빠져나가 발생. 개보다는 덜 흔함
- 췌장염: 염증으로 인한 지방 괴사로 칼슘 침착
- 급성 신부전: 신장에서 비타민 D 활성화 감소 및 인 배설 장애
- 에틸렌글리콜 중독(부동액 중독): 옥살산이 칼슘과 결합
- 종양 용해 증후군: 암 치료 후 인산염 방출로 칼슘 침착
- 흡수 부전: 장 질환으로 인한 칼슘 흡수 장애
- 알칼리증: 이온화 칼슘 감소
- 패혈증, 쇼크

❸ 임상 증상

- 신경근계(가장 흔함): 떨림, 근육 경련, 불안, 과민 반응, 경직, 발작
- 심장계: 서맥, 저혈압, 부정맥, 심전도(ECG) 변화(예: QT 간격 연장)

❹ 일반적인 관리 원칙

- 칼슘 보충:
  - 급성 저칼슘혈증(증상 동반): 칼슘 글루코네이트(Calcium Gluconate)를 정맥 투여. 개와 마찬가지로 매우 천천히 주입해야 하며, 심전도 모니터링을 통해 심장 독성(서맥, 부정맥) 발생 여부를 주의 깊게 관찰

- 만성 저칼슘혈증: 경구 칼슘 보충제와 활성 비타민 D(칼시트리올 Calcitriol)를 함께 투여
- 원인 치료: 기저 질환(예: 췌장염 치료, 산욕열 관리)을 해결
- 모니터링: 혈중 칼슘 농도(특히 이온화 칼슘), 심전도(ECG), 임상 증상(떨림, 발작)을 지속적으로 모니터링

4) 기타 전해질 불균형(인, 마그네슘)

고양이에서도 인과 마그네슘 불균형이 발생할 수 있으며, 다른 전해질 이상과 동반되는 경우가 많다.

(1) 고인산혈증(Hyperphosphatemia)

❶ 정의

혈액 내 인산염 농도가 비정상적으로 높은 상태이다.

❷ 주요 원인

고양이에서 가장 흔한 원인은 만성 신장 질환. 이외에도 요도 폐색, 비타민 D 중독, 부갑상선 기능 저하증, 종양 용해 증후군 등이 있음

❸ 임상 증상

대개 무증상이나, 칼슘과 결합하여 저칼슘혈증을 유발하고 이와 관련된 증상이 나타날 수 있음. 연조직 석회화를 유발할 수 있음

❹ 일반적인 관리 원칙

기저 질환 치료. 만성 신장 질환의 경우 인산염 흡착제, 저인 식단. 수액 요법을 통해 신장 배설을 촉진

(2) 저인산혈증(Hypophosphatemia)

❶ 정의

혈액 내 인산염 농도가 비정상적으로 낮은 상태이다.

❷ 주요 원인

당뇨병성 케톤산증 치료(인슐린 투여로 인이 세포 내로 이동), 흡수 부전, 비타민 D 결핍, 부갑상선 기능 항진증, 패혈증

❸ 임상 증상

심각한 경우 근육 약화, 용혈성 빈혈, 면역 기능 저하

❹ 일반적인 관리 원칙

기저 질환 치료. 경구 또는 정맥 인산염 보충

(3) 고마그네슘혈증(Hypermagnesemia)

❶ 정의

혈액 내 마그네슘 농도가 비정상적으로 높은 상태를 말한다.

❷ 주요 원인

신부전(신장에서 마그네슘 배설 감소), 마그네슘 함유 제산제나 하제 과다 투여

❸ 임상 증상

심한 경우 저혈압, 서맥, 근육 약화, 반사 감소, 혼수, 호흡 억제

❹ 일반적인 관리 원칙

기저 질환 치료. 수액 요법, 이뇨제. 심장 독성 발생 시 칼슘 글루코네이트 투여

(4) 저마그네슘혈증(Hypomagnesemia)

❶ 정의

혈액 내 마그네슘 농도가 비정상적으로 낮은 상태이다.

❷ 주요 원인

위장관 질환(흡수 부전, 심한 설사), 신장 질환(마그네슘 손실 증가), 이뇨제 사용, 췌장염. 종종 저칼륨혈증, 저칼슘혈증과 동반

❸ 임상 증상

신경근 과흥분성(떨림, 발작), 심장 부정맥, 근육 약화

❹ 일반적인 관리 원칙

기저 질환 치료. 마그네슘 보충제 경구 또는 정맥 투여(천천히 투여)

제 8 장

신경계

학·습·목·표

1. 신경계의 기본적인 해부생리학을 이해한다.
2. 신경계 병변 위치에 따른 임상 증상과 신경계 검사 방법에 대하여 학습한다.
3. 발작의 병태생리학과 관리법에 대해 이해한다.
4. 신경계 질환에 대해 학습한다.

1. 신경계 해부생리학

신경계(Nervous system)는 뇌와 척수로 구성된 중추신경계와 뇌신경, 척수신경과 말초신경으로 구성된 말초신경계로 나눌 수 있다. 말초신경계와 중추신경계의 기능적 세포 단위는 뇌에서 전기자극을 전달하는 뉴런이다. 전기신호 전달체계의 해부병리학적 변화는 전기신호 전달의 변형 및 중단과 그에 따른 신경계 임상 증상을 초래한다. 신경 증상을 가진 환자의 진단 초기 단계는 정확한 해부학적 진단을 만드는 것이다. 신경계 구조 및 기능을 이해하는 것은 신경계 검사를 정확하게 판단하고 병변의 국소화를 가능하게 한다.

1) 중추신경계(Central Nervous System; CNS)

(1) 뇌(Brain)

뇌는 대뇌(Cerebrum), 뇌줄기(Brain stem), 소뇌(Cerebellum)로 구성된다. 뇌줄기는 사이뇌(Diencephalon), 시상(Thalamus), 시상하부(Hypothalamus), 중뇌(Midbrain), 다리뇌(Pons), 숨뇌(연수, Medulla oblongata)로 더 상세하게 나눌 수

있다. 뇌에서 신경 증상을 바탕으로, 임상적으로 중요한 앞뇌(Prosencephalon, 대뇌와 뇌줄기)/다리뇌, 중뇌/소뇌의 세 부위 중 하나로 국소화한다.

(2) 척수(Spinal cord)

척수신경은 등쪽(감각로), 배쪽(운동로) 뿌리를 가지고 있다. 척수 병변은 위치를 기능적으로 4개의 부위 중 한 군데로 국소화할 수 있다(척수 분절 C1~C5, C6~T2, T3~L3, L4~S3). 앞다리에 적용되는 하위운동신경을 위한 세포체는 척수의 두꺼워진 부위의 회색질 안에 위치하며 목팽대(Cervical Intumescence; C6~T2)라고 한다. 뒷다리에 적용되는 하위운동신경은 허리팽대(Lumbar Intumescence; L4~S3)에서 기원한다.

2) 말초신경계(Peripheral Nervous System; PNS)

(1) 운동신경

하위운동신경세포(Lower Motor Neuron; LMN)는 운동을 위한 근육이나 샘과 중추신경계를 직접 연결하는 수출성 신경원이다. 뇌줄기(Brainstem)의 운동신경 세포체(motor neuron cell body), 척수신경(spinal nerve), 뇌신경(cranial nerve), 말초신경, 신경-근육 연접부(neuromuscular junction), 근육으로 구성된다.

(2) 감각신경

감각신경 수용체, 말초신경, 척수신경, 뇌신경, 뇌척수신경절(craniospinal ganglia)에 위치한 세포체, 중추신경에 위치한 투사신경(projections)으로 구성된다.

(3) 자율신경

교감신경과 부교감신경으로 나뉜다. 신경절 이전 신경세포체(preganglionic neuron cell body)는 중추신경계에 위치하고, 신경절 이후 신경세포체(postganglionic neuron cell body)는 중추신경계 밖에 위치한다. 신경절 이전 교감신경 세포체는 흉요추 척수에 분포하며, 신경절 이전 부교감신경 세포체는 천추 척수 분절과 제3, 7, 9, 10 뇌신경 핵 안에 위치한다.

(4) 뇌신경

제12뇌신경으로 구성된다.

2. 병변 위치에 따른 임상 증상 및 신경계 검사

1) 뇌(Brain)

(1) 대뇌

행동, 시각, 청각, 미세한 움직임, 접촉이나 통증, 고유수용성 감각(Proprioception)의 의식적인 자각에 중요한 역할을 한다. 대뇌에 병변이 존재하면 발작, 기력 저하, 혼미(Stupor), 혼수(Coma), 비정상적인 행동, 시력상실, 자세 반사 소실 등이 나타난다. 병변 반대편에 자세 반응과 위협 반사의 결여, 안면 통각감퇴(hypalgesia)가 나타난다.

(2) 뇌줄기

들어오는 감각의 통합, 의식 및 주의 유지와 식욕, 갈증, 온도, 전해질과 수분 균형과 같은 자율신경 및 내분비 기능의 조절을 담당한다. 그중에서 다리뇌와 숨뇌는 정상적인 호흡조절중추를 포함하는 뇌줄기의 부분을 이루고 있다. 따라서 뇌줄기에 병변이 존재하면 의식 변화, 뇌신경 이상(동측 방향, CN3~12), 상위운동신경세포(Upper Motor Neuron; UMN)의 마비, 자세반사 소실, 호흡과 심장, 체온 조절, 자율기능, 대사기능, 내분비기능 이상이 나타날 수 있다.

(3) 소뇌

움직임의 힘, 정도, 비율을 조절하여 운동성 중재, 미세한 움직임, 근육 긴장도를 조절한다. 소뇌 병변은 넓은 보폭의 움직임, 정상적인 힘과 자세 반응을 가지는 운동실조, 근육 긴장도 증가(경직)를 가져온다. 또한 정상 시력과 머리의 의도 진전(intention tremor), 위협 반사 결여가 나타날 수 있다.

(4) 중뇌

병변과 같은 쪽에서 이상이 나타난다. 의식에 영향을 미치고 보행장애, 전신 고유감각 운동실조[General Proprioceptive(GP) ataxia], 상위 운동신경(Upper Motor Neuron; UMN) 장애, 자세 반응 장애를 보인다.

2) 척수(Spinal Cord)

① C1~C5: 사지 모두에 UMN 장애와 고유감각성 운동실조가 나타난다. 중증 병변은 횡격막과 늑간근 마비로 인한 호흡부전을 일으킬 수 있다.

② C6~T2: 앞다리의 LMN 장애와 뒷다리의 UMN 장애가 나타난다. T1~T3 척수 분절은 눈에 분포하는 교감신경계 신경절 이전 뉴런을 포함한다. 따라서 같은 쪽에 호너 증후군(Horner's Syndrome)이 나타날 수 있다.

③ T3~L3: 앞다리는 정상이며, 뒷다리의 UMN 장애가 나타난다.

④ L4~S3: 뒷다리의 LMN 장애와 회음부 감각과 반응이 소실되어 항문조임근과 요도조임근 긴장(LMN bladder)에 기인하는 배뇨/배변 실금을 일으킨다.

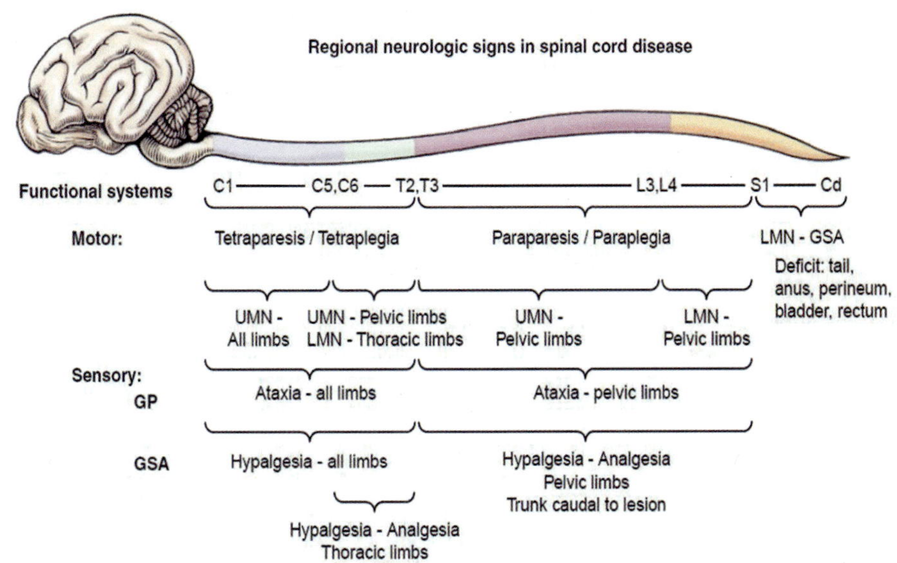

[그림 8-1] 척수 병변의 신경계 이상, UMN/LMN 병변 위치 및 그에 따른 임상 증상

〈표 8-1〉 UMN 병변과 LMN 병변의 임상 증상 차이

특성	UMN	LMN
운동 기능	병변 뒤쪽으로 사지의 경련성 불완전~완전마비	병변 부위에서의 이완성 불완전~완전마비
자세 반사(Knuckling)	지연	심각한 병변이 아니면 정상
보행	넓은 보폭	짧은 보폭
근육 긴장도	정상~증가(항진)	감소(저하)
근위축	느림, 사용 불가(Disuse)	빠르고 심각, 신경학적(Neurogenic)
척수 반사	정상~증가	감소~없음

출처: Rackard, S. E., Munana, K. R., & Schatzberg, S. J. (2024). Veterinary neuroanatomy and clinical neurology (3rd ed.). Elsevier.

3) 신경근계(Neuromuscular System)

(1) 말초신경

영향을 받은 다리 및 근육에 증상이 나타난다. 이완성 불완전~완전마비, 근육 긴장도의 감소 및 상실, 빠르고 심각한 근위축, 척수반사 감소 및 상실, 피부 감각의 감소 및 상실 등이 나타날 수 있다.

(2) 신경 근육 접합부(Neuromuscular junction; NMJ)

신경근 접합부에서 전기적 활동은 시냅스 틈새에서 아세틸콜린(Acetylcholine, ACh)을 칼슘의존적으로 방출하여 조절한다. 이곳에 이상이 있으면 이완성 불완전~완전마비, 근육 긴장도의 감소 및 상실, 빠르고 심각한 근위축, 척수반사 감소 및 상실이 나타난다. 감각은 정상이며 걸을 수 있고 몸무게 지탱이 된다면 정상적인 자세 반사를 보인다. 대표적인 질병이 중증근무력증(Myasthenia Gravis, MG)이다.

(3) 근육

골격근은 자세를 유지하며 움직임을 만들어낸다. 전반적인 허약, 강직, 과장된 자세 및 운동 불내성이 흔한 임상 증상이다. 자세 반응과 반사는 보통 정상이다. 근육 통증 및 근육 부종을 유발하거나 근위축이나 섬유화를 유발하기도 한다.

4) 신경계 검사

의식, 사제와 보행 이상을 우선적으로 평가한다. 자세 반응이 다음으로 평가된다. 이상이 발견되면 근긴장도, 척수반사, 요로 기능과 감각 기능 평가는 병변의 국소화에 도움을 준다. 마지막으로 필요하다면 뇌신경을 평가하여 뇌 안의 병변 국소화를 시도한다.

(1) 정신 상태(Mental state)

다음 표와 같이 의식 이상 상태를 나눈다.

〈표 8-2〉 의식 수준에 따른 분류와 그에 따른 증상의 특징

상태	특징
정상(Normal)	외부 자극에 적절한 반응
우울(Depressed)	안정되거나 졸려 하지만 환경 자극에는 반응함, 둔감
섬망(Delirious)	자극에 부적절한 반응, 초조하거나 혼돈 상태
무기력(Stuporous)	강한(통증) 자극이 발생할 때를 제외하고는 무의식 상태
혼수(Comatose)	해로운 자극이 있어도 일어나지 못하는 깊은 무의식 상태

(2) 자세(Posture)

정상 기립 자세는 중추신경계와 척수반사의 결합으로 유지되며, 자세 이상은 이러한 정상 통합이 깨짐을 나타낸다. 넓은 보폭의 자세는 소뇌나 전정기관의 질병으로 인해 균형에 문제가 있으면 나타날 수 있다. 머리 기울임(Head Tilt)은 전정계 이상과 관련이 있다. Schiff-Sherrington 자세는 T3~L1 척수 부분의 심각한 손상을 나타낸다. 대뇌제거성 경직(Decerebrate Rigidity)은 뇌줄기에 병변이 있을 때 보인다. 환자는 혼미하거나 혼수상태이며 사지는 뻣뻣하게 펴져 있고 목과 머리는 등쪽으로 펴져 있는 자세를 보인다(활모양 강직, Opisthotonus). 소뇌제거성 경직(Decerebellate Rigidity)은 앞다리는 근긴장도가 증가하여 뻣뻣하게 펴지고 엉덩이가 앞쪽으로 굽은 모양을 보인다. 보통 정신 상태는 정상이다.

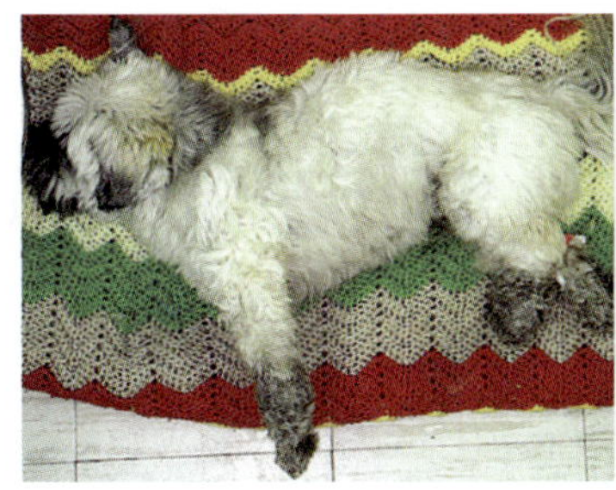

(a) Schiff–Sherrington Posture

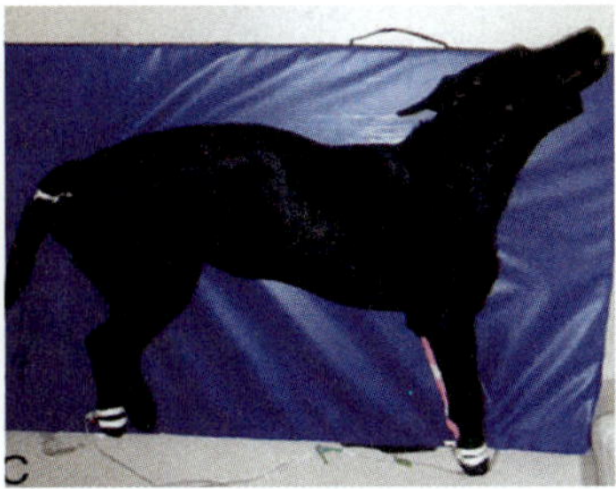

(b) Decerebrate Rigidity

(c) Decerebellate Rigidity

[그림 8-2] 경직 자세

출처: (a), (b) Nelson, R. W., & Couto, C. G. (2013). Small animal internal medicine (5th ed.). Elsevier.
(c) Ettinger, S. J., & Feldman, E. C. (2016). Ettinger's textbook of veterinary internal medicine (8th ed.). Elsevier.

(3) 보행(Gait)

미끄럽지 않은 편평한 바닥을 뛰거나 걷는 것을 관찰한다.

❶ 불완전마비(Paresis)/완전마비(Paralysis)

불완전마비는 체중을 지지하거나 정상적으로 보행할 수 없는 상태이고, 완전마비는 모든 수의적인 움직임의 소실 상태를 말한다. LMN 병변을 가진 환자는 대개 불완전마비 상태이며, 좁은 보폭으로 조금씩 걷는다. 이 걸음걸이는 정형외과적 문제로 오진될 수 있어 주의를 요한다. UMN 병변을 가진 환자는 정상보다 넓은 보폭을 가지며, 사지에서 다양한 정도의 경직(Stiffness)을 띈다.

❷ 운동실조(Ataxia)

척수나 뇌줄기에서 고유감각(General Proprioceptive; GP), 소뇌, 전정계 병변에 의해 발생한다. GP 운동실조를 가지면 사지가 과하게 벌어지며 넓은 보폭과 움직임이 과장되어 걸을 때 발을 질질 끌면서 걷는 경향이 있다. 전정계 운동실조는 균형감각의 소실로 인해 머리 기울임, 떨어지거나 옆으로 구르는 경향 및 넓은 보폭으로 서 있는 모습을 보인다. 소뇌성 운동실조는 움직임의 힘이나 범위, 빈도를 조절하는 것이 불가능하다. 넓은 보폭으로 서 있고 체간성 운동실조(Truncal Ataxia, 흔들리는 걸음걸이) 및 사지의 과장된 움직임을 보인다.

❸ 선회운동(Circling)

전정계나 앞뇌에 병변이 있을 때 발생한다. 앞뇌 병변이 있으면 병변 방향으로 크게 원을 그리며 걷는다. 병변 방향으로의 급선회는 전정계 질환과 더 연관이 있다.

❹ 파행(Lameness)

움직임이 불편할 때 파행을 보인다. 다만 파행은 정형외과적 문제가 있어도 발생할 수 있으므로 감별에 주의를 요한다. 보통 정형외과적 질병이 있는 환자는 한쪽 다리만 파행이 있는 경우가 흔하다.

(4) 자세 반사(Postural Reaction)

곧게 선 자세에서 동물의 몸을 유지시키는 반응을 자세 반사라고 한다. 자세 반사 검사는 너클링(Knuckling), 도약반응(Hopping), 외바퀴 손수레 끌기(Wheel-barrowing), 편측보행(Hemiwalking), 감각 배치(Tactile placing)를 포함해야 한다.

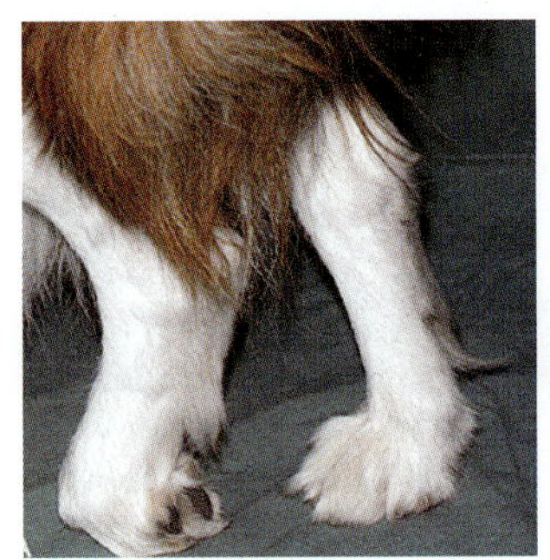

a. 너클링

b. 앞다리 도약반응

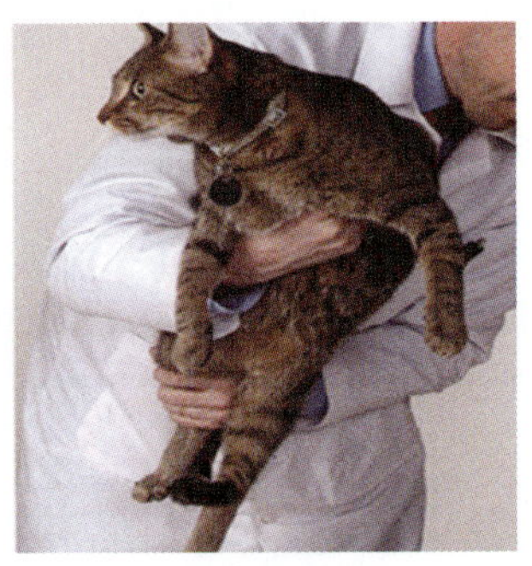

c. 뒷다리 도약반응

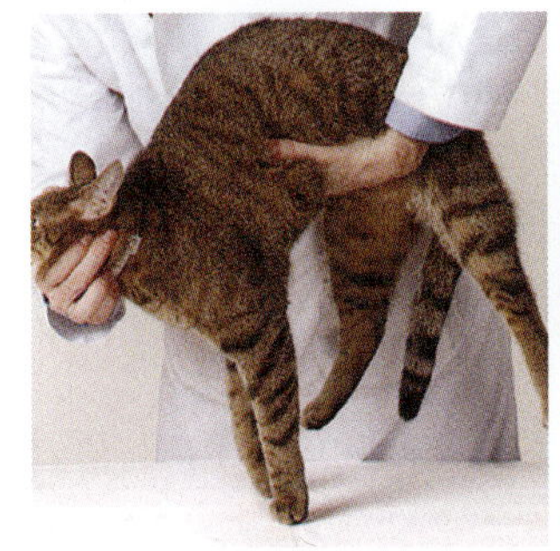

d. 외바퀴 손수레 끌기

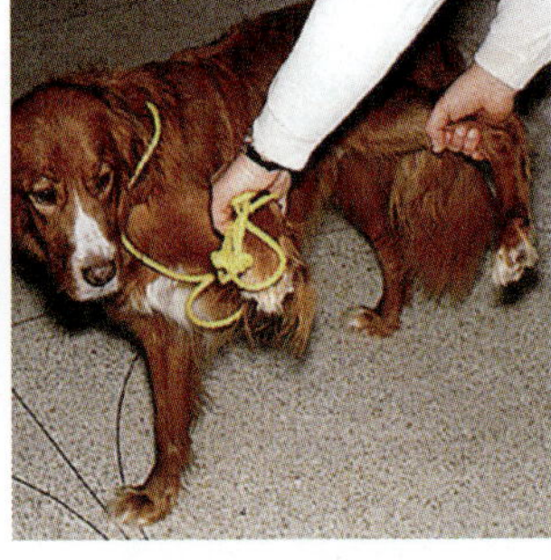

e. 편측 보행

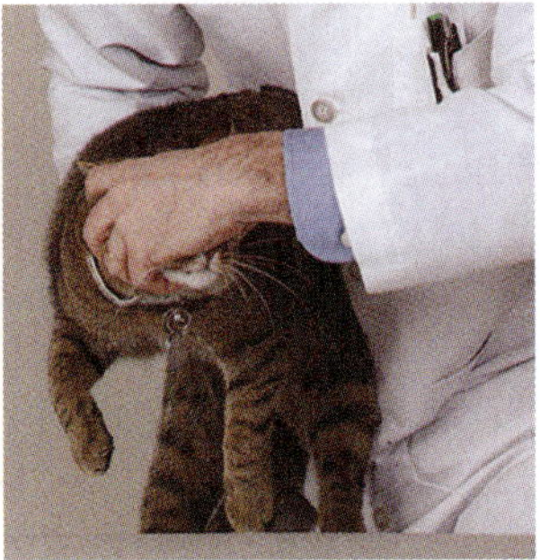

f. 감각 배치

[그림 8-3] 자세 반응 검사

출처: a, e: Nelson, R. W., & Couto, C. G. (2013). Small animal internal medicine (5th ed.). Elsevier.
b, c, d, f: Dewey, C. W., da Costa, R. C., & Blot, S. (2016). A practical guide to canine and feline neurology (3rd ed.). Wiley-Blackwell.

(5) 근육 크기와 긴장도(Muscle Size and Tone)

근위축과 긴장도는 촉진과 사지의 운동 범위를 통해서 측정한다. 근육 긴장도는 LMN 병변을 가진 환자에서 일반적으로 감소하고 UMN 병변을 가진 환자에서는 보통 증가한다.

(6) 척수 반사(Spinal Reflexes)

척수의 사지 반응은 옆으로 누운 휴식 상태에서 가장 잘 관찰된다. 각각의 반사는 없음(0), 감소(+1), 정상(+2), 증가(+3 또는 +4)로 판단한다. 척수 반사 반응은 다음 표에 설명되어 있다.

〈표 8-3〉 척수 반사의 유형 및 정상 반응

반사(Reflex)	자극(Stimulus)	정상 반응(Normal Response)
앞다리 굽힘 (Thoracic Limb Withdrawal)	앞다리 발 꼬집기	다리를 잡아당김
무릎 (Patellar)	무릎 인대 치기	무릎을 폄
뒷다리 굽힘 (Pelvic Limb Withdrawal)	뒷다리 발 꼬집기	다리를 잡아당김
궁둥 (Sciatic)	궁둥신경 두드리기	무릎과 비절(Hock)을 굽힘
앞정강 (Cranial Tibial)	앞쪽 정강 근육 힘살 두드리기	비절을 굽힘
회음 (Perineal)	회음부를 꼬집어 자극	항문조임근 수축, 꼬리를 아래로 굽힘
망울 요도 (Bulbourethral)	음부와 음경의 팽대 압박	항문조임근 수축
피부 몸통 (Cutaneous Trunci)	척추강 측면의 위쪽 피부 자극	피부 몸통 근육을 비틂

(7) 감각 평가(Sensory Evaluation)

통각과 같은 유해한 자극을 느끼는 능력의 평가는 UMN과 LMN 병변을 국소화하는 데 도움이 된다. UMN 병변이 있으면 통각은 병변 뒤쪽 다리와 몸통 피부에서 감소할 수 있다. 심각한 척수 손상을 가진 환자에서 심부 통증(Deep Pain)을 인지하는 능력은 중요한 예후의 지표가 된다.

(8) 통증 및 통각 과민(Pain and Hyperpathia)

목, 척추, 사지, 근육, 뼈와 관절을 촉진하여 통증 유발 부위나 제한된 움직임이 있는지 확인하기 위해 조작해 봐야 한다. 목에 통증이 있는 환자는 목을 들거나 구부림, 회전시키는 것을 꺼린다. 뼈, 관절, 근육에 통증이 있는 환자는 좁은 보폭으로 경직된 자세를 가지며 움직이려고 하지 않는다. 근육 통증은 사지를 조작하고 각 근육 집단을 촉진함으로써 측정한다. 촉진하는 동안 근육 통증과 뼈나 관절의 비정상으로 인해 유발되는 통증을 구별하는 것이 중요하다.

(9) 요로 기능(Urinary Tract Function)

척수의 심각한 병변은 요로 기능 이상을 유발할 수 있다. 심각한 UMN 병변은 배뇨를 하기 어려운 긴장되고 팽창한 방광을 유발한다. LMN 병변은 항문의 감소된 긴장도와 이완된 방광을 보일 수 있다.

(10) 뇌신경(Cranial Nerves)

주요 뇌신경 검사와 각 검사에 따른 감각 정보 및 운동 기능을 <표 8-4>에 정리하였다.

〈표 8-4〉 뇌신경 검사

뇌신경 검사 (Cranial Nerve Test)	행동 (Action)	감각 정보 (Sensory Input)	운동 기능 (Motor Function)
위협반응 (Menace response)	눈을 향해 위협하는 동작의 결과로 눈을 깜빡임	CN2(시신경)	CN7(얼굴신경)
눈꺼풀 반사 (Palpebral reflex)	눈의 안쪽 또는 바깥쪽 눈구석을 건드림으로써 눈을 깜빡임	CN5(삼차신경)	CN7(얼굴신경)
동공 빛 반사 (Pupillary Light Reflex; PLR)	눈에 빛을 비추면 동공 수축이 일어남	CN2(시신경)	CN3(눈돌림신경)
머리 기울임 검사 (Examine for Head Tilt)	머리 자세의 평가	CN8(속귀신경)	–

뇌신경 검사 (Cranial Nerve Test)	행동 (Action)	감각정보 (Sensory Input)	운동 기능 (Motor Function)
안뜰–눈 반사 (Vestibulo–ocular reflex)	머리를 좌우/등배쪽으로 움직일 때 눈의 움직임, 사시, 눈떨림을 평가	CN8(속귀신경)	CN3(눈돌림신경) CN4(도르래신경) CN6(가돌림신경)
코점막 자극 (Stimulation of Nasal mucosa)	코중격 막을 자극하기 위해 코에 지혈집게를 넣을 때 머리를 빠르게 뺌	CN5(삼차신경)	–
턱 긴장도 (Jaw Tone)	입을 닫는 능력과 턱 긴장도를 측정	CN5(삼차신경)	CN5(삼차신경)
안면 대칭 (Facial Symmetry)	안면 대칭성, 눈을 깜빡이고 입술을 수축시키고 귀를 움직이는 능력을 평가	CN2(시신경) CN5(삼차신경)	CN7(얼굴신경)
구역 반사 (Gag reflex)	인구를 손으로 자극하여 수축을 유도	CN9(혀인두신경) CN10(미주신경)	CN9(혀인두신경) CN10(미주신경)
혀 평가 (Tongue Evaluation)	혀의 대칭성 조사, 먹고 마실 때 혀의 움직임을 관찰	CN5(삼차신경) CN7(얼굴신경) CN12(혀밑신경)	CN12(혀밑신경)

5) 신경계 진단 검사

(1) 일반적인 실험실적 평가

전혈구검사(Complete Blood Count; CBC), 혈청화학검사, 요검사와 같은 실험실적 평가를 하여 신경 증상을 유발하는 대사성 질환을 확인하거나 배제한다. CBC 검사는 특이적이지는 않지만, 백혈구 증가증은 염증성 질환을 제시할 수 있다. 혈청화학검사가 정상이라면 당뇨, 저혈당, 저칼슘혈증, 저칼륨혈증, 요독증, 전해질 불균형을 감별 진단에서 제외할 수 있다. 담즙산 검사 및 암모니아 농도를 측정하여 문맥전신단락(Portosystemic Shunt; PSS) 등을 확인한다. 중추신경계 출혈이 의심되면 응고계를 평가하는 것이 좋다. 칼슘이나 혈당 조절에 이상이 있으면 내분비학적 검사를 실시한다.

(2) 면역학, 혈청학, 미생물학

감염성 또는 면역 매개성 진단을 고려해야 하는 신경계 질환을 가진 환자에서 실시한다. 염증성 질환이 의심되면 뇌척수액(Cerebrospinal Fluid; CSF), 혈액, 소변의 세균 배양을 실시한다. 혈청 항체 또는 항원 검사 역시 감염체를 확인할 수 있는 방법이다. 중합효소연쇄반응(Polymerase Chain Reaction; PCR)을 이용하여 특정 미생물의 활성 감염을 진단할 수 있다. 후천성 중증근무력증을 가진 환자는 아세틸콜린 수용체의 순환 항체를 확인할 수 있으며, 저작근 근염을 가진 환자는 Type 2M Myofibers에 대한 혈청 항체를 확인할 수 있다.

(3) 일반적인 영상 진단 검사

흉부 방사선 검사는 전이성 종양, 감염성 폐 질환, 거대식도증에서 유용한 선별검사이다. 복부 방사선 검사는 간 비대 및 기타 장기가 커진 정도를 평가할 때 유용하다. 복부초음파는 신경 증상의 원인으로 전이성 종양이 의심되면 원발성 종양을 찾기 위해 실시한다. 문맥전신단락을 확인하기 위해 사용할 수도 있다.

(4) 신경계 영상 진단

컴퓨터단층 촬영(Computed Tomography; CT)과 자기공명영상(Magnetic Resonance Imaging; MRI)은 비침습적으로 뇌와 척수의 병변 위치를 평가, 확인, 특징하는 데 유용한 검사이다. CT는 척추체와 두개골 이상을 확인하고 특성을 아는 데 가장 유용하다. MRI는 뇌와 척수 실질을 평가하는 데 더 좋은 방법이다. CT는 MRI에 비해 매우 빠르게 촬영할 수 있고 쉽게 가용할 수 있다는 장점이 있다. MRI는 연부조직에서 아주 작은 밀도 차이도 감지할 수 있기 때문에 뇌와 척수실질, 말초신경과 관련된 모든 병변에서 최적의 영상기법이다.

(5) 뇌척수액 분석(Cerebrospinal Fluid Analysis)

뇌척수액(CSF) 분석은 중추신경계 질병을 가진 환자의 진단적 평가에 유용할 수 있다. CSF 세포학과 단백질 농도의 변화는 특정 질환을 진단할 때 도움이 될 수 있다. 세균 배양, PCR, 항체 확인은 일부 감염성 질환의 환자에서 확진을 가능하게 한다. 동물은 전신마취하에 CSF를 무균적으로 얻는다. 마취 위험도가 명확하거나 심각한 응고 장애가 있는 한자는 천자를 실시하지 않는다. 또한 뇌압이 증가되었을 것으로 의심되는 환자는 뇌압을 낮추는 처치 없이 전신마취와 CSF 채취를 실시하지 않는다. 뇌압이 높을 때 CSF 채취를 위한 천자를 실시할 경우 뇌탈출증(Brain Herniation)이 발생할 수 있다.

(6) 전기진단검사(Electrodiagnostic Test)

근육이나 신경조직에서의 전기적 활성을 확인하거나, 병변을 국소화하거나 특징을 찾을 때 도움이 될 수 있다. 검사는 침습적이지 않지만 보통 진정 또는 전신마취가 필요하다. 근전도 검사(Electromyography; EMG)는 근육 또는 말초신경계 질환이 의심될 때 이를 확진하기 위해서 또는 비정상적인 근육을 확인하여 생검을 할 때 유용하다. 뇌파검사(Electroencephalography; EEG)는 발작을 보이는 환자에서 특발성 뇌전증을 확인할 때 유용하다.

(7) 근육과 신경의 생검(Biopsy of Muscle and Nerve)

생검을 하게 되면 확진에 이를 수도 있고, 질병의 특성을 확인할 수도 있다. 근생검은 신경근 질환의 임상적 · 전기생리학적 증거가 있을 때 표본을 평가하는 것이 좋다. 또한 말초신경 질환을 평가하기 위해 신경 생검 표본을 얻는 것이 좋다.

3. 발작과 치료(Seizure and Treatment)

1) 발작

대뇌피질에서 전기적 활동이 과도하거나, 과동기화(Hypersynchronous)되어 나타나는 임상적 증상을 말한다. 신경학적 또는 비신경학적 원인에 의해 발작적 증상이 발현되거나 반복적으로 발생한다. 발작의 임상적 증상은 4가지로 나눌 수 있다. 전구기(prodrome)는 발작이 발병되기 전의 기간이며 불안, 흥분, 숨기 등의 행동 변화를 보이며, 몇 시간에서 며칠 동안 나타날 수 있다. 전조(aura)는 발작의 초기 발현을 의미하며, 수 초에서 수 분까지 지속될 수 있다. 자율신경계 이상[침 흘림(salivation), 구토, 배뇨 등], 전형적인 감각 및 운동 행동(핥기, 삼키기, 같은 장소를 서성이며 걷기 등), 비정상적 행동(짖기, 흥분, 숨기 등)이 보인다. 발작기(ictus)는 실제 발작이 일어나는 시기로 의식을 잃거나 정신착란, 불수의적인 배변 또는 배뇨, 비정상적 근육 긴장, 감각 및 행동이 포함되며, 수 초에서 수 분 동안 이어진다. 발작 후기(postictal)는 발작을 보인 즉시 나타나며 수분에서 수 시간 동안 지속될 수 있다. 비정상적 행동, 방향감각 상실, 쇠약, 시각장애, 감각 및 운동신경 이상이 일어난다. 개와 고양이는 뇌내성 간질이 아닌 발작 행동을 보이기도 한다. 이때 비정상적 행동, 실신, 비정상적 운동, 지속적인 신경계 증상 또는 마비가 나타날 수 있다. 이런 상황을 발작과 구분하는 것은 어렵지만 진단과 치료를 위해서는 구분해야 한다. 간질성 발작만이 발작 후기를 보인다는 것은 구분에 도움을 준다.

2) 발작의 병태생리

발작은 신경세포의 일시적이고 발작적이며, 억제되지 않고 동기화된 전기적 방전으로부터 전개된다. 과도한 전기적 방전의 원인은 신경세포의 증가된 흥분성 때문일 수도 있다. 일반적으로 억제성 신경전달물질(gamma aminobutyric acid; GABA)과 흥분성 신경전달물질(Glutamate) 사이의 평형 변화, 즉 Glutamate의 훨씬 더 높은 농도에 의해 발생한다. 발작은 다양한 이차적인 뇌 내 영향을 초래할 수 있다. 흥분성 신경전달물질의 축적은 신경독성과 신경세포 죽음을 일으킬 수 있으며, 신경세포 기능과 세포 파괴는 뇌압 증가와 전신성 뇌관류 감소에 의한 뇌부종을 일으킬 수 있다. 신경세포는 발작이 일어나는 동안 많은 에너지를 요구하므로 혐기성 해당작용, 대뇌산증(cerebral acidosis), 그에 따른 신경세포의 기능장애와 세포사멸이 일어난다. 뇌 외부의 변화로는 고체온증(hyperthermia), 저환기(hypoventilation), 저산소증(hypoxia), 전신성 고혈압(systemic hypertension) 등이 일어난다.

3) 발작의 구분

개와 고양이에서 확인되는 대부분의 발작은 전신발작(generalized seizure)이며, 강직성-간대성(tonic-clonic)의 근육발작이다. 강직(Tonic)은 지속적인 근육수축의 증가를 말하며, 환자는 경직되고 과도하게 편 자세(hyperextended posture)를 보인다. 간대성(Clonic)은 일정하게 반복되는 근경련을 말하며, 사지, 턱, 목 근육이 강하게 경련하는 비자발적인 이완과 수축이 반복되어 나타난다. 발작이 일어나는 동안 환자는 보통 의식이 없다. 부분 발작(partial seizure)은 대뇌피질의 국소 부위 문제에 의해 발생하며, 부분적인 근육발작을 보인다. 단순 부분발작(simple partial seizure)은 신체의 한 부분에서 비정상적인 움직임이 나타나며 일어나는 동안 의식 변화가 없지만, 복합 부분발작(complex partial seizure)은 의식 변화가 일어날 수 있다. 발작이 발생하는 기저 원인에 따라 특발성 뇌전증(Idiopathic Epilepsy), 구조적 뇌전증(Structural Epilepsy), 반응성 발작(Reactive Seizure)으로 분류할 수 있다. 특발성 뇌전증은 인지할 수 있는 대사성 또는 구조상의 기저 원인이 명확하지 않고, 유전적 소인이 있는 것으로 여겨진다. 구조적 뇌전증은 뇌의 해부학적 구조 이상으로 인한 뇌장애에 의해 발생하는 것을 말한다. 반응성 발작은 대사성 교란 또는 중독에 의해 일어나며, 해부학적 구조 이상은 없다. 발작은 앞뇌(Forebrain)의 기능적 구조적 이상에 의해 발생하는 것이 일반적이나 대사성 문제와 독소는 신경전달물질의 억제와 흥분 사이의 균형에 이상을 일으켜 발작을 유발한다. 뇌의 구조적 문제로 발작이 나타나는 환자는 대뇌의 어느 부분에 이상이 있는지 보여 주는 다른 증상들이 함께 나타난다. 특발성 뇌전증은 발작의 역치가 감소된 상태로 발작이 일어나지 않는 동안은 정상이다.

4) 감별 진단(Differential Diagnosis)

(1) 특발성 뇌전증(Idiopathic Epilepsy)

개에서 가장 흔하게 나타나며, 발작을 일으키는 원인이 명확하지 않은 경우를 말한다. 유전적으로 특발성 뇌전증의 소인을 가진 종은 져먼 셰퍼드, 비글, 닥스훈트, 래브라도 리트리버, 보더 콜리, 골든 리트리버 등이 있다. 첫 발작은 보통 6개월~6세 사이에 시작한다. 일반적으로 의식 소실을 동반한 전신성, 강직간대성 발작으로 나타나며 1~2분 정도 지속한다. 발작 사이 기간(interictal period)에 환자는 임상적 · 신경학적으로 정상이다. 어떤 환자는 군집 발작(Cluster Seizure, 24시간 동안 2번 이상의 발작이 발생)이나 간질지속증(Status Epilepticus, 5분을 초과하여 발작이 지속되거나, 발작과 발작 사이에 의식이 돌아오지 않고 발작을 반복)을 보이기도 한다. 대부분 환자가 자거나, 자려고 할 때 또는 잠에서 깰 때 발작이 일어난다.

(2) 구조적 뇌전증(Structural Epilepsy)

대뇌 질환이 발작을 일으키는 것을 말한다. 1세 미만의 동물에서는 중추신경계의 선천적 이상과 염증성 질환이 흔하며, 6세 이상에서는 종양이 가장 흔하다. 발작이 없는 동안에 신경계 이상이 있으면 구조적 병변을 추정할 수 있다.

(3) 반응성 발작(Reactive Seizure)

저혈당, 간성뇌증(Hepatic Encephalopathy), 저칼슘혈증 등의 대사성 질환이 발작을 유발할 수 있다. 심각한 전해질 불균형, 고삼투압, 고혈압, 요독증 역시 발작을 일으킬 수 있으며, 갑상샘기능저하증, 갑상샘기능항진증 등의 호르몬 불균형도 발작을 유발한다. 전신적 증상과 신체검사를 통해 반응성 뇌전증을 의심할 수 있다. 살서제(Strychnine), 살충제(Organophosphate, carbamate), 곰팡이독소, 중금속(납), 에틸렌글리콜(Ethylene Glycol) 등의 독소 역시 발작을 유발할 수 있다.

5) 진단(Diagnostic Evaluation)

발작을 보이는 환자에 대한 완전하고 정확한 병력 청취를 하는 것이 중요하다. 발작과 행동과의 연관성, 발작 사이 간격, 발작 후 관찰된 이상행동 등을 파악한다. 백신 접종 상태, 식이, 감염에 노출되었을 가능성, 약물/독소의 섭취, 두부 외상 경력도 확인한다. 발작을 보인 모든 환자에서 신체검사, 안과 검사, 신경계 검사를 실시한다. 발작 후기 이후에도 신경계 이상이 지속되면 구조적 질환의 가능성이 있으므로 상위검사를 진행한다. 모든 발작 환자는 CBC, 혈청화학검사, 요검사 등의 일반적인 실험실 검사를 실시한다. 발작의 시작과 진행 여부 및 환자 정보(Signalment), 병력 역시 감별 진단에 도움이 된다. 다음 그림은 발작에 대한 진단적 접근법을 보여 준다.

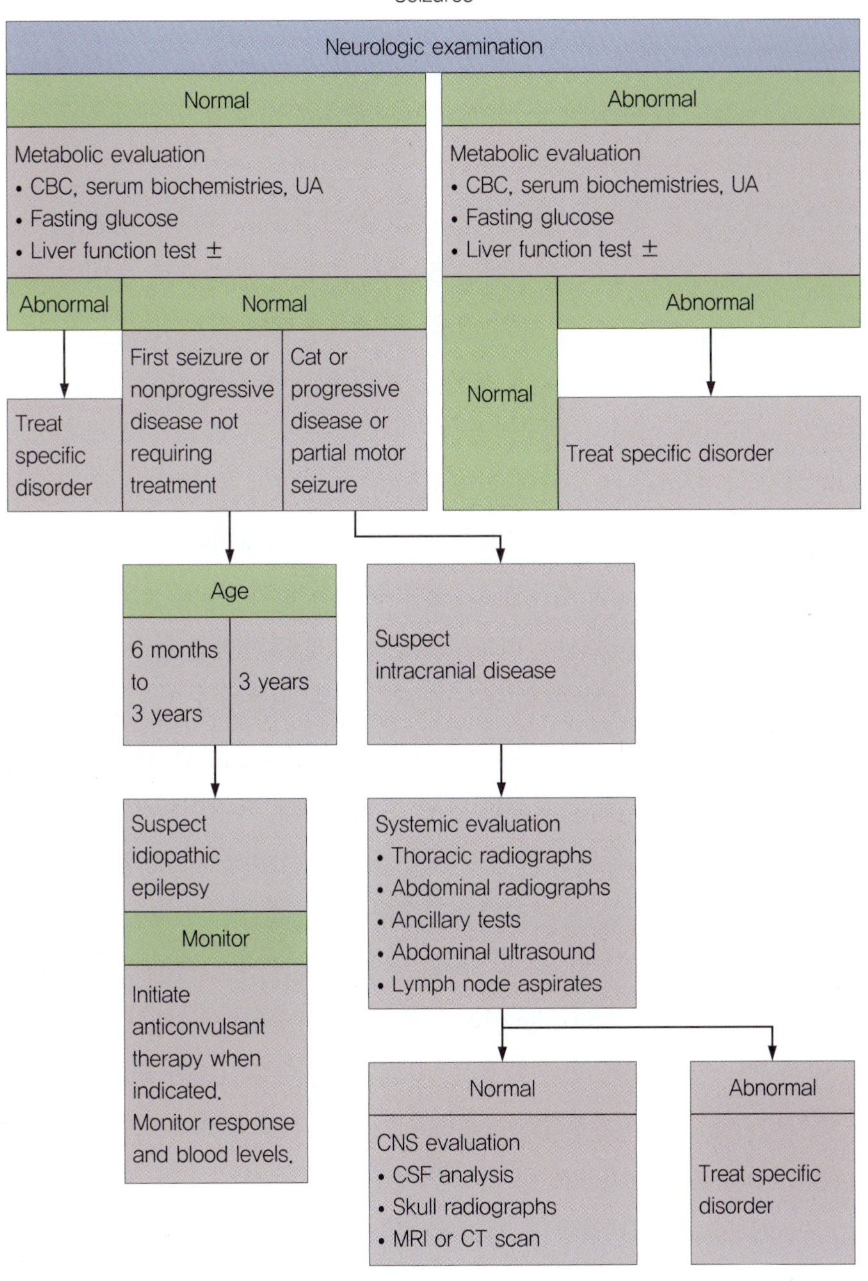

[그림 8-4] 발작에 대한 진단적 접근법

출처: Nelson, R. W., & Couto, C. G. (2013). Small animal internal medicine (5th ed.). Elsevier.

6) 항경련제 치료(Antiseizure Drug; ASD Therapy)

항경련제 치료로 환자의 발작을 조절할 수 있다. 발작을 유발하는 치료 불가능한 뇌 내 질환, 1회 이상의 군집 발작이나 간질지속증이 있거나 12~16주 이내 2번 이상 발작, 발작의 빈도와 심각도 증가 시에는 항경련제 처방이 필요하다. 특발성 뇌전증을 보이는 환자에서 발작을 완전히 조절하는 것은 불가능하지만 발작 빈도, 지속 시간 및 심각도를 수용 가능한 수준으로 줄이고 약물과 관련된 부작용을 최소화하여 삶의 질을 유지하는 것이 치료의 목표이다. 항경련제 치료 시작 후 또는 약물을 증량한 7~10일 이내에 진정 효과와 운동실조가 관찰되기도 하지만 이러한 부작용은 환자가 약물의 진정 효과에 적응하게 됨으로써 일정 시간(10~21일) 이내에 해소된다. 항경련제로 가장 오래 사용된 약물은 페노바비탈(Phenobarbital; PB)로, 효과적이며 저렴하다. 치료 2주 후에 복용 전의 혈액 내 PB 농도를 측정하고, 혈중 농도가 낮다면 PB 농도를 25% 정도 증량하여 2주 후에 재측정한다. PB의 장기 복용 시 일반적인 부작용은 다음, 다뇨, 다식이다. PB가 적절한 혈중 농도를 유지하고 있음에도 발작이 잘 조절되지 않는 환자에게 브롬화 칼륨(Potassium Bromide; KBr)을 추가하면 발작의 횟수를 줄이는 데 도움이 된다. Kbr은 단일 처방으로도 효과적이며, 간기능 이상이 있는 환자 및 PB 복용 시 부작용이 있는 환자에서 첫 번째 선택 약물로 고려할 수 있다. 고양이에서는 기관지염을 악화시켜 치명적인 영향을 주기 때문에 금기이다. KBr은 항정 상태(Steady State)의 혈청 농도에 도달하기까지 오랜 시간이 필요하여 부하 용량(Loading Dose)을 처방하여 항정 상태에 빨리 도달할 수 있게 하기도 한다. KBr의 부작용은 다음, 다뇨, 다식이지만 PB를 복용할 때보다 미약하다. 조니사마이드(Zonisamide)는 일반적으로 2nd 또는 3rd 약물로 간주된다. PB와 KBr과 비교해 항정 상태에 도달하는 시간이 더 짧다. 레베티라세탐(Levetiracetam)은 부작용이 적고 순응도가 높은 효과적인 항경련제이다. 안전역이 넓어 혈중 농도 모니터링은 필요하지 않다. 정맥주사는 5분에 걸쳐 서서히 주사해야 하며, 군집 발작이나 간질지속증 치료에 적용할 수 있다. 가바펜틴(Gabapentin)은 단독으로 투여 시에는 효과가 적지만, PB 또는 KBr과 함께 투여 시 발작을 조절하는 데 효과적이다. 반감기가 매우 짧아 6~8시간마다 투여해야 한다. 디아제팜(Diazepam)은 비용, 짧은 반감기, 개체 의존성, 내성 때문에 유지치료를 위한 첫 번째 항경련제로 사용하기에는 제한이 있다. 보통 응급 약물로 사용하며, 24시간 이내 최대 용량을 3회(최소 10분 간격을 두고 투여)까지 투여할 수 있다. 고양이에서는 경구용 약물 처방 시 특이 반응으로 인한 치명적인 간독성을 유발할 수 있어 PB가 더 적절한 선택이다. 플라스틱은 주사용 디아제팜에서 약물을 흡수하기 때문에 유리 바이알에 보관해야 한다.

7) 대체 요법(Alternative Therapy)

케톤생성 식이요법(Ketogenic diet), 중쇄지방산(Middle Chain Triglyceride; MCT)의 항경련 효과가 여러 설치류 모델에서 관찰되었다. 에너지 섭취량의 약 10%를 MCT 형태로 제공하면 특발성 뇌전증에서 약물 저항을 가진 개에서 발작 빈도를 줄일 수 있다고 한다. 약물 저항성 뇌전증을 가진 환자에서 신경자극술(Neurostimulation) 치료가 발작 빈도 감소와 삶의 질 개선이 이루어질 수 있지만, 뇌전증이 완전히 해소되는 경우는 드물기 때문에 임시 치료법으로 간주된다. 저알레르기 사료, 침술(Acupuncture), 뇌들보(뇌량, Corpus Callosum)의 수술적 분리 등의 방법도 존재한다.

4. 뇌 질환(Intracranial Disorders)

1) 수두증(Hydrocephalus)

수두증은 거미막 융모(Arachnoid villi)를 통해 전신 혈류로 흡수되는 뇌척수액 흐름의 폐쇄에 의해 이차적으로 커진 대뇌 뇌실계의 상태를 의미한다. 뇌척수액이 뇌실질이 차지하지 않는 뇌 내의 공간에 축적되거나, 뇌척수액의 흐름 또는 흡수의 차단으로 뇌실 확장이 일어나 뇌실질의 손실이 발생하게 된다. 대부분 선천적으로 발생하지만, 염증, 종양 또는 출혈에 의해 이차적으로 발생할 수 있다. 선천적 수두증이 있는 동물은 커진 머리, 열린 천문(Fontanelles), 촉진 가능한 열린 머리뼈 봉합(Cranial sutures)을 가진다. 몰티즈, 요크셔 테리어, 치와와, 퍼그, 포메라니안, 토이 푸들, 페키니즈 등의 품종이 선천성 수두증에 위험 소인이 있다. 임상 증상으로는 앞뇌 증상으로 인한 의식 교란, 수면 증가, 활동 저하, 추진 선회(propulsive circling), 두부 압박(head pressing), 발작, 행동 변화, 치매 및 시각장애(동공반사는 정상) 등을 보이며, 소뇌가 관련되었다면 소뇌성 운동실조가 보인다. 뇌줄기(brainstem)가 관련된 경우, 운동장애로 인한 경직성 불완전 마비(spastic paresis), 배가쪽(Ventrolateral) 사시가 발생한다. 감각장애 및 고유감각성 운동실조 역시 나타날 수 있다. 신경 증상을 가지는 환자의 내과적 치료 목표는 뇌척수액 생성의 감소 및 뇌압 감소이다. 아세타졸아마이드(Acetazolamide) 및 푸로세마이드(Furosemide)를 사용하는 것이 가장 보편화된 약물 요법이다. 발작은 항경련제 치료를 통해 조절한다. 수술적 배액 및 영구적인 뇌실복강단락의 배액관 설치(Ventriculoperitoneal shunt)는 뇌실 확장이 심하면 고려해 볼 수 있다.

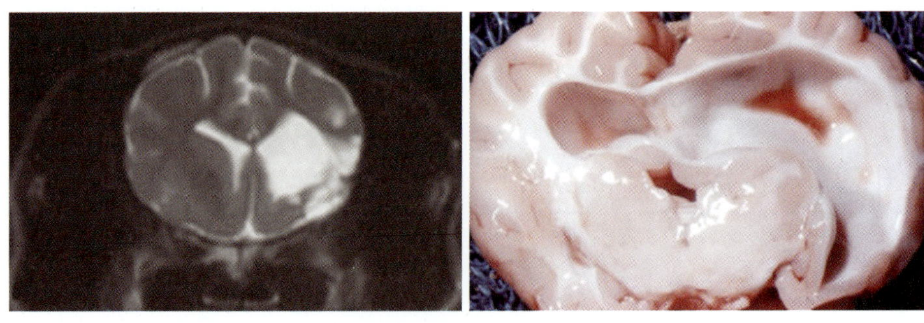

T2W-MRI　　　　뇌 부검 사진

[그림 8-5] 선천성 수두증

출처: Ettinger, S. J., & Feldman, E. C. (2016). Ettinger's textbook of veterinary internal medicine (8th ed.). Elsevier.

2) 소뇌 저형성(Cerebellar Hypoplasia)

소뇌의 발달 결함 또는 기형을 의미하며, 개는 차우차우, 시베리아허스키, 아이리시 셀터 등에서 확인되며, 고양이의 많은 품종에서 산발적으로 발견된다. 고양이 소뇌 저형성은 대부분 파보바이러스의 자궁 감염에 이해 자연 발생하거나, 생독 백신을 접종한 임신 암고양이에서 발생한다. 다른 대부분의 기형 원인은 알려져 있지 않지만, 유전성으로 추측한다. 임상 증상은 동물이 걸을 수 있을 때부터 존재하고 비진행성이다. 다리를 넓게 벌리고 서 있는 자세, 경련성-측정과다성 보행(spastic-hypermetric gait: 소뇌성 보행실조), 운동실조, 균형 소실 및 의도 진전(intention tremor) 등의 증상이 나타난다. 진행성 증상이 아니기 때문에 경미하게 발생한 환자는 반려동물로서 살아갈 수 있다.

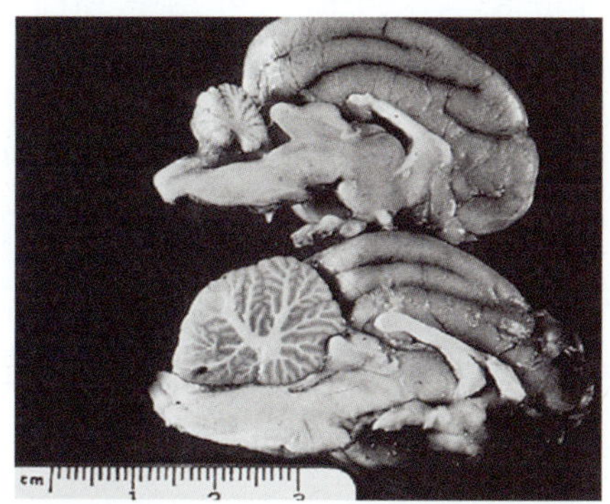

[그림 8-6] 소뇌 저형성 뇌 부검 사진
아래의 정상 소뇌와 비교했을 때 현저하게 작아진 소뇌를 확인할 수 있다.
출처: Lorenz, M. D., Coates, J. R., & Kent, M. (2010). Handbook of veterinary neurology (5th ed.). Elsevier.

3) 뒤쪽 후두기형 및 척수물공동증(Caudal Occipital Malformation and Syringohydromyelia)

후두골 기형은 뒤쪽오목(caudal fossa)의 과밀(overcrowding)과 큰후두구멍(foramen magnum)에서 경부수질부위(cervicomedullary junction)의 압박(compression)을 유발하여 뇌척수액 배출 폐쇄 및 척수물공동증 등을 유발한다. 척수물공동증은 척수(syrinx) 및 중심관(myelocoele) 내에 뇌척수액 축척으로 인해 확장된 것을 말한다. Chiari-Like Malformation(CLM)이라고 부르기도 한다. 카발리에 킹 찰스 스패니얼(CKCS)에서 매우 많이 나타나지만 어느 품종이라도 나타날 수 있으며, 특히 소형견에서 자주 나타난다. CLM은 소뇌 벌레(Cerebellar Vermis)와 수질(Medulla)이 큰후두구멍으로 탈출하고 후두골에 의해 소뇌가 함몰되는 것이 특징이다. 또한 후두골의 중배엽 연골 전구체(Mesodermal Cartilaginous Precursors)와 신경관(Neural Tube) 폐쇄 사이의 연결 실패는 뇌 실질(brain parenchyma)을 포함한 뒤쪽 앞쪽 오목(caudal cranial fossa) 용량을 감소시킬 수 있다. 이에 따라 소뇌 탈장, 수질 주름(medullary Kinking), 수두증, 등쪽 경추 앞쪽 거미막하강(dorsal craniocervical subarachnoid space)의 폐쇄 및 뇌척수액 흐름의 변화를 초래한다. 척수는 연수에 의해 뒤쪽으로 밀리고 꼬인 형태를 나타낼 수 있다. 후유증으로 척수, 특히 경추 내에 체액으로 채워진 공동이 형성되지만, 척수의 어느 부위라도 발생할 수 있다. 수두증의 발생은 정맥동으로 뇌척수액 흡수 실패로 인해 두개척수 순응도(craniospinal compliance)가 감소하는 것과 관련이 있다. CKCS에서 CLM과 척수물공동증은 유전적 소인을 가진 것으로 생각된다. 임상 증상으로는 사지의 고유감각성 운동실조, 비정상적 자세 반응, 불완전 마비, 경부 근육 긴장 이상, 감각 과민, 신경병증성 통증이 있다. 발작적·불수의적으로 귀, 목 또는 어깨 부위의 과도한 긁음, 소리 지름(vocalization) 및 얼굴 문지르기(Facial rubbing)가 보호자가 호소하는 주요 증상일 수 있다. 공동의 크기(직경)와 비대칭성은 통증의 가장 강력한 예측 인자이다. 측위 부분 근육의 탈신경(denervation)과 척수의 등쪽신경로에 있는 병변은 근육위축과 척주옆굽음증(scoliosis)을 유발할 수 있다. 증상 발현은 6개월~10세 범위를 가지며, 급성으로 나타나거나 수개월~수년에 걸친 진행성을 보이기도 한다. MRI 검사를 통해 소뇌 탈장과 수두증 또는 척수물공동증을 쉽게 진단할 수 있다. 내과적 치료에는 신경병증성 통증에 대한 가바펜틴(gabapentin)과 뇌척수액 생성을 줄이기 위한 약물 및 진통제를 처방한다. 통증, 신경학적 결손 또는 진행성 증상을 보이는 환자는 외과적 치료가 가능하다. 두개척수 순응도를 회복하는 데 중요할 수 있지만, 질병 진행의 다양성을 고려할 때 임상 증상을 치료하기는 어려울 수 있다. 감압 수술 후 뇌척수액 역학이 개선되면 임상 증상이 해결되지만, 재발이 흔하고 신경병증성 통증이 지속될 수 있다.

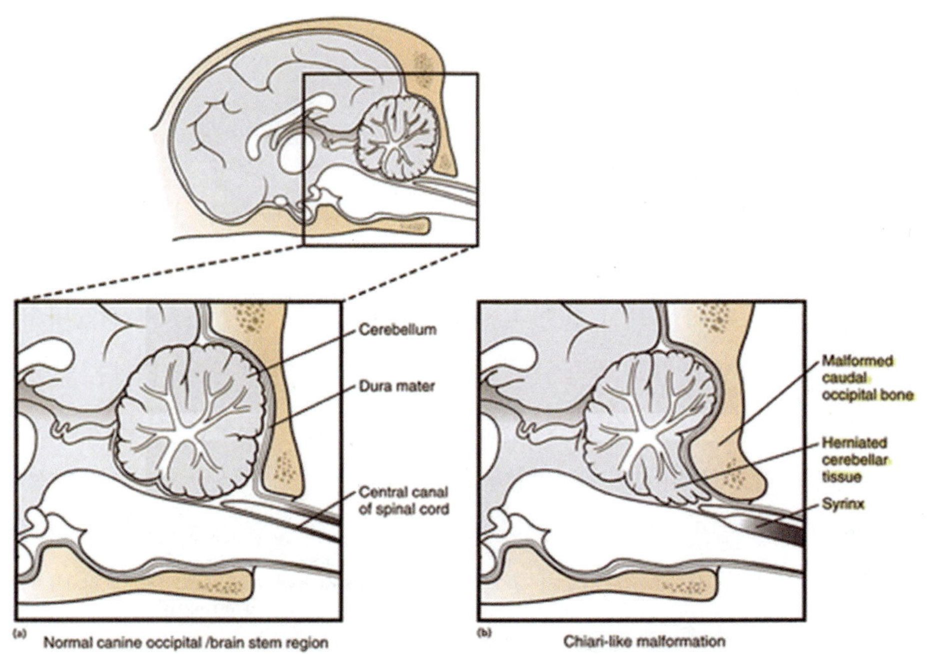

[그림 8-7] 뒤쪽 오목(caudal fossa)의 해부학적 모식도

출처: Dewey, C. W., da Costa, R. C., & Blot, S. (2016). A practical guide to canine and feline neurology (3rd ed.). Wiley-Blackwell.

4) 고양이 허혈성 뇌병증(Feline Ischemic Encephalopathy)

고양이의 대뇌 경색으로 인한 급성 대뇌 겉질 장애 증후군이다. 중뇌 동맥으로 공급받는 겉질 영역이 흔히 영향을 받는다. 환자는 발작을 포함한 병변 방향으로 돌기(Circling), 공격성 등의 비대칭적인 신경학적 이상으로 내원한다. 병변 반대쪽 다리에서 고유수용성 감각 소실과 항진된 반사(UMN sign)를 보이고,

병변 반대쪽 눈이 실명할 수 있으나 정상 동공빛반사(PLR)를 보인다. 신체검사에서 특징적인 신경학적 이상을 제외하고 다른 이상은 없다. 안과 검사, 임상병리학적 평가, 혈압 또한 정상이다. MRI는 경색 병변 확인에 가장 좋은 방법이다. 급성기에 혈관 병변과 관련된 부종을 감소시키기 위해 만니톨(Mannitol)을 투여하고, 발작이 있으면 항경련제를 투여한다. 치료는 덱사메타손(Dexamethasone)을 투여하고 대략 절반 정도의 고양이가 완전한 회복을 한다.

5) 스테로이드 반응성 수막염-동맥염(Steroid-Responsive Meningitis Arteritis)

대부분의 동물병원에서 진단되는 수막염의 가장 일반적인 비감염성 염증성 질환이다. 척수와 뇌줄기 전체에 걸친 수막 혈관에 영향을 미치는 정맥염/동맥염 유발 원인은 면역학적인 것으로 생각된다. 주로 6~18개월령에서 호발하지만 중년~노령에서도 간혹 발생하며 대형견에서 가장 흔하게 나타난다. 임상 증상은 발열, 목의 통증 및 질병 초기에 호전과 악화를 반복하는 척추 통증을 포함한다. 일반적으로 의식이 명료하며 전신적 질환 없이 정상이다. 신경학적 결손은 매우 드물지만, 만성적 발현이나 척수염, 척수 출혈 또는 경색의 결과로 발생할 수도 있다. 글루코코르티코이드(Glucocorticoid) 치료는 빠르게 발열과 목의 통증을 완화한다. 완치가 가능하며 예후는 우수하다.

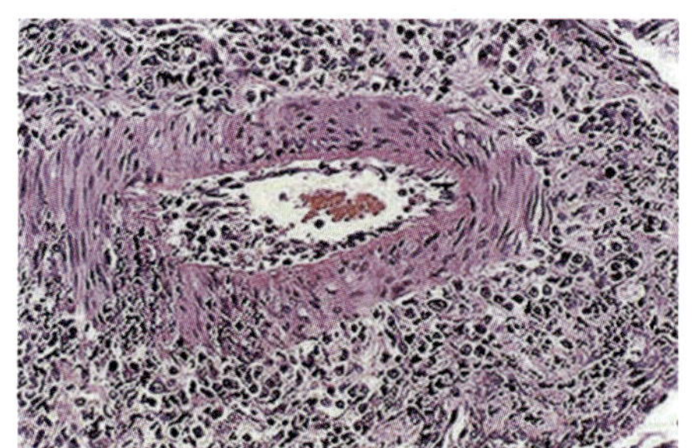

[그림 8-8] 스테로이드 반응성 수막염
동맥염에서 호중구를 동반한 많은 동맥 내 염증이 확인된다.

출처: Lorenz, M. D., Coates, J. R., & Kent, M. (2010). Handbook of veterinary neurology (5th ed.). Elsevier.

6) 육아종성 수막뇌척수염(Granulomatous Meningoencephalomyelitis; GME)

비감염성·염증성의 특발성(단핵세포성) 수막뇌척수염으로, 주로 소형견의 어린 성견에서 발생하며, 푸들, 토이 품종과 테리어 종에서 가장 흔하게 발견된다. 대부분 2~6년령에서 이환되지만 이보다 나이가 많거나 어린 개도 걸릴 수 있다. 고양이에서 발생했다는 보고는 없다. 원인으로 주조직적합복합체(Major Histocompatibility Complex; MHC) class II와 CD3(Cluster Differentiation 3)의 항원-양성 림프구의 존재에 기초하는 면역 매개성 질병으로 추측하고 있다. GME는 파종성(disseminated), 국소성(focal), 안구성(ocular)의 3가지 형태로 구분한다. 병변은 주로 백색질에서 염증세포의 혈관 주위성/중심성 증식으로 나타나며, 혈관 주위성 세포 축적은 림프구, 형질세포 및 단핵구성 세포로 구성된다. 임상 증상은 병변의 위치와 성질을 반영한다. 앞뇌 증상으로 발작, 침울, 선회(circling) 및 시각장애 등이 나타난다. 뇌간 증상으로는 침울, 경련성 사지 불완전 마비, 전정성 운동실조, 머리 기울임(Head tilt), 비정상적 안구진탕, 뇌신경 결손 등이 보인다. 국소형은 천천히 진행하는 신경 증상이 있으며, 종양과 유사한 하나의 성장성 종괴를 짐작하게 하는 임상 증상을 보이며, 영상 검사에서 하나의 육아종성 병변을 보인다. 파종형은 다발성 또는 지엽성으로 광범위하

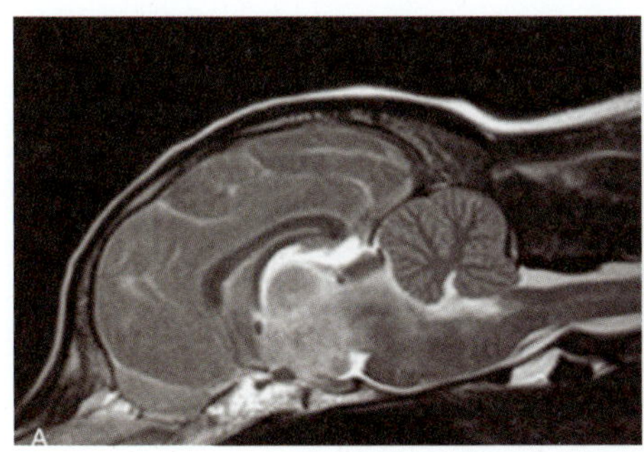

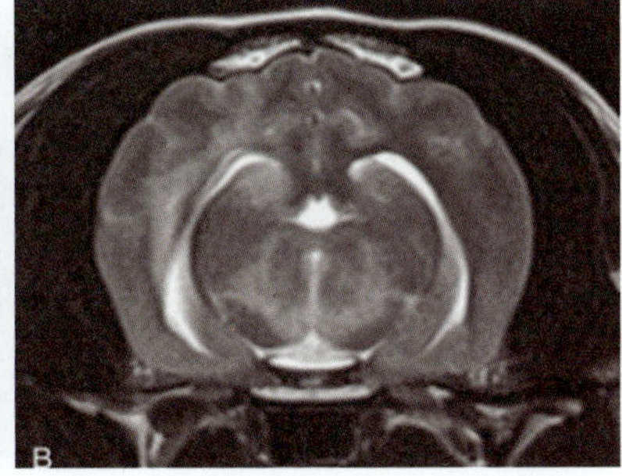

시상 단면

횡단면에서의 전형적인 조영 증강 병변

[그림 8-9] 육아종성 수막뇌척수염의 T2W-MRI

출처: Ettinger, S. J., & Feldman, E. C. (2016). Ettinger's textbook of veterinary internal medicine (8th ed.). Elsevier.

고 빠른 진행성 증상을 일으킨다. 안구형은 드문 형태이며, 급성의 실명, 동공 부동증(anisocoria) 및 비정상적인 동공반사 등이 나타난다. GME의 실질 병변을 찾아내기에 MRI 검사가 가장 민감하다. 면역 억제 약물(Prednisone, Cytosine arabinoside, Cyclosporine, Azathioprine, Mycophenolate Mofitil 등)을 처방하며, 이로 치료한 환자의 평균 생존 기간은 12개월 이상으로 늘어난다고 예상하지만, 영구적인 예후는 불량하다.

7) 괴사성 수막뇌척수염(Necrotizing Meningoencephalomyelitis; NME)

비감염성, 염증성의 특발성(괴사성) 수막뇌척수염으로 퍼그, 몰티즈의 뇌에 영향을 미치는 종 특이적인 특발성 염증이다. 치와와, 페키니즈, 시츄, 라사 압소 등의 소형견에서도 발생하며, 면역 매개성 질병으로 추정한다. 임상 증상은 9개월~7세 사이에서 발생한다. 퍼그의 발병 평균 연령은 18개월이며, 암컷에서 이환되기 쉽다. 대뇌와 수막에 관련된 급성의 발작과 신경 증상이 관찰되며, 빠른 진행성이고 치명적이다. 앞뇌 증상인 발작, 침울, 선회, 시각장애, Head press 등과 운동실조, 불완전 마비, 감각 이상 등의 뇌간과 소뇌 증상도 가능하다. NME의 진단은 품종, 임상 증상의 특징, 임상병리학 및 영상 진단의 특징

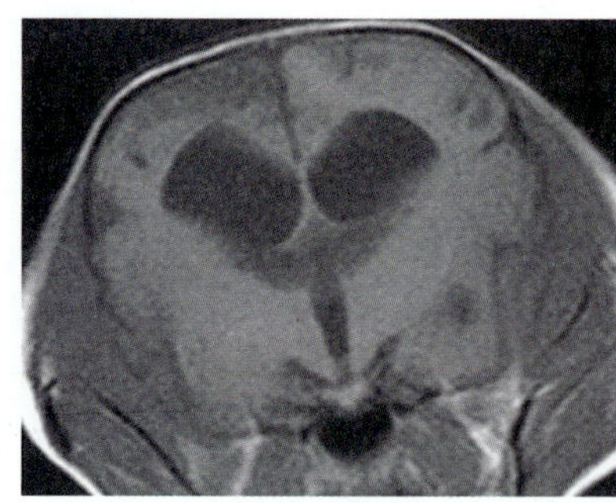

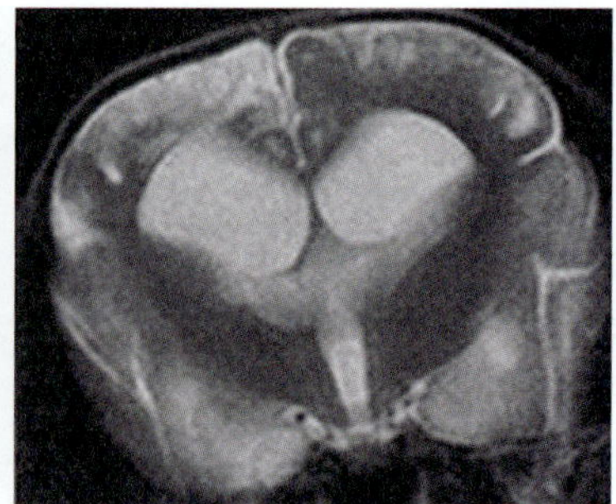

T1W-MRI　　T2W-MRI 축방향 영상

[그림 8-10] 괴사성 수막뇌척수염

출처: Dewey, C. W., da Costa, R. C., & Blot, S. (2016). A practical guide to canine and feline neurology (3rd ed.). Wiley-Blackwell.

에 기반하여 예측한다. 혈액학적, 혈청화학 검사 결과는 특이적이지 않고, 영상검사는 뇌실질 내 액체로 채워진 국소적인 공동화 현상(Caviation)이 확인된다. 비화농성 수막뇌염과 대뇌 괴사가 전형적으로 대뇌반구에 침범하며, 연수막(leptomenings)에서 대뇌피질을 통해 대뇌 부챗살(corona clinica)까지 염증이 연장되어 뇌의 회색질과 백색질 사이의 구별을 소실시킨다. 확진은 부검 또는 뇌생검이 필요하다. 이 질병을 지속적으로 조절할 수 있는 특정한 치료법은 없다. 항경련 치료는 단기간 발작의 강도와 빈도를 감소시킬 수 있다. GME와 같은 면역 억제 약물 치료도 권장된다. 하지만 장기적인 개선과 생존에 대한 예후는 불량하다.

8) 개 디스템퍼 뇌척수염(Canine Distemper Encephalomyelitis)

개 디스템퍼 바이러스(Canine Distemper Virus)의 중추신경계 감염에 의한 질환으로, 예방접종을 받지 않은 개에서 주로 발생한다. 중추신경계 감염은 회색질과 백색질 모두에서 국소성 또는 다발성 병변을 유발할 수 있으며, 감염의 전형적인 부위는 대뇌피질, 소뇌 백색질, 소뇌 다리, 시신경, 시각로, 뇌간 및 척수이다. 미성숙하거나 면역결핍인 개에서는 별아교세포와 신경세포의 괴사를 동반한 급성 회색질 뇌척수염이 발생하고 노령 또는 면역이 억제된 개에서는 탈수초화를 동반한 만성 백색질 뇌척수염이 주로 발생한다. 이러한 염증성 병변은 궁극적으로 괴사성으로 진행되며, 신경세포 변성, 신경아교증(gliosis) 및 신경세포와 신경아교세포 내의 호산성 봉입체(eosinophilic inclusion body) 병변이 병리학적 검사로 확인된다.

감염의 첫 증상으로 마른기침과 편도선염에 이어 장액성 및 점액농성의 눈물과 콧물이 보인다. 기침은 점점 습성으로 바뀌며, 폐렴으로 발전된다. 발바닥과 코의 각화증 및 회색질 감염으로 인한 비화농성 수막염을 반영하는 증상으로 발작, 혼미, 운동실조 등을 관찰할 수 있으며, 점차 진행하여 백색질 감염으로 인해 소뇌 및 전정계 운동실조와 척수 완전마비와 가끔 한쪽 다리 또는 관자근(temporalis m.) 및 교근(masseter m.)에 간대성근경련증이 발생한다. 이 간대성근경련증은 근육의 반복적이고 율동적인 수축이 다리나 저작근에 나타나는 현상을 디스템퍼 무도병(distemper Chorea)이라고 한다.

영구치 발달 전에 경증의 디스템퍼 감염에서 살아남은 개는 에나멜 저형성으로 인해 치아가 갈색으로 착색되며 불규칙한 치아 표면을 가진다. 디스템퍼는 병력, 신체검사, 실험실적 검사 소견에 근거하여 진단한다. 대부분의 어린 개는 경증~중증의 위장관, 호흡기계 질환 병력 후 신경 증상이 나타난다. 디스템퍼 봉입체는 간혹 순환 림프구와 적혈구에서 확인할 수 있다. 초기 감염에서는 결막, 편도, 비강 상피의 세포학적 도말에 항디스템퍼 항체를 이용한 면역기법으로 디스템퍼 감염을 확인할 수 있다. 또한 전혈, 뇌척수액 등에서 PCR을 이용하여 검출하는 디스템퍼 RNA를 검출하는 것은 민감도와 특이도가 높다. 급성 디스템퍼 뇌척수염의 치료는 보조적이며 비특이적이고 치료해도 결과가 좋지 않을 때가 많다. 진행성 신경 기능 이상은 보통 안락사가 요구된다. 경련을 조절하기 위해 항경련제가 권장된다. 정기적인 예방접종을 통한 디스템퍼 감염의 예방이 제일 효과적이다. 파보 바이러스 감염이 의심되거나 감염된 것으로 확인된 미성숙견 등의 면역이 억압된 개는 백신 접종을 피해야 한다.

9) 고양이 전염성 복막염(Feline Infectious Peritonitis; FIP)

FIP의 건성형(Dry form)에서 진행성 신경 증상이 흔히 발생한다. 염증성 뇌질환 및 진행성 척수 증상이 가장 흔한 원인이다. 임상적 신경 증상으로 발작, 행동 변화, 진전(Tremor), 전정계 기능장애, 측정과대증(Hypermetria), 뇌신경 손상, UMN 마비 등이 보인다. 대부분 발열, 식욕 부진 등의 전신 증상이 있다. 전형적으로 CBC에서 염증 소견 및 높은 혈청 글로불린 농도가 확인된다. FIP에 걸린 고양이의 예후는 매우 불량하다. FIP는 공식적인 치료법이 존재하지 않아 아직 불치병으로 취급된다. 미국 US DAVIS 대학에서 발표한 신약(GS-441524)이 있지만, 아직 정식 허가를 받지 못한 상태이다.

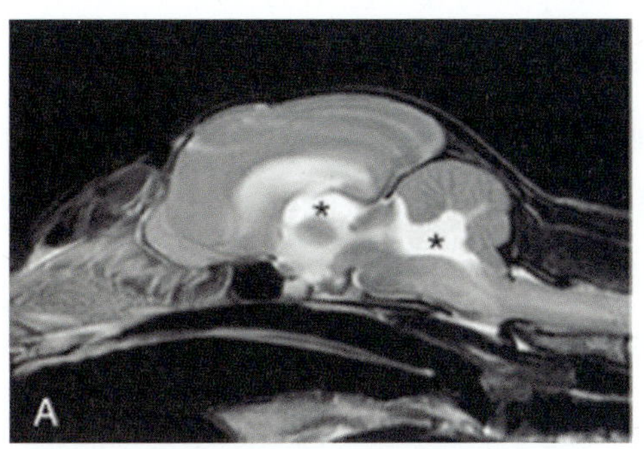

중간 시상면 T2W-MRI

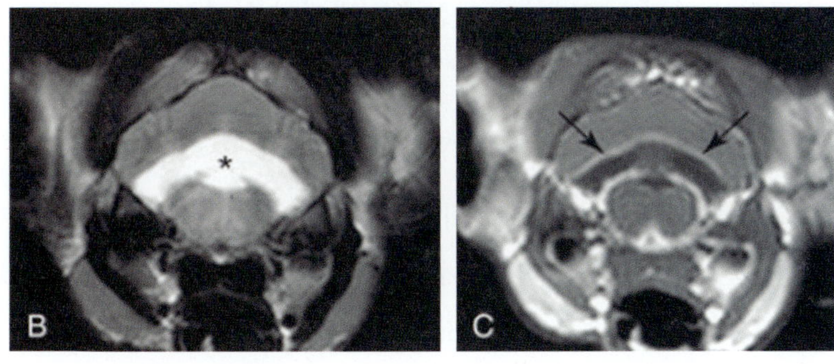

횡단면 T2W-MRI　　　조영제 투여 후 T1W-MRI

현저한 뇌실 확장(화살표) 및 뇌실 주변 증강(별표)이 나타난다.

[그림 8-11] 신경증세를 보이는 전염성 복막염을 앓고 있는 고양이

출처: Ettinger, S. J., & Feldman, E. C. (2016). Ettinger's textbook of veterinary internal medicine (8th ed.). Elsevier.

10) 광견병(Rabies)

광견병 바이러스에 감염된 동물로부터 교상이 발생했을 때, 침에 의해 감염된다. 임상 증상의 발현은 물린 위치에 따라 잠복기가 1주~8개월로, 매우 가변적이다. 신경 증상이 나타나면 빠르게 진행되고, 대부분 7일 이내로 폐사한다.

개와 고양이는 2~3일 정도 지속하는 초기 전구증상 단계에서 불안과 초조함, 물린 부위를 핥거나 씹는 증상이 나타날 수 있다. 광분기(Furious phase), 또는 정신병성 단계(Psychotic phase)에서는 점점 흥분하며, 가상의 물체에 달려들고, 케이지 또는 주변을 무는 단계가 1~7일 정도 지속되다가 운동불협조성 및 발작을 보이며 사망에 이르게 된다. 마비형(Paralytic type)은 물린 부위부터 진행되어 전체 중추신경계를 포함한 LMN 마비가 1~10일 정도 나타나며, 연하곤란, 유연 등의 증상을 보인다. 광견병 확진은 사후 감염된 동물의 뇌조직에서 면역조직학 기법을 사용한 광견병 바이러스 항원을 검출하여 확인한다. 노출과 관련된 위험 때문에 안락사가 권장된다. 광견병은 예방접종을 통해 효과적으로 예방이 가능하다. 개와 고양이는 12주령 이후 첫 광견병 백신을 접종해야 하며, 지역 보건 규정에 따라 1~3년마다 재접종을 받아야 한다.

11) 유전성 퇴행성 질환(Inherited Degenerative Disorders)

대사성 축적 질환은 신경계 세포 내 효소의 유전적 결핍의 결과로 인한 신경퇴행성 질환이다. 보통 신생아와 유아기에서 증상이 나타나며, 진행성으로 악화된다. Lysosomal storage disease, Mitochondrial encephalopathy, L-2-hydroxyglutaric aciduria, Neuronal ceroid lipofuscinosis 등이 있으며 현재 가능한 치료법은 없다.

12) 두부 외상(Cranial Trauma)

머리 외상에 의한 속발적인 신경계 기능장애로, 외상 위치, 크기와 초기 손상의 정도에 따라 결과가 달라진다. 반려동물에서 머리 외상의 일반적 원인은 자동차 사고, 다른 동물에게 물리거나 낙상 등으로 인한 타박상(contusion), 열상(laceration), 부종 또는 출혈에 의해 발생한다. 뇌실질의 초기 뇌상은 출혈, 허혈 부종을 유발하는 이차적인 손상으로 이어진다. 뇌는 두개골 안에 있어 부종 또는 출혈로 인해 뇌의 부피가 증가하면 뇌 내 압력이 증가하고, 대뇌 관류의 감소와 뇌 손상을 유발한다. 또한 함몰된 두개골절은 아래에 있는 뇌실질을 압박하고 손상을 유발하기도 한다. 두개골에 대한 뇌의 충격은 충격 부위 아래 조직과 충격의 반대편 조직에 손상을 초래한다. 뇌 손상 환자를 치료할 때에는 전신 손상 여부를 파악하고, 충분한 순환과 호흡을 유지하는 데 초점을 맞춘다. 기도를 확보하고 산소를 공급하며, 의식이 없다면 즉각적인 삽관과 환기가 이루어져야 한다. 쇼크 치료 및 혈압을 유지하기 위해 수액을 공급하며, 평균 동맥 혈압을 80~120mmHg로 유지해야 한다. 발작을 보인다면 항경련 치료를 시작한다. 머리는 수평에서 30° 정도 올리거나 만니톨(Mannitol), 마약성 진통제 등을 투여하여 뇌압을 낮춘다. 신경학적 평가는 30분마다 반복적으로 이루어져야 한다. 혼수 척도가 높으면 집중치료를 하더라도 생존율은 낮다.

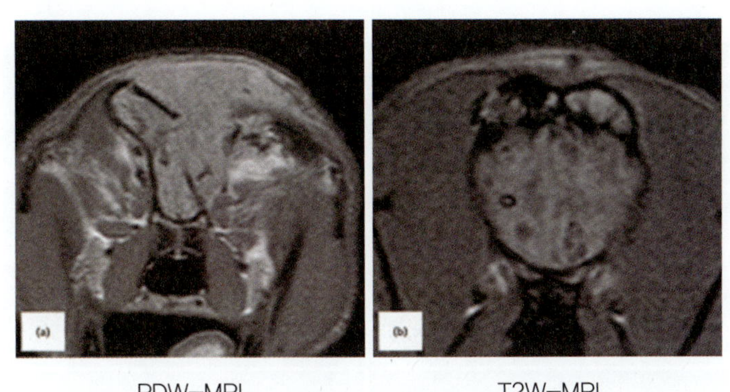

PDW–MRI T2W–MRI

[그림 8-12] 교통사고로 인한 개의 머리 외상 MRI 사진

출처: Dewey, C. W., da Costa, R. C., & Blot, S. (2016). A practical guide to canine and feline neurology (3rd ed.). Wiley-Blackwell.

13) 종양(Neoplasia)

뇌종양이 있는 경우 천천히 점진적으로 악화되는 신경 증상을 보인다. 대부분의 원발과 전이성 뇌종양은 중년~노령 동물에서 발생한다. 뇌종양은 근처 조직을 파괴하거나 뇌압을 증가시키거나, 실질 내 출혈을 유발하거나, 폐쇄성 수두증을 유발하여 임상 증상을 발생시킨다. MRI는 뇌종양의 특성 감별과 탐지를 위한 가장 정확한 영상 진단 도구이지만 확진에는 생검이 필요하다. 수막종(Meningioma)이 개와 고양이의 뇌종양에서 가장 흔하며, 개에서는 신경아교세포종(Glial tumor), 고양이에서는 림프종(Lymphoma)이 그 뒤를 따른다. 뇌종양의 치료는 종양 형태, 위치, 병력과 신경 증상에 따라 다르다. 작고, 표재성이며, 외막이 잘 발달해 있고(well-encapsulated), 양성인 대뇌 종양, 등쪽 소뇌 종양, 머리뼈의 골종양은 수술적 제거를 시도할 수 있다. 방사선 치료는 수술적으로 절제 가능한 종양에서 보조적으로 사용하거나 절제 불가능한 뇌종양에서 단독 치료법으로 사용된다. 항암요법은 결정적 치료가 불가능하더라도 투여할 수 있다. 림프종을 위한 특정 항암요법은 가능하지만, 대부분의 항암제는 혈액-뇌 관문을 통과하지 못한다.

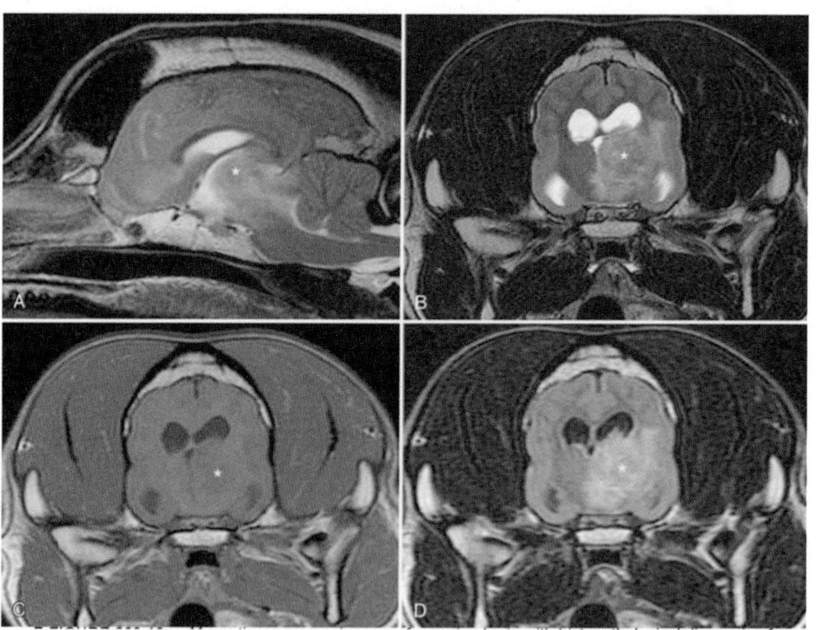

[그림 8-13] 별아교세포종(성상세포종, Astrocytoma) MRI 사진

출처: Ettinger, S. J., & Feldman, E. C. (2016). Ettinger's textbook of veterinary internal medicine (8th ed.). Elsevier.

5. 척수 질환(Disorders of the Spinal Cord)

1) 환축추 불안정과 탈구(Atlanto-Axial Instability and Luxation)

정상적으로 환추(C1, Atlas)와 축추(C2, Axis)는 가로인대에 의해 붙어 두 뼈의 정렬과 척수강의 통합을 유지한다. 요크셔테리어, 토이 푸들, 치와와, 포메라이언, 몰티즈, 페키니즈 등의 소형견에서 선천적으로 환축추 및 이를 지지하는 인대의 정상적인 구조 발달의 이상이 환축추 관절의 불안정을 야기한다. 결과적으로 축추(axis) 위치를 등쪽으로 변위시켜, 앞쪽 면이 목 척수를 배쪽으로 누르게 되며, 반복적인 척수외상을 일으킨다. 관절 불안정으로 인해 중등도의 외상은 탈구를 유발하여 목 통증, 운동실조, 사지 마비, 사망을 유발할 수 있다. 임상 증상은 보통 2세 이전에 발생하며, 머리를 낮게 들고 다니고, 자세 반응 및

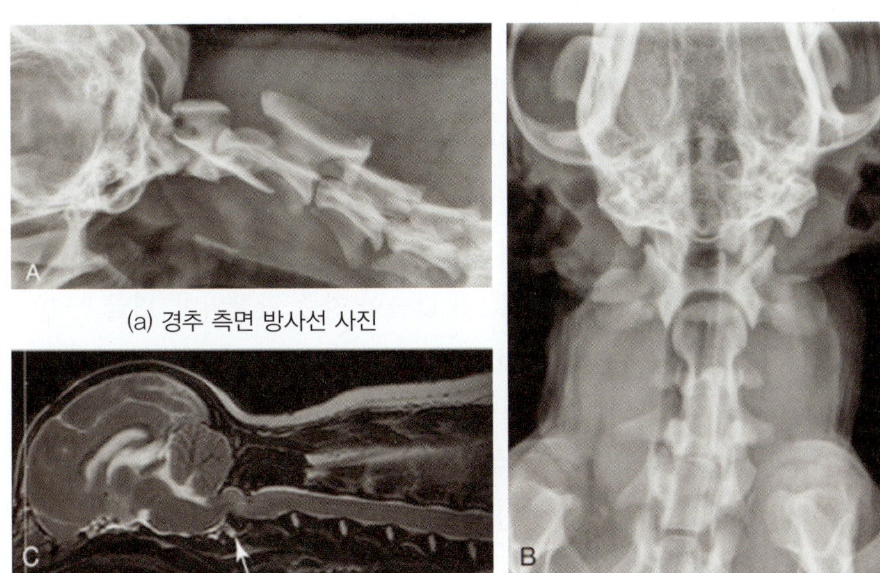

(a) 경추 측면 방사선 사진

(C) 경추 시상단면 T2W-MRI 사진

(b) 경추 배 측 방사선 사진

[그림 8-14] AAI를 가진 개의 영상 사진

출처: Ettinger, S. J., & Feldman, E. C. (2016). Ettinger's textbook of veterinary internal medicine (8th ed.). Elsevier.

고유반응 결손이 있다. 호흡부전, 전정계 이상, 저환기(Hypoventilation) 등의 뇌줄기 관련 증상이 보이기도 한다. 방사선 검사를 통해 진단을 내릴 수 있으나, 불안정한 경추로 인해 과도한 굴곡 및 회전을 방지하기 위해 검사를 실시할 때 주의해야 한다. 비수술적 치료는 배쪽 목 강화 보조기(Ventrally reinforced neck brace)를 장착하여 머리와 목을 4~8주 동안 신장(Extension) 시키기, 확실한 케이지 내 안정, 진통제 투여 등이 있다. 외과적 수술로 환축추를 고정하는 것이 훨씬 효과적이다. 발병한 지 10개월 이내에 수술을 실시하면 가장 긍정적인 결과를 가져온다. 수술 후 회복에 대한 예후는 좋은 편이다.

2) 추간판탈출증(Intervertebral Disc Disease; IVDD)

추간판은 바깥쪽 섬유층(섬유테, annulus fibrosus)과 아교 중심(속질핵, nucleus pulposus)으로 구성된다. 노화에 따라 핵은 점차 섬유연골로 대체되는데, 연골형성장애(Chondrodystrophoid)가 있는 종에서 핵기질 퇴행, 탈수, 무기질화가 발생하여 급성 척추 탈출이 발생한다. 무기질화된 속질핵이 등쪽 고리를 통해 척수강 내로 갑작스럽게 탈출하여 척수에 압박을 가하는 것을 한센 1형 추간판 탈출(Hansen Type Ⅰ Disk Extrusion)이라고 한다. 닥스훈트, 토이 푸들, 시츄, 치와와 등의 소형견에서 3~6세 사이에 가장 많이 발생한다. 고양이에서는 흔하지 않지만, 발생하면 제1형 추간판 탈출이 자주 관찰되며, 평균 9~10세의 노령에서 흉추와 요추(대부분 L4~5) 부위에 주로 발생한다.

또한 추간판의 섬유소 변성이 노화로 인해 수질핵이 섬유테로 탈출할 수 있다. 수질핵의 탈출은 테의 등쪽 척수강으로 돌출해 진행성의 척수 압박을 유발한다. 이러한 유형을 한센 2형 추간판 돌출(Hansen Type II Disk Protrusion)이라고 하며, 특히 저먼 셰퍼드, 래브라도 리트리버, 도베르만핀셔 등의 나이든 대형견에서 흔히 발생하지만 소형견에서도 발견될 수 있다. 임상 증상은 침범된 척수 부위를 반영하며, 통증이 전형적인 특징이다. 척추 손상 위치, 압박 정

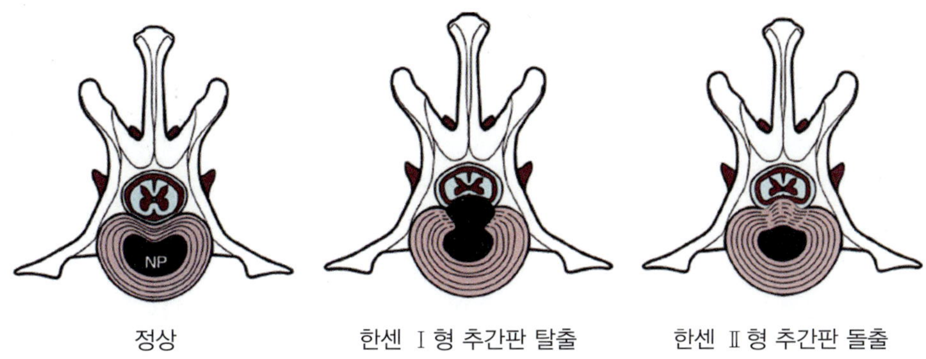

[그림 8-15] 추간판과 척수의 해부학적 모식도

출처: Nelson, R. W., & Couto, C. G. (2013). Small animal internal medicine (5th ed.). Elsevier.

도에 따라 증상은 다르게 나타난다. 목 추간판(C1~5) 탈출은 척추강이 넓어 특이적 척수 압박이 없어 신경학적 손실이 없이 대부분 목 통증만을 유발한다. 하지만 심각한 척수 압박이 있으면 UMN 증상이 사지 모두에서 보일 수 있다. 흉요추(T3~L3) 추간판 탈출은 척수 주변의 충분한 공간이 없어 심한 통증과 함께 뒷다리의 UMN 증상이 나타난다. 고유반응 소실 후 뒷다리 움직임 마비, 배뇨 조절 및 심부통증 인지 소실이 진행된다. 흉요추 추간판 탈출은 주로 T11~L2 척추 사이에서 발생한다. 하위 요추 부위(L3~4, L6~7)의 추간판 탈출은 요추팽대부위 척수 손상으로 뒷다리의 LMN 증상을 보인다. 신경계 검사와 척수 통증 위치 감별은 척수 병변을 국소화할 수 있다. 척추 방사선은 진단에 큰 도움이 되지 않는다. CT는 탈출한 추간판이 석회화되었을 때 진단적 가치가 높다. MRI가 탈출한 추간판의 위치와 좌우를 국소화하는데 가장 정확하다. 추간판 탈출의 치료는 척수 손상 위치와 증상의 심각성을 바탕으로 한다. 내과적(보존적) 처치에서 케이지 운동 제한(Cage rest)이 가장 중요하며, 최소 6주 이상 유지해야 한다. 엄격한 활동 제한과 함께 NSAID 또는 마약성 진통제를 투여한다. 근육이완제(Methocarbamol)는 통증으로 인한 근육 경련을 감소시킨다. 체중 제한 및 다이어트도 필요하다면 진행해야 한다. 난치성/재발성 통증 및 신경 결손, 마비 등이 보이면 수술이 지시된다. 감압 수술 후 대부분 24~36시간 내로 통증

강도가 약해지며, 2~4주 후 신경 결손이 회복된다. 심부 통증이 소실된 환자는 72시간 이내의 빠른 감압 수술 후 기능적 회복을 보이지만, 4주 이내로 심부 통증이 돌아오지 않으면 예후는 불량하다.

3) 추간판척추염/척수골수염(Diskospondylitis/Vertebral Osteomyelitis)

추간판척추염은 추간판과 인접 척추의 감염이고, 척수골수염은 척추감염만을 말한다. 감염은 멀리 떨어진 감염 병소로부터 혈행성으로 전파되는 것이 주로 발생하나, 척추 주위 감염이 확장되거나, 외상, 외과적 수술 또는 이물에 의해 전파될 수 있다. 주된 원인체는 *Staphylococcus* spp., *Streptococcus* spp.이고, E.coli, *Brucella* canis, *Actinomyces* spp., *Aspergillus* spp.도 관찰된다. 중년의 중~대형견에서 가장 많이 발생하며, 저먼 셰퍼드, 래브라도 리트리버, 박서, 그레이트데인은 호발 품종으로 보인다. 고양이에서는 드물다. 암컷보다 수컷이 더 많이 발병한다. 가장 흔한 증상은 척추 통증이며, 발열, 식욕 부진 등의 전신 증상이 보이기도 한다. 경증의 사지 마비와 고유감각 결손이 일반적으로 나타나는 신경학적 이상이다. 한 부위 또는 여러 부위가 감염될 수 있으며, L7~S1 공간이 가장 많이 침범된다. 흉요추 부위가 경추보다 더 흔히 침범된다. 임상 증상은 병변 위치를 반영한다. 이환된 척추의 방사선 촬영으로 확진할 수 있다. 이환된 부위의 추간판 공간이 좁아지고, 척추 종판이 불규칙적이고 용해, 뼈끝 손실로 인한

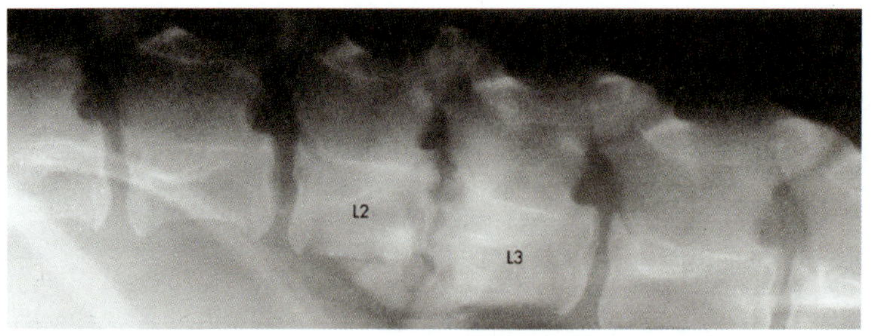

[그림 8-16] 추간판 척수염의 외측 척수 방사선 사진

출처: Nelson, R. W., & Couto, C. G. (2013). Small animal internal medicine (5th ed.). Elsevier.

경화, 근접 척추뼈의 골증식 등을 관찰할 수 있다. 혈액 및 소변에서 미생물 배양을 실시하면 절반 정도의 케이스에서 미생물을 확인할 수 있다. 감염된 척추에서 바늘 흡인을 실시하여 배양하면 혈액과 뇨 배양에서 음성이었던 환자도 양성 배양 결과가 나올 수 있다. 항생제 및 케이지 내 안정과 진통제 투여 등으로 치료한다. 배양으로 미생물이 분리된다면 감수성 검사를 통해 항생제 치료를 보완한다. 대부분 치료 첫 주에 임상적 개선이 나타난다. 항생제는 최소 8주 이상 투여해야 하며, 이환된 부위에 통증이 존재하지 않고, 방사선에서 용해가 보이지 않으면 항생제 처치를 중단한다.

4) 퇴행성 척수병증(Degenerative Myelopathy; DM)

광범위한 축삭 변성과 탈수초화로 특징되는 비염증성 척수 백질의 퇴행성 질환으로, 노령의 저먼 셰퍼드에서 가장 흔하게 발생한다. 비염증성 축삭의 퇴행성 원인은 불분명하다. 영양이나 비타민 결핍 또는 혈관 공급의 조직학적 변화가 원인이라고 생각되기도 한다. SOD1(superoxide dismutase 1) 유전자 돌연변이의 동형접합성이 박서, 저먼 셰퍼드, 웰시코기 등에서 DM을 유발하는 필수적 요인이라고 밝혀졌다. 면역 관련 변성으로도 추측하고 있다. 병적 변화가 적핵(red nucleus), 외측 전정신경핵(lateral vestibular nucleus), 치아핵(dentate nucleus)뿐만 아니라 척수 전체에 걸쳐 확인되며 만성 퇴행성 신경뿌리 척수병증(chronic degenerative radicular myelopathy)이라고도 한다. 병변은 흉추 분절에서 가장 현저하다. 이환된 개는 진행성의 비대칭적이고 무통증의 고유감각 운동실조 및 UMN 마비가 뒷다리에서 주로 발생한다. 보통 진행성 운동실조와 하반신 불완전 마비(paraparesis)에서 6~12개월에 걸쳐 요실금과 하반신 완전마비(paraplegia)로 발달한다. 통각(심부 통증 인식)은 보통 정상이다. DM은 다른 질병을 배제함으로 가능하다. 척수 방사선은 정상이고, 뇌척수액 검사에서도 특이사항이 존재하지 않는다. MRI는 척수 압박이나 척수 종양을 배제하기 위해 실시한다. DM에 대한 효과적인 치료법은 존재하지 않는다. 스테로이드 사용은 근육 소모와 허약을 악화시키기 때문에 금기이다. 면역억제제의 효능도 검증되지 않았다. 운동과 물리치료가 병의 진행 속도를 늦추는 데 도움이 될 수 있다.

5) 말총증후군(Cauda Equina Syndrome)

개에서 요추, 천추, 꼬리 척수 분절에서 유래한 모든 신경근은 척추관을 떠나서 같은 번호의 척추 뒤에 있는 척추사이구멍(Intervevertebral foramen)을 지나므로 이들 신경근(Nerve roots)은 척추관에서 상당한 거리를 주행하게 된다. 이와 같은 내림 신경근의 집합을 말총(cauda equina)이라고 한다. 천추와 꼬리 쪽 분절에서 나오는 척수 신경은 요·천추 접합을 지나므로 이곳을 압박하는 질환은 L7, 천추, 꼬리신경에 영향을 미친다. L7~S1 척추 사이 공간에서 II형 추간판 돌출 등으로 인해 말총 신경 압박이 유발될 수 있다. 저먼 셰퍼드, 래브라도 리트리버 등의 5세 이상 수컷 대형견에서 호발한다. 유전적 영향, 운동 등이 요·천추 부위의 척추판에 기계적 스트레스를 높이는 요인으로 작용하여 Ⅱ형 추간판 탈출을 촉진 시킨다. 추간판의 구조적 긴장도가 상실되면 불안정성이 악화되어 관절낭, 관절사이인대 등의 증식성 변화를 초래한다. 이러한 증식성 변화는 척추관의 협소화, 말총 및 신경근의 압박을 악화시킨다. 후지 파행은 운동 시에 악화되며, 일어나거나 꼬리를 흔들기 주저한다. 후지 허약, 대퇴부 및 사지 원위부 근육 위축, 배변/배뇨 기능 저하, 회음부 과민 반응 및 감각 이상 등의 임상 증상이 주로 관찰된다. 척추 방사선에서 척추 종판 경화, L7~S1 척추염 및 추간판 공간의 협소나 허탈이 보일 수 있다. MRI 검사는 가장 정확하게 말총 압박을 포함하는 모든 부분을 볼 수 있다. 운동 제한과 진통제 및 소염제 처방은 통증과 파행의 일시적 개선을 가져올 수 있다. 확실한 치료법은 요·천추 등쪽 후궁절제술(Lumbosacral dorsal laminectomy) 및 추간공절제술(Foramminotomy)을 통한 추간공 감압(Foraminal decompression)이다. 수술 후 파행과 가벼운 신경학적 장애는 예후가 좋지만 심한 LMN 장애나 실금이 있는 개는 영구적으로 장애가 남을 수 있다.

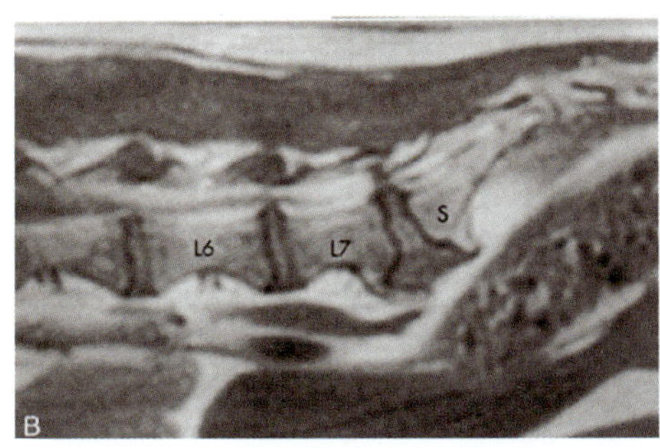

MRI 사진

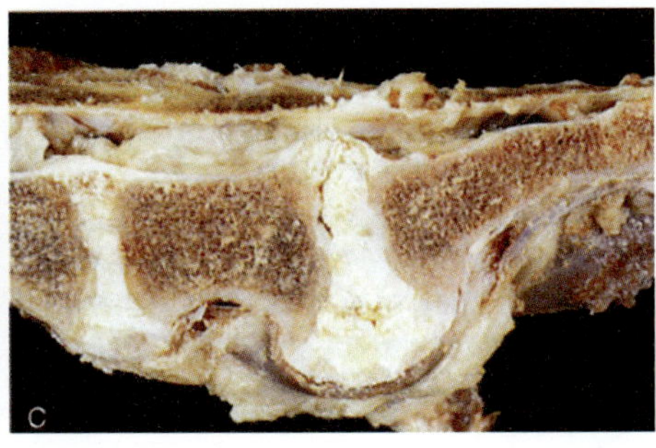

사후 부검 사진

[그림 8-17] 말총증후군

출처: Nelson, R. W., & Couto, C. G. (2013). Small animal internal medicine (5th ed.). Elsevier.

6) 경부 척추척수병증(Cervical Spondylomyelopathy; CSM, Wobbler syndrome)

대형견에서 성장성 기형, 불안정, 척추관과 관련된 불안정한 변화에 대해 이차적으로 발생하는 뒤쪽 경추 척수와 신경근 압박으로 인해 발생한다. 유전적 소인, 과도한 영양 섭취, 형태학적 문제가 이 질환의 발병과 관련이 있다. 황색인대(Ligamentum flavum) 비대 및 등쪽 및 측면 압박과 그로 인한 관절돌기 골관절염(Articular process osteoarthritis)과 관절면 접합부 비대에 의해 측면 압박이 이차적으로 발생한다. 그레이트데인, 로트와일러, 도베르만핀셔 등의 수컷 대형견에서 호발하며 C5~C6, C6~C7 척추와 추간판에 가장 흔히 발생한다. 임상 증상은 경부 척수의 만성 압박을 반영하며, 증상은 점진적으로 진행된다. 초기 증상은 서서히 진행하는 불완전 마비와 협조운동 실조(incoordinated), 비틀거리는(wobbling) 뒷다리 보행에서 시작하여 사지 마비로 진행한다. 앞다리의 신경 증상은 목 부분에서 척수 압박이 발생하느냐에 따라 다양하게 나타난다. 목을 움직이지 않으려 하지만, 목 통증이 보이는 환자는 10% 아래로, 흔하지 않다. 방사선 검사는 결정적 진단에 도움이 되지 않으며, MRI가 현재 최고의 검사법이다. MRI는 병변 위치 및 심각성, 척수의 압박 정도를 정확하게 보여 주며, 예후와 관련된 척수 실질 안의 변화를 감지한다. 운동 제한, 하네스 사용, 항염증 용량의 스테로이드 투여는 신경계 기능의 일시적 개선에 도움이 된다. 신경결손을 보이는 환자는 수술이 지시된다. 하지만 수술은 CMS 환자의 생존 기간을 바꿀 수 없고, 만성 질환 및 걷지 못할 경우의 예후는 좋지 않다.

7) 변형성 척추굳음증(Spondylosis Deformans)

만성, 퇴행성, 비염증성 질병으로, 추간판 공간을 가로지르는 돌기 또는 완전한 골성 융기의 형성을 초래하는 척추의 골증식체 형성이 특징이다. 강직척추굳음증(ankylosing spondylosis), 강직척추염(ankylosing spondylitis)이라고도 한다. 골증식체 형성은 추간판의 퇴행성 변화에 대한 반응으로, 노화에 따라 속발적으로 일어난다. 모든 품종의 개에서 발생할 수 있지만, 암컷 박서에서 높은 발생률 때문에 유전병이라고 추측한다. 개에서 뒤쪽 흉추, 요추, 요천추 척수 분절이 가장 흔히 침범되며, 고양이에서는 T7~L7 부위에서 가장 많이 발생한다. 척추관 내로 골증식체가 돌출하여 척수 또는 척수 신경을 압박하는 일은 드물다. 하지만 신경조직 압박이 고유감각 장애, 운동실조, 불완전 마비/완전마비, 신경병증 등을 유발할 수 있다. 방사선 사진에서 척추체들의 배쪽면에 골증식체 형성 소견에 기초하여 진단을 내린다. CT 및 MRI는 척수 압박 또는 척수사이구멍협착증을 찾는 데 도움이 된다. 치료는 보통 불필요하며, 불편함을 호소하는 환자는 진통제 및 운동 제한이 도움이 될 수 있다. 신경계 이상을 보이는 환자는 외과적 감압술이 필요할 수 있으나 재발 위험이 높다.

8) 척추 갈림증(Spina Bifido)

배아 시기의 발생기에 둘로 나뉜 척추의 등쪽 가시돌기가 융합하는 데 실패하여 발생한다. 척추관 어디라도 발생할 수 있지만 요 · 천추 분절과 천 · 미추 접합부에서 가장 많이 발생한다. 이 기형은 잉글리쉬 불도그, 맹크스 고양이에서 가장 흔하다. 맹크스 고양이는 상염색체 열성 유전에 의해 발생하며, 꼬리 무형성과 관련되어 나타날 수 있다. 임상 증상은 비진행성으로 출생 시부터 존재하며 뒷다리 LMN 불완전 마비, 배변/배뇨 곤란, 회음부 반응 및 항문조임근 긴장도 소실을 보인다. 치료법은 존재하지 않는다.

6. 말초신경계 질환(Disorder of the Peripheral Nerves)

1) 호너 증후군(Horner Syndrome)

눈의 교감신경 분지 병변은 호너 증후군을 유발한다. 축동(Miosis), 안검하수(Ptosis), 제3안검 부분 돌출, 안구함몰(Enophthalmos)의 증상을 보인다. 병변 위치에 따라 1차(중심부), 2차(신경절 이전), 3차(신경절 이후)로 교감신경로를 따라 구분할 수 있다. 대부분의 환자는 3차 병변을 가진다. 외이염과 중이의 종양 환자에서 주로 발생하며, 전정신경(CN8) 및 얼굴신경(CN7) 마비를 동반하기도 한다. 점안용 코카인(cocaine 6%)을 호너 증후군의 원인을 진단하고 국소화하기 위해 사용한다. 정상 눈과 병변 눈에 모두 투여 시 문제성 동공은 확장되지 않고, 정상 동공은 확장되어 호너 증후군 진단을 확진할 수 있다. 국소화를 위한 교감신경 작용제(Phenylephrine 0.1%)를 양 눈에 한 방울씩 적용하면 정상 눈은 동공이 확장되지 않는다. 3차 병변일 경우 문제성 동공은 20분 안에 확장된다. 20분이 지나도 확장되지 않으면 농축된 교감신경제(Phenylephrine 10%)를 양쪽 눈에 적용하고 20~40분 안에 양쪽 동공이 확장되지 않으면 신경절 이전 병변일 가능성이 크다. 코카인 검사와 국소화 검사는 24~48시간 간격을 두고 실시해야 하며, 약물 검사 결과가 애매할 수 있고, 원인과 예후에 관한 실질적 정보를 항상 제공하는 것은 아니다. 1차 또는 2차 병변이 의심된다면 CT 또는 MRI 검사가 시행되어야 한다. 호너 증후군을 가진 환자의 절반 정도는 신경계 이상이 없고 원인이 밝혀지지 않아 이런 경우를 특발성 질환(Idiopathic disease)으로 분류한다. 특발성 호너 증후군은 보통 자발적으로 6개월 안에 개선된다.

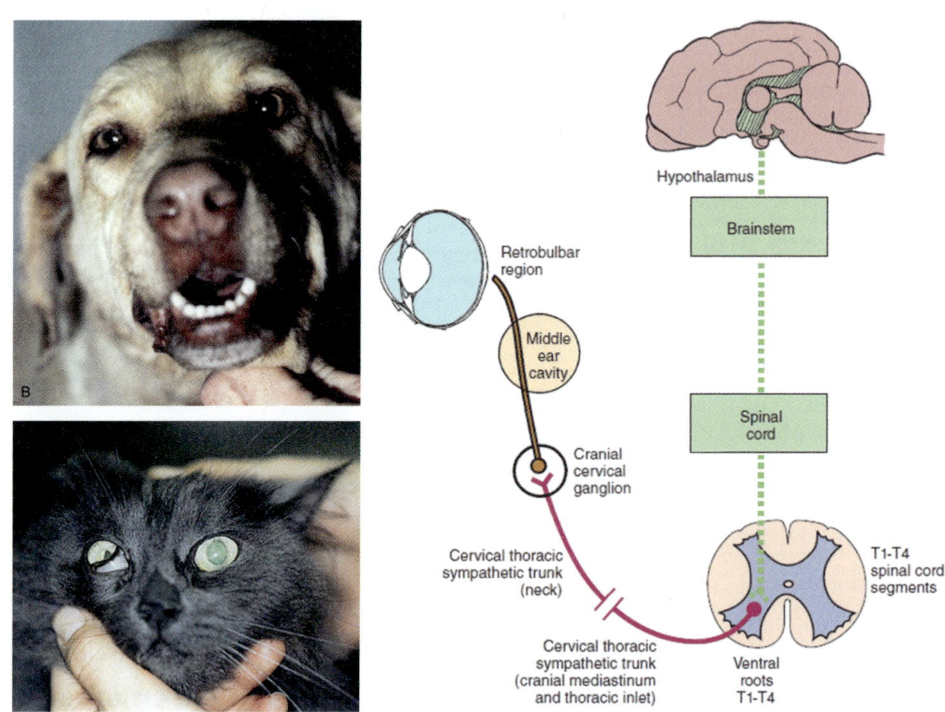

[그림 8-18] 호너 증후군을 보이는 개와 고양이의 사진 및 병리학적 모식도

출처: Nelson, R. W., & Couto, C. G. (2013). Small animal internal medicine (5th ed.). Elsevier.

2) 노령견 전정계 질병(Geriatric Canine Vestibular Disease)

특발성 증후군인 노령견 전정계 질병은 편측적인 말초전정계 질병의 가장 흔한 원인이다. 발병 평균 나이는 12~13세이고 갑작스러운 편측 말초전정계 증상이 특징이다. 머리 기울임(Head Tilt), 운동실조, 넘어짐, 수평/회전 안구진탕(Nystagmus) 등이 나타난다. 고유지각 및 자세 반응은 정상이다. 안면 마비 및 호너 증후군은 관찰되지 않으며, 다른 신경 이상도 존재하지 않는다. 진단은 말초 전정계 기능 이상의 다른 원인을 배제하고 시간이 경과하여 증상의 완화를 기초로 한다. 자발적 안구진탕은 며칠 내로 해결되며, 머리 기울임 등의 운동실조는 1~2주 안에 회복한다. 회복에 대한 예후는 매우 좋다. 어떠한 치료도 필요하지 않다. 구토가 심하면 멀미와 연관된 구토를 완화하기 위해 항히스타민제 등을 투여한다. 재발은 드물지만 발생하면 같은 쪽 또는 반대쪽에서 일어난다.

3) 약물에 의한 이독성(Ototoxicity)

Aminoglycoside 계열 항생제는 전정계와 청각계의 퇴행을 유발한다. 이독성은 보통 이러한 광범위 항생제를 고농도 및 장기간 투여했을 때 발생하고, 특히 신장 기능이 좋지 않은 동물에서 나타난다. 항생제 치료를 중단하면 전정계 신경 증상은 해결이 되지만 청각장애는 영구적으로 남을 수 있다. Metronidazole 역시 개에서 중추 전정계나 전정 소뇌 증상이 보고된다. 고용량을 3~14일 정도 투여한 개에서 발생하며, 환자마다 민감도나 독성은 차이가 있다. 식욕 부진, 구토, 운동실조, 수직성 안구진탕이 발생한다. 경련과 머리 기울임도 간혹 발생한다. 치료는 Metronidazole 투여를 중단하고 더 이상 진행되지 않도록 보조한다. 회복 후의 예후는 좋지만, 완전한 회복까지 2주가 걸린다.

4) 급성 다발성 신경근염(Acute Polyradiculoneuritis)

척수신경뿌리를 포함하는 염증성 장애로서 급성으로 발병한다. 사람에서 항원에 노출되어 발생하는 자가면역 신경염인 길랭-바래 증후군(Guillain Barre Syndrome)과 임상적 · 조직학적으로 유사하다. 개에서 가장 흔한 말초 신경병으로 생각되며, 고양이에서 비슷한 상태가 보고된 적은 있지만 개보다는 드물다. 추정되는 원인에 따라 세 가지로 분류할 수 있다. 가장 일반적인 형태인 너구리 마비(Coonhound Paralysis)는 너구리에서 물리거나 긁힌 일이 발생한 7~14일 뒤에 나타난다. 너구리 침의 단백질 구성 성분에 대한 타액 항체가 수초(myelin)에 대해 지연된 과민 반응을 유도할 수 있다. 발병, 임상 증상, 경과 및 병리학적 소견이 너구리 마비와 동일하지만 너구리에 노출된 적이 없는 개에서 발병했을 때 특발성 다발성 신경근염이라고 부른다. 정확한 발병기전은 알려지지 않았지만, 면역 매개성이라고 추측한다. 예방접종(특히 광견병)이 급성 다발성 신경근염의 가능한 원인의 한 가지로 추정된다. 축삭(axon)과 수초에 침범하는 염증반응에 의해 유발되며, 주로 배쪽신경뿌리에서 발생하여 급성의 빠른 진행성의 LMN 마비를 일으킨다. 사지가 뻣뻣하고 기마자세와 같은 짧은 보폭의 약화된 후지 보행이 발병 후 5~10일 이내에 완전 사지 마비로 진행된다. 신체검사에서 근육 긴장도 감소, 근위축의 빠른 진행 및 중증도의 반사 감소 및 소실이 확인된다. 통각은 그대로 남아 있고, 감각 과민으로 인해 촉진에 상당한 불편감을 느낀다. 중증도의 마비를 보임에도 환자는 밝고 반응이 좋으며, 정상 식욕과 꼬리의 움직임은 활발하다. 뇌신경계는 영향을 미치지 않으며, 배변/배뇨 기능도 정상적이다. 저작, 연하작용, 동공 반응이 정상이다. 일부 환자에서 늑간근과 횡격막 마비로 인해 호흡 마비로 진행할 수 있는 호흡기계 약화가 나타날 수 있다. 진단은 임상 증상과 신경학적 증상을 기초로 판단한다. 확진은 신경생검에 의해 이루어진다. 특별한 치료법은 없으며, 진행 과정에서 호흡을 모니터링해야 한다. 회복에 대한 예후는 좋으며, 대부분의 환자는 1주 후에 개선이 시작되고, 3~4주 안에 완전히 회복한다. 5~10일 후 증상이 안정되면 퇴원하여 보조치료를 통해 관리한다. 가능하면 푹신한 곳에서 지내게 하고 무기폐(Lung atelectasis)와 욕창을 예방하기 위해 주기적으로 자세를 바꿔 준다. 스테로이드 치료는 도움이 되지 않는다. 회복한 환자에서 항원을 자극하는 노출이 반복되면 다시 재발하기도 한다.

5) 진드기 마비(Tick Paralysis)

암컷 진드기의 흡혈 동안 숙주로 타액 신경독이 이동되어 발생한다. 진드기 타액은 아세틸콜린 방출을 방해하는 신경독소로 작용하며, LMN 마비를 유발한다. 주로 *Dermacentor* spp., *Ixodes* spp.가 이 질병을 유발한다. 진드기가 붙은 후

5~9일 정도에 후지 허약으로 시작하여 빠르게 진행되어 기립 불능 상태로 빠지며, 24~72시간 안에 완전한 LMN 마비를 보이는 임상 증상이 명백하게 나타난다. 근육 이완 및 척수반사 감소/소실이 나타나지만 통증은 정상적으로 인지하며, 감각 과민 증상은 보이지 않는다. 목소리 변화, 연하곤란, 턱근육 긴장도 감소가 확인되며, 치료하지 않고 방치하면 1~5일 내로 호흡근 마비로 인해 폐사하게 된다. 진단은 병력, 임상 증상, 지리학적 정보를 바탕으로 의심하며, 진드기가 몸에서 발견되고, 진드기를 제거한 후 신속한 증상 개선을 통해 확진한다. 치료는 진드기를 제거하면 24~72시간 내로 회복한다. 적절한 진단 및 치료를 실시하면 회복에 대한 예후는 좋다.

6) 보튤리즘(Botulism)

상한 고기나 익히지 않은 고기에 들어 있는 *Clostridium botulinum*이 생산한 신경독소를 섭취하며 발생한다. 항원적으로 서로 다른 독소(A, B, C1, C2, D, E, F, G형)가 존재하는데, 이 중에서 C1이 가장 자주 보고되는 보튤리눔 독소이다. 미리 형성된 독소는 섭취 후에 콜린성 수용체에 흡수되고 분포하여 신경근 접합부에서 시냅스 전 수용체와 결합한다. 독소는 축삭 종말로 확산되고 아세틸콜린 방출을 방해하여 완전한 LMN 마비를 유발한다. 짧은 보폭, 허약, 발을 끌면서 걷는 보행이 독소를 섭취한 후 몇 시간~수일 내로 나타나고, 1~4일에 걸쳐 빠르게 진행되는 기립불능이 된다. 근육 긴장도는 약화되고 척수 반사는 소실되나 꼬리의 움직임은 남아 있다. 고유감각과 통증 인지는 정상이며, 감각 과민은 보이지 않는다. 안면 마비, 발성 장애, 연하곤란, 턱 긴장도 감소, 거대식도증 등과 같은 뇌신경계 이상이 나타난다. 자율신경계 이상은 건조각결막염(keratoconjunctivitis sicca), 변비, 뇨정체, 비정상적으로 반응하는 동공산대 등을 유발할 수 있다. 섭취한 독소의 양에 따라 증상의 정도가 결정된다. 임상 증상은 수 주 동안 지속될 수 있고, 호흡근이 손상되면 사망한다. 진단은 임상 증상과 상한 음식을 섭취한 병력을 통해 판단한다. 환자의 혈액, 구토물, 분변, 위 내용물에서 효소면역법(ELISA) 또는 중화검사를 통해 보툴리눔 독소를 확인할 수 있지만, 신경학적 증상이 확실해질 때까지 독소 검출이 나오지 않기도 한다. 보툴리눔 독소를 배출하는 데 특별한 치료법은 없다. 섭취한 지 얼마 지나지 않았으면 흡수되지 않고 위장관에 남아 있는 독소를 제거하기 위해 설사제나 관장이 도움이 되기도 한다. C타입 항독소를 사용 가능하면 4시간 간격으로 근육주사하여 독소를 불활성화하는 작용을 기대해 볼 수 있다. 보조치료로 수액과 영양 공급, 호흡 마비 환자를 위한 호흡 보조 등이 있다. 오연성 폐렴이 합병증으로 흔히 발생하지만 대부분 보조치료로 1~3주 내로 회복한다.

7) 중증 근무력증(Myasthenia Gravis; MG)

신경전달물질인 아세틸콜린에 대한 시냅스 후 막의 감수성을 감소시키고 신경근전달의 실패를 초래하는 기능적인 아세틸콜린 수용체의 결핍이 특징인 질병이다. 후천성과 선천성으로 나뉘며, 선천성 MG는 골격근의 시냅스 후 막(postsynaptic membranes)에 아세틸콜린 수용체가 유전적으로 결핍되어 6~9주령의 환자에서 손상된 신경, 근육 전달의 초기 증상을 보이는 드문 질환이다. 후천성 MG는 골격근의 신경근 접합부의 시냅스 후 막에 있는 니코틴성 아세틸콜린 수용체의 항체 매개성(주로 IgG) 파괴로부터 발생하는 면역 매개성 질환이다. 휴식 시에는 정상 근육량과 반사 등의 정상적 신경계 검사 결과를 보이지만 운동 시 악화되고 휴식으로 해소되는 반복적인 쇠약이 주된 증상이다. 의식, 자세/사지 반사는 정상이다. 거대식도증으로 인한 과도한 유연이나 역류가 90% 이상 확인된다. 후천성 중증 근무력증은 세 가지 형태로 나타난다. 국소형은 고립된 근육의 쇠약을 특징으로 한다. 다리근육 쇠약은 없으며 거대식도증, 연하곤란(인두 기능장애), 안면근육 허약과 관련되어 있다. 전신형은 전신적 사지 근육 쇠약이 일어난다. 개의 식도에는 골격근 양이 많아 역류와 흡인성 폐렴을 일으키는 거대식도증 병발 또한 흔하다. 안면/후두/인두 쇠약이 사지 근육 쇠약과 동반되기도 한다. 급성 전격 형태는 거대 식도와 관련하여 많은 양의 액체의 잦은 역류와 횡와(recumbency)를 초래하는 근력의 빠른 소실이 특징으로, 호흡 장애가 일관되게 나타나며, 폐사의 주요 원인이다. 후천성 MG의 확진은 아세틸콜린 수용체에 대한 항체를 측정하는 방법으로 이루어진다. 항체에 대한 혈청검사가 불가능하거나 선천성 질환이 의심되는 환자는 텐실론(Tensilon, Edrophonium chloride) 양성반응을 관찰하는 방법이 있다. 이 약물은 아세틸콜린이 신경근 접합부에서 가수분해되는 것을 막아 아세틸콜린 농도를 높여 수용체의 작용을 높일 수 있도록 한다. 약물 적용 후 30~60초 안에 뚜렷한 증상 개선이 관찰되고, 효과는 5분 정도 지속한다. MG가 진단되면 거대식도증, 오연성 폐렴 또는 흉선종을 평가하기 위해 흉부 방사선을 촬영해야 하고, 전반적인 면역 관련 질환 및 종양 관련 질환을 평가해야 한다. 치료는 보조치료와 부교감신경흥분제(anticholinesterase) 처방 및 상황에 따라 면역억압제의 사용이 있다. 거대식도증과 역류가 있는 환자는 급여 및 섭식 후 10~15분 동안 서 있는 자세를 유지하여 식도 내용물이 위로 이동하는 데 도움을 주어 오연의 가능성을 낮추어야 한다. 오연성 폐렴이 발생하면 기도 세척 및 항생제, 수액, 분무 치료(Nebulization), 코파지(Coupage) 등을 이용하여 적극적 폐렴 치료를 시행한다. 부교감신경흥분제(Pyridostigmine, Neostigmine)는 근육 강도 향상을 위해 적용한다. 스테로이드는 근육 허약 및 오연성 폐렴을 악화시킬 수 있으므로 주의해서 사용한다. 후천성 MG가 발병한 환자에서 흉선종이 확인되면 수술적 절제가 필요하다. 오연성 폐렴이 심하지 않으면 MG에 대한 약물 치료 반응이 좋을 수 있다. 하지만 대다수는 오연성 폐렴으로 인해 사망한다. 부교감신경흥분제는 사지 근육 허약은 효과적으로 관리할 수 있지만, 식도와 인두 기능에 대한 효과는 불확실하다. 거대식도증, 급성전격 중증근무력증, 흉선종 또는 다른 종양이 동반되면 예후는 좋지 않다.

[그림 8-19] 거대식도증이 있는 동물에서 서 있는 자세로 음식을 먹게 하는 방법
식도의 내용물이 위로 이동할 수 있도록 도움을 준다.

출처: Nelson, R. W., & Couto, C. G. (2013). Small animal internal medicine (5th ed.). Elsevier.

[그림 8-20] 중증 근무력증 환자를 위해 고안된 베일리 의자(Bailey chair)

출처: Dewey, C. W., da Costa, R. C., & Blot, S. (2016). A practical guide to canine and feline neurology (3rd ed.). Wiley-Blackwell.

7. 근육 및 관절 질환(Disorder of Muscle and Joints)

1) 저작근염(Masticatory Muscle Myositis; MMM)

개에서 저작근에만 국한되는 면역 매개성 질환이다. 저작근에만 존재하는 근섬유(Type 2M)에 자가항체(IgG)가 미오신 구성요소를 파괴하여 발생한다. 중년의 대형견에서 주로 발생하지만 종 특이적은 아니다. 측두근과 저작근의 통증성 부종 및 발열, 식욕 부진 등이 보인다. 병변 부위를 촉진하며 입을 벌리려고 할 때 통증으로 인

[그림 8-21] 저작근염을 앓고 있는 개
측두근 및 저작근 위축이 보인다.

출처: Lorenz, M. D., Coates, J. R., & Kent, M. (2010). Handbook of veterinary neurology (5th ed.). Elsevier.

해 저항한다. 양측성 질환이지만 위축은 비대칭성이다. 안구가 급격한 근육 소실로 인한 완와 함몰이 발생한다. 진단은 2M 섬유에 대한 순환 항체를 검출하여 진단하지만, 만성의 경우 항체 농도가 증가하지 않기도 한다. 또한 이환된 부위의 근육 생검을 이용해 면역조직학 검사로 2M 근섬유에 결합한 항체를 확인하여 진단할 수 있다. 치료는 스테로이드를 사용하여 통증 완화 및 입을 벌리는 어려움을 개선한다. 재발하는 환자는 다른 면역억제제(Azathioprine, Cyclosporine 등)를 추가하는 것이 추천한다.

2) 특발성 다발성근염(Idiopathic Polymyositis; PM)

자가면역 질환으로 추정되는 골격근 염증으로 인해 발생하는 질환이다. 대형견에서 주로 발생하며, 고양이에서도 소수 발병함이 보고되었다. 운동 시 허약, 강직, 과장된 보행이 일반적인 특징이다. 신경계 검사에서 의식 상태 및 뇌신경 검사, 고유자세 반사, 척수반사 모두 정상이다. 진단은 임상 증상, CK(Creatine Kinase) 농도, 근전도(EMG), 근육 생검을 바탕으로 확인한다. CK 농도는 정상보다 2~100배까지 증가하며, AST 활성 또한 함께 증가한다. 특발성 PM을 확진하기 위해서는 근육 생검이 필요하다. 하지만 근육 생검 결과가 정상으로 나왔다고 해서 근염 진단을 배제하면 안 된다. 스테로이드 처방은 대부분 환자에서 극적으로 임상 증상을 개선하고 회복시킨다. 스테로이드에 반응이 없거나 용량 감소 시 재발한다면 면역억제제(Azsthioprine 등)를 추가 처방한다. PM을 유발하는 기저 종양이 없거나 거대식도증, 오연성 폐렴이 없는 환자는 예후가 좋다. 소수의 환자는 치료가 시작되기 전에 스스로 회복하기도 한다.

3) 지속 근강직(Tetanus)

이완 없이 근육의 지속적인 수축으로 정의되는 지속 근강직은 *Clostridium tetani* 감염과 그 세균의 독소(Tetanospasmin Toxin)로 인해 발생한다. *C.tetani*는 외부 환경에 오랫동안 생존 가능한 아포(Spore)를 만들어 내는 그람 양성 혐기성 바실러스(Bacillus)이다. 상처 또는 손상된 조직이 아포로 오염되면 혐기적으로 증식하여 독소가 생성된다. 독소는 말초신경을 타고 척수를 타고 올라가 신경전달물질 분비를 차단하고 지속 근강직을 유발한다. 임상 증상은 상처 감염 후 5~18일 안에 나타난다. 초기에는 강직성 보행, 안면근육 수축 및 꼬리와 귀가 세워진 것을 볼 수 있다. 증상이 심해지면서 환자는 횡와위(Recumbency), 사지의 활모양 강직(Opisthotonos) 및 호흡 장애가 나타나며 사망할 수도 있다. 추정진단은 임상 증상과 최근 상처에 대한 병력을 바탕으로 판단한다. 치료는 상처의 죽은 조직 제거, 항생제, 집중적 보존처리로 구성된다. 증상 진행을 막기 위해 중추신경계에 결합하지 않은 상태로 남은 독소를 중화하기 위한 항독소를 투여한다. 감각 자극을 최소화하기 위해 환자를 조용하고 어두운 환경에서 안정시킨다. 근육 강직은 Diazepam, Acepromazine, Phenobarbital, Methocarbamol 등을 투여하여 제어한다. 영양 공급은 스스로 먹을 수 있을 때까지 영양 카테터(Feeding Tube)로 공급하며, 배뇨/배변 정체를 해결하기 위해 카테터나 관장으로 관리해야 한다. 물리치료와 마사지는 순환 개선, 이완 촉진 및 불편함을 개선하여 회복에 도움을 준다. 증상이 빠르게 악화되면 예후가 나쁘지만, 집중관리가 이루어지면 50% 정도는 생존한다.

4) 떨림(Tremor)

신체 일부의 리듬감 있는 진동 움직임을 말한다. 소뇌 질환과 주로 관련이 있는 머리 떨림(Intention Tremor)은 음식을 먹거나 마실 때 등의 움직임을 시작할 때 심하게 악화된다. 갑작스러운 전신 떨림이나 근강도가 증가할 때는 독성에 의한 발병을 의심해야 한다. Strychnine, Metaldehyde, Organophosphate 등이 일반적으로 떨림을 유발하는 독소이다. 저혈당, 저칼슘혈증 등의 대사성 장애 또한 경련, 강직(muscle fasciculation), 떨림 등을 유발할 수 있다. 5개월~3세 정도의 흰색 품종의 개(몰티즈 등)에서 전신적인 떨림이 관찰되는 것을 'Little White Shaker Syndrome'이라고 하며, 스테로이드 반응성 뇌염으로 분류된다. 골반의 진전(Trembling)은 허약을 나타내지만, 신경학적으로는 정상인 노령견에서 나타날 수 있다. 쉬는 동안에는 진전이 사라지지만 서 있거나 운동할 때 더 악화된다. 모든 검사에서 정상으로 나타나며, 효과적인 치료법은 없다.

5) 퇴행성 관절 질환(Degenerative Joint Disease; DJD)

만성, 진행성의 연골 손상과 주변 조직의 증식성 변화를 초래한다. 관절 불안정성, 외상, 선천적 기형이 가장 흔한 원인으로, 크기, 종, 나이에 무관하게 발병한다. 임상 증상은 발병 부위부터 서서히 퍼지며, 전신 증상 없이 근골격계에 한정적으로 나타난다. 운동 후 파행과 경직이 현저하게 나타날 수 있으며, 지속적인 파행으로 인해 근위축이 발생할 수 있다. DJD는 진행하면서 섬유화와 통증으로 이어져 운동 불내성을 유발하며, 한 관절만 단독으로 또는 여러 관절에서도 발생할 수 있다. 병력, 신체검사, 특징적인 방사선 사진으로 진단한다. 신체검사에서 관절의 동통, 운동 범위 감소, 관절을 굽히고 펼 때의 염발음(Crepitation), 관절부종 등이 발견된다. 방사선 특징으로 관절 삼출, 골경화증(Subchondral bone sclerosis), 관절강의 좁아짐(Joint space narrowing), 연골낭 형성(Periarticular osteophyte formation), 골 재형성(Bonr rmodeling) 등이 있다. 관절액(Synovial fluid)은 점성이 낮아진다. 단핵구가 80% 이상을 차지하며, 호중구는 10% 이하로 드물다. 치료 목표는 불편함을 해소하고 퇴화를 방지하는 것이다. 체중 감량을 통해 관절에 가해지는 압력을 줄이며, 수영 등의 충격이 작고 힘과 운동성을 유지할 수 있는 운동이 권장된다. 수동관절운동(Passive range of motion exercise), 냉/온찜질, 근육과 관절의 마사지, 초음파, 전기자극(Electrical stimulation) 등의 물리치료를 실시할 수 있다. 오메가-3, 항산화제(비타민 E, C, 셀레늄 등) 같은 영양제는 염증과 통증을 완화할 수 있다. 약리적 치료로는 NSAID를 주로 처방하지만, Gabapentin, Tramadol 등도 진통에 도움이 된다. 연골 보호제(Glucosamine, Chondroitin)는 연골의 생합성작용을 증진하고, 관절 염증을 완화하며, 관절 내 분해효소 작용을 억제한다. 또한 Hyaluronic acid를 관절 내 주사하여 관절액 점성도를 늘리고 염증을 낮출 수 있다. 기형 교정 및 관절 안정화와 불편함을 해소하기 위해 수술이 지시될 수도 있다.

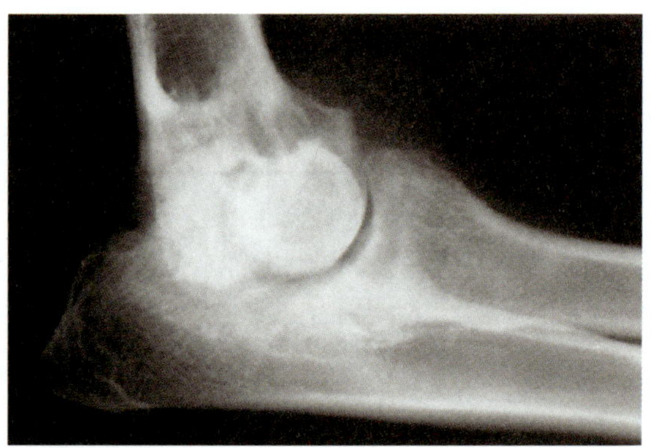

[그림 8-22] 퇴행성 관절염을 보이는 왼쪽 팔꿈치 관절의 내외측 방사선 사진

출처: Nelson, R. W., & Couto, C. G. (2013). Small animal internal medicine (5th ed.). Elsevier.

6) 감염성 염증성 관절염(Infectious Inflammatory Arthritis)

(1) 세균성 관절염(Bacterial Arthritis)

혈액성(Blood-borne) 감염이나 수술, 이물, 외상에 의해 직접 감염되거나, 인접부 조직으로부터 감염된 경우 발생한다. 개에서는 *Staphylococcus* spp., *Streptococcus* spp.가 가장 흔하며, 고양이에서는 *Pasteurella* spp.가 가장 흔하다. 고양이보다 개에서 더 흔하며 수컷 대형견에서 가장 흔히 발병한다. 세균성 관절염이 있으면 고열 및 전신 증상이 나타나고, 관절 촉진 시 통증이 매우 심하며, 관절 부위 연부조직의 염증과 부종이 보인다. 진단을 위해 관절액의 세포학적 검사를 통해 세균을 동정하거나 배양한다. 관절 천자(Arthrocentesis)를 통해 얻은 관절액은 노랗고 혼탁하거나 혈액성이다. 관절액은 정상보다 점도가 낮은데,

세균의 hyaluronidase와 염증세포 효소에 의해 점액(mucin)이 희석되고 분해되기 때문이다. 관절액 세포는 호중구가 90% 이상을 차지하며, 세포 내 세균이 발견되는 경우가 흔하다. 방사선에서 초기에는 관절낭 비대(Thickening of the joint capsule) 및 관절강의 넓어짐(Widening of the joint space) 등이 확인되며, 만성 감염에서는 연골 퇴화(Vartilage degeneration), 관절 주위 신생골 형성(Periarticular new bone formation), 연골 융해(Subchondral bone lysis) 등이 확인된다. 치료 목표는 세균 감염을 신속히 해소하고 관절 내 효소와 피브린 잔해의 축적을 제거하는 것이다. 항생제는 장기 투여해야 하며, 증상이 심하면 관절에서 배농하기도 한다. 항생제 치료에도 3일 내로 호전이 되지 않으면 수술을 실시한다. 최소 6주 이상 항생제 치료를 권장하며, 관절 연골 회복을 위해 케이지 내에서 안정하는 것을 추천한다. 관절 연골이 손상을 입은 정도에 따라 예후는 달라지며, 이차적으로 DJD가 흔히 발생한다.

(2) 리케치아 다발성 관절염(Richettsial Polyarthritis)

Richettsia rickettsi, *Ehrichia canis*, *Anaplasma Phagocytophillum* 등의 진드기 유래 리케치아 감염과 관련되어 관절에 면역복합체가 작용하면서 발생한다. 대부분 다른 전신적 질환이 함께 나타난다. 관절통(Jiont pain)과 삼출(Effusion)이 보이며, 관절액에서 병원체가 확인된다. Rochy Mountain Spotted Fever(RMSF)에 의한 다발성 관절염은 고열, 점상 출혈, 임파선염(Lymphadenopathy), 신경 증상, 안면과 말단 부종, 폐렴 등의 다양한 임상 증상을 보이며, 혈소판 감소증 같은 비정상적 혈액학 소견이 흔하다. 진단은 혈청학적 검사에 근거해 면역글로불린(IgG) 농도가 2~3주 이상 4배 이상으로 증가할 때 의미가 있다. 치료는 Doxycycline이 효과적이다. 항생제는 최소 3주 이상 지속해야 한다.

(3) 라임병(Lyme Disease)

진드기 유래의 *Borrelia burgdorfeli*(Bb) 나선균이 라임병을 유발한다. 진드기 중 *Ixodes* 속이 나선균을 전파하며, 진드기가 최소 50시간 이상 접촉해야 전파가 이루어진다. 파행(Shifting leg lameness), 관절부종(Joint swelling), 고열, 림프절 병증, 식욕 부진 등이 나타난다. 관절액 세포는 호중구성 염증이 보인다. 대부분 Bb-항체로 인한 면역 매개성 사구체신염, 세뇨관 괴사 등의 신장 질환이 함께 발생한다. 라임병에 의한 다발성 관절염이 진단되려면 반드시 최근에 동물이 잠재적인 노출 병력이 있어야 하며, 관절액은 염증성이 확진되고 혈청학적 검사가 양성이며, 다른 진드기성 감염이 배제된 상태로 적합한 항생제 치료에 반응이 즉각적이고 영구적이어야 한다. Doxycycline, Amoxicillin 등이 효과적이며, 급성기에 질병을 치료하면 임상 증상이 빠르게 호전되며 최소 4주 이상 항생제 투여가 권장한다. 급성 질병 치료에 실패하면 재발성 다발성 관절염, 사구체신염 등의 만성 질병이 발생할 수 있다.

(4) 리슈마니아증(Lershmaniasis)

Leishmania spp.의 원생동물 기생충에 의한 만성 전신성 질환이다. 임상 증상은 감염 후 3달~7년까지 나타나고, 체중 감소, 임파선염, 비장 종대(Splenomegaly) 등의 비특이적 증상이 나타난다. 파행과 운동 불내성을 유발하는 다발성 관절염이 흔하다. 방사선에서 관절 주변 조직 융해(Periarticular lysis), 골막증식(Periosteal proliferation) 등의 침식성 병변(Erosive disease)이 확인된다. 진단을 위해 비장, 관절액 내 대식세포에서 병원체를 확인한다.

7) 특발성 면역 매개성 다발성 관절염(Idiopathic Immune-mediated Polyarthritis; IMPA)

원인체가 확인되지 않은 비침식성(Nonerosive) 비염증성 다발성 관절염을 특발성 면역 매개성 다발성 관절염이라고 한다. 이 질환은 다발성 관절염의 다른 원인을 배제하는 것으로 진단이 가능하며, 개에서 진단되는 다발성 관절염의 가장 흔한 형태이다. 2~5세의 대형견에서 가장 흔히 발병하고 고양이에서는 드물다. 임상 증상으로 주기적 발열(Cyclic fever), 경직(stuffness), 파행(Lameness) 등이 나타난다. 50% 정도의 개에서 관절 삼출(Joint effusion)이 촉진되지 않고 통증이 없다. 보통 식욕 부진이나 원인 불명의 고열 때문에 병원에 내원한다. 관절액검사에서 감염 요인이 발견되지 않고, SLE를 진단할 증거가 없거나 반응성 다발성 관절염을 의심할 이유가 없을 때 진단된다. 방사선 사진은 정상이거나 관절에 한정되어 나타나며, 뼈나 연골의 비정상적 소견은 없고 관절 주위 부종은 확인된다. 관절액은 점도가 낮고 혼탁하며 비퇴행성 호중구가 80% 이상을 차지하며, 세균 배양은 전형적으로 음성이다. 초기 치료제는 스테로이드이며, 스테로이드로 치료하였지만, 반응이 없는 경우 면역억제제(Azathioprine 등)를 추가한다. 특발성 관절염은 대부분 환자에서 약물 치료가 효과적이어서 추가적인 면역억제제 사용은 드물다. 초기에는 운동 제한을 하고, 후에는 가벼운 운동을 규칙적으로 하며 체중을 관리한다. 오메가-3, 항산화제, 연골 보호제도 사용하면 효과가 좋다. 보통은 예후가 좋으나 이차적으로 DJD로 발전할 수 있고, 연골 형성과 재생에 스테로이드가 유해할 수도 있다.

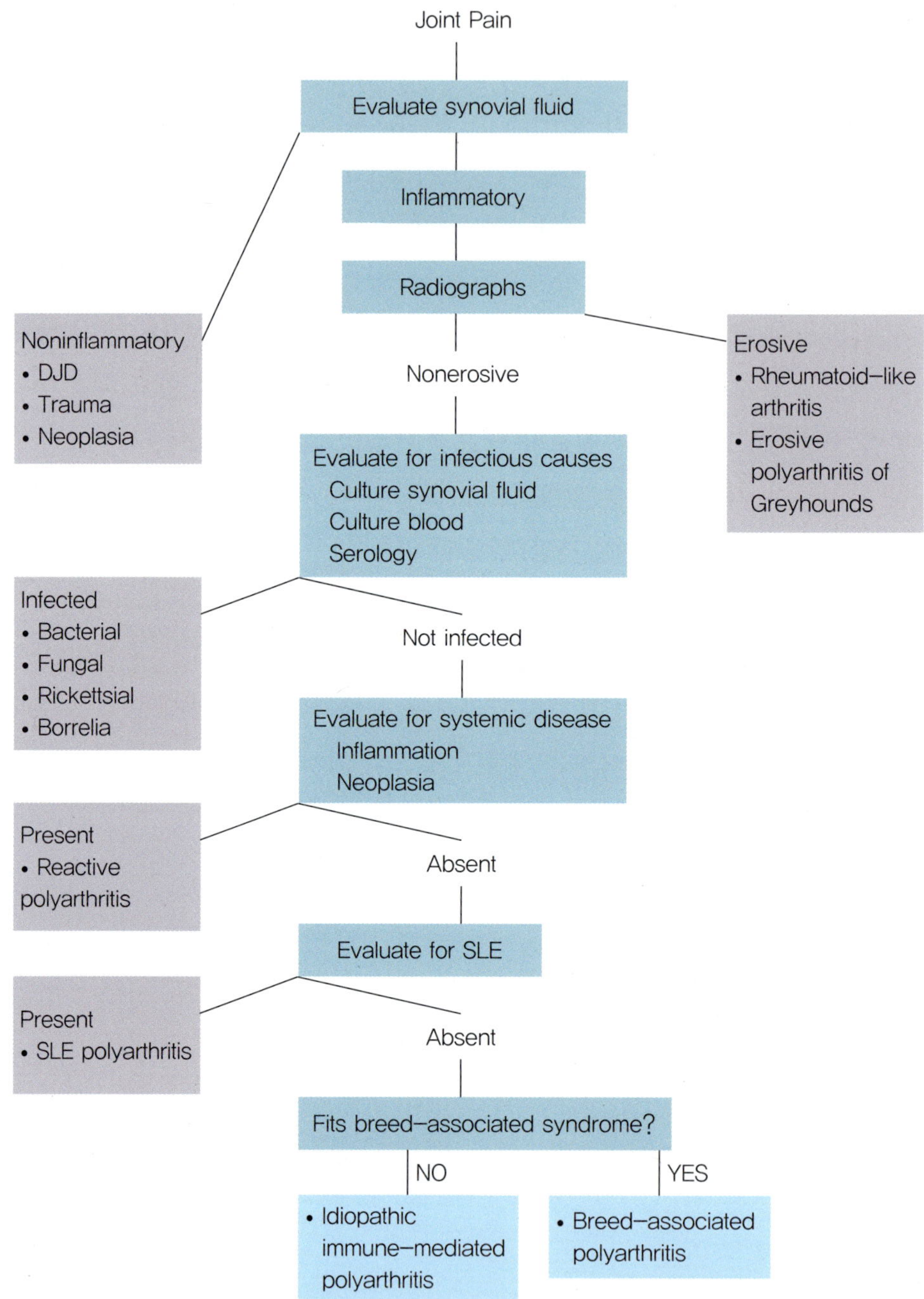

[그림 8-23] 관절통이 있는 환자에서 진단적 평가를 위한 알고리즘

출처: Nelson, R. W., & Couto, C. G. (2013). Small animal internal medicine (5th ed.). Elsevier.

8) 전신성 홍반성 낭창 다발성 관절염(Systemic Lupus Erythematosus induced Polyarthritis; SLE)

조직 단백질과 DNA에 대한 자가항체가 발생하여 면역복합체를 형성하고, 조직에 침착되어 염증과 기관 손상을 유발하는 질환을 말한다. 대부분 2~4세에 발병되며, 모든 품종에서 이환될 수 있지만 저먼 셰퍼드에서 발병률이 높다. 임상 증상은 관련된 기관에 따라 다양하며, 고열, 다발성 관절염, 사구체신염, 피부 병변, 용혈성 빈혈, 면역 매개성 혈소판 감소증, 근염, 다발성 신경염 등이 포함된다. 전신적 경직, 관절부종, 교대로 다리를 저는 파행 등은 다발성 관절염을 암시한다. 근위 관절보다 앞발목 등의 원위 관절에서 더 심각하게 나타난다. 관절액검사에서 비퇴행성 호중구가 80% 이상을 차지하고 드물게 홍반성 루푸스(Lupus erythematsus; LE) 세포나 라고세포(Ragocyte)가 발견된다. 실험실적 진단에는 LE 세포검사와 항핵항체(Antinuclear antibody; ANA) 검사가 있다. SLE로 진단하기 위해서는 ANA, LE의 특이적 진단 검사에서 한 개 이상의 양성 및 다발성 관절염, 사구체신염, 피부염, 등의 SLE 관련 임상 증상이 두 개 이상 있어야 한다. 둘 이상의 주요한 임상 증상이 있지만, 혈청학적 검사에서 양성이 나오지 않으면 SLE 유사 면역 매개성 질환(SLE like multisystemic immune-mediated disease)으로 간주한다. 치료는 특발성 관절염과 동일하지만, 다른 면역억제제 약물 병용이 필요하다. 하지만 약의 프로토콜대로 사용했음에도 재발이 잦으며, 장기적 치료 또는 평생 면역억제제 치료가 필요하여 예후는 좋지 않다.

9) 류마티스 유사 다발성 관절염(Rheumatoid-like Polyarthritis)

사람 류마티스 관절염(Rheumatoid Arthritis; RA)과 유사하며, 미란성 다발성 관절염과 진행성 관절 파괴를 일으킨다. 소형견에서 가장 흔하게 발병하며, 9개월~13세로 발병 연령이 다양하다. 초기에는 특발성 관절염과 구별이 어려우나 시간이 지나면서 관절이 파괴되며, 원위 관절에서 가장 심하게 영향을 받는다. 정확한 원인은 밝혀지지 않았으며, IgG에 대한 자가항체가 형성되고 활막 내 IgG와 복합체를 형성하여 면역복합체를 활성화한다. 활막 비대(Synovial membrane thicking), 섬유화, 혈관성 육아조직(Pannus)을 발생시켜 관절 연골, 건, 인대 등을 침습하여 방사선에서 천공(punched-out) 병변이 확인된다. 관절과 관절 주위 염증 및 불안정성으로 인해 관절에 아탈구 및 탈구를 유발해 관절 변형을 초래한다. 관절액검사에서 점도가 낮고 호중구가 대부분을 차지하며 세균 배양 시 음성이다. 류마티스 인자(Rheumatoid Factor; RF)에 대한 혈청학적 검사에서는 70% 정도가 양성이다. 조직학적으로 관절낭 비대(Synovial thickening), 과형성(Hyperplasia) 판누스 형성과 같은 증식(Proliferatin with pannus formation)이 특징적이다. RA는 전형적인 임상 증상, 방사선 사진, 관절액의 특징적 양상, 양성 RF 결과, 관절액 생검 시 조직학적 변화에 근거하여 진단한다. 내과적 치료는 대부분 면역억제제 및 연골 보호제로 이루어진다. 관절 손상이 심해지기 전에 치료를 시작하면 성공적인 치료를 기대할 수 있지만 대부분 진단이 내려지기 전에 이미 관절 연골의 손상이 심각하다. 통증 해소를 위해 Tramadol 같은 진통제의 추가적 치료가 필요한 경우가 많다. RA는 진행성 질환으로 적절한 치료를 하더라도 시간이 지남에 따라 증상은 악화된다. 관절의 안정과 통증을 경감하기 위해 수술적 방법도 사용된다.

제 9 장

혈액림프계 및 면역계

학 · 습 · 목 · 표

1. 혈액림프계와 면역계를 구성하는 장기의 기본적인 해부생리학적 내용을 이해한다.
2. 개와 고양이에서 흔히 발생하는 혈액 관련 질환과 간호 접근 내용을 학습한다.
3. 개와 고양이에서 흔히 발생하는 면역 관련 질환과 간호 접근 내용을 학습한다.

1. 혈액 관련 장기와 면역계 기관 장기

우리 몸속을 끊임없이 순환하는 혈액은 단순한 붉은 액체가 아니다. 산소와 영양분을 운반하고, 노폐물을 제거하며, 감염으로부터 몸을 보호하는 등 생명 유지에 필수적인 다양한 역할을 수행하는 '생명의 강'과 같다. 또한 외부 침입자로부터 우리 몸을 지키는 '방어 시스템'인 면역계 역시 혈액과 밀접하게 연결되어 있다.

동물보건사가 되려는 여러분은 동물의 건강을 지키는 최전선에서 일하게 될 것이다. 따라서 혈액과 면역계가 어떻게 구성되어 있고, 각 구성 요소가 어떤 기능을 수행하는지 정확하게 이해하는 것은 매우 중요하다. 이 장에서는 개와 고양이의 혈액 관련 및 면역계 기관들의 기본적인 해부학적 구조와 생리적 기능에 대해 쉽고 자세하게 알아보겠다.

1) 혈액의 구성과 기능

혈액은 크게 혈장(Plasma)과 혈구(Blood Cells)로 나눌 수 있다. 혈액의 약 55%는 액체 성분인 혈장이고, 나머지 45%는 고형 성분인 혈구로 이루어져 있다.

(1) 혈장(Plasma)

혈장은 혈액의 액체 성분으로, 약 92%가 물로 이루어져 있다. 이 물 속에 다양한 물질이 녹아 있거나 현탁되어 운반된다.

- 물(Water): 체온 조절 및 물질 운반의 매개체 역할
- 혈장 단백질(Plasma Proteins):
  - 알부민(Albumin): 혈액의 삼투압을 유지하여 혈관 내 수분이 조직으로 빠져나가는 것을 막고, 다양한 물질(호르몬, 약물 등)을 운반
  - 글로불린(Globulin): 면역 기능(항체 역할을 하는 감마 글로불린 등), 물질 운반, 혈액 응고 등 다양한 역할
  - 섬유소원(Fibrinogen): 혈액 응고 과정에서 중요한 역할
- 전해질(Electrolytes): 나트륨(Na+), 칼륨(K+), 염소(Cl-) 등은 신경 및 근육 기능, 체액 균형 유지에 중요
- 영양소(Nutrients): 포도당, 아미노산, 지방산 등은 세포에 에너지를 공급
- 호르몬(Hormones): 내분비선에서 분비되어 표적 기관으로 이동하여 특정 기능을 조절
- 노폐물(Waste Products): 요소, 크레아티닌 등은 세포 대사의 결과물로 신장으로 운반되어 배설
- 가스(Gases): 산소, 이산화탄소 등이 용해되어 운반

(2) 혈구(Blood Cells)

혈구는 적혈구, 백혈구, 혈소판의 세 가지 주요 종류로 구성된다.

❶ 적혈구(Red Blood Cells, Erythrocytes)

적혈구는 혈액 세포 중 가장 많고, 산소 운반의 주된 역할을 한다. 개와 고양이의 적혈구는 핵이 없는 오목한 원반 모양이다.

- 기능: 폐에서 얻은 산소를 온몸의 조직으로 운반하고, 조직에서 생성된 이산화탄소를 폐로 운반하여 배출하는 역할
- 헤모글로빈(Hemoglobin): 적혈구 내에 있는 붉은색 색소 단백질로, 산소와 결합하여 산소를 운반하다. 헤모글로빈에 철(Iron)이 포함되어 있기 때문에 혈액이 붉은색을 띠게 됨
- 생산(적혈구 생성, Erythropoiesis): 주로 골수(Bone Marrow)에서 생성되며, 신장에서 분비되는 에리트로포이에틴(Erythropoietin; EPO)이라는 호르몬에 의해 조절
- 수명: 개 적혈구의 수명은 약 110~120일, 고양이 적혈구의 수명은 약 65~79일로 알려져 있음. 수명이 다한 적혈구는 주로 비장과 간에서 파괴

❷ 백혈구(White Blood Cells, Leukocytes)

백혈구는 몸을 감염과 질병으로부터 보호하는 면역 기능을 담당한다. 적혈구보다 수가 훨씬 적지만, 다양한 종류가 있으며 각각 특정한 방어 역할을 수행한다. 백혈구는 크게 과립구와 무과립구로 나뉜다.

- 과립구(Granulocytes): 세포질 내에 특징적인 과립(granules)을 가지고 있어 염색 시 특정 색으로 염색된다.
  - 호중구(Neutrophils): 가장 흔한 백혈구로, 전체 백혈구의 60~70%를 차지. 세균이나 곰팡이와 같은 미생물을 삼켜 소화시키는 식균 작용(Phagocytosis)을 통해 감염 부위로 이동하여 방어하는 최전방 방어선 역할. 급성 염증 및 세균 감염 시 수가 증가
  - 호산구(Eosinophils): 알레르기 반응 및 기생충 감염 시 수가 증가. 과립 내 독성 물질을 분비하여 기생충을 공격하고, 알레르기 반응을 조절하는 역할
  - 호염기구(Basophils): 가장 적은 수의 백혈구로, 전체 백혈구의 1% 미만. 과립 내 히스타민(Histamine)과 헤파린(Heparin)을 포함하고 있으며, 알

레르기 반응 및 염증 반응에 관여. 히스타민은 혈관을 확장시키고, 헤파린은 혈액 응고를 방지

- 무과립구(Agranulocytes): 세포질 내에 특징적인 과립이 없는 백혈구이다.
  - 림프구(Lymphocytes): 백혈구의 약 20~40%를 차지하며, 적응 면역(Adaptive Immunity)의 핵심 세포. 크게 B 림프구(B cell)와 T 림프구(T cell)로 나뉨
    * B 림프구: 항체(Antibody)를 생산하여 특정 병원체를 무력화시키는 체액 면역(Humoral Immunity)에 관여
    * T 림프구: 감염된 세포를 직접 파괴하거나 다른 면역 세포의 활성을 조절하는 세포성 면역(Cell-Mediated Immunity)에 관여
  - 단핵구(Monocytes): 백혈구의 약 2~10%를 차지. 혈액을 순환하다가 조직으로 이동하면 대식세포(Macrophages)로 분화. 대식세포는 식균 작용을 통해 세균, 죽은 세포, 이물질 등을 제거하고, 림프구에 병원체의 정보를 제시하여 면역 반응을 유도하는 중요한 역할

❸ 혈소판(Platelets, Thrombocytes)

혈소판은 세포 조각으로, 혈액 응고와 지혈에 필수적인 역할을 한다.

- 기능: 혈관이 손상되었을 때 손상 부위에 부착(혈소판 부착)하고 서로 뭉쳐(혈소판 응집) 일차 지혈마개(Platelet Plug)를 형성. 이후 응고 인자들과 협력하여 혈액을 응고시켜 출혈을 멈추게 함
- 생산: 골수에서 거대핵세포(Megakaryocyte)라는 큰 세포가 조각나서 생성
- 수명: 혈소판의 수명은 약 5~9일로 짧음

2) 혈액 형성 기관(Hematopoietic Organs)

혈액 세포들이 생성되고 성숙하는 장기를 혈액 형성 기관이라고 한다.

(1) 골수(Bone Marrow)

골수는 뼈 내부의 부드러운 조직으로, 모든 혈구 세포(적혈구, 백혈구, 혈소판)가 생성되는 주된 장소이다. 이 과정을 조혈(Hematopoiesis)이라고 한다.

- 적색 골수(Red Bone Marrow): 활동적인 조혈이 일어나는 골수로, 주로 어린 동물이나 성인 동물의 장골 끝, 흉골, 골반뼈 등에서 발견. 이곳에는 다양한 혈구 세포로 분화할 수 있는 조혈모세포(Hematopoietic Stem Cells)가 존재
- 황색 골수(Yellow Bone Marrow): 주로 지방 세포로 이루어져 있으며, 필요 시 적색 골수로 전환되어 조혈 기능을 수행할 수 있음. 나이가 들면서 적색 골수가 황색 골수로 대체되는 경향이 있음

(2) 비장(Spleen)

비장은 복강 내에 위치한 중요한 장기로, 혈액의 저장, 여과, 면역 기능 등 다양한 역할을 수행한다.

- 구조: 크게 적색 수질(Red Pulp)과 백색 수질(White Pulp)로 나뉨
  - 적색 수질: 주로 적혈구와 대식세포로 이루어져 있으며, 혈액을 여과하고 수명이 다한 적혈구를 제거하는 역할. 또한 일부 혈액(특히 적혈구와 혈소판)을 저장하는 기능
  - 백색 수질: 림프 조직으로 구성되어 있으며, 림프구와 대식세포가 풍부하여 면역 반응을 개시하는 역할. 혈액을 통해 들어온 병원체에 대한 면역 반응이 이곳에서 일어남
- 기능 요약:
  - 혈액 여과 및 노화 적혈구 제거: 혈액을 걸러내고, 손상되거나 수명이 다한 적혈구를 파괴혈액 저장: 특히 긴급 상황(예: 출혈) 시 혈액을 방출하여 혈액량을 유지하는 데 도움

- 면역 기능: 혈액 내 병원체를 걸러내고, 림프구를 활성화하여 면역 반응을 유도

(3) 간(Liver)

간은 소화와 대사에 중요한 역할을 하지만, 혈액 형성 및 관련 기능에도 기여한다.

- 태아 조혈(Fetal Hematopoiesis): 태아 시기에는 간이 주요 조혈 기관 중 하나
- 혈장 단백질 생산: 혈장 단백질(알부민, 글로불린, 응고 인자 등)의 대부분을 생산
- 철분 저장: 헤모글로빈 합성에 필요한 철분을 저장
- 노화 적혈구 파괴: 비장과 함께 노화된 적혈구를 파괴하는 역할도 함

3) 면역계 기관(Immune System Organs)

면역계는 신체를 감염과 질병으로부터 보호하는 복잡한 시스템이다. 면역계는 크게 1차 림프 기관(Primary Lymphoid Organs)과 2차 림프 기관(Secondary Lymphoid Organs)으로 나눌 수 있다.

(1) 1차 림프 기관(Primary Lymphoid Organs)

림프구(B 세포와 T 세포)가 생성 및 성숙하여 면역 능력을 획득하는 장소이다.

❶ 골수(Bone Marrow)

- B 세포 성숙: B 림프구는 골수에서 생성되고, 이곳에서 항체를 생산할 수 있는 면역 능력을 갖추게 된다.
- 모든 혈구 세포의 생성: 앞서 언급했듯이, 골수는 모든 혈구 세포의 조혈이 일어나는 곳이다.

❷ 흉선(Thymus)

- T 세포 성숙: 흉선은 T 림프구가 골수에서 생성된 후 이동하여 성숙하는 장소이다. 흉선에서 T 세포는 우리 몸의 세포와 외부 침입자를 구별하는 법을 배우게 되며, 이 과정을 통해 자가 반응성(self-reactive) T 세포는 제거되어 자가면역 질환을 방지한다.
- 위치: 흉강 내, 심장 앞쪽에 위치
- 퇴화(Involution): 어린 동물에서 가장 크고 활발하며, 나이가 들면서 점차 크기가 줄어들고 지방 조직으로 대체

(2) 2차 림프 기관(Secondary Lymphoid Organs)

성숙한 림프구들이 모여 외부 침입자(항원)를 만나 면역 반응을 개시하는 장소이다.

❶ 림프절(Lymph Nodes)

림프절은 림프관을 따라 분포하는 작은 콩 모양의 기관으로, 림프액을 여과하고 면역 반응을 개시하는 중요한 역할을 한다. 특히 박테리아나 바이러스 감염 시 림프절이 커지고 만져질 수 있다.

- 구조: 피질(Cortex)과 수질(Medulla)로 구성. 피질에는 림프 소포(Lymphoid Follicles)가 있어 B 세포가 풍부하고, 부피질(Paracortex)에는 T 세포가 풍부. 수질에는 림프구, 형질세포, 대식세포 등이 있음
- 기능:
  - 림프액 여과: 조직에서 수집된 림프액이 림프절을 통과하면서 림프절 내의 대식세포가 병원체, 세포 잔해, 암세포 등을 걸러냄
  - 면역 반응 개시: 림프절로 들어온 항원이 림프구와 만나 면역 반응을 활성화. B 세포는 항체 생산을, T 세포는 감염된 세포 파괴 또는 면역 조절을 담당

❷ 비장(Spleen)

앞서 혈액 형성 기관에서 설명했듯이, 비장의 백색 수질은 2차 림프 기관으로서 중요한 면역 기능을 수행한다.

- 혈액 내 병원체에 대한 면역 반응: 혈액을 여과하며 혈액 내의 항원이나 병원체에 대한 면역 반응을 개시
- 림프구 증식: 항원에 반응하여 림프구가 증식하는 장소

❸ 점막 관련 림프 조직(Mucosa-Associated Lymphoid Tissue; MALT)

MALT는 소화기, 호흡기, 비뇨생식기 등 점막 표면에 존재하는 림프 조직으로, 외부 환경과 직접 접촉하는 부위에서 감염에 대한 면역 방어를 담당한다.

예 편도(Tonsils): 구강 및 인후 부위의 감염 방어에 기여
파이어판(Peyer's Patches): 소장의 벽에 위치하며, 소화기를 통해 들어오는 병원체에 대한 면역 반응을 담당
기관지 관련 림프 조직(BALT) 등

4) 면역의 기본 개념

면역은 크게 선천 면역과 적응 면역으로 나눌 수 있다.

(1) 선천 면역(Innate Immunity)

선천 면역은 태어날 때부터 가지고 있는 비특이적이고 즉각적인 방어 시스템으로, 특정 병원체를 구별하지 않고 모든 종류의 침입자에 대해 반응한다. 이러한 선천 면역의 예로 물리적 방어막이 있다. 물리적 방어막은 피부, 점막(점액, 섬모), 눈물, 침, 위산 등은 병원체가 체내로 침입하는 것을 물리적으로 막거나 제거하는 역할을 한다.

- 식세포(Phagocytes):
  - 호중구(Neutrophils): 급성 세균 감염 시 가장 먼저 반응하는 식세포
  - 대식세포(Macrophages): 조직에 상주하며 병원체나 세포 잔해를 제거하는 식세포
  - 자연 살해 세포(Natural Killer Cells, NK Cells): 바이러스에 감염된 세포나 암세포를 직접 파괴하는 림프구의 일종
- 염증 반응: 손상되거나 감염된 조직에서 발생하는 국소적인 반응으로, 병원체를 억제하고 조직 회복을 도움. 발적, 열감, 부종, 통증이 특징

(2) 적응 면역(Adaptive Immunity, Acquired Immunity)

적응 면역은 특정 병원체에 대한 노출 후 형성되는 특이적이고 기억력을 가지는 방어 시스템이다. 선천 면역보다 반응 속도는 느리지만, 훨씬 강력하고 정확한 방어를 제공하며, 한 번 노출된 병원체에 대해 더 빠르게 반응할 수 있는 '면역 기억'을 형성한다.

주요 세포: 림프구(B 세포와 T 세포)가 핵심적인 역할을 한다.

- 체액 면역(Humoral Immunity):
  - B 세포가 활성화되어 형질세포(Plasma Cells)로 분화하고, 이 형질세포가 특정 항원에 대한 항체(Antibody)를 생산
  - 항체는 혈액과 림프액을 순환하며 병원체에 부착하여 이를 무력화하거나 다른 면역 세포가 쉽게 제거할 수 있도록 표식을 만듦
- 세포성 면역(Cell-Mediated Immunity):
  - T 세포가 직접 감염된 세포나 암세포를 인식하고 파괴
  - 세포독성 T 림프구(Cytotoxic T Lymphocytes, CTL 또는 $CD8^+$ T cells): 바이러스에 감염된 세포나 암세포를 직접 죽임
  - 보조 T 림프구(Helper T Lymphocytes, $CD4^+$ T cells): 다른 면역 세포(B

세포, 대식세포, CTL)의 활성화를 돕는 핵심적인 역할
- 조절 T 림프구(Regulatory T Lymphocytes, Treg): 면역 반응이 과도해지는 것을 억제하여 자가면역 질환을 방지하는 역할

- 면역 기억(Immunological Memory): 한 번 노출된 항원에 대해 기억 세포(Memory Cells)를 형성하여, 같은 항원에 재노출 시 더 빠르고 강력한 면역 반응을 일으킴. 이것이 예방접종의 원리

2. 개에서 흔히 발생할 수 있는 혈액 관련 질환 및 면역계 질환

개는 우리 생활의 중요한 동반자이며, 다양한 혈액 및 면역계 질환에 노출될 수 있다. 동물보건사로서 이러한 질환들을 정확하게 이해하고 적절한 간호 및 치료 보조를 제공하는 것은 개의 건강과 생명을 지키는 데 매우 중요하다. 이 장에서는 개에서 흔히 발생하는 주요 혈액 관련 질환과 면역계 질환의 정의, 원인, 임상 증상, 진단 및 치료와 간호 접근법에 대해 자세히 알아보겠다.

1) 혈액 관련 질환

(1) 면역 매개성 용혈성 빈혈(Immune-Mediated Hemolytic Anemia; IMHA)

면역 매개성 용혈성 빈혈(IMHA)은 개의 면역 체계가 자신의 적혈구를 외부 침입자로 오인하여 파괴함으로써 발생하는 심각한 빈혈이다. 이는 개에서 가장 흔하게 발생하는 면역 매개성 질환 중 하나이며, 적절한 치료와 간호가 이루어지지 않을 경우 생명을 위협할 수 있다.

❶ 정의

IMHA는 개의 면역계가 자가 적혈구에 대한 항체를 생성하여·적혈구를 파괴하는 질환이다. 이로 인해 적혈구 수가 급격히 감소하고, 조직으로의 산소 운반

이 어려워져 다양한 임상 증상이 나타난다. 용혈은 혈관 내에서 직접 발생하거나(혈관 내 용혈), 비장과 같은 장기에서 대식세포에 의해 발생할 수 있다(혈관 외 용혈).

❷ 원인

IMHA는 원인에 따라 크게 1차성(Primary, 특발성)과 2차성(Secondary)으로 분류된다.

- 1차성 IMHA(Primary IMHA):
  - 대부분의 IMHA는 1차성으로 분류되며, 면역계가 적혈구를 공격하는 명확한 원인을 찾을 수 없는 경우
  - 특정 품종, 예를 들어 아메리칸 코커스패니얼, 올드 잉글리시 쉽독, 푸들, 아이리시 세터 등에서 유전적 소인이 있는 것으로 알려져 있음(Cote, 2020)
  - 암컷 개에게서 발생률이 더 높다고 보고.
- 2차성 IMHA(Secondary IMHA):
  - 기저 질환이나 외부 요인에 의해 면역 반응이 유발되어 발생하는 경우
  - 감염: 에리키아증(Ehrlichiosis), 아나플라스마증(Anaplasmosis), 렙토스피라증(Leptospirosis), 바베시아증(Babesiosis) 등의 세균 또는 기생충 감염이 원인이 될 수 있음
  - 종양: 림프종, 혈관육종 등 특정 종양이 면역 반응을 촉발할 수 있음
  - 약물: 일부 약물(예: 설파제, 페니실린)은 적혈구 표면에 부착하여 면역계의 공격 대상이 될 수 있음
  - 백신: 드물게 백신 접종 후 발생하는 경우가 보고되기도 함
  - 염증성 질환: 췌장염, 만성 간염 등 심한 염증 반응이 IMHA를 유발할 수 있음

❸ 임상 증상

IMHA의 임상 증상은 빈혈의 심각성과 용혈의 정도에 따라 다양하게 나타난다.

- 빈혈 관련 증상:
  - 창백한 점막: 잇몸, 눈꺼풀 안쪽 등이 평소보다 하얗거나 창백
  - 기력 저하 및 무기력: 활동량이 현저히 줄어들고 쉽게 지쳐함
  - 운동 불내성: 조금만 움직여도 숨을 헐떡이거나 힘들어함
  - 허탈(Collapse): 심한 경우 쓰러지거나 의식을 잃을 수 있음
- 용혈 관련 증상:
  - 황달(Jaundice/Icterus): 적혈구 파괴로 인해 생성된 빌리루빈이 축적되어 잇몸, 눈꺼풀, 피부 등이 노란색을 띰
  - 진한 소변(Hemoglobinuria): 파괴된 적혈구에서 나온 헤모글로빈이 소변으로 배출되어 소변 색깔이 붉거나 갈색으로 진해짐
- 심혈관계 증상:
  - 빈맥(Tachycardia): 심장이 산소 부족을 보상하기 위해 빠르게 뜀
  - 빈호흡(Tachypnea): 호흡이 빨라짐
  - 심장 잡음(Heart Murmur): 심한 빈혈로 인해 혈액의 점도가 낮아져 기능성 심장 잡음이 들릴 수 있음
- 기타 증상:
  - 비장 비대(Splenomegaly): 적혈구 파괴 및 제거 과정으로 인해 비장이 커질 수 있음
  - 간 비대(Hepatomegaly): 간이 커질 수 있음
  - 발열(Fever): 염증 반응이나 기저 감염으로 인해 발생할 수 있음
  - 구토, 식욕 부진: 전신적인 불편감과 위장관 문제로 나타날 수 있음.

❹ 진단

IMHA 진단은 임상 증상, 신체검사, 다양한 혈액 검사 결과를 종합하여 이루

어진다. 2차 IMHA의 경우, 기저 원인에 대한 추가적인 진단이 필요하다.

- 혈액 검사(Complete Blood Count, CBC):
  - 빈혈: 헤마토크릿(PCV)이 현저히 낮게 측정
  - 재생성 빈혈: 망상적혈구(reticulocyte) 수가 증가하여 골수에서 적혈구를 활발히 생산하려는 노력이 있음을 보여 줌(Cote, 2020)
  - 백혈구 증가증: 특히 호중구 증가증이 흔히 관찰. 이는 염증 반응이나 스트레스 반응의 결과일 수 있음
  - 혈소판 감소증: 약 10%의 IMHA 환자에서 혈소판 감소증이 동반되기도 함(A Veterinary Technician's Guide to Immune-Mediated Hemolytic Anemia, 2025). 이 경우 에반스 증후군(Evans Syndrome)이라고 불리며 예후가 좋지 않음
- 혈액 도말 검사(Blood Smear Analysis):
  - 구상 적혈구(Spherocytes): 중심 창백(central pallor)이 없는 작고 둥근 적혈구로, IMHA의 특징적인 소견 중 하나
  - 자가 응집(Autoagglutination): 적혈구들이 스스로 뭉치는 현상으로, 적혈구 표면에 항체가 부착되어 있음을 시사. EDTA 튜브의 혈액을 생리식염수와 혼합하여 관찰 시 명확히 확인 가능
- 쿰즈 테스트(Coombs' Test, Direct Antiglobulin Test, DAT): 환자의 적혈구 표면에 면역글로불린(항체)이나 보체(complement)가 부착되어 있는지 직접 확인하는 검사. 양성으로 나오면 IMHA를 강력히 시사. 하지만 IMHA 환자의 약 30~40 %는 쿰즈 테스트가 음성으로 나올 수도 있음(A Veterinary Technician's Guide to Immune-Mediated Hemolytic Anemia, 2025)
- 혈청 화학 검사(Serum Chemistry Panel):
  - 빌리루빈(bilirubin) 수치 상승(황달의 지표)
  - 간 효소 수치 상승(간 손상 또는 담즙 정체 시)
  - 기저 질환 검사: 2차 IMHA를 배제하거나 원인을 찾기 위해 X-ray, 복부

초음파, 감염병 스크리닝(예: PCR, 혈청 검사), 골수 검사 등이 추가로 진행될 수 있음

❺ 주 치료에서 동물보건사 간호

- 약물 투여: 정확한 용량과 시간에 맞추어 약물을 투여하고 기록
- 부작용 모니터링: 코르티코스테로이드 장기 사용 시 다뇨, 다음(물 많이 마심), 다식(사료 많이 먹음), 천명성 호흡(panting), 근육 약화, 위장 장애(구토, 설사), 위궤양 등의 부작용이 흔하게 나타나므로 주의 깊게 관찰하고 수의사에게 보고
- 위장 보호: 위장 궤양 위험이 있으므로 수의사의 지시에 따라 위장 보호제(예: 오메프라졸, 파모티딘)를 병용 투여할 수 있음

❻ 보조 치료에서 동물보건사 간호

면역 억제 요법이 효과를 보일 때까지 환자의 생명을 유지하고 증상을 완화하는 데 중점을 둔다.

- 수혈(Blood Transfusion): (IMHA(Immune-Mediated Hemolytic Anemia) in Dogs, 2023; A Veterinary Technician's Guide to Immune-Mediated Hemolytic Anemia, 2025)
  - 수혈 전 준비: 수혈 전 혈액형 검사 및 교차 반응 검사(Crossmatch)를 실시하여 수혈 부작용을 최소화. 자가 응집이 심한 경우 검사가 어려울 수 있음
  - 수혈 중 모니터링: 수혈 시작 후 첫 15~30분 동안은 특히 주의 깊게 환자를 관찰하며, 수혈 반응(발열, 구토, 설사, 두드러기, 빈맥, 호흡곤란, 떨림) 징후가 나타나는지 모니터링. 활력 징후(심박수, 호흡수, 체온, 혈압)를 지속적으로 측정하고 기록
  - 수혈 속도: 수의사의 지시에 따라 적절한 수혈 속도를 유지하며, 과도한 빠른 주입은 심장 부담을 증가시킬 수 있음

- 수혈 후 관리: 수혈 후에도 환자의 상태를 계속 모니터링하고, 수혈팩 폐기물 관리 및 기록을 철저히 수행

- 수액 요법(Fluid Therapy): 수액 주입 속도를 정확히 조절하고, 과수화(overhydration) 징후(호흡곤란, 부종)가 나타나는지 모니터링
- 산소 공급(Oxygen Therapy): 산소 공급 장비를 올바르게 설치하고 작동시키며, 환자의 호흡 양상을 모니터링
- 영양 및 수분 공급(Nutritional and Hydration Support): 동물보건사 간호: 수의사의 지시에 따라 적절한 영양식을 제공하고, 튜브 관리 및 위생에 신경 씀

❼ 합병증 예방 및 관리(Prevention and Management of Complications)

IMHA는 다양한 심각한 합병증을 유발할 수 있으므로, 이에 대한 예방과 관리가 중요하다.

- 혈전 색전증 예방(Thromboprophylaxis): (Canine immune-mediated hemolytic anemia: Treatment and prognosis, 2025; What are the therapy options for primary Immune-Mediated Hemolytic Anemia(IMHA) in dogs, 2025; A Veterinary Technician's Guide to Immune-Mediated Hemolytic Anemia, 2025)
  - 응고 검사 모니터링: 혈액 응고 시간(PT, aPTT) 및 D-dimer 수치 등 응고 관련 검사 결과를 주의 깊게 모니터링
  - 출혈 징후 관찰: 항혈전제 사용 시 출혈(점상 출혈, 반상 출혈, 잇몸 출혈, 코피) 징후가 나타나는지 매일 확인하고 보고
  - 호흡 모니터링: 폐 혈전 색전증 발생 시 급격한 호흡곤란이 올 수 있으므로, 환자의 호흡수, 호흡 노력, 점막 색깔 변화 등을 주의 깊게 관찰
- 위장 보호제(Gastroprotectants): 스테로이드 투여로 인한 위장 궤양 발생 위험을 줄이기 위해 수의사의 지시에 따라 오메프라졸, 파모티딘 등의 위

장 보호제를 투여

- 감염 관리: 면역 억제 약물 사용으로 인해 환자의 면역력이 저하되어 2차 감염에 취약해지므로, 철저한 위생 관리(케이지 청결, 피부 관리), IV카테터 부위의 소독 및 관리를 통해 감염을 예방. 감염 징후(발열, 염증) 발생 시 즉시 수의사에게 보고

❽ 동물보건사의 역할(Role of Veterinary Technician)

- 지속적인 환자 모니터링: 활력 징후(체온, 심박수, 호흡수, 혈압), 점막 색깔, 모세혈관 재충만 시간(CRT), 호흡 양상, 식욕, 음수량, 배뇨량, 대변 상태, 활동성 및 전반적인 행동 변화 등을 면밀히 관찰하고 기록
- 진단 보조: 혈액 채취, 혈액 도말 슬라이드 준비, 쿰즈 테스트 보조 등 진단 검사 과정에 참여
- 약물 투여 및 부작용 모니터링: 면역억제제, 항혈전제, 위장 보호제 등 모든 약물의 정확한 용량, 시간, 경로를 준수하여 투여하고, 부작용 발생 여부를 지속적으로 모니터링
- 수혈 관리: 수혈 전 준비(검사 보조), 수혈 중 환자 상태 모니터링, 수혈 후 관리까지 모든 수혈 과정을 책임감 있게 수행
- 수액 및 산소 요법 관리: 수액 주입 속도를 정확히 조절하고, 산소 공급 장비의 올바른 사용 및 관리를 담당
- 영양 및 수분 관리: 식욕 부진 환자에게 강제 급여를 하거나, 수의사의 지시에 따라 튜브 급여를 수행하고 튜브 위생을 관리
- 위생 관리: 카테터 부위 소독, 환자의 청결 유지, 욕창 예방 등을 통해 2차 감염 및 합병증을 예방
- 보호자 교육: 질병의 특성, 복잡한 치료 계획, 집에서 투여해야 할 약물의 종류와 용량, 발생 가능한 부작용 징후, 응급 상황 대처법, 정기적인 재진의 중요성 등에 대해 보호자에게 명확하고 상세하게 설명하여 보호자의 이해와 협조를 이끌어 냄

3. 고양이에서 흔히 발생할 수 있는 혈액 관련 질환 및 면역계 질환

고양이는 개와 마찬가지로 다양한 혈액 및 면역계 질환에 취약하지만, 개와는 다른 특성을 보이는 질환도 많다. 특히 고양이 특유의 바이러스성 질환들은 면역계를 심각하게 손상시켜 다양한 합병증을 유발할 수 있다. 수의 간호사 또는 동물보건사로서 고양이의 혈액 및 면역계 질환을 정확하게 이해하고, 개와는 다른 고유한 특징을 인지하는 것은 고양이 환자를 효과적으로 돌보는 데 필수적이다. 이 장에서는 고양이에서 흔히 발생하는 주요 혈액 관련 질환과 면역계 질환의 정의, 원인, 임상 증상, 진단 및 치료와 간호 접근법에 대해 자세히 알아보겠다.

1) 혈액 관련 질환

(1) 고양이 면역 매개성 용혈성 빈혈(Feline Immune-Mediated Hemolytic Anemia; FIMHA)

고양이 면역 매개성 용혈성 빈혈(FIMHA)은 고양이의 면역 체계가 자신의 적혈구를 외부 침입자로 오인하여 파괴함으로써 발생하는 빈혈이다. 개에서 발생하는 IMHA만큼 흔하지는 않지만, 발생 시에는 심각한 결과를 초래할 수 있다.

❶ 정의

FIMHA는 고양이의 면역계가 자가 적혈구 표면에 대한 항체를 생성하여 적혈구를 파괴하는 질환이다. 이로 인해 적혈구 수가 감소하고 조직으로의 산소 공급이 저해되어 빈혈 관련 증상이 나타난다. 용혈은 혈관 내 또는 비장과 같은 혈관 외 장기에서 발생할 수 있다.

❷ 원인

고양이의 FIMHA는 개와 유사하게 1차성(Primary, 특발성)과 2차성(Secondary)으로 분류한다. 하지만 고양이의 경우, 2차성 FIMHA의 비율이 개보다 높은 것으로 알려져 있으며, 특히 바이러스 감염과 관련이 깊다(ACVIM consensus statement on the diagnosis of immune-mediated hemolytic anemia in dogs and cats, PubMed).

- 1차성 FIMHA(Primary FIMHA):
  - 명확한 기저 원인을 찾을 수 없는 경우
  - 고양이에서는 1차성 FIMHA의 발생률이 개보다 낮음
- 2차성 FIMHA(Secondary FIMHA):
  - 감염: 고양이 백혈병 바이러스(FeLV), 고양이 면역결핍 바이러스(FIV), 고양이 전염성 복막염(FIP), 마이코플라스마 헤모펠리스(Mycoplasma haemofelis, 과거 Haemobartonella felis) 감염 등이 주요 원인. 특히 마이코플라스마 헤모펠리스는 고양이의 적혈구 표면에 부착하여 면역계의 공격 대상이 되게 함으로써 용혈을 유발할 수 있음(Cote, 2020)
  - 종양: 림프종 등 특정 종양이 면역 반응을 촉발할 수 있음
  - 약물: 드물게 특정 약물에 대한 반응으로 발생할 수 있음
  - 염증성 질환: 만성 염증이나 전신성 질환이 면역계 이상을 유발할 수 있음

❸ 임상 증상

FIMHA의 임상 증상은 빈혈의 심각성, 용혈의 정도, 기저 질환의 유무에 따라 다양하게 나타난다. 고양이는 스트레스에 매우 민감하여 임상 증상이 빠르게 악화될 수 있다.

- 빈혈 관련 증상:
  - 창백한 점막: 잇몸, 눈꺼풀 안쪽 등이 평소보다 하얗거나 창백함
  - 기력 저하 및 무기력: 활동량이 현저히 줄어들고 쉽게 지쳐함

- 식욕 부진 및 체중 감소
- 운동 불내성
- 허탈(Collapse): 심한 경우 쓰러지거나 의식을 잃을 수 있음
- 용혈 관련 증상:
  - 황달(Jaundice/Icterus): 적혈구 파괴로 인한 빌리루빈 축적으로 잇몸, 눈꺼풀, 피부 등이 노란색을 띰
  - 진한 소변(Hemoglobinuria): 소변 색깔이 붉거나 갈색으로 진해짐
- 심혈관계 증상:
  - 빈맥(Tachycardia)
  - 빈호흡(Tachypnea)
  - 심장 잡음(Heart Murmur): 심한 빈혈로 인해 발생할 수 있음
- 기타 증상:
  - 발열, 비장 비대, 간 비대 등이 나타날 수 있음
  - 고양이 전염성 복막염(FIP)과 연관된 FIMHA 환자에서는 복수, 흉수와 같은 FIP 특유의 증상이 동반될 수 있음(Immune-Mediated Hemolytic Anemia in Cats with Feline Infectious Peritonitis, 2024)

❹ 진단

FIMHA 진단은 임상 증상, 신체검사, 혈액 검사 결과를 종합하여 이루어진다. 고양이의 경우 2차성 FIMHA의 가능성이 높으므로 기저 원인에 대한 철저한 검사가 중요하다.

- 혈액 검사(Complete Blood Count, CBC):
  - 빈혈: 헤마토크릿(PCV)이 현저히 낮게 측정
  - 재생성 빈혈: 골수에서 적혈구 생성을 활발히 하려는 노력의 증거인 망상적혈구 증가증이 나타날 수 있음. 하지만 고양이의 경우 비재생성 빈혈(non-regenerative anemia)로 나타나는 경우도 많음(Immune-Mediated

Hemolytic Anemia in Cats with Feline Infectious Peritonitis, 2024; Clinical findings, treatment and outcome in cats diagnosed with precursor-targeted immune-mediated anaemia, 2023)

- 백혈구 증가증: 염증 반응이나 기저 감염으로 나타날 수 있음
- 혈소판 감소증: 약 40%의 FIP 관련 FIMHA 환자에서 혈소판 감소증이 동반되기도 함(Immune-Mediated Hemolytic Anemia in Cats with Feline Infectious Peritonitis, 2024)

• 혈액 도말 검사(Blood Smear Analysis):
  - 자가 응집(Autoagglutination): 적혈구들이 뭉치는 현상으로, FIMHA의 강력한 증거
  - 구상 적혈구(Spherocytes): 개와 달리 고양이의 구상 적혈구는 혈액 도말에서 명확하게 관찰하기 어려울 수 있음
  - 마이코플라스마(Mycoplasma): 적혈구 표면에 마이코플라스마 기생체가 관찰될 수 있음

• 쿰즈 테스트(Coombs' Test, Direct Antiglobulin Test, DAT): 적혈구 표면에 항체나 보체가 부착되어 있는지 확인. 양성 시 FIMHA를 시사

• 기저 질환 검사:
  - FeLV/FIV 검사: ELISA, PCR 검사를 통해 고양이 백혈병 바이러스 및 고양이 면역결핍 바이러스 감염 여부를 확인
  - FIP 검사: 고양이 전염성 복막염 바이러스에 대한 혈청 검사 및 유전자 검사 등을 실시
  - 마이코플라스마 헤모펠리스 PCR 검사
  - X-ray, 복부 초음파, 종양 검사 등을 통해 다른 기저 질환을 배제

❺ 주 치료에서 동물보건사 간호

FIMHA 치료는 면역 억제, 보조 치료, 특히 기저 질환의 치료에 중점을 둔다. 고양이는 개보다 스트레스에 더 민감하므로, 안정적인 환경 제공이 중요하다.

- 약물 투여: 정확한 용량과 시간에 맞추어 약물을 투여하고 기록
- 부작용 모니터링: 다음, 다식, 구토, 설사, 행동 변화(예: 흥분, 위축) 등 스테로이드 부작용을 관찰하고 수의사에게 보고

❻ 보조 치료에서 동물보건사 간호

- 수혈(Blood Transfusion): (Immune Mediated Hemolytic Anemia(IMHA) in Dogs & Cats)
  - 수혈 전 혈액형/교차 반응 검사: 고양이 수혈 전에는 반드시 혈액형 검사와 교차 반응 검사를 실시하여 수혈 부작용을 최소화
  - 수혈 중 모니터링: 수혈 반응(발열, 구토, 떨림, 빈맥, 호흡곤란) 징후를 주의 깊게 관찰하고 활력 징후를 지속적으로 측정
  - 수혈 속도: 고양이의 체중과 심장 상태를 고려하여 적절한 수혈 속도를 유지
- 수액 요법(Fluid Therapy): 탈수 교정 및 순환량 유지
- 산소 공급(Oxygen Therapy): 저산소증 완화
- 영양 및 수분 공급(Nutritional and Hydration Support)

고양이는 낯선 환경에서 식욕 부진을 보일 수 있으므로, 조용하고 안정적인 환경에서 좋아하는 음식이나 온도를 데운 음식을 제공하여 자발적인 섭취를 유도한다.

❼ 합병증 예방 및 관리(Prevention and Management of Complications)

- 감염 치료 및 예방:
  - 마이코플라스마 헤모펠리스 감염이 원인인 경우, 독시사이클린(doxycycline)과 같은 항생제를 투여하여 감염을 치료(Cote, 2020)
  - 면역억제제 사용으로 인한 2차 감염 위험이 있으므로 철저한 위생 관리 및 카테터 부위 소독이 필요
- 혈전 색전증 예방: 개만큼 흔하지는 않지만, FIMHA 환자에서도 혈전 색

전증이 발생할 수 있으므로, 수의사의 지시에 따라 항혈소판제(예: 클로피도그렐)를 고려

❽ 동물보건사의 역할(Role of Veterinary Technician)

고양이 FIMHA 환자 간호 시 개와는 다른 고양이 특유의 접근 방식이 필요하다(AAFP and ISFM Feline-Friendly Nursing Care Guidelines, 2012; 2022 AAFP/ISFM Cat Friendly Veterinary Interaction Guidelines, catvets.com).

- 스트레스 최소화: 고양이는 병원 환경에서 쉽게 스트레스를 받으므로, 조용하고 안정적인 환경을 제공하고 부드러운 핸들링(Cat Friendly Handling) 기법을 사용하여 환자의 불안감을 줄임
- 지속적인 환자 모니터링: 활력 징후, 점막 색깔, 호흡 양상, 식욕, 음수량, 배뇨/배변 상태, 활동성 및 행동 변화를 면밀히 관찰하고 기록. 고양이는 통증이나 불편감을 숨기는 경향이 있으므로 미묘한 변화 감지가 중요
- 진단 보조: 혈액 채취, 혈액 도말 슬라이드 준비, FeLV/FIV 검사 보조 등 진단 과정에 참여
- 약물 투여 및 부작용 모니터링: 모든 약물을 정확히 투여하고 부작용 발생 여부를 관찰. 고양이는 약물 투여에 저항하는 경우가 많으므로 안전하고 효과적인 투여 방법을 숙지
- 수혈 관리: 수혈 전 준비, 수혈 중 환자 모니터링(특히 고양이 혈액형 관련 수혈 반응), 수혈 후 관리를 철저히 함
- 영양 및 수분 관리: 고양이 환자의 식욕을 자극하고 충분한 영양 및 수분을 섭취할 수 있도록 다양한 방법을 시도
- 위생 관리: 케이지 청결, 환자의 청결 유지를 통해 2차 감염을 예방
- 보호자 교육: 질병의 특성, 치료 계획, 약물 투여 방법, 발생 가능한 부작용, 특히 고양이의 행동 변화를 통한 건강 상태 모니터링, 정기적인 재진의 중요성 등에 대해 보호자에게 교육하여 보호자의 협조를 얻음

(2) 고양이 면역 매개성 혈소판 감소증(Feline Immune-Mediated Thrombocytopenia; FIMT)

고양이 면역 매개성 혈소판 감소증(FIMT)은 개의 IMT만큼 흔하게 보고되지는 않지만, 고양이에서도 발생할 수 있는 심각한 출혈성 질환이다. 면역 체계가 자신의 혈소판을 파괴하여 혈소판 수가 비정상적으로 감소한다.

❶ 정의

FIMT는 고양이의 면역계가 자가 혈소판에 대한 항체를 생성하여 혈소판을 파괴하거나, 혈소판 생산을 억제함으로써 혈액 내 혈소판 수가 감소하는 질환이다. 혈소판 감소로 인해 지혈 기능에 문제가 생겨 출혈 경향이 나타난다.

❷ 원인

FIMT 역시 1차성(Primary, 특발성)과 2차성(Secondary)으로 분류하며, 고양이의 FIMT는 2차성 원인이 더 흔하게 보고된다.

- 1차성 FIMT(Primary FIMT): 명확한 기저 원인을 찾을 수 없는 경우. 개에 비해 발생률이 낮은 것으로 알려져 있음
- 2차성 FIMT(Secondary FIMT): 감염: FeLV, FIV, 마이코플라스마 감염, 고양이 전염성 복막염(FIP), 톡소플라스마증(Toxoplasmosis), 세균성 패혈증 등이 주요 원인
  - 종양: 림프종, 골수이형성증 등 특정 종양이 IMT를 유발할 수 있음
  - 약물: 특정 약물에 대한 반응으로 발생할 수 있음
  - 전신 홍반성 루푸스(SLE): 다른 자가면역 질환과 함께 나타나는 경우

❸ 임상 증상

FIMT의 임상 증상은 혈소판 감소의 정도와 출혈의 위치에 따라 다양하다.

- 출혈 관련 증상:
  - 점상 출혈(Petechiae) 및 반상 출혈(Ecchymoses): 피부나 점막에 나타나

는 작은 붉은 점 또는 멍
- 코피(Epistaxis)
- 혈뇨(Hematuria)
- 혈변 또는 흑색변(Melena): 위장관 출혈 시
- 잇몸 출혈
- 눈 내부 출혈(Hyphema)
- 장기 내부 출혈: 심한 경우 복강, 흉강 또는 관절 내 출혈로 심각한 생명 위협을 초래할 수 있음

- 빈혈 관련 증상(심한 출혈 동반 시): 창백한 점막, 기력 저하, 무기력, 빈맥, 빈호흡
- 기타 증상: 식욕 부진, 구토, 발열 등이 동반될 수 있음

❹ 진단

FIMT 진단은 임상 증상과 혈액 검사를 통해 혈소판 감소를 확인하고, 다른 원인의 혈소판 감소증을 배제하는 과정을 통해 이루어진다.

- 혈액 검사(Complete Blood Count, CBC):
  - 혈소판 감소증: 혈소판 수가 현저히 감소. 고양이의 혈소판은 크기가 다양하고 응집 경향이 있어 정확한 수치 측정이 어려울 수 있으므로, 혈액 도말 검사로 육안 확인이 중요
  - 빈혈: 심한 출혈이 동반된 경우 빈혈이 나타날 수 있음
- 혈액 도말 검사(Blood Smear Analysis):
  - 혈소판 수가 현저히 감소한 것을 육안으로 확인. 혈소판 응집이 흔하므로 도말 전체를 면밀히 관찰
- 응고 검사(Coagulation Profile): PT, aPTT는 일반적으로 정상. BMBT는 연장
- 골수 검사(Bone Marrow Aspiration/Biopsy): 혈소판 생산 장애 여부를 감별하는 데 도움. FIMT의 경우 거대핵세포 수가 정상 또는 증가되어 있을

수 있음

- 기저 질환 검사: 2차 FIMT를 배제하기 위해 FeLV/FIV 검사, FIP 검사, 마이코플라스마 검사, X-ray, 복부 초음파, 종양 검사 등이 필요

❺ 주 치료에서 동물보호사 간호

FIMT 치료는 출혈을 조절하고 면역계의 혈소판 파괴를 억제하는 데 중점을 두며, 고양이 환자의 특성을 고려한 세심한 간호가 필수적이다. 이를 위해 약물 투여를 정확히 하고, 다음, 다식, 구토, 설사 등 스테로이드 부작용을 관찰해야 하며, 위장 궤양 예방을 위해 위장 보호제 병용도 고려한다.

❻ 보조 치료에서 동물보호사 간호(Supportive Care)

- 출혈 관리: (ACVIM consensus statements, VETbytes)
  - 안정 및 외상 방지: 환자가 스스로에게 상처를 입히지 않도록 철저한 케이지 안정을 유지하고, 불필요한 주사나 채혈을 최소화. 부드러운 침구와 환경을 제공
- 수혈(Blood Transfusion):
  - 수혈 전 혈액형/교차 반응 검사: 고양이 수혈 시 필수적
  - 수혈 중/후 모니터링: 수혈 반응 및 활력 징후를 면밀히 관찰
  - 출혈 징후 확인: 피부, 점막, 대변, 소변 등을 매일 면밀히 관찰하여 새로운 출혈 징후가 나타나는지 확인하고 즉시 수의사에게 보고
- 수액 요법(Fluid Therapy): 탈수 교정 및 순환량 유지
- 산소 공급(Oxygen Therapy): 저산소증 완화

❼ 합병증 예방 및 관리(Prevention and Management of Complications)

- 기저 질환 치료: 2차 FIMT의 경우 기저 원인(감염, 종양 등)을 진단하고 치료하는 것이 가장 중요
- 감염 관리: 면역억제제 사용으로 인한 2차 감염 위험을 줄이기 위해 철저한 위생 관리가 필요

- 재발 관리: 보호자에게 재발 징후(새로운 출혈, 기력 저하)에 대해 교육하고, 정기적인 재진 및 혈액 검사(혈소판 수치 확인)의 중요성을 강조

❽ 동물보건사의 역할(Role of Veterinary Technician)

고양이 FIMT 환자의 간호에서 동물보건사의 역할은 FIMHA와 유사하게 중요하며, 특히 섬세한 출혈 징후 모니터링과 스트레스 관리 능력이 요구된다.

- 정확하고 지속적인 환자 모니터링: 특히 출혈 징후(점상 출혈, 반상 출혈, 코피, 흑색변 등)를 매일 면밀히 확인하고 기록. 고양이는 통증이나 불편감을 숨기는 경향이 강하므로, 미묘한 변화를 놓치지 않도록 주의
- 스트레스 최소화 환경 제공: 조용하고 안전한 케이지 환경을 제공하고, 부드럽고 예측 가능한 핸들링으로 환자의 스트레스를 줄임
- 진단 보조: 혈액 채취, 혈액 도말 슬라이드 준비, 응고 검사 보조 등
- 약물 투여 및 부작용 모니터링: 약물 투여를 정확히 하고, 고양이의 특성상 약물 투여에 저항할 수 있으므로 안전한 투여 방법을 적용. 부작용 발생 여부도 면밀히 관찰
- 수혈 관리: 수혈 전 혈액형/교차 반응 검사 보조, 수혈 중/후 모니터링을 철저히 함
- 영양 및 수분 관리: 식욕 부진 시 강제 급여 또는 튜브 급여를 보조하며, 고양이의 선호도를 고려하여 식욕을 유도
- 보호자 교육: 질병의 특성, 치료 계획, 약물 투여 방법, 특히 출혈 징후 모니터링, 응급 상황 대처법, 정기적인 재진의 중요성 등에 대해 보호자에게 명확하게 교육

2) 면역계 질환(고양이 특유의 면역계 질환)

(1) 고양이 백혈병 바이러스(Feline Leukemia Virus; FeLV) 감염증

고양이 백혈병 바이러스(FeLV)는 고양이의 면역 체계를 심각하게 손상시키고 다양한 질병을 유발하는 레트로바이러스 감염증이다. 고양이에게 매우 치명적일 수 있으며, 백신 접종을 통해 예방이 가능하다.

❶ 정의

FeLV는 감염된 고양이의 침, 소변, 대변, 눈물, 콧물 등의 체액을 통해 직접 접촉(그루밍, 싸움, 음식 공유)으로 전염되는 바이러스이다. 감염 시 바이러스가 골수를 포함한 면역 세포에 침투하여 면역 억제, 빈혈, 림프종, 백혈병 등 다양한 질병을 유발한다.

❷ 원인 및 전파

- 원인: Feline Leukemia Virus(FeLV)
- 전파: 주로 장기간의 밀접한 접촉(그루밍, 음식/물그릇 공유)이나 물림을 통해 전파. 감염된 어미 고양이로부터 새끼 고양이에게 태반이나 모유를 통해 수직 전파

❸ 임상 증상

FeLV 감염의 임상 증상은 매우 다양하며, 감염 단계와 바이러스 아형, 개체의 면역 반응에 따라 다르게 나타난다. 일부 고양이는 감염 후 몇 년 동안 무증상일 수 있다.

- 면역 억제 관련 증상:
  - 재발성 또는 만성 감염: 상부 호흡기 감염, 피부 감염, 방광염 등 일반적인 감염에 취약해지고 잘 낫지 않음
- 체중 감소 및 식욕 부진: 지속적인 기력 저하와 면역력 약화로 인해 나타남
- 발열

- 빈혈 관련 증상:
  - 비재생성 빈혈(Non-regenerative anemia): 골수 억제로 인해 적혈구 생산이 저해되어 빈혈 발생. 창백한 점막, 무기력, 운동 불내성 등을 보임
- 종양 관련 증상:
  - 림프종(Lymphoma): FeLV 감염 고양이에서 림프종 발생 위험이 현저히 높음. 림프절 비대, 장기 비대(신장, 비장 등), 구토, 설사 등 종양 위치에 따른 증상이 나타남
  - 백혈병(Leukemia): 골수에서 비정상적인 백혈구가 과도하게 증식하여 발생
- 기타 증상: 구강 질환(잇몸염, 구내염), 불임, 유산 등 생식기 문제, 신경계 증상 등이 나타날 수 있음

❹ 진단

FeLV 감염 진단은 주로 혈액 검사를 통해 이루어진다.

- 스크리닝 검사(Screening Test, ELISA): 가장 흔히 사용되는 검사로, 혈액 내 바이러스 항원(p27 단백질) 유무를 확인한다. 양성 시 바이러스 감염을 시사한다. 하지만 초기 감염이나 일시적인 바이러스혈증 상태에서도 양성으로 나올 수 있다.
- 확진 검사(Confirmatory Test, IFA 또는 PCR):
  - ELISA 양성 시 확진을 위해 IFA(Indirect Fluorescent Antibody) 검사 또는 PCR(Polymerase Chain Reaction) 검사를 실시
  - IFA는 골수 세포 내 바이러스 항원 존재 여부를 확인하여 지속적인 감염 여부를 판단
  - PCR은 혈액 내 바이러스 유전자 존재 여부를 확인
- 혈액 검사(CBC, 혈청 화학 검사):
  - 빈혈, 백혈구 감소증, 혈소판 감소증 등 혈액학적 이상을 확인

- 림프종, 기타 장기 손상이 있을 경우 관련 수치 이상이 나타날 수 있음

❺ 주 치료에서 동물보건사 간호

- FeLV 감염증은 완치법이 없으며, 치료는 증상 완화, 면역계 지원, 2차 감염 관리 및 종양 치료에 중점
- 치료제 투여, 부작용 모니터링, 수혈 보조, 영양 관리, 통증 관리 등 모든 보조 치료 과정에 참여

❻ 간호 및 관리(Nursing and Management)

- 환경 관리:
  - FeLV 감염 고양이는 면역력이 약하므로, 청결하고 스트레스 없는 환경을 제공하여 2차 감염 위험을 줄임
  - 다른 고양이에게 전파되지 않도록 격리하거나, 감염된 고양이끼리만 생활하게 함
- 지속적인 건강 모니터링:
  - 식욕, 음수량, 체중 변화, 활동성, 호흡 양상, 배변/배뇨 상태, 감염 징후(눈곱, 콧물, 재채기, 설사, 피부 병변) 등을 매일 주의 깊게 관찰하고 기록
  - 주기적인 혈액 검사를 통해 빈혈, 백혈구 감소증 등 혈액학적 이상을 모니터링
- 영양 관리: 면역력 유지를 위해 고품질의 균형 잡힌 사료를 제공
- 예방접종: FeLV 감염 고양이는 이미 바이러스에 노출되었으므로 FeLV 백신은 필요 없지만, 다른 핵심 백신(범백혈구 감소증, 헤르페스, 칼리시바이러스) 접종 여부는 수의사와 상담 후 결정
- 정기적인 수의사 방문: 6개월마다 정기적인 건강 검진을 통해 질병의 진행 상황을 평가하고 합병증을 조기에 발견
- 보호자 교육:
  - FeLV 감염은 완치되지 않으며 평생 관리가 필요하다는 점을 보호자에

게 명확히 설명
- 감염된 고양이의 기대 수명이 짧을 수 있음을 이해시킴
- 다른 고양이에게 전염될 수 있으므로 격리 및 위생 관리의 중요성을 강조
- 정기적인 건강 검진과 집에서의 세심한 모니터링의 중요성을 교육

❼ 예방(Prevention)

- 백신 접종: FeLV 백신은 현재 고양이에서 예방 가능한 가장 중요한 바이러스 질환 중 하나. FeLV 노출 위험이 있는 모든 고양이(특히 실외 활동 고양이, 다묘 가정 고양이)에게 백신 접종을 권장(2020 Feline Vaccination Guidelines, catvets.com)
- 검사 및 격리: 새로 입양하는 고양이는 FeLV/FIV 검사를 실시하고, 양성인 경우 다른 고양이와의 접촉을 피해야 함

(2) 고양이 면역결핍 바이러스(Feline Immunodeficiency Virus; FIV) 감염증

고양이 면역결핍 바이러스(FIV)는 고양이의 면역 체계를 공격하여 면역 기능을 점진적으로 저하시키는 레트로바이러스이다. 사람의 HIV와 유사하게 고양이 AIDS를 유발하며, 다양한 2차 감염과 암 발생 위험을 증가시킨다.

❶ 정의

FIV는 감염된 고양이의 침을 통해 주로 물림으로 전파되는 바이러스로, 면역계를 구성하는 T 림프구를 파괴하여 면역 부전 상태를 유발하며, 이로 인해 고양이는 다양한 감염과 질병에 취약하다.

❷ 원인 및 전파

- 원인: Feline Immunodeficiency Virus(FIV)
- 전파: 주로 수컷 고양이 간의 싸움 중에 발생하는 물림 상처를 통해 전파. 교미를 통한 전파도 가능하며, 감염된 어미 고양이로부터 새끼 고양이에

게 태반이나 모유를 통해 수직 전파될 수도 있음. FeLV와 달리 밀접한 접촉만으로는 잘 전파되지 않음

❸ 임상 증상

FIV 감염은 여러 단계를 거쳐 진행되며, 초기에는 무증상일 수 있다. 면역 기능이 점차 저하되면서 다양한 임상 증상이 나타난다.

- 급성기: 감염 초기(수주~수개월)에는 일시적인 발열, 림프절 비대, 백혈구 감소증(특히 호중구 감소증) 등이 나타날 수 있지만, 대부분 경미하여 보호자가 인지하지 못하는 경우가 많음
- 무증상 잠복기: 몇 년 동안 증상 없이 생활할 수 있음. 이 시기에도 바이러스는 면역 세포 내에서 증식하고 면역계를 손상
- 만성기(고양이 AIDS 관련 복합증): 면역 기능이 심각하게 저하되면서 다양한 증상이 나타남
  - 재발성 또는 만성 감염: 상부 호흡기 감염(만성 콧물, 재채기), 피부 감염, 만성 설사, 만성 방광염, 구강 질환(심한 잇몸염, 구내염, 치주염), 눈 감염(포도막염, 결막염) 등
  - 체중 감소 및 만성 소모성 질환: 면역력 저하와 만성 감염으로 인해 지속적인 체중 감소와 영양 불균형이 발생
  - 림프절 비대: 전신 림프절이 비대해질 수 있음
  - 혈액학적 이상: 빈혈, 백혈구 감소증(특히 림프구 감소증), 혈소판 감소증 등이 나타날 수 있음
  - 신경계 증상: 인지 기능 장애, 경련, 행동 변화 등이 나타날 수 있음
  - 종양 발생 위험 증가: 특히 림프종, 백혈병 발생 위험이 FeLV 다음으로 높음

❹ 진단

FIV 감염 진단은 주로 혈액 검사를 통해 이루어진다.

- 스크리닝 검사(Screening Test, ELISA):
  - 혈액 내 바이러스 항체 유무를 확인. 양성 시 바이러스 감염을 시사
  - 주의 사항: FIV 백신을 접종한 고양이도 항체 양성으로 나올 수 있으므로, 백신 접종 이력을 반드시 확인. 6개월 미만 새끼 고양이의 경우 어미로부터 받은 모체 이행 항체로 인해 위양성이 나올 수 있으므로 재검사가 필요
- 확진 검사(Confirmatory Test, Western Blot 또는 PCR):
  - ELISA 양성 시 확진을 위해 Western Blot 또는 PCR 검사를 실시
  - Western Blot은 바이러스 단백질에 대한 여러 항체 반응을 확인
  - PCR은 혈액 내 바이러스 유전자 존재 여부를 확인. 이는 백신 접종 고양이와 감염 고양이를 구별하는 데 유용
- 혈액 검사(CBC, 혈청 화학 검사):
  - 빈혈, 림프구 감소증 등 혈액학적 이상을 확인
  - 만성 염증이나 장기 손상이 있을 경우 관련 수치 이상이 나타날 수 있음

❺ 주 치료에서 동물보건사 간호

FIV 감염증 역시 완치법은 없으며, 치료는 증상 관리, 면역계 지원, 2차 감염 예방 및 치료, 고양이의 삶의 질 유지에 중점을 둔다.

- 환경 관리:
  - FIV 감염 고양이는 면역력이 약하므로, 실내에서만 생활하게 하여 다른 감염원이나 싸움으로 인한 상처를 피하도록 함
  - 청결하고 스트레스 없는 환경을 제공하여 2차 감염 위험을 줄임
- 지속적인 건강 모니터링: 식욕, 음수량, 체중 변화, 활동성, 배변/배뇨 상태, 감염 징후(눈곱, 콧물, 재채기, 설사, 피부 병변, 구강 문제) 등을 매일 주의 깊게 관찰하고 기록
- 주기적인 혈액 검사를 통해 혈액학적 이상 및 면역 상태를 모니터링

- 영양 관리: 면역력 유지와 건강 증진을 위해 고품질의 균형 잡힌 사료를 제공. 생고기나 살균되지 않은 유제품 등 잠재적인 감염 위험이 있는 음식은 피함
- 정기적인 수의사 방문: 6개월마다 정기적인 건강 검진을 통해 질병의 진행 상황을 평가하고 합병증을 조기에 발견
- 예방접종: FIV 백신을 접종하는 경우도 있으나, 감염된 고양이에게는 백신이 필요 없음. 다른 핵심 백신 접종 여부는 수의사와 상담 후 결정(2020 Feline Vaccination Guidelines, catvets.com)
- 보호자 교육:
  - FIV 감염은 완치되지 않으며 평생 관리가 필요하다는 점을 보호자에게 명확히 설명
  - 고양이의 면역력이 저하되어 다양한 질병에 취약하다는 점을 이해시킴
  - 주로 물림을 통해 전염되므로, 다른 고양이와의 싸움을 피하게 하고 실내 사육을 철저히 하는 것이 중요하다고 강조
  - 정기적인 건강 검진과 집에서의 세심한 모니터링의 중요성을 교육

❻ 예방(Prevention)

- 백신 접종: FIV 백신이 있으나, 모든 고양이에게 필수적인 백신은 아님. FIV 노출 위험이 높은 고양이(특히 실외 활동 고양이, 싸움에 노출될 수 있는 고양이)에게 백신 접종을 고려. 백신 접종 전 FIV 감염 여부 검사가 필수적
- 검사 및 격리: 새로 입양하는 고양이는 FIV/FeLV 검사를 실시하고, 양성인 경우 다른 고양이와의 접촉을 피해야 함. 특히 감염되지 않은 고양이와의 싸움을 방지하기 위해 실내 사육을 권장
- 중성화 수술: 수컷 고양이의 싸움 행동을 줄여 FIV 전파 위험을 감소

제 10 장

종양 질환

학·습·목·표

1. 종양. 암. 신생물에 대한 기본적인 병리학적 내용을 이해한다.
2. 개와 고양이의 주요 악성 종양 질환과 간호 접근 내용을 학습한다.
3. 종양 환자의 간호 관리에 대한 내용을 학습한다.
4. 종양 환자의 보호자 상담과 심리적 지지에 대한 내용을 학습한다.

1. 종양, 암, 신생물의 기본 원리

동물보건사가 종양 질환을 이해하는 것은 매우 중요하다. 암에 걸린 동물 환자는 단순한 질병 치료 이상의 섬세하고 복합적인 간호가 있어야 한다. 동물보건사는 종양 진단 과정(채취 보조), 방사선과 항암 화학요법 보조, 환자의 통증과 영양 상태 관리 등 치료의 전 과정에서 핵심적인 역할을 수행한다(Lee & Kim, 2024). 따라서 종양의 기본 원리를 정확히 이해해야 수의사의 진료를 효율적으로 보조하고 환자와 보호자에게 최선의 간호를 제공할 수 있다.

1) 기본 용어 이해: 신생물, 종양, 그리고 암

종양학을 공부할 때 가장 혼동되는 세 가지 용어, 신생물, 종양, 암에 대해 쉽게 정리해 보겠다. 이 세 단어는 종종 혼용되지만, 의학적으로는 명확한 포함 관계를 가진다.

〈표 10-1〉 신생물, 종양, 암의 구분

용어	의학적 정의	쉬운 정의	포함 관계
신생물 (Neoplasm)	세포 분열의 조절 능력을 상실하여 과도하게 증식하는 비정상적인 세포의 성장(Withrow & Vail, 2023)	몸에 '새롭게' 생긴 비정상적인 세포 덩어리 또는 증가된 세포 조직	가장 넓은 범위
종양 (Tumor)	부어오르거나 덩어리 형태를 갖춘 신생물의 일종(VCS, 2024)	신생물 중 눈으로 보거나 만질 수 있는 '덩어리' 형태를 형성한 것	신생물의 한 형태
암 (Cancer)	생명에 위협을 가하며, 침윤성 성장과 전이 능력을 가진 악성 신생물(VCS, 2024)	종양 중에서 주변 조직을 침범하고 다른 곳으로 퍼져나가는(전이하는) 성질을 가진 '악성' 종양	종양(신생물) 중 악성인 경우만 해당

쉽게 정리하면 다음과 같다.

- 신생물은 비정상적인 세포의 '새로운 성장'이라는 과정을 통칭
- 이러한 성장이 덩어리(혹)를 만들면 종양
- 이 덩어리 중에서도 주변을 파괴하고 온몸으로 퍼져나가 생명을 위협하는 '나쁜' 종양을 암(악성 종양)

2) 악성 종양(암)과 양성 종양의 결정적인 차이점

종양은 크게 양성(Benign)과 악성(Malignant)으로 분류되며, 이 구분이 예후와 치료 방침 결정에 가장 중요하다. 악성 종양이 양성 종양과 다른 가장 큰 두 가지 특징은 침윤성(Invasiveness)과 전이성(Metastasis)이다(Schmidt et al., 2022).

〈표 10-2〉 양성 종양과 악성 종양의 특성

특성	양성	악성
성장 속도	느린 편	매우 빠르거나 불규칙적임
성장 방식	주변 조직을 밀어내며 자람	주변 조직 속으로 **파고들면서(침윤)** 자람
피막 형성	보통 피막(캡슐)이 있어 경계가 명확함	피막이 없거나 불완전하여 경계가 불분명함

특성	양성	악성
침윤성 (Invasiveness)	없음. 주변 조직을 침범하지 않음	**있음**. 주변 조직과 혈관, 림프관을 침범하여 파괴함
전이성 (Metastasis)	**없음**. 원래 발생 부위에만 머무름	**있음**. 혈관이나 림프관을 타고 몸의 다른 장기로 이동하여 새로운 종양을 만듦
재발 가능성	수술로 완전히 절제하면 재발이 거의 없음	절제 후에도 미세하게 남은 세포 때문에 재발 가능성이 큼
예후 및 영향	생명에 거의 지장을 주지 않음(단, 뇌 등 중요 부위 제외)	치료하지 않으면 대부분 치명적임

3) 신생물(종양)이 발생하는 원리

정상적인 동물의 몸은 세포 분열을 엄격하게 조절한다. 낡거나 손상된 세포는 스스로 죽고(세포자멸사, Apoptosis), 새로운 세포가 필요한 만큼만 분열하여 빈자리를 채운다. 신생물은 이러한 세포 분열 조절 시스템에 고장이 났을 때 발생한다. 마치 자동차 브레이크가 고장 나고 엑셀도 고장 난 것과 같다.

(1) 유전자 변이(DNA 손상)

암은 기본적으로 유전자에 발생한 돌연변이에서 시작된다. 이 돌연변이는 다음과 같은 주요 유전자에 영향을 미친다(Macleod, 2023).

- 성장 촉진 유전자(원암유전자): 세포 분열을 '시작'하도록 지시하는 유전자. 여기에 이상이 생기면 세포는 쉴 새 없이 분열하라는 명령을 받는다.
- 성장 억제 유전자(종양 억제 유전자): 세포 분열을 '멈추고' 손상된 세포를 '죽이도록' 지시하는 유전자. 여기에 이상이 생기면 세포는 멈춰야 할 때 멈추지 않고 계속 증식한다.

이러한 유전자 변이는 나이, 방사선, 환경적 요인, 특정 감염(특히 고양이) 등 다양한 원인에 의해 발생할 수 있다(Macleod, 2023).

(2) 무한한 증식 능력과 전이(Metastasis)

변이를 겪은 세포는 통제 불가능한 증식 능력을 갖게 되어 종양 덩어리를 형성한다. 특히 악성 종양(암)은 단순히 증식하는 것을 넘어, 전이 능력을 획득한다. 전이란, 암세포가 원래 위치를 벗어나 혈관이나 림프관으로 침투한 뒤, 몸에서 멀리 떨어진 장기(예: 폐, 간, 뼈)에 정착하여 새로운 암 덩어리(이차성 종양)를 만드는 현상이다. 이 전이 능력이 암을 가장 위험한 질병으로 만든다.

4) 동물보건사의 기초 역할

종양 환자를 위한 간호는 일반 환자 간호보다 더 전문적인 접근이 필요하며, 동물보건사는 환자의 삶의 질(Quality of Life) 유지를 위해 노력해야 한다.

(1) 환자 상태 관찰 및 기록(활력 징후 측정 보조)

기초 활력 징후(체온, 맥박, 호흡) 측정은 환축의 상태를 판단하는 기본이다. 특히 종양 환자는 통증, 발열, 호흡곤란 등의 비특이적인 증상을 보일 수 있으므로, 활력 징후의 변화를 정확하게 측정하고 기록하는 것이 중요하다. 이러한 정확한 기록은 수의사가 진료 판단을 내리는 데 중요한 사전 정보가 된다.

(2) 진단 보조

혈액, 소변, 대변 등의 검사 샘플 채취 보조 시에는 정확한 채취 위치, 적절한 보정, 그리고 EDTA, SST 등 검체별 튜브 종류 선택을 숙지해야 한다. 폐 종양 등의 진단에 필요한 방사선, 초음파, CT 촬영 시에도 환자 보정과 장비 세팅 보조를 통해 진료를 원활하게 진행할 수 있도록 돕는다.

(3) 보호자 교육 및 소통

보호자는 종양 진단 후 불안감을 느끼기 쉽다. 동물보건사는 종양의 개념, 양성/악성 구분, 예측되는 간호 과정을 명확하고 친절하게 설명하여 보호자의 이해를 돕고 치료에 대한 신뢰를 형성하는 데 기여한다.

2. 개에서 흔히 발생하는 종양 질환

1) 개 종양의 발생 특성과 위험 요인

개는 사람과 마찬가지로 나이가 들수록 암 발생률이 증가하는 경향을 보인다. 개의 사망 원인 중 약 20~50%가 종양 관련 질환이며, 노령견(7세 이상)에서는 종양이 주요 사망 원인 중 하나이다. 동물보건사는 종양 발생의 위험 요인을 알고 보호자 교육과 조기 발견을 도모해야 한다.

〈표 10-3〉 개 종양의 위험 요인 및 특성

위험 요인	특징	동물보건사의 역할
나이	7세 이상의 노령견에서 급격히 증가함	정기 검진(Annual Check-up) 시 종양 검사(촉진, 혈액 검사 등)의 중요성 강조함
품종	대형견/특정 품종은 특정 종양에 취약함(예: 골육종-로트와일러, 비만세포종-복서, 림프종-골든 리트리버)	품종 특이적인 종양 발생 가능성을 보호자에게 안내함
성별 및 중성화	유선 종양의 경우 중성화 여부와 시기가 발병에 큰 영향을 미침	어린 암컷 환자 보호자에게 중성화 시기에 따른 유선 종양 예방 효과를 정확히 설명함

2) 개의 주요 악성 종양별 특징 및 간호 중점

(1) 유선 종양(Mammary Gland Tumors)

❶ 질환 특징

- 개에서 가장 흔한 종양 중 하나: 중성화하지 않은 암컷에게서 압도적으로 많이 발생함. 악성도는 약 40~50 %를 차지하지만, 고양이와 달리 양성 종

양의 비율도 높음

- 발생 기전: 여성 호르몬(에스트로겐, 프로게스테론)의 영향이 크며, 첫 발정 이전에 중성화를 할 경우에는 발생률이 0.8 %로 현저히 낮아짐(Pérez et al., 2023)
- 증상: 유선 부위에 멍울(종괴)이 만져지는 것이 가장 흔함. 악성일 경우에는 크기가 빠르게 커지며, 궤양, 출혈, 주변 림프절 및 폐로의 전이 가능성이 있음

❷ 간호 중점

간호 중점	동물보건사의 핵심 역할
예방 교육	첫 발정 전 중성화의 예방 효과를 보호자에게 정확히 전달
수술 전/후 간호	**마취 전 검사(혈액, 흉부 방사선, CT)** 준비 및 보조(Sato & Nakamura, 2022) 수술 후 **수술 부위 드레싱 및 통증 관리**(진통제 투여 보조)
파열된 종양 관리	종양이 궤양되거나 파열된 경우, 감염 방지를 위한 **철저한 소독 및 드레싱** 보조

(2) 비만세포종(Mast Cell Tumor; MCT)

❶ 질환 특징

- '위대한 모방자(The Great Imitator)': 개의 피부 종양 중 가장 흔한 악성 종양이지만, 그 모양이 사마귀, 지방종 등 양성 종양처럼 다양하게 나타나 진단이 어려움(Dobson et al., 2024)
- 세포의 특성: 비만세포(Mast Cell)는 히스타민과 같은 다양한 화학 물질을 포함하고 있으므로 종양을 건드리거나 스트레스를 받으면 이 물질들이 분비됨
- 관련 증상: 종양이 커졌다 작아졌다 하는 데리 현상(Darier's Sign), 위궤양, 구토 등 전신 증상이 나타날 수 있음
- 진단 및 치료: 세침흡인검사(FNA)로 잠정 진단하며, 악성도의 등급(Grade)에 따라 예후와 치료 방침(수술, 항암)이 결정됨. 수술적 광범위 절

제가 중요하며, 주변 조직까지 충분히 제거해야 재발률을 낮출 수 있음 (Kang et al., 2023)

❷ 간호 중점

간호 중점	동물보건사의 핵심 역할
진단 보조	FNA 검사 시 보정 및 슬라이드 준비 필요시 조직 검체를 임상병리검사실로 정확히 의뢰
약물 관리	수술 전후 히스타민 분비를 억제하는 **항히스타민제**(H1, H2 blocker) 투여 보조
수술 후 간호	광범위 절제로 인한 **피부 결손 부위의 드레싱** 및 수술 부위 관찰

(3) 림프종(Lymphoma)

❶ 질환 특징

- 정의: 림프구(백혈구의 일종)에서 기원하는 악성 종양으로, 전신을 순환하는 림프계를 따라 발생. 혈액암의 일종으로 분류되기도 함
- 호발 형태: 개의 림프종 중 80 % 이상이 전신의 림프절이 커지는 다중심형(Multicentric)임
- 증상: 목, 겨드랑이, 사타구니 뒤 등에서 통증 없는 림프절 비대가 가장 흔한 초기 증상임. 식욕 부진, 기력 저하, 체중 감소를 동반할 수 있음
- 치료: 주로 화학요법(항암치료)이 주된 치료 방법이며, 복합적인 약물 프로토콜(예: CHOP 프로토콜)이 사용됨

❷ 간호 중점

간호 중점	동물보건사의 핵심 역할
항암제 취급	독성이 강한 항암제의 **안전한 준비**, **투여 보조**, **폐기**를 위한 가이드라인 엄수
부작용 모니터링	항암제 투여 후 **구토**, **설사**, **식욕 부진** 등의 소화기계 부작용과 골수 억제(면역력 저하)로 인한 감염 징후 관찰
환자 보정	항암제 정맥 투여 시, 혈관 밖 유출(Extravasation) 방지를 위해 **정확하고 안정적인 보정**이 필수

(4) 골육종(Osteosarcoma; OSA)

❶ 질환 특징

- 정의: 뼈에서 기원하는 가장 흔한 악성 종양으로, 매우 공격적이며 빠르게 폐로 전이됨
- 호발 품종 및 부위: 대형견 및 초대형견(골든 리트리버, 로트와일러 등)의 사지, 특히 무릎(원위 대퇴골)과 어깨(근위 상완골) 주변에서 흔하게 발생
- 증상: 종양이 생긴 부위에서 심한 통증을 유발하여 절뚝거림(파행)을 보이고, 종양 부위가 붓거나 뼈가 약해져 병적 골절이 발생할 수 있음
- 치료: 통증 완화와 전이 예방을 위해 사지 절단(Amputation) 후 화학요법을 병행하거나, 사지 보존 수술 및 방사선 치료를 고려함

❷ 간호 중점

간호 중점	동물보건사의 핵심 역할
통증 관리	수의사의 지시에 따라 **다양한 진통제 투여**를 보조하고, 환자의 통증 점수(Pain Score)를 정기적으로 평가하여 기록
이동 보조	통증 부위의 악화를 막기 위해 **환자의 이동을 보조**하고, 미끄럼 방지 매트나 하네스(슬링) 사용을 보호자에게 교육
방사선 촬영 보조	종양 부위의 정확한 위치 및 전이 여부 확인을 위한 **흉부 방사선 촬영 시 보정** 및 장비 준비

(5) 혈관육종(Hemangiosarcoma; HSA)

❶ 질환 특징

- 정의: 혈관을 구성하는 내피세포에서 기원하며, 악성도가 매우 높은 종양
- 호발 부위: 비장(Spleen), 우심방(Right Atrium), 간 등 혈관이 많은 장기에 주로 발생하며, 피부나 피하 조직에도 발생할 수 있음
- 가장 큰 위험: 종양이 매우 약하여 쉽게 파열되어 복강 내 또는 심낭 내 심각한 출혈을 유발함(Nelson & Couto, 2022)
- 응급 상황: 출혈로 인해 환자가 갑작스러운 허약, 쇼크, 복부 팽만, 창백한

점막 등의 증상을 보이며 응급 상황으로 이어지는 경우가 많음

- 치료: 응급 상황에 대처한 후 종양 제거 수술(예: 비장 절제술)과 함께 화학요법(주로 독소루비신 계열)을 진행하지만, 예후는 매우 불량한 편임

❷ 간호 중점

간호 중점	동물보건사의 핵심 역할
응급 대처	**쇼크 증상**(빠른 심박수, 약한 맥박, 낮은 체온) 발생 시 즉시 수의사에게 보고하고, **정맥 카테터 삽입 및 수액 처치**를 신속하게 보조
수혈 보조	출혈이 심할 경우 **수혈 준비 및 모니터링**(혈액형 확인, 수혈 부작용 관찰)
수술 후 모니터링	비장 절제술 후 **출혈**, **빈혈**, **부정맥** 등의 합병증 발생 여부를 모니터링하고 기록

3. 고양이에서 흔히 발생하는 종양 질환

1) 개와 다른 고양이 종양학의 특징

고양이의 종양학(Feline Oncology)은 단순히 개의 종양 치료법을 축소 적용하는 것이 아니다. 고양이는 개와 비교할 때 몇 가지 중요한 임상적 차이점을 가지며, 이는 동물보건사의 간호 계획에 결정적인 영향을 미친다(Vail et al., 2023).

〈표 10-4〉 개와 고양이 종양의 특성 및 간호 시 유의점

특징	개	고양이	간호 시 유의점
종양의 악성도	유선 종양 등에서 양성 비율이 높음(50% 내외)	대부분의 종양이 **매우 악성**임(유선 종양의 90% 이상이 악성)(Kohn & Dürr, 2024)	공격적인 치료와 신속한 진단 준비 필요
림프종 (Lymphoma)	주로 다중심형(전신 림프절 비대)이 흔함	주로 위장관형(Gastro-intestinal)이나 종격동형으로 나타남	구토, 설사, 식욕 부진 등 소화기계 증상 모니터링 중요
수술 후 관리	비교적 회복이 빠름.	환경 변화에 민감하고 스트레스에 취약하여 **식욕 저하**가 흔함	입원 시 최대한 스트레스 없는 환경(하이드 존, 캣 타워) 제공

2) 고양이의 주요 악성 종양별 특징 및 간호 중점

(1) 림프종(Lymphoma; LSA)

❶ 질환 특징

- 고양이에서 가장 흔한 종양 중 하나: 개와 달리 위장관에 발생하는 경우가 흔하며, 나이가 많은 고양이에게서 주로 발생함(Kohn & Dürr, 2024)
- 증상: 위장관형은 만성적인 구토, 설사, 체중 감소, 식욕 부진을 유발하며, 복부에서 비후된 장벽이나 덩어리가 만져질 수 있음
- 진단: 초음파, FNA, 조직 검사를 통해 진단함
- 치료 및 예후: 주로 화학요법(항암치료)을 통해 관리하며, 저등급 림프종은 경구용 항암제(예: 클로람부실, 프레드니솔론)로 비교적 긴 관해를 기대할 수 있음

❷ 간호 중점

간호 중점	동물보건사의 핵심 역할
경구 투약 관리	고양이에게 경구 약물(스테로이드, 항암제)을 정확히 투여하고, 투여 후 구토 유무 확인. 보호자에게 정확한 투여 방법 교육
영양 관리	만성적인 식욕 부진 및 구토 환자의 체중 및 BCS(Body Condition Score)를 정확히 측정하고 기록
항암 부작용	개와 마찬가지로 골수 억제(감염) 및 소화기계 부작용(구토, 설사)을 모니터링

(2) 주사 부위 육종(Feline Injection Site Sarcoma; FISS)

❶ 질환 특징

- 정의: 예방접종이나 주사 투여 부위(주로 어깨뼈 사이, 허벅지 외측)에 발생하는 매우 악성도가 높은 섬유육종(Fibrosarcoma)의 일종
- 발생 기전: 특정 주사제(특히 백신이나 스테로이드)에 대한 고양이의 염증 반응으로 인해 발생한다고 추정됨
- 치료: 매우 침습적이며 재발률이 높으므로, 종양 주변의 정상 조직을 최

대한 광범위하게 절제하고 방사선/화학요법을 병행하는 것이 표준임

- 예방 원칙: 주사 부위 종양 발생 시 3-2-1 규칙(3cm 이상, 2개월 이상, 1개월 후 커지는 종괴)에 따라 신속히 수의사 진료를 권장(Moore et al., 2023)

❷ 간호 중점

간호 중점	동물보건사의 핵심 역할
예방적 기록	예방접종이나 주사 투여 시 **정확한 부위**와 **사용된 약물의 종류/제조사**를 전자 기록지에 상세히 기록
수술 전/후 간호	광범위 절제로 인한 **광범위한 상처 부위 드레싱**과 봉합선 관찰. 수술 부위 자가 손상 방지를 위한 **넥카라/옷 관리** 지도
보호자 교육	FISS의 **위험성**과 백신 접종 부위 변경(꼬리, 다리)의 중요성을 강조하고, 접종 후 멍울이 생기는지 자가 점검하도록 교육

(3) 유선 종양(Mammary Gland Tumors; MGT)

❶ 질환 특징

- 개와 차이점: 고양이 유선 종양은 90 % 이상이 악성 종양(Adenocarcinoma)으로, 개보다 훨씬 위험함(Morris et al., 2022)
- 호발: 주로 10세 이상의 중성화되지 않은 암컷에서 발생하며, 크기가 작더라도 악성도가 높음
- 치료: 조기에 유선 전체를 절제하는 광범위 유방 절제술(Radical Mastectomy)이 권장됨
- 예후: 종양의 크기가 3cm 이상이면 예후가 불량함

❷ 간호 중점

간호 중점	동물보건사의 핵심 역할
수술 간호	광범위 절제로 인한 **긴 수술 부위의 통증 관리**와 출혈 모니터링. 수술 후 체온 유지
영양 관리	수술 후 통증이나 스트레스로 인해 식욕이 극도로 저하될 경우, **강제 급여**나 **식욕 촉진제 투여 보조** 준비
보호자 교육	고양이 유선 종양의 **높은 악성도**를 인지시키고, 조기 발견의 중요성 및 정기적인 신체검사를 권유

(4) 구강 편평세포암(Oral Squamous Cell Carcinoma; SCC)

❶ 질환 특징

- 정의: 구강 내에서 발생하는 가장 흔한 악성 종양 중 하나로, 잇몸이나 혀 밑 등에서 발생하며 매우 빠르게 주변 뼈를 침범함
- 증상: 구강 통증으로 인한 식사 거부, 침 흘림(유연), 구취, 구강 출혈 등이 흔함. 증상이 비특이적이어서 초기 진단이 어려울 수 있음
- 예후 및 치료: 예후가 매우 불량한 종양이며, 완전한 외과적 절제가 어렵거나 전이가 빠른 경우 고통 완화를 위한 완화 치료(Palliative Care)가 주를 이룸(Bergman & Farese, 2023)

❷ 간호 중점

간호 중점	동물보건사의 핵심 역할
통증 관리	구강 통증이 심하므로, **정기적인 통증 점수 평가** 및 수의사의 지시에 따른 통증 주사 및 약물 투여
영양 보조	구강 통증으로 식사를 못하는 환자를 위해 **식도 튜브(E-Tube) 설치 및 관리**를 보조하고, 튜브 급여 방법 보호자 교육
구강 위생	종양 부위의 괴사나 감염 방지를 위한 **구강 내 세정 및 관리**를 부드럽게 시행

4. 종양 환자 간호 관리

1) 종양 치료의 세 가지 축과 동물보건사의 역할

수의 종양 치료는 크게 외과적 치료, 화학요법, 방사선 치료의 세 가지 축으로 구성된다. 동물보건사는 각 치료 단계에서 환자 안전 및 치료 효과 극대화를 위해 중요한 역할을 수행한다.

〈표 10-5〉 종양 치료의 세 가지 축

치료 유형	목표	동물보건사의 핵심 역할
외과적 치료 (Surgery)	종양 제거, 생검 및 진단	마취 전 검사 보조, 수술 중 무균 상태 유지 보조, 수술 후 상처 및 통증 관리
화학요법 (Chemotherapy)	전신적인 미세 전이 억제 및 종양 크기 감소	**항암제 안전 취급**, 정확한 투여 및 투여 중/후 부작용 모니터링
방사선 치료 (Radiation)	특정 부위 종양의 국소적인 파괴 및 통증 완화(완화 치료)	방사선 노출 최소화, 매 치료 시 **정확한 마취 및 보정** 보조, 피부 부작용 관리

2) 화학요법 실무 간호: 안전 및 부작용 관리

화학요법(항암치료)은 잠재적인 독성을 가진 약물을 사용하므로, 동물보건사의 안전 수칙 준수 및 환자 모니터링이 가장 중요하다.

(1) 항암제 안전 취급 가이드라인(Hazardous Drug Safety)

항암제는 인체에 유해한 영향을 미칠 수 있는 유해 약물(Hazardous Drug)로 분류되므로, 약물 준비, 투여, 폐기 전 과정에서 엄격한 안전 수칙을 준수해야 한다(OVTS, 2024).

❶ 개인 보호 장비(PPE) 착용

- 항암제 취급 시에는 반드시 지정된 개인 보호 장비(PPE)를 착용
- 장갑(Gloves): 이중 장갑(Double Gloving)을 착용하며, 니트릴 소재의 항암제 취급용 장갑을 사용
- 가운(Gown): 일회용의 불침투성(방수) 가운을 착용하고, 소매는 장갑 안으로 넣어 피부 노출을 방지
- 마스크 및 보안경: 약물의 분진이나 비말 흡입 방지를 위해 N95 마스크 또는 수술용 마스크와 보안경을 착용

❷ 안전한 투여 및 폐기

- 준비 장소: 약물 준비는 반드시 지정된 생물학적 안전 작업대(BSC, Biological Safety Cabinet) 또는 음압 시설에서 수행(OVTS, 2024)
- 투여 보조: 항암제 투여 시에는 약물이 누출되지 않도록 눈높이 아래에서 수액 세트를 연결하며, 투여 중 연결 부위 누수 여부를 철저히 확인
- 오염물질 처리: 항암제를 투여받은 환자의 소변, 대변, 구토물 및 사용된 침구류는 유해 폐기물로 분류하여 별도로 처리. 보호자에게도 배설물 처리 시 장갑을 착용하도록 교육

(2) 화학요법의 주요 부작용과 모니터링

개와 고양이 종양 환자에게서 가장 흔하게 발생하는 부작용 세 가지를 숙지하고 신속하게 대처해야 한다(NCI, 2021).

〈표 10-6〉 화학요법의 부작용과 임상 증상

부작용	임상 증상	동물보건사의 대처 및 역할
골수 억제 (Myelosuppression)	발열, 식욕 부진, 기력 저하. **호중구 감소증**으로 인한 **패혈증** 위험 증가	매 치료 전 **혈액 검사**(CBC) 결과(특히 호중구 수) 확인. 발열 시 즉시 수의사에게 보고 및 응급 처치 준비
위장관 독성 (GI Toxicity)	구토, 설사, 식욕 부진(특히 림프종 치료 시)	구토/설사 횟수 및 양을 상세히 기록하고, 수의사의 지시에 따라 **항구토제**, **지사제** 투여 보조
탈모증 (Alopecia)	푸들, 비숑 프리제 등 털이 계속 자라는 품종에서 흔하며, 털이 얇아지거나 부분적으로 빠짐(고양이는 덜함)	미용적 부작용이므로, 보호자에게 미리 설명하여 불안감을 낮추고 보온에 신경 쓰도록 교육

3) 삶의 질(QoL) 유지 간호: 통증 및 영양 관리

종양 환자 간호의 궁극적인 목표는 최상의 삶의 질을 유지하는 것이다. 이는 통증 관리와 적절한 영양 공급으로 달성된다.

(1) 통증 관리(Pain Management)

종양 환자는 종양 자체의 침습, 뼈 전이, 또는 수술 후 상처로 인해 만성적인 통증에 시달릴 수 있다.

① 통증 점수 평가: 환자의 행동, 자세, 표정 등을 관찰해 통증 점수(Pain Score)를 정기적으로 평가하고 기록함(예: CMPS-SF, Glasgow Pain Scale 등)

② 다중 양식 진통(Multimodal Analgesia)(VPMG, 2023):

- 약물: 비스테로이드성 소염진통제(NSAIDs, 예: 멜록시캄), 아편 유사제(Opioids), 가바펜틴(Gabapentin) 등을 수의사의 지시에 따라 정확히 투여하고 효과를 모니터링함
- 재활 및 보조 요법: 통증 완화를 위해 수중 러닝머신, 침 치료, 레이저 치료 등 재활 치료를 보조할 수 있음

③ 통증 완화 교육: 보호자에게 집에서 통증 징후(숨어 있기, 움직임 거부, 끙끙거림)를 관찰하고, 미끄럼 방지 매트나 하네스를 사용해 환자의 이동을 돕도록 교육함

(2) 영양 관리 및 급식 튜브 간호(Nutritional Support)

종양 환자의 악액질(Cachexia)은 주요 사망 원인 중 하나이므로, 적극적인 영양 관리가 필수이다(ACVIM, 2022).

① 식욕 부진 환자 관리

- 칼로리 계산: 환자의 휴식기 에너지 요구량(Resting Energy Requirement, RER)을 계산하고, 이 목표량의 70% 이상을 섭취하도록 노력함
- 환경 개선: 고양이 환자는 스트레스 없이 조용하고 깨끗한 장소에서 식사하도록 유도하며, 다양한 종류의 따뜻한 사료를 제공하여 식욕을 자극함

- 식욕 촉진제: 수의사의 지시에 따라 미르타자핀(Mirtazapine) 등 식욕 촉진제 투여를 보조함

② 급식 튜브(Feeding Tube) 간호

- 구강 편평세포암처럼 구강 통증이 심하거나 장기간 식욕 부진이 지속될 경우, 영양 공급을 위해 식도 튜브(E-Tube)나 위 튜브(G-Tube)를 설치할 수 있음
- 튜브 주변 관리: 튜브 삽입 부위의 피부를 매일 청결하게 소독하고, 염증, 발적, 삼출물 등의 감염 징후를 관찰함. 관이 환자의 움직임에 의해 잡아당겨지거나 빠지지 않도록 철저히 고정하고 모니터링을 해야 함
- 급여 프로토콜: 급여 전 잔류량(Residual Volume) 확인, 적절한 사료 희석(유동식) 및 천천히 주입하는 속도 준수, 급여 후 관 세척(Flush) 등을 정확히 수행하여 흡인성 폐렴 및 튜브 폐색을 예방함

4) 호스피스 및 보호자 상담

종양 치료는 완치를 목표로 하기도 하지만, 진행된 암 환자에게는 호스피스 및 완화 치료(Palliative Care)가 가장 중요하다(IAVHPC, 2020).

- 목표: 삶의 마지막 순간까지 환자가 편안함과 존엄성을 유지하도록 도움
- 동물보건사의 역할: 환자의 불편함(통증, 오심, 호흡곤란)을 신속하게 완화하고, 보호자와 환자의 상태 변화에 대해 솔직하고 따뜻하게 소통함. 보호자에게 안락사(Euthanasia) 결정 과정 및 준비에 대한 심리적 지지를 제공하는 것도 중요한 역할임

5. 보호자 상담, 심리적 지지 및 윤리적 고려

1) 종양 진단 시 보호자 상담 및 의사소통 원칙

종양 진단은 보호자에게 큰 정신적 충격을 주는 경험이다. 동물보건사는 보호자의 감정을 존중하고, 치료 과정에 대한 현실적인 기대를 심어 주는 중요한 연결고리 역할을 한다.

(1) 어려운 소식 전달 시 지지(Bad News Delivery)

동물보건사는 진단 결과를 직접 전달하지는 않더라도, 수의사를 보조하여 상담 전후에 보호자를 지지해야 한다(VSW Practice Guide, 2021).

- 공감 및 경청: 보호자가 느끼는 슬픔, 죄책감, 분노 등의 감정을 판단하지 않고 경청하고 공감함
- 명확한 정보 제공: 복잡한 의학 용어 대신 쉬운 언어(예: '침윤성' 대신 '주변 조직을 파고드는 성질')를 사용하여 종양의 성질, 치료의 목표(완치 또는 관해), 예상되는 예후를 명확하게 설명함
- 기록 및 자료 제공: 상담 중 논의된 내용(치료 프로토콜, 부작용, 예상 비용 등)을 문서화하여, 보호자가 집에서 다시 검토할 수 있도록 준비를 도와줌
- 질문 격려: 보호자가 질문할 시간을 충분히 주고, 질문에 대해 성실하고 차분하게 답변하며 심리적 안정감을 제공함

(2) 현실적인 기대 설정

종양 치료는 성공적인 결과만을 보장하지 않는다. 보호자가 비현실적인 기대를 갖지 않도록 미리 관리하는 것이 중요하다.

〈표 10-7〉 종양 치료 상담 시 현실적인 설명과 주의 사항

구분	현실적인 설명 예시	주의 사항
치료의 목표	"우리의 목표는 **완치** 또는 **삶의 질을 높이는 장기적인 관해**입니다."	불필요한 희망이나 절대적인 수치를 제시하여 좌절감을 유발하지 않도록 합니다.
부작용	"화학요법 중에는 **구토, 설사, 기력 저하**가 발생할 수 있으며, 이 증상을 관리하는 것이 간호의 핵심입니다."	부작용 발생 시 보호자가 놀라지 않도록, 발생 가능한 모든 시나리오를 미리 알려 줍니다.
재발 가능성	"종양은 악성도가 높을수록 **재발 가능성**이 있으며, 우리는 정기 검진을 통해 이를 조기에 발견할 것입니다."	재발은 보호자의 잘못이 아님을 명확히 하고, 정기적인 모니터링의 중요성을 강조합니다.

2) 보호자 심리적 지지 및 소진 관리(Burnout)

종양 환자를 돌보는 보호자는 장기간의 치료와 간호로 인해 심각한 스트레스와 심리적 소진(Pet Owner Burnout)을 경험한다(JVB Research, 2022).

(1) 보호자의 심리적 단계 이해

보호자는 반려동물의 질병 진단 후 일반적으로 'Kübler-Ross의 슬픔의 5단계(부정-분노-협상-우울-수용)'와 유사한 과정을 겪을 수 있다.

- 동물보건사의 역할: 보호자가 현재 어느 단계에 있는지 이해하고, 그 단계에 맞는 지지를 제공함(예: 분노 단계에서는 비난을 개인적으로 받아들이지 않고, 치료 옵션을 차분하게 설명하여 통제감을 느끼도록 도움)

(2) 소진 방지 교육 및 자원 연결

- 휴식 장려: 보호자에게 자신을 돌보는 것의 중요성을 강조하고, 병원 방문 외 시간에는 충분한 휴식을 취하도록 장려함
- 간호 부담 경감: 환자의 간호(투약, 급식 튜브 관리)를 최대한 단순화하는 방법을 교육하고, 필요시 병원 내에서 제공할 수 있는 단기 입원 간호 서

비스를 안내하여 보호자의 부담을 덜어 줌

- 지지 그룹 안내: 필요한 경우, 반려동물 암 보호자 지지 그룹이나 상담 기관에 대한 정보를 제공하여 보호자가 심리적 도움을 받을 수 있도록 연결해 줌

3) 환자의 삶의 질(QoL) 평가 및 관리

종양 환자 간호의 최종 목표는 환자가 고통 없이 최대한 편안하게 살 수 있도록 돕는 것이다. 이는 객관적인 삶의 질 평가를 통해 이루어진다.

(1) QoL 평가 도구 사용

보호자가 집에서 환자의 상태를 보다 객관적으로 기록할 수 있도록 QoL 평가 도구(예: HHHHHMM Scale)를 사용하여 교육한다(IAVHPC, 2023). 동물보건사는 이 점수의 기록을 통하여 수의사의 치료 방침 결정에 필요한 정보를 제공한다.

〈표 10-8〉 QoL 평가 도구

지표	내용(평가 기준: 1~10점)
Hurt(통증)	통증은 잘 관리되고 있는가?
Hunger(식욕)	스스로 잘 먹고 있는가? 식욕 부진은 없는가?
Hydration(수분)	탈수 증상은 없는가? 피부 탄력 및 점막 상태 확인.
Hygiene(위생)	스스로 깨끗하게 유지할 수 있는가?
Happiness(행복)	가족과 상호작용하고 평소처럼 즐거움을 느끼는가?
Mobility(활동성)	도움 없이 일어설 수 있는가? 통증 없이 걸을 수 있는가?
More good days than bad (좋은 날 vs 나쁜 날)	나쁜 날보다 좋은 날이 더 많은가?

(2) 호스피스 및 완화 치료 간호

완치가 불가능한 단계에서는 환자에게 남은 시간을 최대한 의미 있게 만들어 주는 호스피스 간호가 시작된다.

- 환경적 편안함: 입원 시 환자가 가장 좋아하는 담요나 장난감을 사용하고, 소음을 최소화하여 스트레스 없는 환경을 제공함
- 증상 관리: 통증, 오심(구역질), 호흡곤란, 불안 등의 불편 증상을 신속하게 파악하고 수의사의 지시에 따라 약물을 투여하거나 산소 공급을 보조하여 완화(Palliative)시킴

4) 안락사(Euthanasia) 지원: 연민과 존엄성

안락사는 종양학 간호의 마지막 단계이며, 환자의 고통을 끝내고 보호자에게 종결감을 주는 윤리적 행위이다.

(1) 안락사 전/중/후 간호 지원(출처: OSU Manual, 2020)

- 준비: 보호자가 충분히 환자와 시간을 보낼 수 있도록 조용하고 사적인 공간을 마련하고, 깨끗한 담요 등을 준비함
- 과정 보조: 동물보건사는 안락사 과정(정맥로 확보, 약물 투여 보조)을 차분하고 전문적으로 수행하며, 동시에 보호자의 감정을 살핌
- 사후 처리: 환자가 편안하게 떠났음을 확인한 후, 보호자가 요청한 방식으로 사체 처리(화장) 절차를 안내하고 준비함
- 이후 지지: 보호자가 떠난 후, 병원 차원의 추모 카드나 전화 통화를 통해 보호자에게 깊은 위로와 지지를 전달함

제 11 장

피부계

학·습·목·표

1. 개와 고양이의 피부 구조와 기능을 이해한다.
2. 주요 피부 질환 종류를 구분하고 특징을 이해한다.
3. 피부 질환의 원인과 증상을 설명한다.
4. 피부 질환의 예방 및 관리 방법을 실천하고 교육한다.

개와 고양이의 피부계는 단순한 외피를 넘어 체내 항상성 유지, 면역 방어, 감각 전달, 체온 조절 등 다양한 기능을 수행한다. 사람과 달리 털과 피하지방, 샘 구조가 독특하게 발달해 있어 질환 발생 시 임상 양상과 치료법에도 차이를 보인다. 특히 반려동물의 수명이 길어짐에 따라 피부 질환은 삶의 질을 크게 좌우하는 중요한 요소가 된다. 기초적인 해부학 및 생리학 지식을 바탕으로, 피부계의 구조적·기능적 특성을 이해하면 조기 진단과 효과적인 관리가 가능하다.

본 장에서는 개와 고양이 피부계의 세부 해부학, 생리학, 그리고 임상 적용까지 폭넓게 다루어 반려동물의 건강 증진과 피부 질환의 예방 및 치료 역량을 높이고자 한다.

1. 개와 고양이의 피부 구조와 기능

개와 고양이는 피부에 털, 피지선, 땀샘, 모낭 등 독특한 부속기관을 가지고 있으며, 이는 사람과는 다른 해부학적·생리학적 특징을 지닌다. 이러한 차이로 인해 임상 진단과 치료 접근에도 특별한 고려가 필요하다. 이를 통해 피부 질환의 조기 발견과 효율적인 관리가 가능하다.

개와 고양이 피부의 3층 구조(표피, 진피, 피하조직)를 중심으로 주요 구성 요소의 분포와 역할을 세밀하게 살펴보고, 해부학적 분석을 바탕으로 실제 임상 적용 포인트를 제시함으로써 반려동물의 피부 건강을 종합적으로 이해할 수 있도록 한다.

1) 표피, 진피, 피하조직의 구조 이해

반려동물(주로 개와 고양이)의 피부는 사람과 유사한 구조를 가지고 있지만, 털의 존재, 피지선의 분포, 땀샘의 기능 등에서 차이가 있다. 피부는 크게 표피(Epidermis), 진피(Dermis), '피하조직(Subcutis 또는 Hypodermis)'의 세 층으로 이루어져 있다.

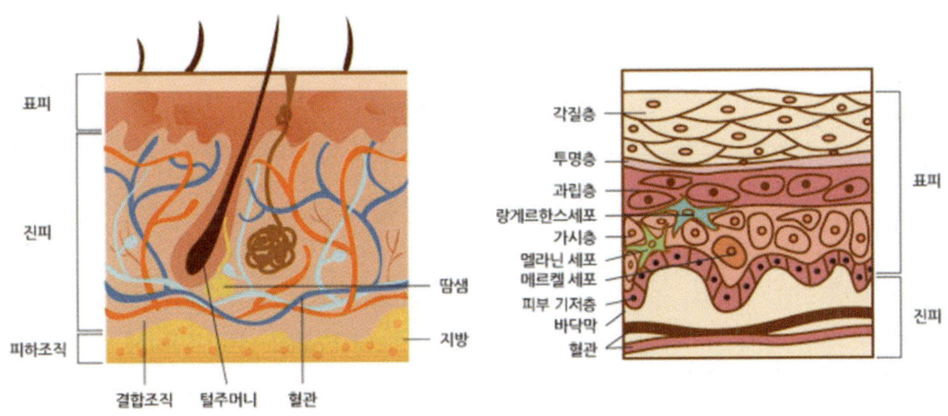

[그림 11-1] 피부의 구조

출처: https://www.ruankorea.com/kr/mongnis/mongnis01.php

(1) 개의 피부 구조

❶ 표피(Epidermis)

가장 바깥층으로, 외부 환경으로부터 몸을 보호하는 역할을 한다. 주로 **각질**

층, 과립층, 가시층, 기저층의 4층 구조로 되어 있다.

- 각질층(Stratum corneum) : 죽은 세포로 이루어진 방어막
- 과립층(Stratum granulosum) : 케라틴 생성
- 가시층(유극층, Stratum spinosum) : 세포 간 결합이 강해지는 층
- 기저층(Stratum basale) : 세포 분열이 일어나는 곳

표피는 주로 각질세포(케라티노사이트)로 구성되어 있으며, **피부 턴오버 주기는 약 20~22일**이다. 각질층은 수분 손실을 막고 병원균 침입을 방어한다. 멜라닌 세포(멜라노사이트)도 존재하여 색소를 생성하여, 피부색 결정에 관여한다. **피부 장벽 기능이 다소 약해**, 알레르기성 피부염에 걸리기 쉬운 편이다.

❷ 진피(Dermis)

표피 아래층에 위치하며, 결합조직으로 구성되어 있다. **콜라겐과 탄력 섬유**가 풍부하여 피부의 탄력과 강도를 유지한다. 피부의 영양 공급, 감각 기능, 온도 조절, 방어 기능에 관여한다. 주로 유두층, 망상층의 2층 구조로 되어 있다.

- 유두층(Papillary dermis) : 표피와 접하는 얇은 층
- 망상층(Reticular dermis) : 보다 두껍고 튼튼한 층

혈관, 림프관, 신경, 모낭, 피지선, 한선(아포크린샘) 등이 존재한다. 혈관과 신경은 피부 감각 및 영양 공급 역할을 하고 모낭(Follicle)은 털을 생성하는 기관이며, 림프관은 피부에서 발생한 감염 · 염증 · 조직 손상 등의 신호를 감지하고 면역세포(림프구, 대식세포 등)를 림프절로 운반하여 면역계를 자극하는 통로 역할을 한다. 피지선(Sebaceous gland)은 털과 피부를 윤기 있게 유지하며, 한선(땀샘, Apocrine gland)은 주로 발바닥 등에 발달하여 있으나, 사람과는 달리 체온 조절에는 큰 역할이 없다.

❸ 피하조직(Subcutis / Hypodermis)

진피 아래층에 위치하며, **지방조직과 결합조직으로 구성되어 있으며, 지방조직**이 주를 이룬다. 충격 흡수 및 체온 유지 역할을 한다. 약물의 피하주사가 시행되는 부위이며, 큰 혈관이나 신경도 이 부위를 지나간다.

(2) 고양이의 피부 구조

고양이의 피부도 기본적으로는 개와 같은 기본적인 3층(표피, 진피, 피하조직) 구조이지만, 몇 가지 특징적인 차이점이 있다.

❶ 표피(Epidermis)

개보다 **조금 얇은 편이며, 매우 유연한 움직임을 위해 탄력성**이 있다. **표피의 털이 개에 비해 촘촘하므로 피부 질환 시 진단에 어려움이 있으며, 피부 장벽 기능은 개보다 약간 강한 것으로 알려져 있다.** 스스로 털을 고르는 **그루밍 습관** 덕분에 비교적 청결하게 유지된다.

❷ 진피(Dermis)

개와 마찬가지로 **모낭, 혈관, 신경, 피지선** 등이 존재한다. **모낭 밀도가 매우 높고 털이 촘촘하게 나 있다.** 아포크린샘도 모낭과 연결되어 존재한다. 특히 턱 밑, 입 주변, 꼬리 뿌리 부분에 풍부하여, 아크네(acne, 턱 부위의 여드름, 여드름)가 잘 생긴다.

❸ 피하조직(Subcutis / Hypodermis)

개처럼 **지방조직이 풍부하며, 결합조직이 개보다 느슨**하다. 이로 인해, 고양이는 **피부가 잘 늘어나는 특징**이 있어, 피부를 쉽게 잡아당길 수 있다(피부가 느슨해 보인다).

〈표 11-1〉 개와 고양이의 피부 비교

항목	개	고양이
표피 두께	약간 두꺼운 편	약간 얇은 편
모낭 밀도	중간 정도	매우 높음(털이 빽빽함)
땀샘의 종류	주로 아포크린샘	마찬가지(거의 땀을 흘리지 않음)
피하조직 특징	지방 많고 부드러움	피부가 잘 늘어남(느슨한 느낌)
피부 장벽 기능	약간 약해 알레르기 민감성 있음	비교적 안정적이며, 그루밍으로 청결 유지 쉬움

(3) 고양이의 피부 구조에 따른 임상적 의의

고양이는 표피 및 피지선의 특성상 피부 질환이 눈에 잘 띄지 않을 수 있으며, 병변이 털에 가려질 수 있다. 특히 턱에 피지선이 집중되어 '고양이 여드름(cat acne, 아크네)'이 자주 발생한다. 피부가 유연하여 상처가 벌어지거나 감염 확산이 빠를 수 있으므로 조기 발견 및 진단이 중요하다. 따라서 피부 구조의 차이로 인해 질환 양상, 관찰법, 간호 방법에서도 약간의 차별화가 필요하다.

2) 모낭, 피지선, 한선(땀샘)의 역할

개와 고양이의 피부는 인간과는 다른 특성을 가지며, 특히 모낭(털주머니), 피지선(지방샘), 한선(땀샘)의 구조와 기능은 체온 조절 · 보호 · 면역 방어 등에 중요한 역할을 한다.

(1) 모낭(HairFollicle)

털이 자라는 구조물로, **피부의 진피층 깊숙한 곳**에 존재한다. 개와 고양이는 **복합 모낭(compoundhairfollicle)** 구조를 가지며, 하나의 큰 주모(primaryhair)와 여러 개의 작은 부모(secondaryhair)가 함께 자란다.

(2) 피지선(SebaceousGland)

모낭과 연결되어 있는 **기름 분비샘**으로, **피지를 분비**하여 털과 피부를 보호한다. 고양이의 피지선은 **꼬리 부위, 입 주변, 눈썹 근처**에 밀집되어 있으며, 털 손질 시 **피지를 핥아 털에 고르게 분포**시키는 특성이 있기 때문에 '유향선(Felinestudtail)' 문제 발생 가능성이 있다.

(3) 한선(SweatGland)

땀샘이라고 한다. 땀을 분비하는 분비샘으로, 개와 고양이는 **사람보다 발달이 미미하며, 체온 조절 기능은 약하다.** 개는 혀를 내밀어 헥헥거리는 호흡(panting)으로, 고양이는 **혀로 털을 핥아 증발열 방식**으로 체온을 낮춘다.

3) 피부 장벽 기능과 면역 기능

개와 고양이의 피부는 단순한 외피가 아닌, 복잡한 방어 체계로 구성된 생체 장벽이며, 물리적 보호뿐만 아니라 면역 기능도 담당한다. 피부 장벽이 손상되면 **외부 자극, 알레르겐, 미생물**이 쉽게 침투하여 **염증성 피부 질환**이 발생한다.

〈표 11-2〉 개와 고양이 피부 질환별 주요 기전과 관리 방법

질환명	주요 기전	관리방법
아토피성 피부염 (Canine Atopic Dermatitis)	장벽 파괴 + Th2 면역 반응 증가	• **보습제**(emollients): 장벽 지질 보충(세라마이드, 필수지방산 등) • **약용 샴푸**: 세균·진균 억제 및 pH 조절 • **면역조절제**: 사이클로스포린, JAK 억제제 등으로 과잉 반응 조절
세균성 피부염	장벽 손상 → 세균 침투(주로 포도상구균)	
피부 알레르기 반응	알레르겐 침투 → 과도한 면역 반응 유발	

* Th2 면역 반응(Type 2 Helper T–cell Immune Response): 면역세포 중 T helper 세포(Th) 는 병원체 종류에 따라 다른 타입(Th1, Th2, Th17 등)으로 분화됨. Th2 세포는 주로 알레르기와 관련된 면역 반응을 유도
* JAK 억제제(Janus kinase inhibitors): 염증과 가려움증을 유발하는 신호 전달 경로(JAK–STAT pathway)를 차단하는 약물, 현재까지는 Apoquel®(ocacitinib)이 가장 대표적이고 많이 사용

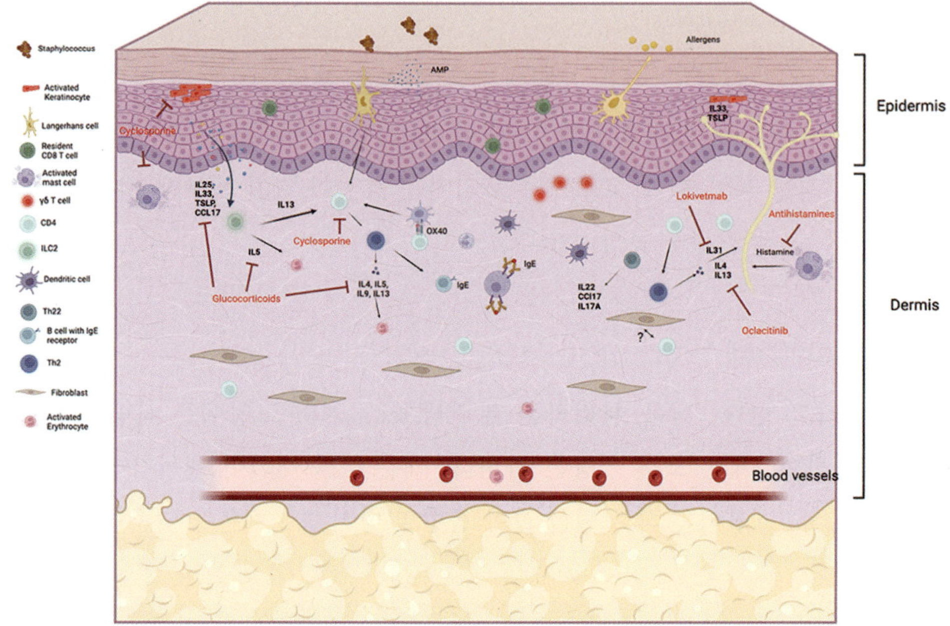

[그림 11-2] 개의 아토피 피부에서의 면역학적 경로와 관련한 치료 방향

피부의 염증에는 여러 세포들이 관여하며, 여기에는 각질형성세포(keratinocytes), 섬유아세포(fibroblasts), 수지상세포(dendritic cells), 비만세포(mast cells), T 림프구 및 B 림프구가 포함된다. 다양한 세포가 여러 종류의 사이토카인과 염증매개물질을 분비하며, 이러한 물질들이 국소 또는 전신 아토피 치료제의 표적이 될 수 있다.

아토피 피부염 + 면역 관련 질환 + 피부장벽의 기능 손상

약어 설명 :

- ILC : 선천 림프구(Innate lymphoid cells)
- IL : 인터루킨(Interleukin)
- AMP : 항균 펩타이드(Antimicrobial peptides)
- TSLP : 흉선 기질 림포포이에틴(Thymic stromal lymphopoietin)
- IgE : 면역글로불린 E(Immunoglobulin E)

출처: Canine Atopic Dermatitis: Prevalence, Impact, and Management Strategies (https://www.dovepress.com/canine-atopic-dermatitis-prevalence-impact-and-management-strategies-peer-reviewed-fulltext-article-VMRR)

2. 피부와 털의 정상 소견 관찰 포인트

개와 고양이의 피부 질환을 조기에 발견하거나 건강 상태를 모니터링하기 위해서는 정상적인 피부와 털 상태를 잘 이해하고 있어야 한다.

1) 털의 상태, 피부의 색, 촉촉함, 탄력성 등

(1) 털의 상태

건강한 반려동물의 털은 윤기 있고 부드러우며, 전신에 균일하게 분포되어 있어야 한다. 털갈이 시기가 아니라면 지나친 털 빠짐(탈모)은 없어야 하며, 털이 엉키거나 뭉침 없이 매끄럽게 빗질이 되는 것이 정상이다. 또한 피부에 비듬이나 딱지가 붙어 있지 않아야 건강한 털과 피부 상태라 볼 수 있다.

(2) 피부의 색

정상적인 피부는 균일하고 자연스러운 분홍빛을 띠거나, 품종에 따라 고유한 색상을 보인다. 피부에 부분적인 붉어짐, 검은 색소 침착, 창백함 등이 나타난다면 병적 상태를 의심해 볼 수 있다. 일정한 색상과 투명한 피붓결은 건강한 피부의 중요한 지표이다.

(3) 촉촉함과 수분 상태

피부는 지나치게 건조하거나 기름지지 않고, 적당한 촉촉함과 유연성이 유지되어야 한다. 각질이 일어나거나 가루처럼 피부가 일어나는 현상은 비정상적 소견으로 간주되며, 알레르기나 피지 이상, 내분비 질환 등의 징후일 수 있다.

(4) 피부의 탄력성

피부를 손으로 살짝 들어 올린 뒤 놓았을 때 즉시 원래대로 돌아오는 피부 탄력성은 수분 상태(수화 상태, hydration)와 피부 건강을 평가하는 중요한 방법이다. 이를 Skin Turgor Test 또는 Skin Tent Test라고 한다. 특히 탈수 상태에서는 피부가 느리게 회복되거나 제자리로 돌아오지 않으며 탄력이 떨어진다. 고양이의 경우 목 뒤나 어깨 부위(견갑부)에서 이 검사를 진행한다.

(5) 기타 부위

귀 안쪽, 복부, 겨드랑이, 입 주변은 털이 얇거나 거의 없는 부위로, 피부 상태를 직접 확인하기에 좋은 영역이다. 이 부위에서 비정상적인 색 변화, 발적, 딱지 또는 수분 불균형을 확인할 수 있으며, 피부 질환의 초기 사인을 파악할 수 있다.

2) 정상 피부와 이상 피부를 구별하는 법

이상 피부는 질환의 첫 징후일 수 있으므로, 정상과의 차이를 빠르게 인식하는 것이 매우 중요하다.

다음은 '비정상적인 피부 소견(병변)'과 구별 포인트이다.

(1) 색 변화

정상 피부는 품종에 따라 다를 수 있지만 균일하고 자연스러운 색상을 띈다. 하지만 이상 피부의 경우에는 다음과 같은 색 변화가 관찰될 수 있다.

홍반(Erythema)은 피부가 붉게 변한 것으로 말하며, 염증 반응을 나타낸다. 발적(Redness, Flare)은 흔히 알레르기나 자극에 의해 유발된다. 피부가 붉어지는 현상 전체를 포괄하는 표현이다. 흑색화(Hyperpimentation)는 반복적인 마찰이나 만성 염증이 피부에 색소 침착을 일으켜 검게 변하는 현상이며, 창백(Pallor)은 피부가 하얗거나 창백하게 보이면 빈혈이나 순환기계 이상이 있을 가능성을 암시한다.

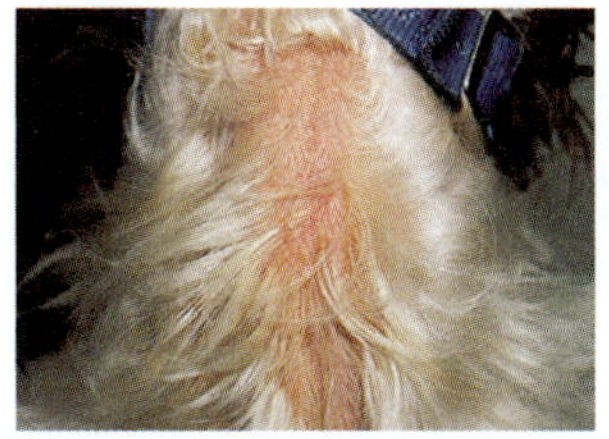

홍반(Erythema)
붉게 변한 피부, 염증의 신호

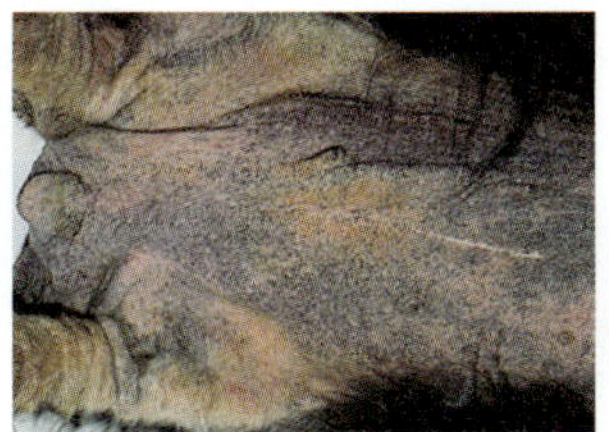

흑색화(Hyperpimentation)
반복적 자극/만성 염증으로 인한 색소 침착

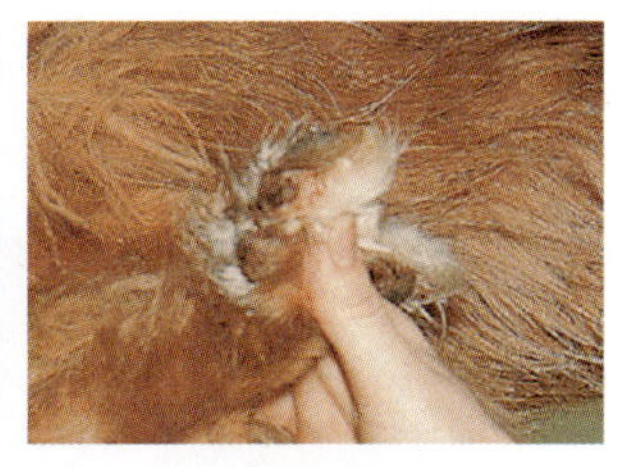

창백(Pallor)
동상으로 인한 창백한 발바닥
빈혈 또는 순환기 이상 의심

[그림 11-3] 피부 표면의 색 변화

출처: Nuttall, T., & McKeever, P. J. (2009). A color handbook of skin diseases of the dog and cat(2nd ed.). Manson Publishing. p.13, 15, 229.

(2) 표면 변화

피부의 외형 변화도 질환 여부를 확인하는 중요한 요소이다. 비정상적인 표면 증상에는 다음이 포함된다.

- 딱지(crust): 혈청, 고름, 혈액 등이 마른 덩어리 형태로 피부에 붙어 있다. 세균 감염이나 상처 치유 과정의 부산물일 수 있다.

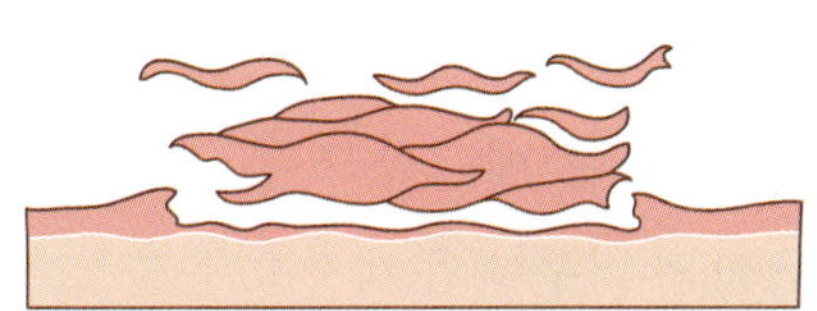

- 비듬, 인설(scale): 피부 표면에 비늘처럼 각질이 일어나며, 이는 표피의 과도한 탈락 또는 피부 질환의 징후이다.

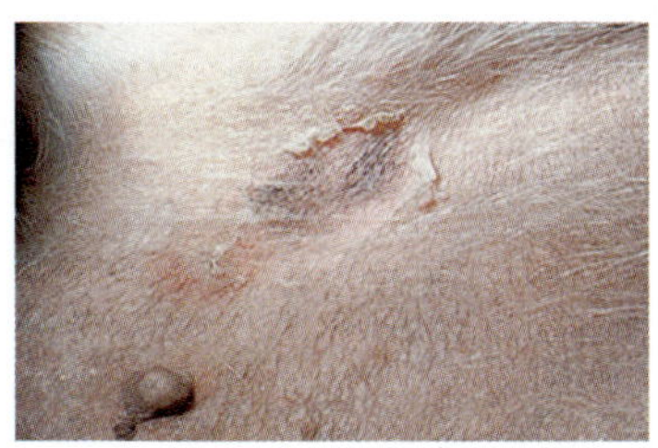

- 미란(erosion): 출혈 없이 표피가 벗겨지면서 흉터 없이 치유되는 경우가 많다.

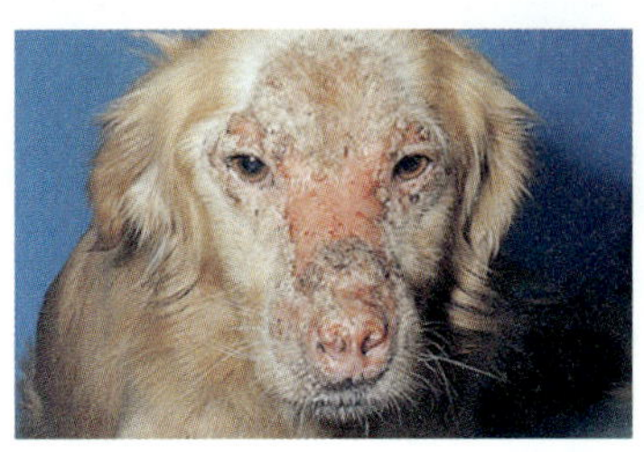
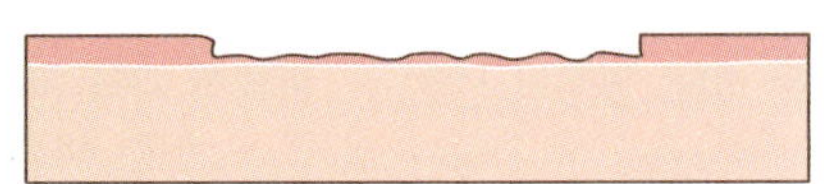

- 궤양(ulcer): 표피뿐만 아니라 진피층이나 피하지방층까지 손상이 진행되어 깊은 상처가 생기고, 치유 후 흉터가 남는다.

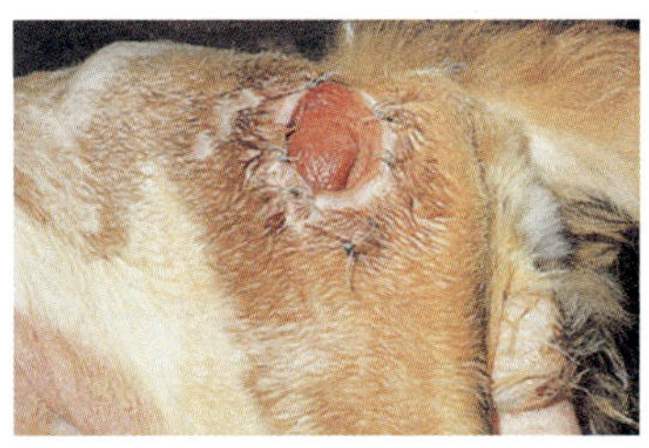

[그림 11-4] 피부 표면의 형태 변화

출처: Nuttall, T., & McKeever, P. J. (2009). A color handbook of skin diseases of the dog and cat(2nd ed.). Manson Publishing. pp.11-14.;

(3) 촉감 및 온도 변화

정상적인 피부는 매끄럽고 부드러우며, 적절한 탄력을 가지고 있지만, 다음과 같은 변화는 피부에 문제가 있음을 암시한다.

- 피부가 지나치게 거칠거나 딱딱하게 변하면 염증이나 비정상적인 조직 형성 의심
- 특정 부위가 열감을 보이는 경우, 국소적인 염증 반응일 수 있음
- 손으로 눌렀을 때 통증 반응이 있는 경우도 주의 깊게 살펴보아야 함

(4) 탈모 및 긁힌 자국

털의 분포와 손상 상태는 피부 질환의 원인 파악에 유용한 단서가 된다.

- 대칭적인 탈모는 호르몬 불균형에 의해 발생할 수 있음
- 불규칙적이고 국소적인 탈모, 피부 벗겨짐, 긁힌 흔적은 알레르기, 기생충 감염, 외상 등의 결과일 수 있음
- 핥거나 긁은 흔적은 반려동물이 불편함을 느끼고 있다는 징후로, 자가 손상이 진행되고 있음을 의미

(5) 냄새 변화

정상적인 피부는 특별한 냄새를 가지지 않지만, 다음과 같은 냄새는 이상 소견일 수 있다.

- 강한 누린내나 쿰쿰한 냄새는 세균 혹은 진균 감염의 가능성 제시
- 피부의 접히는 부분에서 냄새가 나는 경우 습진, 염증 또는 국소 감염 의심

3. 주요 피부 질환의 종류

1) 감염성 피부 질환(Infectious Skin Diseases)

개나 고양이가 피부병으로 동물병원을 찾았을 때, 단순히 증상을 완화시키는 치료만으로는 재발을 막기 어려운 경우가 많다. 특히 세균, 진균, 기생충 등에 의해 발생하는 감염성 피부 질환은 초기 치료로 좋아졌다가도 환경이나 면역 상태에 따라 다시 증상이 나타나는 경우가 빈번하다. 이러한 피부 질환은 알레르기 질환과 함께 혹은 그 후에 2차 감염 형태로 발병하기도 하며, 기생충에 의한 감염성 피부염은 보호자와 사람에게 전염될 가능성도 있기 때문에 각별한

주의가 필요하다.

대표적인 감염성 피부 질환으로는 세균성 피부염, 진균성 피부염, 외부 기생충에 의한 피부염이 있다.

(1) 세균성 피부염(Bacterial Dermatitis)

반려동물의 피부에는 다양한 미생물이 정상적으로 존재하며, 대표적으로 가성포도상구균(*Staphylococcus pseudintermedius*)과 같은 세균이 피부의 각질층이나 모낭 내부에 분포한다. 건강한 피부 상태에서는 문제가 발생하지 않지만, 면역력이 저하되거나 피부 장벽이 손상되면 이러한 상재균이 과증식하여 병적인 세균성 피부염을 유발하게 된다. 반려동물에서 나타나는 세균성 피부 감염은 대부분 원발성이 아닌 속발성으로 발생하며, 내과적 질환이나 외부 자극이 선행되는 경우가 많다.

세균성 피부염은 감염의 깊이에 따라 표피성, 표재성, 심재성 감염으로 나뉘며, 각각의 감염 유형은 원인과 증상이 다르게 나타난다.

표피성 감염은 피부 가장 바깥층에서 발생하며, 가려움증으로 인해 동물이 발톱이나 이빨로 스스로 피부를 손상시킬 때 나타난다. 샤페이, 페르시아고양이 등 피부 주름이 많은 품종에서는 피부가 접히는 부위가 지속적으로 습윤되어 피부 주름 피부염이 유발된다. 이러한 감염은 털을 제거하고 세척 및 건조한 뒤, 자극이 적은 국소 소독제를 사용하여 관리한다. 필요한 경우, 항생제나 가려움증 억제제를 병용하며, 원인을 정확히 파악하고 치료해야 재발을 방지할 수 있다.

표재성 감염은 표피 바로 아래층에서 발생한다. 대표적인 질환으로는 농가진(Impetigo)과 표재성 세균성 모낭염이 있으며, 농가진은 어린 반려동물에게 흔히 나타나며, 털이 적은 부위에 농포를 형성한다. 표재성 모낭염은 둥근 탈모 부위와 각질, 농포가 동반되어 나타난다. 이들 질환은 대부분 기저 원인이 존재하므로 항생제, 살균 샴푸, 국소 외용제를 병용하여 치료하고 근본적인 원인에 대한 대응이 필요하다.

심재성 감염은 진피 및 피하조직 등 피부 깊은 층에 영향을 미치며, 모낭충, 피부사상균, 내분비 질환, 면역 억제 약물 사용 등이 원인이 된다. 대표적인 질환으로는 심재성 세균성 모낭염과 봉와직염(Cellulitis)이 있다. 심재성 모낭염은 모낭 파열로 인한 이물 반응으로, 궤양, 색소 침착, 심한 탈모가 나타난다. 봉와직염은 피부 밑 넓은 부위에 부종이 생기며 육안으로 경계를 명확히 확인하기 어렵다. 혐기성 세균이 관여하는 경우도 있어 항생제 감수성 검사 결과를 바탕으로 적절한 항생제를 선택하고, 필요시 배농을 실시한다.

세균성 피부염의 관리에는 반려동물의 피부 특성에 맞는 제품을 사용하는 것이 중요하다. 사람의 피부 pH와 반려동물의 피부 pH는 다르므로, 사람용 제품을 사용할 경우, 피부 건조나 가려움증이 악화될 수 있다. 반려동물에게 적합한 제품에는 클로르헥시딘(0.5~2%), 과산화벤조일(Benzoyl peroxide), 포비돈 등이 있으며, 피부 상태와 질환 유형에 따라 적절하게 선택하여 사용한다.

결론적으로, 세균성 피부염은 다양한 외부 및 내부 요인에 의해 발생하며, 감염의 깊이와 원인을 파악하여 적절한 진단과 치료를 시행하는 것이 중요하다. 보호자는 이러한 질환의 원인, 증상, 치료 및 관리 방법을 충분히 이해하고 예방 및 조기 대응을 통해 반려동물의 피부 건강을 유지해야 한다.

(2) 진균성 피부염(Fungal Dermatitis)

진균 감염은 반려동물의 피부, 털, 발톱 등에 발생하는 곰팡이성 질환이다. 일부 진균은 사람에게도 전염될 수 있는 인수공통감염병이며, 주요 원인균으로는 *Microsporum* spp., *Trichophyton* spp., *Candida* spp., *Malassezia* spp. 등이 있다.

피부사상균증은 특히 면역력이 저하된 동물과 사람 모두에게 발생할 수 있는 질환이다. 반려동물에서는 *Microsporum canis*에 의한 감염이 흔하게 나타난다. *M. canis*는 상재균이 아니며, 병변에서 검출될 경우에 감염을 의미한다. 해당 진균은 동물 간 직접 접촉뿐만 아니라 오염된 환경을 통해서도 쉽게 전파된다.

피부사상균증의 임상 증상은 링웜으로 알려진 원형 탈모, 각질, 발적 등을 들 수 있다. 병변 부위의 털은 대부분 부러지거나 짧아져 있으며, 심한 가려움으로 인해 2차 피부 손상이 나타나기도 한다. 감염 범위에 따라 국소적 혹은 전신적으로 분류되며, 일부 감염 개체는 무증상 보균 상태일 수 있어 주의가 필요하다.

진단은 병력, 임상 증상, 병변 모양을 바탕으로 우드램프검사, 진균 배양, 현미경검사, 조직병리검사 등을 통해 이루어진다. 우드램프검사는 자외선 조사를 통해 애플그린 형광을 확인하는 방식이며, DTM 배지를 활용한 배양법이나 직접 현미경 관찰 또한 진단에 활용된다.

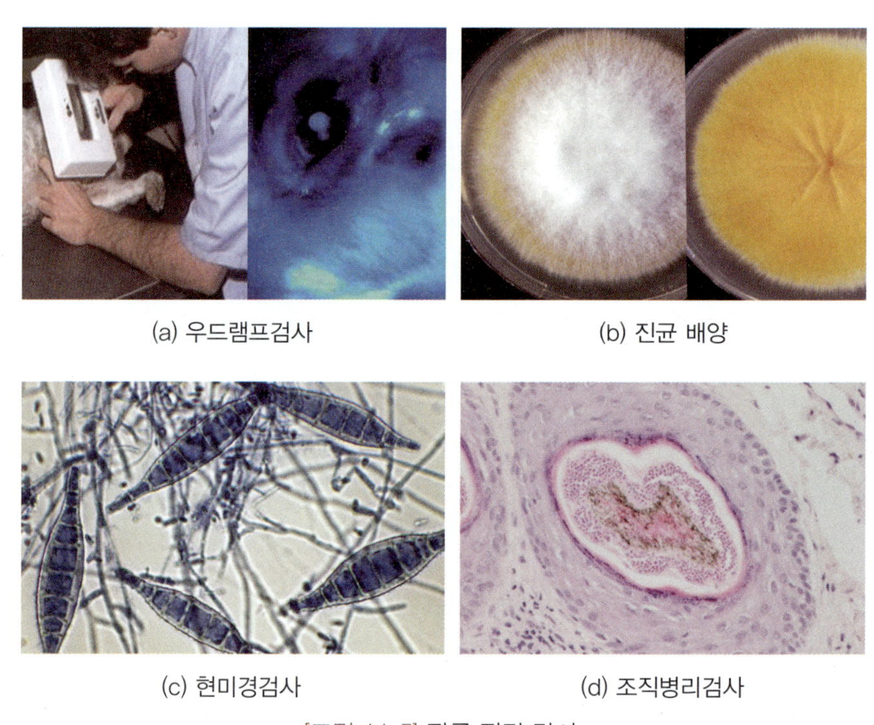

(a) 우드램프검사　(b) 진균 배양

(c) 현미경검사　(d) 조직병리검사

[그림 11-5] 진균 진단 검사

출처: (a) Virbac Dermatology. (2011). Clinical handbook on canine dermatology (3rd ed.). p. 13, 30. Virbac.
(b), (c) The genus *Microsporum* is now restricted to just three species: *M. audouinii*, *M. canis* and *M. ferrugineum*. The remaining geophilic and zoophilic species, previously considered *Microsporum* species, have been transferred to the genera Lophophyton, Nannizzia and Paraphyton (de Hoog et al. 2017).
(d) Histopathology and Histochemistry in Cutaneous Fungal Infections Joonsoo Park, Hyungrok Kim http://dx.doi.org/10.17966/KJMM.2016.21.1.1 Epub 2016 April 07

진균성 피부 질환의 치료는 전염성과 인수공통감염병의 특성을 고려하여 적극적으로 시행하는 것이 권장된다. 병변 부위는 클리핑하여 청결을 유지하고, 항균 샴푸와 함께 이트라코나졸(Itraconazole)과 케토코나졸(Ketoconazole) 등의 전신 항진균제를 병용한다. 치료 중에는 곰팡이 재배양을 통해 경과를 모니터링하며, 일반적인 치료 기간은 4주에서 8주 이상 소요된다.

병원 내 감염 예방을 위해 손 세정, 진료실 소독, 사용 도구의 폐기 등 철저한 위생 관리가 필수적이다.

말라세지아(Malassezia) 피부염은 개와 고양이에서 매우 흔하게 관찰되는 피부 질환이다. *Malassezia*는 정상적으로 피부, 귀, 점막 등에 존재하는 상재 진균이지만, 높은 습도, 내분비 이상, 과민성 반응, 면역 저하 등의 요인에 의해 과증식할 경우에 피부염을 유발한다.

말라세지아 피부염의 주요 증상으로는 소양감, 태선화, 색소 침착, 발적, 비듬, 악취, 삼출물 등이 있으며, 병변은 주로 겨드랑이, 서혜부, 복부, 목 주변 등에 집중된다.

진단은 세포학 검사를 통해 말라세지아(Malassezia)의 과증식 여부를 확인하는 방식으로 이루어진다. 그러나 진균의 단순 검출만으로는 진단이 확정되지 않으며, 반드시 임상 증상과 병력을 함께 고려해야 한다.

경미한 국소 증상은 연고, 크림, 샴푸 등의 외용제를 사용하여 관리할 수 있다. 중증이거나 전신 증상이 동반된 경우에는 항진균 성분이 포함된 약욕(2~3일 간격) 또는 경구용 항진균제를 사용하여 치료한다. 피부 상태에 따라 세균성 감염이 동반될 수 있으므로, 이에 대한 병행 관리가 필요하다.

또한 말라세지아 피부염은 원발성 원인이 존재하는 경우, 만성적으로 재발할 수 있으므로, 기저 질환의 정확한 진단과 치료가 중요하다. 말라세지아 피부염 치료에 사용되는 주요 외용제 성분으로는 클로르헥시딘(2%), 미코나졸, 과산화벤조일 등이 있다.

(3) 기생충성 피부염(Parasitic Dermatitis)

기생충에 의한 피부 질환은 반려동물에게 흔히 발생하는 문제 중 하나이다. 피부에 직접 기생하는 벼룩, 진드기, 옴 등의 외부 기생충은 심한 소양감을 유발하며, 감염 부위에 따라 다양한 형태의 피부 증상을 초래한다. 이러한 감염은 단순한 자극을 넘어 알레르기성 반응이나 2차 감염으로 이어질 수 있으며, 일부는 사람에게도 전염될 수 있기 때문에 각별한 관리가 필요하다.

❶ 모낭충증(Demodicosis)

모낭충은 개의 피부 속 모낭이나 피지선에 기생하는 미세한 기생충이다. 건강한 개의 피부에도 존재하지만, 성장기(생후 4~9개월)나 면역력이 저하된 상황에서는 과도하게 증식하여 피부염을 유발한다. 감염 초기에는 입 주변, 아래턱, 눈 주위, 앞다리 등에서 탈모가 시작되며, 점차 허리, 등, 다리까지 병변이 확장될 수 있다.

피부에는 붉은 구진과 농포가 형성되며, 림프절 종대 등의 2차 증상이 동반될 수 있다. 진단은 피부 스크래핑 검사나 생검을 통해 과증식된 모낭충을 확인함으로써 이루어진다. 기저질환이 함께 존재할 경우에는 내과적인 추가 검사가 필요하며, 치료에는 아미트라즈(Amitraz), 이버멕틴(Ivermectin), 플루랄라너(Fluralaner) 등의 약제가 사용된다.

❷ 옴 진드기 감염(Scabies)

옴 진드기 감염은 *Sarcoptes scabiei*라는 기생충에 의해 발생하는 피부 질환이다. 이 진드기는 피부 속으로 파고들어 매우 강한 소양감과 염증 반응을 유발하며, 귀 끝, 몸통 등에서 각질, 탈모, 발적 등의 증상이 나타난다. 접촉을 통해 쉽게 전염되므로, 여러 마리의 반려동물이 함께 생활하는 환경에서는 감염이 빠르게 확산될 수 있다.

사람에게도 감염될 수 있으며, 감염 시 동물과 유사한 형태의 피부 증상이 발생한다. 진단은 피부 스크래핑 검사를 통해 이루어지며, 현미경을 통해 진드기의 존재를 확인한다. 치료는 아미트라즈, 이버멕틴 등의 기생충 치료제를 사용하며, 동시에 반려동물이 생활하는 환경 전체에 대한 철저한 구제 및 소독이 필요하다.

감염 부위가 넓거나 피부 상태가 심한 경우에는 약용 샴푸를 활용한 관리가 도움이 된다. 피부 전체에 물을 적신 후, 약용 샴푸를 고르게 도포하고 약 10분간 마사지를 유지하여 약 성분이 충분히 작용하도록 한다. 오염이 심한 경우에는 일반 샴푸로 먼저 세정한 뒤에 약용 샴푸를 사용하는 것이 효과적이며, 치료 후에는 피부를 충분히 헹구고 건조시켜야 진드기의 서식을 억제할 수 있다. 감염 부위가 국소적인 경우에는 해당 부위에만 샴푸를 적용할 수 있으며, 피부 상태에 따라 3~7일 간격으로 반복적인 약욕이 권장된다. 습한 환경은 진드기 번식에 유리하므로, 치료 후 피부를 충분히 건조시키는 것이 치료 효과를 높이는 데 중요하다.

❸ 벼룩 감염

벼룩에 의한 피부염은 벼룩의 흡혈로 인한 물리적 자극으로 국소 염증, 발적, 탈모 등의 증상을 유발하며, 기생충성 피부염으로 분류된다. 벼룩 자체가 피부 병변을 일으키는 경우 외에도, 벼룩의 타액 성분(특히 단백질)이 피부에 자극을 주거나 알레르기 반응을 유도하여 벼룩 알레르기성 피부염으로 발전할 수 있다.

대표적인 원인 벼룩으로는 고양이벼룩(*Ctenocephalides felis*)과 닭벼룩(착붙벼룩, *Echidnophaga gallinacea*)이 있으며, 귀 뒤쪽, 옆구리, 꼬리 근처에서 탈모와 발진이 함께 나타난다. 강한 소양감으로 인해 반려동물은 지속적으로 긁거나 핥는 행동을 보이며, 이로 인해 피부가 손상되고 세균이 침투하여 2차 감염으로 이어질 수 있다.

벼룩은 육안으로 관찰 가능한 경우도 있으며, 현미경을 통해 보다 정확하게 확인할 수 있다. 치료는 벼룩 자체를 제거하는 것뿐만 아니라, 카펫, 침구류, 생활 공간 전반에 걸쳐 구제를 시행해야 한다. 벼룩은 사람의 피부에도 영향을 줄 수 있으므로, 환경 위생 관리가 매우 중요하다.

2) 알레르기성 피부 질환(Allergic Skin Diseases)

반려동물이 피부 질환으로 동물병원을 방문하여 치료를 받으면 일시적으로 증상이 호전되지만, 시간이 지나면서 재발하는 경우가 많다. 이러한 반복적인 피부병의 원인은 대부분 기저질환 때문이다. 기저질환이란 피부병을 유발하는 근본적인 질병을 의미하며, 이를 치료하거나 관리하지 않으면 피부병은 지속적으로 재발하게 된다.

대표적인 피부병의 기저질환으로는 아토피성 피부염과 식이 알레르기가 있다. 두 질환은 유사한 임상 증상을 보이기 때문에 구분이 어렵다. 특히 아토피성 피부염 환자의 약 30%는 식이 알레르기를 동시에 가지고 있다는 보고도 있어, 정확한 감별이 더욱 중요하다. 이러한 감별이 이루어지지 않으면 적절한 치료가 어려워지고, 지속적인 가려움증으로 인해 반려동물뿐만 아니라 보호자의

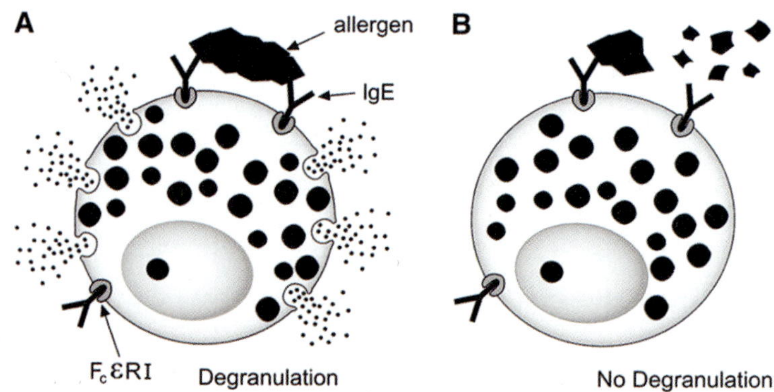

(A) 비만세포는 고친화성 IgE 수용체(FcεRI)에 IgE가 결합함으로써 감작된다. 알레르겐이 IgE에 결합하면 FcεRI 분자들이 교차결합(cross-linking)되어, 히스타민, 프로스타글란딘, 효소, 사이토카인 등 이미 형성된 매개물질과 새로 합성된 매개물질의 방출을 유도한다.

(B) 알레르기 유발 단백질이 충분히 가수분해된 경우에는 교차결합이 일어나지 않으며, 비만세포는 탈과립(degranulation)을 하지 않는다. 이는 일부 단백질 조각이 IgE에 결합할 수 있는 능력을 유지하더라도 마찬가지이다.

[그림 11-6] 비만세포(mast cell) 활성화의 조건

출처: Cave, N. J., BVSc, MVSc, MACVSc. (2006). Hydrolyzed protein diets for dogs and cats. Veterinary Clinics of North America: Small Animal Practice, 36, 1251-1268.

삶의 질도 저하된다. 따라서 보호자의 세심한 관찰과 협력을 바탕으로 수의사의 정밀한 검사를 통해 정확한 진단과 감별이 반드시 필요하다.

(1) 아토피성 피부염(Atopic Dermatitis)

아토피성 피부염은 환경 중 항원에 노출되었을 때 과도한 면역 반응이 유발되어 발생하는 만성 피부 질환이다. 아토피를 가진 개체는 꽃가루, 집먼지진드기, 곰팡이 포자 등 일반적으로 무해한 물질에 노출되었을 때, 면역글로불린 E(IgE)가 과다 생성되며, 이 IgE가 피부에 결합하여 염증 매개 사이토카인이 대량 분비된다. 그 결과, 혈관 확장, 부종, 발진, 심한 소양감이 유발된다.

임상적으로는 얼굴, 앞발, 뒷발, 사타구니, 귀 주변 등에 국한된 소양감과 발적, 태선화가 관찰되며, 양측 외이염, 재발성 모낭염, 농피증, 말라세지아(Malassezia) 피부염 등이 동반될 수 있다. 아토피는 생후 6개월에서 3세 사이에 처음 발병하는 경우가 약 75%이며, 셔틀랜드 쉽독, 골든 리트리버 등 유전적 소인이 있는 품종에서 발생률이 높다.

아토피의 진단은 단순한 가려움증이나 피부 증상만으로는 확정적인 진단을 내릴 수 없기 때문에, 진단에 앞서 세균 감염, 기생충 감염, 내과적 질환 등 다른 가능한 원인을 먼저 배제하는 것이 필수적이다. 이러한 배제 진단 과정을 거친 후에는 혈청 IgE 검사, 피내자극시험(IDST), 조직병리검사 등의 보조적인 진단 방법을 활용하여 아토피 피부염의 가능성을 평가하게 된다.

진단을 보다 체계적으로 접근하기 위해 사용되는 것이 '윌렘서(Willemse) 기준'이다. 이 기준은 임상적으로 아토피 피부염을 의심할 수 있는 지표를 주요 항목과 부가 항목으로 나누어 제시한다. 주요 항목은 총 4가지로 구성되며, 이 중 세 가지 이상을 만족할 경우, 아토피 피부염에 근접한 진단이 가능하다고 본다.

주요 항목에는 ① 생후 3개월에서 6세 사이의 발병, ② 특정 부위에 반복적으로 나타나는 가려움증, ③ 스테로이드에 반응하는 피부염, ④ 양측성 대칭 병변이 포함된다. 부가 항목은 총 8가지로 구성되며, 이 중 3가지 이상을 만족할 경우 진단의 신뢰도를 높일 수 있다. 부가 항목에는 ① 만성 또는 재발성 외이염, ② 만성 발바닥염, ③ 눈 주위의 피부염, ④ 앞발을 과도하게 핥는 행동, ⑤ 피부 감염의 반복, ⑥ 계절성 악화, ⑦ 음식물 알레르기와의 연관성, ⑧ 가족력 또는 품종 특이성이 포함된다.

윌렘서 기준은 아토피 피부염의 진단을 위한 임상적 판단을 돕는 유용한 도구이다. 단독으로 확정 진단을 내리기보다는 보조 검사와 병행하여 사용하는 것이 바람직하며, 이를 통해 보다 정확하고 신뢰성 있는 진단이 가능하다. 또한 적절한 치료 계획을 수립하는 데에도 큰 도움이 된다.

아토피성 피부염은 완치가 어려운 질환으로, 증상 관리에 중점을 두어야 한다. 일반적으로 스테로이드를 사용하여 소양감을 조절하며, 항히스타민제, 오메가-3 및 오메가-6 지방산 등의 보충제를 병용한다. 세균성 2차 감염이 동반된 경우에는 *Staphylococcus pseudointermedius* 특이 항원 반응을 고려하여 적절한 항생제를 선택하여 투여한다.

외용 요법으로는 클로르헥시딘, 셀레늄 설파이드 성분의 샴푸를 주기적으로 사용하되, 과도한 샴푸는 피부 건조를 유발할 수 있으므로 보습제(프로필렌글리콜, 글리세린 등)나 린스를 병행하는 것이 권장된다.

면역요법은 알레르기 항원을 소량부터 점진적으로 투여하여 면역 관용을 유도하는 방법으로, 약물 사용량을 줄이고 증상 발현 빈도를 낮추는 데 도움이 된다. 다만, 반응이 늦게 나타나거나 일부 개체에서는 효과가 미미할 수 있으므로, 치료 전 보호자에게 충분한 설명과 동의를 받는 것이 중요하다.

소양감으로 인한 반복적인 긁기 행동은 강박적 습관으로 발전하여 만성 상처 및 행동 문제를 유발할 수 있으므로, 필요시 행동학적 접근과 약리학적 치료를 병행해야 한다.

아토피 관리의 핵심은 환경 항원의 회피, 꾸준한 약물 및 외용제 사용, 피부 보습 유지, 정기적인 진료 및 보호자와의 지속적인 소통이다. 보호자는 아토피가 평생 관리가 필요한 만성 질환임을 인지하고, 적극적인 관리와 생활환경 개선을 통해 반려동물의 삶의 질을 향상시켜야 한다.

(2) 식이 알레르기(Food Allergy)

식이 알레르기는 개나 고양이에게 음식 속 성분이 원인이 되어 면역 반응이 과도하게 일어나는 상태이다. 음식 알레르기와 아토피는 본질적으로 과민 반응을 일으킨다는 점에서 같은 기전을 공유하지만, 그 원인이 특정 식이 성분이라는 점이 다르다.

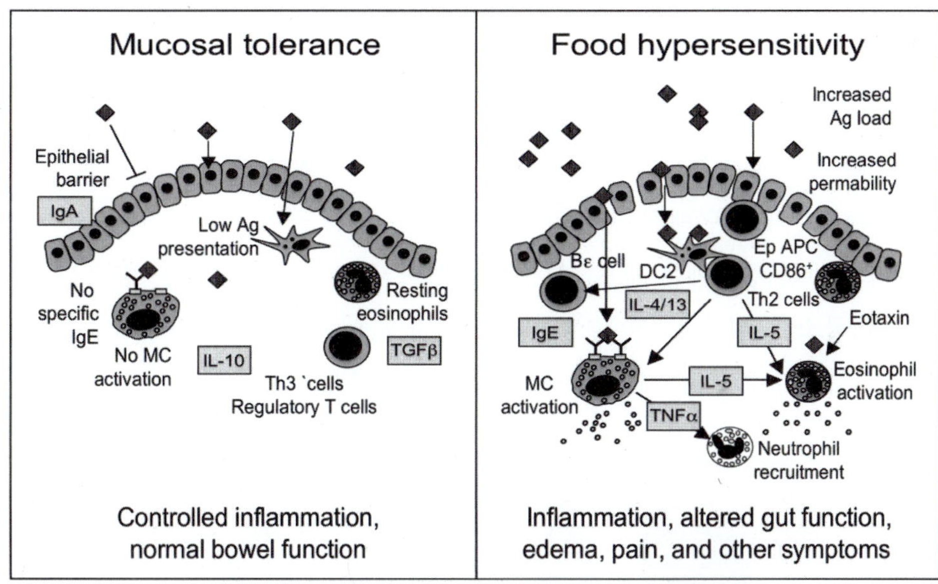

[그림 11-7] 위장관에서 발생하는 식이 알레르기 모식도

출처: Bischoff, S. C., & Crowe, S. E. (2005). Gastrointestinal food allergy: New insights into pathophysiology and clinical perspectives. Gastroenterology, 128(4), 1089-1113. (https://www.gastrojournal.org/article/S0016-5085(04)01405-2/fulltext)

주된 알레르기 항원은 단백질이며, 소고기 · 닭고기 · 우유 · 계란 외에도 탄수화물이나 식품첨가제가 문제를 일으키는 경우가 있다. 음식 알레르기는 전 연령에서 발생하지만, 1세 이하에서 처음 증상이 나타나는 비율이 높고, 8세 이상

에서 새롭게 발병하면 아토피보다는 식이 알레르기를 의심하게 된다. 특정 품종의 호발성은 명확히 알려져 있지 않다.

임상 증상으로는 계절과 무관하게 귀, 안면, 사타구니, 전신에서의 가려움증 반복, 발진 · 탈모 · 태선화 같은 피부 병변이 동반된다. 항문 주변 긁기나 외이염이 자주 관찰되고, 구토 · 설사 · 장운동 이상(꼬르륵 소리)이 함께 나타날 수 있다.

진단은 혈청화학 IgE 검사나 피내자극시험(IDST)을 보조적으로 활용하지만, 확실한 진단 수단은 제거식(Elimination diet)이다. 검사 기간 동안은 조제한 단일 단백질 · 단일 탄수화물 식단을 사용하며, 식단을 만들기 어려울 경우에는 8,000~12,000 Dalton 이하로 가수분해된 사료를 급여한다. 검사 중에는 간식 · 보조제 · 기존 사료를 금지해야 하며, 50% 이상 증상이 호전되면 음식 알레르기를 강하게 의심한다. 이후 의심 원료를 하나씩 재도전해 알러젠을 확인한다.

치료와 관리는 완치보다는 증상 관리에 초점을 맞춘다. 확인된 알러젠은 영구 배제하고, 대체 단백질 · 탄수화물을 이용해 영양 균형을 유지한다. 소화기 증상이 동반된 경우에는 구토 · 설사를 조절하고, 피부 가려움에는 항염 · 항소양 처치(국소제, 샴푸 등)를 병행한다. 보호자에게는 식이제한검사 기간 중 다른 음식 섭취가 검사 결과를 무효화할 수 있음을 충분히 교육해야 한다.

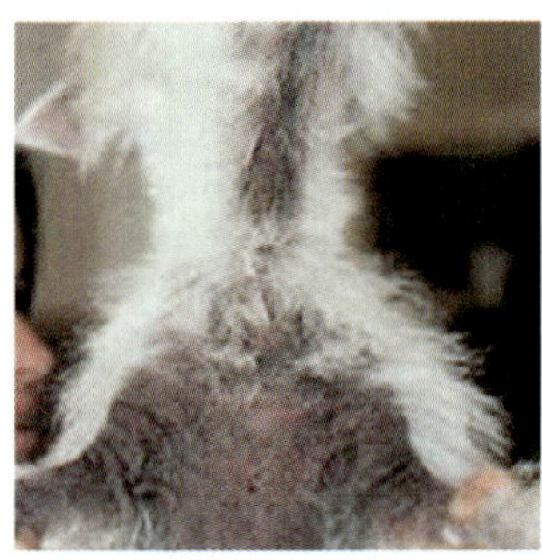
식이 알레르기가 일어난 개

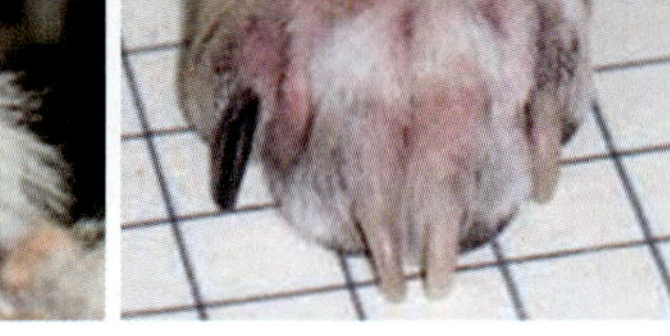
제거식 전

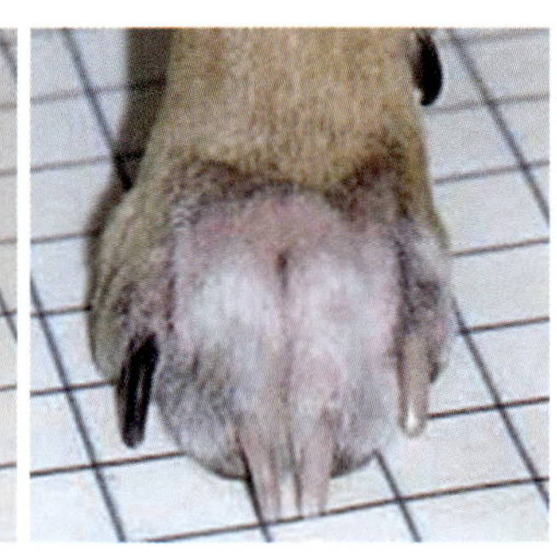
제거식 적용 7주 후

[그림 11-8] 식이 알레르기와 제거식 전후 사진

출처: Virbac Dermatology. (2011). Clinical handbook on canine dermatology (3rd ed.). pp.114-115. Virbac Animal Health. (www.virbacderm.com Third Edition © 2011)

(3) 벼룩 알레르기성 피부염(Flea Allergy Dermatitis; FAD)

벼룩이 흡혈할 때 침 속 단백질에 대한 피부 과민 반응으로 인한 피부염을 말한다. 주로, 개는 등과 허리, 꼬리, 뒷다리 부위 집중적인 가려움과 탈모, 피부병변을 보이며, 고양이의 경우에는 목, 머리, 등에 피부 병변이 생기며, 과도한 그루밍으로 털이 빠지기도 한다. 벼룩 수는 적어도 알레르기 반응은 심하게 나타나므로, 완전한 벼룩 퇴치가 필수이다.

3) 비감염성 피부 질환 및 기타(Non-infectious & Miscellaneous)

개와 고양이에게 발생하는 피부 질환 중에는 감염성 원인이 아닌 다양한 비감염성 요인이나 기타 병변으로 발생하는 사례도 많다. 이러한 질환은 호르몬 불균형, 자가면역 이상, 세포 성장 이상, 유전적 원인, 행동 요인 등 복합적인 원인으로 나타나며, 감염성 피부염과 증상이 유사해 구분이 필요하다. 특히 만성적으로 나타나는 경우가 많아, 정확한 진단과 장기적 관리가 치료의 핵심이다. 대표적인 질환 유형으로는 호르몬성 피부 질환, 자가면역성 질환, 피부 종양 및 각화 이상증, 자극성 피부염, 지루성 피부염, 행동성 탈모 등이 있다. 비감염성 피부 질환은 감염과 달리 장기적 관찰과 꾸준한 관리가 중요하며, 경우에 따라 내과적 진단이나 행동상담이 병행되어야 한다. 보호자의 세심한 관찰과 수의사의 정확한 감별 진단이 이루어질 때, 동물의 삶의 질과 건강을 지킬 수 있다.

(1) 호르몬성 탈모

내분비계 이상과 직접적으로 연관된 피부 증상으로, 대표적인 질환은 갑상선 기능 저하증(Hypothyroidism)과 쿠싱증후군(Cushing's Syndrome)이다. 갑상선 기능 저하증은 갑상선 호르몬이 부족해지면서 털 성장 주기에 영향을 미쳐 대칭성 탈모, 피부 건조, 체중 증가, 무기력감 등의 증상을 유발한다. 반면, 쿠싱증후군은 부신피질 호르몬이 과도하게 분비되면서 대칭성 탈모, 얇은 피부, 복부 비대, 식욕 증가와 같은 변화가 발생한다. 두 질환 모두 피부 증상 외에도 전신 상태에 영향을 미치므로 내과적 접근이 필수적이다.

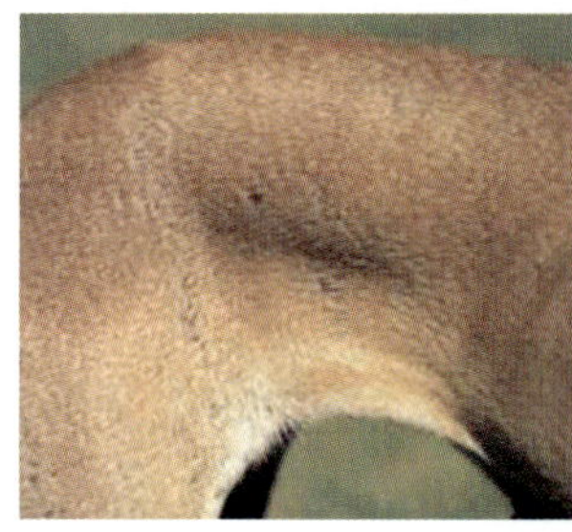

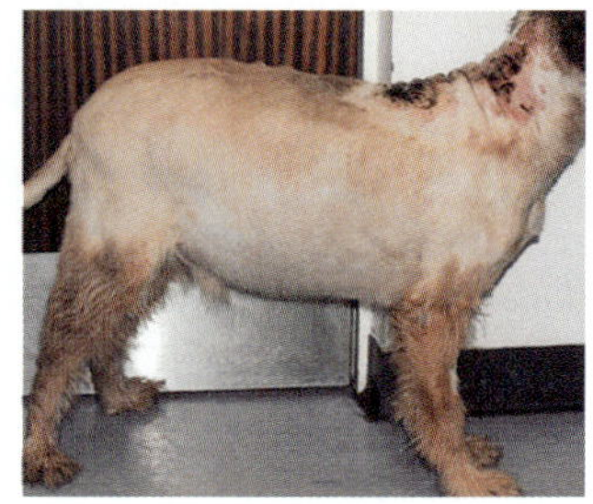

갑상선 기능 저하증 [Hypothyroidism(하이포사이로이디즘)]

쿠싱 증후군 (Cushing's Syndrome)

[그림 11-9] 호르몬성 탈모

출처: 갑상선 기능 저하증: Virbac Dermatology. (2011). Clinical handbook on canine dermatology (3rd ed.). p. 148, 234. Virbac.
쿠싱 증후군: Nuttall, T., & McKeever, P. J. (2009). A color handbook of skin diseases of the dog and cat(2nd ed.). Manson Publishing. p.237.

(2) 자가면역 질환

자가면역 피부 질환은 체내 면역 체계가 자신의 피부 세포를 공격함으로써

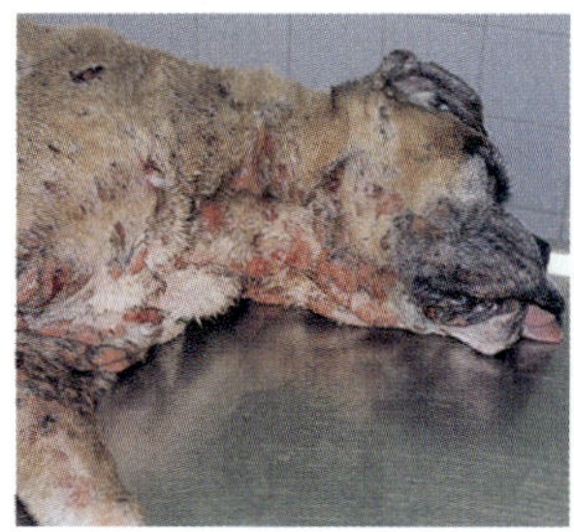
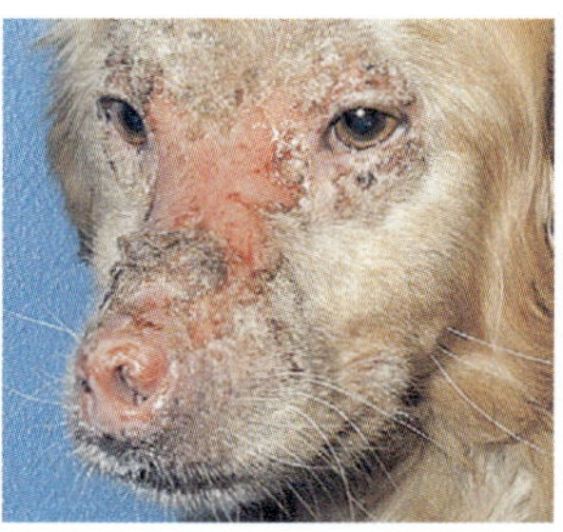
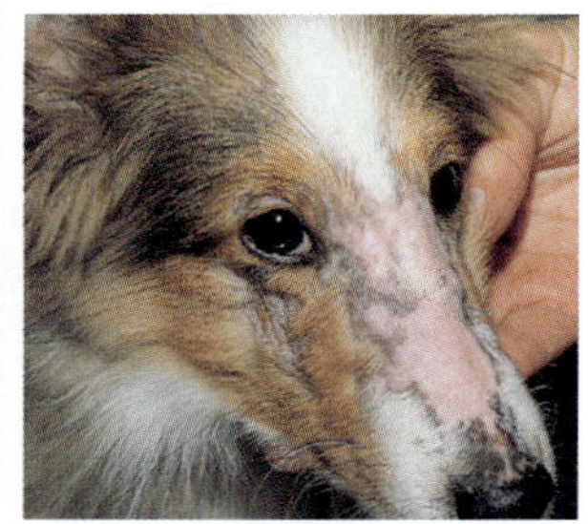

천포창 [Pemphigus (펨피구스)]

루푸스 [Lupus erythematosus (루푸스 에리테마토서스)]

원형탈모증 [Alopecia areata (알로페이사 아레아타)]

[그림 11-10] 자가면역 질환

출처: Nuttall, T., & McKeever, P. J. (2009). A color handbook of skin diseases of the dog and cat(2nd ed.). Manson Publishing. p.115, 109, 283.

발생한다. 대표적으로 천포창, 루푸스, 원형 탈모증 등이 있으며, 물집, 궤양, 딱지, 탈모, 색소 이상과 같은 다양한 피부 변화가 나타난다. 이러한 질환은 조직 생검이나 면역 염색과 같은 전문적인 진단 과정이 필요하며, 치료 역시 면역조절제를 포함한 복합적 접근이 요구된다.

(3) 피부 종양, 각화 이상 등

피부 종양 및 각질화 이상증(Keratinization Defect, Seborrhea)도 중요한 기타 피부 문제이다. 피부 종양은 지방종(Lipoma), 피지선종(Sebaceous Adenoma) 등 양성에서부터 편평상피세포암(squamous cell carcinoma), 멜라노마(Melanoma) 같은 악성까지 폭넓게 나타나며, 피부에 혹이 만져지거나 궤양화, 출혈, 빠른 성장 등의 변화가 있다면 반드시 정밀 진단이 필요하다. 단순하게 생긴 모양과 촉감만으로 진단을 내리는 것은 위험하다.

각화 이상은 피부 각질이 과도하게 형성되거나 피지 분비 이상으로 발생하며, 기름진 피부, 비듬, 냄새 등의 증상이 흔하고, 유전적 요인 외에 알레르기나 내분비 질환의 이차적 결과로 나타날 수 있다.

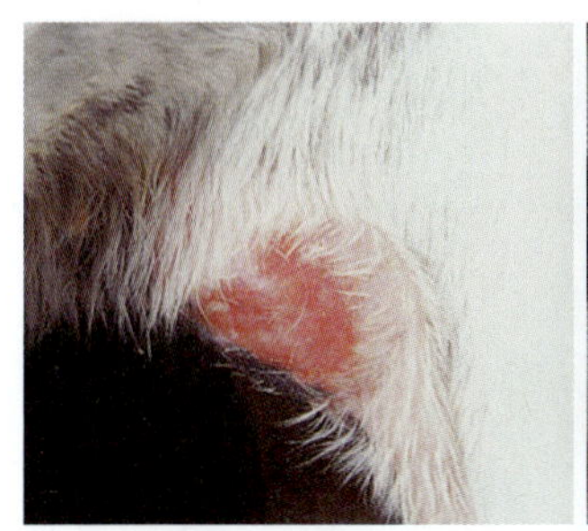

개의 대퇴전부 피부 주름에 발생한 편평세포암종 (squamous cell carcinoma)

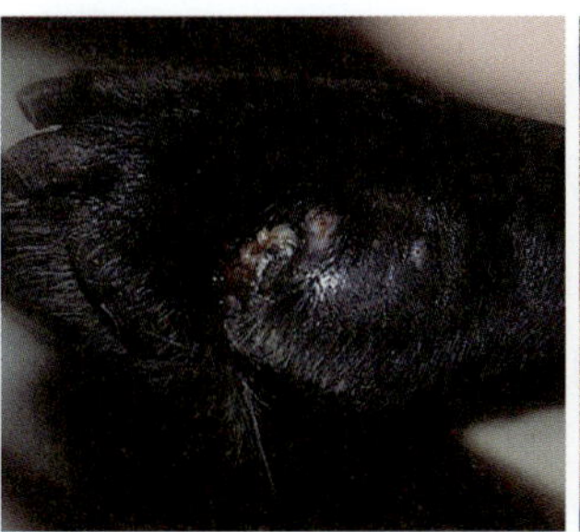

개의 발에 생긴 흑색종 (Melanoma)

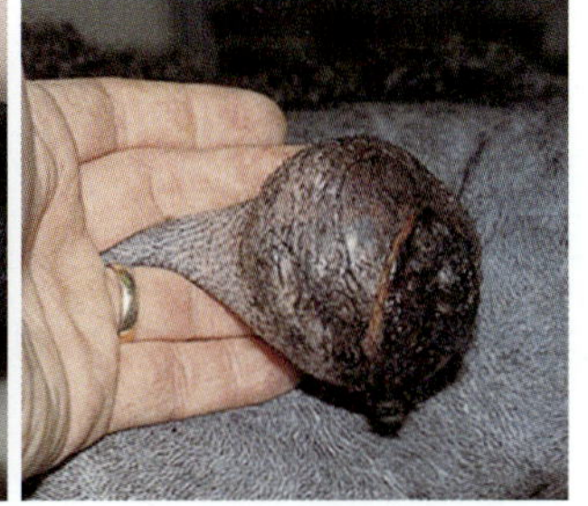

개의 옆구리에 생긴 지방종 (lipoma)

[그림 11-11] 피부 종양, 각질화 이상

출처: Virbac Dermatology. (2011). Clinical handbook on canine dermatology (3rd ed.). p. 137, 189. Virbac.

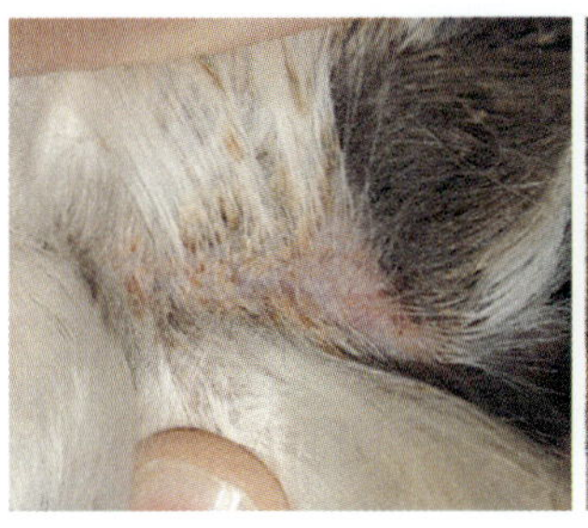
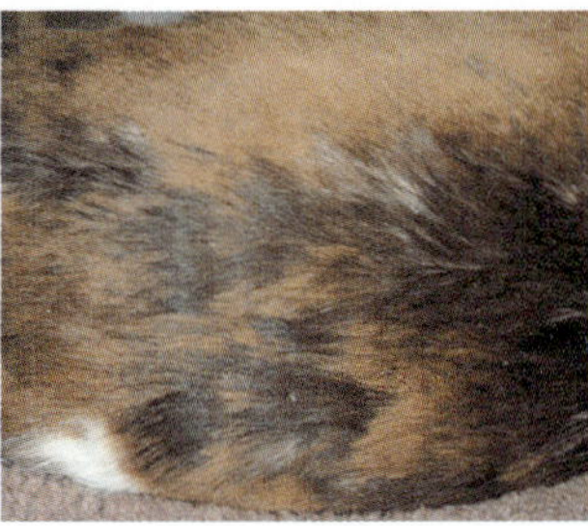
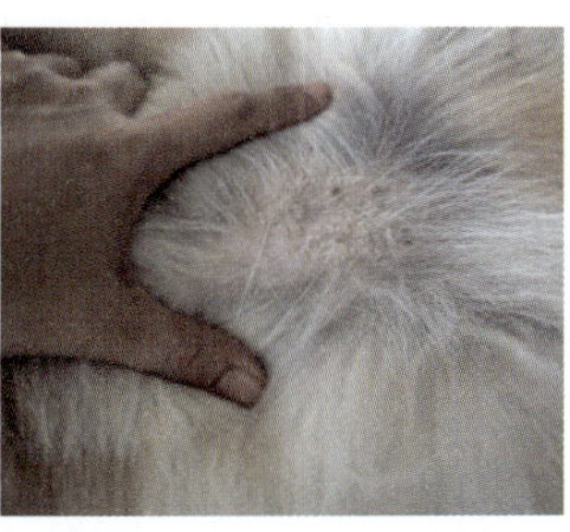

Keratinization Defect(케라티니제이션 디펙트) Seborrhea(세보리아, 지루증)

[그림 11-12] 피부 종양, 각질화 이상
개의 건조하거나 기름진 각질성 피부에서 보임

출처: Nuttall, T., & McKeever, P. J. (2009). A color handbook of skin diseases of the dog and cat(2nd ed.). Manson Publishing. p.11, 79. (https://www.whole-dog-journal.com/health/seborrhea-in-dogs/)

(4) 자극성 피부염

자극성 피부염은 샴푸, 세정제, 화학물질 등의 접촉이나 햇빛, 과도한 그루밍 등에 의해 유발되며, 피부가 붉어지고 따갑고, 가려움이 발생할 수 있다. 특히 민감한 피부를 가진 동물에서는 적은 양의 자극에도 심한 반응을 보일 수 있다.

(5) 지루성 피부염(Seborrheic Dermatitis)

지루증은 피부 상태, 지루성 피부염은 피부 질환이다. 지루증이 반드시 피부염으로 발전하는 건 아니지만, 방치하거나 자극이 지속되면 지루성 피부염으로 이어질 수 있다.

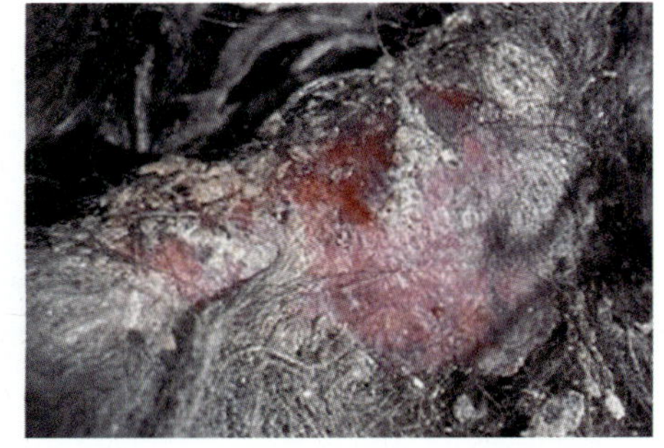

[그림 11-13] 지루성 피부염
꼬리샘의 염증과 지루성 피부염이 있는 고안드로겐증(Hyperandrogenism)이 있는 개

출처: Nuttall, T., & McKeever, P. J. (2009). A color handbook of skin diseases of the dog and cat(2nd ed.). Manson Publishing. p.247.

피부의 피지 분비 이상에 의해 발생하며, 기름진 피부이거나 피부가 건조해져서 비듬이 많아지며, 냄새, 탈모가 특징이다. 개나 고양이의 몸을 쓰다듬었을 때, 손에 기름기가 느껴지는 경우가 많고, 피부가 접히는 부분에 특히 피부가 딱딱하다든지 탈모가 심하게 보인다. 건성지루와 유성지루로 나눌 수 있는데, 건성지루는 피지 분비량은 많지만, 건조된 피지로 인해 보습력이 부족하여 마른 비듬이 특징이고, 유성지루는 피지가 기름지고 점도가 높아서 기름진 비듬이 특징이다. 유전적 요인이 크게 작용하며, 특정 품종에서 더 자주 발생하는 것으로 알려져 있다. 고양이는 페르시안 등, 개는 시츄, 코커스패니얼 등 에서 자주 나타난다.

(6) 심인성 탈모(Psychogenic Alopecia)

주로 고양이에게서 관찰되는 심인성 탈모(정신성 탈모)는 스트레스, 불안, 환경 변화 등에 의해 나타나는 탈모로, 과도한 그루밍이나 핥기 행동이 원인이 된다. 이런 경우에는 피부 자체의 질환이 아닌 심리적인 요인이 중심이므로 행동상담과 환경 개선이 함께 이루어져야 한다.

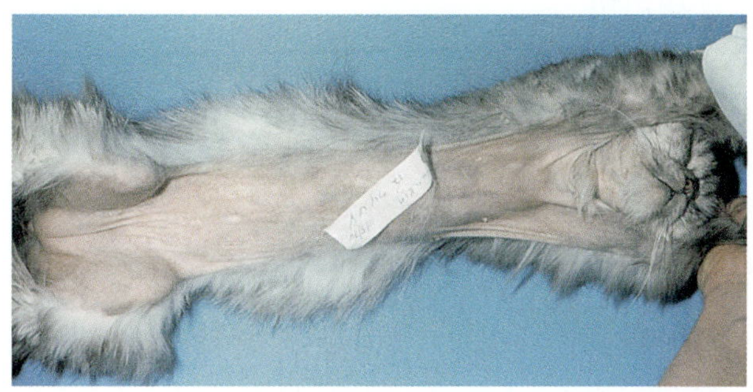

[그림 11-14] 정신적 탈모

페르시아고양이의 복부 표면에 나타난 광범위하고 대칭적인 탈모

출처: Nuttall, T., & McKeever, P. J. (2009). A color handbook of skin diseases of the dog and cat(2nd ed.). Manson Publishing. p.67.

제 12 장

특수감각계

Ⅰ. 눈(Eye)

학 · 습 · 목 · 표

1. 눈의 해부 및 생리에 대해 이해하고, 임상에 응용한다.
2. 주요 눈 질환에 대해 이해하고 진단 검사 방법을 학습한다.
3. 눈 관련 환자 치료 및 간호 방법에 대해 이해하고 임상에 적용한다.

1. 눈(Eye)의 해부생리학

눈은 주변 사물을 투사하여 뇌로 보내는 신체기관이다. 이를 통해 각각의 눈은 들어오는 빛의 양을 일정하게 조절하고 가깝고 먼 곳에 있는 물체에 초점을 맞추고 뇌에 신호를 전달하여 연속적인 영상을 생성하게 된다. 개의 눈을 포함한 동물의 눈은 사람의 눈과 동일한 시각을 담당하며 반사판이 있고, 일부 구조적 차이가 있을 뿐 대부분은 거의 비슷하다.

1) 눈의 내부 구조 및 기능

사람과 동일하게 구형의 안구가 안와에 들어 있는 구조이다. 안와란 안구를 포함하는 머리뼈의 빈 공간으로, 안와의 안쪽에 눈과 부속물이 위치해 있다. 안구의 겉을 이루는 막은 세 개의 층으로 구성된다, 외막은 공막이라고 하며, 상대적으로 단단한 눈의 바깥층을 의미한다. 특히 안구의 앞쪽에 위치한 외막은 각막이라고 하여 공막과 구분하여 지칭한다. 이러한 각막은 눈의 전면을 보호하는 역할을 한다. 중간에는 색소를 함유하고 있어 암막 커튼과 같은 역할을 하는 맥락막이 위치하고, 안구 가장 뒤쪽으로 망막이 위치하여 이곳에서 빛을 감지하게 된다. 망막에는 빛을 감지하는 세포인 광수용체가 있고, 각각의 광수용체는 신경섬유에 부착되어 있다. 모든 신경 섬유는 시신경(을 형성하기 위해 함께 뭉쳐져 있으며, 망막의 광수용체(photoreceptor)는 이미지를 전기 자극으로 변환하고, 이 자극은 시신경(optic nerve)에 의해 뇌로 전달되는 구조를 가지고 있다.

안구의 내부에는 유리체라는 투명한 젤 형태의 물질로 완전히 차 있어 안구의 형태를 구형으로 유지할 수 있다. 안구의 전면부에는 렌즈 역할을 하는 수정체, 안구 내로 유입되는 빛의 양을 조절하는 홍채가 존재한다. 수정체는 망막에 빛을 집중시키기 위해 모양을 변경하며, 모양체 근육이 수축하면 수정체가 두꺼워져 가까운 물체에 초점을 맞출 수 있고 모양체 근육이 이완되어 수정체가

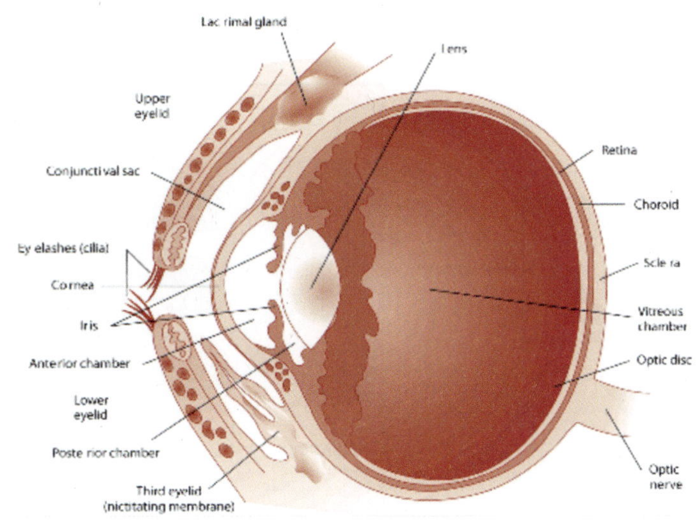

[그림 12-1] 눈의 내부 구조

출처: https://www.merckvetmanual.com/dog-owners/eye-disorders-of-dogs/eye-structure-and-function-in-dogs

멀리 있는 물체에 초점을 맞출 때 더 얇아진다. 홍채가 둘러싸고 있는 눈동자를 동공이라고 하며, 동공은 투명한 막이지만 검거나 어둡게 보이는 이유는 맥락막에 의해 눈 내부가 암실의 구조를 가지고 있기 때문이다.

2) 눈의 외부 구조 및 기능

안구의 바깥쪽에는 윗 눈꺼풀과 아래 눈꺼풀이 위치하며, 이러한 얇은 피부 주름은 반사적으로 눈을 깜빡이면서 눈을 보호한다. 눈을 깜빡이면 눈 표면에 눈물이 퍼져 촉촉함을 유지하고, 작은 이물질 등의 입자를 제거하는 데 도움이 된다. 개와 고양이의 눈은 사람과 동일한 눈꺼풀뿐만 아니라 제3안검(nictitating menbrane)이라고 불리는 막에 의해 추가로 보호된다. 전체 눈물의 약 50%를 생산하며, 이물질을 닦아내거나 각막을 보호하는 역할을 수행하며, 평소에는 보이지 않는 것이 정상이다.

눈이 제대로 기능하려면 촉촉한 상태를 유지해야 하며, 이를 위해 눈물이 필요하다. 눈물은 물, 기름, 점액으로 구성되어 있으며, 눈물샘(lacrimal glands)은

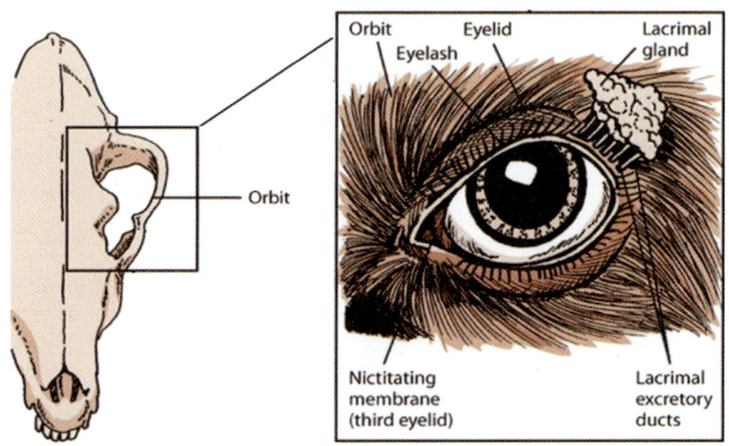

[그림 12-2] 눈의 외부 구조와 내부 구조

출처: https://www.merckvetmanual.com/dog-owners/eye-disorders-of-dogs/eye-structure-and-function-in-dogs

눈의 상단 바깥쪽 가장자리에 위치해 있다. 결막의 점액샘(mucus glands)은 점액을 생성하며, 눈꺼풀 속의 마이봄샘(meibomian glands)은 기름진 부분을 담당한다. 이러한 물, 기름, 점액의 혼합물은 눈에 오랫동안 머물며 증발 속도가 느려져 더 효과적으로 눈을 보호할 수 있다. 눈물관(nasolacrimal duct)은 눈물이 각 눈에서 코로 흘러 들어갈 수 있도록 한다.

3) 개, 고양이와 사람 눈의 기능적 차이

개와 고양이의 시력은 사람에 비해 떨어지며 흐릿한 편으로, 사람 눈을 기준으로 하면 근시에 가깝다. 하지만 고양이의 눈 기능이 사람보다 열등한 것은 아니다. 고양이의 망막에는 사람보다 더 많은 간상세포(rod cell)가 있어 정지한 물체보다 움직이는 물체를 훨씬 더 잘 볼 수 있으며, 사람보다 10~20배 더 우수한 움직임 감지하는 능력을 가지고 있다. 또한 개 고양이 모두 더 많은 간상세포, 큰 동공, 반사판 등으로 인해 어둠 속에서도 사람보다 더 잘 볼 수 있다. 하지만 파란색, 노란색 음영의 두 가지 색상만 구분할 수 있으며, 빨간색, 주황색, 녹색과 같은 색상은 볼 수 없는 한계점도 존재한다.

황반(macula)의 구조에서도 뚜렷한 차이가 있다. 사람의 망막 중심에는 황반(macula lutea)과 그 안의 중심와(fovea centralis)가 발달하여 세밀한 시각과 색 인식이 가능하다. 반면, 개와 고양이에는 사람과 같은 형태의 황반이나 중심와가 존재하지 않는다. 대신 시세포가 밀집된 시조선(visual streak)이 발달해 있어 넓은 시야에서 움직임을 감지하는 능력이 우수하다. 일부 고양이에서는 중심부 시각 영역(area centralis)가 비교적 발달하여 제한적인 중심 시각 기능을 수행한다. 이로 인해 사람은 정지한 물체의 세밀한 형태와 색 구분에, 개와 고양이는 넓은 범위의 움직임 탐지에 각각 유리한 시각 체계를 가진다.

〈표 12-1〉 개의 눈 구조

개의 눈 구조	기능 및 특징	인간과 동일 유무
공막 (sclera)	질긴 섬유조직으로 이루어져 있으며, 눈의 흰자위 또는 흰자라고 불리는 층	인간과 동일
각막 (cornea)	안구 앞에 위치한 얇고 투명한 층. 홍채와 렌즈의 앞쪽에 위치	
결막 (conjuctiva)	눈꺼풀의 내벽으로 공막의 앞부분에서 안구의 전반부를 싸고 있는 얇고 투명한 점막층. 눈꺼풀이 있는 곳에 위치	
홍채 (iris)	동공을 둘러싸고 있는 원형의 색상이 있는 부위. 동공을 크거나 작게 만들어 눈에 들어오는 빛의 양을 제어	
동공 (pupil)	안구 한가운데 위치하며, 홍채에 둘러싸인 조그맣고 눈 중앙의 검은색 영역. 주변 환경의 어두운 정도에 따라 원형 괄약근에 의해 수축과 이완	
렌즈 (lens)	홍채 뒤에 위치하여 망막에 빛을 집중시키기 위해 모양을 바꿀 수 있음	
망막 (retina)	안구 뒤쪽에 위치. 빛과 움직임을 감지하는 광수용체와 색을 감지하는 광수용체가 포함되어 있음	
반사판, 휘판 (tapetum lucidum)	망막 뒤에 위치해 있으며, 망막을 통해 빛을 반사하여 광수용체가 사용할 수 있는 빛을 증가시킴. 인간보다 동물이 밤에 더 잘 보는 이유이며, 때로는 동물의 눈에서 빛이 반사되어 밤에 눈이 빛나는 것처럼 보이게 함	인간은 없음
제3안검 (third eyelid)	코 주위의 눈가에 위치한 세 번째 눈꺼풀로 눈이 긁히지 않도록 보호하는 역할과, 눈을 깜박일 때 눈을 가로질러 움직여 눈물 생성에 도움을 줌	

2. 병력과 신체검사

반려동물은 말을 할 수 없기 때문에, 갑자기 허공을 보고 평소 다니던 길을 못 가고, 부딪치는 등의 증상을 보일 때 눈의 이상을 의심해 볼 수 있다. 눈의 검사는 눈 문제의 진단에 도움이 될 수 있는 병력(이전의 눈 이상 여부, 치료 여부, 시력 문제의 징후 및 예방접종 이력 등)이 있으면 도움이 된다.

1) 병력(Medical History)

(1) 나이(Age)

어린 동물의 눈의 이상은 태어날 때부터 지니고 있는 선천적 질병의 비율이 높고, 노령 동물은 퇴행성이나 후천적 질병이 많은 편이다.

(2) 품종(Breed)

시츄, 치와와, 페키니즈, 몰티즈 등은 선천적인 안구 돌출 구조로 인해 각막염, 안구건조증 등의 안과 질환에 취약한 편이며, 스패니얼, 푸들, 골든 리트리버 등의 특정 종은 수정체가 혼탁해져 시력 감소를 유발하는 백내장, 안압이 상승하여 시신경 손상 및 시력 상실을 초래하는 녹내장 등의 발생 가능성이 높다고 알려져 있다.

(3) 성별(Sex)

안과 질환과 성별의 관련성은 낮다, 하지만 쿠싱 증후군이나 갑상샘기능저하증 등의 내분비계 질환과 관련된 급성 후천성 망막 변성증(SARD), 비궤양성 각막염과 같이 일부 안과 질환은 암컷에서 더 호발한다고 알려져 있으며, 궤양성 각막염은 수컷 개에게 더 많이 발생할 수 있다는 연구 결과도 있다.

(4) 몸무게(Weight)

개의 몸무게는 일반적으로 안과 질환을 야기하지는 않지만, 체중 변화가 이차적인 안과 질환으로 진행을 암시할 수 있다. 당뇨, 소화기 질환, 간 질환 등은 체중 감소를 유발하며, 이차적으로 안과 질환을 야기할 수 있으며, 체중 증가의 경우, 일차적 원인인 내분비계 질환으로 인해 급성 후천성 망막 변성증(SARD)과 같은 특정 안과 질환의 예견 증상일 수도 있다.

(5) 병력(History)

병력 청취는 보호자로부터 잘못된 정보가 얻지 않도록 정확하게 실시한다. 눈은 언제부터 눈곱이 많이 생겼는지, 눈물은 양쪽 다 많이 흘리는지, 어느 눈을 찡그리는지, 앞다리로 눈을 긁지는 않는지 등의 증상부터 예방접종, 기저질환 유무 등을 면밀하게 분석하여 안과 질병의 진단에 도움이 되어야 한다.

2) 임상 증상(Symptom)

개와 고양이의 눈 이상 시 임상 증상은 매우 다양하며, 눈곱, 눈물의 과다 분비, 충혈, 각막 혼탁, 눈동자 색의 변화, 눈의 깜박임의 증가, 찡그림, 비비는 행동, 통증 반응, 눈꺼풀 부종, 동공 크기 변화 등 다양한 변화가 나타날 수 있다. 양쪽 눈에 모두 나타나는지, 한쪽 눈에만 증상을 보이는지도 매우 중요하며, 언제부터 어떻게 증상이 변화하고 있는지도 꼭 확인해야 한다.

① 눈곱(eye discharge)의 과다 생산이나 눈물(lacrimal) 분비의 과다 또는 저하: 눈곱이 평소보다 많이 끼거나 눈물이 과도하게 흐르는 경우, 결막염, 각막염, 눈물샘 문제 등을 의심할 수 있다.

② 충혈(hyperemia): 흰자위가 붉게 충혈되는 증상은 결막염, 포도막염, 녹내장 등 다양한 원인으로 발생할 수 있다.

③ 각막 혼탁(corneal opacity): 각막이 하얗게 또는 뿌옇게 변하는 증상은 백내장, 녹내장, 각막염, 노령성 핵경화증 등과 관련될 수 있다.

④ 눈동자 색의 변화(iridal discoloration): 실동공의 색이 변하거나 흐릿하게 보이는 경우, 녹내장, 백내장, 유리체 변성 등을 의심할 수 있다.

⑤ 눈 찡그림, 깜박임 증가 또는 비비는 행동(blepharospasm): 눈을 자주 깜빡이거나 눈을 비비는 행동은 각막 손상, 눈꺼풀 문제, 이물질 등으로 인한 불편함 때문일 수 있다.

⑥ 시력 저하(amblyopia): 잘 못 보거나 부딪히는 행동은 백내장, 녹내장, 망막

질환 등과 관련될 수 있다.

⑦ 눈꺼풀 부종(blepharoedema) : 눈꺼풀이 붓거나 눈 주변 피부가 붉어지는 증상은 알레르기 반응, 염증, 종양 등을 의심할 수 있다.

⑧ 동공 크기 변화(anisocoria, mydriasis, miosis) : 동공이 비정상적으로 커지거나 작아지는 것은 녹내장, 망막 질환, 신경계 문제 등과 관련될 수 있다.

⑨ 눈의 통증 반응(ocular pain/ophthalmalgia) : 눈 주위로 손을 가져갔을 때 회피하거나 공격성을 보이는 경우 또는 눈을 바닥이나 앞발로 반복적으로 비비는 경우에도 통증 반응을 의심해 볼 수 있다. 이러한 경우 각막 손상, 녹내장 등을 의심할 수 있다.

3. 눈 질병 진단기법(Diagnostic Tests for Eye disease)

개와 고양이의 안과 진단 검사의 경우, 시력, 눈물량, 눈 내부 구조의 이상 유무, 백내장 확인 등 안과 질환 유무를 확인하는 검사법을 말한다. 특히 그중 일반적인 동물병원에서 가장 많이 실시하는 3가지의 안과 기본 검사는 눈물량 검사(STT), 안압 검사(IOP), 형광염색검사가 있다. 때로는 안과 검사임에도 다른 몸의 이상(당뇨, 부신피질기능항진증, 전신 고혈압 등)으로 인해 이차적인 눈의 이상을 유발할 수 있기 때문에 눈에 대한 검사만 실시하는 것이 아닌, 문진, 기본 신체검사, 추가적인 안과검사(안저검사, 현미경검사 등), 혈액 검사, 영상검사(안초음파) 등이 검사 결과에 따라 추가로 필요할 수 있다.

1) 눈물량 검사(Schirmer tear test; STT)

개와 고양이의 눈물 생성량을 측정하는 검사법이다. 주로 눈에서 눈물이 충분히 나오지 않는 상태인 안구건조증을 진단하는 데 활용된다. 눈물량 검사 방법은 멸균되어 있는 일회용 눈물량 검사 종이 스트립을 아래 눈꺼풀 안쪽(결막낭의 측면 1/3 위치)에 1분 동안 삽입 후 젖은 부분의 길이를 mm 단위로 측정된 스트립을 판독하여 눈물량을 측정한다. 개와 고양이의 눈물량 검사 정상 범위는 15~25mm로, 이보다 낮은 경우에는 눈물 분비량이 적은 안구건조증을 의심해 볼 수 있다.

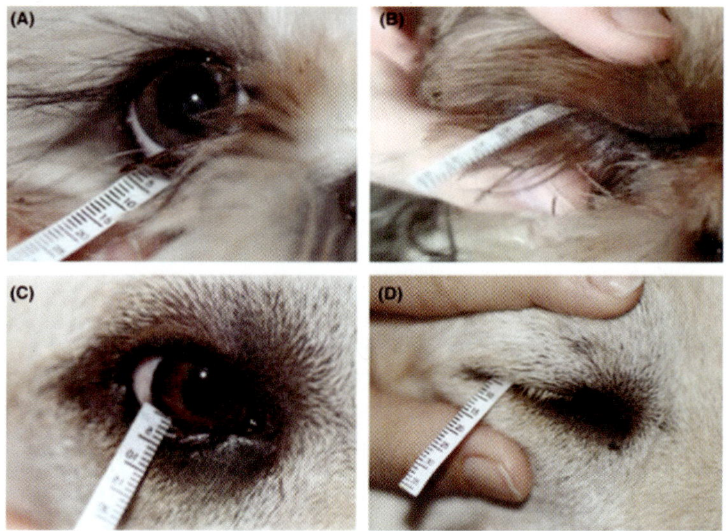

[그림 12-3] 눈물량 측정 검사 방법

출처: https://onlinelibrary.wiley.com/doi/full/10.1111/vop.13222

2) 안압 검사(Intraocular pressure test; IOP test)

안압 검사는 안압계를 사용하여 눈의 안압을 측정하는 검사법이다. 안압 상승을 특징으로 하는 녹내장과 같은 눈 상태를 감지하고 모니터링하는 데 중요하다. 안압계는 종류에 따라 여러 가지 안압을 측정하는 원리가 있다. 동물병원에서는 안압 검사 시 퍼킨스(perkins) 안압계의 일종인 작은 탐촉자가 순간적으로 튀어나와 각막에서 반사되는 정도를 분석하여 안압을 평가하는 동물용 자동 안압 측정계(예: tonovet)를 주로 사용한다. 이러한 동물용 자동 안압 측정계의 장점은 사용이 간편하고 기계가 개와 고양이에게 다가가기 간편하며, 각막의 표면 접촉이 적고 통증이 없으며, 거부감이 낮아 대부분 마취가 필요하지 않아 개와 고양이의 검사에 유리하다. 하지만 휴대용 기계로 안정성이 높지 않고 안압을 측정하는 사람의 숙련도가 중요하며, 눈의 각막 표면에서 반사된 안압을 측정하기 때문에 눈 표면에 수직을 유지하여 검사하는 것이 검사결과 값의 정확도를 위해 중요하다. 개의 정상 안압 범위는 10~25mmHg로 평가한다. 이러한 안압 검사 방법은 생리학적 변동으로는 안압은 하루 종일 변동성이 있어 일과시간 중 특히 아침에 더 높은 압력이 자주 발견되는 특징이 있고, 잘못 보정 시 눈꺼풀 조작이나 경정맥을 눌러 안압이 실제보다 높게 측정될 수 있음을 인지해야 한다.

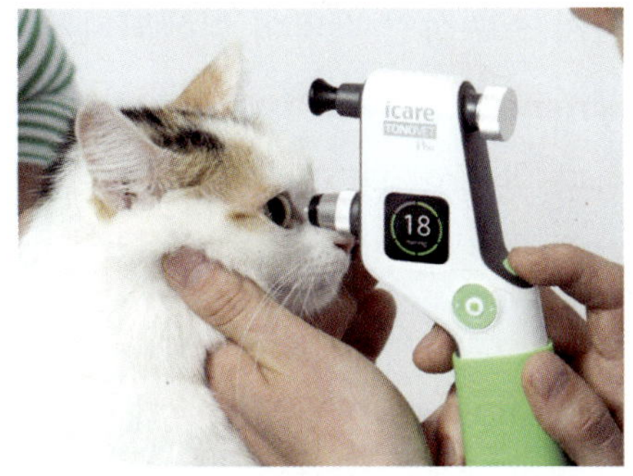

[그림 12-4] 안압계를 이용한 안압 측정 검사 방법

출처: https://tonovet.com/news/icare-tonovet-plus-new-level-veterinary-iop-measuring/

3) 각막 형광염색 검사(Fluorescein staining of the Cornea)

형광 염색 검사는 긁힘이나 궤양과 같은 각막 손상 여부 확인 및 누관 기능을 평가하기 위해 형광색 염료인 플루오레세인(fluorescein)으로 각막을 염색하는 검사법이다.

검사 방법은 플루오레세인 액체 또는 종이 염료를 각막에 직접 또는 생리식염수에 희석하여 개와 고양이의 눈에 넣어 눈을 깜박이도록 한다. 이후 블루라이트를 비추어 눈에 밝은 녹색의 각막 손상 부위가 보이는지, 누관을 통해 눈에서 코로 배출되어 콧구멍에 밝은 녹색의 염료가 확인되는지 등으로 이상을 확인할 수 있다.

밝은 녹색의 염료가 각막에서 보이는지에 따라, 각막 손상 여부를 확인할 수 있다. 이 검사는 정상 각막에서는 친수성인 플루오레세인 염색약이 씻겨 내려가서 소수성인 각막이 염색되지 않으나, 각막이 손상된 경우, 친수성인 기질층(stroma)에만 염색약이 남아 있게 되어 밝은 초록색으로 구분되는 원리를 이용한다. 손상이 더 깊게 일어난 경우, 실질층을 지나 심각한 각막궤양으로 분류되는 데스메막층(descemet's membrane) 바로 위까지 진행되면, 소수성인 데스메막에는 흡수되지 않아 도넛 모양으로 염색된다. 이러한 경우를 데스메토실(descemetocele)이라고 하는데, 심각한 유형의 각막궤양으로 판단해야 한다.

검사 시에는 손상이 의심되는 각막 부위에 직접 염료를 닿게 하지 않고, 근처 결막에 염료를 떨어트리며, 눈을 깜박여 퍼지게 하고, 검사가 끝난 후에는 잔류하는 염료가 최대한 없도록, 생리식염수 또는 멸균 안약을 사용하여 충분히 씻어내 준다. 단두종 강아지의 누관 검사 시에는 코눈물관이 짧아 염료가 코에서 잘 확인되지 않을 수 있음도 기억해야 한다.

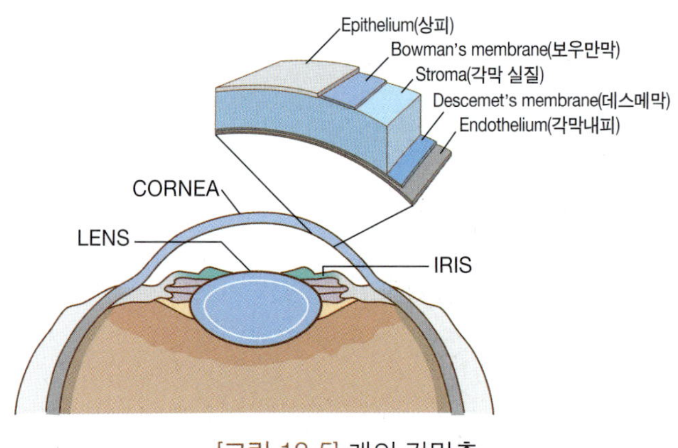

[그림 12-5] 개의 각막층

출처: https://tonovet.com/news/icare-tonovet-plus-new-level-veterinary-iop-measuring/

4) 세극등 현미경 검사(Slit-lamp biomicroscopy)

세극등 현미경 검사는 각막 손상, 혈관신생, 수정체 혼탁, 전안부 염증, 홍채 이상 등의 눈의 전반적인 구조를 확대해 정밀하게 살펴보는 검사법이다. 세극등이란, 고배율의 빛을 좁게 비추는 특수한 현미경을 말한다. 이러한 슬릿이라

불리는 좁은 광선 램프를 눈에 투사하여 위에서 설명한 눈에서 발생하는 광범위한 질병을 진단할 수 있다.

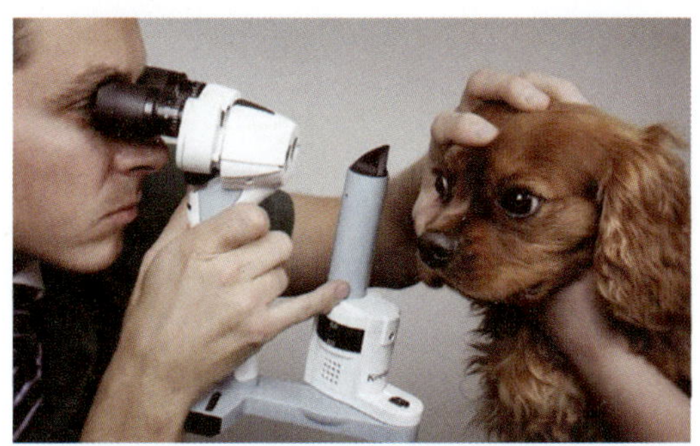

[그림 12-6] 세극등 현미경 검사

출처: https://veteriankey.com/eye-examination-and-diagnostics/

5) 안저 검사(Fundus examination)

안저검사는 망막, 시신경 등 안구 내부의 뒤쪽 구조를 관찰하여 망막 박리, 진행성 망막 위축, 시신경 위축, 출혈, 혈관 이상 등의 시력에 직결되는 질환을 확인하는 검사법이다. 안저란, 동공을 통해 볼 때 확인되는 안구의 안쪽 면을 말한다. 망막과 시신경유두, 맥락막 등이 분포하는 부분을 동공을 통해 카메라로 들여다보면서 눈의 안쪽에 생긴 이상 부위를 살펴볼 수 있으며, 질병을 진단하거나 진행 상태를 확인하는 것이 목적이다. 개나 고양이에서는 시신경의 크기, 모양, 색상이나 기타 이상, 망막의 색상, 투명도, 병변 유무, 박리의 존재 여부, 혈관의 크기 패턴 및 출혈, 염증, 반사판(휘판)의 색깔 및 모양을 확인하며, 이러한 검사를 위해 때로는 동공을 안약으로 확장하여 검사하기도 하고, 검사기법은 안저의 작은 영역을 확대하는 직접 검안경, 기법, 안저의 넓고 전체 영역을 확인하는 간접 검안경검사, 세극등 검안경 검사 등이 있다. 세극등현미경검사도 넓은 의미에서는 안저검사에 포함된다.

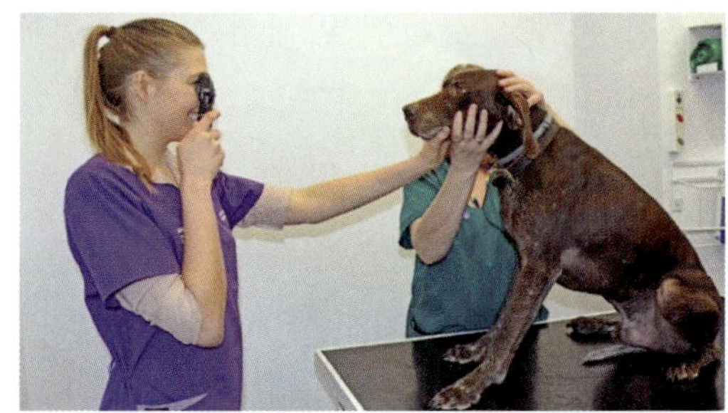

[그림 12-7] 직접 안저 검사(distant direct opthalmoscopy)

출처: https://www.vettimes.com/news/vets/small-animal-vets/getting-the-most-from-companion-animal-eye-examinations

6) 망막 전위도 검사(Electroretinogram; ERG test)

망막 전위도 검사는 빛의 자극에 대한 망막의 전기적 활동을 평가하는 데 사용되는 검사법이다. ERG는 개와 고양이의 동공을 안약으로 확장시킨 후, 눈 위 또는 근처에 전극을 배치하고 다양한 강도의 빛 자극을 주어 빛에 대한 전기적 반응을 기록한다. 이를 통해 망막의 빛에 민감한 세포의 기능을 구체적으로 평가하며, 개와 고양이에서 다양한 망막 질환을 진단하고 모니터링을 할 수 있다. 이러한 검사를 통해, 유사한 증상을 나타내는 망막 질환에 대한 원인 진단 및 질병 진행을 추적할 수 있다. 검사 전 움직이지 않도록 개는 가벼운 진정제에서부터 전신마취까지 고려하며, 고양이는 전신마취로 진행하는 경우가 많다.

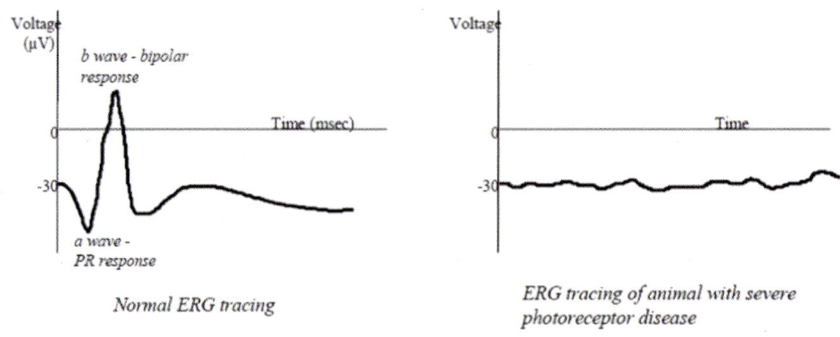

[그림 12-8] 망막 전위도 검사 결과(좌: 정상, 우: 비정상)

출처: https://vetophtho.org/retinaopticnerve/retina_and_optic_nerve.html

7) 안초음파 검사(Ocular ultrasonography)

안초음파 검사는 음파를 사용하여 개의 눈과 주변 조직의 내부 구조에 대한 상세한 이미지를 생성하여 비침습적(눈을 손상시키지 않고 검사할 수 있는) 검사법이다. 안초음파 검사의 목적은 수정체 안쪽의 내부 구조를 시각화할 수 있으며, 이를 통해 망막박리, 백내장, 수정체 이상, 렌즈 탈구 여부, 종양, 염증, 이물질 등의 감별에 도움을 준다. 안초음파 검사 시에는 마취젤을 눈꺼풀에 발라 눈을 감은 상태로 검사를 많이 진행하나 눈을 뜨거나 감아도 가능하다. 대부분은 진정제나 마취제 사용 없이 진행하지만, 개와 고양이의 상태에 따라 약한 진정이 필요할 수 있다. 안초음파의 가장 큰 장점은 기존 초음파 장비로 빠르게 진행할 수 있고 눈의 내부 구조의 이상을 비침습적으로 쉽게 확인할 수 있어, 일반 동물병원에서 렌즈 탈구 의심, 망막박리 등의 검사 시 자주 활용하는 검사법이다.

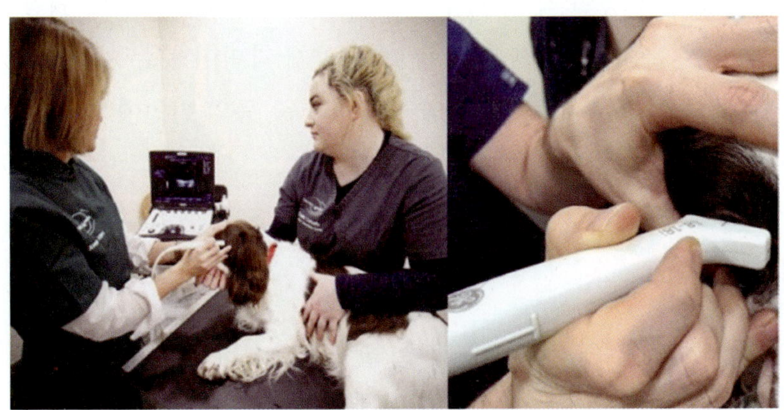

[그림 12-9] 안초음파 검사 방법 및 보정법

출처: https://www.vettimes.com/news/vets/small-animal-vets/ocular-ultrasonography-part-1

4. 눈 질병의 병태생리학(Pathophysiology of Eye disease)

개와 고양이의 안과 질병은 눈꺼풀, 각막, 수정체, 망막, 시신경 등 다양한 부분에 영향을 미치는 광범위한 질환을 포함한다. 이러한 질병은 유전, 감염, 외상, 염증 및 전신질환을 포함한 다양한 원인에서 유발될 수 있다.

1) 결막염(Conjunctivitis)

결막, 눈꺼풀 및 안구를 감싸고 있는 막의 염증을 의미한다. 눈의 발적, 분비물, 불편감 등을 호소하는 것이 특징적이다. 알레르기 또는 자극 물질, 세균, 진균, 바이러스 등에 의한 감염 또는 전신 질환의 원인으로 발생할 수 있다.

2) 각막 궤양(Corneal ulcer)

눈 앞쪽의 투명한 층인 각막의 침식이나 파열을 의미한다. 각막 궤양이 발생한 환자의 경우, 눈의 통증, 찡그림, 충혈, 하얗게 각막이 붓는 현상, 분비물 등이 확인된다. 외상(긁힘, 이물질), 감염, 안구건조증 등의 원인에 의해 많이 발생한다.

3) 백내장(Cataract)

수정체가 흐려져 시야가 흐려지거나 실명하는 질병을 의미한다. 시력 저하 또는 관찰 시 수정체가 흐려지거나 하얗게 변하고 있는 것을 확인할 수 있다. 당뇨병이 가장 대표적인 백내장의 원인이며, 이외에는 유전적 원인, 고연령, 외상이나 염증 등에 의해 발생할 수 있다.

4) 녹내장(Glaucoma)

눈 내부의 압력이 증가하여 시신경이 손상되고 잠재적인 실명에 이를 수 있는 위험한 안과 질병을 의미한다. 눈의 통증 반응이 가장 특징적이며, 이외에도 눈의 발적, 동공 확장이나 시력 상실 등의 증상을 나타낸다. 유전성, 발달성 원인으로 발생하는 원발성 요인과 포도막염이나 종양 등 다른 안과 질환으로 인해 발생하는 이차적 원인으로 구분할 수 있다.

5) 포도막염(Uveitis)

눈의 중간막인 포도막의 염증을 의미한다. 눈의 바깥쪽 공막, 안쪽 망막 사이가 포도 껍질처럼 생겼다고 하여 포도막이라 부른다. 이러한 포도막은 홍채, 모양체, 맥락막을 포함하며, 혈관이 있어 눈에 영양을 공급하는 중요한 기능을 한다. 원인으로는 세균, 진균, 바이러스 등에 의한 감염, 외상, 면역 매개 질환 및 전신질환 등으로 인해 발생할 수 있다.

6) 안구건조증(건성각결막염)(Keratoconjunctivitis sicca; KCS)

눈물 생성이 충분하지 않아 각막 및 결막의 건조함과 자극을 유발하는 질병을 말한다. 과도한 눈 비비기, 곁눈질, 짙은 점액 분비물 및 각막 변화 등의 증상을 보이며, 원인으로는 면역 매개 질환, 감염 또는 특정 약물로 인해 발생할 수 있다.

7) 망막 질환(Retinal disease)

눈 뒤쪽의 빛에 민감한 층인 망막에 영향을 미치는 상태를 말한다. 동공 크기 변화 등의 증상을 나타낼 수 있으며, 전신 질환이나 염증, 외상으로 인해 발생할 수 있다.

8) 눈꺼풀 이상

눈꺼풀이 안쪽으로 돌아가는 경우, 눈꺼풀이 바깥쪽으로 돌아가는 경우, 비정상적인 속눈썹의 형태로 인해 각막을 자극하는 경우와 같은 상태를 말한다, 각막의 과도한 자극으로 인한 충혈, 부종, 과도한 눈물 등의 증상을 보이며, 유전이나 외상, 염증으로 인해 발생할 수 있다.

9) 안과 증상을 동반한 전신 질환

개와 고양이에서 많은 전신 질환이 눈 문제와 함께 발생할 수 있다. 세균성 질병에는 렙토스피라증, 라임병 등이 있으며, 바이러스성 질병에는 개 디스템퍼, 고양이 헤르페스바이러스, 곰팡이 균에는 히스토플라스마증, 기생충 감염에는 톡소플라스마 증 등이 눈 관련 증상을 동반할 수 있다. 면역 매개 질환에는 면역 매개성 질환으로 인한 각막염, 포도막염 등이 대표적인 전신 질환에 동반하는 안과 질환을 말한다.

5. 눈 질병의 일반적인 치료 및 관리(General Treatment and Management of Eye disease)

개와 고양이의 안과 질병은 다양하며, 질병마다 관리 및 치료법이 다르다. 일반적인 안과 질병의 관리 및 치료 원칙은 조기 진단과 관련 치료가 필요할 경우, 즉각적인 의료 개입이 원칙이라고 할 수 있다. 대표적인 안과 질병과 그와 관련된 치료 및 관리에 대해 알아보자.

1) 치료

개와 고양이의 안과 질병 치료에는 액체 형태로 된 점안액, 겔 형태의 안연고, 이외 구강으로 복용하여 전신적 효과를 나타내는 경구약 등이 있다.

(1) 점안액(Eye drop)

점안액은 개와 고양이의 안과 치료에 가장 기본이 되는 액체 형태의 약제로, 시신경의 문제 등 특별한 경우를 제외하고 감염, 찰과상, 궤양, 녹내장, 안구건조증 등 대부분의 안과적 질병에 효과를 나타낸다. 안연고보다 개와 고양이에게 적용이 쉬우며, 여러 가지 안과약을 5분 이상의 간격을 둔다면 반복적으로 점안할 수 있는 장점이 있다. 다만, 안연고에 비해 약물의 지속 시간이 짧은 단점이 있다.

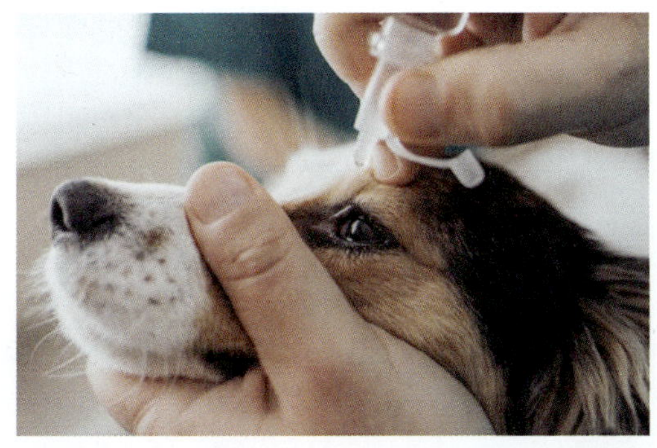

① 엄지와 검지를 사용하여 한 손으로 점안액 튜브를 잡는다. 손을 개의 머리 위에 올려놓고 안정을 취하거나 개나 고양이의 특성에 따라 머리를 가슴에 대거나 손바닥을 턱 아래에 위치시켜 머리의 이동 범위를 제한하여 안약을 넣기 쉽게 자세를 잡는다. (공격적인 개나 고양이의 경우, 입마개, 넥칼라, 보정용 담요 등이 필요할 수 있음)

② 다른 손의 엄지손가락으로 아래 눈꺼풀을 부드럽게 아래로 당기거나 엄지와 검지로 위쪽 눈꺼풀과 아래쪽 눈꺼풀을 벌려 안약을 넣을 공간을 마련한다.

③ 아래 눈꺼풀의 안쪽 가장자리 또는 위쪽 눈꺼풀의 바깥쪽 가장자리 중 편한 부위에 점안액을 1～2방울 도포한다. 단 도포 시, 튜브의 끝이 눈의 각막에 닿지 않도록 주의한다.

④ 스스로 눈을 깜박거리며 눈 표면 전체적으로 약물이 퍼지는지 확인한다. 점안할 때는 칭찬해 주며, 침착하고 조용한 태도로 말하며, 간식을 제공하는 것도 도움이 된다.

[그림 12-10] 점안액 점안 방법

출처: https://www.petmd.com/care/dog-cat-eye-drops

(2) 안연고(Eye ointment)

안연고는 점안액보다 더 점성이 있는 점적성 연고제로, 유동성이 있는 형태를 말한다. 일반적으로 점안액과 동일하게 눈물 대체제(carbomer), 항생제, 항바이러스제, 스테로이드제, 면역억제제 등의 성분에 따라 용도가 나뉘며, 점안액보다 눈에 오래 머무르는 특성이 있어 약효를 긴 시간 유지하는 데 도움이 된다. 그러나 점안액보다 넣기 어렵고 일시적으로 이물감이나 시야를 흐리게 하여 예민한 개나 고양이의 경우 안연고를 거부하는 단점도 있다. 점안액과 안연고를 함께 사용할 경우, 항상 마지막에 안연고를 사용하며, 점안액이 안연고보다 나중에 점안하여 안연고 위를 타고 흘러내리지 않도록 주의해야 한다.

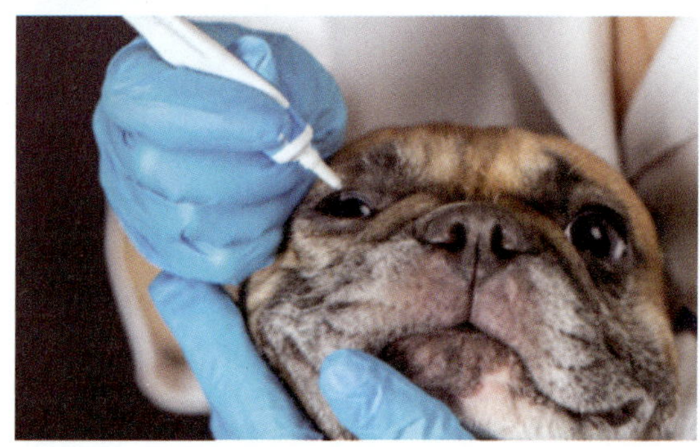

① 엄지와 검지를 사용하여 한 손으로 연고 튜브를 잡는다. 손을 개의 머리 위에 올려놓고 안정을 취하거나 개나 고양이의 특성에 따라 머리를 가슴에 대거나 손바닥을 턱 아래에 위치시켜 머리의 이동 범위를 제한하여 안약을 넣기 쉽게 자세를 잡는다. (공격적인 개나 고양이의 경우, 입마개, 넥칼라, 보정용 담요 등이 필요할 수 있음)

② 다른 손의 엄지손가락으로 아래 눈꺼풀을 부드럽게 아래로 당기거나 엄지와 검지로 위쪽 눈꺼풀과 아래쪽 눈꺼풀을 벌려 안약을 넣을 공간을 마련한다.

③ 아래 눈꺼풀의 안쪽 가장자리 또는 위쪽 눈꺼풀의 바깥쪽 가장자리 중 편한 부위에 연고를 적당량 도포한다. 단 도포 시, 튜브가 눈의 각막에 닿지 않도록 주의한다.

④ 스스로 눈을 깜박거리며 눈 표면 전체적으로 약물이 퍼지는지 확인한다. 안연고를 점안할 때는 칭찬해 주며, 침착하고 조용한 태도로 말하며, 간식을 제공하는 것도 도움이 된다.

[그림 12-11] 안연고 점안 방법

출처: https://vcahospitals.com/know-your-pet/applying-eye-ointments-to-dogs

(3) 경구제제(Oral administration)

경구제제는 구강으로 복용하여 전신적으로 작용하는 내과적 약물을 말한다. 눈 질환 치료 시에는 점안액, 안연고 등 눈과 그 주변 부위만 영향을 미치는 국소약물과 병행하는 경우가 많으며, 기저 질환이나 염증 등이 기존 국소약물로만 치료하기 힘든 경우에 투약한다. 항생제, 항히스타민제, 항염증제, 항바이러스제, 진통제 등의 약물이 대표적이다. 결막염, 포도막염 등의 염증에는 항생제나 항염증제가, 각막 궤양에는 항생제, 진통제 등의 관리가 필요할 수 있다.

(4) 그 외 치료

수술적 교정을 통한 외과적 치료가 그 외 치료에 해당되며, 수술을 하더라도 필요에 따라 점안액, 안연고, 내복약 등의 약물 치료가 병행되는 경우가 많다.

2) 관리

개와 고양이는 사람과 달리 의사소통이 원활하지 않기 때문에, 안과 질병의 경우 치료와 더불어 환부 관리가 매우 중요하다.

(1) 눈 세척(Eye washing)

눈의 세척은 감염성 질병뿐만 아니라, 눈 내부 또는 눈꺼풀 등의 질병, 이물질 제거 등에도 효과적인 관리 방법이다. 일반적으로 멸균 생리식염수나 인공눈물 등이 추천되며, 급한 경우 따뜻한 물도 가능하다. 비누, 샴푸 등은 안구에 자극을 줄 수 있어 절대 사용해서는 안 되며, 눈 세척 시 직접적으로 안구를 만지거나 압력을 가하지 않도

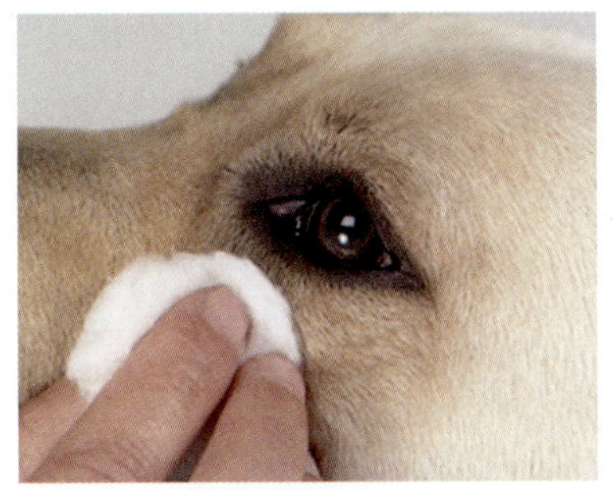

[그림 12-12] 눈 세척 방법

출처: https://www.amcny.org/blog/2018/09/12/cleaning-eye-goop/

록 해야 한다. 이물질이 눈 밖으로 나오지 않을 때는 각막을 직접 자극하여 제거하는 것이 아닌, 각막 위에 있는 경우, 스스로 눈을 깜박거려서 이물질이 나올 때까지 반복하여 세척을 실시하고, 눈 주위 털에 이물질이 있는 경우, 깨끗한 수건 또는 거즈 패드를 이용하여 분비물을 적셔 닦아내는 것이 원칙이다.

(2) 엘리자베스 칼라(E collar, Neck collar)

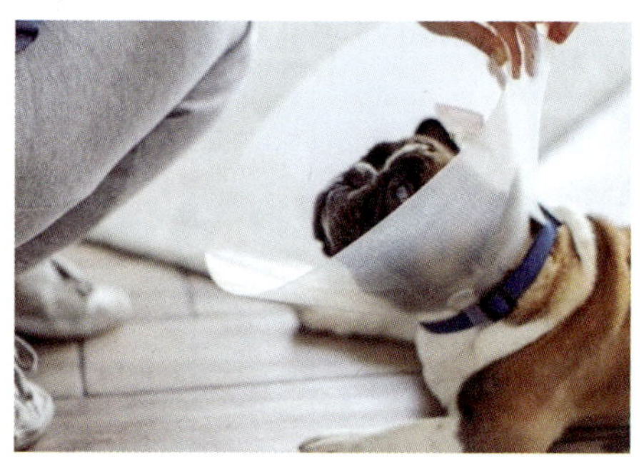

[그림 12-13] 엘리자베스 칼라 착용

출처: https://www.petmd.com/vet-verified/best-recovery-collars-cones-dogs

엘리자베스 칼라, 넥칼라, E 칼라 등으로 불리는 원뿔 모양의 긁음 방지용 칼라는 눈의 질병 관리에 매우 중요한 역할을 한다. 치유 과정에서 중요한 점은 해당 부위가 스스로 회복할 수 있도록 주변 감염을 억제하고 필요한 약물을 도포하며 도와주는 것이다. 이를 위해서 엘리자베스 칼라는 질병 부위를 긁거나 부비는 것을 예방하여 더 악화되지 않도록 하는 중요한 역할을 한다. 보통 피부나 다리 등의 부위에는 입이 닿지 않을 정도의 짧은 플라스틱 칼라 또는 천으로 된 재질의 칼라를 사용하기도 하지만, 안과 질병의 치료 및 관리 목적으로는 플라스틱 재질이 선호되며, 이는 반려동물의 불편감의 정도에 따라 선택할 수 있다. 얼굴보다 조금 더 길게 사용하여 최대한 눈 부위를 보호할 수 있도록 하는 특징이 있다. 칼라는 채운 후 손가락 1~2개가 들어갈 수 있을 정도의 공간을 유지하는 것이 일반적이다.

(3) 보호용 콘택트렌즈(Corneal bandage contact lense)

보호용 콘택트렌즈란, 눈의 표면을 보호하고 치유를 돕기 위해 사용하는 특수한 용도의 콘텍트렌즈를 말한다. 일반적으로 수의학에서는 약물 접촉 시간을 늘리는 치료 목적보다는 각막을 보호하고 통증을 줄여 주는 역할을 하기 위해 개와 고양이에서 각막 궤양, 각막부종에서 많이 사용하며, 이외에는 기타 안구 질환으로 인한 통증 완화 및 치유 촉진을 위해 사용되는 경우가 많다. 심각한 감염이나 안구건조증에는 오히려 질병을 악화시킬 수 있고, 감염 등의 발생 가능성도 배제할 수 없어 보호용 콘택트렌즈 장착 시 정기적인 모니터링이 필수적이다.

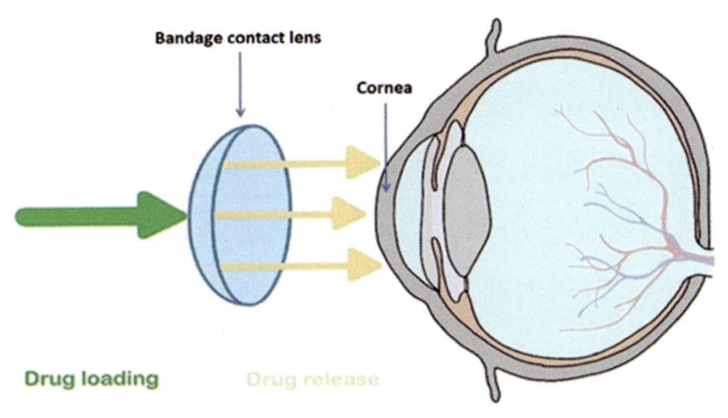

[그림 12-14] 보호용 콘택트렌즈

출처: https://wvj.science-line.com/attachments/article/69/WVJ%2012(2),%20128-132,%20June%2025,%20 2022.pdf

6. 대표적인 눈 질병(Representative Eye disease)

개와 고양이에게 대표적으로 발생하는 눈의 질병과 일반적인 치료 방법에 대해 알아보자.

1) 눈 감염증(Eye infection)

세균, 진균, 바이러스 등의 원인으로 인한 감염증을 말한다. 충혈이나, 눈물의 지속 등 감염 증상이 48시간 이상 지속되면 감염의 가능성도 할 수 있으며, 일반적으로 감염이 의심되는 경우, 스테로이드가 포함된 안약의 사용을 지양하며, 항생제가 포함된 안약을 처방하여 경과를 지켜보는 것이 일반적이다.

2) 안구건조증(Keratoconjuctivitis sicca; KCS)

안구건조증은 '건조성 각결막염'이라고도 하며, 다양한 요인에 의해 눈물 분비량이 감소하고 눈물의 질이 저하되는 질병을 말한다. 이로 인해 개와 고양이에서 눈의 불편감이나 통증, 각막 손상 등의 이상을 초래하게 되고, 앞발로 긁는 행위 등으로 이차적으로 각막에 손상이 심해질 수 있다. 안구건조증은 크게 '눈물의 양적 이상'과 '눈물의 질적 이상' 두 가지로 나뉠 수 있으며, 눈물의 양적 이상은 눈물의 양이 줄어들어 눈물 분비 자체가 적은 상태를 말하며, 눈물의 질적 이상은 눈물 성분의 이상으로 눈물을 보유하는 능력이 변화하는 것을 말한다. 개와 고양이에서는 눈물의 양적 이상이 더 흔한 원인으로, 인공 눈물과 비감염성인 경우에는 면역억제 안약 등이 포함될 수 있다.

3) 각막궤양(Corneal ulcer)

개와 고양이의 각막 궤양은 각막 표면의 손상으로 발생하는 질병이다. 눈물 부족, 눈꺼풀 기능 이상, 외상, 감염 등으로 발생할 수 있으며, 각막궤양은 다른 안구 질환에 비해 통증이 심한 특징이 있다. 치료는 주로 각막의 재생을 돕는 안약이나 안연고, 눈물제제를 많이 사용하며, 감염이 있는 경우 또는 예방적으로 항생제가 포함된 안약을 처방하기도 한다. 궤양의 깊이가 깊은 경우에는 진통제와 더불어 보호용 콘택트렌즈의 착용이나 눈을 최대한 덮어 주는 안검플랩까지 고려해 볼 수 있다.

4) 결막염(Conjunctivitis)

눈꺼풀과 흰자위를 덮는 결막에 염증이 생기는 질병이다. 감염성의 경우, 세균, 진균, 바이러스 등의 감염이 원인이며, 비감염성의 경우, 알레르기, 자극 물질, 외상 등에 의해 발병할 수 있다. 눈곱, 눈물 과다, 충혈, 부종 가려움 등을 유발하며, 진단에 따라 원인을 치료할 수 있는 점안액이나 안연고를 사용한다.

5) 녹내장(Glaucoma)

녹내장은 안구 속의 '안방수'라는 액체가 비정상적으로 상승하여 안압이 올라가면서 망막과 시신경에 압박을 주는 질병을 말한다. 특히 이 질병은 진행성으로, 조기 진단과 치료가 무엇보다 중요한 응급 질환이다. 안구의 압력 증가를 통해 지속될 경우에는 시신경의 손상을 유발하여 되돌릴 수 없는 시력 상실로 이어질 수 있는 위험한 질환으로, 안압을 낮추고 시신경 손상을 최소화하는 것을 목표로 하며, 약물 치료와 수술적 치료로 나뉠 수 있다. 약물 치료에는 응급 녹내장의 경우, 전신의 체액을 배출하여 눈의 압력을 낮추어 주는 삼투성 제제(mannitol) 투여가 추천된다. 안약으로 관리할 경우에는 안방수 생성을 줄여 주는 탄산 무수효소 억제제(dorzolamide)와 베타차단제(timolol)가 있으며, 안방수 유출을 촉진하는 프로스타글란딘 유사체(latanoprost)가 가장 많이 사용된다. 이 외에도 녹내장으로 인한 염증을 줄여 통증을 완화하고 시신경 손상을 예방하는 염증 완화제가 사용되기도 한다. 수술적 치료에는 화학적 섬모체 절제, 안구 천자, 안방수 유출로를 개선하는 레이저 치료, 안압 조절이 되지 않는 경우, 최후에는 안구 적출술 등이 고려된다.

6) 유루증(Epiphora), 과도한 눈물로 인한 얼룩(Tear staining syndrome)

과도한 눈물로 인해 눈 주위 색상이 갈색으로 변화가 있을 수 있다. 털이나 속눈썹으로 인한 물리적 자극, 눈물 배출 장애, 알레르기, 세균 감염 등이 원인의 가능성이 높다. 털이나 속눈썹은 제거하고, 눈물 배출 장애의 경우 외과적 수술을 통한 눈물 배출이 필요하며, 알레르기의 원인이 의심되는 경우, 간식을 끊고 식이를 교체하는 것이 도움이 된다. 세균 감염이 원인인 경우에는 틸로신, 아목시실린, 세팔렉신, 엔로플록사신 등의 광범위 항생제 성분의 투약을 통해 얼룩을 줄일 수 있다.

7) 눈의 영양 관리(Eye nutrition management)

질 좋은 단백질, 미네랄, 비타민, 유산균 제제, 오메가-3 지방산, 비타민 A, 루테인, 아스타잔틴 등이 개와 고양이의 눈 영양 관리에 도움이 될 수 있다는 연구 결과들이 있다. 하지만 무엇을 먹이는가보다는 장기적으로 검증되지 않은 사료나 간식 등으로 인한 첨가물이나 부원료 등의 섭취를 제한하는 것이 도움이 될 수 있다.

Ⅱ. 귀(Ear)

학 · 습 · 목 · 표

1. 귀의 해부 및 생리에 대해 이해하고 임상에 응용한다.
2. 주요 귀 질환에 대해 이해하고 진단 검사 방법을 학습한다.
3. 귀 관련 환자 치료 및 간호 방법에 대해 이해하고 임상에 적용한다.

1. 귀(Ear)의 해부생리학

1) 귀의 구조 및 기능

귀는 개와 고양이에서 청각을 받아들여 소리를 듣는 기관으로, 외이, 중이, 내이로 구성되어 있다. 외이는 소리를 고막까지 전달하는 부분, 중이는 고막에서 내이 사이의 공간으로 고막의 진동을 달팽이관까지 전달해 주는 부분, 내이는 소리를 직접 느끼는 달팽이관이 있는 부분을 말한다. 개는 사람의 귀로 감지할 수 있는 것보다 더 높은 주파수를 포함하여 평균 4배 이상 청각이 뛰어나다고 알려져 있다.

(1) 외이(External ear)

외이는 귓바퀴와 외이도가 포함된 부분을 말한다. 귓바퀴는 연골과 털 등으로 구성되어 있으며, 음파를 포착하여 소리를 모으는 기능을 한다. 개와 고양이의 귓바퀴는 서로 독립적으로 움직일 수 있으며, 귓바퀴의 크기와 모양은 품종에 따라 다르다. 외이도는 귓바퀴에서 고막까지 이르는 길을 말하며, 이물질의 침입을 막아 주는 역할도 함께 수행한다. 사람과 달리 개와 고양이의 귀는 상대적으로 머리의 윗부분에 L자로 구부러져 위치해 있어 형태학적으로 다른 특징이 있다.

(2) 중이(Middle ear)

중이는 고막, 이소골, 고실, 이내근, 이관으로 이루어져 있으며, 외이도를 통해 들어온 진동을 고막과 이소골을 통해 내이에 전달하는 역할을 한다. 고막은 중이를 보호하는 방어벽으로, 음의 전도에 중요한 역할을 한다. 이소골은 3개의 작은 뼈인 추골, 침골, 등골을 포함하며, 이러한 3개의 뼈는 고막에 도착한 진동을 내이의 난원창으로 전달하는 역할을 한다. 고실은 외이와 내이 사이에 위치하는 공기로 가득 찬 공기강으로, 중이강이라고도 하며, 이내근은 고실반사를 통해 내이를 보호하는 역할을 한다. 이관은 유스타키오관이라고도 하며, 중이의 환기와 분비물을 배출해 주는 역할을 한다.

(3) 내이(Inner ear)

내이는 전정기관, 세반고리관, 달팽이관으로 이루어져 있다. 액체로 가득 차 있으며, 형태와 구조가 복잡한 특징이 있고, 소리를 감지하며, 몸의 평형을 유지하는 역할을 한다. 달팽이관은 중이에서 전달된 음파를 신경 흥분으로 전환하여 소리를 인식하는 역할을 하며, 전정기관과 반고리관은 평형감각을 감지하고 수용하는 역할을 하여 개, 고양이에서 몸의 평형을 유지할 수 있게 한다.

〈표 12-2〉 귀의 구조와 기능

구분	구성요소	주요 특징 및 기능
외이	• 귓바퀴 • 외이도	• 음파를 포착하고 소리를 모으는 역할 • 개와 고양이는 귓바퀴를 독립적으로 움직일 수 있음 • 개와 고양이의 외이도는 L자 형태로 이물질 침입 방지
중이	• 고막 • 이소골(추골, 침골, 등골) • 고실 • 이내근 • 이관(유스타키오관)	• 고막은 진동을 전달하고 중이를 보호 • 이소골은 진동을 내이로 전달 • 고실은 공기로 가득 찬 공간 • 이내근은 과도한 자극으로부터 내이를 보호 • 이관은 중이의 압력 조절 및 환기 역할
내이	• 달팽이관 • 전정기관 • 반고리관	• 액체로 채워진 복잡한 구조 • 달팽이관은 소리를 감지해 신경 자극으로 변환 • 전정기관과 반고리관은 평형 감각 유지에 기여

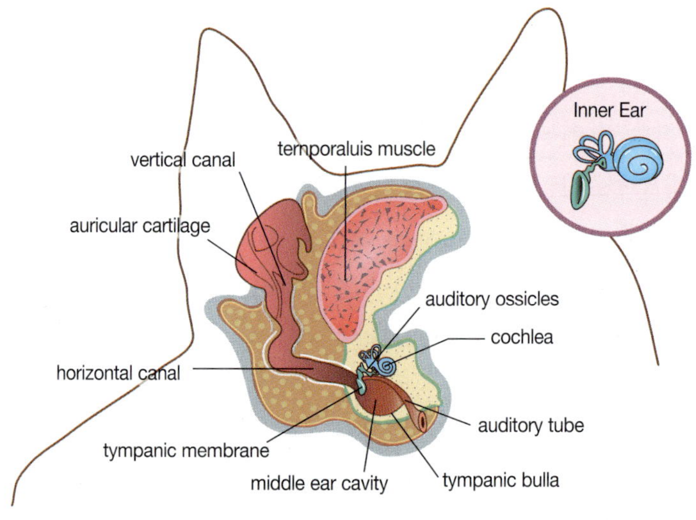

[그림 12-15] 개 귀 해부도(dog ear anatomy)

출처: https://www.shutterstock.com/ko/image-vector/vector-illustration-structure-dog-inner-ear-179676596

2) 개, 고양이와 사람 귀의 구조적 기능적 차이점

개와 고양이는 사람 귀와 구조적인 차이는 없다. 하지만 해부학적으로 개와 고양이의 귀는 L자 모양을 하고 있으며, 사람은 고막까지 수평으로 이어진 구조를 가지고 있는 점, 개의 경우에 달팽이관에 있고 소리의 진동을 증폭하는 역할을 하는 청각 유모세포가 사람보다 많다는 정도의 차이점이 있고, 기능적으로는 개와 고양이 모두 사람보다 청력이 우수하다는 차이가 있다. 개는 사람보다 일반적으로 4배 정도의 거리를 더 멀리 들을 수 있고, 사람이 듣는 최소한의 소리의 20%에 불과한 소리도 들을 수 있을 뿐만 아니라, 개 고양이 모두 사람이 듣지 못하는 초고주파 소리까지 들을 수 있다(고양이가 가청주파수가 개보다 더 높다). 이는 귀의 근육이 많이 분포(근육의 개수: 사람 6개, 개 18개, 고양이 32개)하여 귀를 움직여 소리를 모을 수 있는 능력과 청각 유모세포의 차이에 기인한다고 볼 수 있다.

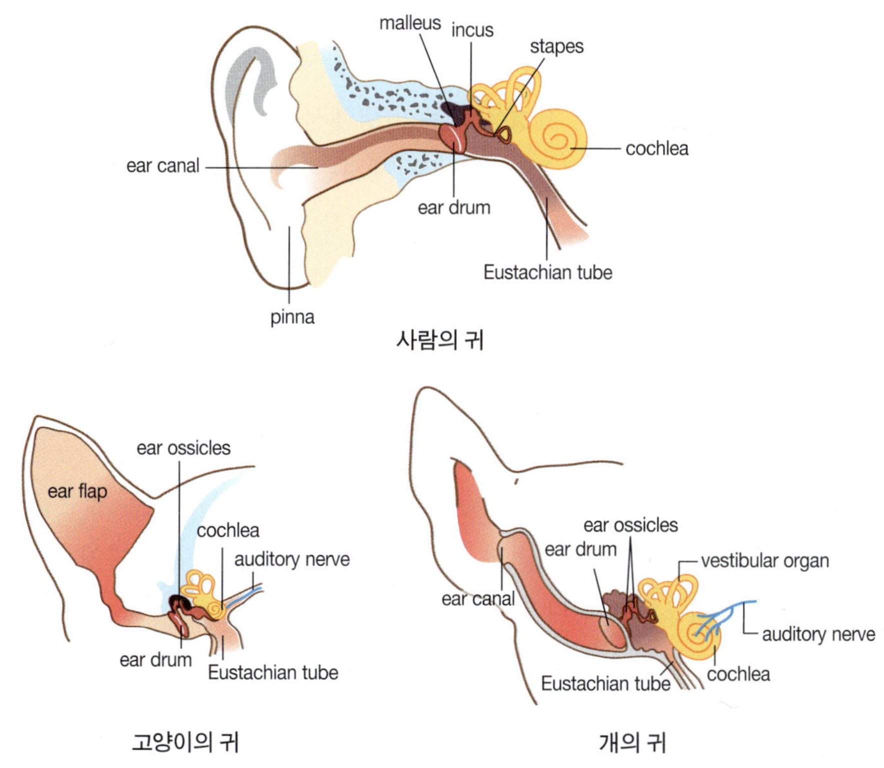

[그림 12-16] 사람, 고양이, 개의 귀의 형태적 차이

출처: https://www.shutterstock.com/ko/image-vector/vector-illustration-structure-dog-inner-ear-179676596

2. 병력과 신체검사

개와 고양이에 대한 귀의 이상 여부를 확인할 때는 문진을 통해 이전 병력을 확인하는 것, 외이도를 검사하는 검이경 검사 등을 함께 진행하는 것이 추천된다. 발적, 부기, 분비물, 냄새 등은 귀의 이상과 원인을 추정하는 데 상당한 도움을 준다. 또한 귀도 외이도 부분은 피부의 연장선으로 볼 수 있기 때문에 알레르기, 아토피 등의 문제가 없는지 머리부터 발끝까지 전신적인 상태를 확인하는 것도 중요하다.

1) 병력(Medical History)

(1) 나이(Age)

일반적으로 개, 고양이의 귀 질병은 모든 연령에서 발생할 수 있는 것으로 알려져 있다. 일반적으로 나이에 따라 많이 발생하는 귀의 질병은 다르며, 어린 나이의 개, 고양이 등은 접종 전 귀진드기 등의 감염성 질병의 가능성이 있으며, 나이가 들수록 아토피, 알레르기, 면역 질환 등의 이상이 많이 확인된다.

(2) 품종(Breed)

개의 경우, 코커스패니얼, 푸들 품종은 귀의 이상이 있을 확률이 더 높은 것으로 나타난 연구 결과가 많다. 고양이의 경우, 품종에 따른 차이는 없는 것으로 보는 것이 일반적이나, 페르시안과 샴 같은 특정 품종에서 귀 질병에 취약하다는 일부 연구 결과도 존재한다.

(3) 성별(Sex)

일반적으로 개와 고양이 모두 성별에 따른 귀 질병의 차이는 명확하게 인과관계를 찾기 힘들다고 알려져 있다.

(4) 몸무게(Weight)

과체중인 개나 고양이에서 일반적으로 내분비계 또는 면역 관련 질환으로 인한 중이염, 외이염 등이 호발하는 것으로 알려져 있다.

(5) 병력(History)

알레르기, 내분비 질환이나 면역계 문제 등 전신적 건강 문제가 있는 개와 고양이에서 귀의 이상이 발생할 확률이 높아지는 것으로 알려져 있다.

(6) 기타 요인

귀의 형태가 쳐져 있는지 세워져 있는지, 외부 습도가 높은지, 외부 진드기나 구충을 정기적으로 하는지 등도 귀 질병의 유병률과 중요한 인과 관계가 있다.

2) 임상 증상(Symptom)

개와 고양이의 귀의 가려움증은 매우 흔한 질병이다. 귀에 이상이 있는 경우, 귀 부분을 특히 가려워하거나, 아파하는 등의 불편 증상을 나타내는 경우를 흔하게 관찰할 수 있다. 양쪽 귀가 동시에 문제가 되는 경우, 몸 전체의 면역이 저하되었거나 호르몬 질병 등 전신적 질병으로 인한 이차적 귀의 증상일 가능성이 높은 편이며, 한쪽 귀만 문제가 되는 경우에는 이물이나 국소적 염증 등 귀 자체의 문제일 가능성도 배제할 수 없다. 귀는 외부로 드러나 있는 외이도를 통해 검이경 검사를 하게 되면 상당 부분 임상 증상 확인이 가능하며, 귀의 불편감은 삶의 질과 밀접한 관련이 있어, 개와 고양이의 귀의 이상에 대해 자주 확인해야 한다.

① 귀의 발적, 열감: 귓바퀴와 외이도 부위가 다른 피부에 비해 붉거나, 열감이 느껴진다면 귀의 이상을 나타낼 수 있다.

② 귀를 터는 행동이나 불편감: 개와 고양이가 자주 머리를 털거나 고개를 젓는 등의 지속적인 증상을 보인다면 귀의 이상일 가능성이 있다.

③ 귀 피부의 태선화(lichenification): 귓바퀴 부분이 일반적인 매끈한 피부가 아닌, 코끼리 피부처럼 변해 있다면 오랜 기간 염증과 가려움증이 지속되어 긁어 피부가 지속적 자극으로 인해 두꺼워지고 굳어져 코끼리 피부처럼 변했을 가능성이 있다.

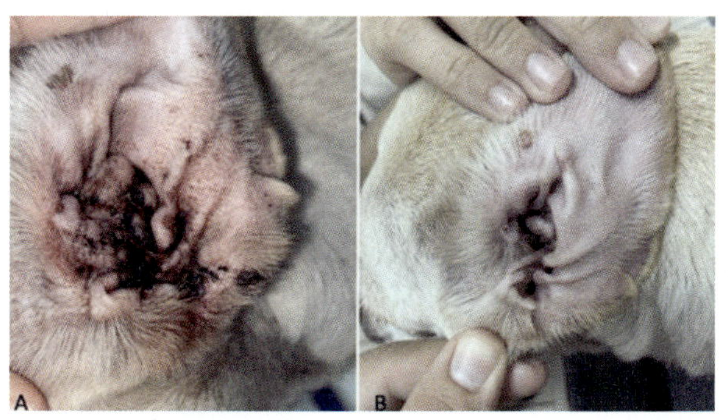

[그림 12-17] (좌) 태선화가 일어난 귀 (우) 정상에 가까운 귀

출처: https://www.researchgate.net/figure/Clinical-appearance-of-a-canine-ear-with-otitis-externa-secondary-to-canine-atopic_fig3_359160454

④ 귀의 냄새: 귀에서 나는 비정상적인 냄새는 귀의 염증이나 이상을 지시할 수 있다.

⑤ 귀의 소양감: 앞다리나 뒷다리로 지속적인 귀 주변을 긁는 행동이나, 귀 주변 털의 탈모 등도 귀의 이상을 나타내는 지표일 수 있다.

⑥ 귀 분비물의 증가: 갈색 또는 노란색, 연녹색 등의 분비물이 묻어 나오거나 양이 많아지는 등의 이상이 있을 때는 귀의 이상을 확인해야 한다.

⑦ 신경 증상(안면마비, 머리의 기울어짐 등): 귀는 소리를 듣는 것뿐만 아니라 몸의 평형을 유지하는 기관으로, 몸 또는 머리가 기울어져 있거나 안면마비 등의 증상을 보이면 중이, 내이의 문제일 가능성을 배제할 수 없다.

⑧ 귀의 통증 반응: 귀 주위로 손을 가져갔을 때 회피하거나 공격성을 보이는

경우 또는 귀를 바닥이나 앞발로 반복적으로 비비는 경우에도 통증 반응을 의심해 볼 수 있다. 통증 반응은 현재 진행 중인 심각한 귀의 이상을 나타내는 지표일 수 있다.

3. 귀 질병 진단기법(Diagnostic Tests for Ear disease)

개와 고양이의 귀 질병 진단 검사에는 육안검사를 포함한 신체검사를 제외하고 검이경 검사, 귀 도말(세포학) 검사, 영상(방사선, CT, MRI) 검사, 알레르기 검사 등이 있다. 이러한 진단 검사를 통해 귀 이상의 원인을 확인하고, 질병의 중증도를 평가하여 적절한 치료를 진행할 수 있다.

1) 검이경 검사(Otoscopic examination)

검이경은 귀 안쪽 중 외이도 전체와 고막까지 평가할 수 있는 장비이다. 검이경을 통해 외이도와 고막을 확대하고 밝게 비추어 상태를 자세히 살펴볼 수 있도록 도와준다. 염증, 분비물, 이물질, 귀진드기, 고막천공 등의 이상을 확인하고 평가하는데 사용된다. 일반 동물병원에서 귀 진단 검사에서 간단하고 안전한 검사로 가장 많이 진행하는 검사법이다. 특히 주의할 점은, 검사 전후 이어팁은 항상 알코올 솜으로 소독해야 하고, 검사 중에는 검이경에 얼굴이나 귀를 다치지 않도록 개는 가슴과 팔, 고양이는 담요 등을 이용해 몸과 머리의 움직임을 제한하여 보정하여 검사 중 움직임을 최소화하도록 한다.

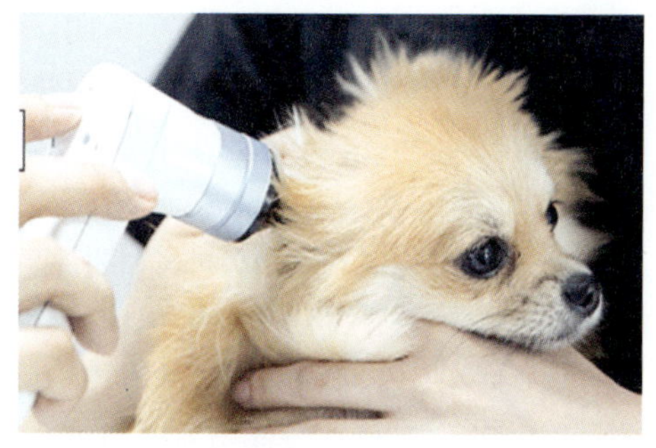

[그림 12-18] 검이경 검사 및 보정 방법

출처: https://24aamc.com/%EC%A0%95%ED%98%95%EC%99%B8%EA%B3%BC/

2) 귀 도말(세포학) 검사(Ear cytology)

검이경 검사와 함께 동물병원에서 가장 많이 진행하는 검사법으로는 귀 도말-세포학 검사가 있다. 귀 도말-세포학 검사의 경우, 개나 고양이의 외이염 진단에 사용되는 검사법을 말한다. 귀에서 채취한 검체를 현미경으로 관찰하여 세균, 곰팡이균 등의 감염 여부와 종류를 확인하며, 이를 통해 적절한 치료법을 결정할 수 있다. 도말과 세포학의 의미는 다르지만, 두 용어 모두 혼용하여 사용할 수 있다(귀 도말 검사는 귀에서 채취한 시료를 슬라이드 글라스에 도말하여 현미경으로 관찰하는 검사 방법이며, 귀 세포학 검사는 귀에서 채취한 시료를 현미경으로 관찰하는 세포학적 검사 방법을 의미한다).

귀 도말 검사 과정

① 검체 채취: 검이경을 사용하여 귀 안쪽을 살펴보고, 멸균면봉 등으로 귀 분비물을 채취한다.

② 도말: 채취한 검체를 슬라이드 글라스에 얇게 펴 바른 후, 드라이기 등을 이용해 충분히 건조한다.

③ 염색: 검사 결과를 명확하게 보기 위해 염색약(고정액, 솔루션 I, 솔루션 II)으로 염색하여 물기 제거 후 완전히 건조한다.

④ 현미경 관찰: 염색된 검체를 현미경으로 관찰하여 세균, 곰팡이 등의 병원체를 확인한다.

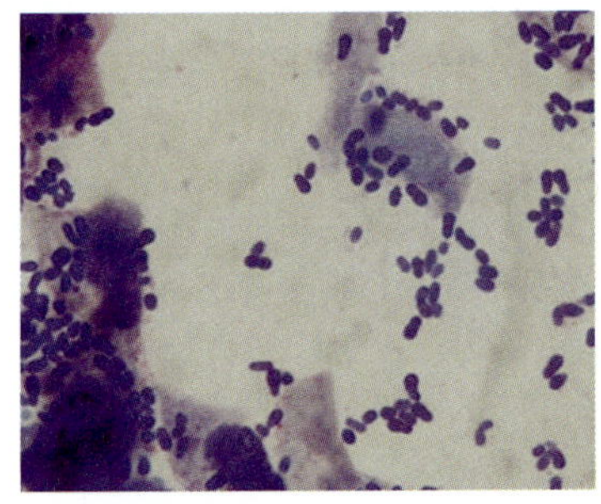

[그림 12-19] 귀 도말 검사에서 진균(말라세지아)의 과증식 (1,000배 시야, diff-quick stain)

출처: https://todaysveterinarypractice.com/dermatology/topical-therapy-for-otitis-externa/

3) 세균 배양 및 항생제 감수성 검사(Bacterial culture and Antibiotic susceptibility test; AST)

도말 검사에서 현미경으로 세균이 확인되면 세균 배양 검사 및 항생제 감수성 검사를 진행할 수 있다. 외부 기관에 검사를 의뢰하면 시간과 비용이 소요되므로 초기에는 광범위 항생제를 우선 적용한다. 그러나 염증이 지속적으로 재발하거나 광범위 항생제를 사용함에도 불구하고 염증이 호전되지 않는 경우에는 세균 배양 및 항생제 감수성 검사를 진행하여, 약제가 포함된 원형의 디스크가 세균이 배양된 배지의 균을 얼마나 넓게 억제할 수 있는지를 확인한다. 검사 결과에 따라 효과적인 항생제를 확인하여 처방한다. 이 검사를 통해 균주와 관련된 개별 약제 내성을 확인할 수 있어, 개와 고양이에게 필요한 항생제를 사용함으로써 불필요한 내성균주의 출현을 막을 수 있는 장점이 있다.

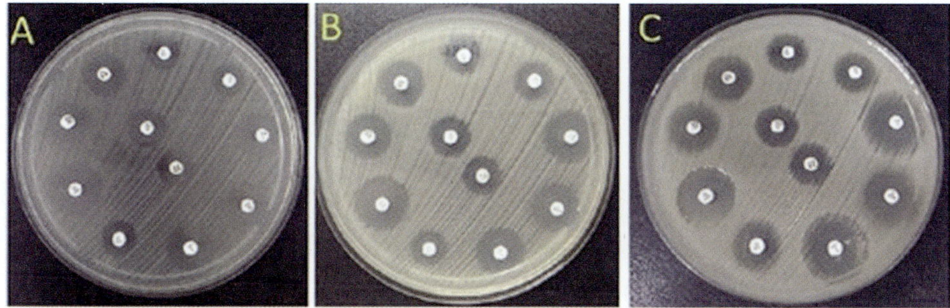

[그림 12-20] 항생제 감수성 검사 방법

출처: https://www.biomerieux.com/content/dam/biomerieux-com/medical-affairs/microbiology/new-ast/biomerieux-AST-BOOKLET-2024-FINAL.pdf

4) 영상 검사(Skull radiography, CT, MRI)

검이경 검사와 도말검사는 바깥에서 접근하기 때문에 고막 바깥 부분인 외이도까지 접근이 가능한 한계점이 존재한다. 따라서 중이와 내이의 경우에는 영상검사를 통해 평가를 진행하게 된다. 영상 검사법에는 엑스레이로 불리는 방사선 사진이 있으며, 귀의 뼈의 구조를 평가하고, 중이의 염증, 협착증과 같은 변화를 진단하는 데 도움이 된다.

CT, MRI의 경우 마취를 하고 촬영한다는 단점이 있지만, 방사선보다 중이와 내이를 포함한 더 자세한 이미지를 제공하여 방사선 검사를 통해 명확하게 진단하지 못한 경우에 추가적인 검사법으로 유용하게 활용될 수 있다.

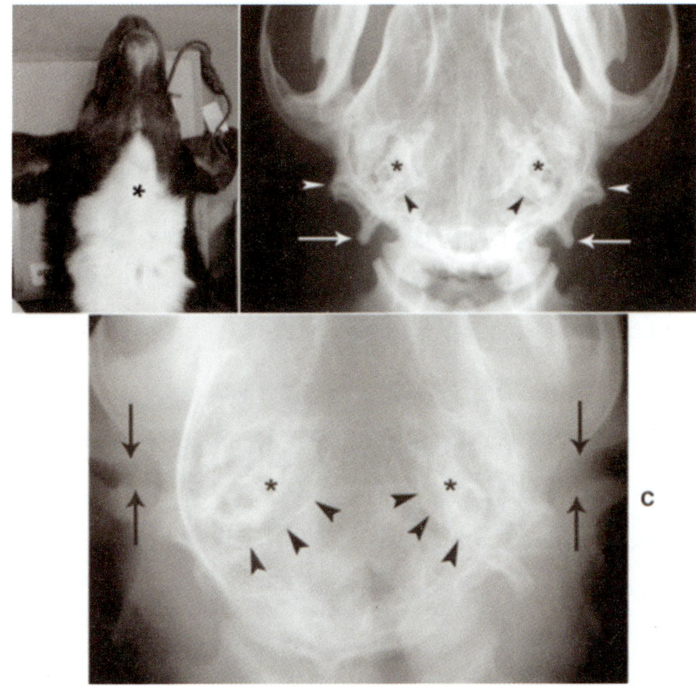

[그림 12-21] 방사선(X-ray) 검사를 통한 중이의 진단

출처: https://veteriankey.com/diagnostic-imaging-of-the-ear-2/

5) 청각 유발 전위 검사(Brainstem auditory evoked response test, BAER test)

개와 고양이를 대상으로 소리에 대한 뇌의 반응을 측정하는 전기 진단 검사법이다. 동물의 두피에 전극을 위치시키고 이어폰을 귀에 삽입하여 특정 강도의 딸각 소리를 재생하여 소리에 대한 뇌의 전기적 활성이 있는지 확인하는 방법으로 진행된다. 이를 통해 정상적인 청력이 있는지 확인할 수 있는 장점이 있다. 우리나라에는 행동 관찰 청력 검사(behavioral audiometry)라고 하여 특정 소리에 대한 개의 반응을 평가하는 기초 검사를 시행하여 거의 시행되지 않는 검사법이지만, 달팽이관, 달팽이관 신경 및 뇌간의 중추 청각 경로의 기능을 객관적으로 평가할 수 있어 외국에서는 청력을 평가할 때 종종 사용하는 과학적 검사법이다.

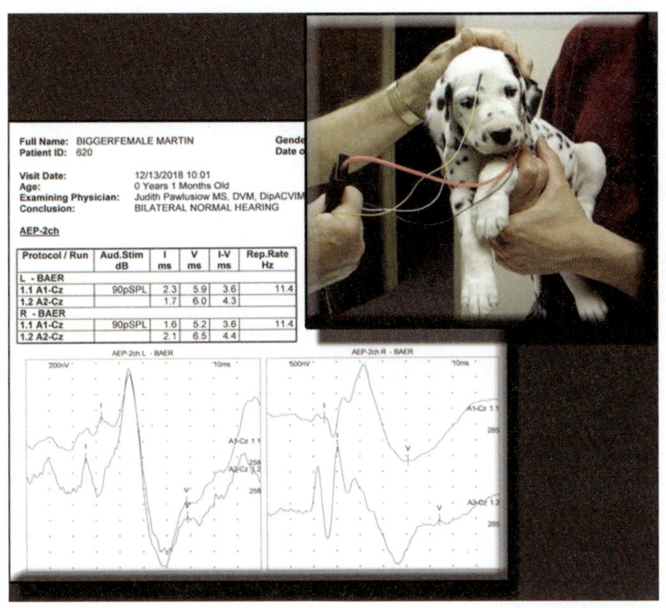

Full Name: BIGGERFEMALE MARTIN
Patient ID: 620

Visit Date: 12/13/2018 10:01
Age: 0 Years 1 Months Old
Examining Physician: Judith Pawlusiow MS, DVM, DipACVIM
Conclusion: BILATERAL NORMAL HEARING

AEP-2ch

Protocol / Run	Aud.Stim dB	I ms	V ms	I-V ms	Rep.Rate Hz
L - BAER					
1.1 A1-Cz	90pSPL	2.3	5.9	3.6	11.4
1.2 A2-Cz		1.7	6.0	4.3	
R - BAER					
1.1 A1-Cz	90pSPL	1.6	5.2	3.6	11.4
1.2 A2-Cz		2.1	6.5	4.4	

[그림 12-22] 청각 유발 전위 검사

출처: https://www.armysoldierdalmatians.com/baertest

6) 알레르기 검사(Allergen-specific IgE test or Intradermal skin test; IDST) 및 기타 검사

개와 고양이에서 양측성 만성 외이염과 중이염의 경우 알레르기 또는 아토피가 원인인 경우가 흔하다. 이러한 경우에는 환경이나 식품 알레르기와의 관련성을 확인하기 위해 알레르기 패널검사 또는 피내반응검사(IDST) 등을 통해 알레르기를 진단할 수 있다. 귀에 생긴 종양의 경우에는 다른 부위 피부 종양과 동일하게 조직검사를 통해 확진할 수 있다.

4. 귀 질병의 병태생리학(Pathophysiology of Ear disease)

개와 고양이의 귀 질병은 크게 외이도의 염증을 기반으로 하는 외이염, 중이의 염증을 기반으로 하는 중이염, 내이의 염증을 기반으로 하는 내이염으로 구분할 수 있다. 물론 외이-중이-내이는 연결되어 있기 때문에 서로 영향을 미치며 염증이 함께 관찰될 수도 있다.

1) 외이염(Otitis externa)

외이도(귓구멍-고막)의 염증을 의미한다. 얼굴을 덮는 쳐진 형태의 귀를 가진 품종, 과도한 귀털, 갑상선 기능 저하증을 비롯한 내분비계 질환, 귀진드기와 같은 기생충, 씨앗 등 이물질의 유입, 아토피, 식이 알레르기 등이 외이염의 가장 흔한 원인에 해당한다. 이로 인해 세균이나 진균의 과다 증식이 발생하고, 염증이 악화되고 통증이 유발된다. 외이염은 외부에서 귀 세정제, 귀연고 등을 사용할 수 있어 비교적 치료가 용이하나, 외이염이 진행될 경우, 고막을 지나 중이염으로 발전할 수 있으므로 초기에 잘 관리해야 한다. 이외에도 외이염은 만성 감염으로 인해 구조적 변화(이도폐색)가 유발될 수 있으며, 이러한 경우에는 귀 세정이나 치료가 어려워져 이도를 적출해야 하는 수술적 접근이 필요할 수도 있다.

2) 중이염(Otitis media)

고막 안쪽인 중이에 염증이 생기는 질병을 중이염이라고 한다. 개에서는 보통 외이염이 심해지거나, 세균, 진균, 알레르기 등에 의해 발병하는 가능성이 가장 높으며, 드물게 이물질이나 종양으로 인해 유발될 수 있다. 고양이에서는 개와 달리 외이염이 없는 중이염이 발생하는 경우도 많다. 외이염이 없는 중이염은 유스타키오관 질환과 관련되어 있거나 중이 내부의 양성 종양 등으로 인해 발생하는 경우도 있다. 중이염이 생기면 귀를 자주 긁거나 머리를 흔들고, 분비물과 악취가 나는 등의 외이염과 비슷한 증상을 보이나, 균형을 잡기 힘들어하거나 머리를 한쪽으로 기울이고, 눈동자가 떨리는 안구진탕, 발작과 같은 신경증상을 보일 수 있다는 차이점이 있다.

3) 내이염(Otitis interna)

중이보다 더 안쪽의 내이에 염증을 의미한다. 귀의 안쪽 부분인 내이까지 문제가 생기는 원인으로는 외이염이 지속적으로 재발하거나 악화될 경우, 중이염을 거쳐 내이염으로 진행될 수 있다. 또는 코와 귀를 연결하는 이관을 통해 세균이나 바이러스가 중이와 내이로 침투하여 감염을 일으킬 수 있으며, 고양이에서 특히 이러한 경로를 통한 내이염이 흔하게 발생한다. 드물지만 종양이나 외상으로 인한 중이, 내이에 염증이 발생하여 내이염으로 진행될 수 있다. 내이염은 중이염과 동일하게 귀의 염증 및 통증, 균형감각 이상, 청력 손실, 신경증상 등이 발생할 수 있으며, 특히 내이에는 평형감각을 유지하고 신경과 관련이 있기 때문에 어지러움, 신경계 증상, 안면신경마비 뇌로의 염증 파급으로 인한 뇌염, 골수염, 청력 상실 등의 신경학적인 위험성이 더 높은 편이다.

5. 귀 질병의 일반적인 치료 및 관리(General Treatment and management of Ear disease)

개와 고양이의 귀 질병은 염증이 어디에 있는지에 따라 크게 외이염, 중이염, 내이염으로 구분할 수 있다, 하지만 외이, 중이, 내이가 함께 문제가 되는 경우도 많고 재발이 특히 잦은 질병으로, 효과적인 치료와 관리를 위해 다각도의 치료 접근 방식이 필요하다. 이러한 치료 및 관리에는 질병의 근본 원인을 파악하고, 감염 및 염증을 해결하며, 원인을 제거 또는 관리하는 것이 포함된다. 다음은 일반적인 귀 질병의 치료 및 관리 방법이며, 여러 가지 치료 방법을 필요에 따라 동시에 반복적으로 시행하여야 한다. 일반적으로 외이염은 주기적인 귀 세정과 국소 약물 도포를 실시하며, 중이염과 내이염은 국소약물이 닿지 않는 경우가 많아 전신항생제, 항염증제를 투약하기도 한다.

1) 치료 및 관리

(1) 국소 약물 도포(점이액, 귀연고)

점이액, 귀연고라고 불리는 국소 약물 도포는 귀에 넣는 약물을 총칭한다. 일반적으로 귀 세정제를 사용하여 분비물을 깨끗하게 제거한 이후, 국소 약물을 넣게 된다. 항생제, 항진균제, 항염증제(코르티코스테로이드) 중 여러 가지 성분이 함께 포함된 연고 제형의 점이액이 가장 흔하며, 이러한 약물을 도포함으로써 염증을 완화하고 세균과 진균의 성장을 억제하고 사멸시켜 주는 역할을 한다. 이 외에도 귀진드기와 같은 기생충은 귀가 아닌 목덜미 뒷부분에 외부 구충제를 도포함으로써 해결할 수 있다.

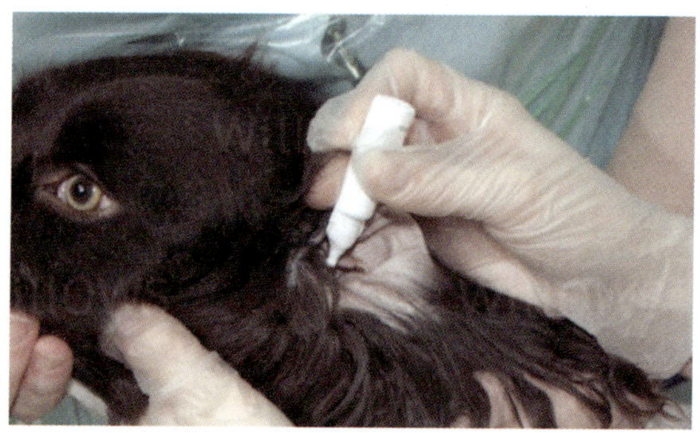

① 동물을 안정된 자세로 앉히거나 세우고, 한 손으로 머리를 환자에게 편안한 자세로 보정자의 가슴에 고정한다(공격적인 개나 고양이의 경우, 입마개, 넥칼라, 보정용 담요 등이 필요할 수 있음).
② 다른 손으로 귓바퀴를 부드럽게 들어 올려 외이도가 잘 보이도록 한다.
③ 점이액 병 끝이 귀 안쪽 피부에 닿지 않도록 주의하며 처방된 양(1~2방울)을 가볍게 귀 안으로 떨어뜨린다.
④ 귀 바닥(귀 뒤쪽)을 5~10초간 부드럽게 마사지하여 약물이 외이도 전체에 퍼지도록 한다.
⑤ 환자가 자연스럽게 고개를 흔들며 약물이 제거되도록 하며, 귓바퀴에 흘러나온 약물은 가볍게 닦아 준다. 협조적인 행동에 대해 칭찬하거나 간식을 주는 것도 도움이 된다.

[그림 12-23] 점이액 점안 방법

출처: https://www.willows.uk.net/general-practice-service/pet-health-information/giving-your-pet-ear-medications/

(2) 경구제제(Oral administration)

귀를 치료할 때 경구제제(전신 약물)도 종종 사용된다. 국소 약물로 진행을 막을 수 없는 심각한 외이염이나 재발, 국소 약물이 닿지 않는 중이염, 내이염을 비롯하여, 내분비계 질환, 식이 알레르기, 아토피 등은 귀 세정과 점이액의 도포만으로는 원인이 해결되지 않는 특징이 있다. 이러한 경우 전신에 효과를 나타내는 경구용 항생제, 항진균제, 항염증제 등을 복용함으로써 귀의 염증을 조절에 도움을 줄 수 있다. 외이염의 경우에는 전신 약물 투약으로 인한 효과는 직접 염증 부위에 작용하는 국소 약물에 비해 높지 않다는 점은 인지하고 있어야 한다.

(3) 그 외 치료

이물질로 인한 귀의 염증은 이물질을 제거해야 하며, 만성, 중증 중이염, 만성, 중증 내이염의 경우, 약물 치료와 함께 고막 절개술이나 외이도 절제술, 이관 절제술 등의 수술적 교정이 필요할 수 있다.

2) 관리

개와 고양이 귀의 질병의 경우, 만성적인 염증, 재발 등이 빈번하기 때문에 평소 관리가 가장 중요한 질병으로 볼 수 있다. 귀의 관리에는 귀 세정과 귀털 제거 등이 있다.

(1) 귀 세정(Ear washing)

귀 세정은 외이염을 예방 및 관리하는 가장 효과적인 방법이다. 귀 세정은 평소 관리의 영역에도 들어가지만, 귀연고와 같은 국소 제제를 도포하기 전에도 반드시 실시해야 한다. 귀 세정의 결과로 분비물과 세균, 진균 등을 물리적으로 제거해 줌으로써 가려움증을 완화하므로 동시에 치료의 범위에 해당하기도 한

[그림 11-24] 가정에서 귀 세정 방법

출처: https://www.revivalanimal.com/learning-center/how-to-clean-your-dogs-or-cats-ears?srsltid=AfmBOorJM1qcKMXZifz9IEM_bUtzUurIDLmFYm_DbO6YNIAIQKIsshYD

다. 동물병원에서는 의료용 포셉에 멸균 면봉을 감아 세정을 진행하기도 하나, 보호자에게 집에서 관리를 맡길 때에는 귀에 상처가 나거나 염증이 더 심해질 수 있으므로 반드시 귀 세정제를 투여하여 수직 이도 부분을 마사지하여 분비물을 제거해 주거나 귀 세정제 전용 패드 등을 이용하여 겉으로 보이는 부분만 부드럽게 닦아 줄 수 있도록 안내하여야 한다. 분비물은 지속적으로 생성 및 분비되기 때문에 집에서 보호자의 임의대로 동물병원에서 진행하는 것처럼 귓속 깊숙한 곳까지 닦아서는 절대 안 된다. 귀 세정제에는 물과 계면활성제가 포함된 세정 성분(tri-ethanolamine, dioctyl sulfosuccinate), 귀지 용해 및 보습 성분(propylene glycol, squalene) 등이 포함되어 있으며, 항균작용이 있는 성분을 포함하는 세정제도 있다. 귀 도말검사 등으로 염증의 원인을 확인한 후 원인에 맞는 성분이 포함된 세정제를 사용하는 것이 가장 효과적인 방법이다. 귀 세정제를 사용할 때에는 알레르기 반응 여부를 확인하고 눈에 들어가지 않도록 주의한다.

(2) 귀 털 제거(Ear hair plucking)

귀 털 제거는 개와 고양이에서 신중하게 접근해야 한다. 귀털은 외부 오염물질로부터 귀를 보호하고 습도 조절에 도움을 주기 위해 존재하며, 과도한 양의 귀털은 귀의 염증을 오히려 증가시킬 수 있고 귀털이 거의 없는 경우에는 귀 질환에 노출될 가능성이 높아진다. 그러므로 귀 털은 적정량이 있어야 하고, 그 적정량도 외이도 염증 등의 상태에 따라 다른 기준을 적용해야 한다. 따라서, 귀털을 한꺼번에 많이 제거함으로써 귓속 피부의 염증을 유발할 수도 있으므로 귓속 털을 제거하는 것이 그대로 두는 것에 비해 이점이 많은지, 귓속 털로 인해 질병이 야기되는지 등을 종합적으로 판단한 후 여러 차례에 걸쳐 조금씩 제거해 주는 것이 일반적인 귀 털 제거 방법이다. 제거 도구로는 핀셋이나, 겸자, 전용 가위, 손가락 등이 사용될 수 있으나 귀 안쪽에 상처를 내지는 않는지 항상 관찰 및 주의해야 한다.

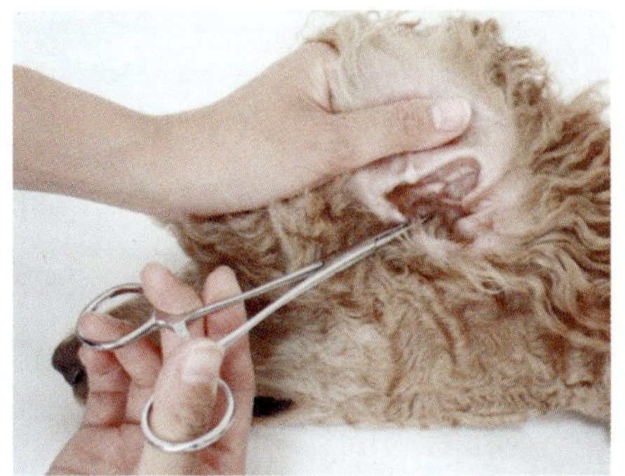

[그림 11-25] 지혈겸자로 귀털을 제거하는 모습

출처: https://alltimeprice.com/product/?pid=8365220663-88902138309

제 13 장

감염병

학·습·목·표

1. 감염병의 발생 원인과 전파 원리를 이해한다.
2. 감염병의 진단 및 검사 원리를 이해하고 임상 현장에 적용한다.
3. 주요 감염성 질병의 관리와 치료 원칙을 습득한다.

1. 감염병의 정의

감염병이란 바이러스, 세균, 진균, 원충 등 병원체가 동물의 몸에 침입하여 발병하는 질환을 말한다. 이러한 병원체는 개체 간 전파를 통해 확산될 수 있으며, 일부는 사람과 동물 간 상호 전파가 가능하다. 이러한 질병을 인수공통감염병(Zoonosis)이라고 하며, 이는 반려동물과 접촉하는 보호자 및 동물병원 종사자에게도 중요한 보건 문제이다. 반려동물 양육 인구 증가에 따라 인수공통감염병의 발생 위험도 커지고 있어, 예방과 관리에 대한 이해가 필요하다.

2. 감염병의 분류

병원성 미생물은 숙주에 침입하여 질병을 일으키는 미생물을 말한다. 모든 미생물이 병원성을 갖는 것은 아니며, 병원성 미생물은 다음과 같이 분류할 수 있다.

1) 바이러스(Virus)

바이러스는 20~300nm의 크기를 갖는다. 핵산(DNA or RNA)과 단백질 껍질로만 구성되고 세포 소기관이 없어 숙주 세포 안에서만 증식이 가능하다. 이것은 생물의 정의에 완전히 부합하지 않아 바이러스는 생물과 무생물의 경계에 있다고 표현된다.

2) 세균(Bacteria)

세균은 0.5~5μm 길이의 단세포 원핵생물이다. 모양에 따라 간균(Bacilli), 구균(Cocci), 나선균(Spirochaetes) 등으로 나눌 수 있고, 그람염색에 대한 반응성에 따라 그람양성(Gram positive), 그람음성(Gram negative)으로 분류할 수 있다. 세균은 항상 병원성이 있는 것은 아니며, 일반적으로 질병을 일으키지 않는 공생균(Commensals), 면역이 저하된 환자나 특정 조건에서 병원성을 갖는 조건병원균(Facultative pathogen)과 항상 질병을 유발하는 절대병원균(Obligate pathogen)으로 나눌 수 있다.

3) 진균(Fungi)

진균은 3~10μm 크기를 갖는 진핵생물이다. 세포소기관이 존재하며, 자체 대사가 가능하다. 효모는 단세포로 번식하고 균사는 다세포 구조로 성장한다. 외부 환경에 대한 저항성이 강하다.

4) 원충(Protozoa)

원충(원생동물)은 10~100μm 크기의 단세포 진핵생물로, 다양한 질병을 일으키며, 일부는 인수공통감염병으로 사람에게도 치명적일 수 있다.

3. 역학의 기본 개념과 감염병의 전파 경로

역학(Epidemiology)은 집단 내에서 질병이 어떻게 발생하고 퍼지는지, 어떤 요인에 의해 영향을 받는지를 연구하며, 질병의 예방과 통제를 위한 실질적 대책을 연구하는 학문이다. 동물보건사가 역학에 대한 기초 지식을 갖추는 것은 감염병의 예방과 관리, 보호자 교육 등 실무에 필수적이다.

1) 역학의 세 가지 핵심 요소

숙주–병원체–환경의 삼각관계는 감염병 발생과 전파를 이해하는 기본 개념으로, 세 요소가 상호작용하여 질병의 발병 여부와 양상을 결정한다.

(1) 숙주(Host)

질병에 걸릴 수 있는 동물 개체의 특성을 말한다. 개체의 면역력, 연령, 영양 상태, 스트레스 수준, 종 특이성 등이 포함된다. 면역력이 저하되거나, 너무 어린 개체나 고령 개체처럼 방어 능력이 약한 경우, 또는 특정 병원체에 민감한 종일수록 감염 위험이 커진다.

(2) 병원체(Agent)

질병을 일으키는 직접적인 원인이다. 병원성(Virulence), 감염력(Infectivity), 변이 가능성(Mutagenicity) 등이 주요 요인이 되며, 병원성이 높고 전파력이 강하거나 변이를 통해 숙주의 방어를 회피하는 병원체일수록 질병이 유발되고 넓게 전파될 가능성이 커진다.

(3) 환경(Environment)

병원체와 숙주가 상호작용을 하는 조건을 의미한다. 환경의 온도, 습도, 위생 상태, 군집 밀도 등이 포함되며, 온·습도의 변화나 위생 불량, 과도한 밀집 환경은 병원체의 생존과 전파, 변이를 촉진하여 발병 위험을 증가시킨다.

2) 병원체의 전파

병원체가 감염되어 질병을 일으키기 위해서는 숙주에서 이탈하여 감수성이 있는 다른 숙주로 전파되어 신체 내부로 침입해야 한다. 병원체는 숙주의 자연 개구부(예: 눈, 코, 입, 항문, 생식기 등), 점막, 체액 및 분비물을 통해 배출될 수 있다. 배출된 병원체는 다양한 전파 경로를 통해 다른 숙주의 체내로 침입한다.

(1) 직접 전파(Direct transmission)

병원체가 매개체 없이 감염원에서 숙주로 바로 전파되는 경우를 말한다.

① 직접 접촉(Direct contact): 핥기, 교미, 교상 등에 의해 피부, 점막, 체액이 직접 교환되는 전파를 말한다.

② 비말 전파(Droplet transmission): 기침, 재채기를 통해 생성되는 큰 비말($>5\mu m$)이 1~2m 이내에서 감염 환자에서 직접 다른 숙주의 점막으로 전파되는 비말 전파의 경우, 공기 중에 부유하지 않고 바로 다른 숙주에게 전파되기 때문에 공기 전파에 의한 간접 전파가 아닌 직접 전파로 본다.

③ 수직 전파(Vertical transmission): 모체에서 자손으로 병원체가 전달되는 것을 말한다. 임신 중 태반을 통하거나 출산 시 산도와 자손의 접촉, 수유에 의해 전파가 일어난다.

(2) 간접 전파(Indirect transmission)

병원체가 환경, 물체, 벡터 등의 매개체를 거쳐 숙주로 전파되는 경우를 말한다. 병원체는 여러 수단에 의해 이동될 수 있고, 그 과정에서 외부 환경으로부터 생존할 수 있어야 한다.

① 간접 접촉(Indirect contact): 감염 환자로 인해 오염된 물건, 도구, 환경 표면을 매개로 전파되는 방식이다.

② 공기 전파(Airborne transmission): 병원체가 포함된 미세 입자(Aerosol, ≤ 5μm)가 공기 중에 장시간 부유하다가 다른 숙주에게 흡입되어 전파되는 방식이다. 입자의 직경이 작고 부유 시간이 길어 먼 거리까지 전파가 가능해 일반적으로 감염력이 높다.

③ 분변-경구 전파(Fecal-oral transmission): 감염된 동물의 분변 내에 포함된 병원체가 다른 숙주 동물이 오염된 물이나 음식을 섭취하는 과정에서 전파되는 경우를 말한다.

④ 매개체 전파(Vector-borne transmission): 모기, 진드기, 벼룩과 같은 벡터는 숙주를 물거나 흡혈할 때 감염원을 전파할 수 있다. 단순하게 병원체를 운반하는 기계적 전파와 병원체가 매개체 내부에서 증식하거나 발달하는 생물학적 전파로 나눌 수 있다.

⑤ 의인성 전파(Iatrogenic transmission): 의료 및 처치 과정에서 발생하는 전파 방식이다. 불충분한 소독 및 멸균 절차로 발생한다.

4. 감염성 질병의 진단 원리와 검사법

감염성 질환의 진단은 병원체(항원 또는 유전자)를 직접 검출하거나 병원체에 대한 면역 반응으로 생성된 항체를 확인해 이루어진다. 진단 정확도의 요소인 민감도, 특이도, 양성예측도, 음성예측도는 각 질병 및 검사별로 다양하므로 한 가지 검사 결과로 진단을 내려서는 안 된다. 진단은 종합적인 정보를 수집하고 판단해야 하며, 질병의 확진뿐만이 아닌 치료 방향의 결정, 추가적인 질병 전파의 차단, 예후 예측 등의 목적도 함께 고려해야 한다.

1) 병원체의 동정

(1) 중합효소연쇄반응(Polymerase Chain Reaction; PCR)

병원체의 DNA나 RNA를 증폭시켜 진단한다. 빠르고 민감도가 높지만 자체적 PCR 검사가 가능한 실험실을 갖춘 병원이 드물고 샘플을 전문 실험실로 보내 검사를 진행한다. 실험 과정 중 샘플의 오염은 위양성 반응을, 샘플의 부적절한 배송과 처리는 위음성 반응을 유발할 수 있다. PCR 검사는 매우 민감하므로 과거의 감염이나 생균백신을 맞은 동물에서도 양성 결과가 나타날 수 있다.

(2) 배양

세균이나 곰팡이 등의 병원체를 채취하여 배지에서 자라게 한 뒤 동정한다. 시간이 오래 걸리고 조건이 까다롭지만, 항생제 감수성 검사 등을 통해 추가적인 정보를 얻을 수 있다. 대부분의 세균 샘플의 경우, 적절한 배지 및 운송 배지에 배양한 뒤 전문 실험실로 배송해 배양한다. 일부 진균 감염에 대해서는 원내에서 시판된 DTM 배지를 이용해 진단에 활용할 수 있다.

(3) 면역학적 항원 감지

효소결합면역흡착분석법(Enzyme Linked ImmunoSorbent Assay, ELISA), 면역크로마토그래피(Immunochromatography) 등의 면역 기법을 통해 검체에 포함된 병원체의 항원을 감지하며, 포함된 항원의 양에 따라 위음성의 가능성이 존재한다.

2) 항체의 감지

(1) 혈청 및 체액 내 면역학적 검사(항체의 감지)

효소결합면역흡착분석법, 면역크로마토그래피 등을 이용해 병원체에 대해 체내에서 면역 반응을 통해 생성된 항체를 감지한다. 따라서 항체는 항원의 감염 후 일정 시간이 지나야 양성으로 나타나며, 과거의 감염 및 백신 접종 여부를 고려해야 한다. 특정 항원에 대한 신체의 면역 반응은 개체마다 다양하므로 항체가의 정도가 항원 노출 시점과 임상 중증도를 알려 주지는 못한다.

5. 감염성 질병의 관리

감염병의 진단 이후에는 감염된 동물에 대한 적절한 간호와 관리를 수행하여 증상을 완화하고 회복을 돕는 것이 중요하다. 동물보건사는 감염 동물을 직접 돌보는 위치에 있기 때문에, 회복을 촉진하는 간호와 함께 질병 전파를 막기 위한 세심한 관리를 수행할 것이 요구된다. 또한 감염병은 대부분 예방이 가능한 질환이므로, 동물보건사는 감염성 질병의 예방을 위한 위생 관리, 백신접종 보조, 보호자 교육 등의 실무를 정확하게 수행할 수 있어야 한다.

1) 위생 관리

질병 전파를 막기 위해 매우 중요하다. 환자와 접촉한 모든 물품과 환경에는 병원체가 존재할 수 있으므로, 다음과 같은 절차를 필요한 상황에 맞게 철저히 시행해야 한다.

① 세척(Cleaning): 물과 세제를 이용해 표면에 있는 병원체를 물리적으로 제거해 수를 줄이는 방법이다. (예: 분변이 묻은 식기, 오염된 바닥, 케이지 내부를 솔과 세제를 이용해 문질러 세척)

② 소독(Disinfection): 소독제를 사용해 세균의 아포를 제외한 대부분의 병원체를 사멸하는 방법이다. (예: 진료를 마친 진료대 표면, 사용한 의료 기구를 차아염소산나트륨이나 에탄올로 소독)

③ 멸균(Sterilization) : 열, EO 가스, 방사선 등을 사용해 세균의 아포를 포함한 모든 병원체를 완전히 사멸하는 방법이다. (예: 수술 도구를 고압증기 멸균(Autoclave)이나 EO 가스로 멸균)

④ 격리(Isolation) : 감수성이 있는 동물로의 전파를 막기 위해 감염 환자를 분리하는 조치를 말한다. 격리실은 반드시 동물병원의 시설로 설치되어 있어야 하며, 독립된 출입구를 갖는 것이 이상적이다. 현실적으로는 다른 동물이 사용하지 않는 방이나 케이지를 격리 공간으로 활용하기도 한다. 격리실의 모든 환자에 대해 간호 지침과 위생 규칙을 철저히 준수한다.

보호자 교육 지침

1) 내원 시 환자의 접종 상태를 확인하고 차트에 기록한다.
2) 백신 접종의 이점과 부작용에 대해 보호자에게 설명하고 접종을 진행한다.
3) 내·외부 기생충 관리 및 예방의 중요성, 주기적인 분변검사를 포함한 기생충 예방 프로그램에 대해 보호자와 협의한다.
4) 입원 전 외부 기생충 검사를 실시하고 발견 시 치료한다.

원내 진료 시 지침

1) 감염병의 주요 임상 징후를 인지하고, 환자는 가능한 한 즉시 격리하며, 다른 동물과의 접촉을 최소화한다.
2) 여행 이력, 다른 동물과의 접촉 등 환자 이력을 철저히 확인한다.
3) 감염 가능성이 있는 환자의 불필요한 이동은 피하고, 지정된 검사실로 이동시킨다.
4) 개인위생 관리와 개인보호장비(PPE)의 사용을 준수한다.
5) 감염 환자와 접촉한 환경(예: 방, 장비, 표면, 물품 등)은 철저히 소독한다.
6) 채취한 검체는 명확하게 라벨링을 한 후 외부 표면을 소독한다.

입원 관리 시 지침

1) 병원균의 에어로졸화, 표면 오염, 매개물 등을 통한 전파 가능성을 인지하고, 감염 환자는 철저히 격리한다.
2) 케이지, 장비, 진찰대, 식기, 침구류 등은 사용 전후 및 일정 주기로 청소·소독한다.

3) 감염 환자가 사용한 식기와 도구는 입원 중 해당 환자 전용으로 사용하고, 격리 구역에서 소독 후 보관한다.
4) 표면을 소독·살균하기 전 눈에 보이는 유기물은 먼저 제거한다.
5) 입원 기간 동안 가급적 동일한 입원장을 사용한다.
6) 세탁물은 뜨거운 물로 세탁하고, 세탁 전후 감염원이 전파되지 않도록 주의한다.
7) 감염 환자 처치 후 다른 환자를 다룰 경우, 철저하게 개인 소독을 진행한다.
8) 격리실 사용 후 전체를 소독하고, 입원 관리 중 전용 도구와 개인보호장구를 사용한다.

2) 증상에 기반한 감염병의 간호

감염성 질병 환자는 원인이 되는 병원체가 달라도 유사한 임상 증상을 보이는 경우가 많다. 증상에 기반한 적절한 간호를 통해 질병이 확진되기 전, 환자의 불편을 줄이고, 합병증을 예방해 예후를 향상시킬 수 있다. <표 13-1>은 주요 증상별 원인, 간호 목표, 간호 방법 및 주의 사항을 정리한 것이다.

〈표 13-1〉 임상 증상별 원인과 간호 목표, 간호 방법 및 주의 사항

증상	원인	간호 목표	간호 방법
발열 (Fever), 고체온증 (Hyperthermia)	감염 및 염증성 사이토카인에 의한 체온 조절 중추 자극	• 체온 정상화 • 고열로 인한 합병증의 예방	• 활력 징후 관찰 • 환경 온도 조절 • 수액 공급 • 수의사 처방에 따른 해열제 투여 • 급격한 체온 변동은 피하며, 과도한 처치로 인한 저체온증의 발생을 주의
저체온증 (Hypothermia)	패혈증, 쇼크 등으로 인한 체온 저하	• 체온 정상화 • 대사기능 저하 방지	• 활력 징후 관찰 • 환경 온도 조절 • 보온 조치(담요, 패드 등)
경련 (Seizure)	신경계 염증, 발열, 독소에 의한 신경 장애	• 경련 시 충돌로 인한 외상 예방 • 추가적인 뇌 손상 예방	• 주변 위험물 제거 및 완충 조치로 외상 방지 • 발작에 대한 대증 처치

증상	원인	간호 목표	간호 방법
식욕 부진 (Anorexia)	감염에 따른 염증 반응, 후각 저하, 통증, 소화기 장애, 약물 부작용 등	• 탈수 예방 • 영양 결핍의 방지 • 장 기능의 유지	• 식욕 부진 이외의 섭취 장애 원인 확인(구강 내 병변 유무 등) • 자발 섭취 유도(기호성이 좋은 사료를 따뜻하게 데워 핸드피딩을 시도) • 수의사 처방에 따른 식욕 촉진제 투여 • 장기적인 식욕 부진 시 강제 급여 검토 • 장기적인 절식 후 급여 시에는 재급여증후군을 주의
구토 (Vomiting)	소화기 염증 · 독소의 구토중추 자극	• 탈수 예방 • 전해질 균형 유지 • 오연성 폐렴 예방 • 토사물에 의한 전파 차단	• 수액 및 영양 공급 • 구토의 양 · 성상 등을 기록 • 체위 조절 등으로 토사물의 흡인 방지 • 수의사의 처방에 따른 항구토제 투여
설사 (Diarrhea)	장점막 손상 및 장내 수분 · 전해질 흡수 장애	• 탈수 예방 • 전해질 균형 유지 • 분변에 의한 전파 차단	• 수액 및 영양 공급 • 분변의 양 · 성상 등을 기록 • 케이지 및 항문 부위의 위생 유지
혈뇨 (Hematuria)	비뇨기계의 염증 및 출혈	• 출혈의 원인 파악 • 요로 폐색의 예방	• 배뇨의 양 · 빈도 · 성상 기록 • 배뇨 시 통증 · 곤란 유무 관찰
호흡기 증상 (기침, 호흡곤란, 콧물 등)	호흡기 염증 및 삼출물로 인한 가스교환 장애	• 산소 공급 • 기도 자극 최소화	• 산소 공급 • 기도 자극 요인(담배 연기, 먼지, 스프레이 등) 제거 • 흉부 타진법(Coupage) 및 네뷸라이저 처방으로 호흡기 분비물 제거 보조 • 수의사의 처방에 따른 진해 거담제, 기침 억제제, 기관지 확장제 등의 투여

6. 감염성 질병의 치료

1) 항생제

항생제 치료는 동물병원에서 흔하게 진행되는 치료 중 하나이다. 피부 · 조직의 감염, 비뇨기 · 호흡기의 감염, 혈액 전파성 질환, 수술 후 감염증 등 다양한 상황에서 항생제 치료가 요구된다. 또한 세균 감염은 종종 원발 질환에 속발하여 이차적으로 발생하기도 한다. 항생제 감수성 테스트 결과, 감염 부위, 국소 요인, 약동학적 · 약력학적 요인, 투여 경로, 약물의 안전성 등에 대한 고려가 된 후 항생제 치료를 적용해야 한다.

(1) 항생제의 경험적 선택

세균 배양과 감수성 결과가 확보되기 전에는 경험적 항생제 선택을 통해 항생제를 적용한다. 감염증에 대한 치료 성공률이 가장 높을 것 같은 항생제를 선택한다. 일반적으로 감염 부위에서 가장 흔하게 발견되는 상재균, 기회세균 및 조직에 침투할 가능성이 높은 세균을 고려하며, 경험적 항생제 선택이 실패하거나 저항 균주가 의심될 때는 항생제 감수성 검사를 통해 적절한 항생제를 다시 선택하여 사용해야 한다.

(2) 병원체에 효력을 보이는 항생제의 선택과 감수성 검사

초기에 선택한 항생제 치료가 효과가 없다면, 항생제 감수성 결과에 따라 항생제를 변경할 수 있다. 몇몇 세균은 예측 불가능한 항생제 감수성 패턴을 보이고, 자주 사용하지 않는 항생제에 감수성을 보이는 경우가 많기 때문에 항생제 감수성 검사가 필수적이다. 항생제 감수성 결과에 따라 감수성(S, susceptible), 중간감수성(I, intermediate), 내성(R, resistant)으로 분류하며, 감수성이 있는 항생제를 사용했을 때 치료에 성공할 가능성이 높다. 그러나 다른 약물의 작용이나 환자 요인에 의해 실패할 수도 있으며, 중간감수성인 경우에도 약물의 농도를 증량하면 효과를 나타내는 경우도 있다.

(3) 항생제 내성(Antimicrobial resistance)

세균은 지속적으로 항생제에 저항하는 새로운 기전을 발달시키고 있으며, 그 속도는 새로운 항생제의 개발 속도를 앞서고 있다. 이로 인해 항생제 내성은 수의학과 인수공통감염병 관리에 큰 위협이 되고 있다. 항생제 내성을 갖는 세균이 나타나고 확산되는 것을 방지하기 위해 항생제의 남용을 제한하는 움직임이 전 세계적으로 강화되고 있다.

2) 항진균제와 항바이러스제

원발성과 속발성 감염증을 치료하기 위해 항생제에 더불어 항진균제와 항바이러스제가 사용된다. 항진균제는 전신 곰팡이 감염증, 피부 사상균, 효모 감염증 등의 치료에 사용된다. 바이러스 감염 치료를 위한 전신적인 항바이러스제는 수의학에서 드물게 사용된다. 수의학에서 바이러스 질환의 치료는 주로 보조요법과 면역력의 저하로 인한 2차 감염의 방지에 중점을 둔다.

〈표 13-2〉 개와 고양이에서 진균 감염증에 사용되는 약물

국소제제(연고, 크림, 용액)	성분이 포함된 국내 출시 제품
미코나졸(Miconazole)	이소틱, 수로란, 말라셉
터비나핀(Terbinafine)	넵트라
니스타틴(Nystatin)	오리더밀, 카누랄
클로트리마졸(Clotrimazole)	오리존

〈표 13-3〉 항진균제의 특징

전신 작용제	개요
케토코나졸 (Ketoconazole)	동물에서 가장 먼저 사용된 azole 계열 약물이다. 광범위한 항균력을 갖고 있지만 간독성이 있어 점차 사용 빈도가 줄고 있다.
이트라코나졸 (Itraconazole)	진균 감염증에 가장 많이 사용된다. 케토코나졸보다 강력하고 부작용이 적지만 간 수치 상승과 식욕 부진, 구토 등이 나타날 수 있다.
플루코나졸 (Fluconazole)	다른 azole 계열에 비해 경구 흡수가 더 잘 되지만 항진균 범위가 좁다.
터비나핀 (Terbinafine)	진균의 세포막 합성을 억제한다.
그리세오풀빈 (Griseofulvin)	음식과 같이 투여하며 임신한 고양이에게는 금기된다.
암포테리신 B (Amphotericin B)	심각한 전신 곰팡이 감염에 효과가 있지만, 부작용으로 신독성에 의한 AKI가 발생할 수 있다.

〈표 13-4〉 개와 고양이에서 바이러스 감염증에 사용되는 약물

명칭	개요
GS-441524	고양이전염성복막염(FIP)의 치료제로 사용한다. Nucleoside Analog 계열로, 바이러스의 RNA 복제를 억제해 진행을 막는다.
인터페론-ω	고양이 유래 재조합 인터페론-ω가 '버바젠 오메가'라는 상품명으로 출시되었다. 면역 세포의 활성을 증가시키고, 감염된 세포의 mRNA와 단백질 전사를 억제해 효과를 나타낸다.
아시클로버(Acyclovir)	조류의 헤르페스 감염과 고양이 헤르페스 감염 치료에 사용한다.
팜시클로버(Famciclovir)	고양이의 헤르페스 감염 치료에 사용한다.
리바비린(Ribavirin)	사람에서 C형 간염 등의 치료에 사용된다. 수의학에서 실험적으로 적용해 효과가 있었던 사례(개홍역)가 있다.

7. 감염성 질병 각론

1) 바이러스성 질병

(1) 개 파보바이러스 감염증(Canine Parvovirus Infection)

전 세계적으로 발생하며, 개에서 높은 사망률을 유발하는 감염성 질환이다.

- 병원체: Canine parvovirus(CPV) type 2(2a, 2b, 2c가 있으며, 병원성에 차이가 있다.)
- 주요 전파 경로: 감염된 개의 분변이 다른 개의 입을 통해 체내로 들어가면서(분변-경구) 전파된다. 환경 생존력이 강해 수개월간 생존 가능하다.
- 임상 증상: 급성의 구토와 수양성 · 혈성 설사가 동반된다. 백혈구 감소증과 저혈당증, 전해질 불균형이 동반된다. 면역 억압으로 이차 감염 및 패혈증이 발생할 수 있다.
- 치료 및 관리: 얼마나 환자를 집중적으로 치료하느냐에 따라 예후가 크게 달라진다. 보조 요법이 치료의 핵심이 되며, 입원하여 격리해 치료하는 것이 권장된다. 수액, 저혈당증과 전해질 불균형 교정, 항생제 · 항구토제 · 진통제 · 영양보조 · 구충제가 치료의 기본적인 구성이 된다. 출혈성 설사 등으로 빈혈이 생긴 경우에는 수혈이 고려되며, 재조합 인터페론의 사용이 사망률을 낮춘다는 연구 결과가 있다.

(2) 개홍역(Canine Distemper)

급성 · 아급성의 전신 감염증으로, 빠른 확산과 매우 높은 사망률을 보인다.

- 병원체: Canine distemper virus(CDV)
- 주요 전파 경로: 바이러스에 오염된 분비물, 구토물, 분변, 환경 오염물 등에 대한 구강 · 비강의 노출에 의해 전파된다. 기침이나 재채기에 의해 형

성된 비말에 의해서도 전파될 수 있다.

- 임상 증상: 나이가 들거나 면역이 있는 개에서는 무증상이거나 경미한 소견만 보인다. 강아지에서는 고열, 림프구 감소증, 식욕 부진, 탈수, 결막염, 호흡기 증상이 발생하며, 높은 폐사율을 보인다. 어린 개에서는 치아 에나멜 저형성증이 발생하기도 한다. 신경 증상은 전신질환의 증상이 없었던 개에서도 발생할 수 있고, 예후와 감염의 회복에 영향을 주는 중요한 요소이다. 농포성 피부 질환, 발바닥의 과각화증은 신경 증상이 동반될 가능성을 시사한다. 임신한 개에서 유산과 사산, 수직감염이 가능하다.
- 치료 및 관리: 보조 치료에 의존한다. 속발성 세균 감염이 있는 환자에서 광범위 항생제를 투여하며, 신경 증상의 조절을 위해 약물을 사용할 수 있다.
- 참고: CDV는 외부 환경에서 장시간 생존할 수 없기 때문에 환경 소독을 철저히 함으로써 병원 내에서 CDV를 관리할 수 있다.

(3) 개 전염성 간염(Canine Infectious Hepatitis)

- 병원체: Canine adenovirus(CAV) type 1, 2가 있다. CAV-1은 주로 혈관, 간, 신장에 감염되며, CAV-2는 호흡기와 장의 상피조직을 선호한다.
- 주요 전파 경로: 감염은 분비물, 환경 오염물 등에 구강·비강이 노출되어 발생한다. 공기 전파는 일어나지 않으며, 오줌이 전파에 핵심적인 역할을 하는 것으로 생각된다.
- 임상 증상: 발열, 의기소침, 기면, 복수, 출혈, 간 기능장애 및 간성뇌증, 간괴사가 발생한다.
- 치료 및 관리: 보조 요법에 집중하고 임상 증상 및 합병증에 대한 대증 요법을 병행한다. 출혈이나 DIC와 같은 합병증의 관리를 위해 혈액제제 투여가 필요할 수 있다.
- 참고: 비교적 안정성이 있어 외부 환경에서 수개월간 생존한다. 락스와 과산화수소를 제외한 대부분의 소독약에 저항한다.

(4) 광견병(Rabies)

광견병은 드물게 생존 증례가 보고되었지만, 치사율이 100%에 달하는 치명적인 병원체이다.

- 병원체: Rabies virus
- 주요 전파 경로: 교상에 의한 직접 전파. 개방된 상처로 감염성 타액이 오염되어 전파된다.
- 임상 증상: 초기엔 비특이적 증상이 주로 관찰되며 행동 변화, 유연, 마비, 공격성 등의 신경증상이 진행된다.
- 치료 및 관리: 광견병에 대한 치료 방법은 없으며, 안락사가 권장된다.
- 참고: 노출 가능성이 있는 개체는 10일간 관찰한다. 10일이 지나도 살아있거나, 임상 증상이 나타나지 않은 경우 전파되지 않은 것으로 판단한다.

(5) 개 파라인플루엔자 감염증(Canine Parainfluenza Virus Infection)

개 전염성 호흡기 질환, 켄넬코프, 전염성 기관기관지염 등으로 알려진 질환을 유발하는 병원체 중 하나이다.

- 병원체: Canine parainfluenza virus(CPIV)
- 주요 전파 경로: 재채기나 기침을 통해 배출된 호흡기 분비물을 흡인하여 일어난다.
- 임상 증상: 매우 크고 지속적인 기침이 특징적이다. 식욕은 약간 저하될 수 있지만, 발열 등의 다른 증상은 일반적으로 관찰되지 않는다.
- 치료 및 관리: 기침 억제제·항생제 등이 대증 치료에 사용되며, 폐렴 등 다른 질환이 합병되었다면 보조 치료와 모니터링이 필요하다.
- 참고: 켄넬코프, 전염성 기관기관지염은 대부분 CPIV와 *Bordetella bronchiseptica*의 동반감염이 관찰된다.

(6) 개 헤르페스바이러스 감염증(Canine Herpes Virus Infection)

- 병원체: Canine herpes virus(CHV)
- 주요 전파 경로: 호흡기나 생식기 분비물에 대한 구강·비강의 노출로 전파되며, 수직감염도 가능하다.
- 임상 증상: 식욕 부진, 호흡곤란, 점상출혈 등을 보이며, 수직감염된 새끼는 폐사할 수 있다. 나이 든 개에서는 가벼운 호흡기 증상을 보인 후 자연치유된다. 잠복감염에 의해 추후 신경증상이 나타날 수 있다.
- 치료 및 관리: 치료는 보조 요법에 국한되며, 신생아 소실을 예방하는 데에는 효과가 없다.
- 참고: 국내 상용화된 백신은 없다. 환경에서 불안정하고 대부분의 소독약에 불활화되기 때문에 환경 관리가 중요하다.

(7) 개 유두종바이러스 감염증(Canine Papillomatosis)

- 병원체: Canine papillomavirus(CPapV)
- 주요 전파 경로: 전염성이 강해 직·간접 접촉에 의해 피부나 점막 내 작은 상처로 전파된다.
- 임상 증상: 하나에서 수십 개의 사마귀가 구강이나 상피조직에 발생한다. 일반적으로 4~8주 내에 자연적으로 퇴축된다.
- 치료 및 관리: 대다수의 개에서 자연치유되기 때문에 사마귀가 저작이나 호흡을 방해하지 않는다면 치료는 필요하지 않다.
- 참고: 상용화된 백신은 없으며, 일부 개는 반복적으로 임상 증상이 재발할 수 있다.

(8) 개 코로나바이러스 감염증(Canine Coronavirus Infection)

- 병원체: Canine coronavirus(CCV)
- 주요 전파 경로: 분변-경구 경로로 확산되며, 위생이 불량한 군집 환경에서 다발한다.
- 임상 증상: 수양성 설사와 구토, 식욕 부진을 유발한다.
- 치료 및 관리: 지지요법을 적용한다.
- 참고: 단독감염 시 대부분 증상이 경미하고 자연회복되지만 CPV 등 다른 병원체와 혼합감염 시 중증화되어 심한 설사와 탈수를 유발할 수 있다.

(9) 고양이 상부 호흡기질환(Feline Upper Respiratory Tract Disease; FURTD)

- 병원체: Feline herpesvirus(FHV-1), Feline calicivirus(FCV)
- 주요 전파 경로: 주로 고양이 사이의 직접 접촉에 의해 전파된다. 감염성 분비물과의 접촉이나 비말로도 전파가 가능하다.
- 임상 증상: 상부 기도 질환을 유발하고, 결막염, 재채기, 유연, 기침 증상을 보인다. 고병원성 FCV(Virulent systemic FCV; VS-FCV)에 감염된 경우에는 발열, 궤양성 피부염, 황달 증상을 보이고 사망률도 높다.
- 치료 및 관리: 보조 요법에 중점을 두고 있고, 중증환자의 치료를 위해 광범위 항생제가 지시될 수 있다. famciclovir, trifluridine, acyclovir, 재조합 인터페론 등이 일부 효과가 있는 것으로 생각된다.

(10) 고양이 전염성 복막염(Feline Infectious Peritonitis; FIP)

고양이 코로나바이러스는 아주 흔하게 만연되어 있고 보통 임상 증상을 유발하지 않는다. 코로나바이러스에 감염된 다묘 환경 개체의 약 5%에서 FIP가 유발되며, 비병원성 FCoV 유전자의 자연 발생 돌연변이에 의해 FIP가 발생한다는 증거가 지속적으로 나오고 있다.

- 병원체: Feline corona virus(FCoV)
- 주요 전파 경로: 일반적으로 분변-경구 경로로 전파된다.
- 임상 증상: 비삼출형의 경우, 육아종성 병소가 중추신경계, 실질성 장기에 발생할 수 있다. 삼출형의 경우, 혈관염에 의해 체강 안의 체액 축적(복수, 흉수, 심낭수 등), 발열, 종괴, 고환염, 피부병소 등이 나타난다.
- 치료 및 관리: 수년 전까지 FIP로 진단된 거의 모든 고양이는 폐사했다. GS-441524가 예후를 유의하게 개선한다는 보고가 많으나, 2025년 현재 국내에 수의용 정식 품목 허가 제품은 없다. 비공식 유통제제는 함량, 순도 등 품질 문제가 있을 수 있어 주의가 필요하다.
- 참고: 효과적인 백신 개발을 위한 많은 시도가 있었지만 대부분 실패했다. 주된 이유는 항체-의존성 항진 효과(antibody-dependent enhancement; ADE) 때문이다. 이것은 백신을 통해 항체가 생긴 고양이가 FCoV에 노출되었을 때 FIP가 더 빨리 발생하고 백신을 접종하지 않은 고양이보다 더 빨리 폐사하는 현상을 말한다. 그리고 이미 FCoV나 FIP가 발생한 환경에서 FIP 백신은 효과가 없는 것으로 보인다.

(11) 고양이 백혈병(Feline Leukemia Virus Infection)

- 병원체: Feline leukemia virus(FeLV)
- 주요 전파 경로: 감염성 바이러스는 대부분 타액, 비루, 분변, 오줌 등을 통해 구강·비강 경로나 교상으로 수평 전파되며, 수직 전파도 가능하다.
- 임상 증상: 체중 감소, 발열, 탈수, 설사 등의 비특이적 증상과 종양(림프종), 골수억압(빈혈), 면역결핍(속발성 감염) 등을 유발한다.
- 치료 및 관리: FeLV는 외부 환경에서 불안정하여 일반적인 소독으로 제거가 가능하다. 예방접종은 진행성 감염의 발병 위험을 크게 낮춘다.
- 참고: 감염 후 퇴행성(Regressive)으로 진행된 경우, 신체 내에서 장기간 생존이 가능하다.

(12) 고양이 면역결핍바이러스 감염(Feline Immunodeficiency Virus Infection)

- 병원체 : Feline immunodeficiency virus(FIV)
- 주요 전파 경로: 대부분의 교상 및 할큄에 의한 타액 · 혈액의 직접적인 접촉에 의해 전파된다. 안정적인 가정 내에서 고양이 사이의 수평 전파는 드물며, 이 점이 FeLV와 다른 점이다.
- 임상 증상: 면역 결핍증이나 면역 매개성 질환 등 면역 기능부전이 발생한다. 임상적으로 2차 감염이 유발되며, 호중구 · 림프구 감소증이 나타난다. 림프종 발생 위험성도 5~6배 증가하며, 그로 인한 악액질이 발생한다.
- 치료 및 관리: 건강한 FIV 감염 고양이는 새로운 감염원이 될 수 있기 때문에 활동을 제한하고 혼자 키우거나 다른 FIV 감염 고양이와만 사육한다. 2차 감염에 대해 항생제를 적용한다.
- 참고 : FIV 감염 고양이의 3년, 6년 생존율은 각각 94 %, 80 %로, 감염 자체는 생존율에 미치는 영향이 경미하므로 보호자와의 상담에서 관리의 중요성을 교육한다.

(13) 고양이 범백혈구 감소증(Feline Panleukopenia)

개 파보바이러스(CPV)와 고양이 범백혈구감소증 바이러스(FPV)는 매우 유사하다. CPV는 고양이에서 증식되지 않으며, FPV는 개에서 질병을 유발하지 않는다.

- 병원체 : Feline panleukopenia virus(FPV)
- 주요 전파 경로 : 분변-경구 경로, 비말 전파
- 임상 증상 : 발열, 구토, 설사 등 CPV와 매우 유사하다.
- 치료 및 관리 : CPV와 유사하게 대증치료와 보조요법이 중요하다
- 참고 : 환경에서 안정적이므로 간접 전파가 잘 일어나고 제어가 어렵다.

2) 세균성 질병

(1) 바르토넬라(Bartonella)

많은 포유류에게 감수성이 있으며, 사람에게도 고양이 긁힘병(Cat Scratch Disease; CSD) 등을 유발한다.

- 병원체: *Bartonella* spp.
- 주요 전파 경로: 벼룩, 진드기, 이 등 다양한 매개체에 의해 전파된다.
- 임상 증상: 심내막염, 비뇨기염, 구내염, 림프선병증, 뇌수막염, 육아종 간염, 피부혈관염 등
- 치료 및 관리: 다양한 항생제에 감수성이 있으며, 독시사이클린, 아지트로마이신, 엔로플록사신, 아목시실린/클라불라네이트 등이 사용된다.
- 참고: 많은 고양이에서의 상재균이기 때문에 면역이 저하된 사람은 접촉을 피하고 긁힌 상처는 즉시 소독한다.

(2) 라임병(Lyme borreliosis)

라임병은 북미에서 가장 흔한 진드기 매개성 질환이다.

- 병원체: *Borrelia burgdorferi*
- 주요 전파 경로: 숙주(설치류)를 흡혈해 감염된 진드기에 의해 전염된다.
- 임상 증상: 다관절염, 발열, 거식증, 무기력증, 신부전, 발작 등이 나타날 수 있다.
- 치료 및 관리: 독시사이클린, 아목시실린, 아지트로마이신 등을 4주 이상 처방한다. 신부전이 나타난 경우, 예후는 좋지 않다.

(3) 개 브루셀라증(Canine brucellosis)

생식 기능 상실과 불임의 원인이 되며, 잠재적으로 인수공통감염병을 일으킬 수 있다.

- 병원체: *Brucella canis*, *Brucella abortus*, *Brucella melitensis*, *Brucella suis*
- 주요 전파 경로: 생식기, 구강, 점막 등 직접 접촉으로 전파되며, 수직감염도 일어난다.
- 임상 증상: 림프절염, 무기력증, 척추염, 심내막염, 뇌수막염 등이 나타날 수 있고 유산과 사산을 유발한다. 일부 태아는 출생 후 단기간에 사망하며, 수컷 개에서는 부고환염, 음낭부종, 고환염 등이 나타나고 종종 불임으로 이어진다.
- 치료 및 관리: 재발이 잦으며, 장기간에 걸친 항생제의 조합이 가장 성공적으로 재발을 막는다. 테트라사이클린, 스트렙토마이신, 겐타마이신, 엔로플록사신 등을 조합한다.
- 참고: 대한민국에서도 연간 1~4건이 산발적으로 보고되었으나 2025년 한 동물생산업장에서 105마리가 최종 확진되는 등 질병 전파 확대의 가능성이 있어 유의가 필요하다.

(4) 에를리키아증(Ehrlichiosis)

- 병원체: *Ehrlichia canis*, *Ehrlichia chaffeensis* 등
- 주요 전파 경로: 균혈증 상태의 숙주를 흡혈한 진드기가 감염력을 획득하고 다른 숙주를 흡혈함으로써 전파한다. 수혈을 통해서도 전파가 가능해 헌혈자 선별 시 고려해야 한다.
- 임상 증상: 급성 개 단핵구성 에를리키아증(Canine monocytic ehrlichiosis; CME)에서 비특이적 염증성 질환 및 다발성 관절염이 나타나며, 심하게 이환된 경우, 출혈, 신경학적 이상, 신부전, 골수 억제 등이 나타날 수 있다.

- 치료 및 관리: 독시사이클린, 클로람페니콜이 효과적이며, 엔로플록사신은 효과가 없는 것으로 알려져 있다. 수액 처치와 빈혈에 대한 수혈 등 보조 치료를 진행한다.

(5) 렙토스피라증(Leptospirosis)

인수공통감염병으로, 주로 설치류의 소변과 접촉하여 전파된다.

- 병원체: *Leptospira interrogans*, *Leptospira kirschneri* 및 그 아형들
- 주요 전파 경로: 직접 전파(감염된 소변 · 혈액에 직접 접촉, 감염된 조직의 섭취, 수직감염 등)와 간접 전파(물, 토양, 음식 등)로 감염된다. 환경에서 몇 달 이상 생존할 수 있다.
- 임상 증상: 전형적인 증상은 급성의 신장 · 간 질환이며, 영향을 받은 조직에 따라 임상 증상이 달라질 수 있다. 비특이적인 전신 증상(열, 무기력, 구토, 근육통 등)이 나타난다.
- 치료 및 관리: 페니실린, 아목시실린, 독시사이클린 등의 항균제와 탈수 및 전해질 불균형에 대한 보조 요법, 신부전 · 간부전 및 DIC에 대한 치료를 진행한다.
- 참고: 대한민국에서 개의 렙토스피라증 발병 보고가 이어지고 있어, 핵심백신으로 정기적인 예방접종을 받는 것이 권장된다.

(6) 메티실린 저항성 황색포도상구균(Methicillin-resistant Staphylococcus aureus; MRSA)

- 병원체: *Staphylococcus aureus*
- 주요 전파 경로: 상재균으로서 기회감염한다.
- 임상 증상: 가장 흔한 병변은 상처 감염과 농피증, 중이염, 요로감염이며, 골수염, 심내막염, 패혈증, 폐렴 및 괴사성 근막염을 일으킬 수 있다.
- 치료 및 관리: 국소치료를 위해 무피로신, 꿀 등을 활용할 수 있고 피부에

국한되지 않은 감염이 발생한 경우에는 전신 항균제가 권장된다.

- 참고: 인수공통감염병이며, 항생제 내성 균주의 발생 위험을 최소화하기 위해 항생제 남용은 금기해야 한다.

(7) 페스트(Plague)

역사적으로 막대한 인명 피해를 초래한 인수공통감염병으로, '흑사병'으로도 알려져 있다.

- 병원체: *Yersinia pestis*
- 주요 전파 경로: 만성적으로 감염된 설치류 숙주와 설치류에 기생하는 벼룩에 의해 환경에서 유지된다. 벼룩이 흡혈하는 과정에서 전파되며, 숙주의 직접 접촉이나 비말의 흡입을 통해서도 감염될 수 있다.
- 임상 증상: 고양이에서는 세 가지의 임상형이 보고되며, 발열, 식욕 부진, 구토, 설사가 공통으로 나타난다. 선페스트는 노출 부위 인근 림프절의 종창과 괴사가 특징이며, 균이 혈류로 퍼져 패혈성 쇼크를 일으키는 패혈증형과 이차적으로 발생하거나 비말 전파를 통해 일차적으로 발생하며, 가장 치명적인 폐페스트가 있다. 개는 *Yersinia pestis* 감염에 상대적으로 저항성이 높아 다수에서 감염은 무증상이다.
- 치료 및 관리: 페스트 의심 환축은 격리시설에 입원해야 하며, 모든 직원은 취급에 각별히 주의해야 한다. 아미노글리코사이드가 가장 효과적이고 엔로플록사신, 테트라사이클린, 클로람페니콜, 독시사이클린 등이 사용된다. 선페스트의 농양은 절개하여 클로르헥시딘으로 세척한다.

(8) 파상풍(Tetanus)

- 병원체: *Clostridium tetani*가 생성한 신경독소
- 주요 전파 경로: 혐기성 환경에서 생성된 독소가 상처를 통해 체내로 침

투해 발생한다.

- 임상 증상: 신경계에 침투하여 턱 경직에 의한 개구불능, 전신경직과 과민 증상, 경련을 유발하며 호흡근 마비에 의해 사망할 수 있다.
- 치료 및 관리: 상처 부위의 절제와 세척으로 추가 중독을 막고 항독소제를 주사한다. 경련이나 호흡곤란에 대한 보조 요법과 대증 처치를 진행한다.

3) 진균성 질병(Fungal disease)

진균은 신체의 국소 부위로 감염되거나, 그 후 몸 전체로 퍼져 전신성으로 감염될 수 있다. 진균이 감염된 장기나 조직에 따라 임상 증상은 달라지지만, 기침, 운동 불내성, 호흡곤란, 체중 감소, 발열 등이 전형적으로 관찰된다. 호흡기를 통한 감염이 가장 일반적인 감염 경로이며, 경구 감염도 가능하다. 진단을 위해 배양, 조직학적 검사, 분자생물학적 검사로 감염 장기, 조직에서 병원체가 존재하는 것을 증명한다. 혈청학적 검사는 진단에 도움이 될 수 있지만 현재 상황에 대한 정보가 아닐 수 있음에 유의해야 한다.

(1) 히스토플라스마증(Histoplasmosis)

*Histoplasma capsulatum*은 환경에서 전파되며, 개체 간 전염은 일어나지 않는다. 전신 감염증에 의해 체중 감소, 식욕 부진, 발열, 호흡기 증상 등이 나타나며, 감염에 대한 치료로 암포테리신 B, 케토코나졸, 이트라코나졸을 사용한다.

(2) 아스페르길루스증(Aspergillosis)

*Aspergillus fumigatus*는 국소(비강, 비갑개, 부비동)나 전신에 감염된다. 식욕부진, 안면 통증, 부비동 화농염, 비출혈, 실질 장기의 육아종 및 중감염에 의한 수막뇌염도 유발될 수 있다. 치료를 위해 국소 병변의 외과적 제거와 국소·전신적 항진균제를 사용한다.

(3) 콕시디오이데스진균증(Coccidioidomycosis)

Coccidioides immitis, *Coccidioides posadasii*에 의해 폐에서 시작해 전신으로 전파되는 전신 진균 감염증이다. 무증상 감염에서 다발성 장기부전까지, 임상 증상은 비특이적이며 항진균제를 단독 또는 병용하여 최소 4~6개월간 치료한다. 콕시디오이데스진균증은 전염성이 매우 높고 인간에게 전염이 가능해 심각한 생물학적 위험요소임에 유의한다.

(4) 크립토코쿠스증(Cryptococcosis)

Cryptococcus neoformans, *Cryptococcus gattii*에 의해 환경에서 효모를 흡입하여 발생하며, 비강, 폐에서 시작하여 중추신경계, 눈, 피부로 퍼지는 전신성 진균 감염이다. 숙주의 면역 상태에 의해 질환의 중등도가 결정되며, 비특이적인 호흡기, 중추신경계, 전신 증상이 나타난다. 암포테리신 B, 이트라코나졸, 플루코나졸 등을 단독 · 병용하여 치료한다.

(5) 블라스토마이세스증(Blastomycosis)

*Blastomyces dermatitidis*에 의한 전신성 진균 감염이다. 흡입 및 상처를 통해 전파되어 영향을 받은 조직의 비특이적 증상과 림프절염을 유발한다. 자연 치유되는 경우는 드물며, azole계 항진균제를 최소 3개월간 적용한다. 호흡 및 안구 질환에 대해서는 산소 공급, 기관지 확장제 등 추가 치료가 필요할 수 있다.

4) 원충성 질병(Protozoal disease)

원충(Protozoa)은 단세포 유기체로, 병원성 원충은 크게 아메바류(ameba), 섬모충류(cilitates), 포자충류(coccidians), 편모충류(flagellates), 미세포자충류(microspora), 파이로플라스마류(piroplasmida) 등으로 분류된다. 일반적으로 위장관 질환, 다발성 전신 질환 또는 둘 모두를 유발한다.

(1) 아메바성 감염(Amebiasis)

*Entamoeba histolytica*는 주로 결장 내강에서 서식한다. 사람의 대변을 통해 배출되어 분변-경구 경로로 반려동물에게 전염될 수 있다. 반려동물에서 사람으로 전염되는 경우는 드물다. 심한 궤양성 대장염을 유발하며, 소화기 이외의 증상은 드물다. 임상 증상이 있는 경우에는 메트로니다졸과 푸라조리돈을 사용하여 원충을 제거할 수 있다.

(2) 바베시아증(Babesiosis)

Babesia spp.는 진드기를 통해 전파되는 적혈구 내 기생 원충이다. *Babesia gibsoni*, *Babesia canis* 등의 종이 존재하며, 국내에서는 주로 봄과 가을철에 진드기 물림에 의해 개에서 감염된다. 감염 후 며칠에서 수주 간의 잠복기를 거쳐 빈혈을 유발하며, 만성 및 무증상 감염이 가능하다. 급성 감염의 임상적 징후에는 빈혈, 발열, 점막 창백, 무기력, 빈맥, 식욕 부진, 황달, 혈뇨, 비장종대 등이 나타난다. 만성 감염의 임상 징후로는 체중 감소, 식욕 부진, 복수, CNS 질환, 심폐 질환 등이 관찰된다. 혈액도말 검사를 통해 적혈구 내 바베시아 원충을 확인하며, 항체 검사, PCR 검사 및 CBC 상 빈혈 및 혈소판 감소 소견도 진단에 활용된다. 치료를 위해 Atovaquone-Azithromycin 복합요법(AA combination), Imidocarb 또는 Metronidazole-Clindamycin-Doxycycline 복합요법(MCD combination) 등이 사용되며 증상이 심한 경우 수혈이 필요할 수 있다. 완치가 어렵고 재발 위험성이 높기 때문에, 진드기에 물리지 않도록 예방하는 것이 가장 효과적이며 중요하다.

(3) 지알디아증(Giardia)

지알디아는 개와 고양이의 위장관에 감염되어 발병한다. 비위생적인 군집 환경에서 다발하며, 구토와 소장성 설사를 유발한다. 메트로니다졸과 펜벤다졸을 이용해 치료하며, 호수나 연못에서 헤엄친 후 감염되는 경우가 흔해 그러한 장소를 피하고 정기적인 구충을 진행해 예방할 수 있다.

(4) 트리코모나스증(Trichomoniasis)

*Trichomonas foetus*가 분변-경구 경로를 통해 전염된다. 열악한 위생 상태에서 과도하게 밀집 사육하는 환경에서 발생한다. 개와 고양이에서 대장성의 설사를 유발하며, 감염 상태의 지속 시 쇠약, 건강 악화, 성장장애, 모질 불량 등이 나타난다. 메트로니다졸, 로니다졸을 투여해 치료하며, 임상 증상은 수개월이 지나 자연적으로 해결되는 경우도 있다.

(5) 리슈만편모충증(Leishmaniasis)

Leishmania spp.는 주로 모래파리를 매개로 감염된다. 극심한 면역 반응이 유도되어 면역 복합체를 형성해 사구체신염 및 다발성 관절염이 유발된다. 체중 감소, 다음·다뇨, 구토, 설사, 황달 등이 나타날 수 있다. 내과적인 치료는 어려우며, 신부전이 동반된 경우에는 예후가 좋지 않다. 매개체인 모래파리를 피하는 것이 유일한 예방법이다.

(6) 톡소플라스마증(Toxoplasmosis)

*Toxoplasma gondii*는 콕시듐 원충으로 고양이를 종숙주로 갖지만, 개와 사람을 포함한 다른 동물도 중간 숙주가 될 수 있다. 대부분 무증상 감염되지만, 증상이 발현된다면 고열, 식욕 감소, 기침, 빈호흡 등을 보이며, 임산부에게 감염 시 유산, 사산 및 수직 전파의 가능성이 있다. 치료는 보조 치료와 항생제로 구성되며 클린다마이신, 트리메토프림-설파, 아지스로마이신 등이 사용된다.

(7) 네오스포라시스(Neosporosis)

*Neospora caninum*은 개에서 다발성 중추신경계 질환과 다발성 근염이 나타날 수 있다. 행동 변화, 사경, 발작, 발열, 기침, 구토 등을 보일 수 있으며, 치료를 위해 트리메토프림, 마크로라이드계 항생제, 테트라사이클린 등이 사용된다. 무리 중 한 마리에서 네오스포라시스가 진단되었다면, 무리의 모든 개는 치료를 받아야 하며, 수직감염이 가능해 번식을 계획한다면 반드시 네오스포라시스에 대해 고려해야 한다.

(8) 사이토옥시오아증(Cytauxzoonosis)

*Cytauxzoon felis*는 진드기 물림을 통해 고양이에게 감염된다. 발열, 호흡곤란, 황달, 빈혈이 나타난다. 수액 치료와 수혈 등의 지지요법으로 치료하며, 엔로플록사신, 아지스로마이신, 아토바쿠온, 이미도카브 등이 일부 성공적으로 사용됐다. 진드기를 제어하는 것이 최선의 예방책이다.

(9) 주혈원충증(Hepatozoonosis)

*Hepatozoon canis*는 진드기에 의해 전파된다. 발열, 전신성 근위축, 탈진, 악액질, 만성 간염을 유발하며, 사구체신염 및 아밀로이드 축적으로 사망할 수 있다. 치료를 위해 트리메토프림-설파, 클린다마이신, 피리메타민을 조합하여 2주간 적용하는 프로토콜을 이용한다. 악액질을 유발하는 경우가 많아 열량 밀도가 높은 음식을 공급하고 탈수에 대한 지지요법을 적용한다.

8. 예방접종

1) 예방접종의 개요

예방접종은 능동 획득 면역을 유도하여 감염병을 방어하는 방법이다. 병원체를 질병을 일으키지 못하는 상태로 처리해 신체에 노출시켜 해당 병원체에 대한 항체를 만들도록 하는 것이 예방접종의 원리이다. 제너의 천연두 백신 이래 백신 기술은 지속적으로 발전하고 있다. 예방접종에 의해 형성된 면역의 지속기간(duration of immunity, DOI)은 제한적이기 때문에 높은 수준의 방어력을 유지하기 위해서는 추가 접종(Booster)이 추천된다. 추가 접종의 횟수와 빈도는 사용된 항원, 면역 반응, 백신의 종류 등에 따라 달라진다. 건강 상태가 좋지 않거나 영양 상태가 불량한 환자는 질병에 대응하여 항체를 생산하고 면역력을 강화하는 능력이 떨어지기 때문에 상태가 개선된 후 접종을 진행하는 것을 권장한다.

모체이행항체(maternally derived antibodies, MDA)는 생후 초기 접종의 효과를 저해할 수 있다. 모체이행항체의 수준은 개체별로 다양하므로 2~4주 간격으로 반복 접종하고, 마지막 접종은 모체이행항체의 영향력이 최소화되는 생후 16주 이후에 시행할 것이 권장된다.

혈청학적 검사(항체가)는 어린 동물의 면역 형성 여부 확인, 성체의 추가 접종 주기 조정, 보호소 내 감염 통제의 보조 수단으로 활용할 수 있다.

(1) 접종 부작용

백신이 면역 체계를 자극하는 과정에서 부작용이 발생할 수 있다. 대부분은 경미하고 일시적이다. 접종 후 1~3일간의 발열, 기면, 식욕 부진, 국소 통증 등이 나타날 수 있다. 드물게 아나필락시스 등 중증 반응이 발생할 수 있으므로 접종 후 상태를 관찰하고 즉시 대응 가능한 체계를 갖춰야 한다.

고양이 백신 주사 부위 육종(feline injection site sarcoma; FISS)이란, 고양이에서 예방접종 후 국소 염증과 육아종이 발생할 수 있으며, 일부가 섬유육종으로 진행하는 질환을 말한다. 이렇게 발생한 섬유육종은 피막이 형성되더라도 주변 조직으로 침습적으로 확장하는 경향이 있다. 종양이 몸통 부위에 발생하면 충분한 수술 경계를 확보하기 어려워, 현재는 백신을 사지의 원위부나 꼬리 같은 말단 부위에 접종하는 것이 권장된다.

(2) 이상반응 이후 관리

백신 부작용이 발생한 개체에서는 재발 가능성이 높아 항체가 검사로 현재 방어 수준을 확인한 뒤에 필요에 따라 추가 접종을 실시하는 것을 권장하며, 접종 후 집중적으로 관찰한다.

(3) 기록과 보호자 커뮤니케이션

예방접종 후에는 접종 일자, 접종자, 백신명, 접종 부위, 경로 등을 기록하고 보호자에게 발생할 수 있는 접종 부작용 및 추후 접종 계획을 포함해 설명하고 해당 내용을 기록한다.

2) 백신의 유형

(1) 제조 기술에 따른 분류

❶ 생백신(modified live vaccine; MLV)

약독화 백신(Attenuated vaccine)이라고도 한다. 병원체의 병원성만 낮추고 숙주 내 증식은 가능하게 하여 단회 투여만으로도 면역계를 강하게 자극한다. 적은 용량과 차수로 체액성 · 세포성 · 점막 면역을 유도하고 면역 지속 기간이 길다. 부적절한 보관으로 비활성화될 수 있고, 임신 중이거나 면역이 저하된 개체에서는 금기된다는 단점이 있다.

❷ 사백신(Killed vaccine)

불활화 백신(Inactivated vaccine)이라고도 한다. 완벽하게 비활성화시킨 병원체 자체 또는 일부로 구성된다. 안전성이 높지만, 면역계를 자극하기 위해 추가 접종과 항원보강제(Adjuvant)가 필요하다.

(2) 투여 방법(경로)에 따른 분류

피하(subcutaneous; SC), 근육(Intramuscular; IM)이 일반적으로 사용되며, 최근에는 점막을 이용한 비강(Intranasal, IN)이나 경구(Per oral, PO) 제품도 있다.

(3) 가(Valency)에 따른 분류

❶ 단가 백신(Monovalent vaccine)

하나의 병원체(항원)만 포함되어 있는 백신을 말한다.

❷ 다가 백신(Polyvalent vaccine)

둘 이상의 병원체(항원)를 하나의 제형으로 결합한 백신이다. 내원과 접종 횟수를 줄일 수 있다. 항원 간 간섭이 최소화되도록 설계되었지만, 임의의 혼합, 분할은 백신의 효력을 떨어뜨릴 수 있어 금기된다.

[예 : DHPPi(Distemper, Hepatitis, Parvo, Parainfluenza), DHPPL(DHPPi+Leptospira), FVRCP(Feline viral rhinotracheitis, Calicivirus, Panleukopenia), FVRCPC(FVRCP+Chlamydia felis)]

3) 2024년 WSAVA 백신 가이드라인

세계소동물수의사회(World Small Animal Veterinary Association; WSAVA)에서는 전 세계 임상에 공통 적용이 가능한 개, 고양이 예방접종 원칙을 제시하며, 각 국가, 지역, 병원은 이를 현지화하여 실정에 맞는 자체 백신 접종 일정을 정한다. 세계소동물수의사회는 모든 개와 고양이가 예방접종의 혜택을 받아야 한다는 점을 강력히 권고하며, 이를 통해 개체 보호는 물론, 집단면역을 형성하여 집단 발병을 줄이는 공중보건적 의의를 갖는다고 설명한다.

지침은 예방접종을 핵심(Core)과 비핵심(Non-core)으로 구분한다. 핵심 백신은 유병률과 사망률이 높은 질병, 공중 보건상 위험이 큰 질병, 흔한 질병, 쉽게 전파되는 질병에 대응하기 위해 필수접종이 추천된다. 개의 핵심 백신은 CDV, CAV, CPV-2이며, 고양이의 핵심 백신은 FPV, FCV, FHV-1 이다. 광견병은 풍토화된 지역에서는 법적 의무와 무관하게 개, 고양이 모두 핵심 백신에 해당한다(대한민국은 3개월령 이상의 개에게 광견병 접종 의무를 부여하고 있다). 렙토스피라증이 풍토화된 지역에서는 렙토스피라 백신도 핵심 백신으로 간주한다. FeLV가 유행하는 지역의 자묘와 실외 생활을 하는 성묘는 FeLV 백신을 핵심으로 취급한다.

비핵심 백신은 지역 유행 여부와 생활양식을 토대로 상담을 거쳐 선택한다. 경미하거나 자가 치유되는 질병, 쉽게 전파되지 않는 질병, 낮은 유병률을 가진 질병으로부터 보호해 준다. 또한 비필수 백신은 효과가 제한적이거나 질병 선별 검사를 제한할 수 있다. 따라서 비필수 백신은 특정 감염에 노출될 위험 요소를 가진 동물들에게만 접종하는 것이 좋다. 반면, 임상적 근거가 부족하거나, 효용이 낮은 백신, 유병률이나 위험성이 낮은 질병에 대한 백신은 권장되지 않는다.

자견과 자묘의 초기접종은 모체이행항체의 간섭을 전제로 설계한다. 2~4주 간격의 다회 접종을 시행하되 마지막 접종은 모체이행항체의 간섭이 최소화되는 생후 16주 이상으로 배치하는 것이 권장된다. 면역 공백을 최소화하기 위해 생후 약 26주에 재접종을 권장한다. 생후 20주 이후 항체가검사를 진행해 개체에게 형성된 방어 상태의 확인과 부스터 간격의 결정 등에 활용할 수 있다.

성체에서 핵심 생독백신은 수년간 면역이 지속되는 것으로 확인되어 과접종은 지양한다. 비핵심 백신은 면역 지속 기간이 약 1년 수준이므로 정기 건강검진과 연계해 필요시 병행한다. 보호자 교육의 초점은 백신을 맞기 위한 내원이 아니라 종합 건강검진의 가치와 내원 경험의 개선에 둔다.

〈표 13-5〉 WSAVA 반려견 예방접종 권고 요약

백신	강아지≤16주	개>16주	추가접종(부스터)	비고(권고)
(핵심)				
개 파보 바이러스-2(MLV) +개 디스템퍼 (MLV 또는 재조합) +개 아데노 바이러스-2(MLV)	생후 6주부터 시작, 3~4주 간격으로 16주까지(고위험 시 20주까지, 2~3주 간격 고려)	일부 제조사는 2회(2~4주 간격) 권장이나, 단일 1회로도 다수 개체가 보호됨	생후 약 6개월에 한 번(12~16개월까지 기다리지 말 것)→이후 3세에 한 번, 그다음은 3년보다 잦지 않게	가능한 한 높은 접종률로 개체군 면역을 형성. 사회화는 접종 절차 완료 전에도 신중히 시작 가능
개 파보 바이러스-2(재조합) +개 디스템퍼 (MLV)	생후 4주부터 단회 투여 후 일반 기본 접종 개시	–	–	최근 도입. 모체이행항체 간섭 가능성이 큰 어린 강아지용
광견병 (불활화)	지역 법규 우선, 제조사 지침 준수(일부 국가 첫 접종 12주 이후)	지역 법규·제품 지침 준수	보통 1년 후 부스터. 이후 1년 또는 3년 표시 제품에 따름(법이 우선)	해당 질병 풍토 지역 또는 법 요구 시 핵심
렙토스피라 (사멸 백신 ; 지역에 따라 혈청군 구성 상이)	보통 8주부터 시작 +2~4주 후 2차	2회 (2~4주 간격)	매년	질병 풍토지역에서 핵심 취급(해당 혈청군 포함 제품 이용 시)
(비핵심)				
개 파라인플루엔자 (MLV, 피하)	6주 이후 시작, 2~4주 간격으로 16주 이상까지	대개 2회 (2~4주 간격)	매년	실제로는 비강/경구 점막용 B. bronchiseptica 병용 제품을 선호하는 경우 많음
보더텔라 브론키셉티카 (약독화, 비강/경구 점막용 단독 또는 CPiV·CAV-2 병용)	각 점막용 제품은 1회로 면역 유도	1회	대개 매년	점막용 제품은 절대 피하 주사하지 않는다(이상반응 우려)

백신	강아지≤16주	개>16주	추가접종(부스터)	비고(권고)
보더텔라 (사멸/부분항원, 피하)	2회 (대개 2～4주 간격)	2회 (제품 간 간격 상이)	대부분 매년 (제품 지침 확인)	피하용을 비강·경구로 투여하면 효과·안전성 문제. 일부 제품은 특수 부스터 지침 존재
보렐리아 부르그도르페리 (라임; 사멸/소단백 소단위, 피하)	보통 8주경 시작, 2회 필요	2회 (2～4주 간격)	매년 (지역 진드기 시즌 직전)	고노출 지역·활동군에서 고려. 기본은 철저한 외부 기생충 관리
개 인플루엔자 (H3N8/H3N2/2가, 사멸, 피하)	2회 필요 (첫 접종 6주 이상)	2회 (2～4주 간격)	매년	미국 한정 허가. 대규모 동반 사육군(훈련소·쇼·데이케어 등)에서 고려
개 리슈만편모충증 (재조합 A2/ES; 단백 Q 등, 피하)	(제품별) 4~6개월 이후 시작, 3회(3주 간격) 또는 단회(Q 제품)	동일	매년	핵심 예방법은 모기·모래파리 매개체 차단. 백신은 보조수단
개 헤르페스 바이러스-1 (서브유닛, 피하)	해당 없음 (임신견용)	임신 시 2회: 발정기/교배 7~10일 후 1차+분만 1~2주 전 2차	각 임신마다 동일 프로토콜 반복(제조사 권고)	신생자견 보호 목적(저체온 신생자 고위험)
(비권고)				
개 코로나 바이러스(CCoV), 지아르디아, Microsporum canis 백신	–	–	–	현재 이용 근거 불충분·효과 제한으로 비권고

〈표 13-6〉 WSAVA 반려묘 예방접종 권고 요약

백신	새끼 고양이≤16주	고양이>16주	추가접종(부스터)	비고(권고)
(핵심)				
FPV+FHV-1 +FCV (주사용, 약독화)	생후 6주부터 시작, 3~4주 간격으로 16주까지(고위험 시 20주까지, 2~3주 간격 고려)	대개 2회(2~4주 간격) 권장(단회로도 많은 개체 보호)	생후 약 6개월에 한 번→저위험은 3세에 한 번, 이후에는 3년보다 잦지 않게(고위험은 더 잦게, 노출 1~2주 전 보강)	임신묘 · <4주령에는 약독화 금기. 드물게 URTD 증상 보고
FPV+FHV-1 +FCV (주사용, 불활화)	위와 동일	2회 (2~4주 간격)	저위험은 3년 간격, 고위험은 매년 고려	불활화 FPV는 MLV만큼 빠르고 강력, 지속적이진 않음
(선택 · 점막) FHV +FCV(±FPV) 비강(점막) 약독화	제품 지침에 따름	단회	매년	점막 FPV는 주사만큼 효과적이지 않으므로 FPV는 피하 접종을 병행. 호흡기 증상 가능
광견병[카나리폭스를 이용한 재조합(보강제 불필요) 또는 불활화(보강제 필요)]	지역 규정 우선, 규정 없으면 제품 지침	동일	규정 또는 허가된 DOI에 따름	질병 풍토 지역에서 핵심
FeLV (재조합 또는 불활화)	생후 8주부터 시작+3~4주 간격 2회	동일(2회)	초기 시리즈 후 1년 →지속 고위험은 매년, 저위험은 2~3년 간격(제품 표시)	다수 지역에서 유행 시 <1세는 핵심 취급, 야외 출입 성묘도 대상. 접종 전 반드시 FeLV 음성 확인
(비핵심)				
FIV (불활화, 보강)	8주부터 시작, 2~3주 간격 3회	3회 (2~3주 간격)	12개월 후 1회, 이후 고위험은 매년	국가 제한적(일 · 호주 · NZ). 백신항체가 진단에 영향 가능하나 구분 가능한 키트 · PCR 이용 가능. 노출 회피가 최선

백신	새끼 고양이≤16주	고양이>16주	추가접종(부스터)	비고(권고)
Chlamydia felis (약독화/불활화, 주사용)	9주부터 2회 (2～4주 간격)	2회 (2～4주 간격)	고위험은 매년	다묘 환경에서 관리 수단으로 사용
Bordetella bronchiseptica (약독화, 비강)	4주부터 단회 비강	단회 비강	고위험은 매년	반려묘에서는 일상적 사용 아님(대집단 사육 등 특수 상황 고려)
(비핵심)				
FIP(비강 약독화), 지알디아, Microsporum canis 백신	–	–	–	과학적 근거 부족으로 비권고

보다 자세한 내용은 세계소동물수의사회 홈페이지(https://wsava.org/)에서 확인 가능하다.

제 14 장

영양 및 중독

학 · 습 · 목 · 표

1. 영양의 기본 개념과 영양소의 역할을 이해한다.
2. 환자의 영양 상태 평가와 적절한 영양 공급 방법을 학습한다.
3. 중독의 병태생리와 관리 원칙을 이해하고 주요 독성 물질의 특징을 이해한다.

1. 영양(Nutrition)

1) 영양의 정의

영양은 동물이 영양소를 섭취 · 소화 · 흡수 · 대사하여 체성분을 구성하고 에너지를 생산하는 일련의 과정이다. 임상에서는 환자의 영양 상태를 평가하고, 질병 맞춤 식이, 보조 영양의 활용, 적절한 급여량과 방법을 선택함으로써 치료 반응과 예후를 개선한다.

2) 영양소(Nutrients)

영양소는 물, 탄수화물, 단백질, 지방, 비타민, 무기질로 분류된다. 이들은 에너지를 공급하고, 신체를 구성하며, 생리 기능을 조절한다. 결핍 · 과잉 시 다양한 건강 문제가 발생할 수 있다.

(1) 물(Water)

생존에 가장 필수적인 영양소 중 하나이다. 신체의 약 70~80%를 차지하며,

체수분의 10%만 손실되어도 생명을 잃을 수 있다. 어리고 마른 동물일수록 수분 함량이 높고, 나이가 많거나 비만한 동물일수록 수분 함량이 낮다.

(2) 탄수화물(Carbohydrate)

탄소, 수소, 산소로 이루어진 주요 에너지원이다. 포도당(Glucose), 과당(Fructose), 갈락토오스(Galactose)가 포함된 단당류(Monosaccharide), 자당(Sucrose), 젖당(Lactose), 엿당(Maltose)이 포함된 이당류(Disaccharide), 전분(Starch), 셀룰로스(Cellulose), 글리코겐(Glycogen)의 형태로 존재하는 다당류(Polysaccharide)로 분류된다. 소화되지 않는 식이섬유[펙틴(Pectin), 셀룰로스(Cellulose) 등]는 일부가 대장에서 미생물에 의해 분해되어 이용되며, 정상적인 위장관 기능의 유지와 변비 예방, 비만 관리 등의 역할을 한다.

(3) 단백질(Protein)

탄소, 수소, 산소, 질소를 포함하며, 일부는 황과 인이 포함된 20여 개의 아미노산으로 구성된 복합 고분자 물질이다. 아미노산은 체내에서 합성하지 못하기 때문에 음식으로 섭취해야 하는 필수 아미노산과 다른 아미노산으로부터 체내에서 합성이 가능한 비필수 아미노산으로 구분된다. 필수 아미노산의 종류는 동물종마다 다르며, 결핍 시 영양학적 질환이 나타날 수 있다. 단백질은 체조직 구성, 효소·호르몬 생성, 생화학 반응 조절, 에너지 공급 등 다양한 기능을 수행하며, 성장기·임신기·수유기 및 질병의 회복기에 요구량이 증가한다.

〈표 14-1〉 필수 아미노산

Arginine	아르기닌
Histidine	히스티딘
Isoleucine	이소류신
Leucine	류신
Lysine	라이신
Methionine	메티오닌
Phenylalanine	페닐알라닌
Threonine	트레오닌
Tryptophan	트립토판
Valine	발린
Taurine	타우린 (고양이 해당. 개에서는 아님)

(4) 지방(Fat)

지방은 지방산(Fatty acid)과 글리세롤(Glycerol)로 구성되어 있고 지방산은 불포화(Unsaturated) 및 포화(Saturated) 지방산으로 나눌 수 있다. 1g당 약 8.5kcal의 높은 에너지를 제공하며, 소화율이 우수하다. 필수 지방산의 공급원이자 지용성 비타민의 흡수에 필요하며, 사료의 기호성을 높이는 데에도 기여한다.

(5) 비타민(Vitamin)

비타민은 에너지를 직접 공급하지는 않지만 대사 조절과 생리 기능 유지에 필수적인 유기물이다. 지용성 비타민(Vitamin A, D, E, K)은 체내에 저장이 가능하지만 과량 섭취 시 독성이 나타날 수 있다. 수용성 비타민(Vitamin B군, C)은 저장이 어렵기 때문에 꾸준한 섭취가 필요하다. 결핍 시 성장장애, 면역 저하, 신경계 이상 등 다양한 증상이 나타날 수 있다.

(6) 무기질(Mineral)

무기질은 체구성 및 생리 기능 조절에 필요한 무기 성분이다. 필요량에 따라 다량 무기질(Ca, P, Mg, Na, K, Cl)과 미량 무기질(Fe, Zn, Cu, Se 등)로 구분된다. 신체의 구성, 신경 자극 전달, 삼투압 조절, 효소 활성 등에 관여하며, 결핍이나 과잉은 성장 부진, 근육 경련, 빈혈, 중독 등의 문제를 일으킬 수 있다.

(7) 기능성 영양소

❶ 항산화제(Antioxidants)

체내에서 발생하는 활성산소종(Reactive Oxygen Species; ROS)으로부터 세포를 보호하여 조직 손상과 염증 반응을 완화시켜 준다. 대표적으로 비타민 C, 비타민 E, 셀레늄(Se, Selenium) 등이 있다.

❷ 바이오틱스(Biotics)

장내 미생물 환경을 조절하여 면역, 대사, 소화기 건강에 영향을 미치는 기능성 물질이다.

① 프리바이오틱스(Prebiotics): 소화되지 않고 대장까지 도달하여 유익균의 성장을 촉진하는 비소화성 식이성분이다. 대표적으로 이눌린(Inulin), 프락토올리고당(Fructooligosaccharides; FOS), 갈락토올리고당(Galactooligosaccharide; GOS) 등이 있다.

② 프로바이오틱스(Probiotics): 장내 유익균 자체를 공급하는 살아있는 미생물이다. 락토바실러스(*Lactobacillus*), 비피도박테리움(*Bifidobacterium*) 등이 일반적으로 사용된다.

③ 포스트바이오틱스(Postbiotics): 유익균이 대사 후 생성한 유익한 대사산물 또는 사균체를 의미한다. 세포벽 구성 성분, 짧은 사슬 지방산(Short-Chain Fatty-Acid; SCFA), 효소, 펩타이드 등이 포함된다.

3) 환자의 영양평가 및 요구량 산정

효과적인 간호를 위한 영양 관리를 위해 현재 영양 상태를 정확히 평가하고, 이를 바탕으로 필요한 에너지 및 영양소 요구량에 대해 산정하는 과정이 필요하다.

(1) 신체충실지수(Body Condition Score; BCS)

환자의 영양 상태를 평가하는 대표 지표이다. 5점 · 9점 척도를 사용해 정의된 기준으로 환자를 평가한다. 적절한 신체충실지수를 가진 개와 고양이는 정상적인 체형과 실루엣, 쉽게 촉진되지만 피부 표면 위로 보이거나 느껴지지는 않는 뼈의 돌출부, 복부 촉진을 막거나 방해하지 않는 복부 내 지방이 특징이다.

(2) 근육충실지수(Muscle Condition Score; MCS)

근육량을 평가하는 데 사용한다. 악액질(Cachexia)이나 만성 질환을 앓는 경우에는 단백질이 지방보다 먼저 소모되기 때문에 체중은 유지되더라도 근육 소실이 나타날 수 있다. 따라서 MCS를 BCS와 함께 평가하면 환자의 영양 상태를 보다 정확히 파악하는 데 도움이 된다.

(3) 에너지 요구량

에너지 요구량은 체중을 기준으로 계산하며, 대표적으로 아래와 같은 항목이 있다.

❶ 휴식기 에너지 요구량(Resting Energy Requirement; RER)

활동이 없는 상태에서 생명 유지에 필요한 최소한의 에너지 요구량이다. RER은 다음 두 가지 공식 중 하나로 계산할 수 있다.

- RER = 30 × BW(kg) + 70 (체중이 2~45kg일 때 간편하게 계산할 수 있다)
- RER = 70 × BW(kg)$^{0.75}$ (보다 정밀한 계산이 필요할 때 사용한다)

❷ 유지 에너지 요구량(Maintenance Energy Requirement; MER)

건강한 동물이 일상적인 활동을 수행하며 유지하기 위해 필요한 에너지 요구량이다. MER은 RER에 활동지수(Activity factor)를 곱하여 계산한다.

❸ 일일 에너지 요구량(Daily Energy Requirement; DER)

성장기, 회복기, 질병 등 조건을 반영하여 계산된 환자에게 필요한 하루 에너지 요구량이다.

〈표 14-2〉 활동지수(Activity factor)의 예

고양이	
자묘	2.5
중성화한 성묘	1.2
중성화하지 않은 성묘	1.4
활발한 성묘	1.6
비만 성묘	1
개	
4개월 이하 자견	3
4개월 이상 자견	2
중성화한 성견	1.6
중성화하지 않은 성견	1.8
비만 성견	1.4
가벼운 사역	2
중간 정도의 사역	3
격한 사역	4~8

아픈 개와 고양이	
수술	1.1~1.3
종양	1.2~1.5
외상	1.3~2.3
패혈증	1.8~2.0
화상	1.2~2.0
호흡·신부전	1.2~1.4
골절	1.2~1.3
감염	1.1~1.7

4) 영양 공급 방법

영양 불량을 예방하거나 교정하는 것은 환자의 예후에 직접적인 영향을 미친다. 불량한 영양 상태는 치사율의 증가, 입원 기간의 연장 등과 연관된다.

내과 질환 환자에게 적절한 영양적 지원에 실패하는 원인으로는 부적절한 식이 처방, 불필요한 금식(Nothing Per Oral; NPO) 지시, 자발적 식이 거부 등이 있다. 전통적으로 금식이 지시되었던 질환에서도 최근의 연구들은 조기 장관 급여가 효과적일 수 있음을 보여 주고 있다.

(1) 영양 개입의 필요성 및 시기

영양적 보조는 영양 불량이 인지되거나 예상되는 경우에 즉시 개입되어야 한다. 오랜 기간 동안 적절하지 못한 섭취나 만성 질환에 의한 열악한 신체 조

건을 가진 동물은 초기부터 적극적인 영양 지원이 필요하다. 영양 개입이 필요하다고 판단되면, 식이관의 시술에 관해 보호자와 충분히 논의하는 것이 중요하다. 식이관은 고양이의 지방간증과 같은 일부 질환에서는 표준화된 치료법으로 자리 잡았으며, 신장 질환 · 췌장염 등에서도 사용 빈도가 높아지고 있다. 일반 보호자는 식이관을 사용하는 경우에 대해 부정적인 인식이 있을 수 있다. 이러한 경우에, 보호자에게 비슷한 장치를 한 다른 환자의 예시나 유사 사례를 통해 상담을 진행하는 것은 보호자의 이해를 돕고, 치료 순응도를 높이는 데 효과적이다.

(2) 일반적인 금기사항 및 주의 사항

흡인에 의한 오연성 폐렴의 위험이 큰 환자에게 장관 식이관의 적용은 주의가 필요하다. 구토, 구역질, 의식 저하가 있는 환자에서는 오연의 위험성이 증가한다. 이 경우에는 위 또는 공장에서 끝나는 식이관의 사용을 고려한다. 환자에 비해 너무 큰 식이관을 장착할 경우에는 사경, 선회, 불편함, 구역질 등의 부작용이 초래될 수 있다. 주요 합병증으로는 불편감, 감염, 장루 주변 누출, 식이관의 폐색 · 꼬임 등이 있다.

(3) 장관영양 식이관

장관영양 식이관은 위장관이 기능하는 환자에서 구강을 통한 식사를 대체하여 체내로 직접 영양을 공급하는 방식이다. 시술 경로에 따라 비공(Nostril)을 통해 체내로 삽입하는 경비장관 식이관(Nasoenteric tube)과 피부를 절개해 소화기에 직접 연결하는 조루술 식이관(Ostomy feeding tube)으로 구분된다.

오연성 폐렴의 방지를 위해 장착 후 정확한 위치에 시술되었는지에 대한 확인이 반드시 필요하다. 방사선 촬영을 통한 확인이 효과적이며, 보조적으로 공기나 멸균 식염수 주입 후 기침의 유무, 복명음 청진 등을 통해 확인할 수 있다.

❶ 경비장관 식이관(Nasoenteric tube)

경비식도관(Nasoesophageal tubes), 경비위관(Nasogastric tubes), 경비공장관(Nasojejunal tubes)은 마취나 특수 장비 없이 시술이 가능하다는 장점이 있지만 봉합사나 봉합침으로 얼굴에 고정하고 사용 기간 동안 엘리자베스 칼라를 착용해야 하므로 환자에게 불편함을 줄 수 있다. 경비장관은 통원 치료에는 적합하지 않고 입원환자에서 단기간 영양 제공에 적절하다. 시술의 잠재적 합병증으로 비출혈 등이 발생할 수 있으나, 숙련된 기술과 윤활겔 등의 사용을 통해 합병증 발생률을 낮출 수 있다.

❷ 인두조루술 식이관(Pharyngostomy feeding tube)

수의학에서는 인두조루술 식이관이 식도조루술 식이관보다 나은 점이 없고, 잠재적으로 치명적인 출혈 등의 합병증을 유발할 수 있어서 일반적으로 사용되지 않는다.

❸ 식도조루술 식이관(Esophagostomy feeding tube)

식도조루술 식이관은 시술 시 특수 장비가 필요하지 않고 저렴하며, 장착이 빠르고 간편하지만 마취가 필요하다는 단점이 있다. 시술 후 식이관 유지에는 목 보호용 붕대 착용이 필수적이다.

❹ 위 조루술 식이관(Gastrostomy feeding tube)

시술 시 마취와 특수 장비가 필요하며, 장기간 영양적 보조가 필요한 만성 질환의 관리에 사용된다.

❺ 공장 식이관(Jejunal feeding tube)

공장으로의 급여는 위의 구조생리학적 질환·폐색·배출 지연 등이 있는 환자에게 영양을 보조적으로 제공할 수 있다.

① 비공장관(Nasojejunal feeding tube): 진정이나 마취 없이 장착 가능하다.

② 위공장연결관(GJ-tube, Gastrojejunostomy tube): 위조루술 식이관 내부로

삽입된다.

③ 공장조루술 식이관(Jejunostomy feeding tube): 수술적 방법이나 복강경을 통해 시술한다.

(4) 장관영양의 시작

장관 식이관이 시술된 환자에게 첫 급여를 시행할 때는 유동식, 습식 사료, 갈아서 희석한 건사료 등을 사용할 수 있다. 식이 선택 시에는 식이관의 직경뿐만 아니라 열량, 입자 크기, 삼투압, 영양 성분, 비용 등을 고려한다.

환자 위장관의 내성을 확인하기 위해 첫 식이를 제공하기 전에 물을 먼저 소량 제공한다. 매우 쇠약한 환자는 보수적으로 급여를 개시한다. 첫날 DER의 25~33%를 4~6회에 걸쳐 분할 급여하고, 둘째 날에는 50~67% 수준으로 증량한 뒤 유지한다. 구역과 구토의 발생을 줄이기 위해 낮은 속도로 초기 급여를 하는 것의 중요성을 인지하며, 이러한 점을 보호자에게도 교육한다. 급여 중 유연, 구역질, 구토 등의 증상이 나타나면 즉시 급여 속도와 양을 줄이며, 필요하다면 성공적인 급여를 위해 장운동 촉진제의 사용을 고려할 수 있다. 시간이 지나면서 환자는 더 적은 횟수로 더 많은 양의 식이를 견딜 수 있게 된다.

(5) 장관영양의 종료 및 자발 식이로의 전환

일부 환자는 장기간 또는 평생에 걸쳐 장관 식이관을 통한 급여가 필요하지만, 대부분의 경우 단기간 적용 후 제거가 가능하다. 기저 질환이 호전되거나 해결되면 환자는 식욕을 회복하고 음식에 대한 관심을 보일 수 있으며, 이 시점에서 자발 식이 전환을 고려해야 한다. 자발 식이 유도를 위해 식이는 환자가 공복 상태일 때 제공하는 것이 바람직하다. 충분한 양을 자발적으로 섭취하지 못할 경우, 부족분은 식이관을 통해 보충 급여할 수 있다. 이러한 점진적 접근을 통해 식이관 급여에서 자발 식이로 성공적으로 전환할 수 있다.

(6) 비경구영양법(Parenteral Nutrition)

비경구영양법은 위장관을 통한 영양 공급이 불가능하거나, 기능 저하로 충분한 영양을 흡수할 수 없을 때 적용하는 대체 영양 방법이다. 비경구영양법은 투여 경로나 영양 공급 수준에 따라 다음과 같이 분류된다.

① 완전 비경구영양법(Total Parenteral Nutrition; TPN): 환자의 에너지 요구량 전체를 비경구 용액으로 제공하는 것을 의미한다. 단기간의 급여에는 적합하지 않다. 수의학에서 사용되는 TPN 용액은 일부 비타민과 무기질이 포함되지 않은 경우가 많아, 진정한 의미의 완전 비경구영양법 용액은 아니며, 필요한 총에너지 요구량을 충족시켜 주는 것을 의미한다.

② 부분 비경구영양법(Partial Parenteral Nutrition, PPN): 환자의 에너지 요구량의 일부를 공급하는 방식이다.

③ 중심정맥영양법(Central Parenteral Nutrition): 투여 경로를 기준으로 분류할 때 중심정맥을 통해 투여하는 방식을 말한다. 삼투압이 높은 수액도 비교적 안전하게 투여가 가능하다.

④ 말초 비경구영양법(Peripheral Parenteral Nutrition): 말초 정맥을 통해 투여하는 방식으로, 상대적으로 낮은 삼투압의 수액만 투여가 가능하다.

(7) 비경구영양법의 구성 성분

비경구영양법은 환자의 대사 상태와 질환의 특성에 따라 적절한 비율로 구성 성분을 조절해야 한다. 주요 구성 성분은 단백질(아미노산 수액), 지방(지질 유탁액), 탄수화물(포도당 수액), 전해질 및 미량 무기질이다.

(8) 비경구영양법의 적용

비경구영양 급여를 위해서는 전용 카테터, 포트, 라인 및 필터가 포함되어야 한다. 급여 도중 라인이 분리되어서는 안 되며, 차광하는 것이 권장된다. 오염을 막기 위해 급여 개시 후 24~48시간 이내에 새로운 영양백 및 라인으로 교체해야 한다.

비경구영양은 24시간 동안의 총공급량이 환자의 RER에 해당하도록 계획하며, 처음에는 목표의 25% 수준으로 시작하여, 8~24시간마다 25%씩 증량해 점진적으로 비경구영양의 목표 수준에 도달하도록 한다. 음식 섭취가 중단된 기간이 긴 환자의 경우에는 재급여증후군(Refeeding syndrome)이 나타날 가능성이 있어 집중적인 모니터링과 느린 증량이 요구된다.

재급여증후군(Refeeding syndrome)

재급여증후군은 장관영양법과 비경구영양법 모두에서 발생할 수 있는 대사적 합병증이다. 장기간 영양이 결핍된 상태에서 갑작스럽게 영양소가, 특히 탄수화물이 공급될 때 발생한다. 탄수화물의 급격한 유입은 인슐린 분비를 자극하며, 인슐린은 세포 내로의 포도당 유입을 촉진하는 동시에 칼륨, 인, 마그네슘, 티아민의 세포 내 이동과 이용도 증가시킨다. 이로 인해 전해질 불균형과 비타민 결핍이 유발될 수 있으며, 심혈관계, 신경계, 호흡계 이상이 발생한다. 재급여증후군의 위험성은 개별적인 요인에 따라 다양하지만, 일반적으로 절식 기간이 길고 완전할수록, 기저질환이 심각한 환자일수록 높은 것으로 평가된다. 따라서 이와 같은 고위험군 환자에게는 급여 초기부터 전해질 수치를 포함한 철저한 모니터링과 점진적인 급여 속도의 증가가 필수적이다.

(9) 비경구영양법의 합병증

비경구영양법의 합병증은 대사성 · 기계적 · 감염성(패혈성)으로 분류되며, 대사성 합병증의 발생 빈도가 가장 높고 기계적, 감염성 합병증 순으로 발생한다.

❶ 대사적 합병증

고혈당증은 개와 고양이에서 가장 흔한 대사적 합병증이다. 고혈당증이 확인된 환자는 목표 투여 속도에 도달하는 속도를 늦추는 것이 바람직하며, 지속적인 고혈당증이 발생하는 경우에는 인슐린 투여나 저탄수화물 수액 재조제를 고려해야 한다. 고지혈증이 발생했을 경우, 급여 속도를 줄이거나 저지방 수액으로 변경함으로써 관리할 수 있다.

❷ 기계적 합병증

두 번째로 흔한 합병증으로, 문헌에 따라 발생률은 약 26~46%로 보고된다. 라인이 폐색되거나 분리되는 것이 가장 흔했고, 경정맥 혈전, 혈전정맥염, 봉와직염 등이 나타났다. 기계적인 합병증은 일부 보고에 따르면 고양이보다는 개에서 조금 더 흔한 것으로 나타났고, 세심한 모니터링과 넥칼라 활용, 급여라인의 테이핑을 통해 방지할 수 있다.

❸ 감염성(패혈성) 합병증

가장 드문 빈도로 발생하지만 심각한 결과를 가져올 수 있으므로 주의가 필요하다. 카테터의 오염과 비경구영양수액 오염 두 가지로 나뉜다. 감염성 합병증의 기여 요인으로는 환자가 라인을 씹는 것, 수액과 투약을 위해 사용한 카테터를 비경구영양을 위해 사용한 것, 미숙한 시술자가 카테터를 장착한 것, 기저질환 등이 포함된다. 장착 시 무균 술기를 철저히 준수하고, 급여 라인을 위생적으로 유지하는 방법으로 예방할 수 있다. 넥칼라를 장착하거나 24시간 모니터링하는 것은 급여라인을 건드리지 못하도록 하는 데 도움이 된다.

(10) 비경구영양의 중단

비경구영양은 환자가 견딜 수 있다면 가능한 한 빠르게 경구 또는 경장 급여로 전환하는 것이 바람직하다. 전환 시에는 환자의 식욕 회복 여부를 고려하여 점진적으로 비경구영양의 투여 속도를 줄여야 하며, 급작스러운 중단은 저혈당증의 위험이 있으므로 피해야 한다. 투여 속도는 25% 감소시키는 것에서 시작하여 4~12시간 간격으로 혈당을 측정하면서 25%씩 추가 감소하는 방식이 권장된다.

5) 임상 영양학

(1) 소화기계 질환의 영양학적 관리

급여 시간 · 빈도 · 경로 · 영양소의 구성은 소화기 건강에 큰 영향을 준다. 또한 식이는 직접적인 영향뿐만 아니라 장내 정상 세균총에 영향을 줌으로써 간접적인 영향도 준다.

❶ 치주 질환

식단은 구강 미생물총과 타액의 양 · 성상에 영향을 미치며, 충분한 저작 자극은 치은염 · 치주염 예방에 중요하다. 따라서 치주 건강을 고려한 식단 선택이 필요하다

❷식도 협착

유동식을 통한 급여를 시도할 수 있고, 경구로 급여가 불가능한 경우, 위조루술 튜브 설치가 지시된다.

❸ 거대 식도

거대 식도 환자의 영양학적 관리의 목표는 오연성 폐렴을 최소화하면서 영양 흡수를 최대화하는 것이다. 바륨밀(Barium Meal), 식도 운동평가 등으로 환자에게 맞는 이상적 음식을 찾고, 중력을 통해 통과를 촉진하는 높은 곳에서 급여하는 방식이 추천된다.

❹ 식도염

식사에 의한 위식도 역류를 증가하게 하는 변수는 섭취량, 삼투압, 섭취 속도, 식후 운동 등이 있다. 조금씩 천천히 먹는 것이 도움이 된다.

❺ 급성 위장염

급성 위장염은 전통적으로는 1~2일간의 절식이 지시되었으나 현재는 필요에 따라 3~4시간 동안 물을 급여하고 재급여를 실시한다. RER의 25% 정도를

소화가 잘되는 저지방식으로 공급한다.

❻ 염증성 장 질환(Inflammatory Bowel Disease; IBD)

이상적인 영양학적 접근법은 개체마다 다르며, 식이성 항원에 대한 비정상적인 면역 반응이 의심될 경우, 새로운 단백질 식이를 시도한다. 림프관확장증이 동반된 경우엔 지방 제한 식이가 우선시된다.

❼ 단백소실장병증(Protein Losing Enteropathy, PLE)

지방 제한 식이를 통해 림프액 흐름을 줄이고, 유미관 확장과 압력을 완화해 림프 내 단백질 소실을 감소시킨다.

❽ 식이 부작용과 식이 반응성 설사

만성적인 구토, 설사를 보이는 환자에서 장 생검에 앞서 제한 식이가 시도된다. 새로운 단백질, 가수분해 단백질 식이가 권장되며, 가능한 한 단순하게 구성된 소화성 높은 식이를 적용할 수 있다.

❾ 짧은 창자 증후군(Short Gut Syndrome)

소장의 수술적 절제로 인해 흡수장애와 영양불량이 유발되는 후유증이다. 소량의 식이를 일정 간격으로 급여해 흡수를 늘리고 구토를 방지한다. 지방 제한, 식이섬유의 적절한 사용, 코발라민과 타우린의 보충이 권장된다. 광범위한 절제가 이루어진 경우에는 완전 비경구영양법이나 부분 비경구영양법이 초기에 요구된다.

❿ 변비와 거대결장(Constipation & Megacolon)

변비는 배변 횟수 감소나 딱딱한 변이 나오는 불완전한 배변 활동으로 정의된다. 수분 섭취 감소, 장관 내용물 탈수, 운동성 저하가 원인이다. 불용성의 비발효성 섬유소는 정상 개체에서 배변량을 늘리지만, 대장 운동성이 저하된 경우에는 변비를 악화시킬 수 있다. 만성 변비 환자는 개체별 식이 관리가 필요하며. 거대결장 환자는 총 섬유소가 중간 정도(건물 기준 <10%)인 저잔류 식이가

권장된다. 대장 운동성이 정상인 경우에는 섬유소를 증가하여 급여(건물 기준 10~20%)하면 도움이 된다.

⓫ 장내 가스와 고창증

장관 내 가스는 공기 연하나 장내 발효로 발생하며, 발효성 섬유소는 가스 생성을 늘리고 통과를 지연시켜 복명과 복부 팽만을 유발할 수 있다. 진단 전에는 소화성이 높은 저지방식이로 변경하고, 급여를 여러 차례로 나누고 적절한 활동을 유지하는 것이 대증 관리에 도움이 된다.

⓬ 췌장염(Pancreatitis)

급성 췌장염은 원인 제거 시 회복 가능한 췌장의 염증을 의미하며, 만성 췌장염은 췌장의 섬유화나 위축과 같은 비가역적 변화를 말한다. 급성 췌장염의 전통적인 접근은 24~48시간, 구토가 지속되는 동안 금식하여 췌장의 자극과 효소 분비를 최소화하고 오연성 폐렴을 예방한다. 최근의 연구에서는 조기 영양 공급이 영양실조를 예방하고 장의 방어 기능을 향상하여 긍정적인 효과를 낼 수 있다고 보고한다. 지방은 췌장의 분비를 자극하므로 급성 췌장염에서 반드시 제한하며, 만성 췌장염에서는 평생 제한이 필요할 수도 있다. 따라서 저지방이면서 소화가 잘되는 식이를 공급하며, 3일 이상 식욕이 없는 고양이는 지방간증 예방을 위해 조기 급여가 필요하다.

⓭ 외분비췌장기능부전(Exocrine pancreatic insufficiency; EPI)

충분한 에너지와 영양을 공급해 영양소 결핍을 막으며, 지방변증에 의한 설사를 최소화해야 한다. 환자별 맞춤 식이를 적용하며, 3~4주간 효소를 보충해 주었어도 반응이 미흡하다면 식이에 변화를 줄 수 있다. 자율 급여는 추천되지 않고, 규칙적인 시간에 벗어나 간식을 주는 행위는 피해야 하며, 코발라민과 지용성 비타민의 보충을 고려한다.

(2) 신장/비뇨기계 질환의 영양학적 관리

❶ 만성 신부전(Chronic Renal Failure; CRF)

영양 관리의 목적은 질병의 진행 억제와 요독증 완화를 통한 삶의 질 향상이다. 다양한 방법으로 수분 섭취량을 늘리는 것이 도움이 되며, 충분한 에너지 공급으로 질소혈증을 악화시키는 단백질 이화와 영양실조를 예방한다. 그러나 고단백 식이는 질소혈증과 만성 신부전을 악화시킬 수 있다. 초기에는 과여과를 억제하기 위해 단백질 제한을 고려하며, 말기에는 단백질의 양을 줄이되 양질의 단백질을 함유한 사료를 급여해 비필수 아미노산을 감소시켜 질소 노폐물을 줄인다. 단백질 영양실조가 일어나면 증상이 완화될 때까지 식이 단백질을 점진적으로 늘린다. 식이 인은 제한 급여하고 혈액 내 인 농도를 검사한다. 효과가 없다면 인 흡착제를 식이와 함께 급여한다. 나트륨은 과거에 제한이 권장되었으나 현재까지 나트륨의 제한이 고혈압을 개선한다는 증거는 없다. 혈청 내 칼륨 농도가 4meq/L 미만 시 칼륨을 보충하는 것이 바람직하며, 글루콘산 칼륨이나 구연산 칼륨 보충제를 사용할 수 있다.

❷ 급성 신장 손상(Acute Kidney Injury; AKI)

빠른 영양 상태 진단과 함께 적절한 영양 공급이 중요하다. 단백질 이화 작용 및 체내의 질소 불균형이 나타나기 때문에 만성 신장 질환 환자를 위한 사료와 비슷한 영양학적 구성이 권장된다. 영양 요구량이 장관영양법으로 충족되지 못하고 환자가 추가적인 수액 공급을 견딜 수 있다면 비경구 영양법이 지시된다.

❸ 사구체 질환(Glomerular disease)

단백질과 결합하는 비타민이나 미네랄의 소실이 병발될 수 있어 주의가 필요하다. 단백뇨의 최소화, 체중 유지, 균형 잡힌 사료의 섭취를 통해 비타민과 미네랄의 결핍을 최소화할 수 있다.

❹ 판코니 증후군(Fanconi syndrome)

환자별로 다뇨, 질소혈증, 산증, 저칼륨혈증 등의 임상 증상을 대증적으로 교정하고 적절한 수화 상태를 유지하는 것이 치료의 목표이다. 이러한 세뇨관 이상으로 인해 일부 동물에서는 요로결석(Urolithiasis)이 나타날 수 있다. 요로결석의 발생은 비뇨기계 내 무기질 침전의 위험을 증가시키는 병태생리학적 요인의 결합으로 정의된다. 어떤 무기질이 소변 내에 과포화되어 침착되느냐에 따라 결석의 종류가 다르다. 식이조절을 통해 요석의 용해를 도모하고 재발을 억제할 수 있다.

❺ 칼슘옥살레이트(Calcium oxalate)

내과적 용해가 불가능해 재발 예방과 결석의 성장을 억제하는 것이 목표가 된다. 영양학적 관리의 목표는 ① 요내 칼슘, 옥살산 농도 감소, ② 결석 억제제 활성 촉진, ③ 요의 산성화 방지, ④ 요 희석이다.

❻ 무균성 스투루바이트

고양이에서 다발하며, 소량씩 자주 급여하는 것이 요를 산성화시켜 결정형성을 줄여 준다. 마그네슘, 인, 단백질을 제한하고, 산성뇨를 유도하는 사료를 급여할 때 용해할 수 있다. 목표는 소변의 pH를 6.0~6.5로 유지하며, 수분 함량이 높은 사료로 스트루바이트 결정뇨를 억제하는 것이다.

❼ 고양이 요도 플러그(Feline urethral plug)

점액성 기질과 다양한 종류의 무기질(주로 스트루바이트)로 이루어져 요도 폐색을 유발한다. 요량을 늘리고 스트루바이트에 대한 관리를 병행한다.

❽ 고양이 특발성 방광염(Feline Idiopathic Cystitis, FIC)

캔 사료 급여 시 재발률이 건사료보다 낮게 보고되었다. 결석에 대한 관리를 진행하며, 수분 섭취 증가, 화장실 관리, 스트레스 관리를 통해 재발을 막을 수 있다.

❾ 요로감염

재발성 세균성 방광염은 선행 요인의 관리가 중요하며 pH 조절 사료나, 요산성화제는 예방 효과가 입증되지 않았다. 뒷받침하는 근거는 제한되지만 크랜베리 주스나 추출물이 재발성 감염을 막는 데 추천되는데, 프로안토시아니딘(Proanthocyanidins) 이라는 성분이 *E.Coli*가 요로 상피에 달라붙는 것을 방지하는 것으로 알려져 있다. 일부에서는 프로바이오틱스가 비뇨생식기계 세균총 조절에도 긍정적 영향을 줄 수 있다고 제안된다.

(3) 간담도계 질환의 영양학적 관리

식욕 부진은 간 질환의 흔한 증상이며, 장관영양기구를 사용해 에너지와 영양소를 공급해 줄 수 있다.

❶ 고양이 특발성 지방간증(Feline idiopathic hepatic lipidosis)

탈수와 식욕 부진을 교정하고 조기에 피딩튜브를 장착해 8~16주 동안 회복식을 공급한다. DER을 계산하여 급여량을 서서히 늘리며, 과속 급여 시 구토 위험이 증가하므로 주의한다. 퇴원 관리가 가능한 시점은 100% DER의 사료를 1일 3번의 균등 분할로 섭취할 수 있을 때이다. 급여 반응은 지속적으로 평가한다.

❷ 개의 구리 연관성 간독성(Dog copper storage disease)

식이 내 구리 함량과 흡수를 줄이는 것이 목표이다. 간 처방식이는 저구리 · 고아연 · 비타민 B군 강화 · 나트륨 제한 · 항산화제 첨가를 특징으로 한다. 간 부속물 · 견과류 · 조개류 · 버섯 · 내장육 등 구리 함량이 높은 간식은 피해야 한다.

❸ 문맥 전신성 단락과 간성 뇌병증(Portosystemic shunt & Hepatic Encephalopathy; PSS & HE)

치료 목표는 ① 조기 확인과 뇌병증 촉발 원인의 교정, ② 장관 내 독소의 생성과 흡수를 감소시키는 것, ③ 보조요법과 대증치료의 적용으로 나눌 수 있다.

간성 뇌병증이 없는 간 질환 환축에서는 단백질 제한 급여를 해서는 안 되며, 간성 뇌병증이 있는 환자에게는 동물성 단백질보다 암모니아 생성이 적고 소화성이 좋은 식물성 · 유단백질이 권장된다. 식이를 통한 구리 섭취를 제한하고 항산화제와 비타민 K를 보충해 주는 것이 좋다. 문맥 전신성 단락에 의해 발생한 간성 뇌병증의 치료를 위해 락툴로오스를 투여할 수 있다. 락툴로오스는 결장 내 pH를 낮춰 암모늄 이온의 작용을 막고 결장 내 세균의 암모니아 생성을 억제하며, 설사를 일으켜 암모니아의 장 내 통과 시간을 줄이는 역할을 한다.

❹ 만성 간염(Chronic hepatitis)

염증 억제, 영양 불균형 교정, 간 섬유화 지연에 영양학적 관리에 초점이 맞추어진다. 복수가 발생한 환자에서는 나트륨을 제한하고 필요시 염화칼륨으로 대체하여 급여할 수 있다.

❺ 급성 간염(Acute hepatitis)

가능하면 경장영양을 이용해 RER의 80% 이상을 공급하는 것이 권장된다. 고양이에서는 식욕 감소로 인한 이차성 지방간증 위험이 크다.

(4) 내분비 질환의 영양학적 관리

내분비 질환은 장기간 관리가 필요한 만성 질환이 많고, 영양학적 개입이 치료의 핵심 요소로 작용한다.

❶ 당뇨병(Diabetes mellitus)

개에서는 주로 인슐린 의존성, 고양이는 의존성/비의존성 당뇨 모두가 발생한다. 인슐린 의존성 당뇨에서 식이 관리는 혈당의 조절을 용이하게 해 주며, 비의존성 당뇨 환자의 일부는 영양학적 관리만으로 인슐린 요법 없이 혈당 조절이 가능하다.

당과 케톤체의 삼투성 이뇨에 의해 수분 손실이 증가하므로 충분한 수분 공급이 필수적이며, 비만은 당뇨와 관련이 깊어 체중 감량을 통해 혈당 조절 및 관해를 유도할 수 있다. 복합 탄수화물과 식이섬유는 소화와 흡수가 느려 혈당 지수를 낮추며, 고지혈증, 췌장염이 동반된 경우에는 지방 제한이 필요하다. 당뇨 환자는 소변으로 아미노산이 소실되고, 단백질 이화 작용으로 근 손실이 일어나므로 적절한 단백질 공급이 필요하다. 연구에서 고탄수화물(고섬유질)/중등도 단백질, 저탄수화물/고단백질 식이 모두 긍정적 효과를 보였다. 크로뮴은 탄수화물과 지방대사에 필수적인 미량원소지만 경구 크로뮴 보조제는 당뇨 관리에 있어 뚜렷한 장단점이 관찰되지 않았다. 반습식 사료는 단당류가 포함되어 있어 금기되며, 식이는 인슐린과 동시에 하루 2회, 동일한 양으로 일관성 있게 급여하는 것이 권장된다. 합병증이 있는 환자의 식이요법은 가장 심각한 질병의 관리에 목표를 두며, 당뇨병성 케톤산증 환자는 구토, 식욕 부진 시 경구 섭취를 중단하고 비경구 영양을 고려한다.

❷ 고지질혈증(Hyperlipidemia)

혈중 중성지질과 콜레스테롤의 상승은 대사성 질환의 결과로 나타날 수 있으며, 기저 질환을 치료하면 개선된다. 중성지질이 500mg/dL 이상이면 무증상이어도 합병증 예방을 위해 치료를 권장하며, 식이 지방 제한은 치료의 기본 원칙이다. 일반적으로 전체 열량의 20% 이하를 지방으로 공급할 것을 권장하지만, 많은 환자에서 그 이상의 지방 제한이 지시되며, 일부의 경우는 10% 미만이 요구된다. 섬유소가 첨가된 사료나 체중 감량 사료를 저지방 사료로 혼동하지 않도록 주의한다. 새로운 저지방 사료를 급여 받은 환자는 4~8주 이내에 재평가해야 한다. 고지혈증이 개선되지 않았다면 식이 이력을 확인하고, 필요시 상업용 처방 사료보다 지방 함량이 더 낮은 배합의 가정식을 처방할 수 있다.

❸ 개의 갑상선 기능 저하증 및 부신피질 기능 항진증

두 질병에서 영양학적 관리는 보조적이며, 비만과 고지혈증 조절이 핵심이다. 에너지 소비 감소와 식욕 증가로 체중이 늘기 쉬우므로 포만감을 유지하고 체중 증가를 방지하기 위해 저열량/고섬유소 사료의 급여를 추천할 수 있다. 간식은 하루 총열량의 10% 이하로 제한한다. 소량의 사료를 자주 급여하거나 식기를 이용해 섭취 속도를 늦추는 것은 포만감 유지에 도움이 된다. 부신피질기능항진증 환자에서 혈청 콜레스테롤(Cholesterol) 및 중성지방(Triglyceride)이 상승할 수 있어 가벼운 지방 식이 제한이 권장되며, 당뇨병 등 질환이 병발한 경우에는 해당 처방식이를 고려한다.

❹ 부갑상선 기능 항진증

원발성 부갑상샘기능항진증 환자에 대한 특별한 영양학적 지침은 없다. 신장 질환에 의한 이차성 부갑상샘기능항진증의 경우, 신장 질환의 관리에 준한 영양학적 고려가 필요하다.

❺ 고양이 갑상선 기능 항진증

치료를 위해 식이 요오드 제한이 이용된다. 갑상샘 기능 항진증 고양이를 대상으로 한 연구에서 식이에 건물 기준 0.32ppm 이하로 요오드가 함유되었을 때 T4 수치가 정상 농도로 유지되었다. 요오드 제한 식이를 진행할 때는 ① 소량의 요오드 섭취로도 갑상샘 수치가 급증할 수 있으므로 철저한 단일식이 급여를 유지해야 한다는 점, ② 최소 6개월 간격의 주기적인 수치 모니터링이 필요하다는 점, ③ 요오드 제한식이를 통해 항갑상샘 약물의 용량을 줄이고자 하는 경우에는 충분히 시간을 두어 감량해야 한다는 점을 고려해야 한다. 갑상선 기능 항진증의 치료로 숨어 있던 신장 질환이 드러날 수 있으며, 이때는 신장 질환에 적합한 처방 사료를 급여한다.

(5) 종양성 질환의 영양학적 관리

영양은 종양 환자의 삶의 질과 예후에 중요한 영향을 미친다. 개에서는 비만이나 경미한 체중 감소가 흔하지만, 고양이는 체중이 미달되고 근육이 소실되는 악액질 상태인 경우가 절반 이상이다. 정상 간·신장 기능을 가진 환자에는 단백질 30~35%, 저탄수화물 · 고지방 식이가 권장되지만, 종양 종류와 상태에 따라 고단백 · 고지방 식이는 금기일 수 있다. 지방불내성, 과체중, 간 · 신장 기능 저하 시에는 지방 제한이 필요하다. 글루타민과 아르기닌은 근육 단백 합성, 면역 기능, 회복에 도움을 줄 수 있다. 오메가-3 지방산은 염증 반응 조절에 이점이 있으나, 과량은 지혈 · 면역 기능 저하를 초래할 수 있다. 항산화제는 종양 예방 · 치료 부작용 완화 · 재발 예방 목적으로 사용되나, 치료 중 고용량 투여는 항암 효과를 방해할 수 있어 주의가 필요하다. 면역이 억제된 환자에게는 감염 위험 때문에 생식 급여를 피한다.

(6) 순환/호흡기 질환의 영양학적 관리

심질환 환자는 전통적으로 나트륨을 제한하는 것이 권장되었지만, 현재는 과한 나트륨 제한은 대부분의 심질환 환자에게 강요되지 않는다. 심장 대사와 기능을 지원하는 대표적인 영양소에는 오메가-3 지방산, 타우린, L-카르니틴, 마그네슘, 칼륨 등이 있고 필요에 따라 보충을 고려해야 한다.

❶ 고양이 확장성 심근병증(Feline DCM, Dilated Cardiomyopathy)

타우린 결핍에 의해 발생한 경우 타우린을 급여해 치료한다.

❷ 고양이 비대성 심근병증(Feline HCM, Hypertrophic Cardiomyopathy)

임상 증상이 없는 환자의 식이 변경은 필요하지 않다. 경도에서 중등도의 울혈성 심부전으로 발전한 경우, 중간 정도의 나트륨 제한이 약물 치료와 함께 지시되며, 대개 식욕 부진이 더 큰 문제가 된다. 고농도의 이뇨제를 투여받는 고양이에서 비타민 B군의 보충이 필요할 수 있다.

❸ 고혈압(Hypertension)

특발성 고혈압에 대한 나트륨 제한 식이의 효과는 밝혀지지 않았다. 현재의 ACVIM 가이드라인은 고혈압 동물에서 염화나트륨의 과도한 섭취는 피하는 것이 좋지만, 섭취를 제한하기 위해 특별한 노력을 기울이는 것은 추천하지 않는다.

❹ 개 이첨판 폐쇄부전(Dog MVI, Mitral Valve Insufficiency)

미국수의내과학회(ACVIM)의 병기 A-D에 따른 영양학적 권장 사항은 다음과 같다.

- 초기 단계(A~B1): 나트륨 제한 식이는 권장되지 않으며, 오히려 지나친 나트륨 제한은 레닌-안지오텐신-알도스테론 시스템(RAAS)을 과활성화시킬 수 있다. 균형 잡힌 사료를 급여하되, 나트륨 함량이 매우 높은 음식을 피하는 선에서 관리한다.
- 중간 단계(B2): 경도의 나트륨 제한이 권장되며, 그 수준은 나트륨 함량을 80~100mg/100kcal 정도로 제한하는 것이다. 과도한 저염식은 권장되지 않는다.
- 심부전 단계(C): 이뇨제와 병행하여 나트륨을 중등도 수준(50~80mg/100kcal)으로 엄격히 제한하는 것이 권장된다. 저나트륨 사료로 인한 식욕 저하나 영양 · 전해질 불균형 등의 부작용에 유의한다.
- 말기 단계(D): C단계의 식이요법을 적용하면서 필요시 나트륨 섭취를 더 감소시킨다. 일부 말기 환자는 <50mg/100kcal 이하의 매우 엄격한 나트륨 제한이 필요하다. 그러나 이 정도로 염분 제한을 했을 때 발생할 수 있는 기호성 저하와 전해질 이상에 유의해야 한다.

❺ 개 확장성 심근병증

개는 타우린을 합성할 수 있지만, 보충하는 것을 권장한다.

❻ 상부기도질환

환자가 비만하지 않고 마른 신체 상태를 유지하는 것을 목표로 한다. 단두종은 비만이 되기 쉽고 이는 호흡 기능을 악화시키며, 산소 요구량을 증가시킨다.

단두종의 기도 질환이나 후두마비를 수술적으로 교정한 후 환자가 수술로부터 회복되기까지 급여 고려가 필요하다.

❼ 폐 질환이 있는 환자

폐 질환이 있는 환자는 발열로 인한 에너지 소모 증가에 의해 체중 감소, 저산소증에 의한 장기 기능 저하, 노력성 호흡 및 그로 인한 식이량 감소가 발생할 수 있다. 칼로리가 높고 소화가 잘되는 식이를 소량씩 자주 공급하는 것이 호흡곤란 환자에서 도움이 될 수 있다.

❽ 흉강 질환이 있는 환자

흉강 질환이 있는 환자는 위가 과도하게 확장되면 횡격막의 움직임이 제한되고 흉벽과 폐 확장이 제한되기 때문에 작고 빈번한 급여가 권장된다. 유미흉이 있는 환자는 저지방식이가 추천되며, 흡인된 흉수를 통해 손실되는 영양에 대한 추가적인 공급이 고려되어야 한다.

(7) 피부/알레르기 질환의 영양학적 관리

피부는 전신적 기저질환에 대한 단서를 제공하며, 동물이 섭취하는 영양에 의해 영향을 받는다. 다수의 피부 질환은 실제 동물이 섭취하는 식이 원료나 영양 성분을 변경하여 급여해 관리할 수 있다. 필수 지방산은 피부에서 다양한 기능을 수행하며, 피부 장벽과 각화된 지질층을 형성하는 데 필수적인 구성 성분이다.

- 피부 식이 부작용(알레르기): 비계절성 소양감을 유발하며, 제거와 재시도를 반복하는 식이 테스트가 필요하다. 혈청검사나 피내검사를 통해 어떤 식이 단백질이 알레르기를 유발하는지에 대한 임상적으로 유용한 정보를 제공할 수 있다.

(8) 신경계 질환의 영양학적 관리

신경계 관련 수술을 받은 동물 환자에게는 고칼로리의 중환자 식단이나 고농도 스테로이드 처방 환자를 위한 소화기 특이 식단을 급여해야 한다. RER의 80%가 충족되어야 하며, 신경과 뇌는 포도당 요구도가 높아 포도당을 공급해 근육의 이화작용과 지방 손실을 줄일 수 있다. 티아민 결핍증은 날생선이 많이 들어있는 사료나 과도한 열을 가한 통조림을 먹은 환자에게 발생할 수 있고, 뇌에 양측성 괴사와 출혈을 유발한다. 개의 특발성 간질에서 중쇄중성지방(Medium-Chain Triglycerides; MCT)을 이용한 처방사료가 이용될 수 있다. 중쇄중성지방은 케톤체로 전환되어 신경세포가 안정적인 에너지를 공급받게 하고, GABA(γ-aminobutyric acid)의 합성을 촉진해 발작 발생의 역치를 높일 수 있다.

(9) 근골격계 질환의 영양학적 관리

비외상성 정형외과 질환은 전체 내원 환자의 10% 정도를 차지한다. 영양은 골격의 성장과 재건에 중요한 역할을 하며, 미네랄(칼슘, 인)과 비타민(비타민 D, A)의 부족 및 과잉은 다양한 정형외과 질환의 원인이 된다. 특히 성장기의 대형견은 과도하지 않은 식이를 섭취하는 것이 중요하며, 개에서 비만은 골관절염에 의한 파행과 연관된다.

2. 중독(Poisoning)

1) 중독의 정의

중독은 생물체의 정상적인 생리적 기능에 해로운 영향을 주는 독성 물질에 생물체가 노출되는 것을 의미한다. 대부분의 임상증례는 신체가 다양한 경로로 독성 물질에 중독 용량 이상 노출되었을 때 발생한다.

2) 중독의 유형

중독은 다양한 기준으로 분류할 수 있으며, 주요 분류 기준은 다음과 같다.

(1) 노출된 시간에 따른 분류

- 급성 중독(Acute poisoning): 단기간 내에 독성 물질이 신체 내 · 외부에 노출되어 나타나는 급성 반응을 말한다. 임상 증상이 빠르게 발현되며, 즉각적인 대응이 요구된다.
- 만성 중독(Chronic poisoning): 독성 물질에 신체가 장기간 반복적으로 노출되어 누적적인 손상이 발생하는 것을 말한다.

(2) 노출 경로에 따른 분류

- 경구(Oral): 음식물, 약물, 식물, 화학제품 등을 섭취하여 발생하는 중독 형태를 말한다.
- 흡입(Inhalation): 가스, 연기, 휘발성 화합물 등이 호흡기를 경유하여 체내에 노출되어 발생하는 중독 형태를 말한다.
- 피부 접촉(Dermal exposure): 살충제나 기타 오염물질이 피부, 털, 점막 접촉을 통해 흡수되어 발생하는 중독 형태를 의미한다. 상처가 난 피부나 염증 부위, 점막은 흡수율이 높아진다.
- 주사 · 주입(Injection or Infusion): 약물의 비의도적 주입, 오남용, 의도적 투여로 발생하는 중독이다.

(3) 독성 물질의 종류에 따른 분류

독성 물질은 약품, 식물, 식품, 화학물질, 생물학적 독소(예: 뱀독 · 거미독 등) 등이 포함된다. 세부적인 예시는 각론을 참고할 수 있다.

(4) 임상 증상에 따른 분류

- 신경독성형(Neurotoxic): 경련, 과흥분/불안, 의식 저하, 혼수, 근긴장 이상(강직 · 진전) 등
- 간독성형(Hepatotoxic): 황달, 간효소(ALT/AST/ALP 등) 상승, 간기능 저하(저알부민 · 응고장애), 간성뇌증 등
- 신장독성형(Nephrotoxic): 핍뇨/무뇨, 고질소혈증(BUN/Crea/SDMA 상승), 단백뇨 등
- 혈액 · 응고장애형(Hematologic · Coagulopathic): 출혈, 빈혈, 혈소판 감소, 응고계 연장 등
- 심장독성형(Cardiotoxic): 부정맥(서맥 · 빈맥), 저혈압, 쇼크 등

실제 증례에서는 여러 기관이 다발성으로 손상되는 경우가 흔하다.

3) 중독의 일반적 경과와 병태생리

독성 물질이 체내에 들어오면 일반적인 약물과 마찬가지로 다음의 네 단계를 거친다.

- 흡수(Absorption): 독성 물질은 경구, 흡입, 피부 접촉, 주사 등을 통해 체내로 흡수된다. 흡수되는 경로 · 속도에 따라 증상의 발현 시기와 강도가 달라진다.
- 분포(Distribution): 흡수된 독성 물질은 혈류를 따라 노출 부위에서 작용 부위로 운반된다. 일반적으로 노출 부위-혈장-간질액-세포의 순서로 이동해 중독 작용을 일으킨다. 태반, 혈액-뇌장벽(BBB)은 특정 독성 물질의 접근을 제한하는 장벽 역할을 한다.
- 대사(Metabolism): 주로 간세포 내 Cytochrome P450 효소계의 작용으로 독성 물질의 대사가 일어난다. 종 · 나이 · 영양 상태 · 건강 상태 등의 요인

들이 신체의 약물 변환·대사 능력에 영향을 준다. 일부 독성 물질은 대사 과정에서 더 독성이 강한 대사산물로 변환되기도 한다.

- 배설(Excretion): 주로 간에서 대사된 뒤 신장을 통해 소변의 형태로 체내에서 제거된다. 그 외에도 간담도(담즙), 폐, 유선, 장, 땀샘, 타액선 및 피부에서도 배설될 수 있다. 배설 능력이 저하되면 체내에 독성 물질이 축적되어 중독을 악화시킨다. 특히 반복적인 장관 순환을 하는 물질의 경우, 배설이 지연되어 중독 기간이 길어질 수 있다.

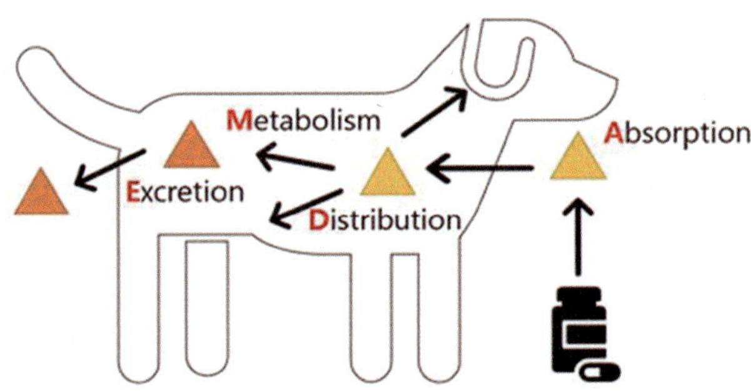

[그림 14-1] ADME로 대표되는 약물의 체내 움직임

4) 중독 환자의 간호

중독 환자에 대한 간호에 있어 가장 우선시되어야 하는 것은 독성 물질의 제거나 해독보다 환자의 생리적 안정화이다. 중독에 의해 나타날 수 있는 혈역학적 장애(예: 저혈압, 부정맥 등), 호흡기 및 신경계 이상 등을 신속하게 평가하고 교정함으로써 환자의 생명을 우선적으로 보호해야 한다. 이후 환자의 상태가 안정되면 피부, 털, 점막 등의 외부 노출 부위와 위장관 내 잔류물 등 신체 내외에 남아 있는 독성 물질을 제거하고 추가적인 체내 흡수를 차단하기 위한 조치를 단계적으로 수행함으로써 치료의 성공률을 높인다.

(1) 초기 대응 및 응급 처치

❶ 보호자 응대와 문진

중독이 의심되는 경우, 보호자로부터 노출 시간 · 경로 · 독성 물질의 종류 및 용량 · 임상 증상 등의 정보를 신속하고 정확하게 수집한다. 보호자가 독성 물질 노출 여부를 확실히 인지하지 못하는 경우, 최근의 환경 변화, 여행 이력, 새로 들인 식물이나 물질 등의 환경적 요인을 추가로 문진하여 진단에 필요한 정보를 수집한다.

❷ 증상에 기반한 대증 처치

환자의 생리적 상태가 불안정한 경우 임상 증상에 기반한 즉각적인 대증 처치가 필요하다. 산소 공급, 진정제, 수액 요법 등을 적용할 수 있으며 이외에도 호흡곤란, 저혈압, 부정맥, 저체온, 무의식 상태 등의 임상 증상에 따라 대증적인 응급 약물 투여와 기도 확보 등의 응급 처치, 지속적인 집중 모니터링을 병행한다. 대증 처치는 중독 원인에 무관하게 생명 유지와 안정화를 위한 최우선 조치로 제독이나 해독보다 선행되어야 한다.

(2) 제독(Decontamination)

중독 환자에서 제독의 목적은 독성 물질의 추가 흡수를 최소화하고 체외 배출을 촉진하는 것이다. 제독을 시행할 때에는 독성 물질의 용량, 약동학적 특성, 작용 기전, 임상 증상 등을 종합적으로 고려하여 가장 적절한 제독 방법을 선택해야 한다. 이러한 판단은 환자의 상태, 노출 경로, 노출 후 시간 경과에 따라 달라지며, 제독이 생략되거나 제한적으로 적용되는 경우도 있다. 아래는 일반적으로 임상에서 사용되는 주요 제독 방법에 대한 개요이다.

❶ 외부 제독

외부 제독은 피부, 점막, 안구 등에 접촉된 독성 물질을 제거하여 체내 흡수를 방지하고 국소 자극 및 2차 손상을 최소화하는 것을 목적으로 한다. 가능한 한 노출 직후 신속하게 시행되어야 하며, 물리적 세정이 기본 원칙이다.

- 피부: 미지근한 물과 순한 세정제를 사용하여 충분한 시간 동안 흐르는 물로 씻어낸다. 알코올, 아세톤 등은 사용하지 않으며, 개인보호장구를 착용하여 처치자의 2차 노출을 방지한다. 필요시 전신 목욕 및 국소 삭모를 병행한다.
- 점막: 생리식염수로 부드럽게 반복 세척한다. 환자가 액체를 삼키지 않도록 유의한다.
- 안구: 생리식염수를 이용하여 15분 이상 지속적으로 세척한다. 세척 도중 각막 손상, 통증 반응, 충혈 여부 등을 관찰하며, 필요시 형광염색검사(Fluorescein dye)를 추가적으로 시행한다.

❷ 내부 제독

내부 제독은 독성 물질이 체내로 흡수되기 전에 위장관 내에서 제거하거나 흡수를 최소화하는 것을 목적으로 한다. 노출 경로가 경구(Oral)일 때 주로 적용되며, 노출 시간, 물질의 성질, 환자의 의식 상태 등을 고려하여 적절한 제독 방법을 선택한다.

가. 희석(Dilution)

희석은 소량의 물 또는 우유를 경구 투여하여 섭취된 독성 물질의 농도를 낮추고 점막 자극을 완화하는 방법이다. 체중 1kg당 2~6ml 정도를 투여하며, 과도한 양을 투여 시에는 구토에 의해 식도가 독성 물질에 재노출될 수 있어 주의가 필요하다. 희석은 의식 저하, 발작 중이거나 오연성 폐렴 위험이 있는 환자에서는 금기된다. 특정 독성 물질의 경우, 지용성 성분이 함유된 유제품을 이용한 희석이 효과적일 수 있다. 일반적으로 구토 유발과는 병용하지 않는다.

나. 구토 유발(Emetics)

구토 유발은 가능한 한 섭취 직후 신속하게 시행해야 효과적이며, 시간이 지날수록 위 내용물에 포함된 독성 물질의 회수율은 급격히 감소한다. 부식성 물질을 섭취한 경우, 구토 유발은 식도와 구강점막에 2차 손상을 일으킬 수 있어 금기된다.

다. 위 세척(Gastric lavage)

위 세척은 구토 유발이 제한되는 경우에 실시한다. 미국 임상독성학회는 위 세척이 활성탄에 비해 갖는 이점이 확인되지 않아 일반적인 중독 환자의 치료에 더 이상 권장하지 않는다. 그럼에도 많은 동물병원에서는 특정 상황에서 보조적 수단으로 사용하고 있다. 위 세척은 가능한 한 독성 물질의 섭취 초기에 시행하고, 활성탄 치료와 병행하는 것이 권장된다.

- 위 세척 전 득실 평가가 필요한 상황: 극미량의 독성 물질을 섭취한 환자, 이미 구토한 환자
- 위 세척이 금기시되는 상황: 위 내에서 경화되지 않는 물질(예: 접착제)을 섭취한 환자, 부식성, 휘발성 물질 등 식도와 점막을 손상시키고 오연성 폐렴에 대한 위험성이 큰 물질을 섭취한 환자

라. 흡착제(Adsorbent)

가장 흔히 사용되는 제독 방법 중 하나로, 구토 유발이나 위 세척 후 또는 이들을 대체하여 투여할 수 있다. 대표적으로 사용되는 활성탄(Activated charcoal)은 표면적이 넓고 미세한 다공성 구조를 지녀 위장관 내 독성 물질을 효율적으로 흡착해 전신 흡수를 억제하는 효과가 있다. 흡착제는 독성 물질과 직접 접촉해야 효과가 있으므로 빠른 투여가 중요하고, 특정 독성 물질(예: 금속류, 알코올류)은 흡착되지 않아 효과가 없다. 흡착제는 독성 물질을 흡착한 채 위장관을 통과하여 분변을 통해 신체에서 제거된다. 흡착은 가역적으로 작용해 독성 물질이 장내에서 재방출될 수 있기 때문에 설사 유도제를 병용하는 것이 권장된다.

장관순환을 통해 반복적으로 흡수되는 독성 물질이라면 흡착제의 반복 투여를 진행한다. 반복 투여 시 원래 용량의 1/2을 4~8시간 간격으로 적용한다.

마. 설사 유도제(Laxative)

독성 물질이 소화관 내에서 빠르게 통과되도록 유도하여 흡수를 억제하기 위해 사용한다. 독성 물질과 흡착제는 약하게 결합되어 있어 재방출될 수 있기 때문에 설사 유도제를 통해 빠른 배출을 유도해야 한다. 가장 흔하게 사용되는 설사 유도제는 삼투성 설사 유도제(Osmotic laxative)로, 소화관 내로 수분을 끌어들여 배변을 촉진한다. 윤활성 설사 유도제(Lubricant laxative)로는 미네랄 오일(Mineral oil)이 가장 흔하게 사용된다.

❸ 특수 해독 요법

가. 체외 요법(Extracorporeal therapies)

혈액투석(Hemodialysis)으로 대표되는 체외 요법은, 환자의 혈액을 체외로 분리한 후 정화 과정을 거쳐 독성 물질을 제거하고, 특정 과정을 거쳐 다시 체내로 주입하는 치료 방식이다. 저분자량 · 고수용성 · 낮은 단백질 결합률 · 분포용적이 작아 대부분이 혈관 내(Intravascular)에 존재하는 독성 물질일수록 효과적으로 제거된다. 지용성이거나 세포 내(Intracellular)/간질(Interstitial) 공간에 축적되는 물질은 제거 효과가 낮다. 최근 수의 임상에서는 혈장교환술(Therapeutic Plasma Exchange, TPE)이나 혈액여과술(Hemofiltration), 혈액관류술(Hemoperfusion) 등도 시도되고 있다.

나. 해독제(Antidotes)

특정 독성 물질의 작용 기전을 차단하거나, 독성 대사를 경쟁적으로 억제하여 해독 효과를 유도한다. 단독 요법보다는 제독 · 지지요법과 병행하여 사용한다. <표 14-3>은 대표적인 독성 물질과 해독제의 예이다. 추가적인 설명은 독성 물질에 대한 각론을 참고하라.

다. 정맥 지질 유제(Intravenous Lipid Emulsion, ILE)

지용성 독성 물질에 대한 특수 해독법으로, 응급 처치에 반응하지 않거나 해독제가 없는 중독 환자에서 고려될 수 있다. 작용 기전은 지용성 독성 물질을 조직으로부터 지질 유제로 끌어들여 표적 장기에서의 독성 작용을 감소시키는 것이다.

〈표 14-3〉 대표적인 독성 물질과 해독제의 예

독성 물질	해독제	용량 및 비고
Amitraz	Atipamezole (Antisedan)	• 개: 50μg/kg IM • CNS 억압, 서맥, GI 정체와 고혈당증 증상 해독 • amitraz collar를 섭식한 경우, 위장관을 통해 collar가 제거될 때까지 atipamezole을 투여해야 함
Carbamates, Organophosphates (OPs)	Atropine	• 개/고양이: 0.2mg/kg, 1/4 용량을 IV한 뒤 나머지 3/4는 IM이나 SC • 무스카린 효과: 침흘림 · 눈물 · 배뇨 · 배변 · 호흡곤란 · 구토에 길항 • 의심되는 경우, 시험 용량으로 0.02mg/kg을 투약, 만약 이 용량으로 환자가 산동이나 빈맥 증상을 보이면 환자는 Carbamate나 OPs 중독이 아님
Selective serotonin reuptake inhibitors (SSRIs) 5-hydroxytryptophan (5-HTP)	Cyproheptadine (Periactin)	• 개: 1.1mg/kg PO 또는 직장으로 p8h로 투여 • Serotonin 증후군에 길항시킬 목적으로 투약(고체온증, 전율, 발작 운동실조 흥분, 의기소침, GI 장애, 과감각증)
Digoxin Cardiac glycoside-containing plants Bufo toad	Digoxin immune fab (Digibind)	• 개: 1~2병을 30분에 걸쳐 천천히 IV • 20~90분 내 증상이 개선됨 • 저칼륨혈증과 과민 반응을 모니터링
Ethylene glycol	Ethanol Fomepizole (4MP, 4-methylpyrrazole)	• Ethanol: 심한 CNS 억압과 대사성 산증 유발 • Formepizole: – 개: 초기 용량 20 mg/kg IV, 15 mg/kg을 12, 24시간 뒤에 투여. 36시간째에 5mg/kg 투여 – 고양이: 초기 용량 125mg/kg IV, 이후 31.25mg/kg을 12, 24, 36시간에 투여 – 고양이에서 치료는 노출 3시간 이내에 시작되어야 하고, 예후는 매우 불량함

독성 물질	해독제	용량 및 비고
Benzodiazepines	Flumazenil (Romazicon)	• 개/고양이: 0.01~0.02mg/kg IV • 짧은 반감기 때문에 반복 투여 필요 • 심한 CNS와 호흡 억압이 있는 증례에서만 사용
Permethrin Metaldehyde Strychnine Tremorgenic mycotoxins	Methocarbamol (Robaxin)	• 개/고양이: 55~220mg/kg 천천히 IV 또는 PO • 총투여량이 하루 330mg/kg을 넘지 않아야 함 • 심한 전율을 유발하는 다른 중독에 사용할 수 있음
Opioids	Naloxone (Narcan)	• 개: 0.04mg/kg IV, IM, SC • 고양이 0.02~0.04mg/kg IV • 호흡이나 CNS 효과는 역전되지만 GI 효과는 역전되지 않음
Acetaminophen	N-acetylcysteine (NAC)	• 개/고양이: 5% 용액을 사용할 것: 140mg/kg PO 또는 IV로 loading한 뒤 70mg/kg PO 또는 IV를 매 6시간 간격으로 7회 투여 • 5%로 희석하지 않으면 PO로 적용한 경우, 구강 점막 궤양이 유발될 수 있음
Anticoagulant rodenticides Warfarin	Vitamin K1	• 개/고양이: 1.5~2.5mg/kg PO q 12 hr • 흡수를 촉진하기 위해 기름진 음식과 같이 투여
Bupivacaine, Verapamil, Propranolol, Iomipramine, Lidocaine, Moxidectin	Intralipid emulsion (ILE)	• 개/고양이: 20% 용액을 사용하여, 초기 bolus로 1.5mL/kg을 천천히 IV한 뒤, 0.25ml/kg/min을 30~60분에 걸쳐 CRI • 다른 지용성 약물 중독증에도 사용 가능함

❹ 경과 관찰

중독 환자에 대한 초기 처치 이후에는 활력 징후·임상 증상·장기 기능의 경과를 관찰한다. 특히 지연 독성이나 2차 증상 발현 가능성이 있는 경우, 수일간의 경과 관찰이 필요하다.

❺ 보호자 교육 및 재노출 방지

환자 퇴원 시에는 독성 물질의 종류 · 노출 경로 · 증상 · 예후에 대해 보호자에게 명확히 설명한다. 동일한 중독이 재발하지 않도록 가정 내 또는 외부 환경에서 위험 물질을 차단하는 방법, 보관 및 관리 요령, 관련 행동 지도에 대해 교육한다.

5) 독성 물질 각론

미국동물학대방지협회(american society for the prevention of cruelty to animals; ASPCA)에 의하면 중독의 40%는 인의용 의약품, 동물용 약품에 의해 발생하고, 나머지 60%는 독성식품, 살충제, 살서제, 식물, 가정용 제품, 제초제, 세정제 등에 의해 발생한다.

(1) 약물 중독증

약물에 의한 중독 사고는 보호자의 비의도적인 과다 투여 혹은 의도적인 투여와 의원성 중독에 의해 발생한다.

❶ 칼슘채널 차단제(Calcium channel blockers)

전신 고혈압, 심장병과 기타 심장 문제의 치료에 사용되는 약물이다. 예로 암로디핀(amlodipine), 딜티아젬(diltiazem), 베라파밀(verapamil) 등이 있다.

빈맥, 서맥, 부정맥, 저혈압 등의 심혈관계 중독 증상과 혼수, 발작 등의 신경독성 중독증상이 나타난다. 일부 환자에서 심근 억제로 인한 쇼크와 폐부종이 발생하며, 고용량에서는 치명적일 수 있다. 치료를 위해 위장관 제독 처치와 수액 요법을 통한 순환기 안정화, Atropine 및 Calcium gluconate 정맥주사, 인슐린, 정맥지질유제, 글루카곤 및 혈압 상승제를 적용할 수 있다. 지속적인 활력 징후와 산-염기 균형 모니터링이 중요하다.

❷ 베타차단제(Β-blockers, Β-receptor antagonist)

고혈압이나 다른 심장병의 치료 목적으로 흔히 사용되는 약물이다. 예로 아테놀올(atenolol), 에스모롤(esmolol), 메토프로롤(metoprolol), 카르베딜롤(carvedilol), 프로프라놀올(propranolol), 소탈롤(sotalol) 등이 있다.

심혈관계 중독 증상이 나타나며, 치료 방침은 칼슘채널 차단제와 거의 유사하다.

❸ 선택적 세로토닌 재흡수 억제제(Selective serotonin reuptake inhibitor; SSRI)

중추신경계 내 세로토닌 농도를 상승시킨다. 예로 플루옥세틴[fluoxetine(프로작, Prozac)], 에스시탈로프람[escitalopram(렉사프로, Lexapro)], 시탈로프람[citalopram(셀렉사, Celexa)] 등이 있다.

진정, 동요, 유연, 구토, 산동, 근진전 등의 신경독성 증상이 나타난다. 제독 및 대증 처치와 지지요법을 적용하며, Cyproheptadine, Acepromazine 등을 증상 완화를 위해 사용할 수 있다.

❹ 삼환계 항우울제(Tricyclic antidepressant)

노르에피네프린, 세로토닌, 도파민의 재흡수를 억제한다. 예로 아미트리프틸린(Amitriptyline) 등이 있다.

심혈관계 중독증상과 신경독성 중독증상이 나타난다. 제독 및 대증 처치와 지지요법을 적용한다.

❺ 아세트아미노펜(Acetaminophen)

고용량 섭취 시 CYP450(Cytochrome p450) 경로를 통해 독성 대사산물인 NAPQI(N-acetyl-p-benzoquinone imine)가 생성된다. NAPQI는 간세포와 적혈구에 산화적 손상을 유발한다. 간독성 증상과 산화적 혈액 손상(예: 청색증, metHb 상승, Heinz body 형성 등)이 주로 나타나며 고양이는 단일 용량에도 민감하게 반응한다. 초기 1~3시간 이내에는 구토 유도 또는 위 세척 후 활성탄을 반복 투여한다. 해독제로 N-acetylcysteine(NAC)을 경구 또는 정맥으로 투여하며, 초기 140mg/kg 후 70mg/kg을 4시간 간격으로 반복 투여한다. metHb 혈증이나 빈혈이 심한 경우에는 비타민 C, Silymarin, SAMe(S-adenosyl methionine), 산소 공급, 수혈 등의 보조 치료가 필요하다.

❻ NSAID(Non-steroidal anti-inflammatory drug)

NSAID는 COX-1과 COX-2를 억제하여 프로스타글란딘 합성을 차단한다. 이로 인해 위장관 점막 보호 기능과 신장 관류 유지 기능이 손상된다. 일부 NSAID(예: ibuprofen, naproxen)는 혈액뇌장벽을 통과하여 중추신경계 증상도 나타낼 수 있다. 초기에 구토, 식욕 부진, 복통, 설사, 혈변 등의 위장관 증상이 나타나며, 심한 경우 궤양과 천공이 발생할 수 있다. 고용량 섭취 시 신장 관류 기능의 손상으로 다뇨/무뇨, 고질소혈증, 신부전, 혼수, 경련 등도 관찰된다. 간 효소 상승이나 간부전이 동반될 수 있다. 노출 초기 1~2시간 이내라면 구토 유발 또는 위 세척 후 활성탄을 투여한다. 수액 요법을 통해 신장 관류를 유지하며, 위장 보호를 위해 H_2 수용체 길항제, 양성자펌프억제제, 점막 보호제를 병용한다. 신장 손상이나 전해질 이상, 출혈성 위장관 증상, 중추신경계 증상에 따라 대증 처치를 시행한다.

❼ 레크레이션 약물(Recreational Drug)

국내에서는 발생 사례가 드물지만, 외국에선 레크레이션 약물(불법약물)에 반려동물이 노출되는 경우가 종종 발생한다. 불법약물에 노출되는 반려동물은 실수 혹은 의도적으로 중독될 수 있다. 대표적인 약물로는 마리화나(THC), 코카인, 메스암페타민, MDMA(ecstasy), LSD, GHB 등이 있으며, 이들은 각각 도파민, 세로토닌, GABA 수용체 등의 신경전달계에 영향을 준다.

(2) 화학물질 중독증

❶ 살서제(Rodenticides)

개에서 발생하는 대표적인 중독물 중 하나이다. 항응고제성 살서제(Anticoagulant rodenticides)는 비타민 K 의존성 응고인자를 억제하여 응고장애를 유발한다. 임상적 출혈 증상은 노출 48~72시간 후에 나타나며, 이는 간 내 저장된 응고인자가 소진된 뒤이다. 1세대 항응고제성 살서제에는 Warfarin, Pindone이 있고, 2세대 항응고제성 살서제로 Brodifacoum, Bromadiolone, Diphacinone, Chlorophacinone 등이 사용되고 있다. 저응고성에 의한 전신 출혈이 발생한다. 점상출혈(Petechia), 혈뇨, 혈변, 혈흉, 객혈, 빈혈 등 다양한 형태의 출혈이 관찰된다. 치료를 위해 제독 처치와 비타민 K 투여를 병행하며, 출혈 양상에 따라 수혈, 응고인자 투여, 산소치료, 대증 처치 등을 진행한다.

가. 비 항응고제성 살서제(Non-anticoagulant rodenticides)

① 브로메탈린(Bromethalin): 신경독성 살서제로, 뇌와 간세포 내 미토콘드리아의 작용을 방해해 CNS의 부종이 발생한다. 이로 인해 비정상 행동, 운동실조, 과감각증, 발작, 혼수 등이 나타날 수 있다. 항응고제성 살서제가 아니기 때문에 해독제로 비타민 K를 적용해서는 안 된다. 제독 처치 및 뇌부종, 경련에 대한 대증 처치 및 지지요법을 적용한다.

② 콜레칼시페롤(Cholecalciferol): 비타민 D 중독에 의한 고칼슘혈증 및 고인혈증과 그로 인한 급성 신부전 및 연부조직 석회화가 나타난다. 제독 처치 및 수액 요법을 통한 신장 관류 촉진을 유도하며 고칼슘, 고인혈증에 대한 대증 처치를 진행한다.

③ 인화 아연(Zinc phosphide): 위에서 위산과 반응해 인화수소가스(Phosphine gas)를 생성한다. 인화수소가스는 위장관 및 폐를 자극하고 전신독성을 나타낸다. 치료를 위해 위산 중화제를 투여 후 구토 유발 및 위 세척을 진행한다. 추가적인 독성 가스의 생성을 막기 위해 음식은 먹이지 않는다. 제독 처치 후 대증 처치 및 지지요법을 적용한다.

❷ 살충제

살충제로 사용되는 Pyrethrin과 이 약물의 합성 유도체인 Pyrethroids(Permethrin, Cypermethrin, Cyphenothrin 등)는 가정에서 사용되는 살충제 및 살충제 스프레이에서 흔히 발견된다. Carbamates, Organophosphates류는 과거에 사용되었으나 안전역이 좁고 독성이 심해 사용이 줄고 있다. 위장관계 증상, 신경계 증상과 호흡곤란 증상이 나타난다. 피부 오염부에 대한 세척을 통한 제독 처치와 임상 증상에 대한 대증 처치 및 지지요법을 적용한다.

❸ 비누 및 세제(Soap and Detergent)

소화기나 피부, 점막에 직접적인 자극을 유발한다. 다양한 소화기 증상이 나타날 수 있으며, 세정 및 지지요법을 적용한다. 구토 유발은 권장되지 않는다.

❹ 실리카겔(Silica gel)

생리적으로 거의 무해하고 안전역이 넓어 대부분 중독을 일으키지 않는다. 다량 섭취 시 작은 동물에서는 이물 폐색이나 변비 발생 가능성이 있다. 임상 증상이 없다면 배변으로 배출될 때까지 모니터링을 진행한다.

❺ 식품용 산화방지제(Antioxidants)

철을 포함한 식품용 산화방지제는 다량 섭취 시 위장관 자극과 간독성, 철 중독 증상을 유발할 수 있다. 철에 대한 킬레이트제(Deferoxamine)와 제산제, 위장관 보호제 등의 지지요법을 적용해 치료한다. 활성탄은 철과 결합하지 않기 때문에 권장되지 않는다.

❻ 건전지(Batteries)

알칼리 전해질의 누출에 의한 위장관 점막 손상과 천공 및 이물에 의한 장폐색이 유발될 수 있다. 섭취 후에는 가능한 한 빨리 방사선 촬영 후 내시경으로 제거한다. 조직 손상 시 입원하여 진통 처치 및 지지요법을 진행한다.

❼ 에틸렌글리콜(Ethylene Glycol)

자동차 부동액, 페인트, 접착제, 유리 세정제 등에 함유되어 있다. 단맛이 나기 때문에 바닥에 흘린 액체 등을 섭취하는 사례가 발생한다. 개에서 6.6ml/kg,

고양이에서 1.4ml/kg으로 죽음을 유발할 수 있고, 개에서 15ml, 고양이에서 5ml 만으로 급성 신부전을 유발할 수 있다.

에틸렌글리콜은 간에서 순차적으로 대사되어 독성이 높은 산물을 생성한다.

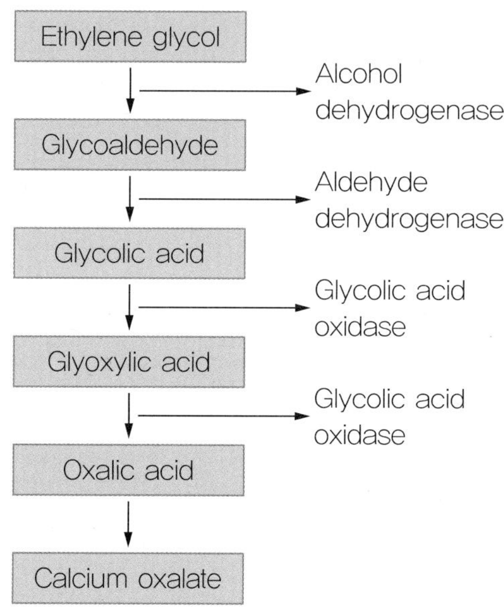

[그림 14-2] 에틸렌글리콜의 대사과정과 관여 효소

에틸렌글리콜 중독으로 인한 임상 증상은 다음의 3단계로 구성되어 있다.

- 1단계: 섭식 30분~12시간 사이에 발생한다. 알코올 중독과 유사한 운동실조, 유연, 구토, 발작, 다음/다뇨 등의 신경 억제 징후가 나타난다.
- 2단계: 섭식 12~24시간 뒤에 발생한다. 임상 증상이 해소되는 것처럼 보일 수 있지만, 이 기간 동안 신체의 심한 손상이 발생한다. 탈수, 빈맥, 빈호흡 등의 증상이 관찰된다.
- 3단계: 고양이에서는 섭식 12~24시간 내, 개에서는 섭식 36~72시간 뒤에 나타난다. CaOx 결정에 의해 심한 AKI가 발생한다. 식욕 부진, 기면, 유연, 요독증, 혼수, 의기소침, 구토, 발작이 발생할 수 있다.

해독제로 포메피졸(Fomepizole), 에탄올(Ethanol)을 투여하고 지지요법 및 투석을 고려한다. 해독제는 Alcohol dehydrogenase를 경쟁적으로 사용해 에틸렌글리콜이 대사체로 전환되지 않고 배출되게 한다. 수액, 신장 모니터링, 대증처치 및 보조요법이 필요하다. 해독제는 가급적 빠른 투여가 필요하며, 개에서는 섭식 8~12시간 내, 고양이에서는 3시간 내에 투여되었는지가 예후를 결정하는 중요한 요소이다.

❽ 제초제

대다수의 제초제는 개와 고양이에서 경미한 독성을 나타낸다. 위장관 장애 및 피부 자극이 나타날 수 있다. Paraquat 계열은 폐 손상을 유발하며, 대증 처치 및 지지요법을 통해 치료한다.

(3) 가정용 제품에 의한 중독

❶ 자석(Magnets)

다수의 자석을 섭취했을 때는 장내 상호 끌림에 의한 장벽의 허혈 및 천공이 발생할 수 있으며, 증상이 수일간 지연된 뒤 나타날 수 있음에 유의한다. 방사선 촬영 후 수술적 제거가 필요하다.

❷ 자일리톨(Xylitol)

비영장류 동물에서 12~48시간 동안 저혈당증을 일으킨다. 껌이나 사탕에는 다양한 양의 자일리톨이 들어 있다. 0.1g/kg 이상 섭취 시 독성을 나타낼 수 있고, 0.5g/kg 이상의 고용량 섭취는 급성 간부전 및 간 괴사를 유발할 수 있다. 저혈당에 기인한 비특이적인 증상이 나타나며, 간독성 관련 증상이 나타날 수 있다. 노출 초기에는 구토를 유발한다. 저혈당이 확인되면 포도당 용액을 정맥주사한다. 입원 후 12~24시간 동안 포도당 수액을 투여하며, 혈당은 1~4시간 간격으로 측정한다. 간독성이 확인된 경우 간 보호제, 항구토제 및 지지요법을 적용한다.

❸ 포도 및 건포도(Grape and Raisin)

포도류 섭취는 개에서 급성 신손상을 유발할 수 있다. 독성 물질은 아직 정확히 규명되지 않았지만 병리학적으로는 세뇨관의 변성 · 석회화, 단백질 · 세포 잔여물에 의한 폐색이 관찰된다. 노출 후 24시간 이내에 급성 신손상에 의한 임상 증상이 발생하며, 다수의 경우 초기 증상은 경미하거나 비특이적이다. 치료를 위해 조기의 구토 유발, 위 세척, 활성탄 투여가 권장된다. 수액 요법을 최소 48~72시간 시행하며, 지속적인 신장 관련 모니터링이 필요하다.

❹ 초콜릿(Chocolate)

메틸잔틴류인 테오브로민 및 카페인에 의해 중추신경계와 심장이 자극된다. 카카오 함량이 높을수록 위험성이 증가한다. 임상 증상은 섭취 후 6시간 이내에 나타나며, 72시간까지 지속된다. 불안, 구토, 빈맥, 진전, 발작이 나타날 수 있고, 초콜릿의 높은 지방 함량에 의해 췌장염이 병발될 수 있다. 구토 유발, 활성탄, 수액 요법을 포함한 증상에 대한 지지요법과 모니터링을 진행한다. 심혈관계 증상이 나타날 때 베타차단제, 신경계 증상이 나타날 때 진정제를 사용할 수 있다.

❺ 양파, 마늘(Onions and Garlic)

유기황 화합물이 적혈구에 산화적 손상을 유발하여 하인즈바디(Heinz body)를 형성하고 용혈성 빈혈을 유발한다. 구토, 설사, 빈혈, 허약, 빈호흡, 빈맥 등이 나타나며, 일반적인 제독 처치와 빈혈에 대한 모니터링을 진행하고, 필요시 수혈한다.

❻ 마카다미아 넛(Macadamia Nuts)

정확한 기전은 알려지지 않았으나 중추신경계 억제를 유발해 무기력, 구토, 운동실조, 진전, 고체온증 등이 나타난다. 무증상 환자는 일반적인 제독 처치를 진행하고 발현되는 임상 증상에 따라 대증 처치와 지지요법을 병행한다.

❼ 담배, 니코틴 껌, 패치(Cigarettes, Nicotine gum, Patches)

담배에는 다양한 향과 보조제가 첨가되어 있으나 대표적으로 니코틴 중독에 대해 다룬다. 비특이적인 심혈관계·신경계 증상이 나타날 수 있다. 제독 처치를 진행하고 대증 처치와 지지요법을 병행한다.

(4) 식물 중독증

미국 국립 독극물센터(National Poison control center)에 따르면, 반려동물 중독 사례의 2~13%는 식물에 의한 것으로 보고되며, 대부분 가정에서 실내외 관상용으로 기르는 식물에 의해 발생한다.

식물 중독증에서의 치료 방침

① 식물을 확인하고 알려진 독성에 따라 분류한다. 모르는 식물은 독성 식물로 간주하고 치료를 진행한다.
② 독성이 없는 것으로 알려진 식물에서는 소화기 증상 및 소화기 내 이물 반응에 대한 모니터링을 진행한다.
③ 독소의 종류와 노출량에 따라 치료 여부를 결정한다.
④ 소화기 제독과 대증 처치를 포함한 적절한 치료와 관리 방법을 진행하고 보호자 교육을 실시한다.

❶ 백합(Lilium, Hemerocallis)

백합 속 식물의 모든 부위는 고양이에게 신독성을 유발한다. 수용성의 미확인 독소가 근위 세뇨관의 괴사와 폐색을 일으켜 급성 신부전을 유도한다. 노출 1~3시간 내에 구토, 무기력, 침흘림 등이 발생하며, 일부에서는 신경증상도 동반된다. 핍뇨나 무뇨가 동반된 신부전에도 불구하고 초기에는 밝고 활기차 보일 수 있다. 치료를 위해 노출 12시간 이내 구토 유도 및 위 세척, 활성탄 투여, 이뇨를 통한 제독을 시도한다. 적극적인 수액 처치를 진행하며, 요 생성량 및 부종 여부를 면밀히 관찰한다. 중증의 경우 투석 등의 체외 요법을 고려한다.

❷ 아주까리, 피마자(Castor bean)

가장 독성이 강한 식물 중 하나이다. 독성 성분인 리신(Ricin)은 리보솜에 결합하여 단백질 합성을 억제하고 세포사를 유도한다. 매우 소량으로도 치명적이다. 심한 출혈성 위장염, 고체온증, 산동, 오심, 구토, 백혈구 감소증, 용혈, 신부전, 발작, 폐사 등이 나타난다. 섭취 직후 구토 유발을 통한 위장관 제독이 핵심이며, 이후 환자의 상태에 따라 적극적인 대증 처치와 지지요법을 진행한다.

(5) 유독성 동물 및 곤충(Poisonous animals and insects)

반려동물이 야외활동 중 뱀, 두꺼비, 거미, 벌 등 유독 동물이나 곤충에 노출되어 중독되는 사례가 발생한다. 접촉 경로로는 밟거나 건드려 물림을 당하는 경우, 장난감처럼 물거나 핥는 경우, 독을 가진 동물을 쫓다 쏘이거나 공격받는 경우 등이 대표적이다. 특히 여름철, 풀숲이나 하천가 등에서 이러한 동물과의 접촉 위험이 높으며, 보호자의 각별한 주의가 필요하다.

❶ 뱀(Snake venom)

한국에 자연 서식하는 대표적인 독사는 살모사, 쇠살모사, 까치살모사, 유혈목이 등이 있다. 뱀독은 단백질로 구성된 생화학적 독소로 구성된다. 신경독(Neurotoxin), 혈액독(Hemotoxin) 등 다양한 성분을 포함하며, 신경전달 교란, 용혈, 조직괴사 등을 유발한다. 항독소(Antivenom)의 투여가 치료의 핵심이 되며, 진통제, 수액 요법, 상처 관리 및 2차 감염에 대한 예방이 필요하다.

❷ 두꺼비(Toad poison)

두꺼비의 피부와 분비물에는 부포톡신(Bufotoxin) 계열의 심장 배당체(Cardiac glycoside)가 포함되어 있으며, 이로 인해 심장 독성이 유발된다. 노출 부위에 대한 제독 처치를 진행하고 대증 처치와 지지요법을 적용해 치료한다.

제 15 장

환경 상해 및 행동 장애

학·습·목·표

1. 동물이 겪을 수 있는 환경적 스트레스의 개념과 주요 사례를 이해한다.
2. 동물의 행동 문제와 행동 장애에 대한 접근법을 파악한다.

1. 환경 상해

1) 환경적 스트레스

반려동물은 인간과 함께 생활하면서 다양한 환경적 자극에 노출된다. 빛, 소리, 냄새, 공간의 변화 등은 동물의 행동과 생리적 반응에 큰 영향을 미치며, 특히 반복 누적되는 환경적 스트레스는 질병 발생과 행동 문제를 유발할 수 있다. 따라서 환경적 요인을 이해하고 관리하는 것은 반려동물의 복지 향상에 필수적이다.

2) 환경 스트레스의 주요 요인들

(1) 빛(Light)

사람과도 마찬가지로, 동물도 빛이 있는 낮에는 활동하고 밤에는 자는 (또는 밤에 활동하고 낮에 쉬는) 일주기 리듬 (circadian rhythm)이 존재하며, 이러한 일주기 리듬은 수면 시간, 활동 패턴, 호르몬 분비, 식사 시간, 전반적인 활동량에도 영향을 미친다. 그러나 이러한 동물들이 사람들과 함께 생활하다 보면, 불가피하게 환경 속에서 여러 전자기기 화면의 강한 빛과 인공조명에 지속적으로 노출될 수밖에 없으며, 이는 동물의 수면-각성 주기 또는 일주기 리듬(circadian rhythm)을 교란시키고 스트레스를 주며, 건강에 영향을 줄 수도 있다.

고양이와 개 등의 동물은 해가 뜨고 지며 일정하게 반복되는 낮/밤 리듬에 민감하게 반응하여, 밝은 낮과 어두운 밤의 자연조명에 따라 규칙적으로 활동하고 잠을 자거나 움직이고 밥을 먹는 것이 기본적이고 자연스러운 것이다. 하지만 사람과 함께 생활하게 되면서 인공조명에 노출되고 이에 따른 광주기의 불균형은 자연광(태양)에 따른 밝음과 어두움의 자연스러운 시간 변화와 흐름을 깨므로 행동 이상과 스트레스 호르몬(코르티솔) 증가를 유발할 수 있다.

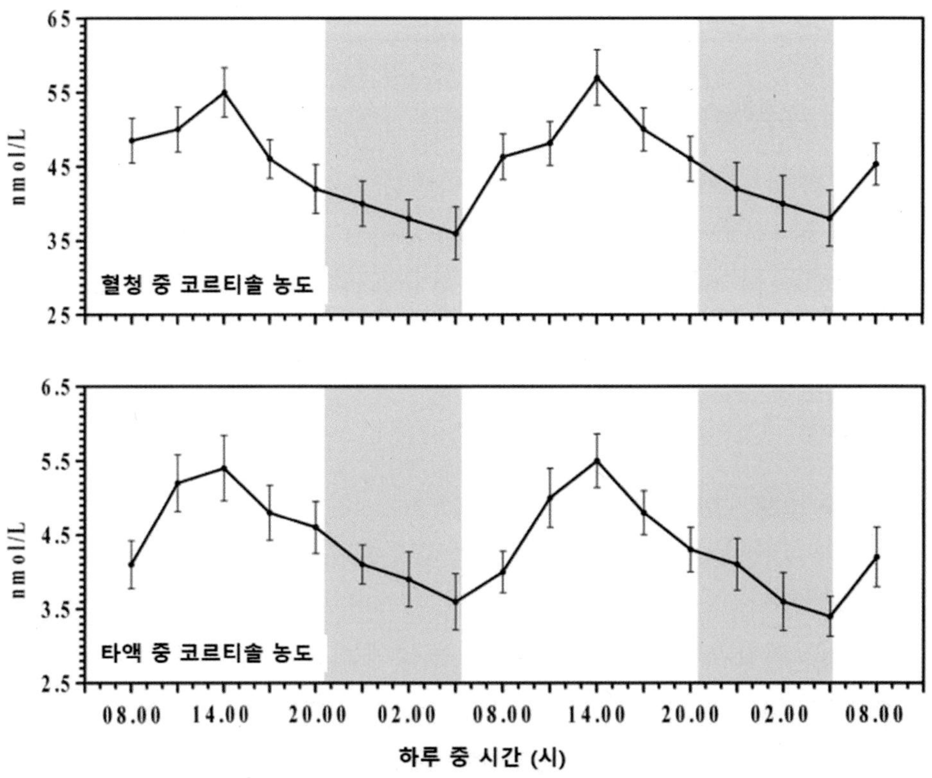

[그림 15-1] 건강한 개에서 혈청과 타액의 코르티솔 농도의 일주기 리듬

출처: Giannetto, C., et al. (2014). Parallelism of circadian rhythmicity of salivary and serum cortisol concentration in normal dogs. Journal of Applied Biomedicine, 12(4), 229-233.

Giannetto 등은 건강한 개에서 타액과 혈청 코르티솔 농도와 일주기 리듬의 연관성을 연구하였으며, 다양한 품종의 건강한 개 6마리에서 자연광을 주기로(해 뜨는 시각 약 05 : 20, 해 지는 시각 약 20 : 20) 48시간 동안 3시간마다 타액과 혈액을 채취하였을 때, 타액과 혈청 코르티솔이 해 뜰 무렵부터 증가하기 시작하여 광주기의 중반(낮 시간)에 정점에 도달하고, 밤이 되면 줄어드는 일주기 리듬이 매우 안정적이며 명확하게 나타나는 것을 확인하였다(그림15-1).

즉, 자연광은 이러한 반려동물의 일주기 리듬을 조절하며, 밝은 빛은 코르티솔 농도를 높여 각성을 촉진하고 어두운 빛은 수면을 유도한다. 따라서 자연광의 흐름에 맞추어 잠자고 일어나는 규칙적인 생활 패턴을 갖는 것이 반려동물의 일주기 리듬을 안정시키는 데 도움이 된다. 그러나 이러한 규칙적인 일주기 리듬에서 갑자기 벗어나 보호자의 생활 패턴으로 인해 늦게까지 TV를 켜 두거나 24시간 불을 밝게 켜 놓거나 하는 등 불규칙하게 빛을 조절하면 반려동물의 일주기 리듬에 이상이 생겨, 불면증, 식욕 조절의 이상, 비만, 우울증 등의 행동장애가 나타날 수 있다.

또한 동물들의 빛에 대한 인지는 사람과 다르다. 동물들은 움직이는 것을 포착하는 동체시력이 뛰어나며, 안구조직 내에 반사판(Tapetum lucidum)이 있어, 야간시력도 높고, 사람과는 달리 원뿔세포가 적어서 다양한 색을 볼 수는 없는 특징이 있다. 이와 같이 동물은 해부 생리학적 시각 구조의 차이가 있기에 사람이 느낄 수 없는 플리커(Flicker) 현상(형광등 불빛 등이 미세하게 깜빡이는 현상)도 더욱 민감하게 받아들이기도 한다는 보고가 있다. 보호소의 상황에서 형광 불빛과 깜빡임이 적은 플리커 프리(Flicker free) LED 불빛과 비교하였을 때, 플리커 현상이 많은 형광등에 오래 노출되어 있는 보호소의 개들은 그렇지 않은 군에 비하여 스트레스를 더 받았다는 논문도 있다.

(2) 소리(Noise)

반려동물은 환경에서 발생하는 다양한 청각 자극에 노출될 수 있으며, 이러한 소리 자극은 개체의 행동 및 생리적 반응에 큰 영향을 미친다. 특히 천둥, 폭죽 같은 큰 소리나 주변의 건설 소음, 진공청소기 소음 등은 반려동물에게 스트레스 요인으로 작용하여 불안, 공포, 공격성 등의 행동 변화를 유발할 수 있다.

개와 고양이는 인간보다 더 넓은 청각 주파수 범위를 가지며, 특히 고주파에 민감하고, 사람이 듣지 못하는 범위의 소리도 강한 자극이 될 수 있다. 강한 소리(폭죽, 천둥, 청소기, 공사 소음 등)는 교감신경계를 활성화시켜 심박수 증가, 호흡수 증가, 동공 확대, 코르티솔 분비 상승 등이 나타날 수 있다. 또한 지속적인 소음 노출은 만성 스트레스로 발전하여, 면역 기능 저하, 위장관 장애 등의 부정적 영향을 미칠 수도 있다. 소음에 지나치게 놀라고 무서워하는 증상을 '소음 공포증'이라고 하며, 이는 여러 가지 소음에 대해 두려워하여 나타나는 모든 증상을 말한다. 지속적인 소음이 발생하면 개와 고양이에서 <표 15-1>과 같은 행동이 나타날 수 있다.

〈표 15-1〉 소음에 의한 개와 고양이의 행동 변화

구분	소음에 의한 행동 변화
개	구석 등에 숨기, 몸을 떠는 행동, 파괴적 행동, 낑낑거림, 과도한 짖음
고양이	은둔(숨어버림), 식욕 부진(밥을 거부함), 과도한 그루밍, 공격성 증가

소음 공포증이 있는 개는 신경질적으로 강하게 짖는 행동을 계속해서 나타내기도 하고, <표 15-1>에서 보는 바와 같이 구석에 숨어서 떨면서 우는 행동을 나타낼 수도 있다. 그 외에 구토, 설사, 헐떡임, 침 흘림, 배뇨 실수도 나타날 수 있다. 또한 총성이나 폭죽, 천둥과 같은 크고 갑작스러운 소리에 의한 스트레스 반응의 생리적 지표로 코르티솔 수치 상승이 관찰되었다.

해외에서는 문화적인 특성으로 매년 초나 특정한 시기에 폭죽을 자주 사용하여, 이와 관련된 불안 행동으로 개들이 동물병원을 찾는 경우가 있어, 폭죽 등 소음에 대한 공포(firework fears)에 대한 피해를 줄이기 위한 방법과 효과를 조사한 논문도 있다.

(3) 온도 및 습도(Temperature & Humidity)

반려동물은 종에 따라 온열 조절 능력이 다르며, 극단적인 온도나 습도 변화는 강한 스트레스 요인이 된다.

〈표 15-2〉 온도 및 습도 환경에 따른 위험성

환경	나타날 수 있는 증상
고온 환경	열사병(heat stroke) 위험 증가, 과도한 헐떡임, 탈수, 무기력
저온 환경	저체온증(hypothermia), 떨림, 대사율 상승, 면역력 저하
높은 습도	호흡곤란 및 피부 질환 악화 요인
낮은 습도	피부 건조 및 호흡기 자극 유발

개와 고양이는 사람과 달리 땀샘이 거의 없어 주요 체온 조절 수단으로 헐떡임(panting)과 말단부위(귀, 발바닥)를 통한 열 방출에 의존한다. 고온 환경에서는 과도한 헐떡임으로 수분 손실과 호흡기 부담이 증가하며, 체온이 41℃ 이상으로 상승할 경우, 열사병(heat stroke)과 장기 손상이 발생할 수 있다. 저온 환경에서는 근육 떨림(shivering)으로 열을 생성하나, 저온 상황이 지속될 때 에너지 고갈 및 저체온증(hypothermia)이 나타난다. 높은 습도는 헐떡임을 통한 증발 냉각(evaporative cooling)을 방해하여 열 방출 효율을 떨어뜨리며, 피부의 수분 장벽 기능 저하와 호흡기 점막 염증 반응을 유발한다. 이러한 생리적 한계로 인해 온도 및 습도의 급격한 변동은 반려동물에게 심각한 스트레스와 건강 위험을 초래한다.

(4) 냄새 및 후각 자극(Odor)

반려동물, 특히 개와 고양이는 인간보다 월등히 발달된 후각 시스템을 가지고 있어, 환경 속의 냄새 변화에 매우 민감하게 반응한다. 인간은 약 500만 개의 후각 수용체를 보유한 반면, 일부 개 품종은 2억~3억 개에 달하는 후각 수용체를 가지고 있다.

이러한 특성으로 인해 개는 환경 내의 강한 화학적 냄새나 낯선 후각 자극도 강하게 인지한다. 경계가 되는 냄새는 신경계에 강한 자극을 주며, 시상하부-뇌하수체-부신(HPA) 축을 활성화시켜 코르티솔 분비를 증가시키고, 이로 인한 스트레스 반응을 유발한다.

청소용 화학약품, 담배 연기, 강한 향수, 페인트 냄새 등은 반려동물의 호흡기를 자극하고 후각신경을 과도하게 자극함으로써 불안, 회피 행동, 심지어 공격성 증가를 초래할 수 있다. 보호소 환경에서는 다른 동물의 체취와 분비물 냄새가 개체 간 사회적 긴장과 공격성을 높이며, 이는 만성적 스트레스 상태를 유발할 수 있다. 이러한 냄새 자극이 지속되면 식욕 저하, 면역 기능 약화, 장기적으로는 행동 이상으로 이어질 수 있다.

(5) 공간적 제약(Spatial Restriction)

[그림 15-2] 보호소의 좁은 케이지에 장시간 수용된 동물

출처: https://www.mlive.com/news/kalamazoo/2012/04/photo_gallery_rescue_of_nearly.html

반려동물의 복지에서 공간의 크기와 질은 심리적 안정과 직결되는 핵심 요소이다. 공간 부족이나 환경의 단조로움은 동물의 정상적인 행동 발현을 억제하며, 장기적으로 만성 스트레스를 유발한다.

좁은 케이지에 장시간 수용된 동물은 탐색과 운동이 제한되어 행동 다양성이 감소하고, 이로 인해 정형행동(stereotypy)이 증가한다. 정형행동에는 지속적인 선회(circling), 과도한 그루밍(over-grooming), 자해적 행동(self-mutilation) 등이 포함되며, 이는 반복적이고 목적이 없는 행동으로 스트레스와 좌절의 지표로 해석된다.

(6) 사회적 요인(Social Factors)

반려동물, 특히 개와 고양이는 본래 사회적 동물로서 타 개체와의 상호작용 및 안정된 사회적 관계를 필요로 한다. 이러한 사회적 자극의 결여나 사회적 갈등은 강한 행동학적 스트레스 요인으로 작용한다.

❶ 사회적 상호작용 부족과 분리불안

사회적 상호작용이 부족한 환경은 우울, 불안, 회피 행동의 증가를 초래하며, 특히 개에서 분리불안(separation anxiety) 형태로 나타난다. 분리불안이 있는 개는 보호자가 없을 때 과도한 짖음, 파괴적 행동(가구 훼손, 문 긁기 등), 실내 배변과 같은 문제 행동을 보인다. 이러한 반응은 보호자와의 애착 관계가 강할수록 더 두드러진다. 또한 분리불안은 또한 코르티솔 수치의 상승, 심박수 증가, 헐떡임(panting)과 같은 스트레스 징후를 동반하며, 장기적으로 만성 스트레스 상태로 이어질 수 있다.

❷ 다두 사육과 사회적 갈등

다두 사육 환경에서는 개체 간의 서열 갈등과 자원 경쟁(먹이, 잠자리, 보호자 관심)이 빈번히 발생한다. 이와 같이 다두 사육에 의한 사회적 갈등이 지속될 경우 공격성 증가, 회피 행동, 만성적인 불안 상태를 유발한다. 이러한 상태는 특히 보호소 환경처럼 개체 밀집도가 높고 회피 공간이 제한된 환경에서 심해진다.

❸ 사회화 및 안정된 상호작용의 중요성

안정적인 사회적 상호작용은 스트레스 완화에 긍정적 영향을 미친다. 보호자와의 긍정적 교감, 다른 개체와의 우호적 관계는 옥시토신 분비 증가, 코르티솔 감소, 정서적 안정성 향상으로 이어진다. 이러한 생리적 변화는 보호자-반려동물 간의 애착이 단순한 행동 차원이 아니라 생리적 조절 시스템에도 깊이 관여함을 시사한다.

(7) 이동 및 환경 변화(Relocation & Environmental Change)

반려동물이 살아가는 집과 같은 환경은 안정감과 예측 가능성을 제공하는 핵심 요소이다. 이러한 환경이 갑작스럽게 변하면 동물은 기존의 안전 신호를 상실하고, 새로운 자극에 대해 위협적인 환경으로 인지하게 된다. 이로 인해 교감신경계 활성화와 시상하부-뇌하수체-부신(HPA) 축의 자극이 증가하여 코르티솔 수치의 상승, 심박수 증가, 불안 및 긴장 반응이 나타날 수 있다.

❶ 이동(이사, 여행)과 스트레스

장거리 여행, 특히 이사와 같이 새로운 거주지로 이동하는 것은 낯선 소리, 냄새, 시각적 환경의 변화를 동반한다. 이러한 변화는 개와 고양이 모두에서 불안, 과도한 탐색, 숨기, 파괴적 행동과 같은 반응으로 나타난다. 특히 이동 과정에서 발생하는 차량 진동, 소음, 냄새는 스트레스 강도를 높인다.

❷ 동물병원 방문

동물병원 방문은 낯선 사람, 냄새, 치료 등의 경험이 이어지는 혼합된 환경으로, 보호자의 불안까지 전이되어 반려동물의 스트레스 반응이 증폭될 수 있다. 개는 회피, 공격성, 떨림을 보이며, 고양이는 과도한 그루밍과 공격성을 보일 수 있다.

❸ 고양이의 환경 민감성

고양이는 환경 변화에 특히 취약하다. 이는 고양이가 영역성을 중시하고 익숙한 장소의 안전 신호에 의존하기 때문이다. 환경이 급격히 변하면 식욕 저하, 은둔 행동, 과도한 털 빠짐, 공격성 증가가 흔히 관찰된다. 일부 개체는 고양이 특발성 방광염(Feline Idiopathic Cystitis)과 같은 스트레스 관련 질환까지 나타날 수 있다.

❹ 관리 및 완화 전략

환경 변화 시 보호자는 훈련을 통한 점진적인 변화 적응, 익숙한 이동장의 제공, 냄새를 통한 익숙한 신호 유지(담요, 보호자 냄새), 진정제 및 페로몬 사용 등을 통해 반려동물의 스트레스를 완화할 수 있다. 이때 안정적이고 예측 가능한 환경 신호를 제공하는 것이 중요하다.

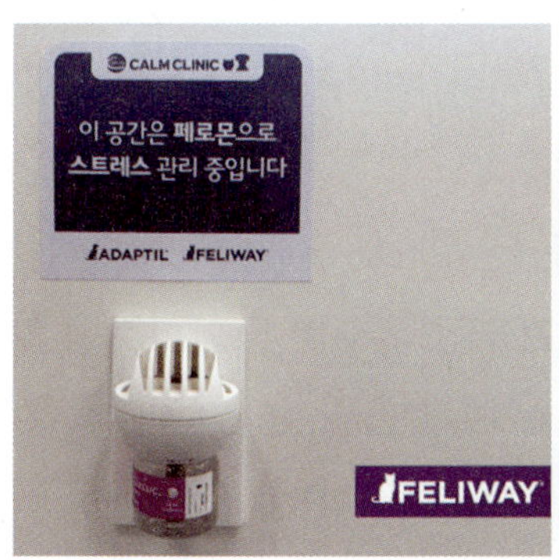

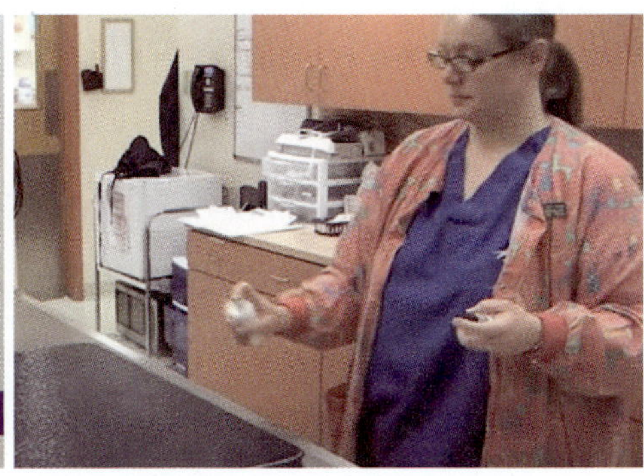

[그림 15-3] 페로몬 제품의 예 및 병원에서의 페로몬 스프레이 사용

출처: 세바코리아 / https://www.feliway.com/kr

(8) 기타 환경적 요인(Other Environmental Factors)

그 외에 반려동물이 스트레스를 받을 수 있는 환경적 요인으로 부적절한 사료나 급격한 사료 교체가 있을 수 있다. 이는 위장관 계열에 스트레스를 주어, 식욕 부진 등 행동 변화가 나타날 수 있다. 또한 일부 개와 고양이는 개체는 진동 자극에 과민하게 반응하여, 가전제품(세탁기, 건조기)의 흔들림이나, 교통 진동, 건설 현장에서 나타나는 진동에도 불안해하여, 위장관 장애, 떨림, 숨기 등의 행동을 보일 수 있다.

마지막으로 혼잡하고 더러운 환경에서 동물은 많은 스트레스를 받게 된다. 이러한 예는 보호소에서 흔히 발생하며, 밀집된 환경에서 동물은 공격성이 증가하고 질병 전파의 위험도 함께 커진다. 보호소가 아니더라도 청소 등의 관리가 되지 않은 밀집/다두 사육은 개체 간 갈등을 유발하고, 스트레스가 만성적으로 작용하여 면역 기능 저하와 행동 문제를 초래할 수 있다.

2. 행동 장애

1) 동물병원에서의 행동 장애에 대한 접근

동물병원에서는 말을 할 수 없는 동물 환자를 치료하기 때문에 당연히 기본적으로 보호자의 설명 및 '행동의 관찰'을 통해서 신체적 질병과 행동적인 장애를 파악한다.

우선 행동 장애(behavioral disorder)와 행동 문제(behavioral problem)는 유사하게 사용되기도 하나, 수의 행동학에서는 <표 15-3>과 같이 의미상의 차이가 존재한다.

〈표 15-3〉 행동 문제와 행동 장애(수의 행동학에서의 전문적 구분)

구분	행동 문제(Behavior Problem)	행동 장애(Behavior Disorder)
정의	보호자에게 불편을 주는 행동	종의 정상 범위를 벗어난 행동
원인	훈련 부족, 습관, 환경	심리적·정서적 이상
치료 접근	훈련, 환경 개선	행동 치료, 약물 치료
진단 필요 여부	경우에 따라 다름	수의학적 진단 필요

병원에 찾아온 경우, 보호자는 '행동의 문제'로 생각하고 걱정되는 마음으로 찾아오게 되며, 이것이 추후 진단을 통해 내과적 약물 치료가 필요한 '행동 장애'로 판명될 수 있는 상황이므로, 본 과에서는 이를 넓은 의미로 **'행동 문제'로 통칭**하여 접근하도록 하겠다.

신체적 질병이 동물의 정상적인 행동에서 변화를 일으킬 수 있는 것처럼, 정신적인 부분도 여러 증상과 행동 문제를 나타낼 수 있다. 예를 들어 불안한 감정과 스트레스가 지속되면 고양이 하부 요로계 질환(Feline Lower Urinary Tract Disease; FLUTD)과 같은 염증 반응을 유발시킬 수 있다. 따라서 기본적으로 이러한 감정과 스트레스의 변화와 몸의 상호작용을 인식하는 것이 중요하다.

여기에서는 신체적 질환과 행동 문제의 상호작용과 행동 문제를 분류하는 알고리즘 등을 알아본다. 행동 문제의 케이스 및 상세한 훈련과 개선에 대한 부분은 행동학 및 훈련학 영역에서 추가로 알 수 있다.

2) 신체적 질병과 행동학과의 연관성

신체적 질병이 행동 문제를 유발하거나 행동의 문제로 인해서 반려동물의 질병을 찾아낼 수 있는 경우도 있고, 치료를 진행하면서 반려동물의 행동이 변화될 수도 있다.

(1) 행동 문제를 일으키는 질환

갑상선 기능 항진증이나 당뇨병으로 다음·다뇨증이 생기게 되면 정상적인 행동과 비교해서 물을 마시는 횟수나 밤에 소변을 보는 횟수, 배변 장소 이외의 장소에서 소변을 보는 행동이 늘어날 수 있다. 또한 췌장염 등으로 복부의 통증이 있는 개는 주인이 자신의 복부를 만질 때 으르렁거리는 등 정상적인 경우와는 달리 행동할 수 있다.

이와 같이 신체적 질환으로 발생하는 행동 문제는 근본적인 원인이 해결되면 줄어들게 된다. 따라서 행동 문제가 발생했을 때는 신체적인 잠재 질병이 있는지를 감별하여 확인할 수 있어야 한다.

〈표 15-4〉 신체적 잠재 질환과 예상되는 행동 변화

신체적 잠재 질환	행동 변화
갑상선 기능 저하증(개)	무기력, 공격성, 인지 저하
갑상선 기능 항진증(고양이)	과잉 행동, 울음, 공격성
관절염, 치과 질환 등 통증	회피, 예민함, 공격성
신경학적 질환	혼란, 보호자와의 상호작용 변화
요로 감염	배뇨 실수, 배뇨 시 울음, 불안

(2) 행동 문제 발생 시 신체적 원인 고려하기

따라서 동물에서 행동 문제가 나타날 때, 먼저 철저한 검사를 통해 신체적 질병 여부를 고려하는 것이 중요하다. 많은 경우, 공격성, 불안, 배변 문제, 활동저하 등과 같은 행동의 변화는 단순한 트레이닝이나 훈육, 또는 환경적 요인을 변화시켜서 단시간에 개선하기는 어렵다. 통증, 호르몬 불균형, 신경학적 질환, 감염 등 다양한 신체적 상태가 행동의 변화를 유발할 수 있기 때문이다. 따라서 행동 문제를 보이는 동물이 동물병원에 내원하면, 먼저 철저한 신체검사와 병력 청취를 수행하고, 필요한 경우에는 혈액 검사, 영상 진단, 호르몬 검사 등을 포함한 추가 검사를 실시해야 한다. 이러한 과정을 통해 기저 질환이 존재하는지 먼저 확인하고, 만약 발견된다면 해당 질환을 치료함으로써 행동 문제도 함께 개선될 수 있다.

행동 치료에 앞서 체계적인 신체검사를 통해 원인을 찾아내는 과정은 진단의 정확성을 높이며, 불필요한 행동 교정의 시행착오를 줄이는 데 도움을 준다.

(3) 행동 문제로 인한 질환

반려동물이 신체적 질환을 호소하며 병원에 내원했지만, 그 원인이 행동 문제에서 기인한 경우도 있다. 이러한 경우는 행동 문제가 직접·간접적으로 질병을 유발하게 된다. 예를 들어 과도한 그루밍(과잉 몸단장)이나 지속적인 핥기, 털 뽑기 등의 문제 행동은 피부 손상, 감염, 탈모를 초래할 수 있다. 또한 강박적인 꼬리 쫓기나 반복적인 물어뜯기 등의 문제 행동은 상처, 염증, 심지어는 자해성 병변으로 이어질 수 있다. 불안이나 스트레스로 인한 식욕 부진, 과식, 또는 이식증(pica)과 같은 비정상적인 섭식 행동은 위장관 질환을 악화시키거나 새로운 질환을 유발할 수 있다.

장기적인 행동 문제는 면역 체계에도 영향을 주어 동물의 전반적인 건강 상태를 저하시킬 가능성도 있다.

〈표 15-5〉 행동 문제로 인한 신체적 질병의 예

행동 문제	결과적 신체 질환
이식증(pica) – 비정상적인 물질 섭취	독성 반응, 구토, 위장 질환
심인성 다갈증(psychogenic polydipsia) – 과도한 물 섭취	다뇨(polyuria)
심인성 탈모증(psychogenic alopecia) – 과도한 그루밍	탈모, 피부 손상

동물에서 신체적 질환이 발견되었다면 먼저 그 질환을 치료하는 것이 기본적인 수의학 원칙이다. 그러나 질환이 없거나 치료 후에도 행동 문제가 계속된다면, 수의사는 행동 치료를 함께 고려해야 한다. 이는 행동 문제가 단순히 질병 때문에 생기는 것이 아니라, 별개의 문제로도 발생할 수 있다는 것을 인정해야 한다는 것이다.

(4) 수의학적 치료와 행동 변화

일부 경우에서 약물 치료가 원치 않는 행동 변화를 일으킬 수 있다. 동물이 특정 약물에 대해 개별적으로 예기치 못한 반응을 보일 수 있다. 예를 들어 아세프로마진(acepromazine)은 일부 동물에서 공격적인 행동을 유발할 수 있으며, 오피오이드(opioids)나 메토클로프라미드(metoclopramide)는 불안(agitation) 등 다양한 행동 변화를 일으킬 수 있다. 또한 스테로이드의 장기간 사용으로 인한 다식(polyphagia)은 음식 탐색 행동(counter-surfing), 쓰레기 뒤지기(trash-raiding), 자원 방어행동(resource-guarding)과 같은 문제 행동으로 이어질 수 있다.

뿐만 아니라 잦은 병원 방문, 신체적 취급, 보정 및 조작, 지속적인 약물 투여 등은 동물에게 불안을 유발하거나 우울감, 공격성을 촉발할 수 있다. 이때 동물은 보호자와 의료진이 자신을 돕기 위해 이러한 조치를 취하고 있다는 사실을 전혀 이해하지 못한다.

이러한 상황에서 치료를 중단하거나 변경할 수 없는 경우, 수의사는 행동 문제를 완화할 수 있는 행동 관리 및 치료 방법을 함께 제시하는 것이 바람직하다. 그렇지 않으면 보호자의 치료 순응도가 낮아지고, 치료 계획의 효과가 떨어질 수 있다.

(5) 행동 문제로 인한 진단/치료의 어려움

반려동물의 기질이나 행동 문제로 인해 필요한 진단 검사나 치료가 어려워질 수 있다. 일부 동물은 보정이나 약물 투여 시 강한 거부 반응을 보이며, 이러한 상황은 보호자와 수의 의료진 모두에게 큰 부담이 된다.

〈표 15-6〉 행동 문제로 진단과 치료가 어려운 예

상황	행동 문제	결과
약물 투여 시	약을 먹이려 하면 공격적으로 변하거나 음식에 숨긴 약을 거부함	약물 투여 불가능
인슐린 주사 시	당뇨병이 있는 동물에게 주사를 시도하는 보호자를 물음	인슐린 투약 불가능
병원 방문 시	이동장에 숨거나, 차 안에서 불안해하고, 병원에서 두려움과 공격성을 보임	진료가 원활히 이루어지지 않음

예를 들어 고양이에게 약을 먹이려 할 때 공격적으로 변하거나, 음식에 숨긴 약을 전혀 먹지 않는 경우가 있다. 당뇨병이 있는 개가 인슐린 주사를 시도하는 보호자를 물어 투약이 불가능해지는 사례도 존재한다. 병원 방문 자체가 큰 스트레스 요인이 될 수도 있다. 일부 동물은 이동장에 숨거나 차 안에서 극도의 불안을 보이고, 병원에 도착하면 두려움과 공격성을 나타내어 진료가 원활히 이루어지지 않는다.

이러한 행동 문제로 인해 진단이나 치료 계획을 수행할 수 없는 경우, 수의사는 환경적 변화를 고려하고, 행동 교정 및 훈련 방법을 제안하며, 필요시 행동 전문가에게 의뢰하는 등의 대안을 마련해야 한다. 이러한 접근은 치료 성공률을 높이고, 보호자와 동물 모두의 스트레스를 최소화하는 데 도움이 된다.

(6) 보호자가 진료/치료를 거부하는 경우

반려동물의 문제 행동으로 인해 보호자가 진단 검사나 치료를 거부하는 경우가 있다. 이러한 상황은 종종 행동 문제가 사람과 반려동물 간의 유대감(human–animal bond)을 손상시킨 결과로 나타난다.

반려동물이 보호자와 가족들을 물거나 집을 망가뜨리며, 골칫거리라고 느낄 경우, 치료에 비용을 쓰는 것이 의미 없다고 판단할 수 있다. 이런 경우, 보호자가 직접적으로 표현하지 않는 경우가 많으므로, 수의사는 매 진료 시 행동 문제 여부를 확인하는 것이 중요하다.

수의사는 행동 문제를 조기에 발견하여 보호자와 반려동물의 유대감이 손상되기 전에 개입해야 한다. 보호자가 치료를 거부하는 이유가 행동 문제에서 비롯된 것인지 파악하고, 이를 해결할 수 있는 행동 치료나 환경 개선 방안을 함께 제시하는 것이 좋다. 이러한 접근은 치료의 지속성과 보호자–반려동물 관계의 회복에 크게 기여한다.

3) 행동 문제 환자 분류

반려동물에서 행동 문제가 확인되면, 수의사는 체계적인 절차를 통해 문제의 본질을 파악한다. 우선 의학적 및 행동적 병력을 면밀히 수집하고, 신체검사와 필요한 보조 진단 검사를 실시한다.

이러한 과정을 통해 문제 행동이 정상 범위 내에 있는지, 또는 비정상적인지 판단할 수 있으며, 그 원인이 신체적 문제인지 심리적 요인인지 구분할 수 있다. 이후 수의사는 평가 결과를 바탕으로 적절한 치료 방침을 제시한다. 행동 문제가 복합적이거나 전문적인 개입이 필요한 경우, 행동 전문 수의사나 행동 전문가에게 의뢰하여 보다 효과적인 치료를 진행할 수 있다.

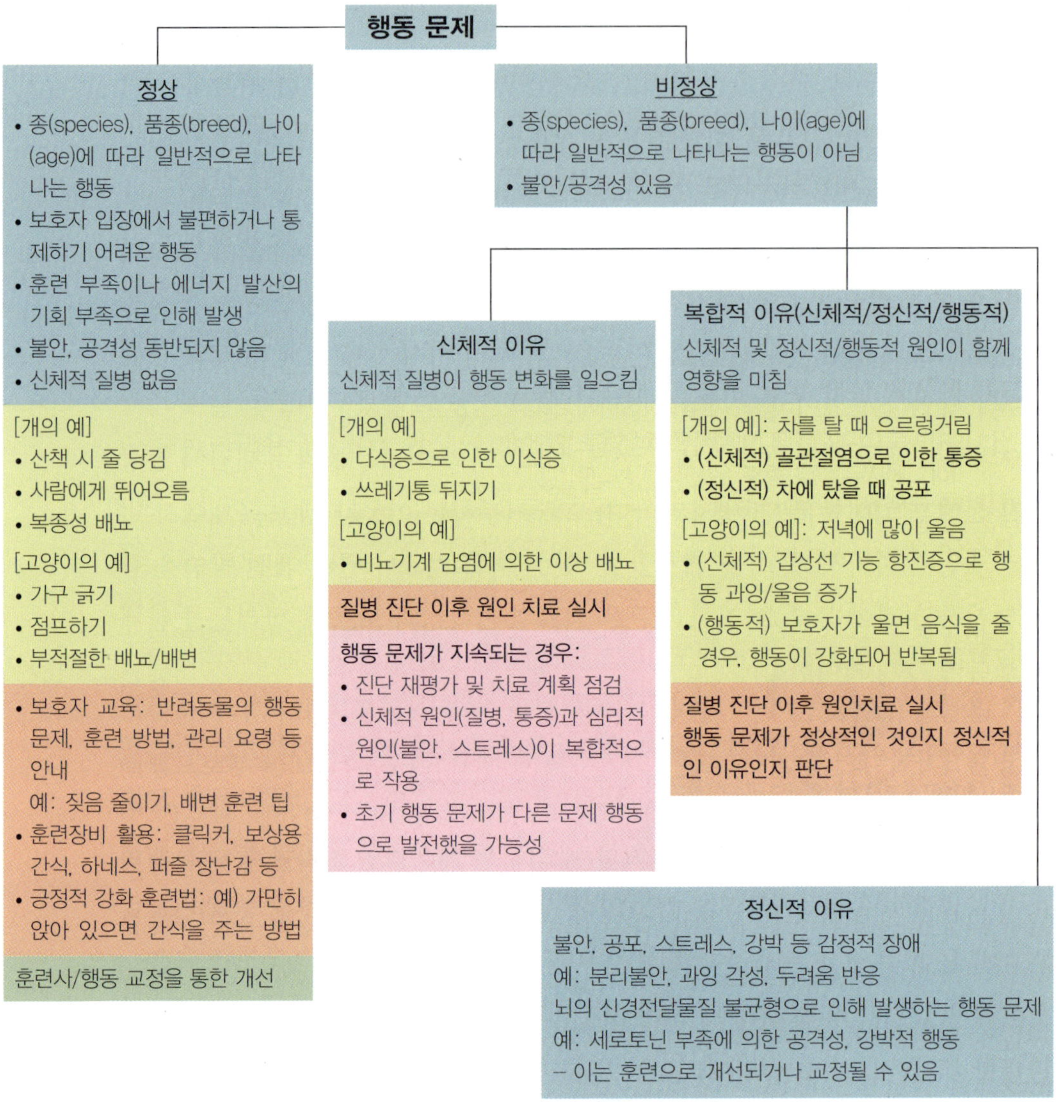

행동 문제

정상
- 종(species), 품종(breed), 나이(age)에 따라 일반적으로 나타나는 행동
- 보호자 입장에서 불편하거나 통제하기 어려운 행동
- 훈련 부족이나 에너지 발산의 기회 부족으로 인해 발생
- 불안, 공격성 동반되지 않음
- 신체적 질병 없음

[개의 예]
- 산책 시 줄 당김
- 사람에게 뛰어오름
- 복종성 배뇨

[고양이의 예]
- 가구 긁기
- 점프하기
- 부적절한 배뇨/배변

- 보호자 교육: 반려동물의 행동 문제, 훈련 방법, 관리 요령 등 안내
  예: 짖음 줄이기, 배변 훈련 팁
- 훈련장비 활용: 클릭커, 보상용 간식, 하네스, 퍼즐 장난감 등
- 긍정적 강화 훈련법: 예) 가만히 앉아 있으면 간식을 주는 방법

훈련사/행동 교정을 통한 개선

비정상
- 종(species), 품종(breed), 나이(age)에 따라 일반적으로 나타나는 행동이 아님
- 불안/공격성 있음

신체적 이유
신체적 질병이 행동 변화를 일으킴

[개의 예]
- 다식증으로 인한 이식증
- 쓰레기통 뒤지기

[고양이의 예]
- 비뇨기계 감염에 의한 이상 배뇨

질병 진단 이후 원인 치료 실시

행동 문제가 지속되는 경우:
- 진단 재평가 및 치료 계획 점검
- 신체적 원인(질병, 통증)과 심리적 원인(불안, 스트레스)이 복합적으로 작용
- 초기 행동 문제가 다른 문제 행동으로 발전했을 가능성

복합적 이유(신체적/정신적/행동적)
신체적 및 정신적/행동적 원인이 함께 영향을 미침

[개의 예]: 차를 탈 때 으르렁거림
- **(신체적) 골관절염으로 인한 통증**
- **(정신적) 차에 탔을 때 공포**

[고양이의 예]: 저녁에 많이 울음
- (신체적) 갑상선 기능 항진증으로 행동 과잉/울음 증가
- (행동적) 보호자가 울면 음식을 줄 경우, 행동이 강화되어 반복됨

질병 진단 이후 원인치료 실시
행동 문제가 정상적인 것인지 정신적인 이유인지 판단

정신적 이유
불안, 공포, 스트레스, 강박 등 감정적 장애
예: 분리불안, 과잉 각성, 두려움 반응
뇌의 신경전달물질 불균형으로 인해 발생하는 행동 문제
예: 세로토닌 부족에 의한 공격성, 강박적 행동
– 이는 훈련으로 개선되거나 교정될 수 있음

[그림 15-4] 행동 문제 환자 분류의 알고리즘

(1) Step 1(1단계) : 정상/비정상 행동 판단하기

❶ 정상 행동(Normal Behavior)

정상 행동이란 같은 종(species), 품종(breed), 나이, 생활 방식, 경험을 가진 동

물에게서 기대되는 정상적인 행동을 의미한다. 이러한 행동은 본능적이며, 해당 동물이 길들여지지 않은 자연적인 상태에서 당연히 할 수 있는 행동이므로, 인간의 규칙과 충돌할 수 있다. 대표적인 예로는 짖기, 물건을 씹기, 뛰어다니기, 배변 실수 등이 있다. 이러한 행동은 '개라면 자연스럽게 하는 행동'이지만, 본능적인 행동이 단순히 보호자의 기대와 맞지 않기 때문에 문제로 인식되는 경우가 많다.

이처럼 보호자가 생각하는 큰 건강상(정신적/신체적) 문제로 인한 문제 행동이라기보다 훈련 부족, 부적절한 훈련, 또는 종 특유의 행동을 표현할 수 있는 환경 부족(예: 운동을 많이 시켜야 하는 대형견을 좁은 공간에서 키우는 경우)에서 비롯되는 경우가 대부분이다. 이러한 유형의 문제 행동은 매우 흔하며, 결국 안타깝게도 반려동물이 유기되거나 안락사되는 주요 원인이 되기도 한다. 따라서 <표 15-7>과 같은 교육적 차원에서의 보호자 개입이 중요하다.

〈표 15-7〉 교육/행동 교정으로 개선될 수 있는 경우의 제안 예

제안	치료 및 관리 방법
클라이언트 교육	보호자에게 행동 교정 프로토콜이 담긴 안내문을 제공한다. 수의학 행동 교과서, 보호소, 훈련 관련 웹사이트 등에서 관련 자료를 쉽게 얻을 수 있다.
훈련 도구 활용	헤드할터, 바디 하네스, 퍼즐 장난감 등은 보호자에게 빠른 해결책을 제공할 수 있는 유용한 도구이며, 훈련 과정에서 긍정적인 보조 역할을 한다.
전문가 의뢰	신체적 또는 심리적 원인이 없는 정상의 경우, 훈련 전문가나 행동 전문가에게 의뢰하여 문제 행동을 체계적으로 교정하는 것이 적절하다.

❷ 비정상 행동(Aberrant/Abnormal Behavior)

비정상 행동(aberrant or abnormal behavior)이란 같은 종(species), 품종(breed), 나이, 생활 방식, 경험을 가진 다른 동물에게서는 기대되지 않는 행동을 말한다. 이러한 행동은 정상적인 맥락에서 벗어나 있으며, 일반적으로 이상 행동으로 간주된다.

비정상 행동에는 불안(anxiety)과 공격성(aggression)이 대표적으로 포함된다.

다만, 이 두 가지 행동은 합리적인 상황에서 적절한 강도로 표현될 경우에는 정상적인 행동일 수 있다. 예를 들어 고양이가 아픈 다리를 만졌을 때 하악질(hissing)을 하는 것은 정상적인 방어 반응으로 해석된다.

불안과 공격성은 단순한 행동 문제를 넘어, 신체적 또는 심리적 질환의 임상 징후일 수 있다. 따라서 이러한 행동은 기저 질환의 존재를 시사할 수 있으며, 반드시 원인에 대한 평가가 필요하다. 이는 문제 행동을 단순히 교정할 대상으로 보기보다는 질환의 한 증상으로 간주하고 면밀한 진단 및 치료를 진행해야 함을 의미한다.

〈표 15-8〉 정상 행동과 비정상 행동의 비교

구분	정상 행동(Normal Behavior)	비정상 행동(Aberrant/Abnormal Behavior)
정의	같은 종, 품종, 나이, 생활 방식, 경험을 가진 동물에게서 기대되는, 본능적이고 자연스러운 행동	같은 조건의 다른 동물에게서 기대되지 않는, 정상적인 맥락에서 벗어난 행동
특징	• 본능적이며 자연 상태에서 흔히 나타남 • 인간의 규칙과 충돌할 수 있음	• 정상적이지 않은 상황에서 나타남 • 이상 행동으로 간주되며, 기저 질환과 연관될 수 있음
예시 행동	• 짖기 • 물건 씹기 • 뛰어다니기 • 배변 실수	• 불안(anxiety) • 공격성(aggression)
원인	• 훈련 부족 • 부적절한 훈련 • 종 특유의 행동 표현이 제한된 환경 (예: 대형견을 좁은 공간에서 사육)	• 신체적 또는 심리적 질환의 임상 징후일 수 있음
주의할 점	보호자의 기대와 맞지 않아 문제로 인식될 수 있으나, 건강 문제와는 직접적 관련이 없는 경우가 많음	단순한 행동 문제가 아니라 기저 질환의 증상일 수 있으므로, 철저한 원인 평가와 진단이 필요함
정상 범위 여부	상황과 맥락에 따라 정상	정상적인 상황과 맥락에서도 나타나면 비정상
특이사항	본능적 행동이지만 보호자의 규칙과 충돌 시 교정 필요	불안과 공격성은 정상 상황에서는 정상 반응일 수 있으나, 과도하거나 부적절할 경우, 비정상으로 분류됨

(2) Step 2(2단계): 비정상 행동의 원인별 접근

행동이 비정상적이라면, 그 원인이 신체적(physical), 심리적 또는 복합적인지 판단하여 접근해야 한다.

❶ 신체적 원인(Physical Cause)

신체적 원인으로 판단되면, 해당 질환을 진단하고 치료하며, 행동 증상이 해결될 때까지 의학적 관리를 지속한다. 만약 증상이 해결되지 않거나 새로운 문제가 생기면 초기 진단과 치료 계획을 재평가하고 1단계(정상/비정상 행동 판단하기)로 돌아가야 한다. 예를 들어 방광 결석이 제거된 후에도 고양이가 화장실 밖에 소변을 본다면, 이는 통증과 관련된 학습된 회피 행동(심리적 원인)일 수 있다. 또는 청소 부족으로 인한 환경적 회피 행동(정상 행동)일 수도 있다.

〈표 15-9〉 문제 행동을 보이는 고양이에서 원인 분석 예

문제 행동	원인	설명
고양이가 계속해서 화장실 밖에 소변을 봄	신체적 원인	방광 결석(cystic calculi)이 있었음
→ 결석 제거 후에도 문제 지속	심리적 원인	고양이가 화장실에서 배뇨 시 통증을 경험했기 때문에 **학습된 회피 행동** 발생
	→ 또는 환경적 요인	화장실 청소가 부족하여 **정상적인 회피 행동**일 수도 있음

❷ 복합적(신체적+심리적) 원인일 경우(Physical and psychological Cause)

먼저 신체적 원인을 진단하고 치료한다. 이후에도 행동 증상이 지속된다면, 해당 행동이 정상인지 비정상인지 평가하고 1단계의 기준에 따라 추가 조치를 취한다. 예를 들어 차에 태울 때 공격적인 개는 관절염으로 인한 통증(신체적)과 차에 대한 공포(심리적)가 함께 작용할 수 있다. 밤에 우는 노령 고양이는 갑상선 질환(신체적)과 보상에 의해 학습된 울음 행동(심리적)이 복합적으로 작용할 수 있다.

〈표 15-10〉 복합적인 원인으로 문제 행동을 보이는 동물의 예

케이스	행동	원인	설명	제안
차에 타려고 할 때 공격적으로 변하는 개	차에 태우려 할 때 공격적임	신체적 원인	골관절염으로 인해 들어 올릴 때 통증 발생	통증 관리와 함께 차에 대한 긍정적 조건화가 필요
	→ 추가 심리적 원인	심리적 원인	차 탑승에 대한 공포 또는 과거의 부정적 경험	
밤에 많이 우는 노령 고양이	밤에 울음소리를 냄	신체적 원인	갑상선 기능 항진증으로 인한 과활동성	**내과적 치료**와 함께 **행동 수정(무시, 보상 제거)**이 필요
	→ 추가 행동 원인	학습된 행동	보호자가 울음소리에 반응하고 먹이를 줌→울면 보상이 주어지는 학습된 행동	

❸ 심리적 원인(Psychological Cause)

행동 문제가 심리적 원인으로 판단되면, 먼저 신체적 원인을 배제하거나 치료한 후 행동 증상이 정상인지 비정상인지 평가하고 1단계의 지침에 따라 조치한다. 비정상 행동은 단순한 훈련 부족이 아니라 공포, 불안, 신경화학적 이상에서 비롯된 경우가 많다. 이런 경우에는 훈련만으로 해결되지 않으며, 반드시 행동 전문가에게 의뢰하여 감정 조절 중심의 치료를 받는 것을 권장한다.

〈표 15-11〉 정상 행동과 심리적 원인에 의한 문제 행동의 차이

구분	정상 행동 문제	비정상 행동 (심리적 원인) 문제
예시	개가 산책 중 흥분하여 끌기	개가 특정 상황에서 극심한 공포 반응을 보임
원인	훈련 부족, 환경적 자극 부족	공포, 불안, 신경화학적 이상
해결 방법	훈련 강화, 환경 개선	행동 전문가의 개입, 감정 조절 중심 치료

심리적 원인의 행동 문제가 있는 개에서는 단순히 훈련을 강화하거나 환경을 개선하는 것만으로는 동물이 위협적으로 인식하고 있는 상황에 대한 감정적 반응을 근본적으로 변화시키기는 어렵다. 예를 들어 공포 반응을 보이는 개에게 '앉아' 명령을 반복적으로 수행하게 하더라도 공포 자체가 해소되지는 않

는다. 이러한 경우에는 반드시 행동 전문가(behavior professional)에게 의뢰하는 것이 필요하다. 행동 전문가는 개나 고양이의 몸짓 언어(body language)와 행동을 정확하게 해석할 수 있는 능력을 갖추고 있으며, 학습 이론(learning theory)을 임상적으로 적용하고, 약물 치료, 행동 수정, 환경 조절 등 다양한 치료 전략을 통합적으로 활용하여 문제 행동을 효과적으로 관리할 수 있다.

행동 문제를 직접 관리하지 않기로 결정한 경우에는, 공격성 존재 여부, 행동 문제의 심각도, 해당 행동이 일반적인지 여부를 기준으로 <표 15-12>를 참고하여 적절한 행동 전문가에게 의뢰해야 한다.

〈표 15-12〉 전문가 유형 및 상담 내용

전문가 유형	적합한 상황/상담 내용
훈련사(Trainer)	일반적인 훈련 문제, 정상 행동의 표현
행동 지도사/상담가(Behavior Consultant)	경미한 불안, 환경 조절 관련
수의 행동학 전문의(Veterinary Behaviorist)	공격성, 공포, 신경화학적 문제, 약물 치료 관련

(3) 행동 문제 의뢰 기준 및 관리 접근

❶ 사람을 대상으로 한 공격성(Human-directed Aggression)

사람을 대상으로 한 공격성이 관찰되면 수의 행동학 전문의(veterinary behaviorist)나 공격성 치료 경험이 풍부한 수의사에게 의뢰하는 것이 바람직하다. 이러한 사례는 위험 평가, 보호자와 반려동물에 맞춘 치료 계획 수립, 치료 반응의 장기적인 모니터링(수개월~수년) 등 지속적이고 광범위한 관리가 필요하다. 또한 약물 치료에 대한 보호자의 문의가 빈번하므로 행동 교정 약물을 전문적으로 처방하고 활용할 수 있는 수의사에게 의뢰하는 것이 가장 적절하다.

사람을 대상으로 한 공격성은 법적 문제로 이어질 수 있으므로 비수의사보다 수의 전문의나 행동 경험이 많은 수의사에게 문서화된 의뢰를 진행하는 것이 바람직하다. 의뢰할 행동 전문 수의사가 없다면, 수의사 간 전화 상담으로 치료 방안을 논의하거나 다른 행동 전문가에게 의뢰하는 것도 고려할 수 있다.

❷ 경미한 행동 문제(Common Problems - Mild)

종에서 흔히 나타나지만 비정상적 행동 문제 중 경미한 경우는 행동 교정 약물이 필요하지 않으며, 일관된 행동 수정과 환경 변화만으로도 관리가 가능하다. 이러한 경우 수의 행동학 전문의에게 의뢰하는 것이 항상 적절하지만, 충분한 자격을 갖춘 훈련사나 비수의사 행동 전문가에게 의뢰하는 것도 가능하다.

❸ 중증 또는 비전형적 행동 문제(Moderate to Severe or Atypical Problems)

행동의 강도, 빈도, 지속 시간이 중증이거나, 해당 종에서 일반적이지 않은 비전형적 행동, 또는 패턴을 명확히 파악할 수 없는 행동(예: 특발성 행동) 경우, 약물 치료와 장기적인 행동 수정이 필요하며, 수의 행동학 전문의 또는 행동치료 관련 경험이 풍부한 수의사에게 의뢰하는 것이 권장된다.

4) 동물보건사의 역할 및 보호자 교육 및 기대치 관리

(1) 동물보건사의 역할

동물병원에서 행동 상담 시 동물보건사가 수행해야 할 역할은 크게 세 가지로 나눌 수 있다.

첫째, 보호자와의 효과적인 의사소통이다. 동물보건사는 보호자로부터 필요한 정보를 수집하고 상담 절차와 준비 사항을 안내하며, 신뢰 관계를 형성해야 한다.

둘째, 기록 관리이다. 여기에는 상담과 관련된 환자의 기록을 정확하게 작성하고 관리하는 모든 작업이 포함된다. 이는 상담의 연속성과 진료의 질을 보장하기 위해 필수적이다.

셋째, 재고 관리이다. 행동 상담에 필요한 장비, 자료, 약물 등이 적절히 비치되고 사용 가능한 상태인지 확인하여 원활한 상담 진행을 지원해야 한다.

이와 같은 준비 과정은 상담의 효율성을 높이고, 보호자와 반려동물에게 보다 전문적인 서비스를 제공하는 데 기여한다.

(2) 보호자 교육

강아지 시기에 건강한 사회화 교육의 중요성과 체계적인 훈련을 권장하는 것은 중요하다. 훈련은 보호자와 반려동물이 공통의 언어를 형성하여 서로 소통할 수 있는 기반을 마련한다. 개와 고양이는 '앉아', '엎드려', '기다려', '이리와'와 같은 간단한 명령을 학습할 수 있으며, 이러한 명령은 특정 유발 요인에 대한 둔감화(desensitization) 및 상대조건형성(counterconditioning)과 같은 행동수정 기법을 적용하는 데 활용된다.

특히 긍정 강화(positive reinforcement) 기법을 사용하면, 반려동물은 보호자와의 상호작용을 즐기게 되고, 일관되고 예측 가능하며, 보상적인 경험을 통해 불안이 감소한다. 이러한 과정은 보호자-반려동물 관계를 강화하며, 행동 문제 개선에도 큰 도움을 준다.

(3) 보호자의 기대치 관리

많은 보호자가 행동 문제가 초래할 수 있는 위험성을 인식하지 못하거나 반려동물의 행동 문제에 대해 비현실적인 기대를 하는 경우도 있다. 수의사 또는 행동 전문가는 반려동물의 상태에 따라 단기 및 장기 목표를 설정해야 하며, 보호자와의 지속적인 의사소통과 정기적인 재검진을 통해 치료 계획의 성공 여부를 확인하고, 필요시 권고 사항을 조정할 수 있다.

행동 문제와 신체적 질병이 서로 영향을 미치는 경우, 어느 한쪽만을 치료해서는 성공적인 결과를 얻기 어렵다. 따라서 두 가지 측면을 모두 파악하고 해결해야 하며, 장기적인 치료가 진행될 수 있으므로, 보호자의 기대치도 관리하도록 하는 것이 좋다. 동물보건사는 전반적인 과정에서 원활한 커뮤니케이션이 진행될 수 있도록 협조하여, 행동 장애를 겪는 동물의 질병 치료와 문제 개선에 도움을 주도록 한다.

참고문헌

강병욱 (2017). 소동물 임상생리학. 학문사.

강병욱 (2018). 소동물 임상생리학. 학문사.

김경태, 박선영, 이지현, 최민수 (2019). 요로 감염증의 항생제 내성 분석. 한국수의임상미생물학회지, 15(2), 87–95.

김경태, 박종수 (2021). 전립선 질환의 방사선학적 진단. 한국수의영상의학회지, 12(1), 33–42.

김도형 외 (2021). 개에서 요관폐색의 초음파 진단. 수의영상의학회지, 10(4), 315–322.

김재훈, 정성운 (2021). 수의생리학. 신광출판사.

김주헌, 심청수, 이규필, 홍용근 (2015). 기본 동물해부생리학. 라이프사이언스.

김태완 외 (2020). 수의내과학 (제4판). 대한수의학회.

대한수의사회 (2022). 반려동물 임상진료지침. 대한수의사회 출판부.

동물해부생리학 교재연구회(2014). 동물해부생리학 개론. 범문에듀케이션.

박성수, 김정환 (2018). 수의생식학. 고려의학.

박준영 (2021). 고양이 신부전의 병태생리와 치료 접근. 한국수의내과학회지, 44(1), 1–10.

서정훈 (2018). 수의병리학. 고려의학.

서정훈 외 (2020). 개에서의 급성 신부전의 원인과 예후에 대한 임상적 분석. 한국수의내과학회지, 43(2), 119–127.

신일우, 손주태 (2014). 국소마취제를 포함한 약물중독에서 해독제로서의 lipid emulsion(Lipid emulsion treatment of systemic toxicity induced by local anesthetics or other drugs). 대한의사협회지, 57(6), 537-544.

오민석 외 (2019). 고양이 난소낭종의 임상적 특징. 한국수의임상학회지, 40(2), 175–182.

오민석, 김은주 (2019). 고양이 하부요로질환(FLUTD)의 임상적 고찰. 한국수의임상학회지, 41(1), 65–72.

윤정훈 외 (2019). 수컷 개의 고환 종양 발생률 및 병리학적 분석. 한국수의병리학회지, 26(1), 12–20.

윤정훈 외 (2022). 만성 신부전 반려견의 식이요법 효과. 한국수의영양학회지, 6(2), 87–93.

이민정 외 (2020). 암컷 개의 불임 원인 분석. 수의생식학회지, 27(2), 89–98.

이수진, 김도형 (2021). 고양이 난소자궁절제술(OVH) 후 합병증 보고. 수의임상학회지, 43(4), 341–348.

이수진, 한정우 (2020). 만성 신부전 환견의 혈액학적 변화에 대한 연구. 한국수의내과학회지, 42(3), 203–210.

이형석, 김현욱 (2019). 반려동물 내과진단학. 문운당.

이형석, 김현욱 (2019). 반려동물 번식학. 문운당.

정은주, 최윤석 (2020). 개에서의 자궁축농증의 진단 및 치료. 한국수의임상학회지, 41(3), 245–253.

정은주 외 (2020). 개에서 요로결석의 방사선학적 진단. 한국수의영상의학회지, 12(3), 245–252.

최상호 (2017). 수의학대사전: 비뇨기계 질환편. 고려대학교출판부.

최상호 (2019). 수의학대사전: 생식계 질환편. 고려대학교출판부.

한정우 외 (2017). 수의산과학. 농촌진흥청.

현창백 (2011). 임상가를 위한 소동물 내과 질환의 진단과 치료지침. 범문에듀케이션.

A Veterinary Technician's Guide to Immune-Mediated Hemolytic Anemia. (2025). Improve International.

AAFP and ISFM Feline-Friendly Nursing Care Guidelines. (2012, reaffirmed and still relevant). PMC.

AAFP/ISFM Cat Friendly Veterinary Interaction Guidelines: Approach and Handling Techniques. (2022). CatVets. (https://catvets.com)

Abdallah, A. (1967). A comparison of the efficacy of emetic drugs and stomach lavage. *American Journal of Diseases of Children*, *113*(5), 571–575.

ACVIM consensus statement on the diagnosis of immune-mediated hemolytic anemia in dogs and cats. (n.d., published prior to 2020 but foundational). PubMed. (PMID: 30806491)

ACVIM consensus statement on the treatment of immune thrombocytopenia in dogs and cats. (2024). PubMed. (PMID: 38779941)

ACVIM consensus statement on the treatment of immune-mediated hemolytic anemia in dogs. (2024). PMC.

American Animal Hospital Association–American Veterinary Medical Association Preventive Healthcare Guidelines Task Force. (2011). Development of new canine and feline preventive healthcare guidelines designed to improve pet health. *Journal of the American Veterinary Medical Association*, *239*(5), 581–584.

American College of Veterinary Internal Medicine (ACVIM). (2022). Nutritional assessment and enteral feeding strategies for canine and feline oncology patients. ACVIM Consensus Statement.

An update on treatment of FIP using antiviral drugs in 2025: Growing experience but more to learn. (2025). BOVA.

Anatomy of the stomach. (n.d.). Veterinary Key. (https://veteriankey.com/gastrointestinal-physiology-the-normal-stomach-and-small-intestines/)

Appl. Anim. Behav. Sci. (2013). *Applied Animal Behaviour Science*, *145*, 15–25.

Arnold, J. B., Hodges, R. A., Barta, R. A., et al. (1959). Evaluation of the efficacy of lavage and induced emesis in treatment of salicylate poisoning. *Pediatrics*, *23*(2), 286–301. PubMed. (PMID: 13633344)

Aspinall, V. (2006). *The Complete Textbook of Veterinary Nursing*. Elsevier.

Bailey, B. (2005). Gastrointestinal decontamination triangle. *Clinical Toxicology*, *43*(1), 59-60.

Bamford, K. A. (2020) Canine Olfaction: An Overview of the Anatomy, Physiology and Genetics. (http://www.mesard.org/Articles/Canine-Olfaction-Review%20-kab.pdf)

Banks, W. J. (2017). *Applied Veterinary Histology* (3rd ed). Mosby Elsevier.

Bartges, J. W. (2014). Feline idiopathic cystitis. *Veterinary Clinics of North America: Small Animal Practice*, *44*(1), 41–58.

Bartges, J., & Polzin, D. J. (2011). *Nephrology and urology of small animals*. Wiley-Blackwell.

Behrend, E. N., Kooistra, H. S., Nelson, R., et al. (2013). Diagnosis and treatment of canine hyperadrenocorticism. *Journal of the American Veterinary Medical Association*, *243*(6), 754-764.

Behrend, E. N., Kook, P. H., Ferrer, L., et al. (2013). Diagnosis and treatment of canine hypoadrenocorticism: European Society of Veterinary Endocrinology (ESVE) consensus statement. *Journal of Veterinary Internal Medicine*, *27*(6), 1642-1647.

Bergman, J. F., & Farese, J. P. (2023). Feline Oral Squamous Cell Carcinoma: Current Perspectives on Palliative Care and Nutritional Support. *Veterinary Clinics of North America: Small Animal Practice*, *53*(1), 101-112.

Blackwell, E. J., Bradshaw, J. W. S., & Casey, R. A. (2013). Fear responses to noises in domestic dogs: Prevalence, risk factors and co-occurrence with other fear-related behaviour. *Applied Animal Behaviour Science*, *145*(1-2), 15-25.

Brent, J. J. (2001). Current Management of Ethylene Glycol Poisoning. *Drugs*, *61*(7), 979-988.

Brown, M., & Thrall, V. (2021). *Radiography for veterinary technicians* (7th ed.). Elsevier.

Brown, S. A. (2013). Pathophysiology of proteinuria in dogs and cats. *Journal of Veterinary Internal Medicine*, *27*(1), 56–65.

Bruyette, D. S. (2020). *Clinical small animal internal medicine*. John Wiley & Sons, Inc.

Burton, M. J., Bayer, L., Barron, L., et al. (1984). Comparison of activated charcoal and gastric lavage in the prevention of aspirin absorption. *Journal of Emergency Medicine*, *1*(5), 411–416. PubMed. (PMID: 6599950)

Campbell, V., Marks, S. L., et al. (2006). Complications and outcomes of one-step low-profile gastrostomy devices for long-term enteral feeding in dogs and cats. *Journal of the American Animal Hospital Association*.

Canine immune-mediated hemolytic anemia: Treatment and prognosis. (2025). ResearchGate. (https://www.researchgate.net)

Chew, D. J., Dibartola, S. P., & Schenck, P. A. (2011). *Canine and feline nephrology and urology* (2nd ed.). Elsevier.

Clinical findings, treatment and outcome in cats diagnosed with precursor-targeted immune-mediated anaemia in a referral hospital in the UK: 30 cases (2010–2021). (2023). PMC. (https://www.ncbi.nlm.nih.gov/pmc/)

Concannon, P. W. (2011). Reproductive cycles of the domestic bitch. *Animal Reproduction Science*, *124*(3-4), 200–210.

Concannon, P. W., & England, G. C. W. (2020). *Reproductive physiology of dogs and cats*. Academic Press.

Coppola, C. L., Grandin, T., & Enns, R. M. (2006). Noise in animal shelters: Building design and the effects of daily noise exposure on dog welfare. *Journal of Applied Animal Welfare Science*, *9*(1), 1–7.

Corby, R. C., Lisciandro, R. H., Lehman, R., et al. (1967). The efficiency of methods used to evacuate the stomach after acute ingestions. *Pediatrics*, *40*(5), 871–874. https://pubmed.ncbi.nlm.nih.gov/6075660/

Cornell University College of Veterinary Medicine. (2023). *Lymphoma*. Cornell University.

Cote, E. (2020). *Clinical veterinary advisor: Dogs and cats* (4th ed.). Mosby Elsevier.

CriticalCareDVM. (n.d.). Gallbladder mucoceles in dogs. (https://criticalcaredvm.com/gallbladder-mucoceles-dogs/)

de Lahunta, A., Glass, E. N., & Kent, M. (2008). *De Lahunta's veterinary neuroanatomy and clinical neurology* (3rd ed.). Saunders/Elsevier.

de Lahunta, A., Glass, E. N., & Kent, M. (2020). *De Lahunta's veterinary neuroanatomy and clinical neurology* (5th ed.). Saunders.

Dellmann, H. D., & Eurell, J. A. (2018). *Dellmann's textbook of veterinary histology* (6th ed.). Wiley-Blackwell.

Dewey, C. W., da Costa, R. C., & Blot, S. (2016). *A practical guide to canine and feline neurology* (3rd ed.). Wiley-Blackwell.

DiBartola, S. P. (2020). *Fluid, electrolyte, and acid-base disorders in small animal practice* (5th ed.). Elsevier.

Dobson, J. M., Kim, S. J., & Taylor, P. (2024). Clinical presentation and management of canine mast cell tumors: The "Great Imitator." *The Veterinary Journal, 291*, 105943.

Dow, C. (1968). The cystic endometrial hyperplasia–pyometra complex in the bitch. *Veterinary Record, 82*, 521–528.

Dr. Oracle AI. (2025). What are the therapy options for primary Immune-Mediated Hemolytic Anemia (IMHA) in dogs that are not fully responding to prednisone (Prednisone) and mycophenolate (Mycophenolate) combination?

Drobatz, K. J., Hopper, K., Rozanski, E. A., & Silverstein, D. C. (Eds.). (2018). *Textbook of small animal emergency medicine* (1st ed.). Wiley-Blackwell.

Dunn, J. K., Herrtage, M. E., & Ramsey, I. K. (2015). Thyroid diseases. *In Small animal internal medicine* (5th ed.). Mosby Elsevier.

England, G. C. W., Concannon, P. W., & Linde-Forsberg, C. (2012). Feline reproduction and artificial insemination. *Journal of Feline Medicine and Surgery, 14*(9), 645–653.

Ettinger, S. J., & Feldman, E. C. (2016). *Ettinger's textbook of veterinary internal medicine* (8th ed.). Elsevier.

Ettinger, S. J., & Feldman, E. C. (2017). *Ettinger's textbook of veterinary internal medicine* (8th ed.). Elsevier.

Ettinger, S. J., Feldman, E. C. & Côté, E. (2024). *Ettinger's textbook of veterinary internal medicine* (9th ed.). Elsevier.

Englar R. E. (2017). *Performing the small animal physical examination*. John Wiley & Sons.

Fascetti, A. J., Delaney, S. J., Larsen, J. A., & Villaverde, C. (Eds.). (2023). *Applied veterinary clinical nutrition* (2nd ed.). Wiley-Blackwell.

Feldman, E. C., & Nelson, R. W. (Eds.). (2014). *Canine and feline endocrinology and reproduction* (4th ed.). Saunders Elsevier.

Feline Vaccination Guidelines. (2020). CatVets. (https://catvets.com)

Fried, G., & Ohman, U. (1982). Effect of Intralipid on the pancreatic secretion in man. *Acta Chirurgica*

Scandinavica, *148*(7), 561-565.

Giannetto, C., Fazio, F., Assenza, A., & Piccione, G. (2014). Parallelism of circadian rhythmicity of salivary and serum cortisol concentration in normal dogs. *Journal of Applied Biomedicine*, *12*(4), 229–233.

Grauer, G. F. (2015). Diagnosis and management of acute kidney injury. *Veterinary Clinics of North America: Small Animal Practice*, *45*(4), 667–688.

Harasen, G. (2006). Urethral obstruction in small animals. *Canadian Veterinary Journal*, *47*(1), 49–54.

Hotston Moore, A., & Rudd, S. (Eds.). (2015). *BSAVA manual of canine and feline advanced veterinary nursing* (2nd ed.). Gloucester, UK: British Small Animal Veterinary Association.

IAVHPC(International Association for Veterinary Hospice and Palliative Care). (2023). Quality of Life Assessment Tools and Their Use in Oncology Nursing. IAVHPC Guidelines.

IAVHPC(International Association for Veterinary Hospice and Palliative Care). (2020). Quality of Life (QoL) Assessment Tools in Veterinary Hospice Care. IAVHPC Guide.

IMHA(Immune-Mediated Hemolytic Anemia) in Dogs & Cats. (n.d., updated frequently, assumed recent). (https://www.google.com/search?q=emergencyvet.com.au.)

IMHA(Immune-Mediated Hemolytic Anemia) in Cats with Feline Infectious Peritonitis. (2024). MDPI. (https://www.mdpi.com)

IMHA(Immune-Mediated Hemolytic Anemia) in Dogs. (2023). PetMD. (https://www.petmd.com)

Jaggy, A., & Platt, S. R. (Eds.). (2010). *Small animal neurology: An illustrated text*. Schlütersche.

Johnston, S. D. (1994). Disorders of the canine uterus and ovaries. *Veterinary Clinics of North America: Small Animal Practice*, *24*(3), 487–501.

Johnston, S. D., Root Kustritz, M. V., & Olson, P. N. S. (2001). *Canine and feline theriogenology*. W. B. Saunders.

Journal of Veterinary Behavior. (2022). The psychological impact of cancer diagnosis on pet owners and veterinary staff burnout. *Journal of Veterinary Behavior Research*.

Kang, H. Y., Choi, J. W., & Lim, S. B. (2023). Surgical Margin Assessment and Postoperative Management of Canine Cutaneous Mast Cell Tumors. *Journal of Small Animal Practice*, *64*(10), 780-788.

Kohn, B., & Dürr, U. (2024). Diagnostic and Therapeutic Approaches to Feline Gastrointestinal Lymphoma. *Journal of Feline Medicine and Surgery*, *26*(2), 110-120.

Lee, S. H., & Kim, M. J. (2024). Essential Roles of Veterinary Technicians in Oncology Patient Triage and Monitoring. *Korean Journal of Veterinary Practice*, *41*(2), 55-62.

Lees, G. E. (2010). Early diagnosis of chronic kidney disease in dogs and cats. *Veterinary Clinics of North America: Small Animal Practice*, *40*(4), 761–775.

Linde-Forsberg, C. (2008). Diseases of the canine prostate gland. *Theriogenology*, *70*(3), 375–383.

Lorenz, M. D., Coates, J. R., & Kent, M. (2010). *Handbook of veterinary neurology* (5th ed.). Saunders Elsevier.

Lulich, J. P., & Osborne, C. A. (2012). Management of urolithiasis in dogs and cats. *Veterinary Clinics of*

North America: Small Animal Practice, 42(6), 113–130.

Lulich, J. P., Osborne, C. A., Felice, L. J., & O'Brien, T. D. (1992). Risk factors for recurrence of calcium oxalate uroliths in dogs. *Journal of the American Veterinary Medical Association, 201*(1), 173-178.

Macleod, A. K. (2023). Genetic Basis of Cancer: Oncogenes and Tumor Suppressor Genes in Companion Animals. *Veterinary Medicine & Science, 9*(1), 5-15.

Mansfield, C. S., & Jones, B. R. (2012). Acute pancreatitis in dogs: Advances in understanding, diagnostics, and treatment. *Topics in Companion Animal Medicine, 27*(3), 123–132. (https://doi.org/10.1053/j.tcam.2012.09.001)

Markwell, P. J., Buffington, C. A. T., Chew, D. J., & DiBartola, S. P. (1999). Clinical evaluation of commercially available urinary acidification diets in the management of idiopathic cystitis in cats. *Journal of the American Veterinary Medical Association, 214*(3), 361–365.

Marshall, A., Marshall, S., & Marshall, E. (2014). Owners' experiences of managing canine diabetes mellitus: a qualitative study. *Journal of Small Animal Practice, 55*(1), 38-43.

McCurnin, D. M., & Bassert, J. M. (2017). *McCurnin's clinical textbook for veterinary technicians* (9th ed.). Elsevier.

McMillan, F. D. (2017). *Mental health and well-being in animals*. CABI Publishing.

Medleau, L., & Hnilica, K. (2006). *Small animal dermatology: A color atlas and therapeutic guide* (2nd ed.). Saunders/Elsevier.

Merrill, L. (Ed.). (2012). *Small animal internal medicine for veterinary technicians and nurses*. Wiley-Blackwell.

Mohr, A. M., Nelson, L. K., Steffes, C. P., & Griffiths, E. A. (2003). Early enteral nutrition in critically ill trauma patients. *Journal of the American College of Surgeons, 196*(4), 523–532.

Mooney, C. T., & Peterson, M. E. (Eds.). (2012). *BSAVA Manual of Canine and Feline Endocrinology*. BSAVA.

Moore, A. S., Glickman, N. W., & Moore, A. A. (2023). Development and Application of the 3-2-1 Rule for Feline Injection Site Sarcomas. *Veterinary Medicine Review, 18*(4), 301-308.

Morris, J. S., Dobson, J. M., & Park, S. Y. (2022). Comparison of Malignancy Rate and Treatment Outcome for Canine vs. Feline Mammary Tumors. *Journal of Small Animal Oncology, 3*(1), 25-35.

Moxham, G. (2001). Waltham feces scoring system –A tool for veterinarians and pet owners: How does your pet rate? *WALTHAM Focus, 11*(2), 24–25.

Nelson, O. L., & Couto, C. G. (2022). Hemangiosarcoma in Dogs: Diagnosis, Treatment, and Prognosis. *Veterinary Clinics of North America: Small Animal Practice, 52*(3), 599-614.

NCI(National Cancer Institute). (2021). Patient Monitoring for Chemotherapy-Induced Adverse Events. NCI Veterinary Oncology Handbook.

Nuttall, T., & McKeever, P. J. (2009). *A color handbook of skin diseases of the dog and cat* (2nd ed.). Manson Publishing.

Nelson, R. W. (2015). Diabetes Mellitus. In Textbook of Veterinary Internal Medicine (8th ed.). Saunders Elsevier.

Nelson, R. W., & Couto, C. G. (2013). *Small animal internal medicine* (5th ed.). Saunders Elsevier.

Nelson, R. W., & Couto, C. G. (2019). *Small animal internal medicine* (6th ed.). Elsevier.

Osborne, C. A., & Finco, D. R. (1995). *Canine and feline nephrology and urology*. Williams & Wilkins.

OVTS(Oncology Veterinary Technician Society). (2024). *Standard operating procedures for cytotoxic drug handling and spill management in veterinary practice*. OVTS Safety Guidelines.

Park, J., & Kim, H. (2016). Histopathology and histochemistry in cutaneous fungal infections. *Korean Journal of Medical Mycology*, *21*(1), 1–7

Pérez, J. M., Rivas, F. L., & Martínez, A. (2023). Impact of Ovariohysterectomy Timing on Mammary Tumor Incidence in Canines: A Meta-Analysis. *Veterinary Comparative Oncology*, *21*(4), 601-610.

Peterson, M. E. (2012). Canine Hypoadrenocorticism (Addison's Disease). In *Ettinger's textbook of veterinary internal medicine* (7th ed.). Saunders Elsevier.

Plumb, D. C. (2008). *Plumb's veterinary drug handbook* (6th ed.). Blackwell Publishing.

Polzin, D. J. (2011). Chronic kidney disease in small animals. *Veterinary Clinics of North America: Small Animal Practice*, *41*(1), 15–30.

Qin, H. L., Su, Z. D., Yu, K. Y., & Zhang, Y. G. (2002). Effects of early enteral nutrition on the gut permeability and systemic inflammation in patients undergoing major abdominal surgery. *World Journal of Gastroenterology*, *8*(3), 548–552.

Reine, N. J., & Hupp, D. (2015). Diabetic ketoacidosis in dogs and cats. *Veterinary Clinics of North America: Small Animal Practice*, *45*(1), 177-200.

Reubi, J. C., Waser, B., & Lutz, T. A. (1997). In vitro and in vivo detection of functional somatostatin receptors in canine insulinomas. *Journal of Nuclear Medicine*, *38*(7), 1036–1042.

Riemer, S. (2020). Effectiveness of treatments for firework fears in dogs. *Journal of Veterinary Behavior*, *37*, 61-70.

Romagnoli, S. E. (2013). Medical management of canine pyometra. *Reproduction in Domestic Animals*, *48*(Suppl. 1), 28–32.

Root Kustritz, M. V. (2011). Infertility in bitches and queens. *Veterinary Clinics of North America: Small Animal Practice*, *41*(2), 319–331.

Root Kustritz, M. V. (2019). *Clinical canine and feline reproduction: Evidence-based answers*. Wiley-Blackwell.

Ross, S. J. (2006). Nutritional management of chronic kidney disease in dogs and cats. *Journal of the American Veterinary Medical Association*, *229*(6), 907–913.

Sato, Y., & Nakamura, T. (2022). Pre- and Post-operative Nursing Care Protocols for Canine Mammary Tumor Excision. *Journal of Veterinary Surgery*, *51*(5), 899-905.

Schmidt, P. R., Lee, K. S., & Park, H. Y. (2022). Histological Differences in Benign and Malignant Canine Neoplasms: A Comparative Study. *Journal of Veterinary Science*, *45*(3), 112-120.

Shiel, R. E. (2018). Canine hypothyroidism. *Veterinary Ireland Journal*, *8*(12), 652-659.

Sinclair, T., & Jones, D. R. (2017). *Animal restraint for veterinary professionals* (2nd ed.). Elsevier.

Sirois, M., & Wortinger, A. (Eds.). (2024). *Principles and practice of veterinary technology* (5th ed.). Elsevier.

Smith, F. W. K., Jr., Tilley, L. P., & Sleeper, M. M. (Eds.). (2015). *Manual of canine and feline cardiology* (5th ed.). Saunders Elsevier.

Stabile, B. E., Stemmer, E. A., Wilson, S. E., & Debas, H. T. (1984). Effects of Intralipid on pancreatic enzyme secretion. *American Journal of Physiology*, *247*(3 Pt 1), G286-G292.

Stevenson, A. E. (2017). Imaging the urinary tract in small animals. *In Practice*, *39*(3), 103–112.

The Ohio State University Veterinary Medical Center. (2020). *End-of-life care and euthanasia protocol* [Oncology nursing manual].

Tizard, I. R. (2023). *Veterinary immunology: An introduction* (11th ed.). Elsevier.

Tolwani, A. (2012). Continuous renal-replacement therapy for acute kidney injury. *The New England Journal of Medicine*, *367*, 2505–2514. (https://doi.org/10.1056/NEJMra1208705)

UFAW. (n.d.). Shunt: Irish Wolfhound portosystemic shunt. (https://www.ufaw.org.uk/dogs/irish-wolfhound-portosystemic-shunt)

Vail, D. M., Thamm, D. H., & Liptak, J. M. (2023). Feline Oncology. In: *Small animal clinical oncology* (7th ed.). Elsevier.

VCS(Veterinary Cancer Society). (2024). *Standard terminology and classification of neoplasia*. VCS Official Guidelines.

Verstegen, J., & Onclin, K. (2013). Clinical use of progestins in the dog and cat. *Reproduction in Domestic Animals*, *48*(Suppl. 1), 11–20.

Virbac Dermatology. (2011). *Clinical handbook on canine dermatology* (3rd ed.). Virbac.

VPMG(Veterinary Pain Management Group). (2023). Consensus Guidelines for Multimodal Pain Management in Cancer Patients. *Journal of Veterinary Internal Medicine*.

VSW(Veterinary Social Work). (2021). *Communication strategies for delivering difficult news in veterinary oncology*. VSW Practice Guide.

Weiss, D. J., & Wardrop, K. J. (2022). *Schalm's veterinary hematology* (7th ed.). Wiley-Blackwell.

Whitney, M. S. (1992). Evaluation of hyperlipidemias in dogs and cats. *Seminars in Veterinary Medicine and Surgery* (Small Animal), *7*(4), 292-300.

Wilson, K. J. (2022). *The impact of fluorescent light on shelter dog behavior (Canis lupus familiaris)* [Master's thesis, CUNY Hunter College]. CUNY Academic Works.

Withrow, S. J., & Vail, D. M. (2023). *Withrow & MacEwen's Small Animal Clinical Oncology*. (7th ed.). Elsevier.

WSAVA. (2020). Body condition score of cat. (https://wsava.org/wp-content/uploads/2020/01/Body-Condition-Score-Cat.pdf)

WSAVA. (2020). Body condition score of dog. (https://wsava.org/wp-content/uploads/2020/01/Body-Condition-Score-Dog.pdf)

WSAVA. (2024). Vaccination Guidelines for Dogs and Cats.

Xenoulis, P. G., & Steiner, J. M. (2010). Lipid metabolism and hyperlipidemia in dogs. *Veterinary Clinics of North America: Small Animal Practice*, *40*(4), 567-591.

저자소개

조현명 동원대학교 동물보건학과 교수
김양범 용인예술과학대학교 반려동물보건과 교수
박수진 호서대학교 동물보건복지과 교수
안재범 오산대학교 동물보건과 교수
이재연 대구한의대학교 반려동물보건학과 교수
채동진 우송대학교 동물의료관리학과 교수
최한솔 신구대학교 반려동물보건과 교수

동물보건내과학

초 판 1쇄 인쇄 2026년 2월 10일
초 판 1쇄 발행 2026년 2월 19일

지 은 이 | 조현명 · 김양범 · 박수진 · 안재범 · 이재연 · 채동진 · 최한솔
펴 낸 이 | 김기섭
편 집 인 | 이혜란
펴 낸 곳 | 창지사 www.changjisa.com
08589 서울시 금천구 가산디지털 1로 83 파트너스타워 1차 9층
전화 (02)719-2211~3
팩스 (02)701-9386
등 록 | 1977년 4월 28일 · 제1-421호

ISBN 978-89-426-1948-1 (93520)

값 39,000원